지적총서 2
(Cadastral Series 2)

지적법
Cadastral Act 地 籍 法

― 공간정보관리법 ―

(제7전정판)

류병찬 저

초이스애드

CHOICE AD

<머리말(Preface)>

『지적법(공간정보관리법)』을 발간하면서

저자는 1999년 행정자치부 지적과장직을 끝으로 지적인생 제1막을 마감한 뒤, 2004년 대한지적공사 부사장직에서 제2막을, 2011년 한양사이버대학교 지적학과 교수직에서 제3막을 마무리함으로써 지적 분야의 관(官)·산(産)·학(學)계에서 다양한 경험을 폭넓게 쌓아온 지적인(地籍人)이다.

이제 지적인생의 마지막 여정을 걸으며 2021년에 『지적법』 제6전정판을 발간한 이후 4년간 개정 사항과 부족했던 부분들을 보완하여, 『지적법(공간정보관리법)』으로 책명을 바꾸어 발간하면서 지적인생 제4막을 마무리하고자 한다.

2009년에 「측수지법」을 제정하면서 「지적법」을 폐지하고, 2014년에 「측수지법」을 「공간정보관리법」으로 법명을 개정하였음에도 불구하고 이 책의 주제목을 『지적법』으로, 부제목을 『공간정보관리법』으로 정한 이유는 다음과 같다.

첫째, 이 책은 고려 말 조선 초부터 2024년 말까지 약 600년간 지적 관련 법규의 변천사를 규명하고, 현행 공간정보관리법규 중 지적관련 조문을 발췌하여 해설한 지적에 관한 순수한 전문서로서의 정체성을 갖고 있으며

둘째, '지적(Cadastre, 地籍)'이라는 용어는 국제적·학술적으로 널리 통용되는 전문 용어이며, 우리나라는 세계에서 유일하게 1977학년도부터 대학교에 지적학과를, 1984학년도부터 지적전공 석사과정을, 1997학년도부터 지적전공 박사과정을 개설·운영하여 지적학이 학문적으로 정착되어 있으며

셋째, 이 책은 저자가 평생을 바쳐 집필해 온 지적총서인 『地籍學』·『地籍法』·『地籍史』 중 하나로 지적에 관한 일관된 학문적 열정과 삶의 흔적이 고스란히 담겨 있기 때문이다.

1991년 『지적법』 초판 발간 이후 2021년까지 30년 동안 『지적법』 제6전정판까지 발간하였으며, 이번 제7전정판에서는 제6전정판의 제4편과 제5편(지적재조사 특별법 관련 사항)을 삭제하여 지적에 관한 전문성을 높이고, 여말선초부터 2024년 말까지 모든 지적 관련 법규의 변천 연혁을 조사·분석하여 다음과 같이 네 단계로 구분하여 서술하였다.

◇ 준비단계(準備段階, 1392~1895) : 1392년 태조 이성계가 고려 말의 양전(量田)과 과전법(科田法) 및 답험손실법(踏驗損失法)을 계승·시행한 후부터 1895년 내부 판적국에 지적과를 설치하기 전까지를 근대적 지적제도의 창설을 위한 준비단계로,
◇ 창설단계(創設段階, 1895~1924) : 1895년 내부 판적국에 지적과를 설치한 후부터 1924년 토지조사와 임야조사사업을 완료하기 까지를 근대적 지적제도의 창설단계로,
◇ 정착단계(定着段階, 1924~1975) : 토지조사사업과 임야조사사업을 완료한 후부터 1975년 제1차 지적법 전부개정 전까지를 근대적 지적제도의 정착단계로,
◇ 발전단계(發展段階, 1975~현재) : 1975년 제1차 지적법을 전부개정하여 카드식 대장 도입·미터법 전환·주민등록번호 등록·수치측량 방법 도입 등 현대적 지적제도의 토대를 마련하고, 지적전산화사업을 추진하기 시작한 후부터 현재까지를 발전단계로 구분하였다.

이 책은 관보·국가법령정보센터·유권해석·판례·문헌 등 다양한 자료를 조사·분석하였으며, 2005년 대한지적공사가 발간한『한국지적백년사』에서 미처 서술되지 않은 '답험손실법·조선경국전·경제육전·상정공법·경국대전·영정과율법·양전사목·속대전·대전통편·대전회통·임야정리조사내규' 등의 지적관련 법규를 발굴·보완하여 지적 관련 법제의 연속성을 규명하고, 현행「공간정보관리법」중 지적 관련 조문에 대한 해설서로 저자의 지적인생 40여년을 집대성한 결정체라고 할 수 있으며, 앞으로 이 책이 지적 분야의 학문적 발전에 작은 초석이 되기를 소망한다.

이 책이 완성되기까지 지적 분야에서 함께한 모든 '지적인(Cadastral People)'들의 도움에 감사드리며, 특히 자료 제공과 자문에 도움을 주신 이성화 대구대학교 교수, 김추윤 전 신한대학교 교수, 송영준 전 한국국토정보공사 전북지역본부장께 깊은 감사를 드린다.
아울러 추천사를 써주신 안갑준 전 한국등기법학회장께도 감사드리며, 촘촘한 편집과 제작을 맡아준 초이스애드 김경수 사장과 직원 여러분께 감사의 마음을 전한다.
마지막으로 평생 외길 지적 덕후 인생을 흔들림 없이 걸어올 수 있도록 정성을 다하여 뒷바라지해 준 아내와 가족들에게 따뜻한 사랑과 고마움을 전한다.

2025년 7월
도곡동 매봉산 자락에서
정농(井農) 류병찬

<추천사(Recommendation)>

『지적법(공간정보관리법)』 발간을 축하하며

안갑준 법무사
(법학박사, 전 한국등기법학회장, 전 대법원 재판사무국장)

井農 류병찬 박사의 『지적법(공간정보관리법)』 발간을 진심으로 축하합니다. 평생을 지적 분야의 연구에 헌신한 井農 선생께서 그간의 연구 결과를 집대성하여 지적총서(地籍叢書) 시리즈로 『지적학』·『지적사』와 함께 최신 내용을 추가 보완하여 새로이 『지적법(공간정보관리법)』을 발간하니 기쁘기 이를 데 없으며, 이 책은 우리나라 지적 분야의 학문적 발전과 지적업무 담당자들에게 큰 도움이 될 것으로 기대한다.

저는 1980년대 중반 대법원 등기과에 근무할 당시 지적업무와 부동산등기업무와의 상호 관련성 때문에 당시 내무부 지적과에 근무하던 저자와 첫 인연을 맺게 되었는데, 그 후 저자는 공직에서 퇴임을 하고 대한지적공사 연수원장과 부사장 및 한양사이버대학교 교수를 역임한 후 지금까지 30여 년 넘게 학문적 교류와 인간적 우정을 지속해 왔으며, 지적 분야의 전문가인 저자를 만난 것은 제게 있어 커다란 축복이라고 생각한다.

井農 선생은 지칠 줄 모르는 왕성한 연구 열정, 지적 분야에 대한 뜨거운 사랑과 집념으로 지적총서 3권을 연이어 전정판으로 발간하였는바, 이 시리즈는 지적 분야에서 없어서는 안 될 바이블로 자리매김하고 있다.

이 책은 1991년에 『지적법』 초판 발간 이후 2021년에 『지적법』(제6전정판)을 발간하였으며, 이번에 『지적법(공간정보관리법)』(제7전정판)으로 제명을 변경 발간하면서 조선 초에 시행된 답험손실법·조선경국전·경국대전 등 지적관련 법령의 제정과 개정 연혁을 보완하였고, 「공간정보관리법」 중 지적 관련 조문의 개정 내용을 추가 보완하여 저자의

40년 이상 현장 경험과 노하우를 담았을 뿐만 아니라 그동안 제기되었던 지적에 관한 이론과 실무상의 문제점을 보완하여 법규의 해설에 충실을 기하였다.

그리고 조선 시대 초에 제정 시행된 경국대전 호전의 '양전조'를 자세히 분석 보완하였을 뿐만 아니라 현행「공간정보관리법」중 지적관련 조문별로 개정 연혁을 세세히 분석 제시하였으며, 참고 자료로 활용할 수 있도록 각주를 빠트리지 않고 달아 놓았음을 이 책의 큰 특징이자 강점이라고 할 수 있다.

이처럼 탄탄한 기초 위에 정성껏 집필한『지적법(공간정보관리법)』은 지적 관련 법령을 이해하고자 하는 모든 독자들에게 훌륭한 지침서가 될 것이며, 부동산등기 실무에 종사하는 변호사와 법무사 등에게도 귀중한 참고 자료가 될 것으로 확신한다.

끝으로『지적학』·『지적법』·『지적사』로 구성된 지적총서가 학문적 체계를 갖춘 전문 시리즈로 세상에 빛을 보기까지 아낌없는 노력을 기울여 주신 井農 류병찬 박사의 건승을 기원하며, 앞으로도 지적학문에 대한 연구의 집념과 열정이 지속되기를 바란다.

2025년 7월

목 차(Table of Contents)

제1편 지적에 관한 법의 기초이론
(Part 1 ▌ Basic Theory of the Cadastral Act)

제1장 지적에 관한 법의 기본이념
(Chapter 1 ▌ Basic principles of the Cadastral Act)

1. 국정주의 / 18
2. 형식주의 / 21
3. 공개주의 / 22
4. 실질적심사주의 / 23
5. 직권등록주의 / 25

제2장 지적에 관한 법의 성격
(Chapter 2 ▌ Character of the Cadastral Act)

1. 토지의 등록·공시에 관한 기본법 / 28
2. 공법적 성격을 지닌 토지사법 / 29
3. 실체법적 성격을 지닌 절차법 / 33
4. 임의법적 성격을 지닌 강행법 / 34
5. 측량에 관한 특별법 / 35

제3장 지적관련 법률의 구분
(Chapter 3 ▌ Classification of Related to Cadastral Act)

1. 헌법과 민법 / 37
2. 토지등록·공시에 관한 법률 / 38
3. 토지평가·과세·거래·이용계획 등에 관한 법률 / 39

제2편 지적법의 제정과 개정 연혁
(Part 2 | Enactment & Amendment History of the Cadastral Act)

제1장 지적법의 제정 과정
(Chapter 1 | Enactment Process of The Cadastral Act)

1. 준비단계(1392~1895.) / 43
2. 창설단계(1895~1924.) / 56
3. 정착단계(1924~1975.) / 85
4. 발전단계(1975~현재) / 91

제2장 지적법의 제정
(Chapter 2 | Enactment of The Cadastral Act)

1. 지적법 제정(1950. 12.) / 96
2. 지적측량규정 제정(1954. 11.) / 102
3. 지적측량사규정 제정(1960.12.) / 104
4. 지적측량사규정 시행규칙 제정(1961. 2.) / 108

제3장 지적법의 개정 연혁
(Chapter 3 | Amendment History of the Cadastral Act)

1. 제1차 지적법 개정(1961. 12.) / 113
2. 제2차 지적법 개정(1975. 12.) / 114
3. 제3차 지적법 개정(1986. 5.) / 116
4. 제4차 지적법 개정(1990. 12.) / 118
5. 제5차 지적법 개정(1991. 11.) / 119
6. 제7차 지적법 개정(1995. 1.) / 122
7. 제9차 지적법 개정(1999. 1.) / 124
8. 제10차 지적법 개정(2001. 1.) / 126
9. 제13차 지적법 개정(2003. 12.) / 128
10. 제15차 지적법 개정(2006. 9.) / 129
11. 제18차 지적법 개정(2008. 2.) / 129
12. 제19차 지적법 개정(2009. 6. 폐지), 측량·수로조사 및 지적에 관한 법률 제정 / 130

제4장 측수지법의 제정과 개정 연혁
(Chapter 4 ┃ Enactment & Amendment History of the Act on Surveying, Hydrographic Surveying and Cadastre)

1. 측수지법 제정(2009. 6.) / 135
2. 제4차 측수지법 개정(2012. 12.) / 137
3. 제7차 측수지법 개정(2013. 7.) / 137
4. 제8차 측수지법 개정(2014. 6.), / 138

제5장 공간정보관리법의 개정 연혁
(Chapter 5 ┃ Amendment History of the Act on Establishment, Management, etc. of Spatial Data)

1. 측수지법을 공간정보관리법으로 제명 개정(2014. 6.) / 142
2. 제2차 공간정보관리법 개정(2015. 12.) / 143
3. 제5차 공간정보관리법 개정(2017. 10.) / 143
4. 제6차 공간정보관리법 개정(2018. 4.) / 144
5. 제8차 공간정보관리법 개정(2019. 12.) / 144
6. 제12차 공간정보관리법 개정(2020. 2.) / 146
7. 제13차 공간정보관리법 개정(2020. 4.) / 147
8. 제16차 공간정보관리법 개정(2021. 7.) / 148
9. 제17차 공간정보관리법 개정(2021. 8.) / 149
10. 제18차 공간정보관리법 개정(2022. 6.) / 150
11. 제19차 공간정보관리법 개정(2022. 11.) / 151
12. 제21차 공간정보관리법 개정(2024. 3.) / 152
13. 지적관련 전문 용어의 순화(2025. 3. 4.) / 156

제3편 지적에 관한 법령해설
(Part 3 ┃ Commentary of the Cadastral Act & Regulation)

제1장 총칙
(Chapter 1 ▎ General Provisions)

   1. 목적 / 161   2. 용어의 정의 / 165

제2장 측량
(Chapter 2 ▎ Surveying)

제1절 통칙(Section 1. Common Provisions)

   1. 측량기본계획 및 시행계획 / 195   2. 측량기준 / 196
   3. 측량기준점 / 205   4. 측량업정보의 종합관리 / 217
   5. 측량용역사업에 대한 사업수행 능력의 평가 및 공시 / 218

제2절 지적측량(Section 2. Cadastral Surveying)

   1. 지적측량의 실시 / 219   2. 지적측량의 의뢰 / 233
   3. 지적측량 성과의 검사 / 237   4. 법원감정측량 / 240
   5. 토지의 이동에 따른 면적의 결정 방법 / 245   6. 지적기준점성과의 보관 및 열람 / 247
   7. 지적위원회 / 248   8. 지적측량의 적부심사 / 256

제3절 측량기술자(Section 3. Surveying Technician)

   1. 측량기술자 / 265   2. 측량기술자의 신고 / 269
   3. 측량기술자의 의무 / 272   4. 측량기술자의 업무정지 / 273
   5. 측량업의 등록 / 274   6. 지적측량업자의 업무범위 / 283
   7. 지적측량업자의 지위 승계 / 284   8. 측량업등록의 결격사유 / 286
   9. 측량업의 휴업·폐업 등 신고 / 287   10. 측량업등록증의 대여 금지 / 288
   11. 지적측량수행자의 성실의무 / 289   12. 손해배상책임의 보장 / 290
   13. 측량업의 등록취소 / 292   14. 측량업자의 행정처분 효과의 승계 / 295
   15. 등록취소 처분 후 측량업자의 업무 수행 / 296

제3장 지 적
(Chapter 3 ｜ Cadastre)

제1절 토지의 등록(Section 1. Land Registration)

1. 토지의 조사·등록 / 298
2. 지상경계의 구분 / 301
3. 지번 / 311
4. 지목 / 320
5. 면적 / 351

제2절 지적공부(Section 2. Cadastral Record)

1. 지적공부의 보존 / 361
2. 지적정보 전담 관리기구의 설치 / 365
3. 지적공부 등의 등록사항 / 367
4. 지적통계 / 413
5. 지적공부의 복구 / 416
6. 지적공부의 열람 및 등본 발급 / 421
7. 지적전산 자료의 이용 / 422
8. 부동산종합공부 / 426

제3절 토지의 이동신청 및 지적정리(Section 3. Application for Land Alteration & Cadastral Adjustment)

1. 신규등록 신청 / 429
2. 등록전환 신청 / 432
3. 분할 신청 / 435
4. 합병 신청 / 449
5. 지목변경 신청 / 454
6. 바다로 된 토지의 등록말소 신청 / 459
7. 축척변경 / 462
8. 등록사항의 정정 / 469
9. 행정구역의 명칭변경 등 / 472
10. 토지이동 신청에 관한 특례 / 475
11. 도시개발사업 등의 신고 / 479
12. 신청의 대위 / 482
13. 토지소유자의 정리 / 484
14. 지적공부의 정리 / 488
15. 등기촉탁 / 489
16. 지적정리 등의 통지 / 491
17. 연속지적도의 관리 등 / 492

제4장 보 칙
(Chapter 4 ｜ Supplementary Provisions)

1. 측량기기의 검사 / 495
2. 성능검사 대행자의 등록 / 498
3. 성능검사 대행자 등록의 결격사유 / 502
4. 성능검사 대행자 등록증의 대여금지 / 502
5. 성능검사 대행자 등록취소 / 503
6. 연구·개발의 추진 / 506
7. 측량 분야 종사자의 교육훈련 / 508
8. 조사 및 보고 / 508
9. 청문 / 510
10. 토지 등의 출입 / 511
11. 토지 등의 출입 등에 따른 손실보상 / 514
12. 토지수용 또는 사용 / 515
13. 업무의 수탁 / 516
14. 권한의 위임·위탁 / 517
15. 수수료 / 520

제5장 벌 칙
(Chapter 5 ▎ Penal Provisions)

1. 3년 이하의 징역 또는 3천만원 이하의 벌금 / 533
2. 2년 이하의 징역 또는 2천만원 이하의 벌금 / 533
3. 1년 이하의 징역 또는 1천만원 이하의 벌금 / 334
4. 양벌규정 / 537
5. 과태료 / 538

✽ 표 차례(List of Table) / 13
✽ 그림 차례(List of Figure) / 14
✽ 서식 차례(List of Form) / 14
✽ 일러두기(Explanatory Notes) / 15
✽ 참고문헌(Reference) / 545
✽ 찾아보기(Index) / 553

표 차례(List of Table)

<표 1-1> 토지공법과 토지사법의 구분 / 32
<표 1-2> 토지등록·공시에 관한 법률 / 38

<표 2-1> 「토지조사법」과 토지조사령의 주요 내용 비교 / 74
<표 2-2> 지적관련 중요 법령의 제정 연혁 / 92
<표 2-3> 「지적법」 제정(안)의 수정 대조표 / 99
<표 2-4> 지적측량사 자격 전형 과목과 배점 기준 / 111
<표 2-5> 지적공부·주민등록표·부동산등기부 파일의 공부 인정 연혁 / 122
<표 2-6> 「지적법」 제정 및 개정 주요 내용 / 130
<표 2-7> 「측수지법」 개정 주요 내용 / 138
<표 2-8> 「공간정보관리법」 개정 주요 내용 / 153
<표 2-9> 지적 및 공간정보 분야 전문 용어 표준어 / 156

<표 3-1> 「공간정보관리법」의 구성과 주요 내용 / 161
<표 3-2> 「지적법」 입법 목적의 변천 연혁 / 162
<표 3-3> 직각좌표의 기준 / 201
<표 3-4> 원점 구분 코드 번호 / 204
<표 3-5> 지적기준점 성과의 관리 기관 / 211
<표 3-6> 지적기준점 성과의 고시 기관과 방법 / 215
<표 3-7> 지적삼각점의 명칭 부여 / 226
<표 3-8> 지적측량 및 성과 검사 기간 / 235
<표 3-9> 지적측량 입회에 관한 법규의 변천 연혁 / 236
<표 3-10> 지적위원회의 설치 연혁 / 250
<표 3-11> 지적위원회의 구성과 주요 업무 / 255
<표 3-12> 지적측량 적부심사제도의 변천 연혁 / 259
<표 3-13> 지적기술자격별 직무 범위 / 267
<표 3-14> 측량기술자의 자격 기준 / 268
<표 3-15> 측량업의 업종별 업무 내용 / 275
<표 3-16> 지적측량업의 등록 기준 / 279
<표 3-17> 본번 부여 예시 / 312
<표 3-18> 부번 부여 예시 / 313
<표 3-19> 합병 후 선순위 지번 부여 예시 / 314

<표 3-20> 합병 후 선순위 본번 부여 예시 / 315
<표 3-21> 결번 사유 구분 코드 / 318
<표 3-22> 지목 구분의 변천 연혁 / 325
<표 3-23> 지목 구분 코드번호 및 부호 / 351
<표 3-24> 면적 단위의 변천 연혁 / 353
<표 3-25> 축척별 면적의 등록 단위 / 354
<표 3-26> 면적의 결정 예시 / 355
<표 3-27> 방위각의 결정 예시 / 356
<표 3-28> 거리의 결정 예시 / 356
<표 3-29> 종횡선 수치의 결정 예시 / 357
<표 3-30> 지적서고의 기준 면적 / 364
<표 3-31> 대장 구분 코드 번호 / 371
<표 3-32> 주소란의 도 명칭 정리 기준 / 372
<표 3-33> 소유 구분 코드번호 / 375
<표 3-34> 축척 구분 코드번호 / 383
<표 3-35> 토지이동 사유 구분 코드번호 / 384
<표 3-36> 토지이동 종목 구분 코드번호 / 385
<표 3-37> 소유자 변동사유 구분 코드번호 / 386
<표 3-38> 축척별 도곽 규격 및 포용 면적 / 397
<표 3-39> 지적공부의 종류별 법정 등록 정보 / 404
<표 3-40> 축척 구분 코드번호 / 409
<표 3-41> 6.25 동란 당시 소실된 지적공부의 복구 현황 / 417
<표 3-42> 건축물이 있는 대지의 분할 제한 / 439
<표 3-43> 분할 제한에 관한 관계 법령 / 447
<표 3-44> 행정구역 코드번호 부여 체계 / 473
<표 3-45> 등기촉탁제도의 확대 연혁 / 491
<표 3-46> 성능검사 대상 측량기기 및 검사 주기 / 497
<표 3-47> 성능검사 대행자의 등록 기준 / 500
<표 3-48> 등록취소 및 업무정지 처분에 관한 세부기준과 과징금의 부과기준 / 505
<표 3-49> 과태료의 부과 기준 / 543

그림 차례(List of Figure)

[그림 1-1] 지적관련 법률 체계도 / 40

[그림 2-1] 「삼림법」에 의한 지적보고 사례 / 65
[그림 2-2] 1895년 이후 지적관련 주요 법령 체계의 변천 연혁도 / 94

[그림 3-1] '지적에 관한 법'의 입법 목적과 주요 이념과의 관계도 / 165
[그림 3-2] 지적공부의 구성 체계도 / 182
[그림 3-3] 강계선과 지역선의 구분 예시도 / 188
[그림 3-4] 경위도원점 / 199
[그림 3-5] 수준원점 / 200
[그림 3-6] 직각좌표계의 4대 원점 / 201
[그림 3-7] 지적기준점표지의 형상 및 규격 / 213
[그림 3-8] 지적삼각점의 매설 현황도 / 214
[그림 3-9] 지적도근점의 매설 현황도 / 214
[그림 3-10] 지적측량의 구분과 측량 방법 / 232
[그림 3-11] 경계점표지의 규격과 재질 / 305
[그림 3-12] 분할 후 지번 부여 예시도 / 314
[그림 3-13] 분할 후 특정지번 부여 예시도 / 314
[그림 3-14] 합병 후 특정 지번 부여 예시도 / 315
[그림 3-15] 도로의 단면도 / 338
[그림 3-16] 지적공부 보관 서고 / 362
[그림 3-17] 주민등록번호의 구성 체계도 / 378
[그림 3-18] 법인 등록번호의 구성 체계도 / 380
[그림 3-19] 고유번호의 구성 체계도 / 382
[그림 3-20] 색인도 / 396
[그림 3-21] 삼각점 및 지적측량 기준점 / 399
[그림 3-22] 행정구역의 폐치·분합도 / 475
[그림 3-23] 측량기기 검사필증 / 498

서식 차례(List of Form)

[서식 3-1] 지상 경계점 등록부 / 303
[서식 3-2] 결번대장 / 319
[서식 3-3] 토지대장 / 369
[서식 3-4] 임야대장 / 370
[서식 3-5] 공유지연명부 / 391
[서식 3-6] 대지권등록부 / 392
[서식 3-7] 지적도 / 394
[서식 3-8] 임야도 / 395
[서식 3-9] 경계점좌표등록부 / 401
[서식 3-10] 일람도 / 407
[서식 3-11] 지번색인표 / 408

일러두기(Explanatory notes)

1. 이 책에서 사용한 연호는 서력기원(西曆紀元)으로 표기하였으며, 명치(明治) 원년은 1868년, 광무(光武) 원년은 1897년, 융희(隆熙) 원년은 1907년, 대정(大正) 원년은 1912년, 소화(昭和) 원년은 1926년, 평성(平城) 원년은 1989년으로 각각 환산하여 표기하였다.

2. 이 책은 여말선초(麗末鮮初)에 양전·과전법·답험손실법 시행 후부터 2024년말까지 약 600년간 지적관련 법령의 변천연혁을 규명하여 서술하였다.

3. 이 책에서 「측량·수로조사 및 지적에 관한 법률」은 「측수지법」으로, 「공간정보의 구축 및 관리 등에 관한 법률」은 「공간정보관리법」으로 표기하였고, 「공간정보관리법」 중 지적과 관련된 조문을 발췌하여 '지적에 관한 법'이라고 표기하였다.

4. 이 책은 「공간정보관리법」의 조문 순서에 따라 서술하였으며, 위 법률의 시행령과 시행규칙 및 지적측량 시행규칙 등을 비롯하여 지적업무처리규정, 부동산종합공부시스템 운영 및 관리규정 등을 참고하여 제정과 개정 연혁이 포함된 해설서로 책명을 『지적법』(공간정보관리법)이라고 명명(命名)하였다.

5. 이 책에서 사용한 법령의 명칭은 법제처의 법령 띄어쓰기 표준안에 따랐으며, 법령의 시행 및 제정·개정과 조문 등은 국가법령정보센터에서 사용하는 표기방법에 따랐다.

6. 강조하는 경우 작은 따옴표(' ')로, 인용이나 대화 및 논문 제목의 경우 큰 따옴표(" ")로, 도서명과 신문의 경우 겹낫표(『 』)로, 법률명과 작품명의 경우 낫표(「 」)로 각각 표기하였으며, 한글 맞춤법·표준어 규정·외래어 표기법 및 로마자 표기법에 따라 표기하였다.

7. 이 책은 가급적 한글로 표기하였으며, 이해하기 어려운 용어(用語)나 구절(句節) 또는 의미가 혼동될 가능성이 있는 경우에 한하여 (   )안에 한자(漢字) 또는 원어(原語)를 병기(竝記)하였다.

8. 이 책에 서술한 내용 중 『지적학』과 『지적법』 및 『지적사』에 대한 학문적 체계의 정립과 통섭적(統攝的) 차원에서 부득이 일부 동일하거나 유사한 내용을 서술하였으나, 자기표절이 되지 않도록 각주를 달았다.

지적관련 주요 저서 목록
(List of Cadastral Related Major Books)

◇『지적학(제4전정판)』(지적총서 1)
Cadastral Science(4th Revised ed.)
크라운판 / 696쪽 / 2024 / 초이스애드

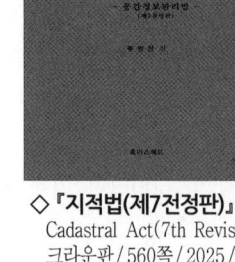

◇『지적법(제7전정판)』(지적총서 2)
Cadastral Act(7th Revised ed.)
크라운판 / 560쪽 / 2025 / 초이스애드

◇『지적사(제2전정판)』(지적총서 3)
Cadastral History(2nd Revised ed.)
크라운판 / 668쪽 / 2017 / 부연사

◇『지적공부정리실무』
Practical Arrangement of Cadastral Record
크라운판 / 280쪽 / 1996 / 남광출판사

◇『일본의 지적제도』
Cadastral System of Japan
신국판 / 346쪽 / 2016 / 부연사

◇『대만의 지적과 등기제도』
Cadastral & Registration System of Taiwan
신국판 / 352쪽 / 2020 / 초이스애드

지적총서 2
Cadastral Series 2

제 1 편

지적에 관한 법의 기초이론

(Part 1. Basic Theory of the Cadastral Act)

- 제1장 지적에 관한 법의 기본이념 / 18
  (Chapter 1. Basic principles of the Cadastral Act)

- 제2장 지적에 관한 법의 성격 / 28
  (Chapter 2. Character of the Cadastral Act)

- 제3장 지적관련 법률의 구분 / 37
  (Chapter 3. Classification of Related to Cadastre Act)

Cadastral Act

지적에 관한 법의 기본이념
Basic Theory of the Cadastral Act

Chapter 01

「공간정보의 구축 및 관리 등에 관한 법률」(이하 "「공간정보관리법」"이라 한다.) 중 지적관련 조문(이하 '지적에 관한 법'이라 한다.)은 국가의 통치권이 미치는 모든 영토와 그 정착물 등을 조사·측량하여 필지별 토지의 소재·지번·지목·경계·면적 등 물리적 현황인 실체관계와 소유권과 소유권 이외의 권리 등 법적 권리와 제한사항 및 의무사항 등을 공적도부(公的圖簿), 즉 '지적도와 토지대장 임야도와 임야대장 등'이라고 하는 지적공부에 등록·공시하기 위한 부동산공시에 관한 기본법이다.

이러한 「공간정보관리법」 중 '지적에 관한 법'이 추구하여야 할 기본이념은 "국정주의·형식주의·공개주의·실질적심사주의·직권등록주의"라고 할 수 있는데, 지적학의 창시자인 원영희(元永喜) 교수는 국정주의·형식주의·공개주의를 '지적에 관한 법'의 3대 기본이념[1]이라고 주장하였다.

그러나 이에 실질적심사주의와 직권등록주의를 추가하여 '지적에 관한 법'의 5대 기본이념이라고 하며, 지적제도를 설립하여 운영하는 대부분의 국가에서는 이러한 5대 기본이념에 따라 지적제도를 운영하고 있으나, 일부 연방국가에서는 준국정주의(準國定主義)를 채택하거나 직권등록주의를 채택하지 아니한 형태로 운영하기도 한다.

1. 국정주의

1.1. 의 의

국정주의(國定主義)란 지적공부의 등록사항인 토지의 소재·지번·지목·경계 또는 좌표·면적·최초의 소유자 등은 국가의 공권력(公權力)에 의하여 국가만이 이를 결정할 수

---

[1] 원영희, 1979, 『지적학원론』, 서울, 홍익문화사, pp.31~36.

있는 권한을 가진다는 이념이다.

　토지소유자가 자연인·국가·지방자치단체·법인 또는 법인 아닌 사단·재단 등에 관계없이 필지를 구성하고 있는 기본 요소인 토지의 소재·지번·지목·경계 또는 좌표·면적 등은 국가기관의 하부 기관장이며 지적소관청인 시장·군수·구청장(이하 "지적소관청"이라 한다.)이 등록이란 행정처분으로 결정한다는 이념이다.

　따라서 지적공부의 등록사항은 지적직공무원이나 지적측량 수행자가 결정하는 것이 아니고 지적소관청인 시장·군수·구청장이 국가의 공권력에 의하여 결정하게 된다.

　여기서 '지적소관청'이란 「공간정보관리법」 제2조제18호에 "지적공부를 관리하는 시장(「제주특별자치도 설치 및 국제자유도시 조성을 위한 특별법」 제15조제2항에 따른 행정시의 시장을 포함하며, 「지방자치법」 제3조제3항에 따라 자치구가 아닌 구를 두는 시의 시장은 제외한다.)·군수 또는 구청장(자치구가 아닌 구의 구청장을 포함한다.)을 말한다."라고 규정되어 있어 지적소관청은 국가기관의 하부 기관장인 시장·군수·구청장을 뜻한다.

　국정주의를 채택하고 있는 이유는 첫째, 지적법령에 모든 토지를 실체관계와 일치되도록 지적공부에 등록·공시하도록 규정하고 있는데, 이를 가장 안전하고 공정하며 정확하게 이행할 수 있는 기관은 오직 국가뿐이며 둘째, 지적공부에 등록·공시하기 위한 조사·측량과 등록·공시방법 등을 전국적으로 표준화하여 통일성 있고 획일적으로 수행하여야 하는 국가의 고유사무이며 셋째, 지적공부에 등록된 정보를 바탕으로 토지에 대한 평가·과세·거래·이용계획 등의 사무를 수행하기 때문에 지적제도 창설 당시부터 국정주의를 채택하고 있다.

　우리나라를 비롯하여 프랑스·네덜란드·일본·대만 등 대부분의 국가에서 국정주의를 채택하고 있으나, 미국·캐나다·호주·독일 등 비교적 국토 면적이 넓은 일부 연방국가에서는 주정부의 권한과 책임 아래 국가를 대신하여 지적공부의 등록사항을 결정하는 준국정주의(準國定主義)를 채택하고 있다.

　이러한 국가에서는 연방정부에서 협의체를 구성하여 전국적으로 지적관련 정보체계를 표준화하여 통일성이 있고 획일성이 있는 지적사무를 수행할 수 있도록 유도하고 있다.

1.2. 채택 근거

　국정주의는 가장 먼저 채택된 「지적법」의 기본이념으로 지적에 관한 성문법(成文法)의 시원(始原)이라고 할 수 있는 1460년에 제정한 경국대전(經國大典)[2] 호전(戶典)[3]

의 양전조(量田條)에 "凡田 分六等 每二十年改量成籍 藏於 本曹本道本邑"4)(모든 논밭은 6등급으로 구분하고 매 20년마다 다시 측량을 실시하고 양안을 작성하여 호조와 도 및 읍에 비치하여야 한다.)라고 규정함으로써 국정주의를 최초로 채택하였다.

그리고 1910년에 제정한 토지조사법(1910. 8. 23. 법률 제7호) 제5조와 제10조에 토지의 조사·등록 주체를 각각 "정부"로 규정하였으며, 1943년에 제정한 조선지세령(1943. 3. 31. 제령 제6호) 제14조에 토지의 조사·등록 주체를 "세무서장"으로 규정하였다.

이어서 1950년에 제정한「지적법」제4조에 "세무서에 토지대장을 비치하고 좌의 사항을 등록한다."라고 규정하고, 제5조에 "정부는 지적도를 비치하고 토지대장에 등록된 토지에 대하여 좌의 사항을 등록한다."라고 규정하여 국정주의의 채택을 구체화하였다.

그러나 1975년 제2차「지적법」개정 법률에 지적공부의 비치·보존기관을 소관청으로 규정하였을 뿐 소관청이 중앙정부의 하부 기관인지 또는 지방자치단체를 지칭하는 것인지 명확하지 아니하여 지적사무가 국가고유 사무인지? 또는 지방자치단체의 사무인지? 그 법적근거를 제시할 수 없었다.

따라서 1995년 제7차「지적법」개정 당시 제3조제1항에 토지를 지적공부에 등록하는 주체를 "국가"로 규정함으로써 지적사무가 국정주의를 채택하는 법적근거를 보완하였을 뿐만 아니라 "국가는 모든 토지를 지적공부에 등록하여야 한다."라고 규정하여 등록주체인 국가가 적극적이고 능동적으로 모든 토지를 조사·측량하여 의무적으로 지적공부에 등록·공시하도록 제도화하였다. 그 결과 제2차「지적법」개정 이후 약 20여 년간 지적사무가 국가사무인가? 지방사무인가? 하는 논란의 소지를 불식시킬 수 있게 되었다.

이어서 2009년에「측량·수로조사 및 지적에 관한 법률」(이하 "「측수지법」"이라 한다.)을 제정하면서 제64조에 "① 국토해양부장관은 모든 토지에 대하여 필지별로 소재·지번·지목·면적·경계 또는 좌표 등을 조사·측량하여 지적공부에 등록하여야 한다. ② 지적공부에 등록하는 지번·지목·면적·경계 또는 좌표는 토지의 이동이 있을 때 토지소유자의 신청을 받아 지적소관청이 결정한다. 다만, 신청이 없으면 지적소관청이 직권으로 조사·측량하여 결정할 수 있다."라고 규정하여 등록주체가 국가에서 국토해양부장관으로

---

2) 경국대전(經國大典)이란 '나라를 다스리는 큰 법전'이란 뜻으로, 조선 건국 초의 법전인 경제육전(經濟六典)의 원전(原典)과 속전(續典) 및 그 뒤의 법령을 종합해 만든 조선시대 두 번째 통일 법전으로 이전·호전·예전·병전·형전·공전의 6개 분야 319개 조문으로 구성되어 있으며, 2007년 7월 13일 대한민국의 보물 제1521호로 지정되었다.(『조선일보』, 2022. 8. 4. A20.)
3) 호전(戶典)이란 경국대전에서 정한 六典 중의 하나로 戶曹가 관장하는 재정 경제와 그에 관련되는 호적제도·조세제도·녹봉·통화·부채·상업과 잡업·창고와 환곡(還穀)·조운(漕運)·어장(漁場)·염장(鹽場)에 관한 규정을 비롯하여 토지·가옥·노비·우마의 매매와 오늘날의 지적과 등기제도에 해당하는 입안(立案)에 관한 것, 그리고 채무의 변제와 이자율에 관한 규정이 수록되어 있다.[출처 : 한국민족문화대백과사전(경국대전, 2022. 7.10.)]
4) 한국학중앙연구원, 디지털장서각,『경국대전2』, 간년미상, p.1.(https://lib.aks.ac.kr/#/search/detail/, 2022. 9. 15.)

변경되었으나 국정주의의 기본이념이 변경된 것은 아니다.

2. 형식주의

2.1. 의 의

 형식주의(形式主義)란 국가의 통치권이 미치는 모든 영토를 필지 단위로 구획하여 「공간정보관리법」에서 규정한 토지의 소재·지번·지목·경계 또는 좌표·면적·최초의 소유자 등을 조사·측량하여 지적소관청인 시장·군수·구청장이 국가기관의 하부 기관장의 자격으로 시·군·구청에 비치하고 있는 공적장부인 지적공부에 등록·공시하여야만 직접적·배타적·전면적으로 지배하여 사용·수익·처분할 수 있는 사법(私法)상 토지에 대한 소유권이 인정된다는 이념이다.

 따라서 모든 토지는 지적소관청이 필지를 구성하고 있는 기본요소인 토지의 소재·지번·지목 등 「공간정보관리법」에서 규정한 각종 정보를 조사·측량하여 국가기관인 지적소관청이 비치·관리하고 있는 토지대장과 임야대장 및 지적도와 임야도 등 지적공부에 등록·공시하여야만 토지에 대한 소유권의 원시취득이 인정되며 소유권을 행사할 수 있다.

 그리고 지적공부에 등록된 사항을 토대로 토지등기가 가능하게 되며 아울러 토지에 대한 평가·과세·거래·이용계획 등의 기초자료로 활용할 수 있다.

2.2. 채택 근거

 형식주의는 1910년에 제정한 토지조사법 제10조에서 비롯하여 1950년 「지적법」 제정 법률 제4조와 제5조, 제23조와 제24조의 규정에 의하여 채택하였으며, 「측수지법」을 제정하면서 이와 동일하게 규정하여 제71조부터 제73조까지 지적소관청이 모든 토지에 관한 기본정보인 토지의 소재·지번·지목·경계·면적 등 각종 정보를 지적측량이라는 기술적 방법을 활용 필지 단위로 이를 조사·측량하여 지적공부에 등록·공시하도록 규정함으로써, 필지별 권리가 미치는 범위가 특정되고 소유권에 대한 원시취득(原始取得)을 인정받을 수 있게 되었다.

다시 말하면 토지에 대한 소재·지번·지목·경계·면적 등 물리적 현황인 실체관계와 최초의 소유자 등을 외부에서 인식할 수 있도록 일정한 법정(法定)의 형식을 갖추어 국가의 지적공부에 등록·공시하여야만 사법(私法)상의 소유권을 인정받을 수 있다.

「민법」제245조제1항에 "20년간 소유의 의사로 평온·공연하게 부동산을 점유하는 자는 등기함으로써 그 소유권을 취득한다."라고 규정하고, 제2항에 "부동산의 소유자로 등기한 자가 10년간 소유의 의사로 평온·공연하게 선의이며 과실 없이 그 부동산을 점유할 때에는 소유권을 취득한다."라고 규정하여 부동산의 점유기간과 취득요건을 규정하고 있다.

이 경우에도 해당 토지가 지적공부에 등록되지 아니한 때에는 지적소관청이 먼저 당해 토지에 대한 소재·지번·지목 등 「공간정보관리법」에서 규정한 각종 정보를 조사·측량하여 지적공부에 등록·공시하여야만 소유권을 취득하기 위한 등기신청이 가능하다.

토지대장과 임야대장 등 지적공부에 등록된 사항을 토대로 토지등기부를 창설하고 각종 토지정책의 입안·결정·집행을 수행하는데, 이것은 형식주의이념에 의한 공시효력(公示效力)을 인정하고 있기 때문이다.

3. 공개주의

3.1. 의의

공개주의(公開主義)란 지적공부에 등록된 토지에 대한 각종 정보는 소유자나 이해관계인 등 일반 국민에게 신속·정확하게 공개하여 소유권 행사와 경제활동에 정당하게 이용할 수 있도록 하여야 한다는 이념이다.

다시 말하면 「헌법」제3조에 규정되어 있는 대한민국의 영토인 한반도와 그 부속 도서, 즉 국가의 통치권이 미치는 모든 영토에 대한 정보를 지적공부에 등록·공시하여 국가기관의 과세, 토지관리 및 소유권 보호 등 행정 목적에만 이용하는 것이 아니라 다른 국가기관이나 지방자치단체·공공기관 및 일반 국민 등에게 널리 공개하고 지적관련 정보를 제공하여 정당하게 이용하고 소유권을 행사할 수 있도록 함으로써 국가의 경제와 사회적 발전은 물론 토지에 대한 평가·과세·거래·이용계획 등 각종 토지정책의 기초자료로 활용하고 있다.

공개주의는 지적공부의 등록·공시에 관한 공정성과 정확성을 확보하고 지적행정에 대한 신뢰를 얻을 수 있는 장점이 있으며, 대부분의 국가에서 공개주의를 채택하고 있다.

3.2. 채택 근거

공개주의는 1951년 지적법 시행령 제정 당시 제4조부터 제6조까지의 규정에 의하여 채택하였으며, 「측수지법」을 제정하면서 이와 동일하게 규정하여 제75조 및 제76조에 지적공부의 열람·등본을 신청하거나 지적전산 자료의 이용 또는 활용신청을 할 수 있으며, 지적소관청은 일정한 수수료를 징수한 후 이를 열람하게 하거나 등본을 발급하여야 하며 지적전산자료를 제공하도록 규정함으로써 누구든지 지적공부의 열람·등본과 지적전산 자료의 이용 또는 활용신청을 할 수 있다.

다시 말하면 지적공부의 등본을 발급받아 이를 금융기관 등에 담보로 제출하고 돈을 빌려서 산업에 재투자하거나 각종 건축물을 건축할 수 있어 경제활동에 활용하며 개간허가·산지전용허가·개발행위허가·농지전용허가 등 토지개발과 관련된 각종 인·허가신청에 따른 민원서류에 첨부하거나, 지적공부를 열람하여 토지 거래를 결정할 수 있는 정보를 확인할 수 있어 그 용도가 매우 다양하고 중요한 기능을 담당하고 있다.

그리고 토지에 대한 경계분쟁이 발생되면 지적도와 임야도에 등록된 경계 또는 경계점좌표등록부에 등록된 좌표에 의하여 경계를 현지에 복원하여 민원을 해결하며, 민사소송이 제기된 경우에도 지적공부에 등록된 경계를 기준으로 하여 토지에 대한 분쟁을 해결하는데, 이러한 사례들이 공개주의 이념을 실현하는 수단이라고 할 수 있다.

4. 실질적심사주의

4.1. 의의

실질적심사주의(實質的審査主義)란 지적공부에 새로이 등록하는 정보와 이미 등록된 정보의 변경등록은 지적소관청이 「공간정보관리법」에서 규정한 절차상의 적법성뿐만 아니라 실체법상 실체관계와의 일치 여부를 심사하여 지적공부에 등록하여야 한다는 이념이다.

실질적심사주의는 사실심사주의(事實審査主義)라고도 하며, 지적제도가 토지에 대한 물리적 현황인 실체관계를 정확하게 등록·공시하는 제도이므로 지적공부의 등록사항은 항상 토지의 실제 상황과 일치되도록 실질적심사주의를 채택하고 있음은 당연한 것이다.

실질적심사주의 이념에 따라 지적측량 수행자가 실시한 측량성과는 반드시 국가기관인 지적소관청이 그 정확 여부에 대한 측량성과 검사를 실시하여야 한다.

그리고 합병·지목변경 등 토지의 이동 신청이 있는 때에는 지적소관청이 토지의 이동 사항을 조사·측량하여 실체관계와 일치 여부를 확인한 후에 지적공부를 정리하여야 한다.

4.2. 채택 근거

실질적심사주의는 1950년 「지적법」 제정 법률 제8조와 제9조, 제35조와 제36조 등의 규정에 의하여 채택하였으며, 「측수지법」을 제정하면서 제64조에 지적공부에 등록된 토지의 현황이 변경된 때 즉, 토지의 이동이 있는 때에는 토지소유자의 신청이 없더라도 지적소관청이 직권으로 이를 조사·측량하여 지적공부의 정보를 실제 현황과 일치되도록 변경 정리를 하도록 규정하여 실질적심사주의의 이념을 더욱 강화하였다.

그리고 같은 법 제109조에 토지의 이동 신청을 거짓으로 한 자는 벌금에 처하도록 규정하고, 측량성과의 검사와 토지의 이동조사를 실시하여 지적공부를 정리하도록 규정함으로써, 지적공부의 등록정보를 항상 토지의 실제 상황과 일치되도록 운영하고 있다.

부동산등기제도는 형식적심사주의(形式的審査主義)를 채택하고 있어 등기관은 등기신청 내용이 「부동산등기법」에서 규정한 절차상의 적법성만을 조사하는 권한을 가질 뿐 실체법상 실체관계의 일치 여부에 관한 심사를 할 수 없는 데도 부동산물권의 공시에는 아무런 지장이 없는 이유가 바로 「공간정보관리법」 중 '지적에 관한 법'이 실질적심사주의를 채택하고 있기 때문이다.[5]

그리고 등기의 근거가 되는 토지대장이 토지조사사업이라는 실질적인 조사를 담보하고 있었기 때문이고 토지조사사업의 실지조사가 등기제도를 시행하는 전제가 되었으며 등기제도가 형식적심사주의를 채택할 수 있었던 것은 토지조사사업에서 실질적심사가 이루어졌기 때문이라고 할 수 있다.[6]

---

5) 김남진·정태용, 1990, 『부동산관계법규』, 서울, 법론사, p.360.
6) 조석곤, 1995, "토지조사사업에 있어서의 근대적 토지소유제도와 지세제도의 확립", 서울대학교 대학원, 박사학위논문, p.106.

그러나 토지소유자에 의하여 부분적으로 불법적인 건축·형질변경·개간·농지전용 등이 이루어져 지적공부에 등록·공시된 정보와 실제 현황이 일치되지 않는 토지가 발생되어 지적공부의 등록정보에 대한 공신력(公信力)이 저하되고 있는 실정이어서 이러한 경우에는 해당 인·허가부서에서 관계 법령에 의거 원상회복 조치를 하거나 추인허가 또는 양성화 등 합법적인 조치를 한 후에 그 결과에 따라 지적공부를 정리하여야 한다.

5. 직권등록주의

5.1. 의 의

직권등록주의(職權登錄主義)란 국가의 통치권이 미치는 모든 영토를 필지 단위로 구획하여 지적소관청이 강제적으로 지적공부에 등록·공시하여야 하며, 지적공부에 등록된 정보가 변경되었을 경우에도 실제와 부합<符合, 지적 및 공간정보 전문용어 표준화(국토교통부고시 제2025-89호, 2025. 3. 4.) [별표]에는 "일치"로 고시되어 있다.>되도록 변경 정리하여야 한다는 이념이다.

직권등록주의는 등록강제주의(登錄强制主義) 또는 적극적등록주의(積極的登錄主義)라고도 하는데, 두 가지 측면에서 강제하고 있다.

첫째, 지적공부에 등록되어 있지 아니한 토지를 발견하였을 때에는 국가에서 이를 직권으로 조사 측량하여 지적공부에 의무적으로 등록하는 신규등록의 강제이고 둘째, 지적공부에 등록된 지번·지목·경계·면적 등 토지표시사항이 변경되었을 경우에는 소유자에게 토지이동신청 의무를 부여하는 토지이동신청의 강제이다.

신규등록의 강제는 「공간정보관리법」에 의하여 헌법 제3조의 규정에 의한 국가의 통치권이 미치는 모든 영토를 지적공부에 등록하여야 하며, 지적공부에 등록되지 아니한 미등록 도서와 미등록 공공용지인 도로·구거·하천 등을 발견한 때에는 이를 직권으로 조사·측량을 실시하여 토지의 소재·지번·지목·경계 또는 좌표·면적 및 소유자 등을 지적공부에 새로이 등록하도록 규정하고 있다.

현행 「공간정보관리법」에 규정된 신규등록의 강제는 비교적 잘 지켜지고 있으나 토지이동신청의 강제는 60일 이내에 소유자가 토지이동신청을 하도록 의무화하고, 필요한 경우 직권으로 토지이동정리를 한 후 소유자 등 이해관계인에게 통지하고 이에 따르는 수수료 등을 징수할 수 있도록 규정하고 있다. 그러나 전문 인력과 예산 부족·소유자의 무지 등으로 토지이동신청의 강제는 잘 지켜지지 않고 실제 현황과 지적공부의 등록정보가 일치되지 아니하는 사례가 빈번하게 발생하고 있다.

5.2. 채택 근거

직권등록주의는 1460년에 제정한 경국대전 호전의 양전조에 "양안(量案)을 작성하여 호조와 도 및 읍에 비치하여야 한다.(成籍, 藏於本曹·本道·本邑)"라고 규정함으로써 최초로 직권등록주의를 채택하였다.

그리고 1910년에 제정한 토지조사법 제5조와 제10조에서 이를 이어서 규정하였으며, 1943년에 제정한 조선지세령(1943. 3. 31. 제령 제6호) 제14조에 "토지의 이동이 있는 경우에 신고가 없거나 혹은 신고가 부적당하다고 인정될 때 또는 신고를 요하지 않을 때에는 세무서장의 조사에 의하여 이를 정한다."라고 규정하여 직권등록주의의 채택근거를 구체적으로 규정하였다.

이어서 1950년에 제정한「지적법」제8조에 "토지의 이동이 있는 경우에는 지번·지목·경계 및 지적은 신고에 의하여, 신고가 없거나 신고가 부적당하다고 인정되는 때 또는 신고를 필하지 아니할 때에는 정부의 조사에 의하여 이를 정한다."라고 규정하여 직권등록주의의 이념을 강화하였으며, 1975년에 개정한 제2차「지적법」개정 법률 제3조에 동일하게 규정하였다.

그리고 1995년에 개정한 제7차「지적법」개정 법률 제3조에 토지의 조사·등록 주체를 국가로 규정하여 직권등록주의의 채택 근거를 더욱 명확하게 규정하였으며, 2009년에 제정한「측수지법」제64조제1항에 토지의 조사·등록 주체를 국토해양부장관으로 규정하여 오늘에 이르고 있다.

위와 같은 직권등록주의를 실현하기 위하여「지적법」제정 법률 제37조제2항의 규정에 의하여 토지조사사업과 임야조사사업 당시부터 지적공부에 등록하지 아니한 도로·구거·하천 등 공공용지를 1950년대 후반에 전국적으로 일제 조사하여 지적공부에 등록하는 소위「지적법」제37조의 규정에 의한 미등록지(未登錄地) 등록사업을 추진하였다.

토지조사사업과 임야조사사업 추진 당시에는 육지로부터 원거리에 위치하거나 지형상 선박의 접근이 어려워 실지 측량이 곤란하거나 또는 경제성이 없는 소규모의 도서 등은 등록 대상에서 제외하였다.

따라서 지적제도를 창설한 후 약 70여년간 미루어 오던 미등록 도서와 지적공부에 등록된 도서 중에서 정위치(正位置)에 등록되어 있지 아니한 도서를 1978년에 일제히 조사하여 전국에서 미등록 도서 870개와 정위치에 등록되지 아니한 도서 599개를 지적공부에 새로이 등록하거나 정정 등록하여 종래에는 2,900개의 도서로 추정하여 오던 것을 3,444개의 도서로 확정하여[7] 직권등록주의의 이념을 실현하고 있다.

「대한민국헌법」 제3조에 "대한민국의 영토는 한반도(韓半島)와 그 부속도서(附屬島嶼)로 한다."라고 규정하고 있는데, 이러한 대한민국의 헌법상 영토조항(領土條項)에 의한다면 북한 지역도 당연히 대한민국의 영토가 된다.

북한도 1948년에 제정한 「북한헌법」 제103조에 "조선민주주의인민공화국의 수도는 서울이다."라고 규정하여 대한민국 지역을 북한의 영역으로 지칭하고 있었으나, 1972년에 「조선민주주의인민공화국 사회주의헌법」 제149조에 "조선민주주의인민공화국의 수도는 평양이다."라고 개정하였다.[8]

그동안 남한과 북한 정부는 각각 그들의 영토와 체제를 고정시키고 상호간의 경계를 배타적으로 확정하면서 국가적 기능을 수행하기 위한 기관이나 기구 등을 조직하여 규범력 있는 법질서를 확립하였으며, 그러한 조직이 실효성의 원칙[9]에서 본 국가로서의 요건 즉 법적·형식적 의미에서 국민·영토·국가권력을 구비하였는가는 단지 시간의 문제인데 한국과 북한은 그동안 그러한 요건을 충족한 것으로 판단하여야 한다.[10]

북한의 국가성을 부인하는 입장은 1991년에 남한과 북한이 UN에 동시 가입한 후에는 더욱 유지 될 수 없다. UN의 가입은 UN헌장 제4조제1항에 따라 가입신청단체가 헌장에 규정된 의무를 수락하고 이러한 의무를 이행할 능력과 의사가 있다고 판단하는 국가임을 전제로 하고 있기 때문이며, 또한 새로운 국가 조직의 가입은 UN총회의 3분의 2의 다수에 근거하여 모든 회원국에 구속력을 가지게 된다.

대한민국은 북한의 법질서가 국제법상의 강행 규정(Jus Cogens)에 위반되지 않는 한 그 유효성을 인정해야 할 국제법적 의무를 부담하여야 한다.[11]

따라서 우리나라의 「공간정보관리법」에는 국가의 통치권이 미치는 모든 영토를 의무적으로 지적공부에 등록하여야 하는 직권등록주의를 채택하고 있으나, 북한 지역은 사실상 지적공부에 등록 할 수 있는 등록객체라고는 할 수 없다.

---

7) 내무부, 1979, "미등록도서 등록 완료보고".
8) 김성욱, 2012, "부동산 취득절차와 관련한 특수문제", 『현행 부동산등기제도의 몇 가지 문제점과 개선 방안』, 한국등기법학회·대한법무사협회 법제연구소, p.114.
9) 통치권력이 확고한 것으로 보여 지고 통치권의 주체가 일정한 공간적 범위에서 실제의 권력을 일정기간 지속적으로 행사하고 그에 의하여 법이 제정되고 시행된다면 그 통치권은 실효성이 있다.
10) 나인균, "한국헌법의 영토조항과 국적문제" pp.471~472. ; 김성욱, 2012. 앞의 논문, p.116. 재인용.
11) 김성욱, 2012. 위의 논문, pp.116~117.

지적에 관한 법의 성격
(Character of the Cadastral Act)

Chapter 02

「공간정보관리법」중 '지적에 관한 법'은 국가의 통치권이 미치는 모든 영토와 그 정착물 등을 조사·측량하여 필지별로 토지의 소재·지번·지목·경계·면적 등 물리적 현황인 실체관계와 소유권 등 법적 권리·제한사항 및 의무사항 등을 공적도부(公的圖簿)에 등록·공시하기 위한 부동산공시에 관한 기본법이다.

이러한「공간정보관리법」중 '지적에 관한 법'에서 공통적으로 나타내는 특성을 추출하여 유형화한 추상적인 성질이라고 할 수 있는 다음과 같은 '지적에 관한 법'의 성격을 토지의 등록·공시에 관한 기본법·공법적 성격을 지닌 토지사법·실체법적 성격을 지닌 절차법·임의법적 성격을 지닌 강행법이라 할 수 있으며, 측량에 관한 특별법의 성격을 갖고 있다고 할 수 있다.

1. 토지의 등록·공시에 관한 기본법

지적관계 법률을 그 내용과 기능적 측면에서 크게 나누면 토지등록·토지평가·토지과세·토지거래·토지이용계획 등에 관한 법률로 구분할 수 있다.

「공간정보관리법」에서 국가는 헌법 제3조의 규정에 의하여 국가의 통치권이 미치는 모든 영토인 한반도와 그 부속 도서를 지적측량이라는 기술적인 방법을 활용하여 필지 단위로 토지의 소재·지번·지목·경계 또는 좌표와 면적·소유자 등을 조사·측량하여 지적소관청이 비치한 공적장부인 지적공부에 등록·공시하고 그 변경사항을 계속하여 등록 관리하는 절차와 방법 등을 규정한 토지의 등록·공시에 관한 기본법이라고 할 수 있다.

그 이유는 지적공부에 등록·공시된 정보를 기준으로 토지등기부를 작성하고 토지에 대한 평가·과세·거래·이용계획 등 각종 토지정책에 관한 입안·결정·집행을 수행하고 있기 때문이다.

일반적으로 등기제도를 지적제도에 앞서 제도화되어 정착되었고 지적공부가 토지등기부를 토대로 작성 운용되고 있으며, 등기제도만 있으면 되는 것이지 지적제도가 무슨 필요가 있는가? 라는 의문을 제기하기도 하며, 토지등기부가 지적공부에 우선하여 소유권을 등록·공시하고 이를 보호하는 기능을 하고 있는 것으로 알고 있다.

그러나 이는 부동산등록·공시제도의 근본을 이해하지 못하는 것으로 "선 등록, 후 등기원칙(先 登錄, 後 登記原則)"에 따라 연속되어 있는 국토를 지적측량이라는 기술적인 방법을 활용하여 개인의 권리가 미치는 범위인 경계를 특정하고 각 필지별로 토지의 소재를 비롯하여 지번·지목·면적·좌표·소유자 등을 조사·측량하여 지적공부에 등록·공시한 후 이를 토대로 토지등기부를 작성하고 있다.

이러한 사유로 지적제도는 등기제도의 모체라고 할 수 있으며, 지적제도가 창설된 후 60년만인 1985년 10월 현재 전국의 사유 토지 2,483만 필지 중 5.5%에 해당하는 136만 필지가 미등기 토지로 집계되었으며[12], 1세기가 가까워 오는 오늘날에도 국공유지를 포함하여 지적공부에 등록된 약 1백만 필지의 토지가 미등기 토지로 전국에 산재되어 있는 것으로 추정된다.

다시 말하면 「공간정보관리법」 중 '지적에 관한 법'은 「부동산등기법」에 우선하기 때문에 「국토기본법」·「국세기본법」·「토지이용규제기본법」·「과학기술기본법」·「사회보장기본법」 등과 같은 유형의 토지의 등록·공시에 관한 기본법적 성격이 강한 법이라고 할 수 있다.

따라서 「공간정보관리법」 중 '지적에 관한 법'은 토지의 등록·공시에 관한 기본법이라고 보는 것이 타당하다.

2. 공법적 성격을 지닌 토지사법

공법(公法, Public Law)이란 국가의 조직이나 국가 또는 국가와 개인 관계를 규정하는 법률을 말하며, 「헌법」·「행정법」·「형법」·「소송법」·「국제법」 등이 있으며, 사법(私法, Private Law)이란 개인의 의무와 권리에 대하여 규정한 법률로 「민법」과 「상법」 등이 있다.

따라서 지적관계 법률도 토지공법(土地公法, Land Public Law)과 토지사법(土地私法, Land Private Law)으로 구분할 수 있다.

토지의 공법적(公法的) 관계 즉 국토의 효율적인 이용·개발 및 보전에 필요한 범위 안

---

[12] 『동아일보』, 1985. 10. 24. 제6면.

에서 토지의 재산권에 대하여 규율을 가하는 「국토의 계획 및 이용에 관한 법률」·「건축법」·「농지법」·「산지관리법」 등 국토의 이용·개발 및 보전에 관한 공법적 규율을 내용으로 하는 법률을 토지공법이라고 할 수 있다.13)

그리고 토지의 사법적(私法的) 관계 즉 토지를 소유하고 이를 사용·수익·처분하는 것은 「민법」·「주택임대차보호법」·「상가건물임대차보호법」·「집합건물의 소유 및 관리에 관한 법률」·「입목에 관한 법률」 등에 의하여 규율하고 있다.

또한 부동산거래의 안전을 확보하기 위하여 부동산에 대한 물리적 현황인 실체관계를 외부에 공시하기 위한 「공간정보관리법」과 법적 권리관계를 외부에 공시하기 위한 「부동산등기법」 등 사인(私人)간의 권리관계를 규율한 법률을 토지사법이라고 할 수 있다.

다시 말하면 토지공법은 토지에 관하여 공법적 규율을 가하는 법규로 국가나 지방자치단체가 공공복리를 위해 행정작용의 근거와 기준을 제시하고 그 목적을 달성하기 위해서 필요한 한도 내에서 사적 소유권에 공법적 규제를 가하고 사권과의 조정을 행하는 내용을 규정하고 있다.

근대 국가의 소유권에 대한 절대적 개념은 현대적인 복리 국가의 이상과 일치하는 상대적 소유권개념으로 변모하였으며, 공법적 규율은 토지가 지니는 사회적·경제적 측면에서 공공복리의 증진을 위한 것으로 해석된다. 이는 토지공개념으로 이해되며 점차 확대되는 현상을 보이고 있다.

그러나 토지에 대한 공법과 사법의 범위와 한계 등이 학문적으로 정립되어 있지 아니하고 이를 구별하기 위한 학설도 이익설(利益說)·성질설(性質說)·주체설(主體說)·생활관계설(生活關係說) 등으로 나눌 수 있으나,14) 토지에 관한 여러 가지 개별법을 토지공법과 토지사법으로 명확하게 구분하기가 어려운 실정이어서, 「지적법」을 토지공법으로 구분하여야 한다는 주장을 하고 있는 학자들도 있다.

프랑스의 스테판 라비뉴(Stéphane Lavigne) 교수는 지적은 공법과 사법의 중간에 위치하여 거의 2세기 동안 토지에 대한 과세와 소유권에 대한 호적으로서 계속 연구되어 왔으며, 오늘날 그 역할을 다하고 있다고 주장하였으나,15) 1998년에 국제측량사연맹(FIG)의 지적분과위원회에서 각국의 지적전문가들이 '지적 2014(Cadastre 2014)' 선언문을 채택하면서 사법에 기초한 전통적인 지적제도(Traditional Cadastre Based on Private Law)라고 전제하고 토지이용계획·환경보호·소음보호·건축·자연현상 등으로 인한 위협으로

---

13) 정태용, 2007, 『토지공법개론』, 서울, 세창출판사, p.3.
14) 곽윤직, 1989, 『민법총칙』, 서울, 박영사, pp.3~4.
15) Stéphane Lavigne, 1996, *Le Cadastre De La France*, Presses Universitaires De France, p.122.

부터의 보호 등을 위한 공법(Public Law)과 구별하고 있어16), 「지적법」을 사법으로 구분하느냐? 공법으로 구분하느냐? 하는 학계의 논란에 정확한 해답을 주고 있다.

「지적법」 제1조 목적에 "이 법은 토지에 관련된 정보를 조사·측량하여 지적공부에 등록 관리하고 등록된 정보의 제공에 관한 사항을 규정함으로써 효율적인 토지 관리와 소유권의 보호에 이바지함을 목적으로 한다."라고 규정하였다.

그러나 「공간정보관리법」 제1조 목적에는 "이 법은 측량 및 수로조사의 기준 및 절차와 지적공부(地籍公簿)·부동산종합공부(不動産綜合公簿)의 작성 및 관리 등에 관한 사항을 규정함으로써 국토의 효율적 관리와 해상교통의 안전 및 국민의 소유권 보호에 기여함을 목적으로 한다."라고 규정하고 있어, "효율적인 토지 관리"와 "소유권의 보호"를 각각 "국토의 효율적 관리"와 "국민의 소유권 보호"로 자구 수정을 하였을 뿐 내용이 변경된 것은 아니다.

이어서 2020년에 「해양조사와 해양정보 활용에 관한 법률」[시행 2021. 2. 19.] [법률 제17063호, 2020. 2. 18., 제정](이하 "「해양조사정보법」"이라 한다.)을 제정함에 따라 제13차 「공간정보관리법」[시행 2021. 2. 19.] [법률 제17063호, 2020. 2. 18., 타법개정] 개정이 이루어 졌는데, 「공간정보관리법」 제1조를 "이 법은 측량의 기준 및 절차와 지적공부·부동산종합공부의 작성 및 관리 등에 관한 사항을 규정함으로써 국토의 효율적 관리 및 국민의 소유권 보호에 기여함을 목적으로 한다."라고 개정하여 오늘에 이르고 있다.

「지적법」 제1조와 「공간정보관리법」 제1조에서 그 목적에 "효율적인 토지 관리 또는 국토의 효율적인 관리"라는 공익보호(公益保護) 기능을 앞에 규정하고 "소유권 보호 또는 국민의 소유권 보호"라는 사익보호 기능을 뒤에 규정하였으나, 「공간정보관리법」 중 '지적에 관한 법'의 실질적인 규정은 「민법」·「부동산등기법」 등과 연계하여 국민의 토지 소유권을 안전하게 보호하고 이를 정확하게 등록·공시하기 위한 사익보호(私益保護) 측면의 기능이 강하다고 할 수 있다.

다시 말하면 「공간정보관리법」은 국토의 효율적인 이용을 도모하기 위한 분할·합병·지목변경 등 토지에 대한 사권(私權)행사의 제한관계를 규정하고, 지적소관청이 지적공부에 토지에 대한 실체관계와 법적 권리관계를 등록·공시하기 위한 절차와 권한을 규정하여 국토의 효율적인 관리를 도모함으로써 공익보호를 실현하기 위한 공법적 성격을 지닌 법이라고 할 수도 있으나, 토지에 대한 실체관계와 법적 권리관계를 등록·공시하기 위한 절차와 권한을 규정하고, 국민의 토지 소유권을 안전하게 보호하며 등기부 작성의 기초

---

16) J. Kaufmann, D. Steudler, 1998, 『Cadastre 2014』, FIG Commission 7, pp.26~28.

자료를 제공함으로써 사익보호를 실현하기 위한 사법적 성격이 강한 법이라고 할 수 있다. 따라서 「공간정보관리법」 중 '지적에 관한 법'은 공법적 성격을 지닌 토지사법이라고 보는 것이 타당하다.

위에서 서술한 토지공법과 토지사법의 구분은 <표 1-1>과 같다.

<표 1-1> 토지공법과 토지사법의 구분

구 분			법률 명칭
토지사법	부동산의 사용·수익·처분에 관한 법		민법·주택임대차보호법·상가건물임대차보호법·집합건물의 소유 및 관리에 관한 법률
	부동산의 등록·공시에 관한 법		공간정보관리법('지적에 관한 법')·부동산등기법
토지공법	종합목적	전 국	국토기본법, 국토의 계획 및 이용에 관한 법률, 토지이용규제기본법
		광역권	수도권정비계획법
		도 시	개발제한구역의 지정 및 관리에 관한 특별조치법, 도시개발법, 도시 및 주거환경 정비법
	특정목적	택지개발 및 주택건설	공영주택법, 택지개발 촉진법
		공업용지개발	산업입지 및 개발에 관한 법률, 산업집적활성화 및 공장설립에 관한 법률
		농지의 이용	농지법, 농어촌 정비법, 농어촌 발전특별조치법
		초지개발	초지법
		임야의 이용	산림기본법, 산림자원의 조성 및 관리에 관한 법률, 산지관리법, 사방사업법
		공원 및 녹지의 관리	자연공원법, 도시공원 및 녹지 등에 관한 법률
		관광지개발	관광사업진흥법
		공물의 관리	도로법, 하천법, 공유수면 관리 및 매립에 관한 법률
		개별건축물의 건축	건축기본법
		공공용지의 취득	공익사업을 위한 토지 등의 취득 및 보상에 관한 법률

출처 : 정태용, 2007, 『토지공법개론』, 서울, 세창출판사, p.4. 참고 작성.

3. 실체법적 성격을 지닌 절차법

실체법(實體法, Substantial Law)이란 사법을 구분하는 분류의 하나로 절차법과 대비되는 개념으로 권리나 의무의 실질적인 사항 즉 성질·내용·범위 및 그 발생·변경·소멸 등을 규율하는 법을 말하며, 대표적인 실체법으로 「민법」과 「상법」 등이 있다.

그리고 절차법(節次法, Adjective Law)이란 실체법을 실현하는 절차 즉 권리나 의무의 실질적 내용을 실현하기 위한 절차를 규율하는 법을 말하며, 「민사소송법」, 「형사소송법」, 「부동산등기법」, 구 「호적법」 등이 있다.

「공간정보관리법」은 연속되어 있는 토지를 측량이라는 기술적인 방법을 활용하여 인위적으로 필지 단위로 구획하여 국가기관이 비치·관리하고 있는 공적장부인 지적공부에 등록·공시하고 그 변경사항을 계속하여 등록 관리하는 절차와 방법을 규정한 절차법적 성격을 지니고 있다.

1975년 제2차 「지적법」 개정 법률 제1조 목적에 "이 법은 토지를 지적공부에 등록하는 절차와 이에 따르는 지적측량 및 그 정리에 관한 사항을 규정함으로써 효율적인 토지관리와 소유권의 보호에 기여함을 목적으로 한다."라고 규정하였으며, 2001년 제10차 「지적법」 개정 법률 제1조에 "이 법은 토지에 관련된 정보를 조사·측량하여 지적공부에 등록 관리하고 등록된 정보의 제공에 관한 사항을 규정함으로써 효율적인 토지 관리와 소유권의 보호에 이바지함을 목적으로 한다."라고 규정하였다.

그리고 「공간정보관리법」 제1조에 "이 법은 측량 및 수로조사의 기준 및 절차와 지적공부·부동산종합공부의 작성 및 관리 등에 관한 사항을 규정함으로써 국토의 효율적 관리와 해상교통의 안전 및 국민의 소유권 보호에 기여함을 목적으로 한다."라고 규정하였으며, 제13차 「공간정보관리법」 개정 당시에 제1조를 "이 법은 측량의 기준 및 절차와 지적공부·부동산종합공부의 작성 및 관리 등에 관한 사항을 규정함으로써 국토의 효율적 관리 및 국민의 소유권 보호에 기여함을 목적으로 한다."라고 개정하여 오늘에 이르고 있으며, 이러한 규정은 실체법의 내용을 실현하기 위한 보전·이행·강제 등의 절차를 규정한 절차법임을 알 수 있다.

지적소관청은 모든 영토를 직권으로 지적공부에 등록·공시하고 그 변경정보를 영속적으로 등록 관리하도록 「공간정보관리법」 중 '지적에 관한 법'에 토지의 등록·지적측량·지적공부의 정리 등에 관한 절차를 규정하고 있기 때문에 「형사소송법」·「민사소송법」·「부동산등기법」 등과 같은 절차법임에는 논란의 여지가 없다.

그리고 「공간정보관리법」 제77조부터 제84조까지의 규정에 토지소유자는 지적공부에 등록할 토지가 생기거나 지번·지목·면적 등이 달라지는 신규등록·등록전환·분할·합병·지목변경·바다로 된 토지의 말소 등 토지이동 사유가 발생한 경우에는 그 날부터 60일 내에 지적소관청에 토지의 이동 신청을 하도록 규정하고 있기 때문에 지적소관청은 모든 영토를 지적공부에 등록·공시하고 그 변경정보를 영속적으로 등록 관리하여야 하며, 토지소유자는 권리의 발생·변경·소멸 등을 수반하는 토지이동에 관한 사항을 지적소관청에 신청하여야 한다.

다시 말하면 「공간정보관리법」은 국가기관의 하부기관장인 시장·군수·구청장 즉, 지적소관청이 하여야 할 행위와 의무를 규정하고 있을 뿐만 아니라 국민인 토지소유자가 하여야 할 행위와 권리·의무 등에 관한 실체관계를 함께 규정하고 있기 때문에 「형법」·「민법」·「상법」과 같은 실체법적 성격을 지닌 법이라고 할 수도 있으나, 연속되어 있는 토지를 인위적으로 구획하여 국가기관이 비치·관리하고 있는 지적공부에 등록·공시하고 그 변경정보를 계속하여 등록 관리하는 절차와 방법을 규정한 절차법적 성격이 강한 법이라고 할 수 있다.

따라서 「공간정보관리법」 중 '지적에 관한 법'은 실체법적 성격을 지닌 절차법이라고 보는 것이 타당하다.

4. 임의법적 성격을 지닌 강행법

임의법(任意法, Dispositive Law)이란 당사자가 법의 규정과 다른 의사를 가지고 있을 때에는 법의 규정이 적용되지 않고 당사자의 의사에 따르게 되는 법을 의미하며, 강행법(强行法, Imperative Law)이란 당사자의 의사와는 관계없이 강제적으로 적용되는 법을 말한다.

「공간정보관리법」은 공법적 성격을 지닌 토지사법으로써 토지소유자가 필요한 경우에는 소유자의 의사에 따라 분할·합병 등의 토지 이동 신청을 할 수 있는 임의법적인 성격을 갖고 있으나, 신규등록·등록전환·지목변경 등의 토지 이동사유가 발생된 경우에는 토지소유자가 자기의 의사에 의하여 「공간정보관리법」 중 '지적에 관한 법'의 적용을 배제할 수 없으며, 지적소관청은 토지의 등록·공시에 관한 기본법인 「공간정보관리법」에 규정된 절차에 따라 통치권이 미치는 모든 영토를 토지소유자의 의사 여하에 불구하고 강제적으로 지적공부에 등록·공시하여야 하는 강행법적 성격을 갖고 있다.

「공간정보관리법」 제77조부터 제81조까지의 규정에 새로이 지적공부에 등록할 토지가 생기거나 지번·지목·면적 등이 달라지는 경우에는 그 날부터 60일 내에 지적소관청에 토지의 이동 신청을 하도록 규정하고 있다.

그리고 「공간정보관리법」 제79조제1항부터 제80조제1항까지의 규정에 토지소유자의 의사에 따라 필요한 경우에 한하여 분할 또는 합병신청을 할 수 있도록 규정하고 있어, 강제를 수반하지 아니하고 당사자의 의사로 그의 적용을 배제할 수 있는 약한 의미의 임의법적 성격을 지닌 법이라고 할 수도 있으나, 「공간정보관리법」 제64조제2항에 토지소유자의 신청이 없을 때에는 지적소관청이 직권으로 이를 조사·측량하여 지적공부에 등록하도록 규정되어 있을 뿐만 아니라 「지적법」 제53조제1항에 이러한 신청의무를 게을리 한 토지소유자에게는 과태료를 부과하도록 규정하고 있었기 때문에 당사자의 의사와 상관없이 강제적으로 적용되는 강행법적 성격이 강한 법이라고 할 수 있다.

따라서 「공간정보관리법」 중 '지적에 관한 법'은 임의법적 성격을 지닌 강행법이라고 보는 것이 타당하다.

5. 측량에 관한 특별법

일반법(一般法, General Law)이란 누구에게나 차별 없이 일반적이고 보편적으로 적용되는 법으로 「민법」·「형법」 등이 있으며, 특별법(特別法, Special Law)이라 함은 일반적이지 아니하고 보편적이 아닌 특별한 사람·특별한 장소·특별한 사물 등에 한하여 제한적으로 적용되는 법으로 「상법」·「공무원법」·「부동산소유권 이전등기 등에 관한 특별조치법」 등이 있다.

「민법(民法)」은 모든 국민에게 적용되는 일반법이나, 「상법(商法)」은 장사를 하는 특정한 사람인 상인(商人)에게만 적용되는 특별법이다. 「상법」과 「은행법(銀行法)」은 장사에 관한 법률로 비슷해 보이지만 「은행법」은 은행이라는 더 특수한 상인에게만 적용되어 「상법」보다 「은행법」이 더 특별법이라고 할 수 있다. 따라서 「상법」은 특별법이 될 수도 있고 일반법이 될 수 있는 상대성이 있다.

일반법과 특별법을 구별하는 실익은 동일한 사안에 대하여 일반법과 특별법이 병존하는 경우에는 특별법이 우선하여 적용되는 '특별법 우선의 원칙'이 있다.

특별법과 일반법의 관계는 법령 상호간의 관계에서만 적용되는 것이 아니라 동일한 단행 법령의 규정 상호간에도 적용된다.

예컨대, 「민법」 중 채권의 소멸시효 기간을 10년으로 규정하고 있는 제162조제1항의 규정은 일반규정(일반법)이나, 이자채권의 소멸시효기간을 3년으로 규정하고 있는 제163조의 규정은 특별규정(특별법)이다. 그리고 「형법」 중 형벌을 사형·무기 또는 5년 이하의 징역으로 규정하는 보통살인죄에 관한 제250조제1항은 일반규정이나, 형벌을 10년 이하의 징역으로 규정하는 영아살인죄에 관한 제251조는 특별규정이다.

구 「측량법」은 일반적으로 설계·시공을 위한 모든 측량에 적용되는 측량에 관한 일반법이라고 할 수 있으며, '지적에 관한 법'은 국민의 토지소유권을 등록·공시하기 위한 특수한 목적의 지적측량에만 적용하는 법으로서 측량에 관한 특별법이라고 할 수 있다. 그러나 '지적에 관한 법'은 「부동산소유권 이전등기 등에 관한 특별조치법」에 관한 일반법이라고 할 수 있어 '지적에 관한 법'은 특별법이 될 수도 있고 일반법이 될 수도 있다.

또한 구 「측량법」은 측량의 기준·측량표·측량성과의 작성 등에 관한 일반적인 사항을 규정하고 있으나, '지적에 관한 법'은 국민의 토지소유권을 등록·공시하기 위한 토지의 소재·지번·지목·경계 또는 좌표·면적 등과 토지소유자의 성명·주소·등록번호 등의 조사·측량에 관한 특수한 사항을 규정하고 있다.

따라서 측량에 관한 일반적인 사항을 규정한 구 「측량법」에 비하여 '지적에 관한 법'은 지적측량에 관한 특수한 사항을 규정한 특별법적 성격이 강한 법이라고 할 수 있다.

그러므로 '지적에 관한 법'은 측량에 관한 특별법이라고 보는 것이 타당하다.

위와 같이 '지적에 관한 법'은 토지에 대한 조사·측량과 공적도부에 등록·공시하는 실체적 내용과 절차적 내용 등을 규정한 부동산의 등록·공시에 관한 기본법이면서 공법적 성격을 지닌 토지사법, 실체법적 성격을 지닌 절차법, 임의법적 성격을 지닌 강행법, 측량에 관한 특별법이라고 정의할 수 있다.

지적법이란?
What is Cadastral Act?
The answer is in this book.

지적관련 법률의 구분
(Classification of Related to Cadastral Act)

Chapter 03

우리나라의 지적관련 법률은 입법 목적과 기능별로 헌법(憲法)을 정점으로 민법(民法)과 토지 등록·공시에 관한 법률을 비롯하여 토지평가·토지과세·토지거래·토지이용계획·기타 토지관련 법률 등으로 다음과 같이 구분할 수 있다.

1. 헌법과 민법

지적관련 법률의 기본원칙은 「헌법」 제23조에 "① 모든 국민의 재산권(財産權)은 보장된다. 그 내용과 한계(限界)는 법률로 정한다. ② 재산권의 행사는 공공복리(公共福利)에 적합하도록 하여야 한다. ③ 공공필요에 의한 재산권의 수용(收用)·사용 또는 제한 및 그에 대한 보상(補償)은 법률로써 하되, 정당한 보상을 지급하여야 한다."라고 규정하고 있어 국민의 재산권 보장과 사적 이익의 추구를 보장하고 있다.

그런데 자본주의 체제하에서는 토지소유권이 절대적이라는 사상에 기반을 둔 소유권의 불가침을 인정하여 경제가 운용되었으나, 토지의 경우 부증성(不增性)으로 인한 가용면적이 상대적으로 제한되고 토지소유와 토지를 사용하려는 인간의 욕구가 점차 증가함으로 토지의 공급이 항상 수요에 미치지 못하는 문제점을 안고 있다.

이러한 문제로 인하여 토지가 공공재화(公共財貨)라는 생각에 바탕을 두고 기존 토지소유권의 절대사상에 변화를 가하기 시작하였다.

「헌법」 제120조제2항에 "국토와 자원은 국가의 보호를 받으며, 국가는 그 균형 있는 개발과 이용을 위하여 필요한 계획을 수립한다."라고 규정하고, 같은 법 제121조제1항에 "국가는 농지에 관하여 경자유전의 원칙이 달성될 수 있도록 노력하여야 하며, 농지의 소작제도는 금지된다."라고 규정하고, 같은 법 제122조에 "국가는 국민 모두의 생산 및 생활의 기반이 되는 국토의 효율적이고 균형 있는 이용·개발과 보전을 위하여 법률이 정하는 바에 의하여 그에 관한 필요한 제한과 의무를 과할 수 있다."라고 규정하고 있다.

그리고 「민법」 제2조에는 "① 권리의 행사와 의무의 이행은 신의에 좇아 성실히 하여야 한다. ② 권리는 남용하지 못한다."라고 규정하고, 같은 법 제186조에는 "부동산에 관한 법률행위로 인한 물권의 득실변경은 등기하여야 그 효력이 생긴다."라고 규정하고 있으며, 같은 법 제212조에는 "토지의 소유권은 정당한 이익이 있는 범위 내에서 토지의 상하에 미친다."라고 규정하고 있다.

따라서 우리나라의 지적관련 법률의 대원칙은 「헌법」 제23조를 비롯하여 제120조 내지 제122조와 민법 제2조·제186조·제212조 등의 규정에 의하여 국민의 재산권 보장과 아울러 국토와 자원의 보호·개발이용, 농지의 소작제 금지, 국토의 균형 있는 이용·개발·보전을 위하여 필요한 제한과 의무 등을 기본원리로 하여 이를 실현 할 수 있도록 토지의 등록·공시에 관한 법률을 비롯하여 토지평가·토지과세·토지거래·토지이용계획·기타 토지관련 법률을 제정하여 운영하고 있다.

2. 토지등록·공시에 관한 법률

헌법을 기반으로 민법에 부동산에 관한 물권의 득실변경과 소유권 및 소유권 이외의 기타 권리 등에 관한 사항을 규정하고 있다.

그러나 부동산에 관한 물권의 득실변경과 소유권 및 소유권 이외의 기타 권리 등에 관한 사항을 등록·공시하기 위한 기본법은 바로 지적법(현 「공간정보관리법」)과 지적재조사에 관한 특별법 및 부동산등기법을 비롯하여 토지에 관한 등록·공시의 기능을 확립하고 실체의 물리적인 상태와 권리적인 상태가 일치할 수 있도록 한시적으로 시행한 부동산 소유권이전등기 등에 관한 특별조치법 등 <표 1-2>와 같은 법률이 토지등록·공시에 관한 법률이라고 할 수 있다.

<표 1-2> 토지등록·공시에 관한 법률

제정 연월일	법률 명칭	시행 기간
1950. 12. 1.	지적법[시행 1950. 12. 1.] [법률 제165호, 1950. 12. 1., 제정] ; 지적법 폐지(시행 2009. 12. 10.] [법률 제9774호, 2009. 6. 9., 타법폐지]	1950. 12. 1.~ 2009. 12. 10.
1960. 1. 1.	부동산등기법[시행 1960. 1. 1.] [법률 제536호, 1960. 1. 1., 제정](시행 중)	1960. 1. 1.~ 시행중

1961. 5. 5.	분배농지소유권 이전등기에 관한 특별조치법[시행 1961. 5. 5.] [법률 제613호, 1961. 5. 5., 제정]	1961. 5. 5~ 1964. 12. 31.
1964. 9. 17.	일반농지의 소유권이전등기 등에 관한 특별조치법[시행 1964. 9. 17.] [법률 제1657호, 1964. 9. 17., 제정]	1964. 9. 17.~ 1965. 6. 30
1969. 5. 21	임야소유권 이전등기 등에 관한 특별조치법[시행 1969. 6. 21.] [법률 제2111호, 1969. 5. 21., 제정]	1969. 6. 21.~ 2008. 12. 19.
1970. 8. 7.	부동산등기에 관한 특별조치법[시행 1970. 9. 7.] [법률 제2221호, 1970. 8. 7., 제정]	1970. 8. 7.~ 2009. 3. 20.
1977. 12. 31.	부동산소유권 이전등기 등에 관한 특별조치법[시행 1978. 3. 1.] [법률 제3094호, 1977. 12. 31., 제정]	1978. 3. 1.~ 1984. 12. 31.
1986. 5. 8.	공유토지 분할에 관한 특례법[시행 1986. 10. 1.] [법률 제3811호, 1986. 5. 8., 제정]	1986. 10. 1.~ 2006. 12. 3.
1990. 8. 1.	부동산등기 특별조치법[시행 1990. 9. 2.] [법률 제4244호, 1990. 8. 1., 제정]	1990. 9. 2.~ 시행 중
1992. 11. 30.	부동산소유권 이전등기 등에 관한 특별조치법[시행 1993. 1. 1.] [법률 제4502호, 1992. 11. 30., 제정]	1993. 1. 1.~ 1994. 12. 31.
2005. 5. 26.	부동산소유권 이전등기 등에 관한 특별조치법[시행 2006. 1. 1.] [법률 제7500호, 2005. 5. 26., 제정]	2006. 1. 1.~ 2007. 12. 31.
2009. 6. 9.	측량·수로조사 및 지적에 관한 법률[시행 2009. 12. 10.] [법률 제9774호, 2009. 6. 9., 제정]	2009. 12. 10.~ 2015. 6. 4.
2011. 9. 16.	지적재조사에 관한 특별법[시행 2012. 3. 17.] [법률 제11062호, 2011. 9. 16., 제정]	2012. 3. 17.~ 시행 중
2014. 6. 3.	측량·수로조사 및 지적에 관한 법률을 공간정보의 구축 및 관리 등에 관한 법률[시행 2015. 6. 4.] [법률 제12738호, 2014. 6. 3., 일부개정]로 제명 변경	2015. 6. 4.~ 시행 중
2020. 2. 4.	부동산소유권 이전등기 등에 관한 특별조치법[시행 2020. 8. 5.] [법률 제16913호, 2020. 2. 4., 제정]	2020. 8. 5.~ 2022. 8. 4.

3. 토지평가·과세·거래·이용계획 등에 관한 법률

우리나라의 지적관련 법률은 헌법과 민법을 기반으로 제정 시행 중인 지적법(현 「공간정보관리법」)·「지적재조사에 관한 특별법」·「부동산등기법」·「부동산등기 특별조치법」 등 토지등록·공시에 관한 법률을 토대로 하여 지적공부와 등기부에 등록 공시한 다양한 정보를 활용하여 제정 시행 중인 ① 토지평가에 관한 법률, ② 토지과세에 관한 법률, ③ 토지거래에 관한 법률, ④ 토지이용계획에 관한 법률, ⑤ 기타 토지관련 법률 등으로 구분할 수 있는데, 입법 목적과 기능별로 분류한 지적관련 법률 체계도는 [그림 1-1]과 같다.

그러나 지적관련 법률이 복잡·다기(多岐)할 뿐만 아니라 60년대 이후 산업화 사회에 접어들면서 국가의 주요정책 목표를 달성하기 위하여 이용규제에 관한 지적관련 법률이 적지 않게 제정 또는 개정되거나 폐지되었다.

특히 사회기반시설·산업용지·택지 등을 공급하기 위한 개발사업적 지적관련 법률과 이와는 대립적인 농지 또는 산지의 보전을 위한 법률이 동시 다발적으로 제정 또는 개정됨으로써 토지이용 촉진과 억제 기능이 맞물리는 혼선을 초래하였으며, 중복규제·관련 법률 간의 상충 등으로 토지 관리의 합리성과 이용의 효율성이 저해되고 있는 실정이다.17)

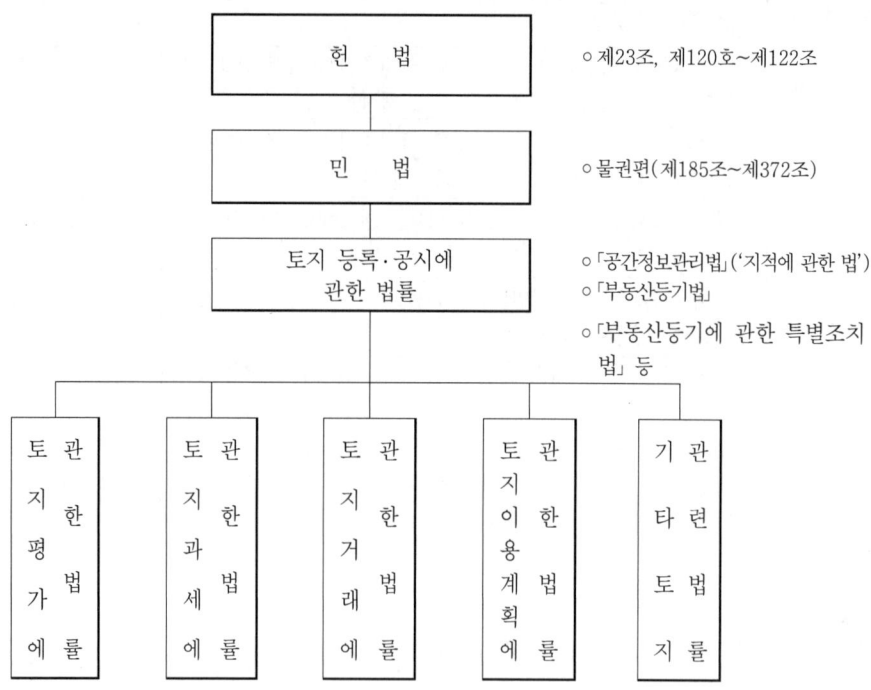

출처 : 전국경제인연합회, 1989, 『토지법재정비개편에 관한 연구』, 1986, pp.21~32. ; 토지공개념위원회, 『토지공개념연구위원회 연구보고서』, p.33. 참고 작성.

[그림 1-1] 지적관련 법률 체계도

---

17) 전국경제인연합회, 1986, 『토지법 재정비개편에 관한 연구』, p.33.

제 2 편

지적법의 제정과 개정 연혁

(Part 2. Enactment & Amendment History of the Cadastral Act)

- 제1장 지적법의 제정 과정 / 42
  (Chapter 1. Enactment Process of The Cadastral Act)

- 제2장 지적법의 제정 / 95
  (Chapter 2. Enactment of The Cadastral Act)

- 제3장 지적법의 개정 연혁 / 112
  (Chapter 3. Amendment History of the Cadastral Act)

- 제4장 측수지법의 제정과 개정 연혁 / 135
  (Chapter 4. Amendment History of the Act on Surveying, Hydrographic Surveying and Cadastre)

- 제5장 공간정보관리법의 개정 연혁 / 141
  (Chapter 5. Amendment History of the Act on the Establishment, Management, etc. of Spatial Data)

Cadastral Act

지적법의 제정 과정
(Enactment Process of The Cadastral Act)

Chapter 01

　우리나라의 지적제도와 「지적법」의 기원은 고조선을 비롯하여 부족국가와 삼국 시대 및 고려 시대의 토지제도·과세·측량 등에 관련된 행정조직과 관련 법규 및 고대의 벽화·지도·측량기기·과세자료 등을 조사·분석하여 규명할 수밖에 없다.

　그러나 아쉽게도 고려 시대 이전의 토지제도와 과세·측량 등에 관한 유물이나 사료 등이 남아 있지 않아 지적제도와 「지적법」의 기원을 명확하게 규명할 수 없는 실정이다.

　따라서 1392년에 태조(재위기간 : 1392~1398.) 이성계가 고려를 이어받아 조선을 건국하면서 제1대 태조로부터 제25대 철종에 이르기까지 472년간의 역사를 정치와 외교를 비롯하여 군사·교육·경제·산업·문화·종교·교통과 통신·미술·풍속 등 사회 전반에 걸쳐 일어난 일을 모두 기록한 조선왕조실록(朝鮮王朝實錄)을 작성하여 보존하고 있기 때문에 이를 토대로 지적제도와 「지적법」의 기원을 규명할 수밖에 없다.

　1405년 제3대 태종(재위기간 1400~1418.)이 육조의 관제를 재정비할 때 호조(戶曹)에 판적사(版籍司)를 설치하고 호구·토지·부역·공헌·농상 장려·풍흉·홍수와 가뭄 조사 및 의창의 구제사무 등을 관장하도록 하였으며, 정랑 1인과 좌랑 1인이 담당한다. "(版籍司 掌戶口 土田 賦役 貢獻 勸課農桑 考驗豊凶 水旱及義倉[1])賑濟之事 正郞一人 佐郞 一人)"[2])라고 기록되어 있다. 이러한 판적사는 조선 말기까지 그대로 유지되었는데,[3]) 호구조사와 토지조사업무를 관장하는 오늘날 중앙정부의 지적행정조직으로 발전하였다고 할 수 있으며, 근대적인 지적행정조직의 시원이라고 할 수 있다.

　미국의 경제사가인 월트 로스토(Walt Whitman Rostow)[4]) 교수가 역사적 발전

---

1) 의창(義倉)이란 평소에 곡식 등을 저장하여 두었다가 흉년에 빈민을 구제하는 기관으로, 진대(賑貸)와 진제(賑濟)사무로 구분된다. 진대는 봄에 생활이 곤란한 사람에게 곡식을 대여하였다가 가을에 거두어들이는 것이고, 진제는 흉년에 기민(饑民)에게 무상으로 곡식을 나눠주는 것이다.
2) 태종실록 권제9, 5장 앞쪽~뒤쪽, 태종 5년 3월 1일(병신)]
3) 네이버 지식백과,(한국민족문화대백과 ; https://terms.naver.com/ 2020. 12. 25.) ; 위키실록사전. (http://dh.aks.ac.kr/sillokwiki/index.php/ 2020. 12. 25.)
4) 월트 로스토(Walt Whitman Rostow, 1916~2003.)는 미국의 경제학자로서 매사추세츠공과대학 경제사 담당 교수와 국제연구센터의 연구위원으로 근무했으며, 케네디 대통령 시절 국무성 정책기획위원회 위원장을 지냈다. 경제성장론 분야에서 독자적 경제발전단계설을 제창하였으며, 주요 저서에 『경제성장의 과정』 등이 있다.

단계론을 근대 경제학과 결부시켜 "①전통사회 ②도약준비 ③도약 ④성숙 ⑤고도 대중소비"의 5단계로 나누어 '경제발전 단계설'을 주장하였는데,「지적법」의 역사적 발전과장을 이를 인용하여 다음과 같이 구분하여 서술하였다.

첫째, 1392년에 이성계가 고려를 이어받아 조선을 건국하면서 양전과 과전법 및 답험손실법을 시행한 후 1895년 내부관제(1895. 3. 26. 칙령 제53호)와 내부분과규정(1895. 4. 17.)을 제정하기 전까지의 오랜 기간을 준비단계(1392~1895.)로

둘째, 1895년에 내부관제와 내부분과규정을 제정 시행한 후 1924년에 토지조사사업과 임야조사사업을 완료하기까지의 기간을 창설단계(1895~1924.)로

셋째, 1924년에 토지조사와 임야조사사업을 완료한 후 1975년에 제2차「지적법」을 개정(전부개정)하여 시행하기 전까지의 기간을 정착단계(1924~1975.)로

넷째, 1975년 제2차「지적법」을 개정하여 근대적인 지적제도를 전산화하여 도면과 대장이 없는 현대적인 지적제도(Mapless & Bookless Cadastral System)로 개편하기 시작한 후부터 현재까지의 기간을 발전단계(1975~현재)로 구분하였다.

그러나 관점에 따라 발전단계를 발전단계와 성숙단계로 구분할 수도 있으며, 1985년에 한국지적학회가 내무부와 대한지적공사의 지원을 받아 '최신 지적제도에 관한 국제학술회의'를 개최하여 지적재조사사업에 관한 관심을 불러일으킨 후「지적재조사법」을 제정하기 전인 2012년까지를 '제2의 준비단계'로,「지적재조사법」을 제정 시행한 2012년 이후를 '제2의 창설단계'로 구분할 수도 있으며, 지적관련 법규의 제정 주체별로 첫째, 조선 시대(1437~1897) 둘째, 대한제국 시대(1897~1910.) 셋째, 일제 강점기 시대(1910~1945.) 넷째, 광복 후 시대(1945~현재) 등으로 구분할 수도 있다.

1. 준비단계(1392~1895.)

1392년에 태조 이성계가 조선을 건국하면서 고려 말에 시행하였던 양전(量田)과 과전법(科田法) 및 답험손실법(踏驗損實法)을 이어 받아 시행하였으며, 이어서 조선경국전(朝鮮經國典, 1394.)·경제육전(經濟六典, 1397.)·경제육전속전(經濟六典續典, 1413.)·상정공법(詳定貢法, 1437.)·공법(貢法, 1444.)·경국대전 호전((經國大典, 1460.)·영정과율법(永定課率法, 1635.)·전제상정소준수조화(田制詳定所遵守條畫, 1653.)·속대전(續大典, 1746.)·대전통편(大典通編, 1786.)·대전회통(大典會通, 1865.) 등을 각각 제정 시행하였다.

위와 같은 조선시대의 법령(法令)은 교지(敎旨)와 전지(傳旨) 또는 수교(受敎)와 수판(受判) 등을 성문화(成文化)한 국왕의 명령이라 할 수 있는데, 그 중에는 영구히 보존 준수하여야 할 근본적인 법규와 일시적이고 지엽적인 규정으로 구분할 수 있다. 전자를 경구지법(經久之法) 혹은 전(典)이라 하고, 후자(後者)를 권의지법(權宜之法) 또는 녹(錄)이라 하였으며,5) 법전에 수록한 법은 고칠 수 없다는 조종성헌(祖宗成憲 : 왕실의 선조 때부터 지켜져 내려온 법으로 금석과 같은 절대적 가치가 부여되었다.) 존중주의(尊重主義)와 법전에 수록하는 법은 영세불변(永世不變)의 법이어야 한다는 원칙이 있었다.

그리고 법전을 정전(正典)과 등록(謄錄)으로 나누어 영세지법(永世之法)은 법전(法典)에, 일시지법(一時之法)은 등록(謄錄)에 수록하는 것은 조선 시대 법전 편찬의 주요 원칙이었으나,6) 양자의 구별은 상대적이므로 법전 편찬시마다 혼란이 있었다.

따라서 여말선초의 답험손실법 시행 후부터 조선 말기인 1895년 내부관제(1895. 3. 26. 칙령 제53호)와 내부분과규정(1895. 4. 17.)을 제정 시행하기 전까지의 오랜 기간을 근대적인 지적제도의 창설을 위한 준비단계(1392~1895.)로 구분하였으며, 이 기간 중에 제정한 지적관련 법규의 제·개정 연혁은 다음과 같다.

1.1. 답험손실법 제정

태조 이성계는 조선을 건국하면서 고려 말인 1389년 창왕 원년에 실시한 양전과 1391년<공양왕 3>에 시행한 과전법 및 매년 농사의 작황을 현지에 나가 직접 조사하여 적당한 비율로 정해진 전세를 감면해 주기 위하여 실시한 답험손실법을 그대로 계승하여 시행하였다.

고려 말 이성계는 국가 재정을 악화시키고 농민들에게 무리한 부담을 안겨 주었던 사전(私田) 문제를 해결하기 위하여 건국 당시 과전법의 시행으로 토지에 대한 세금은 생산량의 10%이었으며, 1결당 생산량을 300두(斗)로 추정하였으므로 30두를 납부하였는데, 30두는 최고 세액이며 수확량의 감수 정도를 반영하여 조세를 감면하는 답험손실법을 시행하였다.

---

5) 전봉덕(田鳳德), 1989, 『경제육전습유(經濟六典拾遺)』, 아세아문화사, pp.8~9. ; 박병호(朴秉濠), 1987, 『한국법제사고(韓國法制史攷)』, 법문사, p.402 pp.406~407.
6) 임용한, 2003, "경제6전등록의 편찬 목적과 기능", 『법사학연구』, 제27호(2003. 4.), p.165.

답험손실법은 한 해의 농사 작황을 관리가 직접 현지에 나가 조사해 등급을 정하는 '답험법(踏驗法)'과 조사한 작황의 등급에 따라 적당한 비율로 조세를 감면해주는 '손실법(損實法)'을 합하여 칭한 것으로 '수손급손법(隨損給損法)' 또는 '손실답험법(損實踏驗法)'이라고도 하였다.

답험손실법은 손(損)과 실(實)을 각각 10분(分)으로 나누어 손재(損災)가 1분(分)에 이를 때마다 3두씩 감세하였으며, 손재가 8분(分)에 이르면 전액 감면하였는데, 1437년 <세종 19> 상정공법(詳定貢法)을 제정할 때까지 시행되었다.7)

1437년에 의정부에서 "결당 30두 수조는 고려의 것이고, 태조는 수손급손(隨損給損)의 제도를 처음 만드셨다. 그 제도가 다름 아닌 답험손실법이었다."라고 기록에 남겨 답험손실법은 태조의 자랑스러운 업적이었다.8)

그러나 이 법의 시행과정에서 토지의 비옥도를 고려하지 않아 조세의 징수가 공평하게 이루어지지 않았고, 실제 풍흉(豊凶)을 조사하여 세액을 결정하였는데 국가에 세금을 납부하는 공전(公田)은 수령이, 전주(田主)에게 조(租)를 납부하는 사전(私田)은 전주가 각각 답험(踏驗)9)을 담당하여 풍흉을 조사하는 답험자의 부정으로 인한 폐단이 많았다.

답험손실법을 시행하기 위하여 고려 말부터 조선 초기까지 지역별 국지적으로 소규모의 양전을 실시하여 양안(量案)을 작성하기 시작하였다.

1.2. 조선경국전 편찬

1394년 3월에 조선의 개국공신인 삼봉 정도전(三峯 鄭道傳)10)은 조선 건국 초기에 국가를 통치하는데 필요한 기본적인 통치규범을 정한 법전서로 조선경국전(朝鮮經國典)의 편찬을 완료하고 그해 5월에 태조에게 바쳤다.

조선경국전은 정도전이 조선 건국의 중심에 있었고 조선의 건국이념을 창안한 실질적 책임자였다는 점에서 중요한 의미가 있으며, 주나라 제도인 『주례(周禮)』의 6전체제(六

---

7) 오기수, 2021, "세종대왕 공법(貢法)", 한국세무사회, p.11. ; 유기현, 2022, "조선왕조실록 기반의 전세(田稅) 정책에 관한 연구-답험손실법 및 공법(貢法)을 중심으로-", 『GRI연구논총』, Vol.24, No.2, 통권 82호, 재단법인 경기연구원, p.247.
8) 강제훈, 2000, "답험손실법의 시행과 전품제의 변화", 『한국사학보』(제8호), 고려사학회, p.294.
9) 답험(踏驗)이란 세금이나 소작료를 제대로 거두기 위하여 관련 논밭에 가서 농작(農作)의 상황을 실지로 조사하던 일을 말하며, 답품(踏品)이라고도 하였다.
10) 삼봉 정도전(三峯 鄭道傳, 1342~1398)은 조선초인 1393년 9월에 판삼사사(判三司事 ; 조선 초기 삼사(三司)의 으뜸 벼슬로 종1품을 말하며, 뒤에 판사평부사(判司平府事)로 개칭되었다.)가 되었으며, 10월에 관습도감판사(慣習都監判事)를 거쳐 1394년 1월에 판의흥삼군부사로 병권을 장악하였다.

典體制)를 기본모델로 하여 중앙행정 체제를 6전체제로 설정하고 중국의 역대 제도를 수렴하여 조선의 현실에 맞게 조정한 통치규범으로 인치(人治)가 아닌 법치(法治) 국가로 정초(定礎)한 최초의 사찬법전(私撰法典)으로 2권으로 이루어져 있다. 현재 원간본이 수원화성박물관에 소장되어 있으며, 2016년에 대한민국 보물 제1924호로 지정되었고, 조선왕조에서 제정한 법전은 아니지만 조선조의 최초 헌법이라고 할 수 있다.11)

조선경국전의 서두에는 나라를 다스리는 방법과 정보위(正寶位)·국호(國號)·정국본(定國本)·세계(世系)·교서(敎書)를 서론으로 실었으며, 본론으로 치전(治典)·부전(賦典)·예전(禮典)·정전(政典)·헌전(憲典)·공전(工典) 등 6전으로 구성되어 있는데, 예전과 공전을 제외하고는 일반적인 6전 체제와 명칭이 다른데, 치전은 이전(吏典), 부전은 호전(戶典), 정전은 병전(兵典), 헌전은 형전(刑典)에 해당한다.

각 전은 총서에 이어 주요 업무를 소목으로 나누어 규정하였는데, 부전에는 총서(摠序)·주군(州郡)·판적(版籍)·경리(經理)·농상(農桑)·부세(賦稅)·조운(漕運)·염법(鹽法)·산장수량(山場水梁)·금은주옥동철(金銀珠玉銅鐵)·공상세(工商稅)·선세(船稅)·상공(上供)·국용(國用)·군자(軍資)·녹봉(祿俸)·의창(義倉)·혜민전약국(惠民典藥局)·견면(蠲免) 등 19개의 조문이 있으며,12) 지적과 관련되는 규정은 판적조·경리조·부세조 등이 있으나, 이중 판적조와 경리조의 내용은 다음과 같다.

판적(版籍)조에는 "나라의 빈부는 백성이 많고 적음에 달려 있고, 부역의 균등은 인구의 수효를 세밀하게 파악하는 데 달려 있다. 그러므로 백성을 통치하는 직책을 맡은 사람은 백성을 휴양시키고 생식시켜 인구를 번창하게 해야 하며, 온 사람들을 위로하고, 모인 사람들을 편안하게 하여 삶을 돌보아 주어야 한다. 이렇게 하면 백성이 많아지게 될 것이다. 백성의 호구(戶口)를 등록하여 그 늘어난 것과 줄어든 것을 살피면 백성의 수효를 세밀히 파악할 수 있을 것이다. 인구를 조사하고 장정(壯丁)을 계산하여 부역을 부과하면 부역이 균등해질 것이다. 따라서 위로는 일이 성취되고 아래에서는 시끄러운 일이 일어나지 않을 것이며, 나라는 부유해지고 백성은 편안하게 될 것이다. …… 중략 …… 대개 임금은 나라에 의존하며, 나라는 백성에 의존하는 것이다. 백성이란 나라의 근본인 동시에 임금의 하늘이다. 그러므로 주례(周禮)에서는 백성의 호구수(戶口數)를 왕에게 바칠 때에는 왕이 절을 하면서 받았으니, 이것은 자기의 하늘을 존중하는 까닭이었다. 임금이 된

---

11) 오기수, 2012, "조선경국전의 조세개념과 조세제도에 관한 연구", 『세무학연구』(Vol.29, no.1, pp. 167~198.), 한국세무학회. ; 서정화, "삼봉 정도전 법치사상과 조선경국전", 서울대학교총동창회(469호 2017. 4.) ; 문화재청 국가문화유산포털.(https://www.heritage 2023. 6. 10.)
12) 오기수, 2012, 위의 논문, p.168. ; 중부일보, 2023. 4. 25. "우리동네 문화재, 조선경국전" ; 문화재청 국가문화유산포털.(https://www.heritage 2023. 6. 10.) ; 국사편찬위원회, 우리역사넷.(http://contents.history.go.kr/ 2023. 6. 10.)

사람이 이러한 뜻을 안다면 백성을 사랑함이 지극해야 할 것이다. 그러므로 신은 판적편(版籍篇)을 지으면서 애민(愛民)을 함께 강조하는 바이다.(國之貧富。在民之衆寡。賦役之均。在民數之周。故任民牧之職者。休養生息。以蕃其類。勞來安集。以保其居。民可庶也。籍其戶口。稽其登耗。民可數也。驗口計丁。科其差斂。賦役可均也。夫如是。事集於上而下不擾。國富而民安也。…… 중략 …… 蓋君依於國。國依於民。民者。國之本而君之天。故周禮獻民數於王。王拜而受之。所以重其天也。爲人君者知此義。則其所以愛民者。不可不至矣。故臣著版籍之篇而倂論之。)"라고 규정하여13) 오늘날의 호적에 관한 통치규범을 규정하였다.

경리<經理>조에는 "옛날에는 토지를 국가에서 소유하여 이를 백성에게 나누어 주었다. 백성이 경작하는 토지는 모두 국가에서 받은 것이다. 천하의 백성으로서 토지를 받지 않은 사람이 없고 경작하지 않는 사람이 없었다. 따라서 백성은 빈부나 강약의 차이가 그다지 심하지 않았으며, 토지에서의 소출이 공가(公家 : 국가)에 들어갔기 때문에 나라도 역시 부유하였다. 토지제도가 붕괴되면서 호강자(豪强者)가 남의 토지를 겸병하여 부자는 밭고랑이 서로 줄을 잇댈 만큼 토지가 많아지고 가난한 자는 송곳 꽂을 땅도 갖지 못하게 되어 부자의 땅을 차경(借耕 : 빌려서 경작)하게 되었다. 그러나 가난한 자는 1년 내내 부지런하고 고생스럽게 농사를 지어도 식량은 오히려 부족하였고, 부자는 편안히 앉아서 농사를 짓지 아니하고 용전인(傭佃人)을 시켜서 농사를 지어 그 소출의 태반을 빼앗아 먹었다. 국가에서는 팔짱을 끼고 구경만 하고서 그 이득을 차지하지 못하니 백성은 더욱 곤궁해지고 나라는 더욱 가난해졌다. 이에 한전제(限田制)나 균전제(均田制)를 시행하자는 논의가 일어났다. …… 중략 …… 그러나 당시의 구가세족들은 토지제도의 개혁이 자기들에게 불편하였기 때문에 입을 모아 비방하고 원망하면서 여러 가지로 방해하였다. 그리하여 이 백성들이 지극한 선정의 혜택을 입지 못하게 하였으니 어찌 한탄스러운 일이 아니겠는가. 그러나 두세 명의 뜻을 같이 하는 대신들과 더불어 앞 시대의 제도를 연구하고 오늘의 현실에 알맞게 조정하여 전제개혁을 단행하였다. 먼저 경내의 토지를 조사·측량하고, 그렇게 하여 파악된 토지를 결수(結數)로 계산하여 그 중의 얼마를 상공전(上供田)·국용전(國用田)·군자전(軍資田)·문무역과전(文武役科田)으로 나누어 주고, 또한 한량(閑良)으로서 경성에 거주하면서 왕실을 시위하는 자, 과부로서 수절하는 여자, 향(鄕)·역(驛)·진(津)·도(渡)의 이(吏), 그리고 서민과 공장(工匠)에 이르기까지 무릇 공역(公役)을 담당하는 자에게는 모두 토지를 지급하였다. 백성에 대한 토지의 분배가 비록 옛 사람의 그것에는 미치지 못하였으나 토지제도가 정제되어 한시대

---

13) 정도전 저, 한영우 역, 2013, 『조선경국전』, 사단법인 올재, pp.61~62.

의 전법(典法)이 되었으니 전조(前朝)의 문란한 제도에 비하면 어찌 만배나 좋아진 것이 아니겠는가.(古者 田在於官而授之民 民之所耕者 皆其所授之田 天下之民 無不受田者 無不耕者 故貧富强弱 不甚相過 而其田之所出 皆入於公家 而國亦富 自田制之壞 豪强得以 兼幷 而富者田連阡陌 貧者無立錐之地 借耕富人之田 終歲勤苦 而食反不足 富者安坐不耕 役使傭佃之人 而食其太半之入 公家拱手環視 而莫得其利 民益苦而國益貧 於是限田均田之 說興焉 …… 중략 …… 而當時舊家世族 以其不便於己 交口謗怨 多方沮毁 而使斯民不得蒙 至治之澤 可勝歎哉 然與二三大臣之同志者 講求前代之法 參酌今日之宜 打量境內之田 得 田以結計者 幾分上供之田 國用軍資之田 文武役科之田 而閑良之居京城衛王室者 寡婦之守 節者 鄕驛津渡之吏 以至庶民工匠 苟執公役者 亦皆有田 其授民以田 雖不及於古人 而整齊 田法 以爲一代之典 下視前朝之弊法 豈不萬萬哉"라고 규정하여14) 오늘날의 지적과 토지 제도에 관한 통치 규범을 규정하였다.

위와 같이 조선경국전은 개인 정도전이 편찬했지만 조선왕조의 최초 헌법이라고 할 수 있는 통치규범을 정한 법전서로 부전(賦典)에 지적과 관련되는 판적조와 경리조 및 부세조 등을 규정하였으며, "版籍<호적>"이라는 용어와 "打量<측량>"이라는 용어가 최초로 등장하였으며,15) 조선경국전 편찬 후 경제육전·경제육전속전·육전등록 등을 거쳐 경국대전 호전 양전조의 모체가 되었다.

1.3. 경제육전 편찬

1397년<태조 6>에 영의정 조준(趙浚)이 주관하여 정도전의 조선경국전을 바탕으로 법령의 정비와 법전 편찬업무를 관장하던 검상조례사(檢詳條例司)에서 1388년(고려 우왕 14)부터 1397년(조선 태조 6)까지 10년에 걸쳐 현행되고 있거나 앞으로 준행해야 할 법령들을 수집 분류한 경제육전(經濟六典)을 편집하여 1397년(태조 6) 12월 26일 공포·시행하였다.

경제육전은 이전·호전·예전·병전·형전·공전의 육전으로 구성된 조선시대 최초의 공적인 성문법전이라는 역사적 의의가 있으며, 조선시대의 다른 법전들과 달리 순한문이 아닌 이두((吏讀)를 섞어서 규정하였으며, 고려 시대의 제도와 법규들이 주요 내용을 이

---

14) 정도전 저, 한영우 역, 2013, 앞의 책, pp.63~66.
15) 고려 후기에는 첨의부(僉議部)의 판도사(版圖司)에서 지적관련 업무를 수행하였으나, '판적(版籍)'이라는 용어는 조선 초에 정도전이 편찬한 "조선경국전"에서 처음 사용하였다.

루고 있는 것이 특징으로 1413년(태종 13) 2월에 수정한 뒤에는 원래의 것을 '이두원육전(吏讀元六典)' 또는 '방언육전(方言六典)'이라고 불렀다.16)

경제육전은 조선 왕조 최초의 성문법전임에도 불구하고 전문(全文)이 전해 지지 않고 있으나, 조선경국전을 바탕으로 경제육전을 편찬하였기 때문에 호전에 지적과 관련되는 판적조와 경리조 및 부세조 등을 규정하였을 것으로 추정된다.

경제육전의 전문이 전해지지 않는 이유는 전란 등으로 인한 소실을 들 수 있겠으나, 이보다 중요한 이유는 당시 새로 법전을 편찬하여 시행할 때에는 구 법전을 모두 회수하여 없애 버렸기 때문이다.

건국 초기인 당시의 관리들은 고려 말 이래의 전통적인 법령에 익숙한 자들이었고, 경제육전은 그들에게 익숙하여 편리한 법이었다. 따라서 속전이 시행되고, 개수되었기 때문에 익숙하지 않은 신법을 적용하기보다는 익숙한 구법을 적용하는 경우가 빈발하였다. 이러한 사태를 막기 위하여 구법을 남김없이 회수하고, 인쇄용 판목도 없애버렸기 때문에 적용되지 않는 구 법전들이 없어져 경제육전은 전해 내려오지 않기 때문에 조선왕조실록(朝鮮王朝實錄)을 통하여 그 편린들을 추측할 수밖에 없다.17)

1.4. 경제육전속전 편찬

1407년에 속육전수찬소(續六典修撰所)를 설치하고 영의정 하륜(河崙)과 이직(李稷)이 『경제육전』을 검토·수정하여 1412년 4월 『경제육전원집상절(經濟六典元集詳節)』 3권을 완성하였다. 그 뒤 다시 법조문 가운데 중복된 것은 빼고 번잡한 것은 간결하게 고쳤다. 또 문장 중의 이두를 빼고 방언은 문어(文語)로 바꾸어 『경제육전속전(經濟六典續典)』이라 이름을 붙이고 1413년(태종 13) 2월 30일에 공포·시행하였으며, 이를 '원육전(元六典)' 또는 '원전(元典)'이라고도 부른다.

『경제육전속전』을 시행한 후에도 관리들은 알기 쉽고 익숙한 『경제육전』을 여전히 사용하여, 1431년(세종 13) 5월 강원도에 있는 『경제육전』의 인쇄 판자를 보수해 다시 인쇄하여 배포·시행하고 『경제육전속전』을 모두 회수한 일이 있었으나, 『경제육전』과 『경제육전속전』의 내용은 거의 같은 것이어서 실제로 큰 지장은 없었다고 한다.18)

---

16) 한국문화민족대백과사전.(https://encykorea.aks.ac.kr/ 2023. 6. 15.)
17) 위키백과.(https://ko.wikipedia.org/wiki/ 2023. 6. 10.) ; 백준기, 해설한국사(나의 역사 이야기 : 경제육전), 네이버 브로그(https://m.blog.naver.com/ 2024. 2. 20.)
18) 한국문화민족대백과사전.(https://encykorea.aks.ac.kr/ 2023. 6. 15.)

1.5. 상정공법 제정

1430년<세종 12>에 호조에서 답험손실법의 폐단을 바로 잡기 위하여 토지의 비옥도에 따른 등급과 작황의 풍흉에 따른 정액세 방식의 공법(貢法) 제정을 추진하였다.

공법에 대한 최초의 논의는 답험손실법(踏驗損實法)의 폐지와 함께 모든 농지에 대하여 해마다 1결당 10두씩 거두는 정액세제안을 마련하면서 시작되었는데, 답험손실법의 폐단을 바로 잡고 세제개혁을 위한 조사·연구를 수행하고자 1436년<세종 18>에 공법상정소(貢法詳定所)를 설치하였다.

종래의 세법인 과전법(科田法) 체제에서 시행된 답험손실법은 토지의 비옥(肥沃度)도를 고려하지 않았고 실제 풍흉을 조사하는 답험에 따른 감면 적용의 폐단이 많아 1437년<세종 19>에 상정공법(詳定貢法)을 제정하게 되었다.

상정공법은 ① 토지의 비옥도에 따라 6개 등급으로 나누어 부과하는 전분6등법(田分六等法), ② 농사의 풍흉에 따라 9개 등급으로 나누어 전세를 부과하는 연분9등법(年分九等法), ③ 기본 세율을 생산량의 1/20로 하는 것을 골자로 전세를 수취하도록 규정하여 우리나라 최초로 정액 세법의 골격을 갖추게 되었다.[19]

1.6. 공법 제정

1443년<세종 25>에 경묘법(頃畝法)·5등전품제·연분9등제(年分九等制)를 골격으로 하는 『갱정공법(更定貢法)』을 마련하고 개혁을 담당할 새로운 기구로 전제상정소(田制詳定所)를 설치하고,[20] 세제개혁에 대한 조사·연구를 진행하였다.

세종은 1427년<세종 9> 3월에 중시(重試)의 책문으로 '공법으로 조세제도를 개혁하는 방책'에 대해서 신진 관리들에게 물었다. 중시는 당하관 이하의 문무관에게 10년마다 한 번씩 보게 하던 과거시험으로, 합격하면 성적에 따라 관직의 품계를 특진시켜 당상관까지 올려 주는 일종의 승진 시험이었다.[21]

그리고 호조는 1430년<세종 12>에 조정의 전·현직 관료들과 지방 관찰사·품관으

---

19) 네이버 지식백과.(http://terms.naver.com/ 2012. 9. 5.).; 국사편찬위원회.(http://contents.history.go.kr/ 2023. 3. 25.)
20) 한국민족문화대백과사전.(https://encykorea.aks.ac.kr/Article/ 2023. 4. 25.)
21) 오기수, 2021, 앞의 논문, p.17.

로부터 민가의 세민에 이르기까지 약 17만 명에게 '공법(貢法)'시행의 가부(可否)에 관한 여론조사를 실시하고 그 결과를 보고하였는데, 그 기간이 5개월이나 소요되었으며, 공법의 시행에 찬성한 자는 98,657명(57.1%)이며, 반대한 자는 74,149명(42.9%)이었다. 전국적으로 총 172,806명이 여론조사에 참여했는데, 당시『세종실록』지리지에 기록된 조선의 인구가 692,477명인 것을 감안한다면 인구의 약 4분의 1이 참여하였는데,22) 반대론자들이 많고 논의가 분분하여 보류되기도 하였으나, 공법은 1444년<세종 26> 6월에 확정되었다.

위와 같이 여론 수렴과 많은 논의를 거쳐 제정한 공법은 토지의 비옥도에 따라 6등급으로 나누어 등급별로 1결의 면적을 달리하여 구성하였으며, 1결당 20두를 징수하였는데 이를 전분6등법(田分六等法)이라 하고, 매년 풍흉의 정도를 9등급으로 나누어 작황에 따라 세금의 감면 정도를 정하였는데 이를 연분9등법(年分九等法)이라 하였으며, 세액(稅額)은 20분의 1세(稅)인 최고 상상년(上上年) 20두, 최하 하하년(下下年) 4두로 연분9등법에 의한 정액세(定額稅)로 개정하였다.23)

세종이 제정한 공법(貢法)은 양반 계급시대에 일반 백성을 위한 조세의 과학화와 선진화의 토대를 마련하면서, 군주시대 세계의 역사에서 그 누구도 할 수 없는 과거시험에 공법 문제의 출제, 공법에 대한 백성의 여론 수렴과 15년간 조정에서의 논의를 거쳐 민주적으로 완성된 조세법으로,24) 이 당시에 제정한 공법의 전분6등법은『경국대전』호전의 양전조(量田條)에 동일하게 규정되어 조선말까지 약 450년 동안 바뀌지 않고 유지되었다.

1.7. 경국대전 호전 제정

1457년<세조 3>에 육전상정소(六典詳定所)를 설치하고, 조선 건국 초의 법전인 경제육전(經濟六典)25)의 원전(原典)과 속전(續典)을 비롯하여 그 뒤의 모든 법령을 종합하여 후대에 길이 전할 경국대전(經濟大典)을 만들기 위한 작업에 착수하였다.

경국대전이란 '나라를 경영하는 큰 법전'이라는 뜻의 조선시대 기본 법전으로 1455년

---

22) 오기수, 2021, 앞의 논문, p.20.
23) 유기현, 2022, 앞의 논문, p.248. ; 한국민족문화대백과사전.(https://encykorea.aks.ac.kr/Article/ 2023. 4. 25.) ; 세종대왕기념사업회.(http://m.sejongkorea.org/core/ 2023. 4. 25.)
24) 오기수, 2021, 앞의 논문, p.44.
25) 경제육전(經濟六典)이란 1397년<태조 6>에 조준이 주관하여『조선경국전』을 바탕으로 조선 개국 후의 교지와 조례를 모아 편찬한 법전으로, 이·호·예·병·형·공의 육전으로 구성된 조선 시대 최초의 성문법전을 말한다.

<세조 원년>에 세조의 명에 따라 최항(崔恒)26)을 총책임자로 하고 한계희(韓繼禧)·김국광(金國光)·노사신(盧思愼)·강희맹(姜希孟) 등이 편찬에 참여하였다.

1460년<세조 6>에 호적(戶籍)·지적(地籍)·세제(稅制)·권농(勸農) 등 재정경제에 관한 내용을 규정한 호전(戶典)을 제일 먼저 완성 공포하였으며, 1471년<성종 2>에 경국대전을 모두 완성하였으나 누락된 조문이 많다는 지적에 따라 다시 증보 개정하여, 30년만인 1485년<성종 16> 1월에 최종 완성된 경국대전을 공포·시행하였다.

경국대전은 국가 조직과 정치·경제·사회·문화 등 조선을 운영하는데 필요한 모든 법령과 백성이 지켜야할 규정을 정한 조선의 기본 법전이 되었다.

경국대전의 호전에는 첫 번째 조문에 경비(經費), 두 번째 조문에 호적(戶籍), 세 번째 조문에 양전(量田) 등 총 30개 조문27)이 규정되어 있으며, 지적관련 조문은 양전조(量田條)·전택조(田宅條)·매매한조(買賣限條)·수세조(收稅條) 등이 있으나, 지적과 직접적으로 관련이 있다고 판단되는 양전조의 내용은 다음과 같다.

양전(量田)조에는 "凡田, 分六等, 每二十年改量成籍, 藏於本曹·本道·本邑."28)(모든 논·밭은 6등급으로 나누며 20년마다 다시 측량을 실시하고 양안(量案)을 만들어 호조와 각 도 및 읍에 보관한다.)29)라고 규정되어 있다.

따라서 호전의 양전조는 과세대상 경작지인 논과 밭 등 측량대상 토지와 측량의 실시 주기, 양안<籍> 즉 토지대장의 작성 및 보관 관청 등 근대적인 지적제도에 관한 기본적인 구조를 1개 조문에 함축하여 규정하였으며, 항(項)에서 1등전 내지 6등전을 재는 자의 길이와 결부법(結負法)인 줌(把)·뭇(束)·짐(負)·결(結) 등의 면적 단위 및 정전(正田, 늘 경작하는 전지)과 속전(續田, 경작하기도 하고 묵히기도 하는 전지)의 정의 등을 규정하였다.

다시 말하면 오늘날 지적학의 연구대상을 "지적시스템에 관한 모든 현상(All phenomena related to the Cadastral System)"이라고 규정하고, 지적학의 연구범위를 ① 등록

---

26) 최항(崔恒)은 조선전기 우의정·좌의정·영의정 등을 역임한 문신으로 박팽년(朴彭年)·신숙주(申叔舟)·성삼문(成三問) 등과 같이 훈민정음 창제에 참여하였다. 세조가 즉위한 직후 육전상정소(六典詳定所)를 설치하고 『경국대전』의 편찬에 착수하였는데, 이 당시 김국광·한계희 등과 함께 육전상정관(六典詳定官)으로 임명되었다.(한국민족문화대백과사전/https://encykorea.aks.ac.kr/ 2023. 8. 15.)
27) 경국대전의 호전은 경비(經費)·호적(戶籍)·양전(量田)·적전(籍田)·녹과(祿科)·제전(諸田)·전택(田宅)·급조가지(給造家地)·무농(務農)·잠실(蠶室)·군자창(軍資倉)·상평창(常平倉)·회계(會計)·지공(支供)·해유(解由)·병선재량(兵船載糧)·어염(魚鹽)·외관공급(外官供給)·수세(收稅)·조전(漕轉)·세공(稅貢)·잡세(雜稅)·국폐(國幣)·장권(獎勸)·비황(備荒)·매매한(賣買限)·징채(徵債)·진헌(進獻)·요부(徭賦)·잡령(雜令)의 순으로 30개 조문이 규정되어 있다.
28) 곽윤직, 1998(a), 앞의 책, p.44. ; 리진호, 1999,『한국지적사』, 서울, 도서출판 바른길, pp.173~174. ; 한국학중앙연구원, 디지털장서각,『경국대전2』, 간년미상, 앞의 책, p.1.
29) 국사편찬위원회, 조선시대법령자료.(https://db.history.go.kr/law/ 2023. 4. 25.)

주체에 관한 현상, ② 등록객체에 관한 현상, ③ 등록공부에 관한 현상, ④ 등록정보에 관한 현상, ⑤ 등록방법에 관한 현상 등으로 규정하고 있는데,30) 경국대전 호전의 양전조는 등록주체에 관한 현상은 호조(국가)와 도 및 읍으로, 등록객체에 관한 현상은 과세 대상 토지인 모든 논과 밭으로, ③ 등록공부에 관한 현상은 적(籍, 양안)으로, ④ 등록정보에 관한 현상은 양안에 등록하는 토지소재·자호·소유자 등으로, ⑤ 등록방법에 관한 현상은 측량으로 규정하여 지적시스템에 관한 모든 현상, 즉 등록주체·등록객체·등록공부·등록정보·등록방법 등에 관한 사항을 함축하여 1개 조문에 규정한 우리나라의 지적에 관한 성문법(成文法)의 시원(始原)이자 최초의 법규정(法規定)이라고 할 수 있다.

당시에는 논과 밭의 소재·자호(字號)·위치·등급·형상·면적·사표(四標)·신구의 기주(起主 : 경작상태의 토지소유자)·진주(陳主 : 양안에는 올라 있지만 실제로는 경작을 하지 않는 묵은 토지인 진전의 토지소유자)·시작명(時作名 : 소작인의 성명) 등의 정보를 등록한31) 토지대장과 유사한 양안을 작성하였다. 그러나 근대적인 측량 기술을 도입하지 못하여 오늘날의 지적도와 유사한 도면을 작성하지 못하고 양안에 필지별 형상을 개략적으로 그리고 사표(四標)를 기록하여 활용하였기 때문에 이를 근대적인 지적제도라고는 할 수 없다.

호전의 양전조는 선조 법학자들이 먼 미래인 오늘날의 근·현대적인 지적제도를 내다보면서 규정한 내용을 현행 지적법령에서 세부적으로 나누어 조문화하여 규정하고 있어 놀라움을 금할 수 없다.

따라서 양전조는 우리나라 최초로 지적측량의 대상과 실시 주기, 양안의 작성 및 보관 관청 등 지적제도에 관한 기본적인 사항을 1개 조문에 매우 간결하고 명료하게 규정한 것으로 경국대전의 편찬에 참여한 선조 법학자들의 예리한 통찰력(洞察力)과 예지력(銳智力) 및 미래를 내다보는 혜안(慧眼) 등이 총합된 걸작 조문이라고 판단된다.32)

1.8. 영정과율법 제정

1635년<인조 13>에 영정과율법<永定課率法, 이하 "영정법(永定法)"이라 한다.>을

---

30) 류병찬, 2006, 지적학의 정의 및 학문적 성격정립에 관한 연구. 『한국지적학회지』(제22권 제1호), pp.203~204. ; 류병찬, 2024, 『지적학』(제4전정판), 서울, 초이스애드, pp.173~174.
31) 곽윤직, 1981, 『부동산등기법』, 서울, 대왕사, p.42. ; 박순표, 2012, 『지적의 오늘』, 서울, 좋은땅, p.36. 류병찬, 2017, 『지적사(제2전정판)』, 서울, 부연사, p.208.
32) 류병찬, 2024, "양전(量田)'이란 용어의 정의와 사용연혁에 관한 연구(조선시대의 법전(法典)을 중심으로)", 『지적과 국토정보』(제54권 제2호), 한국국토정보공사, pp.41~42.

제정하여 종전의 연분9등제를 폐지하고 관례를 명문화하여 전세를 풍흉에 관계없이 연분 9등제에서의 하지하 4두, 하지중 6두로 고정시키는 정액세제 방식으로 전환하였다.33)

1444년<세종 26>에 제정한 공법의 시행에 따라 전분6등법과 연분9등법에 의한 총 54개 등급의 과세 단위가 설정되어 전세를 부과하는 판정 기준이 복잡하고 토지의 작황을 일일이 파악하여야 하는 번거로움과 세율도 높아 현실적으로 시행하지 못하게 되자 15세기 말부터는 풍흉에 관계없이 최저 세율에 따라 하지하(下之下) 4두, 하지중(下之中) 6두로 고정적으로 적용하여 징수하는 것이 관례가 되었다.

따라서 영정법은 풍흉에 관계없이 토지의 비옥도만을 반영하여 세액을 1결당 4두로 고정한 것으로 공법에 비해 백성들이 부담하는 전세액은 경감되었으나, 공평한 조세제도라고 볼 수는 없다. 그리고 농지에는 대동미(大同米)34)·삼수미(三手米)35)·결작(結作)36) 등 정규 부세와 수수료, 운송비 등의 명목으로 여러 가지 잡부금이 부가되어 소작농의 부담이 컸으나,37) 관례적으로 시행되던 전세규정을 법제화하여 명확한 과세규정을 제정하였다는데 의미가 있다.

1.9. 전제상정소준수조화 제정

1443년<세종 25>에 전제상정소(田制詳定所)38)를 설치하고, 상정공법을 시정하고 토지와 조세제도의 조사와 새로운 규정의 제정을 추진하여, 1653년<효종 4>에 전제상정소준수조화(田制詳定所遵守條畫)39)를 제정하였다.

---

33) 임성수, 2017, "조선후기 戶曹의 田稅 부과와 給災 운영 변화", 『한국문화』, Vol.78, 서울대학교 규장각 한국학연구원, p.186.
34) 대동미(大同米)란 대동법 시행 이후 토산 현물 대신 토지에 부과된 세곡(稅穀)을 말한다. 각 지방의 특산물을 바치는 것을 공(貢)이라 하는데, 대동법은 이것을 일률적으로 미곡으로 환산하여 바치게 한 제도이며, 이때 걷은 쌀을 대동미라 한다.(위키 실록사전/http://dh.aks.ac.kr/sillokwiki/ 2023. 4. 25.)
35) 삼수미(三手米)란 조선시대에 훈련도감 소속의 삼수병(三手兵, 포수·사수·살수)의 운영을 위하여 징수하던 세미(稅米)말한다.(위키 실록사전/http://dh.aks.ac.kr/sillokwiki/ 2023. 4. 25.)
36) 결작(結作)이란 조선후기에 균역법의 시행으로 토지 1결에서 미 2두 혹은 전 5전을 걷는 세금을 말한다.(위키 실록사전/http://dh.aks.ac.kr/sillokwiki/ 2023. 4. 25.)
37) 유기현, 2022, 위의 논문, p.249.
38) 전제상정소(田制詳定所)란 조선 전기 1443년<세종 25>에 전세(田稅)의 개혁을 위해 설치한 임시관청으로 조선 시대 최초의 중앙 행정기관이라고 할 수 있다.
39) 전제상정소준수조화(田制詳定所遵守條畫)란 양전각양지형산법(量田各樣地形算法)을 그림으로 설명하기 위하여 호서지방에 대동법(大同法)을 실시한 뒤 호남에도 실시하는 문제가 논의되던 1653년<효종 4> 9월에 호조에서 간행하여 반포하였다. 전제상정소준수조화는 전제상정소준수조획(田制詳定所遵守條劃)으로 표기하기도 하였으나, 이는 착오로 조선 시대에 왕명을 대별하여 수교(受敎)와 수판(受判)으로 구별하고, 이를 합하여 수교라고 범칭하고 수교가 법조문화된 것을 조례(條例)·조령(條令)·조화(條畫)·조건(條件)

전제상정소준수조화는 양전(量田)을 효율적으로 실행하기 위한 업무지침서로 본문은 서문(序文)·등제전품(等第田品)·타량전지(打量田地)·준정결부(准定結負)·구구법(九九法)·각양척견양식(各樣尺見樣式)의 여섯 부분으로 이루어져 있으며, 이를 통해서 당시에 행해진 토지측량의 구체적인 과정과 세부적인 실무 사항 등을 파악할 수 있으며, 특히 등급에 따라 자[尺]를 달리하는 수등이척제(隨等異尺制)를 폐기하고 6등급의 모든 토지에 대해 1등급 토지를 측량할 때 사용하던 양전척(量田尺)을 단일 척도로 사용하도록 개정하였음을 확인할 수 있다.40)

전제상정소준수조화는 방전<方田 : 정방형>·직전<直田 : 장방형>·제전<梯田 : 사다리꼴>·규전<圭田 : 삼각형>·구고전<句股田 : 직각삼각형>의 5개 기본 전형(田形)으로 구분 타량(打量)하여 안(案)에 기록하도록 규정하였다.41)

면적은 방전은 한 길이를 자승하고, 직전은 장과 광을 상승(相乘)하고, 제전은 대소두(大小頭)의 절반을 상병(相倂)하여 장으로 승(乘)하고, 규전은 장활(長闊)의 절반을 상승하고, 구고전은 구고(句股)를 상승한 것을 절반하여 각각 정하도록 규정하여,42) 토지대장<田案>의 작성과 토지측량 및 면적산정 방법 등에 관한 사항을 규정하였다.

1.10. 속대전·대전통편·대전회통 호전 편찬

1746년<영조 22>에 편찬한 속대전(續大典)과 1786년<정조 9>에 편찬한 대전통편(大典通編) 및 1865년<고종 2>에 편찬한 대전회통(大典會通) 호전의 양전조는 각각 경국대전 호전의 양전조와 동일하게 규정되어 있다.

따라서 조선 초기부터 말기까지 근대적인 지적제도를 창설하기 위한 준비단계에서 법제적 기반이 동일하게 이어져 왔으며, 이러한 양전조의 내용은 1910년에 제정한 「토지조사법」과 1950년에 제정한 「지적법」에 세부적으로 규정되어 오늘에 이르고 있다.

등이라고 하였다.(국사편찬위원회 우리역사넷, "법의 존재형태와 입법". http://contents.history.go.kr/ 2023. 6. 15.)
40) 한국사데이터베이스.(https://db.history.go.kr/ 2025. 2.10.)
41) 『만기요람』(萬機要覽) 재용편(財用編)二, 전결조(田結條) ; 육전조례(六典條例) 호전(戶典), 전토조(田土條) ; 전제상정소준수조화(田制詳定所遵守條畵).
42) 『만기요람(萬機要覽)』 재용편(財用編)二, 전결조(田結條).

2. 창설단계(1895~1924.)

1895년 조선 말기에 제정한 내부관제(1895. 3. 26. 칙령 제53호)와 내부분과규정(1895. 4. 17.)43)에 이어서 1898년<광무 2>에 대한제국에서 양지아문직원 및 처무규정(量地衙門職員 及 處務規程, 1898. 7. 8, 칙령 제25호)44)을 제정하여 양지아문을 설치하고 1899년<광무 3>에 양전사목(量田事目)을 제정하였으나, 1901년에 지계아문직원 및 처무규정(地契衙門職員 及 處務規程, 1901. 10. 20, 칙령 제21호)을 제정하여 양지아문은 새로이 설치된 지계아문에 통합되었다.45)

이어서 내부관제(1905. 2. 26. 칙령 제15호)와 내부분과규정(1905. 4. 12.)을 개정하여 내부 지방국(地方局)에서 지리 및 지적에 관한 사항을 관장하도록 규정하였다.(내부관제 1907. 12. 13, 칙령 제37호, 제3조, 제4조)

그리고 1907년에 대구시가지 토지측량에 관한 타합사항(大邱市街地 土地測量에 關한 打合事項, 1907. 5. 16.) 외 2건의 지적법규를 최초로 제1조, 제2조, 제3조 …… 등으로 조문화하여 규정하였으며, 1910년에 토지조사국 관제(1910. 3. 15. 칙령 제23호)를 제정하여 토지조사국을 설치하고「토지조사법」(1910. 8.23. 법률 제7호)을 제정하였다.

그러나 일제의 경술국치조약으로 일시 중단되었다가 같은 해 조선총독부에서 토지조사국을 임시토지조사국(1910. 9. 30. 칙령 제361호)으로 개편하고, 「토지조사법」을 대체하여 토지조사령(1912. 8. 13. 제령 제2호)을 제정하였으며, 이어서 조선임야조사령(1918. 5. 1. 제령 제5호) 등을 제정하여 토지조사사업과 임야조사사업을 본격적으로 추진하였다.46)

따라서 1895년에 내부관제를 제정 시행한 후부터 경술국치조약으로 일제가 토지조사령과 조선임야조사령을 제정하고 토지조사사업과 임야조사사업을 추진하여 근대적인 지적제도를 창설한 1924년까지의 기간을 창설단계(1895~1924.)로 구분하였으며, 이 기간 중에 제정한 지적관련 법규의 제·개정 연혁은 다음과 같다.

---

43) 내부관제(1895. 3. 26. 칙령 제53호)와 내부분과규정(1895. 4. 17.)은 1894년 갑오개혁 이후 근대화가 추진되면서 제1조, 제2조, 제3조 …… 등으로 조문화하여 규정하였으며, 이후 모든 법규를 제1조, 제2조, 제3조 …… 등으로 조문화하여 규정하였다.
44) 관보, 제996호, 1898.7.8. pp.409~411.
45) 리진호, 1999, 앞의 책, pp.360~362.
46) 내무부, 1966, 『한국지방행정사』, p.793.

2.1. 내부관제 제정

1895년 조선 말기에 내부관제(1895. 3. 26. 칙령 제53호)를 제정하여 같은 해 4월 1일부터 시행하였는데, 제4조에 내부(內部)에는 주현국(州縣局)·토목국(土木局)·판적국(版籍局)·위생국(衛生局)·회계국(會計局) 등 5개국을 설치하도록 규정하고, 제7조에 토목국에서는 토지측량과 토지수용에 관한 사항 등을, 제8조에 판적국에서는 호구적(戶口籍)과 지적(地籍)에 관한 사항 등을 관장하도록 규정하였다.

따라서 토목국에서는 일반 측지측량업무를 관장하고 판적국에서는 지적측량업무를 관장하도록 규정하였으며, 판적국은 국민의 등록관리 업무인 호적업무와 국토의 등록 관리 업무인 지적업무를 관장하도록 규정하였다.

2.2. 내부분과규정 제정

1895년에 내부관제의 제정에 이어서 내부분과규정(1895. 4. 17.)을 제정하여 공포일부터 시행한 것으로 추정되며, 제10조에 토목국 지리과(地理課)에서는 토지측량에 관한 사항과 토지수용에 관한 사항 등을, 제13조에 판적국 지적과(地籍課)에서는 지적에 관한 사항과 무세관유지(無稅官有地)의 처분 및 관리에 관한 사항 등을 관장하도록 규정하였다.

따라서 우리나라의 지적관련 법규 중 내부분과규정에서 최초로 '지적(地籍)'이란 용어를 사용하였고, 중앙정부인 내부 판적국에 지적과라는 행정조직을 설치하여 근대적인 지적제도를 창설하기 위한 태동단계로 진입하게 되었으며, 근대적인 '한국지적100년사'의 출발점이 되었다.

2.3. 양지아문 직원 및 처무규정·양전사목 제정

1898년에 대한제국은 양지아문 직원 및 처무규정(1898. 7. 6. 칙령 제25호)[47]을 제정하여 반포일부터 시행하였으며, 양전사업을 전담할 양지아문(量地衙門)을 설치하였다.

---

47) 국사편찬위원회, 한국사데이터베이스, 조선·대한제국관보,(https://db.history.go.kr/ 2024. 4. 10.)

양지아문은 내부(內部)에 소속된 지적관련 사무를 관장하는 독립된 외청 형태의 중앙 행정기관으로 지적측량청(地籍測量廳)이라고 할 수 있으며, 1717년<숙종 43>에 설치한 양전청(量田廳)의 후신이라고 할 수 있다.

1899년<광무 3> 5월에 양지아문은 양전시행조례(量田施行條例)[48]를 발표하고, 양전사업에 필요한 절차와 방법 등을 규정한 양전사목(量田事目)[49]을 제정하였다.

양전사목에는 "정전(正田)·정답(正畓) 이외의 땅의 품질이 험하고 메말라서 화곡(禾穀)이 패지 못하여 일역(一易, 1년 걸러 경작)·재역(再易, 2년 걸러 경작)·삼역(三易, 3년 걸러 경작)의 밭은 일역전·재역전·삼역전으로 따로 등급 이름을 정하고, 결부는 6등급인 전답의 비례(比例)를 보아 체감(遞減)하여서, 지적 1만 척의 일역전은 12부, 재역전은 8부, 삼역전은 6부로 한다."라고 규정하였으며, 1653년에 전제상정소에서 제정한 전제상정소준수조화에 규정된 방전<方田>·직전<直田>·제전<梯田>·규전<圭田>·구고전<句股田>의 5개 기본 전형(田形) 이외에 "원형(圓形)·타원형(橢圓形)·호시형(弧矢形)·삼각형(三角形, 직각삼각형·2등변삼각형 제외)·미형(眉形)을 추가하고, 이 10개 전형에 합당하지 않으면 곧장 변의 모양을 가지고 이름을 정하되 등변·부등변을 논할 것 없이 4변, 5변 변형에서부터 다변형에 이르기까지 모양에 따라 이름을 붙인다."라고 규정하였다. 그리고 "공해(公廨, 관아의 건물)와 민가는 모두 자로 재고, 가주(家主)의 성명 및 가택(家宅)의 칸수<間數>를 기록한다."라고 규정하였으며, "대밭<竹田>·갈대밭<蘆田>·닥나무밭<楮田>·옻나무숲<漆林>을 분별하여 기록하도록 규정하고, 묘진<墓陳, 묘역 안에 들어가 경작을 폐지한 전지>은 무덤에서 50보(步) 밖은 진전(陳田)으로 기록을 허락하지 않는다."[50]라고 규정하였다.

---

48) 양전시행조례(量田施行條例)란 기왕의 양전에서는 전답주(田畓主)만을 조사하는 것을 원칙으로 하였으나, 양지아문의 양전에서는 작인(作人)을 조사한다는 원칙을 세우고 전주와 답주, 그리고 작인의 이름으로 현실의 지주와 소작인을 지칭하는 '시주(時主)'와 '시작(時作)'으로 표기하였다. 토지조사 방식도 구래의 양전 방식을 유지하였으나 객관적인 토지 면적을 파악하기 위한 총 실척수, 전답 도형도 등 새로운 조사방식을 추가하였으며, 실제 경작 농지의 면적을 파악하여 신결(新結)을 찾아내고, 가옥이나 호구 조사와 관련된 조사를 수행할 수 있도록 규정하였다.<국사편찬위원회, 우리역사넷(http://contents.history.go.kr), 『시사총보』 52호 (1899. 4. 2.) ; 53호(1899. 4. 4.)>

49) 양전사목(量田事目)이란 1899년에 양지아문(量地衙門)에서 토지에 대한 과세를 하기 위하여 지적측량에 관한 절차, 규범, 지침 등을 정한 측량규정을 말하며, 양전사목과 유사한 호적사목(戶籍事目)·호패사목(號牌事目)·대동사목(大同事目)·금문사목(禁紋事目) 등이 있었다. 사목(事目)이란 고려 및 조선시대에 국가에서 새로운 사업을 시작하거나 어떠한 과업을 이루기 위한 원칙, 사업의 목적, 이루려 하는 구체적인 내용 등 다양한 사항을 규정한 시행 세칙으로 임금의 결재나 윤허를 받은 규정을 말한다.(위키 실록사전/http://dh.aks.ac. kr/sillokwiki/ 2023. 4. 30.)

50) 와다(和田一朗), 『조선토지지세제도조사보고서』, 종고서방(宗高書房), 1920. pp.427~428. ; 리진호, 1999, 앞의 책, p.219. 재인용. ; 국사편찬위원회, "주제로 본 한국사"(http://contents.history.go.kr/ 2023. 4. 30.) ; 국사편찬위원회, 우리역사넷(http://contents.history. go.kr), 『증보문헌비고』, 전부고 2, 조선, 중권, p.645. 재인용(2024. 4. 15.)

따라서 1460년에 편찬한 경국대전 호전의 양전조에서 측량대상을 '전답의 농경지'로 제한하도록 규정한 것을 양전사목에서 '관청과 민가의 건물'을 추가하였고, 토지의 용도별 지목이라고 할 수 있는 '대밭·갈대밭·닥나무밭·옻나무숲' 등을 구분하여 기록하도록 개선하였으나, 중추원의 반대·인사행정의 부실·재정 빈곤 등의 사유로 1902년에 지계아문에 통합되었다.

2.4. 지계아문직원 및 처무규정 제정

1901년에 대한제국은 지계아문직원 및 처무규정(地契衙門職員 及 處務規程, 1901. 10. 20, 칙령 제21호)을 제정하여 반포일부터 시행하였으며, 양전에 의하여 측량이 완료된 토지의 사적 소유권을 증명해주는 대한전토지계(大韓田土地契), 즉 토지등기권리증을 발급하기 위하여 지계아문(地契衙門)을 설치하였다.

지계아문은 독립된 외청 형태의 중앙 행정기관으로, 1717년에 설치한 양전청과 1898년에 설치한 양지아문의 후신으로 지적측량 및 지계발급청(地籍測量 및 地契發給廳)이라고 할 수 있다.

지계아문을 설치한 후 양지아문의 사무와 중첩되는 부분이 발생하자 1902년 3월에 양지아문을 지계아문에 통합하여 지적사무와 등기사무를 동일한 기관에서 처리하는 '광의의 지적제도'를 채택하고, 경기도 광주군·시흥군과 강원도 울주군 및 충청남도 직산군 등 일부 지역에서 토지의 사적(私的) 소유에 대한 근대적 법인(法認), 즉 토지의 소유권리증서인 '대한전토지계'를 발급하기 시작하였으나 1904년에 일어난 러일전쟁과 뒤이은 일제의 국권유린으로 중단되었다.[51]

2.5. 대구시가지 토지측량에 관한 타합사항 제정

1907년에 대구시가지 토지측량에 관한 타합사항<大邱市街地 土地測量에 關한 打合事項, 1907. 5. 16. 대구재무관 대(代) 가와카미 쓰네로우[52] 재정감사관>[53]을 제정하고,

---

51) 류병찬, 2024, "'양전(量田)'이란 용어의 정의와 사용연혁에 관한 연구(조선시대의 법전(法典)을 중심으로), 『지적과 국토정보』, 한국국토정보공사, p.48.
52) 가와카미 쓰네로우(川上常郎)는 1907년 1월에 통감부 서기관으로 용빙되어 경상남·북도와 충청북도를 관할하는 재무감찰겸 통감부 서기관으로 대구 감부(監部)에 부임하였으며, 대구재무감독국 재정감사관 재직시에 "대구시가지토지측량에 관한 타합사항" 외 2건의 규정을 제정하였으며, 후에 대구재무감독국장이 되었

필지별 세부측량을 실시하기 위한 면(面)과 동(洞) 경계의 결정·지목의 구분·필지의 획정방법·양입지(量入地) 등에 관한 사항을 상세하게 규정하였는데, 현행 지적법령에 규정된 행정구역 경계의 결정·지목구분·필지의 획정방법·양입지 등에 관한 규정이 이 타합사항에서 비롯되었다.

새로이 제정된 대구시가지 토지측량에 관한 타합사항은 우리나라 최초로 '지목'이라는 용어를 사용하였고 그 종류를 규정하여 근대적인 '지목 분류 체계'의 효시(嚆矢)가 되었으며, 특히 지적공부에 등록하는 기본정보인 '토지의 소재·지번·지목·경계의 조사·결정과 1필지의 획정원칙' 등에 관한 사항을 제1조, 제2조, 제3조 …… 등으로 조문화하여 규정한 최초의 근대적인 지적법규로[54] 지금까지 「토지조사법」이 「지적법」의 효시로 인정되었으나[55], 대구시가지 토지측량에 관한 타합사항이 「지적법」의 효시(嚆矢)이자 근대적인 지적제도의 토대를 마련하게 된 지적법령의 모체(母體)라고 할 수 있다.

대구시가지 토지측량에 관한 타합사항은 통감부 재정감사청에서 발간한 재무주보[56] 제11호에 수록되어 있으며, 대구시가 토지측량규정과 대구시가지 토지측량에 대한 군수 <민단역소>[57]에게 통달을 같은 날에 제정한 것으로 동일한 재무주보에 수록되어 있다.

따라서 대구를 제외한 한성을 비롯하여 평양·전주·함흥 등 다른 대도시에서도 이와 유사한 규정을 제정하여 시행하였는지를 확인하기 위하여 재무주보 제1호(1907. 4. 15.) 부터 폐간된 제73호(1908. 9. 28.)까지 전량을 조사한 결과 이와 유사한 규정은 없었다.

따라서 현재 서울특별시 종합자료관에 보존되어 있는 1908년 탁지부 측량과에서 작성한 축척 500분의 1의 한성부 지적도[58]가 이 규정에 의하여 작성된 것으로 추정된다.

그 이유는 1907년 5월 16일에 제정된 위 세 가지 규정에 적용대상 지역에 관한 제한

다.(『한국지적백년사』, 『지적인명사전』, 대한지적공사, 2005. pp.3~4.)
53) 재무주보 제11호, 1907. 5. 27, 통감부 재정감사청, pp.546~547.
54) 우리나라는 1894년 6월 21일부터 관보(官報)를 발행하기 시작하였으며, 1894년(고종 31) 7월부터 1896년 2월까지 갑오개혁의 일환으로 근대화를 추진하면서 법규를 제1조, 제2조, 제3조 …… 등으로 조문화하여 규정하였다. 우리나라 최초의 조문화된 법규는 1895년 1월 10일에 제정한 보호청상규칙시행세칙<保護淸商規則施行細則, 아문령(衙門令) 제1호> 제1조부터 제19조까지이며, 두 번째는 같은 해 3월 25일에 제정한 재판소구성법<裁判所構成法, 법률 제1호> 제1조부터 제61조까지이고, 세 번째는 같은 날에 제정한 내각관제<內閣官制, 칙령 제38호> 제1조부터 제11조까지이며, 최초의 조문화된 지적법규는 대구시가지 토지측량에 관한 타합사항(1907. 5. 16.) 제1조부터 제11조까지이다.(한국근대사료 DB, 조선·대한제국관보(https://db.history.go.kr/ 2024. 4. 15.)
55) 류병찬, 2002, 『지적법』(제3전정판), 서울, 건웅출판사, p.41.
56) "재무주보(財務週報)"는 1907년 4월 15일 제1호부터 주1회로 1908년 9월 28일까지 제73호가 발간되었으나 1907년 5월호(제4호부터 제6호까지)가 결본이어서 실제로는 70호만 남아 있으며, 일제의 한반도 식민지 정책의 재적적·경제적인 측면에서 원인규명을 위한 구체적이고 포괄적인 자료로써 통감부(統監府) 재정감사청(財政監査廳)에서 발간하였다.(재무주보 1, 서울아세아문화사, 1986. p.3~5)
57) 민단역소(民團役所)란 일본의 거류민단 사무소를 말한다.
58) 대한지적공사, 2005. 『지적문화 유산』, p.38. ; 대한지적공사, 2005. 『한국지적백년사』, p.808.

규정이 없으며, 대구시가 토지측량규정에 도계・군계・면계・동계 등에 관한 규정(제79조부터 제82조까지)이 세부적으로 규정되어 있으며, 이 규정에 따라 작성되었기 때문이다.

대구시가지 토지측량에 관한 타합사항은 공포일부터 시행한 것으로 추정되며, 주요 내용은 다음과 같다.

1) 면 및 동 경계의 조사는 지방 이원(吏員)59)이 입회하도록 규정하였다.(제1조)
2) 면 및 동의 경계 중 도로・하천 및 구거로서 경계로 할 것은 그 중앙을 경계로 하도록 규정하였다.(제2조)
3) 지목은 대・전・답・산림・원야・지소・잡지・사묘・사원・묘지・철도용지・공원・도로・구거・하천・제방・철도 등 17개로 구분하도록 규정하였다.(제3조)
4) 갑・을 양지(兩地) 사이에 있는 휴반은 그 중앙을 경계로 하도록 규정하였다.(제4조)
5) 지목 및 소유주가 동일하고 연속된 토지는 이를 1필로 조사하되 도로・하천・구거・제방・애안(涯岸 : 물가의 낭떠러지) 등에 의한 자연의 구획이 된 토지는 별 필지로 하도록 규정하였다.(제5조)
6) 상하 양지 사이에 있는 애안은 상층지(上層地)에 속하되 이에 반하는 구습이 있으면 그 구습에 따르도록 규정하였다.(제6조)
7) 1필내에 잉재(孕在)60)한 다른 지목의 토지는 본지에 양입(量入)하도록 규정하였다.(제7조)
8) 지번은 1개 동마다 일괄하여 붙이되 하천・도로・구거・제방・철도는 지번을 붙이지 아니하도록 규정하였다.(제11조)

2.6. 대구시가 토지측량규정 제정

1907년에 대구시가 토지측량규정<大邱市街 土地測量規程, 1907. 5. 16. 대구재무관 대(代) 가와카미 쓰네로우 재정감사관>61)을 제정하고, 제1장 도근측량, 제2장 세부측량, 제3장 적산, 부칙에 복무와 검사로 나누어 자세하게 규정하였다.

특히 착묵선의 선호, 도・군・면・동계와 도근점의 제도방법, 도근측량과 세부측량의 검사 방법 등을 자세히 규정하였고 면적의 단위를 평방미터로 규정하였다.

---

59) 지방 이원(吏員)이란 조선시대 지방의 관아에서 일을 보던 관리로 현재 읍면의 말단 직원으로 추측된다.
60) 잉재(孕在)란 배속에 들어 있음을 뜻하는 것으로, 제7조의 규정은 1필지의 토지 내에 소규모로 다른 지목의 토지가 있을 경우에는 본 필지에 편입하여 획정하도록 규정하였다.
61) 재무주보 제11호, 1907. 5. 27, 통감부 재정감사청, pp.548~569.

대구시가 토지측량규정은 지적측량에 관한 전반적인 사항을 조문화한 지적법규로 통감부 재정감사청에서 발간한 재무주보 제11호에 수록되어 있다.

1905년(광무 10) 6월 26일에 사세국 양지과에 측량기술견습소를 설치하고, 이어서 1906년 5월 1일에 대구에, 같은 해 10월 3일에 평양에 측량기술견습소를 설치하였으며, 1907년 7월 20일에 전주에 측량기술견습소를 설치하고 각각 견습생을 모집하여 강습을 실시하였다.

그리고 수료생들을 기수로 임명하여 한성시가지측량과 대구시가지측량 및 평양시가지측량 등에 종사하게 한 것으로[62] 보아 대구시가 토지측량규정에 의하여 측량을 실시한 것으로 추정된다.

대구시가 토지측량규정은 우리나라 최초로 근대적인 지적측량을 실시할 수 있도록 도근측량·세부측량·제도·적산 및 측량검사 등 지적측량 전반에 관한 절차와 방법 등을 자세히 정한 규정으로, 현행 지적측량과 면적측정·도면작성 등 관련규정이 이 규정에서 비롯되어 지적측량규정(地籍測量規程)의 모체라고 할 수 있다.

대구시가 토지측량규정은 공포일부터 시행한 것으로 추정되며, 주요 내용은 다음과 같다.

1) 도근측량은 삼각측량점을 기초로 경위도선법에 의하여 시행하도록 규정하였다. (제1조)
2) 도선법은 1등도선과 2등도선으로 시행하도록 규정하였다.(제7조)
3) 1등도선은 삼각측량점간 혹은 삼각측량점 및 1등도선 점간을 연결하고, 2등도선은 삼각측량점, 1등도선 혹은 2등도선 점간을 연결하도록 규정하였다.(제8조, 제9조)
4) 도근점은 사방 150미터내 시가지에 5점 이상을, 야외는 3점 이상을 배치하도록 규정하였다.(제12조)
5) 모든 소요 수 이하의 수치는 4사5입 하되, 5의 경우에는 말위수(末位數)가 0 혹은 우수일 때에는 절사하고 기수일 때에는 절상하도록 규정하였다.(제28조)
6) 1필지측량은 도선법·교차법·사출법 또는 지거법에 의하도록 규정하였다.(제63조)
7) 착묵선의 선호(線號)는 1호선은 10분(分)의 4밀리미터, 2호선은 10분의 2밀리미터, 3호선은 10분의 1밀리미터로 하도록 규정하였다.(제75조)
8) 도곽선은 3호 양홍선으로, 1필지계는 3호선으로 그리도록 규정하였다.(제76조)
9) 도로·하천·구거·제방부지는 그 연(緣)을 3호선으로 그리고 구분할 수 있을 정도에 도(道)·천(川)·구거(溝渠), 제(堤)의 문자를 쓰도록 규정하였다.(제78조)
10) 도계는 실선(實線) 3밀리미터의 1호선에 실부(實部)로 길이 1밀리미터의 1호선을

---

[62] 리진호, 1999, 앞의 책, pp.390~392.

십자(十字)로 교차시켜 그 허부(虛部)에 직경 10분의 4밀리미터의 1개 원점을 삽입시켜 표시하도록 규정하였다.(제79조)

11) 군계는 실선 3밀리미터, 허선 4밀리미터의 1호선의 허부에 직경 10분의 4밀리미터의 2개 원점을 삽입시켜 표시하도록 규정하였다.(제80조)
12) 면계는 실·허선 각 3밀리미터의 1호선의 허부에 직경 10분의 4밀리미터의 1개 원점을 그리어 표시하도록 규정하였다.(제81조)
13) 동계는 실선 3밀리미터, 허선 1밀리미터의 1호 점선으로 표시하도록 규정하였다.(제82조)
14) 도·군·면·동계 등이 1필지의 경계에 일치할 때나 도로·하천 및 구거의 가운데로 통하여 그 가운데에 그릴 수 없을 때에는 그 선외에 그리도록 규정하였다.(제83조)
15) 도근점은 3호선으로 1등삼각점은 중심에 1점을 갖고 길이 3밀리미터 및 2밀리미터의 2중 정삼각형으로, 2등삼각점은 중심에 1점을 갖고 길이 2.5밀리미터의 정삼각형으로, 도근점은 중심에 1점을 갖고 직경 2밀리미터의 원으로 그리도록 규정하였다.(제94조)
16) 면적단위는 평방미터로 하도록 규정하였다.(제124조)
17) 면적은 원도상에서 푸라니메타<구적기>를 써서 매필마다 측정하도록 규정하였다.(제125조)
18) 도근측량의 검사는 기계의 취급 및 개정의 적부, 도선 경시(經始)의 순서 및 그 형상은 타당 한가 아닌가, 도근점 배치 및 선점의 순서는 타당 한가 아닌가, 실시에 오류가 있는가 없는가, 도근계산부에 위식(違式) 계산이 있는가 없는가, 도근약도는 완전히 조제하였는가 안하였는가 등을 검사하도록 규정하였다.(검사 제2조)
19) 세부측량의 검사는 기계의 취급 및 개정의 적부, 도근점의 전개에 부정이 있는가 없는가, 보점의 배치는 타당 한가 아닌가, 원도는 실시와 대조하여 차이가 있는가 없는가, 조사부에 오류 등이 있는가 없는가, 원도의 각 도엽은 정확하게 접합하였는가 아닌가 등을 검사하도록 규정하였다.(검사 제3조)

2.7. 대구시가지 토지측량에 대한 군수<민단역소>에게 통달 제정

1907년에 대구시가지 토지측량에 대한 군수<민단역소>에게 통달<大邱市街地 土地

測量에 對한 郡守(民團役所)에게 通達, 1907. 5. 16. 대구재무관 대(代) 가와카미 쓰네로우 재정감사관>63)을 제정하고, 필지별 세부측량을 실시하기 위한 경계표의 설치와 관리·측량입회·경계표의 규격 등에 관한 사항을 조문화한 최초의 규정으로, 현행 경계표지의 설치 및 관리·측량입회 방법 등이 이 통달에서 비롯되었으며, 현행 경계표지의 설치 및 관리, 측량입회 등 관련규정의 모체가 되었다.

대구시가지 토지측량에 대한 군수(민단역소>에게 통달은 공포일부터 시행한 것으로 추정되며, 주요 내용은 다음과 같다.

1) 토지측량에 착수하기 전에 각 소유주는 소유지의 경계에 경계표를 설치하도록 규정하였다.(제1조)
2) 경계표 표목(標木)은 대나무 또는 나무로 만들어 그 길이는 지상 2자(尺)64) 이상 폭은 1치(寸) 이상 되도록 규정하였다.(제3조)
3) 측량은 소유주·관리인 혹은 동장이 입회하여야 하나, 만약 사고가 있어 입회할 수 없을 때는 책임 있는 대리인을 입회시키도록 하고, 일본인과 관계가 있는 것은 동장 또는 엄벌운운의 문구는 적의 정정하도록 규정하였다.(제4조)
4) 경계표 설치에 있어 타인의 소유를 모인(冒認 : 남의 것을 자기 것처럼 꾸미어 속임)하거나 착오를 일으켰을 때에는 당사자와 해당 동장을 엄벌에 처하도록 규정하였다.(제5조)
5) 표항 또는 경계표를 뽑아 없애는 자는 엄벌에 처하도록 규정하였다.(제6조)

2.8. 삼림법 제정

1908년<융희 2> 대한제국 말기에 「삼림법(森林法)」(1908. 1. 21. 법률 제1호)65)을 제정하고, 제1조에 "삼림은 소유자에 따라 제실림(帝室林)·국유림·공유림 및 사유림으로 구분하고 산야는 삼림에 준하여 본법을 적용한다."라고 규정하였다.

그리고 제19조에서 "삼림산야의 소유자는 본 법 시행일로부터 3개년 이내에 삼림산야의 지적(地積) 및 면적(面積)의 약도를 첨부하여 농상공부대신에게 신고해야 하며, 기한 내에 신고하지 않는 것은 모두 국유로 간주한다."라고 규정하여 임야소유자가 비용을 부담하여 민유 임야에 대한 측량을 실시하고 민유 임야약도를 작성 첨부하여 지적계(地籍

---

63) 재무주보 제11호, 1907. 5. 27, 통감부 재정감사청, pp.547~548.
64) 1자(尺)는 30.3cm, 1치(寸)는 3.03cm, 1푼(分)은 0.30cm, 1리(厘)는 0.03cm이다.
65) 관보 제3979호, 1908<융희 2>. 1. 24, 법률 제1호, pp.73~74.

屆)66)를 농상공부대신에게 제출하면 최초로 임야에 대한 사유권을 인정받게 되었다.

그러나 그 신고로써 소유권을 확보하는 것은 아니고 부윤 또는 군수의 증명을 거치는 것이 필요하고 신고만으로는 매매·양도 등에 관한 하등의 권리가 없다고 하였다.67)

이어서 삼림법 시행세칙(1908. 4. 21. 농상공부령 제65호) 제74조에 "「삼림법」 제19조에 의한 보고는 제13호 서식 및 제14호 서식에 의함이 가함."이라고 규정하고, 제13호 서식에 "지적보고(地籍報告)"로 규정하여, 우리나라에서 제정한 법규 중 내부분과규정(1895. 4. 17.)에 이어서 두 번째로 "지적(地籍)"이라는 용어를 사용하였다

1910년 12월에 [그림 2-1]과 같이 민유 산림약도를 첨부하여 농상공부장관에게 지적보고를 한 사례가 전해오고 있다.

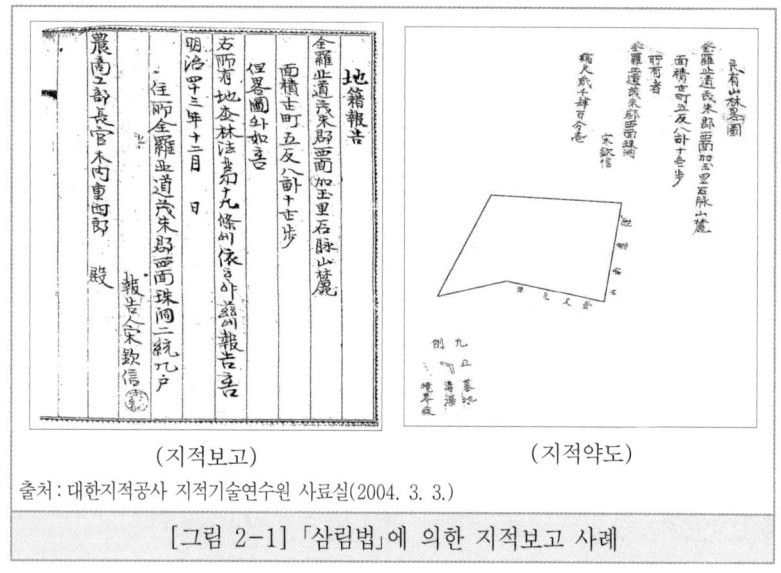

(지적보고)　　　　　　　(지적약도)

출처 : 대한지적공사 지적기술연수원 사료실(2004. 3. 3.)

[그림 2-1] 「삼림법」에 의한 지적보고 사례

삼림법의 시행은 지적제도의 창설을 위한 준비과정으로 민유 임야약도의 작성을 위한 지적측량과 도면작성 등의 기술적인 기반을 축적시키고 지적기술자를 속성으로 양성하는 중요한 계기가 되었다.

「삼림법」에 의한 지적보고를 제출한 실적은 상세히 알려져 있지 않으나 1910년 4월 현재 19만여 건에 달하였다는 신문보도68)가 있었으며 면적은 전국의 임야 1천6백만 정

---

66) 지적계(地籍屆)란 삼림법 제19조에 의거 임야를 소유한 민간인이 측량수수료를 부담하여 측량을 실시하고 민유 임야약도를 작성하여 농상공부대신에게 지적보고(地籍報告)한 서류(書類)를 말한다.
67) 『대한매일신보』, 1911. 7. 7, 제2면.
68) 『경남일보』, 1910. 4. 18, 제2면.

보 중에서 220만 정보에 불과하였으나,69) 「삼림법」 제19조에 의하여 지적보고를 한 지적계(地籍屆)의 원본을 각 부·군청에 송부하여 지적에 관한 사무 처리의 편리를 도모하도록 하였다.

그 후 임야조사사업을 위하여 조선임야조사령을 제정(1918. 5. 1. 제령70) 제5호)하면서 「삼림법」 제19조의 규정에 의한 지적계를 제출하지 않아 국유로 귀속된 임야도 구 소유자 또는 상속인을 임야의 소유자로 사정하도록 규정하였다.(조선임야조사령 제10조)

그러나 「삼림법」은 경술국치조약 후 삼림령(1911. 9. 1. 제령 제10호)과 삼림령 시행규칙(1911. 9. 1. 조선총독부령 제74호)을 제정하면서 폐지하였다.

2.9. 토지조사법 제정

1910년 대한제국 말기에 토지조사국관제(土地調査局官制, 1910. 3. 14. 칙령 제23호)71)를 제정하고, 제10조에 총재관방과 조사부·측량부를 설치하도록 규정하였고, 이어서 토지조사국분과규정(1910. 3. 19.)72)을 제정하고 제1조 총재관방에는 서무과·회계과를, 제4조 조사부에는 조사과·정리과를, 제7조 측량부에는 삼각과·측지과·제도과를 각각 설치하도록 규정하였다.

토지조사국은 같은 해 8월에 「토지조사법」(1910. 8. 23. 법률 제7호)73)과 토지조사법 시행규칙(1910. 8. 23. 탁지부령 제26호)을 비롯하여 고등토지조사위원회규칙(1910. 8. 23. 칙령 제43호), 지방토지조사위원회규칙(1910. 8. 23. 칙령 제44호), 토지신고심득(土地申告心得, 1910. 8. 24.), 지주총대심득(地主總代心得, 1910. 8. 24.) 등의 법규를 제정하여 토지조사사업을 추진하기 위한 법적 장치를 마련하였다.

그러나 일본은 1906년 2월 1일 통감부를 설치하고 우리나라의 토지조사사업계획에 초기부터 참여한 것으로 보이며, 일본의 법학자인 우메 겐지로(梅謙次郎)74)가 「토지조사

---

69) 조선총독부 농림국, 1936, 『조선임야조사사업보고서』, p.9.
70) 제령(制令)이란 '조선에 시행할 법령에 관한 건'에 의거 법률을 요하는 사항에 관하여 조선총독이 발하는 명령으로 그들의 내각총리대신을 거쳐 천황의 재가를 받아야하는 것으로 되어있었으나 임시 긴급의 경우에는 이러한 사전절차를 밟지 아니할 수도 있었다.(내무부, 『지방행정구역발전사』, 1979, p.2.) 따라서 조선총독에게 제령제정권을 부여한 것은 사실상 입법권을 부여한 것으로써 결국 조선총독은 자기가 입법하고 자기가 집행하는 독재관청이 되었다.
71) 관보, 제4627호, 1910(융희 4). 3. 15, p.69.
72) 관보, 제4631호, 1910(융희 4). 3. 19, p.91.
73) 관보, 제4765호, 1910(융희 4). 8. 24, p.131.
74) 우메 겐지로(梅謙次郎, 1860~1910.)는 시마네현(島根縣) 출생으로 메이지(明治)시대의 법학자. 도쿄외국어대 법학과를 졸업하고, 프랑스와 독일에 유학(1885~1890.), 귀국 후 종신 도쿄대 교수로 재임하였으며,

법」의 제정에 관여하였다는 사실과 경술국치 직전에 제정되었다는 것이 이를 입증하는 것으로 판단된다.75)

「토지조사법」은 지번·지목·면적·측량 입회·소유자와 강계의 사정·토지대장과 지도의 비치 및 지권(地券)의 발행 등에 관한 사항을 규정하여(제10조) 지적사무와 등기사무를 동일한 기관에서 통합하여 처리하는 '광의의 지적제도'를 채택하였으나, 그 후 조선총독부에서 토지조사령(1912. 8. 13. 제령 제2호)을 제정하면서 일본제도와 동일하게 지적사무와 등기사무를 서로 다른 기관에서 처리하는 '협의의 지적제도'를 채택하여 오늘에 이르고 있다.

「토지조사법」은 공포일부터 시행하였으며, 주요 내용은 다음과 같다.
1) 토지는 지목을 정하고 지반을 측량하며, 일구역마다 지번을 부여하도록 규정하였다.(제2조)
2) 토지의 지목을 다음과 같이 17개 지목으로 정하도록 규정하여 전과 답을 구분하지 않고 하나의 지목으로 설정하도록 하였으며, 사묘와 사원은 통합하여 사사지로 설정하도록 규정하였다.(제3조)
   ① 전답·대·지소·임야·잡종지
   ② 사사지·분묘지·공원지·철도용지·수도용지
   ③ 도로·하천·구거·제방·성첩·철도선로·수도선로
3) 측량에 사용하는 척도 및 지적의 명칭, 명위는 도량형법76)의 규정에 의하도록 규정하였다.(제4조)
4) 지주는 정부가 정하는 기간 내에 토지를 정부에 신고하도록 규정하였다.(제5조)
5) 지주 및 토지의 경계는 지방토지조사위원회에 자문하여 토지조사국 총재가 사정하도록 규정하였다.(제7조)
6) 사정에 불복이 있는 자는 공시일로부터 90일 이내에 고등토지조사위원회에 신립(申立)하여 재결을 구할 수 있도록 규정하였다.(제8조)
7) 정부는 토지대장 및 지도를 비치하고 토지에 관한 사항을 등록하며 지권(地券)을

내각 법제국 장관, 문부성 총무장관, 법학대학 총리 등을 역임하였다. 1906년 이토우(伊藤博文)의 초청으로 통감부 법률고문, 부동산법학회장, 부동산관계 법령제정에 참여하였다.(리진호, 대한지적공사, 『지적』 제326호, 2002. 6. p.52.) 1906년부터 1910년 사이에 공포된 대한제국의 법률 및 칙령안들이 모두 우메 겐지로의 손에서 작성된 것임을 알 수 있다.(이승일, 2008, "일제의 조선관습조사 사업 활동과 식민지법 인식", 『일본의 식민지 지배와 식민지적 근대』, 서울, 동북아역사재단, p.15.)
75) 정종휴, 1998. 6, "우메 겐지로와 한국근대입법사업", 민사시보.
76) 도량형법(1909. 9. 20. 법률 제20호)에서는 토지면적의 단위는 정(町)·반(反 또는 段)·무(畝)·보(步), 길이의 단위는 간(間)·푼(分)·리(厘) 등 척관법을 사용하도록 규정하였다.

발행(發行)하도록 규정하였다.(제10조)
8) 허위의 신고를 한 자는 100원 이하의 벌금에 처하도록 규정하였다.(제13조)
9) 이 법률은 임야에는 적용하지 않으나 조사지 사이에 개재(介在)하는 것은 조사하도록 규정하였다.(제14조)
10) 법률시행에 관하여 필요한 규정은 탁지부대신이 정하도록 규정하였다.(제15조)

2.10. 토지측량표규칙 제정

1910년 대한제국 말기에 측량표(測量標)에 관한 사항을 규정하기 위하여 토지측량표규칙(1910. 9. 15. 통감부령 제58호)을 제정하였다.

토지측량표규칙은 삼각점표석·점표·표항·표기의 설치 방법·이전·제각 또는 훼손에 대한 벌칙 등에 관한 사항을 규정하였으며 공포일부터 시행하였고, 주요 내용은 다음과 같다.77)

1) 측량표는 삼각점표석·점표·표항(標杭)·표기(標旗)로 규정하였다.(제1조)
2) 측량표 설치를 위하여 필요한 토지는 사용할 수 있으며, 측량 시행에 장애가 되는 죽목(竹木)은 부득이 한 것에 한하여 벌제(伐除)하거나 수상(樹上)에 점표를 설치할 수 있도록 규정하였다.(제2조)
3) 토지조사국에서 표석과 점표를 설치한 때에는 그 종류와 위치를 소할(所轄) 관찰사에 통지하고, 표석과 점표를 이전하거나 또는 철거할 때에도 소할 관찰사에 통지하도록 규정하였다.(제3조)
4) 관찰사는 보관의 방법을 정하여 부윤(府尹)이나 군수로 하여금 그 지역 내의 측량표를 감수하도록 규정하였다.(제4조)
5) 부윤이나 군수는 표석이나 혹은 점표의 망실과 훼손 및 기타 이상이 있음을 알았을 때에는 즉시 토지조사국에 보고하도록 규정하였다.(제5조)
6) 표석을 이전(移轉)·제각(除却)78)하거나 또는 훼손(毁損)한 자는 50환 이하의 벌금이나 혹은 구류에 처하도록 규정하였다.(제6조)
7) 점표·표항 및 표기를 이전·제각하거나 또는 훼손한 자는 50환 이하의 벌금에 처하도록 규정하였다.(제7조)

---

77) 조선총독부 관보, 제16호, 1910. 9. 15, pp.63~65.
78) 제각(除却)이란 사물이나 현상을 없애거나 사라지게 하는 것을 의미하며, "없애버리다"라는 의미의 제거(除去)라는 단어와 같은 뜻이다.

8) 다음의 행위를 한 자는 5환 이하의 과료에 처하도록 규정하였다.(제8조)
   ① 과실로 인하여 측량표를 훼손한 자
   ② 측량표에 와력(瓦礫)79) 기타 잡물(雜物)을 던지거나 짐승을 매거나 새끼줄 따위를 걸거나 혹은 첩지(貼紙)와 희서(戲書)80) 기타 악희(惡戲)81)를 한 자

2.10.1. 제1차 토지측량표규칙 개정

1915년에 조선총독부는 측량표에 관한 사항을 보완하기 위하여 제1차 토지측량표규칙(1915. 1. 15. 조선총독부령 제1호)82)을 전부 개정하여 공포일부터 시행하였으며, 주요 내용은 다음과 같다.

1) 측량표라 함은 토지조사령에 의하여 임시토지조사국에서 시행하는 측량을 위하여 설치하는 표석(삼각점, 수준점)·점표·표항 및 표기로 규정하였다.(제1조)
2) 표석은 영구히 보존하고 점표·표항 및 표기는 측량실시기간 중에 이를 보존할 자를 규정하였다.(제2조)
3) 임시토지조사국에서 표석 또는 점표를 설치할 때에는 그 종류·번호·명호(名號) 및 위치를 소할 경무부장(경성부에 재하는 경무총장 이하 같다.)에게 통지하도록 하고, 이를 이전 또는 철거할 시 역시 같도록 규정하였다.(제3조)
4) 경무부장은 경찰서장(경찰분서장, 경찰서의 사무를 취급하는 헌병분대 및 헌병분유소의 장을 포함. 이하 같다.)으로 하여금 그 관할구역 내에 있는 측량표를 감시하도록 규정하였다.(제4조)
5) 경찰서장은 표석 또는 점표의 망실·훼손 기타 이상이 있음을 알았을 때에는 사유를 갖추어 즉시 임시토지조사국에 보고하도록 규정하였다.(제5조)
6) 표석 또는 점표는 제측량의 기준으로 사용할 수 있으며, 표석 또는 점표를 사용하고자 할 때에는 그 사유·기간 및 측량표의 종류와 아울러 번호를 상기(詳記)하고 소할 경무부장을 경유하여 임시토지조사국장에게 신청하도록 하고(제6조제1항), 표석을 사용하는 경우에 있어 그 주위 2자(尺)내의 토지에 표항·점표 또는 표기를 건설할 수 없도록 규정하였다.(제6조제2항)
7) 측량표의 주위에서 훼손 또는 그 효용을 해할 염려가 있는 사업을 하고자 할 때에는

---

79) 와력(瓦礫)이란 와륵(瓦礫)의 본딧말로 깨진 기와 조각 또는 기와와 자갈이라는 뜻이다.
80) 희서(戲書)란 낙서를 말한다.
81) 악희(惡戲)란 못된 장난 또는 심술궂은 장난을 말한다.
82) 조선총독부 관보, 제733호, 1915. 1. 15, pp.161~163.

사유를 갖추어 소할 경무부장을 거쳐 임시토지조사국장에게 신청하도록 규정하였다.(제7조)
8) 관청에서 표석 혹은 점표를 사용하고자 할 때에는 임시토지조사국의 승인을 얻도록 규정하였다.(제8조)
9) 표석을 이전·제거 혹은 훼괴(毁壞)[83]하거나 또는 그 효용을 해친 자는 1년 이하의 징역 또는 200원 이하의 벌금 또는 과료에 처하도록 규정하였다.(제9조)
10) 점표·표항 또는 표기를 이전·제거 혹은 훼괴하거나 또는 그 효용을 해친 자는 100원 이하의 벌금 또는 과료에 처하도록 규정하였다.(제10조)
11) 측량표에 와력(瓦礫) 기타 잡물을 던지거나 짐승을 매며 첩지(貼紙)와 희서(戲書) 기타 악희(惡戱)를 한 자는 과료에 처하도록 규정하였다.(제11조)

2.10.2. 제2차 토지측량표규칙 개정

1917년에 조선총독부는 측량표에 관한 사항을 보완하기 위하여 제2차 토지측량표규칙(1917. 2. 28. 조선총독부령 제14호)[84]을 개정하여 공포일부터 시행하였으며, 주요 내용은 다음과 같다.

1) 도근점표항을 도근점표석으로 설치할 수 있도록 개선하고 도로시설물 중 배수구의 연석(緣石)[85]을 도근점으로 대신 사용하고자 할 때에는 그 점의 위치에 "TP"를 각인하여 사용할 수 있도록 개선하였다.(제1조)
2) 경찰서장이 표석 또는 점표의 훼손·망실·기타 이상이 있을 때에 그 사유를 임시토지조사국에 보고하도록 한 것을 도장관에게 보고하도록 개선하였다.(제5조)
3) 표석 또는 점표를 사용하고자 할 때에는 관할 경찰서장을 경유하여 임시토지조사국장에게 신청하던 것을 도장관에게 신청하도록 개선하였다.(제8조)
4) 토지측량을 완료한 때에는 임시토지조사국장은 표석의 종류·번호·명칭과 위치를 기재한 서류를 첨부하여 도장관에게 인계하도록 제도를 신설하였다.(제12조)

2.11. 토지조사령 제정

---

83) 훼괴(毁壞)란 헐어서 깨뜨리는 것을 말한다.
84) 조선총독부 관보, 제1369호, 1917. 2. 28, p.411.
85) 연석(緣石)이란 차도와 인도 또는 차도와 가로수 사이의 경계가 되는 돌을 말한다.

1910년 8월에 조선총독부는 경술국치조약의 공포와 함께 같은 날에 조선의 조선총독부설치에 관한 건(1910. 8. 29. 칙령 제319호)[86]을 제정하여 토지조사국을 존치하되 조선총독부 소속으로 규정하였다.

이어서 1910년 9월에 조선총독부관제(1910. 9. 30. 칙령 제354호)[87]를 제정하고 제9조에 조선총독부에 관방과를 비롯하여 총무부·내무부·탁지부·농상공부·사법부의 5개부를 설치하도록 규정하였다.

그리고 같은 날 조선총독부 임시토지조사국 관제(1910. 9. 30. 칙령 제361호)[88]를 제정하고 제1조에 조선총독부 임시토지조사국을 설치하여 조선총독의 관리 아래 토지의 조사 및 측량에 관한 사무를 관장하도록 규정하고, 제2조에 임시토지조사국에는 총재 1인, 부총재 1인, 서기관 전임 3인, 사무관 전임 2인, 감사관 전임 1인, 기사 전임 4인, 서기·기수 전임 50인 등 62명의 직원을 두도록 규정하고, 같은 해 10월 1일부터 대한제국 토지조사국의 사업 일체를 인수하여 당초 대한제국에서 예정하였던 기간 내에 토지조사를 완료하기로 결정하였다.

이에 따라 「토지조사법」을 제정한 후 일주일 만에 경술국치조약이 이루어져 시행이 잠시 중단되었다가 조선총독부에 임시토지조사국을 설치하고 토지조사사업을 추진하면서 「토지조사법」에 일부 내용을 추가·보완하여 토지조사령(土地調査令, 1912. 8. 13. 제령 제2호)을 제정하고, 조선총독부 고등토지조사위원회 관제(1912. 8. 12. 칙령 제3호)·조선총독부 지방토지조사위원회 관제(1912. 8. 12. 칙령 제4호)·토지조사령(1912. 8. 13. 제령 제2호)·토지조사령 시행규칙(1912. 8. 13. 조선총독부령 제6호)·임시토지조사국 측량규정(1913. 4. 22. 조선총독부훈령 제21호)·조선총독부 임시토지조사국 조사규정(1913. 6. 7. 조선총독부훈령 제33호) 등을 제정하여 1910년부터 1918년까지 과세대상 토지에 대한 토지조사사업을 추진하였다.

위와 같은 입법 과정은 일본이 1895년 청일전쟁 후 대만을 할양받아 1945년까지 식민지로 지배하면서 지적규칙(1898. 7. 17, 율령 제13호)·토지조사규칙(1898. 7. 17. 율령 제14호)·고등토지조사위원회규칙(1898. 7. 17. 율령 제15호)·토지측량표규칙 등을 제정하고[89] 1898년부터 1903년까지 과세대상 토지에 대한 토지조사사업을 추진하였던 전례를 따른 것이다.

조선총독부에서 제정한 토지조사령(1912. 8. 13. 제령 제2호)은 대한제국에서 제정한

---

[86] 조선총독부 관보, 제1호, 1910(명치 43). 9. 29. 제319호), pp.3~4.
[87] 위의 관보, 제28호, 1910(명치 43). 9. 30. 칙령 제354호, pp.123~124.
[88] 위의 관보, 제28호, 1910(명치 43). 9. 30. 칙령 제361호, pp.128~129.
[89] 대한지적공사, 2005, 『한국지적백년사(역사편)』, pp.15~16.

「토지조사법」 제10조에서 규정한 지권(地券)의 발행에 관한 내용을 삭제하고, 지번·지목·면적·측량 입회·측량표 설치·소유자와 강계의 사정·재결 등에 관한 사항과 토지대장과 지도를 비치하고 사정으로 확정된 사항 또는 재결을 거친 사항을 등록하도록 규정하여(제17조) 지적과 등기를 2원적으로 운영하는 '좁은 의미의 지적제도'를 채택하였다.

「토지조사령」은 일제의 "선 시행(先 施行), 후 입법(後 立法)"의 대표적인 첫 번째 사례라고 할 수 있는데, 제정일부터 시행하였으며, 주요 내용은 다음과 같다.90)

  1) 토지의 조사 및 측량은 본령에 의하도록 규정하였다.(제1조)

  2) 토지는 종류에 따라 다음과 같이 지목을 정하고 지반을 측량하여 1구역마다 지번을 붙이도록 규정하였다.(제2조)

    ① 전·답·대·지소·임야·잡종지

    ② 사사지·분묘지·공원지·철도용지·수도용지

    ③ 도로·하천·구거·제방·성첩·철도선로·수도선로

전·답·대 등 제1호의 지목은 그 토지에서 직접적인 수익이 있고 또한 그 당시 과세 중에 있거나 혹은 가까운 장래에 과세의 객체가 될 수 있는 토지이며, 사사지·분묘지·공원지 등 제2호의 지목은 거의 전부가 공공용에 속하고 또한 직접적인 수익이 없으므로 지세를 면제할 대상 토지이며, 도로·하천·구거 등 제3호의 지목은 사유(私有)를 인정하기 곤란한 토지로 과세의 객체가 되지 아니하는 토지로 구별한 것이다.91)

  3) 지적(地積)의 단위는 평(坪) 또는 보(步)92)로 하도록 규정하였다.(제3조)

  4) 토지소유자는 조선총독이 정하는 기간 내에 주소·성명 또는 명칭·토지의 소재·지목·자번호·사표·등급·면적·결수를 임시토지조사국장에게 신고하도록 규정하였다.(제4조)

  5) 토지소유자·임차인·관리인은 토지의 사위(四圍)의 강계(疆界)에 표항을 세우고 지목·자번호(字番號)·소유자 성명 또는 명칭·보관 관청명을 기재하도록 규정하였다.(제5조)

  6) 측량지역내의 지주총대를 선정하고 조사 및 측량에 관한 사무에 종사하도록 규정하였다(제6조).

---

90) 조선총독부 관보, 제12호, 1912년(대정 원년). 8. 13, pp.85~86.
91) 내무부, 1966, 『한국지방행정사』, p.775.
92) 보(步)는 길이의 단위임과 동시에 면적의 단위로 사용되었는데, 길이 1보는 사람의 두 걸음에 해당되는 보폭의 길이로 6척(尺)에 해당되며, 사방 1보의 넓이를 역시 보라고 불렀는데(김추윤, 김별,『측량사』, 서울, 도서출판 바른길, 2009. p.231.) 토지조사령의 보는 후자를 뜻한다.

7) 토지의 조사 및 측량을 함에 있어서 필요한 경우 토지소유자·이해관계인 또는 그 대리인을 실지에 입회시키도록 규정하였다.(제7조)
8) 토지의 조사 및 측량을 실시하기 위하여 필요한 경우 토지에 출입하며, 측량표를 설치하고 장애물을 제거할 수 있도록 규정하였다.(제8조)
9) 임시토지조사국장은 지방토지조사위원회에 자문하여 토지소유자 및 강계를 사정하도록 규정하였다.(제9조)
10) 사정에 대하여 불복이 있는 자는 공시기간이 만료된 후 60일 이내에 고등토지조사위원회에 신청하여 재결을 구할 수 있도록 규정하였다.(제11조)
11) 토지소유자의 권리는 사정의 확정 또는 재결에 의하여 확정하도록 규정하였다.(제15조)
12) 임시토지조사국은 토지대장 및 지도를 조제하여 토지의 조사 및 측량에 대하여 사정함으로써 확정된 사항 또는 재결을 거친 사항을 등록하도록 규정하였다.(제17조)
13) 허위의 신고를 한 자는 100원 이하의 벌금에 처하도록 규정하였다.(제18조)

토지조사령은 <표 2-1>과 같이 대한제국에서 제정한 「토지조사법」을 그대로 이어서 규정하고 조문을 15개 조문에서 19개 조문으로 확대하여 전체 규정의 흐름과 내용은 비슷하나 토지조사령이 약간 구체적으로 보완하여 규정되어 있음을 알 수 있다.

이 두 법령의 특징은 토지조사사업이 완료되면 그 법적 효력도 함께 정지되는 한시법의 형태로 운영하도록 규정하였으며, 「토지조사법」에서는 지권(地券)의 발행에 관한 내용을 규정하여 '광의의 지적제도'를 채택하였으나, 토지조사령에서는 이를 삭제하여 '협의의 지적제도'를 채택하여 지적제도와 등기제도가 2원적으로 창설되는 단초가 되었다.

측량과 관련된 기술적인 분야는 칙령·제령·부령·규정·규칙 등을 별도 제정하여 시행하였으며, 토지조사사업의 성과에 의하여 토지조사부와 지적원도를 작성하고 이를 토대로 토지대장과 지적도를 작성하였다.

따라서 토지조사부의 소유자란에 등재되어 있는 자는 이의 또는 재결절차에 의하여 사정내용이 변경되었다는 반증이 없는 이상 그 토지의 소유자로 사정받고 그 사정이 확정된 것으로 추정되며, 토지조사령에 의하여 토지사정을 받은 자는 그 토지를 원시적으로 취득하였다.[93]

---

93) 대법원, 1984. 1. 24, 선고83다카1152판결, 대법원, 1993. 10. 12, 선고93다30037판결. 대법원, 1994. 10. 28, 선고93다60991판결.

<표 2-1> 「토지조사법」과 토지조사령의 주요 내용 비교

구분 항목	조문	토지조사법	조문	토지조사령
제정주체		ㅇ 대한제국		ㅇ 조선총독부
공포일		ㅇ 1910. 8. 23. 법률 제7호		ㅇ 1912. 8. 13. 제령 제2호
입법목적	2	ㅇ 토지는 지목을 정하여 지반을 측량하고 1구역마다 지번을 부여함	2	ㅇ 토지조사법과 동일
지 목	3	ㅇ 전답·대·지소·임야·잡종지 ㅇ 사사지·분묘지·공원지·철도용지·수도용지 ㅇ 도로·하천·구거·제방·성첩·철도선로·수도선로	2	ㅇ 전·답·대·지소·임야·잡종지 ㅇ 사사지·분묘지·공원지·철도용지·수도용지 ㅇ 도로·하천·구거·제방·성첩·철도선로·수도선로
면적의 단 위	4	ㅇ 지반의 측량에 쓰는 척도·지적의 명칭·명위는 도량형법에 의함	3	ㅇ 평(坪)과 보(步)를 지적(地積)의 단위로 함
신 고	5	ㅇ 지주는 정부가 정하는 기간 내에 그 토지를 정부에 신고하여야 함	4	ㅇ 토지소유자는 조선총독이 정하는 기간 내에 그 주소·성명 또는 명칭 및 소재·지목·자번호·사표·등급·지적·결수를 임시토지조사국장에게 신고하여야 함
경계결정	7	ㅇ 지주 및 토지의 강계는 지방토지조사위원회에 자문하여 토지조사국 총재가 사정함	9	ㅇ 소유자 및 그 강계는 지방토지조사위원회에 자문하여 임시토지조사국장이 사정함
불복신청	8	ㅇ 사정에 대하여 불복이 있는 자는 공시일로부터 90일 이내에 고등토지조사위원회에 申立하여 그 재결을 득함	11	ㅇ 사정에 대하여 불복이 있는 자는 공시기간(30일) 만료 후 60일 이내에 고등토지조사위원회에 申立하여 그 재결을 득함
지적공부	10	ㅇ 정부는 토지대장 및 지도를 비치하고 토지에 관한 사항을 등록하며 지권을 발행함('광의의 지적제도' 채택)	17	ㅇ 임시토지조사국은 토지대장 및 지도를 조제하여 사정으로써 확정된 사항 또는 재결을 거친 사항을 등록함('협의의 지적제도' 채택)
벌 금	13	ㅇ 허위의 신고를 한 자는 100환 이하의 벌금에 처함	18	ㅇ 허위의 신고를 한 자는 100원 이하의 벌금에 처함

출처: 토지조사법(1910. 8. 23. 법률 제7호), 토지조사령(1912. 8. 13. 제령 제2호) 참고 작성.

2.12. 토지조사를 위한 제규정 제정

1913년부터 조선총독부는 토지조사사업을 추진하기 위하여 칙령·제령·부령·규정·규칙·훈령·예규·국훈령(局訓令)·국고시(局告示)·국내훈(局內訓)·국결정(局決定)·국의결정(局議決定)·국보(局報)·국장통첩·국장지시·국장시달·국장주의(局長注意)·지침·훈시 등 많은 법규와 각종 지시사항 등을 다양하게 제정·시행하였다.

이 시기에 제령으로는 토지조사령과 지세령 뿐이고 모두 부령 이하의 통첩 등으로 시행하였으며, 임시토지조사국 측량규정(조선총독부 훈령 제21호, 1913. 4. 22.)·임시토지조사국 조사규정(조선총독부 훈령 제33호, 1913. 6. 7.)·도근측량실시규정(임시토지조사국 훈령 제17호, 1913. 10. 5.)·제도적산실시규정(임시토지조사국 훈령 제25호, 1914. 6. 30.)·지적조사규정(임시토지조사국 훈령 제8호, 1917. 5. 30.) 등 무려 868건이나 되었다.[94]

임시토지조사국에서 제정·시행한 법규와 부령 등은 조선총독부 관보에 빠짐없이 수록하였으며, 토지조사사업 중에 임시토지조사국에서 발행한 국보가 있다.

1910년 10월 21일 국보규정을 국훈령 제5호로, 같은 해 11월 16일 국보발행총칙을 국결정으로 제정하여, 1910년 11월 25일에 제1호가 발행되었고 1916년 10월 5일 제116호까지 남아 있으나 몇 호까지 더 발행되었는지는 미상이며, 국보는 수시로 토지조사사업과 관련된 규정을 별책 부록으로 발행하였다.[95]

2.13. 지세령 제정

1914년에 조선총독부는 토지조사사업의 주된 목적인 토지에 대한 과세를 하기 위하여 지세의 부과대상·부과방법 및 절차 등을 규정한 지세령(地稅令, 1914. 3. 16. 제령 제1호)을 제정하여 1914년분 지세부터 적용하였으며, 주요 내용은 다음과 같다.[96]

1) 토지는 지목의 종류에 따라 과세지와 비과세지로 구분하되 사사지로서 유료차지인 경우에는 과세하며 국유의 토지에는 지세를 부과하지 아니 하도록 규정하였다.(제1조)

① 과 세 지 : 전·답·대·지소·잡종지
② 비과세지 : 임야·사사지·분묘지·공원지·철도용지·수도용지·도로·하천·구거·제

---

94) 리진호, 1999, 앞의 책, p.626.
95) 리진호, 1999, 앞의 책, pp.626~627.
96) 조선총독부 관보(호외), 1914(대정 3). 3. 16, p.1.

방·성첩·철도선로·수도선로

2) 지세는 토지의 결수에 결가(結價)를 곱하여 1년 치 세액으로 정하도록 규정하였다.(제2조)
3) 부·군에 토지대장 또는 결수연명부(結數連名簿)를 작성 비치하고 지세에 관한 사항을 등록하도록 규정하였다.(제5조)
4) 지세는 연액을 2등분하여 납기에 따라 징수하도록 규정하였다.(제7조)
5) 국·도·부·군·면 또는 조선총독이 지정하는 공공단체에 있어서 공용 또는 공공의 목적에 제공하는 토지와 유지(溜池)는 지세를 면제하도록 규정하였다.(제8조)
6) 천재로 인하여 토지의 형상이 변하고 또는 토지로 조성된 땅을 해칠 경우는 상황에 따라 10년 이내의 기간을 정하여 지세를 면제하도록 규정하였다.(제9조)
7) 지세를 부과하던 토지가 지세를 부과하지 않는 토지로 되었을 때 또는 지세가 면제되었을 때에는 이후 개시하는 납기부터 지세를 징수하지 않도록 규정하였다.(제11조)
8) 지세를 수정한 토지는 그 해부터 수정한 결수에 의한 지세를 징수하도록 규정하였다.(제12조)
9) 세무 관리는 토지검사를 하며, 납세의무자 혹은 토지소유자에 대하여 필요한 사항을 심문할 수 있도록 규정하였다.(제13조)
10) 지세를 포탈하였을 때에는 100원 이하의 벌금 또는 과료에 처하고 세액을 정하여 포탈한 지세를 추징하도록 규정하였다.(제14조)

2.13.1. 제1차 지세령 개정

1918년에 조선총독부는 토지에 대한 과세를 하기 위하여 지세의 대상·부과방법과 절차 등을 규정한 지세령((地稅令, 1914. 3. 16. 제령 제1호) 중 지목의 신설과 결수연명부를 지세대장으로 명칭을 변경하는 등 불합리한 부분을 개선하기 위하여 제1차 지세령(1918. 6. 18. 제령 제9호)을 개정하여 같은 해 7월 1일부터 소급 시행하였으며, 주요 내용은 다음과 같다.[97]

1) 지목에 유지를 신설하도록 규정하였다.(제1조)
2) 군·도(郡·島)에 토지대장 또는 지세대장을 비치하고 지세에 관한 사항을 등록하도록 규정하였다.(제2조)
3) 지세를 부과하지 않는 토지가 지세를 부과하는 토지로 된 때에는 새로이 지가를 수

---

97) 조선총독부 관보, 1918(대정 7). 6. 18, p.196.

정하도록 규정하였다.(제4조)
4) 「결수연명부(結數連名簿)」의 명칭을 「지세대장(地稅臺帳)」으로 개정하였다.(제6조)
5) 「결가(結價)」라는 용어를 「지가(地價)」로 개정하였다.(제12조)

2.14. 토지대장규칙 제정

1914년에 조선총독부는 토지조사사업의 성과를 등록·공시하기 위하여 토지대장을 작성하기 위한 절차와 방법 비치기관·등록사항·변경정리·면적의 결정방법 등에 관한 사항을 규정한 토지대장규칙(土地臺帳規則, 1914. 4. 25. 조선총독부령 제45호)을 제정하여 공포일부터 시행하였으며, 주요 내용은 다음과 같다.[98]

1) 토지대장에 ① 토지의 소재(所在), ② 지번(地番), ③ 지목(地目), ④ 지적(地積), ⑤ 지가(地價), ⑥ 소유자의 주소, 성명 또는 명칭, ⑦ 질권(質權)·전당권(典當權) 또는 20년 이상의 존속기간이 정해진 지상권(地上權)의 설정이 있는 토지인 때에는 그 질권자·전당권자 혹은 지상권자의 주소·성명 또는 명칭을 등록하도록 규정하고 도로·하천·구거·제방·철도선로·수도선로와 토지조사를 하지 않은 임야 및 분묘지는 토지대장에 등록하지 않도록 규정하고, 토지대장과 공유지연명부(共有地連名簿)의 양식(樣式)을 규정하였다.(제1조)
2) 부·군(府·郡)에 지적도를 비치하도록 규정하였다.(제3조)
3) 토지대장과 지적도를 열람(閱覽)하거나 토지대장등본의 발급을 받고자 하는 자는 다음의 수수료를 수입인지로 납부하고 부윤 또는 군수에게 청구하도록 규정하였다. ① 토지대장 또는 지적도열람 : 1회에 10전(錢), ② 토지대장등본 : 1지번에 5전, 등본은 우편으로 청구할 수 있으며 이 경우 반송료에 상당하는 우표를 첨부하도록 하고, 국가가 토지대장과 지적도열람 또는 토지대장등본 발급을 청구할 때에는 수수료 납부를 요하지 않도록 규정하였다.(제4조)
4) 토지대장등본의 양식을 규정하였다.(제5조)
5) 지적(地積)에 1평 미만의 단수(端數)가 있을 때에는 절사(切捨)하고, 지적이 1평 미만인 때에는 이를 홉위(合位)에 그치고 1홉 미만인 때에는 이를 1홉으로 하도록 규정하였다.(제8조)

---
98) 조선총독부 관보, 제519호, 1914(대정 3). 4. 25, pp.329~333.

2.14.1. 제1차 토지대장규칙 개정

1918년에 조선총독부는 토지대장규칙(1914. 4. 25. 조선총독부령 제45호) 중 지적공부의 열람 및 등본발급 수수료와 불합리한 부분을 보완하기 위하여 제1차 토지대장규칙(1918. 7. 17. 조선총독부령 제75호)을 개정하여 공포일부터 시행하였으며, 주요 내용은 다음과 같다.99)

1) 부·군·도(府·郡·島)에 지적도를 비치하고 ① 소재, ② 지번, ③ 지목, ④ 강계(疆界)를 등록하도록 규정하였다.(제3조)
2) 지적도등본의 발급제도를 신설하고 부윤·군수·도사에게 청구하도록 규정하였다. (제4조)
3) 지적도등본의 양식을 규정하였다.(제5조)
4) 지적(地積)에 1평 미만의 단수(端數)가 있을 때에는 5홉(合) 미만은 절사(切捨)하고, 5홉 이상은 1평으로 절상(切上)하며, 지적이 1평 미만인 때에는 이를 홉위(合位)에 그치고 1홉 미만인 때에는 이를 1홉으로 하도록 규정하고, 시가지세령 제1조의 규정에 의하여 지정된 지역 내에 있는 토지의 면적은 홉(合)단위로 등록하되 작(勺)단위 이하는 절사하도록 규정하였다.(제8조)

2.14.2. 제2차 토지대장규칙 개정

1928년에 조선총독부는 토지대장규칙((1918. 7. 17. 조선총독부령 제75호) 중 지적공부의 열람 및 등본발급 수수료와 불합리한 부분을 보완하기 위하여 제2차 토지대장규칙(1928. 12. 29. 조선총독부령 제85호)을 개정하여 1929년 1월 1일부터 시행하였으며, 주요 내용은 다음과 같다.100)

1) 토지대장과 지적도의 열람 또는 등본발급 수수료를 ① 토지대장열람 : 1책 1회 5전 (錢). 단, 1시간 이상 열람할 때에는 20전, ② 지적도열람 : 1매 1회 10전. 단, 1시간 이상 열람할 때에는 30전, ③ 토지대장등본 : 1지번 당 10전, ④ 지적도등본 : 지적도 1도엽(圖葉) 1지번 당 경질지(硬質紙) 50전, 박지(薄紙) 30전, 동일도엽에 2지번 이상을 묘화(描畵)할 때에는 1지번이 증가할 때마다 5전을 가산하고, 국가가 지적도등본 발급을 청구할 때에는 수수료 납부를 요하지 않도록 규정하였다.(제4조)
2) 분할지의 면적은 원 면적을 분할 후 각 지번에 안분하여 원 면적에 증감이 없도록

---

99) 조선총독부 관보(호외), 1918. 7. 17, p.1.
100) 조선총독부 관보, 제600호, 1928. 12. 29, pp.255~256.

규정하고, 분할 후 1지번의 면적이 1평 미만으로 인한 감소는 이에 한하지 않도록 규정하였다.(제8조제2항)

2.15. 임야정리조사내규 제정

경기도 임야조사종말보고서(林野調査終末報告書)101)에 의하면 1917년초에 임야도와 임야대장을 작성하기 위한 임야조사사업의 시행자·측량방법·측량수수료 부담·지번·지목·면적 등의 결정방법 등을 규정한 임야정리조사내규(林野整理調査內規)를 제정하여 시행하였으며, 주요 내용은 다음과 같다.102)

1) 임야의 정리조사는 본 내규에 의하여 도 및 군 감독아래 부윤(府尹) 또는 면장이 시행하도록 규정하였다.(제1조)
2) 임야의 정리조사를 시행할 지역은 도가 예정한 후 이를 공시하고 일정한 기간을 정하여 토지의 소유자 또는 연고자로 하여금 신고서의 제출과 함께 그 토지의 강계(疆界)에 표항을 설치하도록 규정하였다.(제2조)
3) 부윤 또는 면장은 토지의 소유자 또는 연고자의 신고서를 취전(取纏)하고 측량수를 고용하여 조사 및 측량을 하며, 임야도 및 임야조사부를 작성하여 신고서 첨부 도장관에 전달하도록 규정하였다.(제3조)
4) 부윤 또는 면장은 각 리·동마다 1명 또는 2명의 지주총대를 선정하고 조사에 관한 사무에 종사할 수 있도록 규정하였다.(제4조)
5) 조사에 요하는 경비는 토지의 소유자 또는 연고자의 부담으로 하도록 규정하였다. (제5조)
6) 토지의 소유자 또는 연고자에게 부담시킬 경비는 도장관의 인가를 얻어 부윤 또는 면장이 징수하도록 규정하였다.(제6조)
7) 부윤·면장이 조사 및 측량을 완료하였을 때는 제5조의 경비에 대하여 결산서를 작성하여 도장관의 승인을 받고 비용이 부족하였을 때는 전조에 준하여 토지의 소유

---

101) 전라북도 임야조사종말보고서(林野調査終末報告書, 2017.), 경기도 임야조사종말보고서(2023.), 경상남도 임야조사종말보고서(2023.), 전라남도, 충청남·북도 임야조사종말보고서(2025.) 등은 송영준 전 한국국토정보공사 전북지역본부장이 국가기록원에 보존되어 있던 원본을 입수하여 각각 번역 발간하여 세상에 알려졌으며, 임야정리조사내규(1917. 10.)와 야장기입요령 등이 부록으로 첨부되어 있어 각 도마다 임야정리조사내규를 제정 시행한 것으로 추정된다.
102) 지적박물관, 2006. 1,『측량과 지적』(창간호), pp.57~66. ; 송영준, 2023.『경기도 임야조사종말보고서』, 춘천, 스타복사, pp.259~271.

자 또는 연고자로부터 추징하고 남았을 때는 도장관의 허가를 받아 처분 방법을 정하도록 규정하였다.(제7조)
8) 측량수는 도에서 모집하여 1주일 이상 필요한 과목에 대하여 강습을 행하고 성적이 양호한 자를 채용하도록 규정하였다.(제8조)
9) 조사는 지주총대 및 이해관계자 또는 그 대리자 입회하에 시행하고 되도록 동시에 측량을 행하도록 규정하였다.(제20조)
10) 지목의 구분은 토지조사령에 의하도록 규정하였다.(제22조)
11) 측량은 평판측량으로 하되 그 순서는 도근도(圖根圖)의 제작, 보점측량, 리·동계(里·洞界)측량, 1필지의 측량으로 하도록 규정하였다.(제30조)
12) 축척은 시가지, 시가지 부근 또는 특히 강계가 복잡한 면·리·동은 3천분의 1, 기타지역은 6천분의 1로 하되 임야 1필지의 평균 예상면적이 1정보 미만인 면·리·동은 3천분의 1 축척으로 하도록 규정하였다.(제32조)
13) 도로·하천·구거·제방·성첩·철도선로·수도선로에는 지번을 붙이지 않고, 지번은 모두 숫자 위에 산(山)자를 관기(冠記)하여 지적도의 지번과 구별하도록 규정하였다.(제53조)
14) 면적은 보(步)로 계산하고 무(畝) 미만은 절사하며 무위(畝位)에 그치되, 1무보 미만의 토지는 보위에 그치고 보 미만은 절사하고 보 미만의 토지는 보로 절상하도록 규정하였다.(제63조)

임야정리조사내규는 1917년 10월 13일에 제정한 후 임야조사령 시행수속이 제정된 1918년 11월까지 1년 2개월 동안 시행하다가 폐지하였다.

일제는 임야정리조사내규를 제정하기 이전에 각 도에서 산발적으로 임야조사시험사업을 착수한 기록이 각 도의 임야조사종말보고서에 수록되어 있다.

함경남도는 1914년 12월 5일에 함흥읍 반룡산(盤龍山)에서 가장 먼저 시험사업을 시행하였으며, 충청남도는 1915년 6월부터 대전군 외남면에서, 경기도는 1916년 10월부터 부천군에서, 충청북도는 1916년 10월부터 청주군 사주면에서, 경상남도는 1916년 11월부터, 전라남도는 1917년 1월부터, 강원도는 1917년 4월부터, 경상북도는 1917년 10월부터 각각 시험사업을 시작하였다.[103]

2.16. 조선임야조사령 제정

---

103) 리진호, 2006. 1,『측량과 지적』(창간호), 지적박물관, 도서출판 우물, pp.53~54.

1918년에 조선총독부는 임야정리조사내규에 이어서 조선총독부임야조사위원회관제(1918. 4. 29. 칙령 제110호)·조선임야조사령(1918. 5. 1. 제령 제5호)·조선임야조사령 시행규칙(1918. 5. 1. 조선총독부령 제38호)·임야대장규칙(1920. 8. 23. 조선총독부령 제113호) 등을 제정하여 1916년부터 1924년까지 비과세대상 토지에 대한 임야조사사업을 추진하였다.

위와 같은 입법 과정은 일본이 대만에서 토지조사사업에 이어 임야조사사업을 추진하기 위하여 임야조사규칙(1909. 10. 30. 율령 제7호, 전문 9조)·고등임야조사위원회규칙(연월일 미상, 율령 제8호, 전문 4조)·임야조사규칙 시행규칙(대만총독부령 제73호, 전문 9조)·고등임야조사위원회규칙 시행규칙(대만총독부령 제74호, 전문 12조)·지방임야조사위원회규칙(대만총독부령 제75호, 전문 10조) 등을 제정하고[104] 1909년부터 1914년까지 비과세대상 토지에 대한 임야조사사업을 추진하였던 전례를 따른 것이다.

1918년에 제정한 조선임야조사령(1918. 5. 1. 제령 제5호)은 일제의 "선 시행, 후 입법"의 두 번째 사례라고 할 수 있는데, 임야의 지번·지목·소유자 신고·측량 입회·측량표 설치·장애물 제거·소유자와 경계의 사정·임야대장과 임야도의 조제 등에 관한 사항을 규정하여 공포한 날부터 시행하였으며, 주요 내용은 다음과 같다.[105]

1) 임야의 조사 및 측량은 토지조사령에 의한 것을 제외하고 본령에 의하도록 규정하였다.(제1조)
2) 임야는 지반을 측량하여 지목을 정하며 1구역마다 지번을 부여하도록 규정하였다.(제2조)
3) 임야의 소유자는 도장관이 정하는 기간 내에 성명 또는 명칭·주소·임야의 소재 및 지적을 부윤 또는 면장에게 신고하도록 규정하였다.(제3조)
4) 부윤 또는 면장은 임야의 조사 및 측량을 하고 임야조사서와 도면을 조제하여 신고서 및 통지서를 첨부하여 도장관에게 제출하도록 규정하였다.(제4조)
5) 임야의 조사 및 측량을 위하여 연고자로 하여금 2인 이상의 총대를 선출하여 조사 및 측량 사무에 종사하도록 규정하였다.(제5조)
6) 임야의 조사 및 측량을 하기 위하여 필요한 경우 서류의 제출을 명할 수 있도록 규정하였다.(제6조)
7) 임야의 조사 및 측량을 하기 위하여 필요한 경우 토지에 출입하여 측량표를 설치하

---

[104] 『국보』 제6호, 휘보, 1911. 3. 25. ; 리진호, 2010, "임시토지조사국 국보와 그 별책에 관한 고찰" 대한지적공사, 『지적』 통권 제360호(제 40권 제1호), p.73. 재인용.
[105] 조선총독부 관보(호외), 1918(대정 7). 5. 1, pp.1~2.

거나 장애물을 제거할 수 있도록 규정하였다.(제7조)
8) 도장관은 임야의 소유자 및 그 경계를 사정하도록 규정하였다.(제8조)
9) 구「삼림법」제19조의 규정에 의하여 국유로 귀속한 임야는 구 소유자 또는 상속인의 소유로 사정하도록 규정하였다.(제10조)
10) 사정에 불복이 있는 자는 공시기간이 만료된 후 60일 이내에 임야조사위원회에 신청하여 재결을 구할 수 있도록 규정하였다.(제11조)
11) 임야조사위원회에서 재결을 한 때에는 재결서등본을 첨부하여 도장관에게 통지하도록 규정하였다.(제14조)
12) 임야소유자의 권리는 사정의 확정 또는 재결에 의하여 확정하도록 규정하였다.(제15조)
13) 도장관은 임야대장 및 임야도를 조제하고 사정으로써 확정된 사항 또는 재결을 거친 사항을 등록하도록 규정하였다.(제17조)
14) 허위의 신고를 한 자는 100원 이하의 벌금에 처하도록 규정하였다.(제18조)
15) 임야 내에 개재하는 임야 이외의 토지로서 토지조사령에 의하여 조사 및 측량을 하지 않은 것은 본령의 전부 또는 일부를 준용하도록 규정하였다.(제20조)
16) 본령 시행 전 도장관이 행한 임야의 조사 및 측량에 관한 행위로써 조선총독이 지정하는 지역 내의 임야에 관한 것은 본령에 의하여 행한 것으로 간주하도록 규정하였다.(부칙)

2.17. 임야대장규칙 제정

1920년에 조선총독부는 임야조사사업의 성과를 등록·공시하는 임야대장과 임야도의 작성 절차·방법·등록사항·변경정리·면적의 결정방법 등에 관한 사항을 규정한 임야대장규칙(林野臺帳規則, 1920. 8. 23. 조선총독부령 제113호)을 제정하여 공포일부터 시행하였으며, 주요 내용은 다음과 같다.[106]

1) 부·군·도(府·郡·島)에 임야대장과 임야도를 비치하도록 규정하였다.(제1조)
2) 토지대장규칙과 지세령 시행규칙의 규정은 질권·전당권 및 지상권에 관한 규정을 제외하고 임야대장과 임야도에 관하여 이를 준용하도록 규정하였다.(제2조)
3) 임야대장에 등록한 토지를 토지대장에 등록할 때에는 그 토지에 관한 임야대장의

---
106) 조선총독부 관보, 제2411호, 1920<대정 9>. 8. 23. p.223.

등록사항을 말소하도록 규정하였다.(제4조)
4) 면적에 1무(畝) 미만의 단수가 있을 때는 15보(步) 미만은 절사하고 15보 이상은 1무로 절상하며, 면적이 1무 미만일 때에는 이를 보 단위로 그치고 1보 미만일 때에는 1보로 하도록 규정하였다.(제5조)

2.18. 토지측량규정 제정

토지조사사업을 완료하고 지적을 유지 관리하기 위하여 1921년에 조선총독부는 토지측량을 시행하기 위한 절차·방법·신규측량·이동측량·도근측량·면적측정·지적도정리 등에 관한 사항을 규정한 토지측량규정(1921. 3. 18. 조선총독부훈령 제10호)을 제정하여 공포일부터 시행한 것으로 추정되며, 주요 내용은 다음과 같다.[107]

1) 새로이 토지대장에 등록할 토지 또는 토지대장에 등록한 토지의 측량·지적산정 또는 지적도 정리는 본 규정에 의하여 시행하도록 규정하였다.(제1조)
2) 토지측량은 신규측량·이동측량·도근측량으로 구분하여 시행하며,(제2조) 신규측량 및 이동측량은 측판측량법에 의하고, 도근측량은 경위의측량법에 의하여 시행하도록 규정하였다.(제3조)
3) 척도는 신규측량 및 이동측량은 간(間)을 사용하고, 간의 10분의 1을 분(分), 분의 10분의 1을 리(厘)로 하고, 도근측량은 미터(m)를 사용하도록 규정하였다.(제4조)
4) 신규측량은 삼각점 또는 도근점에 의하여 실시하도록 규정하였다.(제6조)
5) 이동측량은 지적도에 의하여 작제(作製)한 소도(素圖)를 사용하여 실시하고 이동측량원도를 조제하도록 규정하였다.(제22조)
6) 도근측량은 삼각점 또는 보조삼각점에 의하여 도선법으로 실시하도록 규정하였다.(제30조)
7) 지적은 극식계적기(極式計積器)를 사용하여 도상에서 측정도록 규정하였다.(제48조)
8) 지적도의 작제 또는 그 등록사항의 가제정정(加除訂正)은 신규측량원도·이동측량원도·신고신청서·통지서·조서 등에 의하여 정리하도록 규정하였다.(제54조)
9) 지적도의 망실 또는 오손으로 개조를 요하는 때에는 부윤·군수·도사는 도지사를 경유하여 그 뜻을 품신(稟申)하도록 규정하였다.(제62조)

토지조사사업은 위와 같은 여러 가지 규정을 제정하여 임야·산간지·소도서·미간지

---
107) 조선총독부 관보, 제2578호, 1921<대정 10>. 3. 18. pp.191~196.

등을 제외한 토지를 대상으로 조사하였고, 임야조사사업은 임야를 주로 조사하였으나 토지조사사업에서 제외된 모든 토지를 대상으로 조사하였다.108)

조선토지조사사업보고서 전문에 따르면 토지조사사업의 내용을 크게 나누면 ① 토지소유권의 조사, ② 토지가격의 조사, ③ 지형·지모의 조사 등 3개 분야로 구분하여 다음과 같은 사항을 조사하였다.109)

첫째, 토지소유권의 조사는 토지의 소재·지적·소유권자 등을 조사하고 지적도에 의하여 그 위치 및 형상을 묘화하며 토지의 소유권 및 강계를 사정하여 지적을 명확히 함으로써 다년간의 분규로 인한 토지 계쟁을 해결하고 아울러 토지등기제도의 설정을 기하도록 하였다.

둘째, 토지가격의 조사는 시가지에 있어서는 지목에 관계없이 모두 시가(時價)에 의하여 지가를 평정하고 각 지방을 통틀어 115급으로 하였으며, 시가지 이외에 있어서는 택지<대>는 임대가격을 기초로 하여 지가를 붙이고 53급으로 나누었으며 전·답·지소 및 잡종지는 그 수익에 기초한 지가를 정하여 132급으로 나누었다.

지가평정의 당부(當否)는 즉각 지세 부담의 경중을 초래하여 그 영향이 심히 중대함으로 그 조사는 신중을 기하여 곡가 및 금리의 관계를 고려함은 물론 교통의 편부, 기타 토지의 수익에 관한 제반 관계를 고찰하며 또한 조선의 모든 영토를 통틀어 통일적으로 이 조사를 행하여서 지위 및 그 등급을 전정(詮定)하고 항상 균형을 잡아 지세제도를 확립하는데 유감이 없도록 하였다.

셋째, 지형·지모의 조사는 소위 지형측량을 말하는 것으로써 지상에 있는 천위(天爲)와 인위(人爲)의 지물을 묘화하며 그 고저·맥락 분포의 관계를 조사하여 이를 지도상에 명확하게 등록하도록 하였다.

조선총독부는 1909년 11월에 시작하여 1919년 3월말까지 9년 4개월간 총 경비 20,406,489원을 투자하고 18,830명의 기술자를 동원하여 실시한 토지조사사업의 성과로 19,107,520필지, 면적 5,437,630정(町)을 등록한 토지대장 109,188권과 지적도 812,093매를 작성하였고, 1914년 12월부터 1925년 4월까지 10년 4개월간 총 경비 3,860,200원을 투자하고 4,670명의 기술자를 동원하여 실시한 임야조사사업의 성과로 3,479,915필지, 면적 16,302,429정(町)를 등록한 임야대장 22,202권과 임야도 116,984매를 작성함으로써 근대적인 지적제도를 창설하게 되었다.110)

---

108) 박순표, 1985, "한국의 지적제도", 한국지적학회, 『한국지적학회보』, 제6호, p.4.
109) 원영희(b), 1972, 『한국지적사』, 서울, 보문출판사, p.665.
110) 조선총독부, 1918, 『조선토지조사사업보고서』, ; 조선총독부, 1919, 『조선토지조사사업보고서추록』, ; 조선총독부 농림국, 1938, 『조선임야조사사업보고서』, ; 리진호, 1999, 『한국지적사』, 서울, 도서출판 바른길,

그리고 토지대장과 지적도 및 임야대장과 임야도를 기본공부로 하여 당시에 사용하였던 측량기계와 각종 기구 및 기술자를 근간으로 하여 시·군 단위로 근대적인 지적제도를 관리 운영하여 정착단계로 진입하게 되었다.

『사람에는 호적(戶籍)』을, 『땅에는 지적(地籍)』을 정비하는 것은 민권신장의 사상에 따라 전 세계적으로 흐르는 조류로서 지적제도는 사람의 생명에 다음가는 재산인 토지에 대한 적(籍)을 명확히 하여 권리를 보호하는 유일한 제도이다.

지적제도는 토지의 매매·경계분쟁의 해결·제반 국토사업·도시계획·각종 세금의 부과 징수에 이용됨은 물론 통신 방문 등에 필요한 번지의 결정에 이르기까지 서정백반(庶政百般)의 근기(根基)가 되는 제도이다.111)

세계 최초로 근대적인 지적제도를 창설한 프랑스는 1804년 12월에 나폴레옹 보나파르트(Napoléon Bonaparte)가 공화국의 초대 황제로 즉위하기 전인 같은 해 3월에 「프랑스 민법전(Code Civil des Francais)」을 제정하였으며, 1807년에 이를 「나폴레옹 법전」으로 명칭을 변경하였다.

이어서 1807년에 「나폴레옹 지적법(Napoléon's Cadastre Act)」을 제정하고 1808년부터 1850년까지 재무부가 주관하여 측량사와 군인을 동원하여 1억 2천 6백만 필지에 대한 지적도와 토지대장을 작성하여 세계 최초로 지적도부(地籍圖簿)를 갖춘 근대적인 지적제도를 창설하여 나폴레옹 지적은 '근대적 지적제도의 효시'라고 일컬어지며 또한 세지적의 대표적인 사례로 평가되고 있다.112)

따라서 우리나라는 프랑스 보다 약 100년 후인 1910년에 토지조사사업에 착수하여 1924년에 근대적인 지적제도를 창설하였으며, 약 140년 후에 독립적인 「지적법」을 제정하여 근대적 지적제도의 관리 운영체계를 확립하였다.

3. 정착단계(1924~1975.)

토지조사사업과 임야조사사업의 성과에 의하여 작성된 토지대장·지적도·임야대장·임야도·공유지연명부 등의 지적공부와 관련 도부를 해당 부·군·도(府·郡·島)113)에 이관

---

p.735. ; 류병찬, 1999, 『지적사』(제2전정판), 서울, 부연사, pp.346~348.
111) 내무부, 1966, 『한국지방행정사』, pp.792~793.
112) P.F. Dale, J.D. McLaughlin, 1988, Land Information Management, Oxford : Clarendon Press, p.47. ; 대한지적공사 지적연구원, 2005, 앞의 책, p.268. ; 류병찬, 2020(a), 앞의 책, p.514.
113) 부·군·도(府·郡·島)는 현재의 시·군·구에 해당하는 기관으로써 부윤(府尹)은 현재의 시장 도사(島司)는

하고 각 부윤과 군수·도사는 이를 인수받아 분할·합병·지목변경 등 토지의 이동사항과 소유권변동사항을 정리하는 등 새로이 창설된 지적제도의 정착을 위하여 노력하였다.

지적제도의 창설 후 토지대장과 지적도의 등록사항에 대한 변경정리는 창설단계에 제정된 지세령(1914.3.6. 제령 제1호)·토지대장규칙(1914. 4. 25. 조선총독부령 제45호)·토지측량규정(1921. 3. 18. 조선총독부훈령 제10호) 등에 의하여 수행하였으며, 임야대장과 임야도의 등록사항에 대한 변경정리는 창설단계에 제정된 임야대장규칙(1920. 8. 23. 조선총독부령 제113호) 등 서로 다른 법령에 의하여 수행하였다.

따라서 1924년 토지조사사업과 임야조사사업을 완료한 후 1950년에 독립적인「지적법」을 제정하여 토지대장과 지적도 및 임야대장과 임야도의 등록사항에 대한 변경정리를 을 통합하여 처리할 수 있도록 개선하였으며, 이어서 1975년에 근대적인 지적제도를 현대적인 지적제도로 개편하기 위하여 제2차「지적법」개정(전부개정)을 하였다.

따라서 1924년 토지조사사업과 임야조사사업을 완료한 후부터 1975년 제2차「지적법」개정 시행 전까지의 기간을 정착단계(1924~ 1975.)로 구분하였으나, 1950년「지적법」제정 이후의 지적관련 법령의 제정과 개정 연혁에 관한 사항은「지적법」(공간정보관리법)을 이해하는 기초가 된다고 판단되어 이 책의 '제2편 제1장 지적법 제정 과정, 제2장 지적법 제정, 제3장 지적법 개정 연혁'에서 자세히 서술하였으며, 정착단계의 기간 중에 제정한 지적관련 법규의 제·개정 연혁은 다음과 같다.

3.1. 임야측량규정 제정

임야조사사업을 완료하고 지적을 유지 관리하기 위하여 1935년에 조선총독부는 임야측량을 시행하기 위한 절차·방법·신규측량·이동측량·도근측량·면적측정·지적도정리 등에 관한 사항을 규정한 임야측량규정(1935. 6. 12. 조선총독부훈령 제27호)을 제정하여 공포일부터 시행한 것으로 추정되며, 주요 내용은 다음과 같다.114)

1) 새로이 임야대장에 등록할 토지 및 임야대장에 등록한 토지의 측량·지적산정·임야도의 정리는 본 규정에 의하여 행하도록 규정하였다.(제1조)
2) 토지의 측량은 신규측량·이동측량·도근측량으로 구분하여 행하도록 규정하였다. (제2조)

군수 급에 해당하며, 제주도와 울릉도에만 있었다.
114) 조선총독부 관보, 제2523호, 1935(소화 10). 6. 12, pp.134~136.

3) 신규측량 및 이동측량은 측판측량법, 도근측량은 경위의측량법에 의하여 행하도록 규정하였다.(제3조)
4) 삼각점·도근점 기타 측량기점이 될 기지점이 과소할 때에는 토지측량규정에 준하여 보조점을 배치하도록 규정하였다.(제6조)
5) 토지의 경계는 굴곡 약 10척 이하는 직선으로 간주하고, 현형에 어긋나지 않은 정도에서 경계선을 측정하여 직선으로 연결하도록 규정하였다.(제9조)
6) 측량원도의 도곽은 동서 1척6촌5푼, 남북 1척3촌2푼의 구형으로 하도록 규정하였다.(제12조)
7) 지적산정은 극식계적기를 사용하되 녹의 유표의 1분획을 30평단위로 하여 도상에서 3회 독정하고 그 독수차가 교차한계를 넘지 않을 때에는 중수에 의하여 이를 결정하도록 규정하였다.(제15조)
8) 측량원도가 5매 이상에 걸치는 임야의 측량은 세무감독국장이 재무국장에게 경사(經伺)하도록 규정하였다.(제25조)

3.2. 조선토지측량표령 제정

1936년에 조선총독부는 토지조사사업과 임야조사사업을 시행하기 위하여 설치한 측량표와 육지측량부가 설치한 측량표에 관한 사항을 규정하기 위하여 조선토지측량표령(1936. 2. 6. 제령 제1호)을 제정하여 같은 해 7월 15일부터 시행하였으나 이로 인하여 토지측량표규칙(1917. 2. 28. 조선총독부령 제14호)은 같은 해 7월 14일에 폐지하였으며, 주요 내용은 다음과 같다.115)

1) 측량표라고 칭하는 것은 조선총독부 및 육지측량부가 설치한 삼각점 표석·수준점표석·도근점표석·점표·표항·측기·가항 및 항공측표로 규정하였다.(제1조)
2) 측량 시행을 위하여 필요한 때에는 해당 관리는 조선총독이 정하는 바에 의하여 필요한 토지에 출입하며 또한 부득이한 때에는 그 토지에 있는 장애물을 제거할 수 있다. 이 경우에 해당 관리는 그의 신분을 증명하는 증표를 휴대하도록 규정하였다.(제2조)
3) 공원지·철도용지·전주부지·등대용지·수도용지·건물부지·사사지 또는 분묘지에 있어 부득이한 경우에 한하여 조선총독이 정하는 바에 의하여 측기·가항 또는 항

---
115) 조선총독부 관보, 제2718호, 1936. 2. 6, p.49.

공측표를 설치할 수 있도록 규정하였다.(제3조)
4) 전조 이외의 토지에 있어서는 조선총독이 정하는 바에 의하여 측량표를 설치할 수 있도록 규정하였다.(제4조)
5) 민유지에 표석을 설치할 때에는 조선총독이 정하는 바에 의하여 그 부지를 수용하도록 규정하였고, 전항 부지 위에 있는 소유권 이외의 권리는 수용에 의하여 소멸하도록 규정하였다.(제5조)
6) 민유지에 점표 또는 표항을 설치하였을 때에는 조선총독이 정하는 바에 의하여 사용료를 지불하도록 규정하였다.(제6조)
7) 제2조부터 제5조까지의 규정에 의한 처분으로 인하여 손해를 입은 자가 있을 때에는 조선총독이 정하는 바에 의하여 그 손해를 보상하도록 규정하였다(제7조제1항). 전항의 규정에 의하여 보상하여야 할 금액은 협의에 의하여 이를 정하되, 협의조정(協議調整)이 안 될 때 또는 협의할 수 없을 때에는 도지사가 이를 결정하도록 규정하였다.(제7조제2항)
8) 측량표의 보관 및 취급에 관하여 필요한 사항은 조선총독이 이를 정하도록 규정하였다.(제9조)
9) 표석을 이전·제거 혹은 훼괴(毁壞)하거나 그 효용을 해한 자는 1년 이상의 징역 또는 200원 이하의 벌금에 처하도록 규정하였다.(제10조)
10) 점표 또는 표항을 이전·제각 혹은 훼괴하거나 그 효용을 해(害)한 자는 50원 이하의 벌금 또는 과료에 처하도록 규정하였다.(제11조)
11) 측기·가항 또는 항공측표의 이전·제각(除却) 혹은 훼괴하거나 그 효용을 해한 자는 100원 이하의 벌금에 처하도록 규정하였다.(제12조)
12) 측량표에 깨진 기와조각, 기타의 물건을 던지거나 짐승을 매거나 밧줄(繩索)을 달거나 또는 종이를 붙이거나 낙서 기타 못된 장난을 치는 자는 과료에 처하도록 규정하고, 과실로 측량표를 훼괴한 자도 과료에 처하도록 규정하였다.(제13조)

3.3. 조선지세령 제정

1943년에 조선총독부는 지세와 지적관련 각종 영과 예규를 하나로 통합하여 지세와 관련된 사항뿐만 아니라 지적정리·지적측량 등에 관한 사항을 함께 규정한 조선지세령(1943. 3. 31. 제령 제6호)을 제정하여 같은 해 4월 1일부터 시행하였으며, 지적과 관련

된 주요 내용은 다음과 같다.116)
1) 토지에는 1구역마다 지번을 붙이고 지목·경계·지적 및 임대가격을 정하도록 규정하였다.(제3조)
2) 세무서에 토지대장을 비치하고 토지의 소재·지번·지목·지적(地積)·임대가격·소유자의 주소 및 성명 또는 명칭·질권(質權) 또는 질권자·지상권자의 주소 및 성명 또는 명칭 등을 등록하도록 규정하였다.(제4조)
3) 세무서에 지적도를 비치하고 토지대장에 등록한 토지의 소재·지번·지목·경계를 정하되 다만, 조선총독이 지정하는 지역에서는 임야도로서 지적도로 간주하고 본령에 정한 것 이외에 지적도에 관하여 필요한 사항은 조선총독이 정하도록 규정하였다.(제5조)
4) 지번은 정·리·동 또는 이에 준할 만한 지역을 지번지역으로 하여 그 지역마다 기번(起番)하여 이를 정하도록 규정하였다.(제6조)
5) 지목은 토지의 종류에 따라 다음과 같이 구별하여 정하도록 규정하였다.(제7조)
 ① 전·답·대·염전·광천지·지소·잡종지
 ② 임야·사사지·분묘지·공원지·철도용지·수도용지·도로·하천·구거·유지·제방·성첩·철도선로·수도선로
6) 지적(地積)은 평을 단위로 하여 이를 정하되, 지적에 1평 미만의 단수가 있을 때에는 5홉(合) 미만은 절사하고 5홉 이상은 절상하며 지적이 1평 미만인 때에는 홉위(合位)에 그치고 1홉 미만인 때에는 이를 1홉으로 하도록 규정하였다.(제8조)
7) 토지의 이동이 있는 경우에는 지번·지목·경계·지적 및 임대가격은 신고에 의하여, 신고가 없거나 혹은 신고가 부적당하고 인정될 때 또는 신고를 요하지 않을 때에는 세무서장의 조사에 의하여 이를 정하도록 규정하였다.(제14조)
8) 새로이 토지대장에 등록할 토지가 생겼을 때에는 해당 지번지역내 인접지의 지번에 부호를 붙이어 그 토지의 지번을 정하도록 규정하였다.(제17조)
9) 새로이 토지대장에 등록할 토지가 생겼을 때에는 그 지목을 설정하도록 규정하였다.(제19조)
10) 새로이 토지대장에 등록할 토지가 생겼을 때에는 이를 측량하여 그 경계 및 지적을 정하도록 규정하였다.(제20조)
11) 분할이라 함은 1지번의 토지를 2지번 이상의 토지로 나누는 것을 말하고, 2지번 이상의 토지를 1지번의 토지로 합하는 것을 합병이라고 규정하였다.(제28조)

---

116) 조선총독부 관보(호외1), 1943(소화 18). 3. 31, pp.1~4.

12) 1지번의 토지의 일부가 ① 별지목이 될 때, ② 비과세지가 과세지로 되고 또는 과세지가 비과세지로 될 때, ③ 소유자를 달리할 때, ④ 질권 또는 지상권의 목적이 될 때, ⑤ 기타 토지소유자가 필요하다고 인정할 때에는 세무서장에게 분할을 신청할 수 있도록 규정하였다.(제29조)
13) 1지번의 토지의 일부가 위 각호 1에 해당하거나 또는 지번지역을 달리하기에 이른 때에는 신고 또는 신청이 없는 경우에도 세무서장은 그 토지를 분할하도록 규정하였다.(제30조)
14) 합병을 하려고 할 때에는 토지소유자는 이를 세무서장에게 신고하도록 규정하였다.(제31조)
15) 분할한 토지는 분할 전의 지번에 부호를 붙이어 각 토지의 지번을 정하도록 규정하였다.(제32조)
16) 분할을 한 때에는 측량하여 각 지번의 토지의 경계 및 지적을 정하도록 규정하였다.(제33조)
17) 과세지 중의 지목을 변경하거나 또는 비과세지 중의 지목을 변경하는 것을 지목변환이라고 규정하였다.(제35조)
18) 지목변환을 한 때에는 조선총독이 정하는 바에 의하여 토지소유자는 30일 이내에 세무서장에게 신고하도록 규정하였다.(36조)
19) 지목변환으로 인하여 새로이 토지대장에 등록할 토지가 생겼을 때에는 이를 준용하도록 규정하였다.(제37조)
20) 토지대장에 등록된 토지의 지목변환을 한 때에는 그 지목을 수정하도록 규정하였다.(제38조)
21) 토지소유자에 변경이 있는 경우에는 구 소유자가 하여야 할 신고는 소유자의 변경이 있는 날로부터 30일 이내에 신 소유자가 하도록 규정하였다.(제74조)
22) 본령에 의하여 신고를 할 의무가 있는 자가 신고를 하지 않거나 또는 허위의 신고를 한 때에는 50원 이하의 과료에 처하도록 규정하였다.(제76조)
23) 세무 관리는 토지의 검사를 하고 또는 토지의 소유자·질권자·지상권자 기타 이해 관계인에게 필요한 사항을 질문할 수 있도록 규정하였다.(제80조)
24) 경성부에서는 본령 중 부(府)에 관한 규정은 구(區)에, 부윤(府尹)에 관한 사항은 구장(區長)에게 이를 적용하도록 규정하였다.(제80조의2)

3.4. 조선임야대장규칙 제정

1943년에 조선총독부는 임야대장규칙(林野臺帳規則, 1920. 8. 23. 조선총독부령 제113호)을 폐지하고, 조선임야대장규칙(1943. 3. 31. 조선총독부령 제69호)을 제정하여 같은 해 4월 1일부터 시행하였으며, 주요 내용은 다음과 같다.117)

1) 토지조사령에 의하여 조사를 하지 않은 임야 또는 분묘지 및 유지(溜池)는 1구역마다 지번을 붙이고 그 지목·경계 및 지적(地積)을 정하도록 규정하였다.(제1조)
2) 세무서에 임야대장을 비치하고 토지의 소재·지번·지목·지적(地積)·소유자의 주소 및 성명 또는 명칭을 등록하고, 토지대장의 양식에 준하여 조제하도록 규정하였다.(제2조)
3) 세무서에 임야도를 비치하고 임야대장에 등록한 토지의 소재·지번·지목·경계를 등록하도록 규정하였다.(제3조)
4) 지적(地積)은 무(畝)를 단위로 하여 정하되, 지적에 1무 미만의 단수가 있을 때에는 15보(步) 미만은 절사하고 15보 이상은 1무로 절상하며, 지적이 1무 미만일 때에는 보위에 그치고, 1보 미만일 때에는 1보로 하도록 규정하였다.(제6조)
5) 새로이 임야대장에 등록할 토지가 생겼을 때에는 당해 지번지역내 인접지의 지번에 부호(符號)를 붙이어 지번을 정하도록 규정하였다.(제8조)
6) 분할을 한때에는 측량하여 각 지번의 토지의 경계 및 지적을 정하고, 합병한 때에는 합병전의 각 지번의 토지의 지적을 합산하여 지적을 정하도록 규정하였다.(제15조)
7) 임야대장에 등록한 토지를 토지대장에 등록할 때에는 그 토지에 관한 임야대장의 등록사항을 말소하도록 규정하였다.(제21조)
8) 임야대장규칙(1920. 8. 23. 조선총독부령 제113호)에 의한 임야대장과 임야도는 각각 본령의 임야대장과 임야도로 간주하도록 규정하였다.(제26조)

4. 발전단계(1975~현재)

1975년에 우리나라의 근대적인 지적제도를 전산화하여 도면과 대장이 없는 현대적인

---

117) 조선총독부 관보(호외1), 1943<소화 18>. 3. 31. pp.5~6.

지적제도(Mapless & Bookless Cadastral System)로 개편하기 위하여 제2차 「지적법」을 개정(전부개정) 시행한 후부터 「측수지법」의 제정을 거쳐 「공간정보관리법」으로 제명을 개정하여 현재에 이르기까지를 발전단계(1975~현재)로 구분하였다.

발전단계의 기간 중에 이루어진 지적관련 법령의 제·개정 연혁에 관한 사항은 「지적법(공간정보관리법)」을 이해하는 기초가 된다고 판단되어 별도로 이 책의 '제2편 제3장 지적법 개정 연혁, 제4장 측수지법 제정과 개정 연혁, 제5장 공간정보관리법 개정 연혁'에서 자세히 서술하였다.

이상 서술한 지적제도의 창설을 위한 오랜 준비단계를 지나 창설단계·정착단계·발전단계의 「지적법」·「측수지법」을 거쳐 「공간정보관리법」으로 제명을 개정하여 오늘에 이르기까지 지적관련 주요 법령의 제정 연혁은 <표 2-2>와 같으며, 1895년 내부관제 제정 이후의 지적관련 주요 법령 체계의 변천 연혁도는 [그림 2-2]와 같다.

<표 2-2> 지적관련 주요 법령의 제정 연혁

단계 구분	관보게재 제정일자	법령 명칭
준비단계 (1392~1895)	1392.	답험손실법((踏驗損實法)
	1394. 3.	조선경국전(朝鮮經國典)
	1397. 12. 26	경제육전(經濟六典)
	1413. 2. 20.	경제육전속전(經濟六典續典)
	1437.	상정공법(詳定貢法)
	1444. 6.	공법(貢法)
	1460.	경국대전 호전(經國大典 戶典)
	1635.	영정과율법(永定課率法)
	1653.	전제상정소준수조화(田制詳定所遵守條畵)
	1746.	속대전(續大典)
	1785	대전통편(大典通編)
	1865.	대전회통(大典會通)
1895. 내부관제 제정(내부 판적국 지적과 설치)		
	1895.	내부관제(1895. 3. 26. 칙령 제53호), 내부분과규정(1895. 4. 17.)
	1898. 7. 6.	양지아문 직원 및 처무규정(1898. 7. 6, 칙령 제25호)

단계	일자	내용
창설단계 (1895~1924)		양전사목(1899)
	1901. 10. 20	지계아문 직원 및 처무규정(1901. 10. 20, 칙령 제21호)
	1907. 5. 16.	대구시가지 측량에 관한 타합사항, 대구시가 토지측량규정, 대구시가지 토지측량에 대한 군수(민단역소>에게 통달
	1908. 1. 21.	삼림법(1908. 1. 21. 법률 제1호)
	1910. 8. 24.	토지조사법(융희 4. 8. 23. 법률 제7호) 토지조사법 시행규칙(융희 4. 8. 23. 탁지부령 제26호)
	1910. 9. 15.	토지측량표규칙(1910. 9. 15. 통감부령 제58호)
	1912. 8. 13.	토지조사령(1912. 8. 13. 제령 제2호)
	1913. 6. 7.	토지조사를 위한 제규정
	1914. 3. 6.	지세령(1914. 3. 6. 제령 제1호)
	1914. 4. 25.	토지대장규칙(1914. 4. 25. 조선총독부령 제45호)
	1917. 10. 13.	임야정리조사내규(1917. 10. 13)
	1918. 5. 1.	조선임야조사령(1918. 5. 1. 제령 제5호) 조선임야조사령 시행규칙(1918. 5. 1. 조선총독부령 제38호)
	1920. 8. 23.	임야대장규칙(1920. 8. 23. 조선총독부령 제113호)
	1921. 3. 18.	토지측량규정(1921. 3. 18. 조선총독부훈령 제10호)
	1924. 토지조사사업과 임야조사사업 완료	
정착단계 (1924~1975)	1935. 6. 12.	임야측량규정(1935. 6. 12. 조선총독부훈령 제27호)
	1936. 2. 6.	조선토지측량표령(1936. 2. 6. 제령 제1호)
	1943. 3. 31.	조선지세령(1943. 3. 31. 제령 제6호)
	1943. 3. 31.	조선임야대장규칙(1943. 3. 31. 조선총독부령 제69호)
	1950. 12. 1.	지적법(1950. 12. 1. 법률 제165호)
1975. 제2차 지적법 개정(근대적인 지적제도를 현대적인 지적제도로 개편하기 위한 법적 장치 마련)		
발전단계 (1975~현재)	1975. 12. 31.	제2차 지적법 전부개정(1975. 12. 31. 법률 제2801호)
	2009. 6. 9.	「측량·수로조사 및 지적에 관한 법률」(시행 2009. 12. 10, 법률 제9774호, 2009. 6. 9, 제정)
	2014. 6. 3.	「공간정보의 구축 및 관리 등에 관한 법률」[시행 2015. 6. 4.] [법률 제12738호, 2014. 6. 3. 일부개정]로 제명 개정

주 : 문헌 마다 관보게재·공포·시행 일자가 서로 다르게 표기되어 있어 관보일자 또는 제정일자를 기준으로 정리하였다.

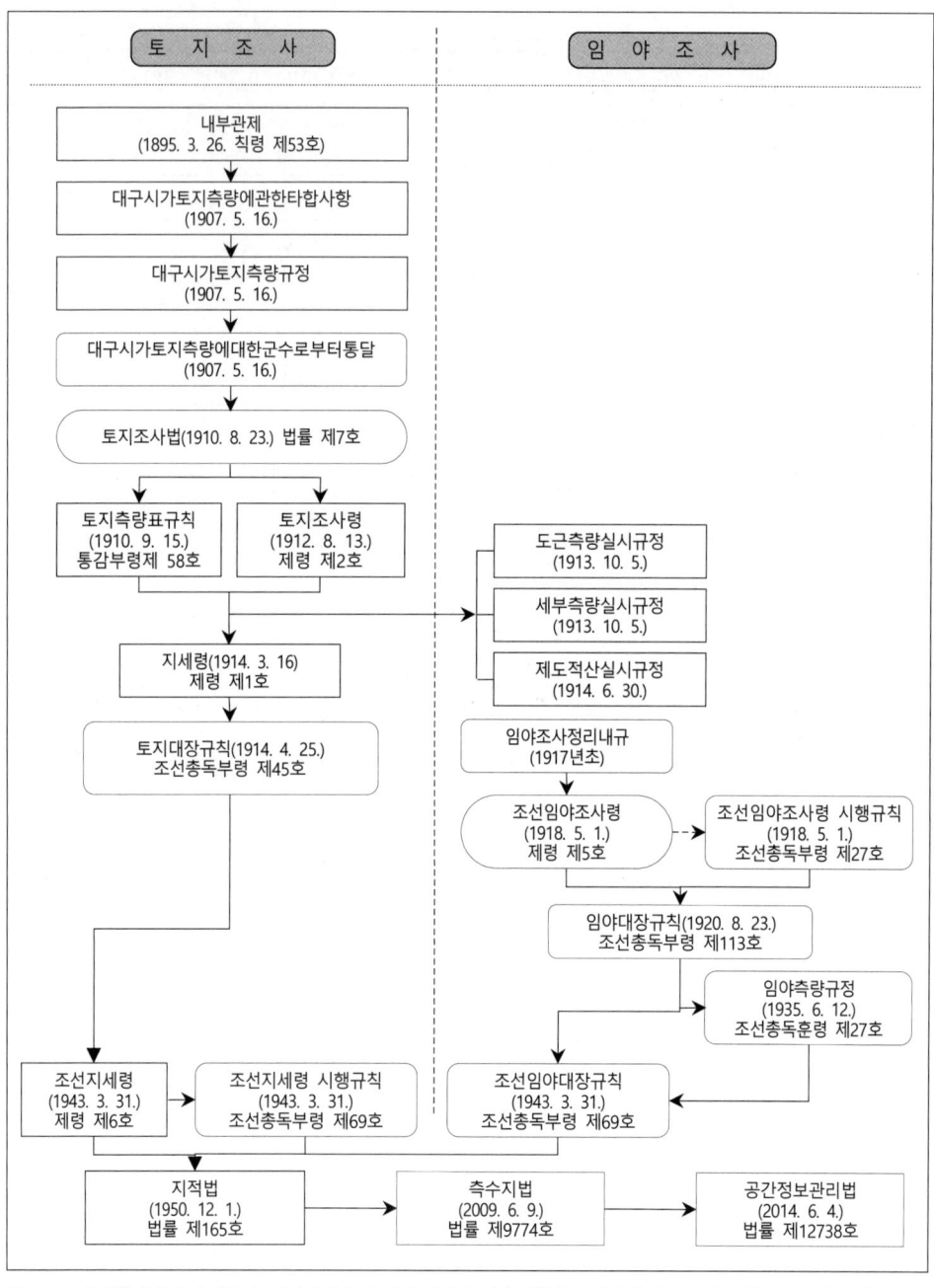

주 : 1895년 내부관제 제정 이후의 지적관련 주요 법령 제정의 변천 연혁을 도식화한 것으로 "토지측량표규칙·조선토지측량표령" 등은 토지·임야조사에 공동으로 적용하여 제외하였다.
출처 : 내무부·한국지방행정연구원, 1987, 『한국지방행정사』, p.1039. 참고 작성.

[그림 2-2] 1895년 이후 지적관련 주요 법령 체계의 변천 연혁도

지적법의 제정
(Enactment of the Cadastral Act)

Chapter 02

　1945년 8월 6일에 히로시마시(広島市)와 8월 9일에 나가사키시(長崎市)에 원자폭탄이 투하되자 일본이 연합군에게 무조건 항복을 선언함으로써 우리나라는 일제에게 빼앗겼던 주권을 되찾게 되었으나, 우리 국민들의 뜻과 다르게 독립하자마자 남북으로 분단되었으며 미군정 시대를 거쳐 1948년 8월 15일에 대한민국 정부를 수립하였다,
　그 후 1950년 6월 25일에 한국전쟁이 발발하였으며, 3일 만에 수도 서울을 내주고, 6월 27일에 대전(大田)으로 옮겼으며, 7월 16일에 대구(大邱)로 옮겼으나, 호남지방이 북한군에 넘어가면서 8월 18일에 다시 부산(釜山)으로 옮겼으며, 같은 해 10월 27일에 서울로 환도하였다, 그러나 1951년 1.4후퇴로 다시 부산으로 옮긴 후 휴전협정으로 1953년 8월 15일에 서울로 재환도하였다.
　이렇게 어려운 상황에서 1950년 말에「지적법」을 새로이 제정한 이유는 국가적인 측면에서는 첫째, 전쟁비용을 충당하기 위한 안정적인 세원을 확보할 필요가 있었으며 둘째, 광복 후 갑작스럽게 증가한 토지거래와 분할 등에 따른 국민의 재산권을 적극적으로 보호할 의무가 커지게 되었기 때문이다.
　그리고 행정적인 측면에서는 첫째, 조선지세령에 규정된 지적사무에 관한 사항과 지세사무에 관한 사항을 분리하여「지적법」과「지세법」을 독립할 필요가 있었으며 둘째, 토지조사사업의 성과에 의하여 작성된 토지대장과 지적도, 임야조사사업의 성과에 의하여 작성된 임야대장과 임야도의 등록사항에 대한 변경정리를 각각 서로 다른 법규에 의해서 수행되어 지적행정 수행에 지장이 많았기 때문이다.
　특히 조선지세령은 과세지성(課稅地成)[118]·비과세지성(非課稅地成)[119]·분할·합병·지목변경 등 토지의 이동정리에 관한 지적관련 규정과 재해지면세·사립학교용지면세·징수 등 지세의 부과·징수절차에 관한 지세관련 규정 등 서로 다른 규정을 두어 기술적인 내용과 행정적인 내용, 지적공부의 정리절차와 지세의 징수절차 등 이질적인 규정이 혼합

---

[118] 과세지성(課稅地成)이란 비과세대상 토지의 지목을 과세대상 토지의 지목으로 변경하는 것을 말한다.
[119] 비과세지성(非課稅地成)이란 과세대상 토지의 지목을 비과세대상 토지의 지목으로 변경하는 것을 말한다.

되어 있어120) 지적사무와 지세사무에 관한 규정을 분리하여야 할 필요성이 제기되었다.

따라서 1950년에 「지적법」[시행 1950. 12. 1.] [법률 제165호, 1950. 12. 1., 제정]과 「지세법」[시행 1950. 12. 1.] [법률 제155호, 1950. 11. 30., 제정]을 분리 제정하고 조선지세령과 조선임야대장규칙을 폐지함으로써 1910년에 근대적인 지적제도를 창설하기 시작한 후 약 40여년 만에 독립적인 「지적법」을 제정하여 창설단계(1895~1924.)를 거쳐 정착단계(1924~1975.)에서 토지대장과 지적도 및 임야대장과 임야도의 등록사항에 대한 변경정리를 각각 서로 다른 법령에 의해서 수행하던 것을 새로이 제정된 「지적법」에 의하여 일괄 수행할 수 있도록 개선하였다.

그리고 1975년 제1차 지적법 전부개정 시행 이후부터 현재까지를 발전단계(1975~현재)로 구분하였으며, 지적법 제정 이후의 지적관련 법령의 제·개정 연혁은 다음과 같다.

1. 지적법 제정(1950. 12. 1.)

1.1. 정부의 지적법 제정(안)

토지조사사업의 성과에 의하여 작성된 토지대장과 지적도의 등록사항에 대한 변경정리는 지세령(1914. 3. 6. 제령 제1호)·토지대장규칙(1914. 4. 25. 조선총독부령 제45호)·토지측량규정(1921. 3. 18. 조선총독부훈령 제10호) 및 조선지세령(1943. 3. 31. 제령 제6호) 등에 의하여 수행하였다.

그리고 임야조사사업의 성과에 의하여 작성된 임야대장과 임야도의 등록사항에 대한 변경정리는 임야대장규칙(1920. 8. 23. 조선총독부령 제113호)·임야측량규정(1935. 6. 12. 조선총독부훈령 제27호) 및 조선임야대장규칙(1943. 3. 31. 조선총독부령 제69호) 등에 의하여 수행하도록 규정되어 있어 지적행정 수행에 지장이 많았다.

따라서 정부는 이들 지적관련 규정을 통합하여 지적을 상세히 조사하고 세원을 확보하기 위하여 독립적인 「지적법(地籍法)」 제정(안)을 제안하게 되었으며,121) 「지세법(地稅法)」을 별도 제정하게 되었다.

「지적법」 제정(안) 제2조에 "지적공부에 등록하는 토지에는 1구역마다 지번을 부치고

---

120) 내무부, 1966, 앞의 책, p.793.
121) 국회도서관, 1950.11.25, 제8회 국회 임시회의속기록 제58호, p.5.

그 지목·경계 및 지적을 정한다."라고 되어 있으며, 제3조(「지적법」 제정 당시에 제4조로 변경되었다.)에 "세무서에 토지대장을 비치하고 좌의 사항을 등록한다. 단, 대통령령으로 정하는 토지에 대하여는 예외로 한다."라고 하여 도로·구거·하천 등 공공용지를 지적공부에 등록하지 아니하도록 「지적법」 제정(안)을 제출하였다.

도로·구거·하천 등 공공용지를 지적공부에 등록하지 아니하도록 「지적법」 제정(안)을 제출한 사유는 토지조사사업을 추진하기 위하여 제정한 「토지조사법」[법률 제7호, 1910. 8. 23. 제정] 제2조 단서에 "도로·하천·구거·제방·성첩·철도선로·수도선로는 지번을 붙이지 않을 수 있다."라고 규정되어 있었으며, 토지조사령[제령 제2호, 1912. 8. 13. 제정]에서도 제2조 단서에 동일한 내용이 규정되어 있었다.

그리고 임시토지조사국조사규정(조선총독부훈령 제33호, 1913. 6. 7. 제정) 제17조에 "도로·구거·제방·성첩·철도선로 및 수도선로로서 민유지의 신고가 없는 토지 및 하천·호해(湖海)에 있어서는 소유권의 조사를 요하지 않는다."라고 규정하여 도로·구거·하천 등 비과세 대상 공공용지는 지적공부에 등록하지 아니하였기 때문으로 추정된다.

일본은 메이지(明治) 초기(1871~1881.) 지조개정(地租改正) 당시에 수로와 인마도(人馬道)는 비과세지로 취급하였기 때문에 면적을 측정하지 않고 무지번(無地番)으로 제도(製圖)를 하였으며, 이들 토지는 법정외(法定外) 토지로 불리었고 회도(繪圖)에는 푸른 선 또는 붉은 선으로 도시(圖示)하였는데,122) 이러한 제도를 대만과 조선의 토지조사사업을 추진하면서 동일하게 적용하도록 법령에 규정하여 토지조사사업과 임야조사사업 추진 당시부터 1950년 「지적법」 제정 시행 전까지 도로·구거·하천 등 비과세 대상 공공용지는 지적공부에 등록하지 아니하였다.

1.2. 지적법 제정(안)의 국회 심의

1950년 11월 「지적법」 제정(안)에 대한 국회 심의 당시에 김종순(金宗順)123) 의원이 도로·구거·하천 등의 공공용지도 지적공부에 등록하여야만 국토의 면적과 지적공부에 등록된 면적이 일치된다고 주장하면서 첫째, 「지적법」 제정(안) 제2조를 "토지에는 1구역마다 지번을 부치고 그 지목·경계 및 지적을 정한다."라고 수정하고 둘째, 제3조의 규

---

122) 鮫島信行, 2004, 『日本の 地籍』, 東京, 古今書院, p.iv. : 鮫島信行, 2011, 『日本の 地籍』, 東京, 古今書院, p.iv. ; 대한지적공사, 2005, 『한국지적백년사(역사편)』, p.846.
123) 김종순(金宗順)은 1907년 전남 나주 출생으로 판사, 변호사와 제2대, 제3대 국회의원 및 대한변호사협회 부회장을 역임하였다.(국회의원총람발간위원회, 1994, 『대한민국의정총감』, p.99)

정 중 단서를 삭제하고 제37조제2항에 "본 법 시행으로 인하여 새로이 지적공부에 등록하여야 할 토지의 이동정리는 본 법 시행일로부터 3년 이내에 하여야 한다."라고 수정하고 셋째, 제4조의 규정 중 "대통령령으로 지정하는 지역에 있어서는 임야도를 지적도로 간주한다."라는 단서를 삭제하도록 수정 발의하여 1950년 11월 25일에 개최한 제8회 임시국회 제58차 회의에서 통과되었다.124)

따라서 1910년 토지조사사업에 착수한 후 1950년「지적법」제정 시행 전까지 지적공부에 등록하지 아니한 도로·구거·하천 등 공공용지를 일제히 지적공부에 등록하도록 직권등록주의(職權登錄主義)를 강화하였으며, 간주지적도에 관한 규정을 삭제하여 법률적으로 간주 지적도에 관한 제도가 없어지게 되었다.

「지적법」의 제정으로 세계에서 유일하게 지적공부에 도로·구거·하천 등 비과세 대상 공공용지에 지번을 부여하고 지목과 면적 및 소유자 등을 조사하여 등록하는 특수한 지적제도를 갖추게 되었으며, 현재 도로·구거·하천 등을 포함한 모든 국토를 지적공부에 등록하고 있다.

그리고「지적법」제정 법률 제4조에 "세무서에 토지대장을 비치하고 좌의 사항을 등록한다."라고 규정하고 제5조에는 "정부는 지적도를 비치하고 토지대장에 등록된 토지에 대하여 좌의 사항을 등록한다."라고 규정하였으며, 제23조에 "정부는 임야대장을 비치하고 전조의 토지에 대하여 좌의 사항을 등록한다."라고 규정하고, 제24조에서도 "정부는 임야도를 비치하고 임야대장에 등록된 토지에 대하여 좌의 사항을 등록한다."라고 규정하였다.

따라서 토지대장은 세무서에 비치하고 지적도와 임야대장 및 임야도는 정부에 비치하는 것으로 규정하여 동일한 지적공부를 마치 서로 다른 기관에 비치하는 것으로 규정되어 있어, 당시 국회 회의록과「지적법」제정(안)의 수정대조표125) 등을 확인한 결과 정부에서 제출한「지적법」제정(안)의 대부분은 정부원안대로 가결되었다. 그런데 용어를 정리하면서 <표 2-3>과 같이 "세무서"를 일괄하여 "정부"로 통일을 하였으나「지적법」공포 당시에 제4조만 누락된 것으로 밝혀졌다.

「지적법」공포일에 발간한 관보 제417호(1950. 12. 1.) 이후에 발간된 관보126)를 확인한 결과「지적법」제4조에 대한 정정공고가 없었을 뿐만 아니라 제1차「지적법」개정 법률 제4조 중에서 "세무서"를 "서울특별시 또는 시·군"으로 개정한 것으로 보아 단순한

---

124) 국회도서관, 1950. 11. 25, 전게속기록, pp.2~6.
125) 국회도서관, 1950. 11. 22, 제8회 국회 산업위원회 심사보고서, pp.229~234.
126) 관보, 제418호(1950. 12. 20.), 관보, 제419호(1950. 12. 21.), 관보, 제420호(1950. 12. 28.), 관보, 제 421호(1950. 12. 30.).

착오를 정정하지 아니하고 운영한 것으로 판단된다.

<표 2-3> 「지적법」 제정(안)의 수정 대조표

정부 제출 「지적법」 제정(안)		국회 수정 「지적법」 제정 법률	
조문	내 용	조문	내 용
1	○토지는 본법의 정하는 바에 의하여 지적공부에 등록한다.	1	○토지는 본법의 정하는 바에 의하여 지적공부에 <u>등록하여야 한다.</u>
2	○<u>지적공부에 등록하는 토지에는</u> 1구역마다 지번을 부치고 그 지목, 경계 및 지적을 정한다.	2	○<u>토지에는</u> 1구역마다 지번을 부치고 그 지목, 경계 및 지적을 정한다.
3	○세무서에 토지대장을 비치하고 좌의 사항을 등록한다. <u>단, 대통령령으로 정하는 토지에 대하여는 예외로 한다.</u>	4	○세무서에 토지대장을 비치하고 좌의 사항을 등록한다. <u><삭제></u>
4	○<u>세무서에</u> 지적도를 비치하고 토지대장에 등록된 토지에 대하여 좌의 사항을 등록한다. <u>대통령령으로 지정하는 지역에 있어서는 임야도를 지적도로 간주한다.</u>	5	○<u>정부는</u> 지적도를 비치하고 토지대장에 등록된 토지에 대하여 좌의 사항을 등록한다. <u><삭제></u>
25	○<u>세무서에</u> 임야대장을 비치하고 전조의 토지에 대하여 좌의 사항을 등록한다.	23	○<u>정부는</u> 임야대장을 비치하고 전조의 토지에 대하여 좌의 사항을 등록한다.
26	○<u>세무서에</u> 임야도를 비치하고 임야대장에 등록된 토지에 대하여 좌의 사항을 등록한다.	24	○<u>정부는</u> 임야도를 비치하고 임야대장에 등록된 토지에 대하여 좌의 사항을 등록한다.
41	○본법의 시행기일은 대통령령으로 이를 정한다. <u><신설></u>	37	○본법의 시행기일은 대통령령으로 이를 정한다. ○<u>본법 시행으로 인하여 새로이 지적공부에 등록하여야 할 토지의 이동정리는 본법 시행일로부터 3년 이내에 하여야 한다.</u>

출처 : 국회도서관, 1950.11.22, 제8회 임시국회 산업위원회 심사보고서, pp.229~234.

1.3. 지적법 제정

1950년 12월에 조선지세령(1943. 3. 31. 제령 제6호)에 규정된 지적사무에 관한 사항과 지세사무에 관한 사항을 분리하여 「지적법」[시행 1950. 12. 1.] [법률 제165호,

1950. 12. 1., 제정]을 제정하고 같은 날에 「지세법」[시행 1950. 12. 1.] [법률 제155호, 1950. 11. 30., 제정]을 제정하였다.

이어서 1951년 4월 1일 지적법 시행령[시행 1950. 4. 1.] [대통령령 제497호, 1951. 4. 1., 제정]을 제정하여 「지적법」의 시행에 관하여 필요한 지적공부의 열람·등본, 신고 및 신청 등에 관한 사항을 규정하였다.

「지적법」 제정 법률 제37조제1항에 "본 법의 시행기일은 대통령령으로 이를 정한다."라고 규정하고, 같은 날 「지적법」 시행기일에 관한 건을 제정하였는데 "「지적법」의 시행기일은 1950년 12월 1일로 한다."라고 규정하였다.

그러나 지적법 시행령을 1951년 4월 1일에 제정하여 같은 날부터 시행하도록 규정하여 새로이 제정된 「지적법」[시행 1950. 12. 1.] [법률 제165호, 1950. 12. 1. 제정]은 실제로는 1951년 4월 1일부터 시행하였으며, 주요 내용은 다음과 같다.[127]

1) 지적공부로써 토지대장·지적도·임야대장 및 임야도를 두도록 규정하였다.(제1조)
2) 1구역마다 지번을 붙이고 지목·경계 및 지적을 정하도록 규정하였다.(제2조)
3) 지목은 토지의 종류에 따라 21개 종목으로 정하도록 규정하였다.(제3조)
   ① 전·답·대·염전·광천지·지소·잡종지
   ② 사사지·공원지·철도용지·수도용지
   ③ 임야·분묘지·도로·하천·구거·유지·제방·성첩·철도선로·수도선로
4) 세무서에 토지대장을 비치하고 토지의 소재·지번·지목·지적(地積)·소유자의 주소 및 성명 또는 명칭·질권자 또는 지상권자의 주소 및 성명 또는 명칭을 등록하도록 규정하였다.(제4조)
5) 정부는 지적도를 비치하고 토지대장에 등록된 토지의 소재·지번·지목·경계를 등록하도록 규정하였다.(제5조)
6) 지번은 동·리·로·가 또는 이에 준할 만한 지역을 지번지역으로 하고, 그 지역마다 기번(起番)하여 정하도록 규정하였다.(제6조)
7) 지적은 토지의 경우 "평(坪)"을, 임야의 경우 "무(畝)"를 단위로 하여 정하도록 규정하였다.(제7조)
8) 토지의 이동이 있을 경우에는 지번·지목·경계 및 지적은 신고에 의하며, 신고가 없거나 신고가 부적당하다고 인정되는 때 또는 신고를 요하지 아니할 때에는 정부의 조사에 의하여 정하도록 규정하였다.(제8조)
9) 새로이 토지대장에 등록할 토지가 발생하였을 때에는 소유자는 대통령령이 정하는

---

127) 관보, 제417호, 1950. 12. 1, pp.5~9.

바에 의하여 30일 이내에 정부에 신고하도록 규정하였다.(제12조)
10) 1지번의 토지의 일부가 다음 각 호의 1에 해당하게 되었을 때에는 토지소유자 또는 권리취득자는 30일 이내에 정부에 분할신고를 하도록 규정하였다.(제13조)
  ① 별지목이 된 때
  ② 지세를 부과하지 아니하는 토지가 지세를 부과하는 토지가 되었거나 지세를 부과하는 토지가 지세를 부과하지 아니하는 토지가 된 때
  ③ 소유자가 상이하게 된 때
  ④ 질권(質權)[128] 또는 지상권을 설정한 때
11) 토지의 합병을 하고자 할 때에는 토지소유자는 정부에 신청하도록 규정하였다.(제15조)
12) 토지개량시행 또는 시가지계획시행으로 인한 토지이동은 공사완료시에 이동이 있는 것으로 인정하도록 규정하였다.(제20조)
13) 임야대장과 임야도에 등록할 토지는 토지대장과 지적도에 등록되지 아니한 임야 또는 분묘지 및 유지와 임야대장 등록지로서 도로·하천·구거·제방·성첩·철도선로 또는 수도선로가 된 것과 정부가 임야대장에 등록할 필요가 있다고 인정한 토지로 규정하였다.(제22조)
14) 정부는 임야대장을 비치하고 토지소재·지번·지목·지적·소유자의 주소 및 성명 또는 명칭을 등록하도록 규정하였다.(제23조)
15) 정부는 임야도를 비치하고 임야대장에 등록된 토지의 소재·지번·지목·경계를 등록하도록 규정하였다.(제24조)
16) 새로이 임야대장에 등록할 토지가 발생하였을 때에는 토지소유자는 30일 이내에 정부에 신고하도록 규정하였다.(제27조)
17) 1지번의 토지의 일부가 다음 각 호의 1에 해당하게 되었을 때에는 토지소유자는 30일 이내에 이를 정부에 분할신고를 하도록 규정하였다.(제29조)
  ① 별지목이 된 때
  ② 소유자가 상이하게 된 때
18) 지목을 변경하였을 때에는 토지소유자는 30일 이내에 이를 정부에 신고하도록 규정하였다.(제31조)

---

[128] 질권(質權)이란 채권자가 그의 채권의 담보로써 채무자로부터 받은 물건 또는 재산권을 채무의 변제가 있을 때까지 유치함으로써 채무의 이행을 간접적으로 강제하고 동시에 채무의 변제가 없을 경우 그 목적물로부터 우선적으로 변제받을 수 있는 권리를 말한다.(「민법」 제329조·제345조)

19) 토지소유자가 변경되었을 경우에는 구 소유자가 하여야 할 신고는 소유자의 변경이 있은 날로부터 30일 이내에 새로운 소유자가 이를 하도록 규정하였다.(제33조)
20) 토지소유자가 하여야 할 신고 또는 신청은 질권 또는 지상권을 설정한 토지는 토지대장에 등록된 질권자 또는 지상권자, 철도용지·수도용지·도로 등으로 된 토지는 공사시행관청 또는 기업자, 토지개량 시행지 또는 시가계획 시행지는 시행자, 국유지가 될 토지에 대하여 분할신고를 할 때에는 그 토지를 보관한 관청이 토지소유자를 대신하여 신고 또는 신청을 할 수 있도록 규정하였다.(제34조)
21) 신고의무자가 신고를 하지 아니하거나 또는 허위신고를 하였을 때에는 5만원 이하의 벌금 또는 과료에 처하도록 하되, 정황에 의하여 그 형을 감면할 수 있도록 규정하였다.(제35조)
22) 지적공부에 새로이 등록하여야 할 도로·구거·하천 등 미등록 토지는 이 법 시행일로부터 3년 이내에 등록하도록 규정하였다.(제37조제2항)

2. 지적측량규정 제정(1954. 11. 12.)

「지적법」에 의하여 지적공부에 새로이 등록할 토지의 측량, 지적산정과 지적정리 등에 관한 사항을 규정하기 위하여 지적측량규정[대통령령 제951호, 1954. 11. 12., 제정]을 제정하여 공포한 날부터 시행하였으며, 주요 내용은 다음과 같다.[129]

1) 지적공부에 새로이 토지를 등록할 때 또는 지적도나 임야도의 축척변경을 목적으로 개측(改測)할 때에 행하는 세부측량을 신규측량이라고 하며, 신규측량의 방법과 절차 등을 규정하였다.(제7조~제23조)
2) 기등록지의 분할이나 경계정정 등을 요할 때에 행하는 세부측량을 이동측량이라고 하며, 이동측량의 방법과 절차 등을 규정하였다.(제24조~제31조)
3) 시가지계획령 또는 토지개량령에 의하여 토지의 구획을 정리하여 환지교부를 하는 토지의 지적을 확정할 때에 시행하는 세부측량을 확정측량이라고 하며, 확정측량의 방법과 절차 등을 규정하였다.(제32조~제44조)
4) 삼각측량, 보조삼각측량 및 도근측량의 방법과 절차 등을 규정하였다.(제45조~제67조)

---

[129] 대한지적공사, 2005, 『한국지적백년사(지적관련법규)』, p.230~244.

5) 지적산정의 방법과 절차 등을 규정하였다.(제68조~제82조)
6) 지적정리의 방법과 절차 등을 규정하였다.(제83조~제88조)

2.1. 제1차 지적측량규정 개정(1961. 12. 30.)

지적사무를 재무부에서 내무부로 이관함에 따라 재무부장관이 관장하던 사항을 내무부장관이 관장하도록 제1차 지적측량규정[각령 제336호, 1961. 12. 30., 일부개정]을 개정하여 1962년 1월 1일부터 시행하였으며, 주요 내용은 다음과 같다.130)
1) '서울특별시'를 '서울특별시와 부산시'로 개정하였다.(제10조제2항)
2) '세무서'를 '시, 군(서울특별시와 부산시에 있어서는 구)'으로 개정하였다.(제89조)
3) '소관 사세청'을 '소관 서울특별시, 도'로 개정하였다.(제90조)
4) '세무서장'을 '시장, 군수(서울특별시와 부산시에 있어서는 구청장)'로 하고, '사세청장'을 '서울특별시장 또는 도지사'로, '재무부장관'을 '내무부장관'으로 각각 개정하였다.(제91조)

2.2. 제2차 지적측량규정 개정(1963. 4. 1.)

지적사무를 관장하는 대구시의 구를 서울특별시와 부산시의 구와 동일한 지위로 격상함에 따라 제2차 지적측량규정[각령 제1242호, 1963. 4. 1., 일부개정]을 개정하여 공포한 날부터 시행하였으며, 주요 내용은 다음과 같다.131)
1) '시(서울특별시와 부산시에 있어서는 구, 이하 또한 같다.)'를 '시(서울특별시·부산시 및 대구시에 있어서는 구, 이하 같다.)'로 개정하였다.(제10조제2항)
2) '시·군(서울특별시와 부산시에 있어서는 구)'를 '시·군(서울특별시·부산시 및 대구시에 있어서는 구)으로 개정하였다.(제89조)
3) 지적도 또는 임야도를 망실·오손 기타 사용곤란으로 인하여 개조하여야 할 경우에는 시장·군수(서울특별시·부산시 및 대구시에 있어서는 구청장)는 서울특별시장·부산시장 또는 도지사를 거쳐 내무부장관의 승인을 얻도록 개정하였다.(제91조)

---

130) 대한지적공사, 2005, 『한국지적백년사(지적관련법규)』, p.230~244.
131) 위의 책, p.253~255.

2.3. 제3차 지적측량규정 개정(1970. 6. 19.)

「지적법」에 의하여 지적공부에 새로이 등록할 토지와 이미 지적공부에 등록한 토지의 측량, 지적산정과 지적정리 등에 관한 사항을 규정하기 위하여 제3차 지적측량규정[대통령령 제5101호, 1970. 6. 19., 전부개정]을 전부 개정하여 공포한 날부터 시행하였으며, 주요 내용은 다음과 같다.[132]

1) "신규측량"이라 함은 지적공부에 새로이 토지를 등록할 때 또는 지적도나 임야도의 축척을 변경할 목적으로 다시 측량을 하는 세부측량을 말하며, 신규측량의 방법과 절차 등을 규정하였다.(제7조~제23조)
2) "이동측량"이라 함은 기등록지의 분할이나 경계정정 등을 요할 때에 행하는 세부측량을 말하며, 이동측량의 방법과 절차 등을 규정하였다.(제24조~제31조)
3) "확정측량"이라 함은 시가지계획정리 또는 토지개량에 의하여 토지의 구획을 정리하여 환지교부를 하는 토지의 지적을 확정할 때에 시행하는 세부측량을 말하며, 확정측량의 방법과 절차 등을 규정하였다.(제32조~제44조)
4) 삼각측량, 보조삼각측량 및 도근측량의 방법과 절차 등을 규정하였다.(제45조~제67조)
5) 지적산정 방법과 절차 등을 규정하였다.(제68조~제82조, 전문개정 전과 동일)
6) 지적정리 방법과 절차 등을 규정하였다.(제83조~제88조, 전문개정 전과 동일)

3. 지적측량사규정 제정(1960. 12. 31.)

「지적법」에 의하여 측량에 종사하는 지적측량사의 자질향상을 도모함으로써 지적행정의 원활한 운영에 기여함을 목적으로 상치측량사(常置測量士)와 대행측량사(代行測量士)로 구분하고 지적측량사의 전형(銓衡)과 등록·지적협회·지적측량심의회·지적측량사징계위원회 등에 관한 사항을 규정하기 위하여 지적측량사규정[시행 1961. 1. 1.] [국무원령 제176호, 1960. 12. 31., 제정]을 제정하여 1961년 1월 1일부터 시행하였으며, 주요 내용은 다음과 같다.[133]

---

132) 대한지적공사, 2005, 앞의 책, p.230~244.
133) 관보, 제2750호, 1960. 12. 31, pp.33~35.

1) 국가공무원으로서 그 소속관서의 지적측량사무에 종사하는 자를 상치측량사라 하고, 타인으로부터 「지적법」에 의한 측량 업무를 위탁받아 이를 행하는 자를 대행측량사라고 규정하였다.(제4조)
2) 지적측량사는 지적법 시행령 제4조의 규정에 불구하고 지적공부의 등사를 할 수 있으며 열람과 등사에는 수수료의 납부를 요하지 아니하도록 규정하였다.(제6조)
3) 지적측량사 자격전형은 세부측량과(細部測量科)·기초측량과(基礎測量科)·확정측량과(確定測量科)로 구분하여 각 과별로 필기와 실무 및 구술고사를 시행하도록 규정하였다.(제8조)
4) 전형을 실시하기 위하여 재무부에 지적측량사전형위원회를 두며(제9조), 위원장 1인과 위원 4인 이상 10인 이내로써 구성하고(제10조제1항), 위원장은 재무부 사세국장(司稅局長)이 되고, 위원은 지적측량에 관한 학식과 경험이 풍부한 공무원 또는 사회인사 중에서 위원장이 위촉하도록 규정하였다.(제10조제2항)
5) 전형에 합격한 자는 재무부에 비치하는 지적측량사 등록부에 등록하도록 규정하였다.(제17조)
6) 지적측량사가 사망하였을 때, 징계위원회에서 등록취소의결을 하였을 때, 지적측량사가 될 자격이 없음이 판명되었을 때에는 재무부장관은 지적측량사의 등록을 취소하도록 규정하였다.(제21조)
7) 지적측량사로서의 품위의 보전과 지적제도의 개선 및 운용을 조성하기 위하여 지적협회(地籍協會)를 설립할 수 있으며(제23조제1항), 재단법인으로 할 수 있도록 규정하였다.(제23조제2항)
8) 지적협회의 정관에는 「민법」 제43조에 규정된 사항 이외에 이사회에 관한 사항, 회장·지부장 기타 임원선임과 그 직무에 관한 사항, 측량심의신청에 관한 사항, 지적측량사 양성에 관한 사항, 지적제도의 연구에 관한 사항을 기재하도록 규정하였다.(제24조)
9) 재무부장관은 필요하다고 인정하는 경우에는 지적협회에 보고서의 제출을 요구하거나 소속공무원으로 하여금 지적협회의 경리 기타에 관한 검사를 시킬 수 있도록 규정하였다.(제25조)
10) 지적측량에 대한 적부를 심사하기 위하여 지적측량심의회를 두며, 심의회는 중앙심의회와 지방심의회로 하고, 중앙심의회는 재무부에, 지방심의회는 사세청에 두도록 규정하였다.(제26조)
11) 지적측량사의 징계에 관한 사항을 장리(掌理)하게 하기 위하여 지적측량사징계위

원회를 재무부에 두고(제30조), 위원장 1인과 위원 4인 이상 10인 이내로써 구성하며, 위원장은 재무부 사세국장이 되고, 위원은 위원장이 위촉하도록 규정하였다.(제31조)
12) 지적측량사가 본령의 규정에 위반한 자, 지적협회 정관에 위반한 자, 3회 이상 부정확한 측량을 한 자, 지적측량사로서의 명예를 훼손하거나 품위를 실추한 자는 징계위원회의 의결에 의하여 등록의 취소 또는 1년 이내의 지적측량업무의 정지를 명할 수 있도록 규정하였다.(제32조)
13) 재무부장관, 사세청장, 지적협회장 또는 소속관서의 장은 지적측량사의 징계사유가 있다고 인정하는 경우에는 증빙서류를 첨부하여 징계위원회에 징계를 요구할 수 있도록 규정하였다.(제33조)
14) 전형위원회는 본령 시행일부터 6월 이내에 제1회 전형을 실시하여야 하며, 본령을 시행하기 전에 지적측량에 종사한 국가 3급 공무원 이상의 직에 있던 자, 본령 시행 당시 지적측량에 종사하는 국가 3급 공무원 이상의 직에 있는 자 또는 재무부장관이 동등 이상의 자격이 있다고 인정되는 자는 서면 전형으로써 전형에 대신할 수 있으며, 세무관서 이외의 관서에 근무하는 상치측량사로서 본령을 시행하기 전에 재무부장관이 그 자격을 인증한 자는 전형에 합격한 것으로 간주하도록 규정하였다.(부칙)

3.1. 제1차 지적측량사규정 개정(1967. 8. 22.)

지적사무를 재무부에서 내무부로 이관함에 따라 1967년에 제1차 지적측량사규정[시행 1967. 8. 22.] [대통령령 제3189호, 1967. 8. 22., 일부개정]을 개정하여 공포한 날부터 시행하였으며, 주요 내용은 다음과 같다.[134]

1) 공무원이 아닌 지적측량사전형위원회 및 지적측량심의회의 위원에게는 예산의 범위 안에서 일당과 여비를 지급할 수 있도록 규정하였다.(제6조의2)
2) 내무부에 지적측량사전형위원회를 두고(제9조), 위원장은 내무부 지적사무 주무국장이 하도록 규정하였다.(제10조)
3) 전형에 합격한 자는 내무부에 비치하는 지적측량사 등록부에 등록하도록 규정하였다.(제17조)
4) 지적측량사가 사망하였을 때, 징계위원회에서 등록취소의결을 하였을 때, 지적측량

---

134) 관보, 제2750호, 1967. 8. 22, p.1.

사가 될 자격이 없음이 판명되었을 때에는 내무부장관은 지적측량사의 등록을 취소하도록 규정하였다.(제21조)
5) 지적측량에 대한 적부를 심사하기 위하여 중앙심의회는 내무부에, 지방심의회는 서울특별시·부산시 및 도에 두도록 하고(제26조), 중앙심의회의 회장은 내무부 지적사무 주무국장이 하고 지방심의회의 회장은 서울특별시장·부산시장 또는 도지사가 하도록 규정하였다.(제27조)
6) 지적측량사의 징계에 관한 사항을 장리하게 하기 위하여 지적측량사징계위원회를 내무부에 두고(제30조), 위원장은 내무부 지적사무 주무국장이 하도록 규정하였다.(제31조)
7) 내무부장관, 서울특별시장·부산시장·도지사, 지적협회장 또는 소속관서의 장은 지적측량사의 징계사유가 있다고 인정하는 경우에는 증빙서류를 첨부하여 징계위원회에 징계를 요구할 수 있도록 규정하였다.(제33조)

3.2. 제2차 지적측량사규정 개정(1967. 12. 14.)

대행측량사의 정의를 보완하고, 지적측량사 또는 법인격이 있는 지적단체가 아니면 측량을 할 수 없도록 자격과 종사한계를 명확하게 규정하기 위하여 제2차 지적측량사규정 [시행 1968. 1. 1.] [대통령령 제3301호, 1967. 12. 14., 일부개정]을 개정하여 1968년 1월 1일부터 시행하였으며, 주요 내용은 다음과 같다.135)
1) 국가공무원으로서 그 소속관서의 지적측량사무에 종사하는 자를 상치측량사라 하고 타인으로부터 「지적법」에 의한 지적측량업무를 위탁받아 행하는 법인격이 있는 지적단체의 지적측량업무를 대행하는 자를 대행측량사라고 규정하였다.(제4조)
2) 지적측량사 또는 내무부장관이 인정하는 법인격이 있는 지적단체가 아니면 지적측량을 할 수 없으며, 지적측량사는 등록된 과의 측량 이외의 측량을 할 수 없도록 규정하였다.(제5조)

3.3. 제3차 지적측량사규정 개정(1970. 5. 16.)

---

135) 관보, 제2750호, 1967. 12. 14, p.1.

1970년에 제3차 지적측량사규정[시행 1970. 5. 16.] [대통령령 제5016호, 1970. 5. 16., 전부개정]을 개정하였으나 종전 규정 중 제6조의2(일당 및 여비)를 제7조로 하여 37개 조문이 38개 조문으로 늘어났고 그 내용은 개정되지 아니한 채 모든 조문을 한글화하였다.136)

그리고 지적법 시행령 개정[시행 1976. 5. 7.] [대통령령 제8110호, 1976. 5. 7., 전부개정]으로 지적측량사규정[시행 1976. 5. 7.] [대통령령 제8110호, 1976. 5. 7., 타법폐지]은 폐지되었다.

4. 지적측량사규정 시행규칙 제정(1961. 2. 7.)

지적측량사규정의 시행에 필요한 사항을 규정하기 위하여 지적측량사규정 시행규칙[시행 1961. 1. 1.] [재무부령 제194호, 1961. 2. 7., 제정]을 제정하여 같은 해 1월 1일부터 소급 적용하였으며, 주요 내용은 다음과 같다.137)

1) 지적측량사규정에 의한 전형을 받을 수 있는 자는 ①「교육법」에 의한 대학<구제(舊制) 전문학교령에 의한 전문학교와 구제 대학령에 의한 대학을 포함한다.>을 졸업한 자로서 재학 중에 측량에 관한 과목을 이수한 자, ②「교육법」에 의한 고등학교(구제 실업학교령에 의한 실업학교를 포함한다.)를 졸업한 자로서 재학 중에 측량에 관한 과목을 이수하고 지적측량에 관하여 1년 이상 실무경험을 가진 자, ③ 국가공무원으로서 그 소속관서의 지적측량사무에 4년 이상 실무경험을 가진 자, ④ 전 각호에 게기(揭記)된 이외의 자로서 지적측량업무에 관하여 4년 이상 실무경험을 가진 자로 규정하였다.(제1조)
2) 지적측량사의 필기고사는 ① 세부측량과는 수학(평면기하), 측량학(세부측량), 관계법규(지적관계법규와 토지세법), ② 기초측량과는 수학(평면기하와 평면삼각), 측량학(보조삼각측량과 도근측량), 관계법규(지적관계법규와 토지세법), ③ 확정측량과는 수학(평면기하와 평면삼각), 측량학(세부측량, 삼각측량과 다각측량), 관계법규(지적관계법규와 토지세법)로 하도록 규정하였다.(제2조)
3) 확정측량과의 전형에 합격된 자는 세부측량과와 기초측량과의 전형을 받지 아니하여도 각각 그에 합격된 것으로 보도록 규정하였다.(제3조)

---

136) 관보, 제2750호, 1970. 5. 16, pp.5~7.
137) 관보(호외), 1961. 2. 7, pp.1~6.

4) 지방지적측량심의회의 심의사항을 ① 경계감정측량에 이의가 있을 때, ② 측량검사에 불복이 있을 때, ③ 지적측량에 관하여 관계인의 심의요구가 있을 때로 규정하였다.(제10조)
5) 본령 시행 당시 국가공무원으로서 그 소속관서의 지적측량사무에 종사하는 자와 사세청장의 자격인증을 받은 자로서 타인으로부터 「지적법」에 의한 측량업무를 위탁받아 이를 행하는 자는 제1회 전형에 한하여 응시할 수 있도록 규정하였다.(부칙 제2항)

4.1. 제1차 지적측량사규정 시행규칙 개정(1961. 8. 4.)

지적측량사 자격전형의 응시자격기준을 확대하고 필기고사의 시험과목을 수학·측량학·관계법규를 지적관계법규와 토지세관계법규로 개정하기 위하여 제1차 지적측량사규정 시행규칙[시행 1961. 8. 4.] [재무부령 제210호, 1961. 8. 4., 일부개정]을 개정하여 공포한 날부터 시행하였으며, 주요 내용은 다음과 같다.[138]

1) 전형을 받을 수 있는 자는 ① 「교육법」에 의한 대학(구제 전문학교령에 의한 전문학교와 구제 대학령에 의한 대학을 포함한다.)을 졸업한 자로서 재학 중에 측량학에 관한 과목을 이수하고 1년 이상 실무경험을 가진 자, ② 「교육법」에 의한 고등학교(구제 실업학교령에 의한 실업학교를 포함한다.)을 졸업한 자로서 재학 중에 측량에 관한 과목을 이수하고 지적측량에 관하여 4년 이상 실무경험을 가진 자, ③ 국가공무원으로서 소속관서의 지적측량사무에 7년 이상 실무경험을 가진 자, ④ 전 각호에 게기된 이외의 자로서 지적측량업무에 관하여 7년 이상 실무경험을 가진 자, ⑤ 수학(대학졸업정도)과 측량학(측량학개론, 평판측량 및 경위의측량)에 대한 필기고사에 합격하고 지적측량에 관하여 1년 이상 실무경험을 가진 자로 규정하였다.(제1조)
2) 전형은 ① 세부측량과 : 필기(지적관계법규와 토지세관계법규), 실무(세부측량), 구술, ② 기초측량과 : 필기(지적관계법규와 토지세관계법규), 실무(보조삼각측량과 도근측량), 구술, ③ 확정측량과 : 필기(지적관계법규와 토지세관계법규), 실무(세부측량 삼각측량 및 다각측량)로 구분하여 시행하도록 규정하였다.(제2조)

---

138) 관보, 제2750호, 1961. 8. 4, p.1.

4.2. 제2차 지적측량사규정 시행규칙 개정(1966. 12. 1.)

확정측량과 합격자는 기초 및 세부측량과 합격으로 인정하던 규정을 폐지하고 종전의 지적측량사규정 시행규칙은 그 효력을 상실하도록 제2차 지적측량사규정 시행규칙[시행 1966. 12. 1.] [내무부령 제16호, 1966. 12. 1., 폐지제정]을 개정하여 공포한 날부터 시행하였으며, 주요 내용은 다음과 같다.139)

1) 지적측량사 자격전형을 받을 수 있는 자는 ①「교육법」에 의한 대학, 초급대학, 실업고등전문학교 또는 외국의 대학을 졸업한 자 및 이와 동등 이상의 자격자로서 재학 중에 측량에 관한 과목을 이수하고 지적측량에 관하여 1년 이상의 실무경험을 가진 자, ② 교육법에 의한 고등학교 또는 외국의 고등학교를 졸업한 자 및 이와 동등 이상의 자격자로서 재학 중에 측량에 관한 과목을 이수하고 지적측량에 관하여 4년 이상의 실무경험을 가진 자, ③ 내무부장관이 인정하는 측량기술자양성기관에서 6월 이상 소정의 과정을 이수하고 지적측량에 관하여 1년 이상의 실무경험을 가진 자, ④ 전 각호에 게기된 이외의 자로서 지적측량에 관하여 7년 이상의 실무경험을 가진 자로 규정하였다.(제2조)
2) 지적측량사 자격전형의 전형 과목과 그 배점을 규정하였다.(제3조)
3) 확정측량과의 전형에 합격된 자는 세부측량과와 기초측량과의 전형을 받지 아니하여도 각각 그에 합격된 것으로 보도록 규정한 조문을 삭제하였다.

4.3. 제3차 지적측량사규정 시행규칙 개정(1969. 12. 30.)

제3차 지적측량사규정 시행규칙[시행 1969. 12. 30.] [내무부령 제47호, 1969. 12. 30., 전부개정] 개정은 모든 조문을 한글화140)한 것으로 내용은 부칙을 제외하고는 모두 제2차 지적측량사규정 시행규칙 개정규칙[시행 1966. 12. 1.] [내무부령 제16호, 1966. 12. 1., 폐지제정]과 동일하다.

---

139) 관보, 제750호, 1966. 12. 1, pp.1~4.
140) 법령 표기의 한글화는 1968년에는 국무총리가 '모든 공문서에 한글을 사용할 것'을 지시하는 국무총리 훈령(제68호, 1968. 12. 24.)을 발령했고, 1969년 5월 1일에 '법령의 한글·한자 표기 기준'이 만들어져, 이미 제정된 부령은 1969년 8월 31일까지, 대통령령은 1970년 12월 31일까지 한글화 작업을 마치고 법률도 한글화하도록 했다. 이에 따라 1970년 말까지 총리령과 부령 748건과 대통령령 1,024건을 한글화하였으며, 법률의 한글화는 2000년에 와서 본격적으로 시작되었다.

4.4. 제4차 지적측량사규정 시행규칙 개정(1970. 5. 20.)

지적측량사 전형 응시자격에 측량법령의 규정에 의한 측량사 또는 측량사보로 등록된 자를 추가하고 이들에게 일부과목의 고사를 면제하도록 규정하고 지적측량사 자격전형의 과목과 배점을 <표 2-4>와 같이 개정하기 위하여 제4차 지적측량사규정 시행규칙[시행 1970. 5. 20.] [내무부령 제76호, 1970. 5. 20., 일부개정]을 개정하여 공포한 날부터 시행하였으며, 주요 내용은 다음과 같다.141)

1) 지적측량사의 전형응시자격에 측량법령의 규정에 의하여 측량사 또는 측량사보로 등록된 자를 추가하였다.(제2조3의2)
2) 측량사 또는 측량사보가 지적측량사의 자격전형에 응시하는 경우에는 세부측량과에 있어서는 지적측량학과 세부측량, 기초측량과에 있어서는 지적측량학과 기초측량, 확정측량과에 있어서는 지적측량학과 확정측량에 관한 고사를 각각 면제하도록 규정하였다.(제4조제3항)

그러나 지적법 시행규칙 제정[시행 1976. 5. 7.] [내무부령 제208호, 1976 .5. 7., 제정]으로 지적측량사규정 시행규칙[시행 1976. 5. 7.] [내무부령 제208호, 1976. 5. 7., 타법폐지]은 폐지되었다.

<표 2-4> 지적측량사 자격 전형 과목과 배점 기준

과목 \ 구분	고사별	과목	배점
세부측량과	필기고사	지적관계법규 지적측량학	100 100
	실무고사	세부측량 지적공부정리	100 100
	구술고사	-	100
기초측량과	필기고사	지적관계법규 지적측량학	100 100
	실무고사	기초측량 지적공부정리	100 100
	구술고사	-	100
확정측량과	필기고사	지적관계법규 지적측량학	100 100
	실무고사	확정측량 지적공부정리	100 100
	구술고사	-	100

출처 : 지적측량사규정 시행규칙[시행 1970. 5. 20.] [내무부령 제76호, 1970. 5. 20., 일부개정] 제3조.

---

141) 관보, 제2750호, 1970. 5. 20, p.2.

지적법의 개정 연혁
(Amendment History of the Cadastral Act)

Chapter 03

　1950년에「지적법」을 제정한 후 25년 만인 1975년 말에 제2차「지적법」개정(제1차 지적법 전부개정)을 하였으며, 이어서 1976년에 지적법 시행령을 전부 개정하고 같은 해에 지적법 시행규칙을 새로이 제정하여 최초로 법·령·규칙의 체계를 갖추게 되었는데, 1924년 토지조사와 임야조사사업을 완료한 후부터 1975년 제2차「지적법」개정 시행 전까지를 정착단계(1924~1975.)로 구분하였다.
　그리고 제2차「지적법」을 전부 개정하여 미터법 전환, 수치측량, 전파·광파기측량 및 사진측량방법 등의 도입과 지적사무의 전산화를 추진할 수 있는 제도적 장치를 마련하는 등 현대적인 지적제도로 전환하기 위한 제2차「지적법」개정 시행 이후부터 현재까지를 발전단계(1975~현재)로 구분하였다.
　그러나 2009년에「지적법」과「측량법」및「수로업무법」등 3법을 통합하여「측 수지법」을 제정하고 관련법을 폐지함에 따라 지적제도의 환경이 급속하게 변화되어 발전단계의 다음 단계인 성숙단계의 진입을 턱 앞에 두고 좌절되었다.
　「지적법」을 폐지하고 지적사무를 행정자치부에서 국토해양부로 이관하면서 행정자치부의 지적정책관과 산하 과단위의 조직이 모두 폐지되어 1895년에 내부 판적국 지적과로 출발하여 1세기 이상 계속 유지되어온 중앙정부의 지적행정조직의 명칭이 사라졌으며, 시·도와 시·군·구의 지적행정조직이 통폐합 축소되었고, 고등학교·전문대학·대학교의 지적교육조직도 통폐합 축소되거나 명칭이 변경되었으며, 대한지적공사의 시·도와 시·군·구 조직의 통폐합 등이 이루어졌으며, 명칭도 한국국토정보공사로 변경되었다.142)
　따라서 현재 위와 같은 지적제도의 주변 환경을 고려할 때 성숙단계로 진입하였다고 판단 할 수 는 없다는 것이 일반적인 견해이다.
　「지적법」제정 이후 총 19차에 걸쳐 개정한 내용 중 ① 제6차「지적법」개정(「부동산등기법」일부개정), ② 제8차「지적법」개정(「정부부처명칭 등의 변경에 따른 건축법 등

---
142) 류병찬, 2020(a), 앞의 책, p.636.

의 정비에 관한 법률」 제정), ③ 제11차 「지적법」 개정(「공익사업을 위한 토지 등의 취득 및 보상에 관한 법률」 제정), ④ 제12차 「지적법」 개정(「주택법」 제명개정), ⑤ 제14차 「지적법」 개정(「채무자 회생 및 파산에 관한 법률」 제정), ⑥ 제16차 「지적법」 개정(「도로명주소 등 표기에 관한 법률」 제정), ⑦ 제17차 「지적법」 개정(「가족관계의 등록 등에 관한 법률」 제정), ⑧ 제19차 「지적법」 개정(「측량·수로조사 및 지적에 관한 법률」 제정) 등 8차에 걸쳐 타법에 의하여 「지적법」을 개정하였다.

그러나 타법에 의한 개정 내용은 새로운 법령의 제정 또는 타법 개정에 따른 용어와 자구 수정, 조문 변경 등이 주를 이루고 있어 이를 제외하고 11차에 걸쳐 일부 또는 전부 개정한 지적법규의 주요 내용은 다음과 같다.

1. 제1차 지적법 개정(1961. 12. 8.)

1961년 12월에 국가와 지방자치단체의 세제개편을 위하여 「국세와 지방세의 조정에 관한 법률」[시행 1962. 1. 1.] [법률 제780호, 1961. 12. 2., 제정]143)을 제정하여 국세인 지세(地稅)가 지방세인 재산세와 농지세로 전환됨에 따라 재무부와 산하 일선 세무서에서 관장하던 지적사무를 내무부와 산하 시·군으로 이관하고 기타 불합리한 조항을 시정하고자 「지적법」 제1차 개정을 추진하였다.

국가재건최고회의에서 제1차 「지적법」[시행 1962. 1. 1.] [법률 제829호, 1961. 12. 8., 일부개정]을 개정하여 1962년 1월 1일부터 시행하였으며, 주요 내용은 다음과 같다.144)

1) 토지대장의 비치 기관을 "세무서"에서 "서울특별시 또는 시·군"으로 개정하였다.(제4조)
2) 토지대장의 등록사항 중 "질권과 질권자의 주소·성명·명칭 등"의 등록규정을 삭제하도록 개선하였다.(제4조제6호, 제13조제1항제4호, 제34조제1항, 제36조제1항)
3) 토지에 대한 "지세"를 "재산세, 농지세"로 개정하였다.(제13조제1항제2호)

---

143) 국회도서관, 1961. 12. 4. 국가재건최고회의 제79차 상임위원회 회의록, pp.5~6.
144) 관보, 제3020호, 1961. 12. 8, p.65.

2. 제2차 지적법 개정(1975. 12. 31.)

1910년대에 창설한 우리나라의 근대적인 지적제도를 지적전산화 사업을 추진하여 도면과 대장이 없는 현대적인 지적제도(Mapless & Bookless Cadastral System)로 개편하기 위한 법적 장치를 마련하기 위하여 제2차「지적법」[시행 1976. 4. 1.] [법률 제2801호, 1975. 12. 31., 전부개정](제1차 전부개정)을 개정하였다.145)

이어서 지적법 시행령[시행 1976. 5. 7.] [대통령령 제8110호, 1976. 5. 7., 전부개정]을 개정하였고,146) 새로이 지적법 시행규칙[시행 1976. 5. 7.] [내무부령 제208호, 1976. 5. 7., 제정]을 제정하여147) 최초로 법·령·규칙의 체계를 갖추게 되었다.

제2차「지적법」개정 법률은 첫째, 지적공부의 반출을 엄격히 규제하여 토지에 관한 기본적인 정보를 등록 관리하는 국가의 공적장부인 지적공부의 관리에 적정을 기할 수 있도록 개선하였다.

둘째, 한문자 위주의 북동기번법(北東起番法)의 지번설정 방법을 아라비아 숫자 위주의 북서기번법(北西起番法)의 지번설정방법으로 전환하여 지적행정 수행의 효율성을 제고할 수 있도록 개선하였다.

셋째, 토지에 대한 면적의 등록 단위를 척관법에 의한 평(坪: 토지대장 등록지)과 무(畝: 임야대장 등록지)에서 만국 공통인 미터법에 의한 평방미터(m^2)로 전환하고 토지대장과 임야대장에 등록된 모든 토지의 면적을 평방미터로 환산 등록하도록 개선하였다.

넷째, 토지소유자 중 자연인에 대한 주민등록번호를 토지대장과 임야대장에 새로이 등록하도록 규정하여 전산 입력 후에 소유자별 토지소유 현황을 쉽게 파악할 수 있도록 개선하였다.

다섯째, 도시계획구역 내 각 필지 단위로「국토이용관리법」또는「도시계획법」에 의거 지적고시(地籍告示)된 용도지역을 토지대장과 임야대장에 새로이 등록하도록 규정하여 토지이용계획을 쉽게 파악할 수 있도록 개선하였다.

여섯째, 기하학적인 도해측량의 폐단을 해소하기 위하여 수치측량(경계점좌표측량) 제도를 도입하여 지적측량 성과의 정확성을 확보하고, 수치지적부148)라는 지적공부를 새로이 작성·비치하도록 개선하였다.

---

145) 관보, 제7236호, 1975. 12. 31, pp.10~16.
146) 관보, (1976. 5. 7. 대통령령 제8110호).
147) 관보, (1976. 5. 7. 내무부령 제208호).
148) 수치지적부는「지적법」제10차 개정 법률에 의하여 '경계점좌표등록부'로 명칭을 변경하였다.

마지막으로 전파기 또는 광파기측량 및 사진측량 등 새로운 측량 방법을 도입하여 측량기술의 현대화와 정확성을 확보할 수 있도록 개선하였으며, 지적측량자격을 기술계와 기능계로 구분하고 지목을 통·폐합·신설하는 등 획기적인 개선을 단행하였으며, 지적공부의 비치·보존에 관한 사항·토지이동의 신청 신고에 관한 사항·지적측량에 관한 사항·지적정리에 관한 사항 등을 상세히 규정하여 지적사무를 효율적으로 수행할 수 있도록 하고 전산화를 추진하여 현대적인 지적제도로 개편할 수 있는 제도적 장치를 마련하였다.149)

위와 같이 현대적인 지적제도로 개편하기 위한 제2차「지적법」개정 법률의 시행일인 1976년 5월 7일을 기념하기 위하여 내무부에서 매년 5월 7일을 지적의 날로 제정하고 1978년에 첫 행사를 개최하였다.

제2차「지적법」개정 법률은 공포한 날부터 3개월 후인 1976년 4월 1일부터 시행하도록 규정하였으나 같은 법 시행령의 개정이 늦어져 1976년 5월 7일부터 시행하였으며, 주요 내용은 다음과 같다.150)

1) 「지적법」의 입법목적을 명확하게 규정하였다.(제1조)
2) 지적공부·소관청·필지·지번·지번지역·지목·경계·좌표·면적·신규등록 등 지적에 관한 용어의 정의를 규정하였으며, '등록전환'이라는 용어를 신설하였다.(제2조)
3) 지목을 21개 종목에서 24개 종목으로 통·폐합·신설하였는데, "과수원·목장용지·공장용지·학교용지·운동장·유원지"의 6개 지목을 신설하였으며,(제5조) 종전의 규정에 의하여 지적공부에 등록된 지목 중 "지소"는 "유지"로, "철도선로"는 "철도용지"로, "수도선로"는 "수도용지"로 6개 지목을 3개 지목으로 통·폐합하였으며, "공원지"는 "공원"으로, "사사지"는 "종교용지"로, "성첩"은 "사적지"로 "분묘지"는 "묘지"로, "운동장"은 "체육용지"로 5개 지목의 명칭을 각각 변경하였다.(부칙 제5조)
4) 면적의 등록단위를 척관법에 의한 "평(坪)"과 "무(畝)"에서 미터법에 의한 "평방미터"로 전환하도록 개선하였다.(제7조)
5) 시·군·구에 토지대장·지적도·임야대장·임야도 및 수치지적부를 비치·관리하도록 하고 등록사항을 규정하였다.(제8조부터 제11조까지)
6) 지적공부의 무단 반출을 금지하는 제도를 신설하였다.(제8조제2항)
7) 시의 동과 군의 읍·면에 토지대장부본과 지적약도 및 임야대장부본과 임야약도를 작성·비치하도록 규정하였다.(제8조제3항)

---
149) 정영식, 1976. 6~1984. 4, "지적법의 체제와 내용", 『지적』, 대한지적공사.(요약)
150) 관보, 제7236호(그2), 1975. 12. 31, pp.10~16.

8) 토지대장에 지상권자의 주소·성명·명칭 등의 등록규정을 삭제하였다.(제9조)
9) 토지대장과 임야대장에 토지소유자의 주민등록번호를 등록하는 제도를 신설하도록 개선하였다.(제9조)
10) 멸실된 지적공부의 복구와 오손된 지적공부의 재조제 근거를 규정하였다.(제13조, 제14조)
11) 검사측량·경계복원측량·현황측량 등을 지적측량으로 규정하였다.(제25조)
12) 지적측량업무는 민원인의 신청에 의하여 시장·군수·구청장의 지시에 따라 실시하도록 규정하였다.(제25조제1항)
13) 도해지적의 단점을 보완하기 위하여 사진측량과 좌표에 의한 수치측량제도를 도입하였다.(제26조제1항)
14) 지적의 정밀도를 높일 수 있도록 내무부장관의 승인을 얻어 소축척 1,200분의 1을 대축척 600분의 1 이상으로 축척변경을 할 수 있는 제도를 신설하였다.(제27조)
15) 지적측량기술자격을 기술계와 기능계로 구분하도록 개정하였다.(제28조제1항)
16) 지적측량업무의 일부를 지적측량을 주된 업무로 하여 설립된 비영리법인에게 대행시킬 수 있도록 규정하였다.(제28조제2항)
17) 지적측량을 위하여 타인의 토지 등에 출입·사용·수용할 수 있게 하는 동시에 손실보상에 관한 규정을 신설하였다.(제31조부터 제35조까지)
18) 소관청은 연 1회 이상 등기부를 열람하여 지적공부와 부합되지 아니할 때에는 부합에 필요한 조치를 할 수 있도록 제도를 신설하였다.(제36조제3항)
19) 소관청이 직권으로 조사 또는 측량하여 지적공부를 정리한 경우와 지번변경·지적공부의 복구·토지구획정리사업·대위신청·행정구역변경·직권등록사항정정·등기촉탁 등을 한 경우에는 해당 토지소유자에게 통지하도록 제도를 신설하였다.(제40조)
20) 소관청이 직권으로 조사 또는 측량하여 지적공부를 정리한 경우와 지번변경·축척변경·행정구역변경·등록사항정정 등을 한 경우에는 관할 등기소에 토지표시변경등기를 촉탁하도록 제도를 신설하였다.(제41조)
21) 지적위원회의 설치와 심의의결에 관한 규정을 신설하였다.(제42조)
22) 대장의 서식을 「한지 부책」식에서 「카드」식으로 개선하였다.(지적법 시행규칙 부칙 제4항, 서식 2-1, 2-2)

3. 제3차 지적법 개정(1986. 5. 8.)

지적법 시행 과정에서 도출된 미비점의 보완과 새로운 제도의 도입을 위하여 제3차「지적법」[시행 1986. 11. 9.] [법률 제3810호, 1986. 5. 8., 일부개정]을 개정하였다.

이어서 지적법 시행령[시행 1986. 11. 9.] [대통령령 제11998호, 1986. 11. 3., 전부개정]과 지적법 시행규칙[시행 1986. 11. 15.] [내무부령 제448호, 1986. 11. 15., 전부개정]을 각각 개정하였다.

제3차「지적법」개정 법률은 첫째, 지적공부의 안전 관리를 위하여 훼손이 심한 지역의 지적도 및 임야도를 각각 2부씩 작성하여 그중 1부는 지적도와 임야도의 재작성용에 한하여 사용하고 1부는 민원처리용으로 사용하도록 하였다.

둘째, 토지대장과 임야대장의 소유권란에 국가·지방자치단체, 법인 또는 법인 아닌 사단이나 재단, 외국인, 외국정부 및 국제기관 등의 등록번호를 등록하도록 개선하였다.

셋째, 아파트·연립주택 등 공동주택부지와 도로·하천·제방·구거·유지 등 합병하여야 할 토지가 발생된 경우에 토지소유자는 합병사유가 발생한 날부터 30일내에 소관청에 신청을 하도록 의무화하고 기간 내에 신청이 없을 때에는 소관청이 직권으로 합병을 할 수 있도록 하였다.

넷째, 등록전환·지목변경·등록사항정정 등 토지의 이동정리를 한 때에는 소관청이 관할 등기관서에 토지표시변경등기를 촉탁하도록 등기촉탁 제도를 확대하였다.

다섯째, 토지이동 신청의무를 게을리 한 자에게 부과하는 과태료를 관할 시장·군수가 부과·징수하도록 개선하여 국민의 불편을 해소하였다.

여섯째, 「집합건물의 소유 및 관리에 관한 법률」에 의하여 대지권이 설정된 토지에 대하여는 집합건물의 대지권을 등록 관리하는 공유지연명부(집합건물의 대지권)를 별도 작성·비치하도록 개선하여 새로운 지적공부가 탄생되었다.151)

제3차「지적법」개정 법률은 공포한 날부터 6개월 후인 같은 해 11월 8일부터 시행하였으며, 주요 내용은 다음과 같다.152)

1) 면적의 등록단위의 명칭을 "평방미터"에서 "제곱미터"로 개정하였다.(제7조)
2) 지적도와 임야도를 각각 2부씩 작성하여 1부는 재조제를 위한 경우를 제외하고는 열람 등을 하지 못하도록 제도를 신설하였다.(제8조제2항)
3) 시의 동에 지적공부부본 및 약도의 비치규정을 삭제하였다.(제8조제4항)
4) 토지대장 및 임야대장에 국가·지방자치단체, 법인 또는 법인 아닌 사단이나 재단 및 외국인 등의 등록번호를 등록하도록 제도를 신설하였다.(제9조제5호)

---

151) 박순표, 1986. 5, "지적법 개정 법률 해설", 대한지적공사, 『지적』 통권 제134호, pp.34~41.
152) 관보, 제10333호, 1986. 5. 8, pp.86~87.

5) 아파트·연립주택 등의 공동주택부지와 도로·하천·구거·유지 등의 합병을 촉진하기 위하여 집합건물의 관리인 또는 사업시행자에게 합병신청에 관한 대위권을 인정하는 제도를 신설하였다.(제18조)

6) 소관청의 등기부열람 회수를 "년 1회 이상"에서 "필요하다고 인정할 때에는"으로 개정하고, 소관청 소속 공무원의 등기부열람 수수료를 무료로 하는 제도를 신설하였다.(제36조)

7) 지목변경·등록사항정정 등 토지의 이동정리(신규등록·분할·합병 제외)를 한 때에는 소관청이 관할 등기소에 토지표시변경등기를 촉탁하도록 등기촉탁제도를 확대하였다.(제41조)

8) 토지의 이동 신청의무를 게을리 한 자에 대한 과태료를 시장·군수·구청장이 부과·징수하도록 개선하였다.(제49조)

9) 공유지연명부(집합건물의 대지권)를 신설하였다.(지적법 시행규칙 제14조제2항)

4. 제4차 지적법 개정(1990. 12. 31.)

　지적공부의 등록사항을 전산정보처리조직에 의하여 처리하는 경우에는 전산등록파일을 지적공부로 보도록 규정하여 전산등록파일을 지적공부로 의제(擬制)[153]하고, 토지대장과 임야대장의 열람 및 등본 발급을 전국 어디서나 가까운 시장·군수·구청장에게 신청할 수 있도록 하여 우리나라의 법령 중 최초로 불가시적인 전산등록파일을 국가의 공적장부로 보도록 규정하였을 뿐만 아니라 전국의 각 시·군·구를 On-Line Network로 연결하여 민원 서비스를 할 수 있도록 개선하기 위하여 제4차 「지적법」[시행 1991. 1. 1.] [법률 제4273호, 1990. 12. 31., 일부개정]을 개정하였다.

　이어서 지적법 시행령[시행 1991. 1. 28.] [대통령령 제13254호, 1991. 1. 28., 일부개정]과 지적법 시행규칙[시행 1991. 2. 1.] [내무부령 제522호, 1991. 2. 1., 일부개정]을 각각 개정하였으며, 제4차 「지적법」 개정 법률은 공포일 다음 날부터 시행하였으며, 주요 내용은 다음과 같다.[154]

---

153) 의제(擬制)란 본질은 같지 않지만 법률에서 다룰 때는 동일한 것으로 처리하여 동일한 효과를 주는 방법으로, 실종선고를 받은 자는 비록 살아 있어도 사망한 것으로 보며(민법 제28조), 미성년자가 혼인하면 성년으로 보고(민법 제826조의2), 태아는 손해배상의 청구권에 관하여는 이미 출생한 것으로 본다는 것과 같은 것이다.
154) 관보, 제11712호(그3), 1990. 12. 31, pp.10~11.

1) 지적공부의 등록사항을 전산정보처리조직에 의하여 처리할 경우 전산등록파일을 지적공부로 보도록 개선하였다.(제8조의2제1항)
2) 전산정보처리조직에 의하여 입력된 지적공부는 시·도의 지역전산본부에 보관·관리하도록 하고 복구 등을 위한 경우 이외에는 등록파일의 형태로 복제할 수 없도록 제도를 신설하였다.(제8조의2제3항)
3) 지적공부의 열람 및 등본 발급을 전국 어디서나 가까운 시장·군수·구청장에게 신청할 수 있도록 제도를 신설하였다.(제12조제2항)

5. 제5차 지적법 개정(1991. 11. 30.)

체육시설의 효율적인 관리를 위하여 지목 중 '운동장'을 '체육용지'로 명칭을 변경하였으며, 1992년 1월 1일부터 토지이동·소유권변동·등급수정 등의 변경사유가 발생된 경우 토지대장 또는 임야대장과 지적파일에 이중으로 정리하던 것을 전산등록파일에만 정리하고 수작업에 의하여 작성된 토지대장과 임야대장은 지적서고에 영구 보존 관리하도록 개선하였다.

따라서 우리나라의 행정기관으로서는 최초로 가시적인 대장이 없는 제도를 도입하게 되었으며, 군의 읍·면에 비치하는 토지대장부본과 임야대장부본을 전산등록파일에 의거 작성할 수 있도록 개선하기 위하여 제5차「지적법」[시행 1992. 1. 1.] [법률 제4405호, 1991. 11. 30., 일부개정]을 개정하였다.

이어서 지적법 시행령[시행 1992. 3. 23.] [대통령령 제13620호, 1992. 3. 23., 일부개정]과 지적법 시행규칙[시행 1992. 3. 23.] [내무부령 제558호, 1992. 3. 23., 일부개정]을 각각 개정하였다.

제5차「지적법」개정 법률은 1992년 1월 1일부터 시행하였으며, 주요 내용은 다음과 같다.[155]

1) 지목 중 '운동장'을 '체육용지'로 명칭을 변경하였다.(제5조제1항)
2) 군의 읍·면에는 토지대장부본과 임야대장부본을 전산등록파일에 의하여 작성·비치할 수 있도록 개선하였다.(제8조제4항)
3) 지적공부의 등록사항을 전산정보처리조직에 의하여 처리하는 경우에는 전산등록파

---

155) 관보 제11983호, 1991. 11. 30, pp.10~11.

일에만 정리하도록 개선하였다.(제8조의2제1항 후단)
위와 같이 지적공부를 비롯하여 주민등록표와 부동산등기부의 등록사항을 전산정보처리조직에 의하여 처리하는 경우 전산파일을 국가의 공적장부로 보도록 규정한 관련법의 개정 연혁은 다음과 같다.

5.1. 주민등록법 개정(1991. 1. 14.)

주민등록업무는 1989년부터 읍·면·동의 전산화사업을 시작하였으며, 주민등록법[시행 1991. 3. 1.][법률 제4314호, 1991. 1. 14., 일부개정]을 개정하여 제7조의2(전산정보처리조직에 의한 주민등록표화일 작성 등)제1항에 "제7조의 주민등록표 및 주민등록표색인부에 기재할 사항을 전산정보처리조직(이하 "전산조직"이라 한다.)에 의하여 처리하는 경우에는 그 주민등록표화일(자기테이프·자기디스크 기타 이와 유사한 방법에 의하여 기록·보관하는 개인별 또는 세대별 주민등록표 및 세대별 주민등록표색인부를 말한다. 이하 같다.)은 제7조제1항 및 제2항의 규정에 의한 주민등록표 또는 세대별 주민등록표색인부로 본다."라고 규정하였다.

이어서 주민등록법[시행 1998. 12. 1.][법률 제5459호, 1997. 12. 17., 일부개정]을 개정하여 제7조의2(전산정보처리조직에 의한 주민등록표화일 작성 등)제1항에 "제7조의 주민등록표 및 주민등록표색인부에 기재할 사항은 전산정보처리조직에 의하여 처리하여야 한다. 이 경우 그 주민등록표화일(자기테이프·자기디스크 기타 이와 유사한 방법에 의하여 기록·보관하는 개인별 또는 세대별 주민등록표 및 세대별 주민등록표색인부를 말한다. 이하 같다.)은 제7조제1항 및 제2항의 규정에 의한 주민등록표 또는 세대별 주민등록표색인부로 본다."라고 개정하였다.

2003년에는 읍·면·동의 주민등록전산시스템을 시·군·구로 전환 구축하는 등 단계적으로 운영 환경을 개선하였다.

그러나 주민등록표 관리에 있어서 주민등록시스템의 안정적 운영을 이유로 수기(手記)기록과 전산관리를 병행하여 처리함에 따라 지적공부와 동일하게 읍·면·동사무소의 업무량 가중과 행정능률을 저하시키는 요인이 되었다.

따라서 행정자치부는 2003년 5월에 주민등록전산관리 일원화 기본방침을 결정하고 2년간에 걸쳐 시행준비 작업을 하여 2005년 8월 1일부터 주민등록표의 수기관리제도를 폐지하고 전산관리체제로 일원화 하여[156] 오늘에 이르고 있다.

5.2. 부동산등기법 개정(1996. 12. 30.)

부동산등기업무는 1996년부터 부동산등기부 전산화 시험사업을 시작하였으며, 1996년 12월에 「부동산등기법」[시행 1997. 1. 1.][법률 제5205호, 1996. 12. 30., 일부개정]을 개정하여 법 제177조의2에 "등기사무는 그 전부 또는 일부를 전산정보처리조직에 의하여 처리할 수 있다. 이 경우 등기사항이 기록된 보조기억장치(자기디스크, 자기테이프 기타 이와 유사한 방법에 의하여 일정한 등기사항을 확실하게 기록·보관할 수 있는 전자적 정보저장매체를 포함한다. 이하 같다.)를 등기부로 본다."라고 규정하였다.

이어서 1998년에 부동산등기법[시행 1998. 12. 28.][법률 제5592호, 1998. 12. 28., 일부개정][157]을 개정하여 제177조의2(전산정보처리조직에 의한 등기사무처리 등) 제1항에 "대법원장이 지정·고시하는 등기소(이하 "지정등기소"라 한다.)의 등기사무는 그 전부 또는 일부를 전산정보처리조직에 의하여 처리할 수 있다. 이 경우 등기사항이 기록된 보조기억장치(자기디스크, 자기테이프 기타 이와 유사한 방법에 의하여 일정한 등기사항을 확실하게 기록·보관할 수 있는 전자적 정보저장매체를 포함한다. 이하 같다.)를 등기부로 본다."라고 규정하였다.

그리고 부동산등기부 전산화사업의 완료로 등기사무처리가 전산정보처리조직에 따라 수행되고 전자신청이 전국적으로 확대 시행됨에 따라 종이등기부를 전제로 한 규정과 용어 등을 정비하기 위하여 2011년에 「부동산등기법」[시행 2011. 10. 13.] [법률 제10580호, 2011. 4. 12., 전부개정]을 전부 개정하였다.

「부동산등기법」 제2조(정의)제1호에 "등기부란 전산정보처리조직에 의하여 입력·처리된 등기정보자료를 대법원규칙으로 정하는 바에 따라 편성한 것을 말한다."라고 규정하고, 제11조(등기사무의 처리)제2항에 "등기관은 등기사무를 전산정보처리조직을 이용하여 등기부에 등기사항을 기록하는 방식으로 처리하여야 한다."라고 규정하여 등기의 수기제도를 폐지하고 의무적으로 등기부의 등기사항을 전산정보처리조직을 이용하여 기록하도록 개선하여 오늘에 이르고 있다.

위에서 서술한 지적공부와 주민등록표 및 부동산등기부의 등록사항을 전산정보처리조직에 의하여 처리하면서 전산파일을 국가의 공적장부로 보도록 규정한 관련 법령의 개정 연혁을 요약하면 <표 2-5>와 같다.

---

156) 정책뉴스(http://mogaha.news.go.kr. 주민등록표 기록 전산관리로 일원화). 2005. 6. 21.
157) 관보 제14092호, 1998. 12. 28, pp.212~215.

<표 2-5> 지적공부·주민등록표·부동산등기부 파일의 공부 인정 연혁

구 분	지적공부	주민등록표	부동산등기부
1차 개정	○전산등록파일을 지적공부로 보도록 규정(1990. 12. 31.)	○전산정보처리조직에 의하여 처리하는 경우에는 그 주민등록표화일은 주민등록표 또는 세대별 주민등록표색인부로 보도록 규정(1991. 1. 14.)	○등기사항이 기록된 보조기억장치를 등기부로 보도록 규정(1996. 12. 30.)
2차 개정	○지적공부의 수기제도를 폐지하고 전산관리체제로 일원화(1991. 11. 30.)	○주민등록표화일은 주민등록표 또는 세대별 주민등록표색인부로 보도록 규정(1997. 12. 17.)	○등기사항이 기록된 보조기억장치를 등기부로 보도록 규정(1998. 12. 28.)
3차 개정	○지적파일을 지적공부로 규정(1995. 1. 5.)	○주민등록표의 수기제도를 폐지하고 전산관리체제로 일원화(2005. 8. 1.)	○전산정보처리조직에 의하여 입력·처리된 등기정보자료를 대법원규칙으로 정하는 바에 따라 편성한 것을 등기부로 규정 ○등기부의 수기제도를 폐지하고 전산정보처리조직을 이용하여 기록하도록 규정(2011. 4. 12.)
4차 개정	○전산정보처리조직에 의하여 자기디스크·자기테이프 그 밖에 이와 유사한 매체에 기록·저장 및 관리하는 집합물을 지적공부로 규정(2001. 1. 26.)	-	-

6. 제7차 지적법 개정(1995. 1. 5.)

1975년 제2차「지적법」개정 법률에서 소관청의 정의를 "지적공부를 관리하는 국가기관으로서의 시장(구를 두는 시에 있어서는 구청장을 말한다.)·군수를 말한다."를 "지적공부를 관리하는 시장(구를 두는 시에 있어서는 구청장을 말한다.)·군수를 말한다."로 개정함으로서 지적사무가 국가사무인가? 또는 지방사무인가? 하는 논란이 제기되어 법 제3조제1항의 "모든 토지는 이 법이 정하는 바에 따라 필지마다 지번·지목·경계 또는 좌표와 면적을 정하여 지적공부에 등록되어야 한다."를 "국가는 이법이 정하는 바에 따라 모든 토지를 필지마다 지번·지목·경계 또는 좌표와 면적을 정하여 지적공부에 등록하여야 한다."라고 개정하였다.

따라서 20년 만에 지적사무의 지방사무 여부에 관한 논란을 종식시키고 국정주의와 직권등록주의 채택 근거를 명확하게 규정하였을 뿐만 아니라 지적파일을 지적공부로 규정하고 지적측량기준점성과를 전면 공개하도록 개선하고 지적약도의 간행판매제도를 신설하였으며, 위성측량방법을 도입하고 시·도지사 소속하에 지방지적위원회를 설치하여 지적측량에 관한 민원을 지역단위에서 신속·공정하게 처리하고 그 밖의 현행 제도의 운영상 나타난 일부 미비점을 보완하기 위하여158) 제7차「지적법」[시행 1995. 4. 1.] [법률 제4869호, 1995. 1. 5., 일부개정]을 개정하였다.

이어서 지적법 시행령[시행 1995. 4. 6.] [대통령령 제14568호, 1995. 4. 6., 일부개정]과 지적법 시행규칙[시행 1995. 4. 26.] [내무부령 제646호, 1995. 4. 26., 일부개정]을 각각 개정하였다.

제7차「지적법」개정 법률은 같은 해 4월 1일부터 시행하였으며, 주요 내용은 다음과 같다.159)

1) 전산등록파일을 지적파일로 명칭을 변경하고 이를 지적공부로 규정하였으며,(제2조 제1호, 제8조의2) 공유지연명부(집합건물의 대지권)를 대지권등록부로 명칭을 변경하였다.
2) "토지의 표시"라는 용어를 신설하고, 토지의 이동에서 신규등록을 제외하도록 개선하였다.(제2조제16호)
3) 지적측량기준점에 지적삼각보조점을 추가하도록 개선하였다.(제2조제18호)
4) 국가는「지적법」이 정하는 바에 따라 모든 토지를 필지마다 지번·지목 경계 또는 좌표와 면적을 정하여 의무적으로 지적공부에 등록하도록 개선하였다.(제3조)
5) 지적도 또는 임야도를 복제하여 일반 지도나 해도처럼 간행·판매할 수 있는 지적약도의 간행판매 제도를 신설하고 내무부장관은 이를 대행할 대행업자를 지정할 수 있도록 규정하였다.(제12조의2)
6) 지적전산정보자료를 이용 또는 활용하고자 하는 자는 관계중앙행정기관장의 심사를 거쳐 내무부장관의 승인을 얻도록 제도를 신설하였다.(제12조의3)
7) 위성측량방법에 의하여 지적측량을 할 수 있도록 제도를 신설하였다.(제26조제1항)
8) 축척변경위원회의 의결 없이 축척변경을 할 수 있는 범위를 확대하였다.(제27조제

---

158) 국회도서관, 제14대 국회, 제170회 내무위원회 제9차 회의록, 1994. 12. 13, pp.1~4.
159) 관보, 제12908호, 1995. 1. 5, pp.34~38.

1항제1호부터 제3호까지)
　① 동일한 용도로 사용되는 토지가 축척이 다른 지적도에 등록되어 있어 합병하고자 하는 경우
　② 토지구획정리사업 등의 시행지역 안에 있는 토지로서 해당 사업시행에서 제외된 토지
9) 지적측량기준점 성과의 열람 또는 등본을 발급받고자 하는 자는 시·도지사 또는 소관청에 신청할 수 있도록 제도를 신설하였다.(제30조의2)
10) 지적측량기준점성과의 전면 공개제도를 신설하였다.(제30조의2)
11) 지적공부에 소유자가 등록되지 아니한 토지를 「국유재산법」의 규정에 의하여 국유재산으로 취득하기 위하여 소유자등록신청이 있는 경우 소관청이 이를 등록할 수 있도록 제도를 신설하였다.(제36조제2항)
12) 소관청 소속 공무원이 지적공부와 부동산등기부의 부합여부를 확인하기 위하여 등기부의 열람 또는 등·초본 발급을 신청하는 경우 그 수수료를 무료로 하도록 제도를 신설하였다.(제36조제3항)
13) 소관청이 신규등록을 제외한 분할·합병정리 시에 토지표시변경등기를 촉탁할 수 있도록 등기촉탁제도를 확대하였다.(제41조제3항)
14) 시·도지사 소속에 지방지적위원회를 설치하여 지적측량에 관한 민원을 신속·공정하게 처리하도록 하고, 지방지적위원회의 의결에 불복하는 경우에는 내무부장관 소속의 중앙지적위원회에 재심사를 청구할 수 있도록 제도를 신설하였다.(제42조, 제42조의2)
15) 벌칙규정을 현실에 적합하도록 조정하고, 대행업자의 지정을 받지 아니하고 지적약도 등을 간행·판매 또는 배포한 자의 벌칙규정을 신설하였다.(제46조의2)
16) 지적관련 전문 용어를 쉬운 용어로 변경하거나 현실에 맞도록 개정하였다.
　① 기초점 → 지적측량기준점(제2조제8호)
　② 지번지역 → 지번설정지역(제4조제1항, 제18조제1항, 제37조제2항)
　③ 지번경정 → 지번변경(시행령 제3조제7항)
　④ 조제·재조제 → 작성·재작성(제14조)
　⑤ 오손 또는 마멸 → 더럽혀지거나 헐어져서(제14조)

7. 제9차 지적법 개정(1999. 1. 18.)

지적약도 등 간행판매업의 지정제도를 등록제도로 변경하고, 토지분할·지목변경 등 토지이동에 따른 신청의무 기간의 완화 및 지번변경·지적공부반출 등에 따른 행정자치부장관의 승인사항을 도지사에게 권한을 이양하는 등 국민의 재산권행사에 따른 편의를 도모하기 위하여 제9차「지적법」[시행 1999. 4. 19.] [법률 제5630호, 1999. 1. 18., 일부개정]을 개정하였다.160)

이어서 지적법 시행령[시행 1999. 4. 19.] [대통령령 제16124호, 1999. 2. 26., 일부개정]과 지적법 시행규칙[시행 1999. 5. 1.] [행정자치부령 제50호, 1999. 5. 1., 일부개정]161)을 각각 개정하였다.

제9차「지적법」개정 법률은 같은 해 4월 19일부터 시행하였으며, 주요 내용은 다음과 같다.162)

1) 지번변경·지적공부반출·지적공부의 재작성 및 축척변경에 대한 행정자치부장관의 승인권을 시·도지사에게 이양하도록 개선하였다.(제4조제2항, 제8조제3항, 제14조, 제27조제1항)
2) 지적약도 등 간행판매업의 지정제도를 등록제도로 변경하고 지적약도 등 간행판매업등록증을 발급하도록 개선하였다.(제12조의2)
3) 지방자치단체의 장이 지적에 관한 전산정보자료를 이용 또는 활용하고자 하는 경우에는 관계중앙행정기관의 장의 심사를 받지 아니하도록 개선하였다.(제12조의3제1항)
4) 토지분할·합병·지목변경 등 토지의 이동사유가 발생한 경우 토지소유자가 소관청에 신청하여야 하는 토지이동 신청 의무기간을 30일내에서 60일 이내로 개선하였다.(제15조부터 제18조까지, 제20조)
5) 정부조직개편에 따른 용어를 개정하였다.(제8조의2제3항, 제12조의3제1항, 제28조제2항, 제42조제1항, 제42조의2제7항, 제44조)
   ① 내무부령 → 행정자치부령
   ② 내무부장관 → 행정자치부장관
6) 토지소유자 변경 시 신청의무의 승계와 업무집행을 거부하거나 방해한 자에 대하여 50만원 이하의 벌금을 부과하던 규정을 삭제하고 과태료부과 대상에 포함하도록 개선하였다.(제49조)

---

160) 국회도서관, 1998. 12. 23, 제15대 국회 제199회 행정자치위원회 제1차 회의록, pp.3~6.
161) 관보, 제14193호, 1999. 5. 1. 지적법 시행규칙 중 개정령(1999. 5. 1. 행정자치부령 제50호). pp. 5~78.
162) 관보, 제14109호, 1999. 1. 18, pp.11~13.

8. 제10차 지적법 개정(전부개정, 2001. 1. 26.)

　도시화·산업화 등에 따라 지목을 현실에 맞게 세분화하고, 전산처리 된 지적공부를 시·도지사에 한하여 보관·운영하도록 하던 것을 지적관련 민원업무를 직접 담당하고 있는 시장·군수·구청장도 보관·운영할 수 있도록 개선하고, 바다로 된 토지의 말소사항을 회복등록 할 수 있도록 제도를 신설하였으며, 전국의 지적·주민등록·공시지가 등 지적관련 자료의 효율적인 관리와 활용을 위하여 지적정보센터를 설치하도록 하고, 기타 현행 제도의 운영상 나타난 일부 미비점을 개선·보완하기 위하여 제10차「지적법」[시행 2002. 1. 27.] [법률 제6389호, 2001. 1. 26., 전부개정]을 개정하였다.163)

　이어서 지적법 시행령 [시행 2002. 1. 27.][대통령령 제17497호, 2002. 1. 26., 전부개정]과 지적법 시행규칙[시행 2002. 2. 26.][행정자치부령 제162호, 2002. 2. 26., 전부개정]을 각각 개정하였다.

　제10차「지적법」개정 법률은 2002년 1월 27일부터 시행하였으며, 주요 내용은 다음과 같다.164)

1) 「지적법」의 목적을 정보화 시대와 합치되도록 보완하였다.(제1조)
2) 지적공부를 토지대장·임야대장·공유지연명부·대지권등록부와 지적도·임야도 및 경계점좌표등록부로 규정하였으며, 수치지적부를 경계점좌표등록부로 명칭을 변경하였다.(제2조제1호가목)
3) 지적공부(제2조제1호가목)에 등록할 사항을 이 법이 정하는 바에 따라 전산정보처리조직에 의하여 자기디스크·자기테이프 그 밖에 이와 유사한 매체에 기록·저장 및 관리하는 집합물을 지적공부로 규정하였다.(제2조제1호나목)
4) 지적위성기준점(GPS상시관측소)을 지적측량기준점으로 추가하였다.(제2조제19호)
5) 시·도지사가 지역전산본부에 보관·운영하고 있는 전산처리 된 지적공부를 지적관련 민원업무를 직접 담당하고 있는 시장·군수·자치구청장도 보관·운영하도록 개선하였다.(제2조제20호)
6) 지목을 24개 종목에서 "주차장·주유소용지·창고용지·양어장"의 4개 지목을 신설하여 28개 종목으로 개정하였다.(제5조)
7) 토지의 지번으로 위치를 찾기 어려운 지역의 도로와 건물에 도로명과 건물번호를

---

163) 국회도서관, 2000. 12. 19, 제16대 국회 제216회 행정자치위원회 제3차 회의록, pp.5~7.
164) 관보, 제14711호, 2001. 1. 26, pp.57~70.

부여하여 관리할 수 있도록 제도를 신설하였다.(제16조)
8) 지적공부에 등록된 토지가 지형의 변화 등으로 바다로 된 경우 토지소유자가 일정 기간 내에 지적공부의 등록말소신청을 하지 아니하면 소관청이 직권으로 말소할 수 있도록 개선하였다.(제22조)
9) 아파트 등 공동주택의 부지를 분할하거나 지목변경 등을 하는 경우 사업시행자가 토지의 이동 신청을 대위할 수 있도록 개선하였다.(제28조)
10) 미등기 토지소유자의 성명 또는 명칭·주민등록번호·주소 등이 명백히 지적공부에 잘못 기재된 경우에는 호적·제적·주민등록등본 등 관계서류에 의하여 정정할 수 있도록 제도를 신설하였다.(제24조제4항)
11) 신규등록을 제외한 토지이동과 지번변경·바다로 된 토지의 등록말소 및 회복등록·축척변경·등록사항정정·행정구역개편 등의 사유로 토지의 표시변경에 관한 등기를 할 필요가 있을 경우에는 관할 등기관서에 등기를 촉탁하도록 개정하였다.(법 제30조)
12) 지적측량에 사용하는 좌표의 원점을 기준으로 지구의 표면을 평면으로 정하는 투영식은 가우스상사 이중투영법으로 하도록 규정하였다.(제33조제2항)
13) 지적측량의 신청, 측량성과의 결정·검사, 면적측정에 있어서의 오차범위 및 오차의 처리방법 등에 관한 사항을 규정하였다.(제35조부터 제37조까지)
14) 행정자치부장관은 전국의 지적·주민등록·공시지가·지적위성측량기준점관측자료 등 지적관련 자료의 효율적인 관리와 공동 활용을 위하여 지적정보센터를 설치·운영할 수 있도록 제도를 신설하였다.(제42조, 제43조)
15) 시·도지사가 지적측량적부심사 의결서를 청구인뿐만 아니라 이해관계인에게도 통지하여 지적측량적부심사 의결내용에 불복이 있는 경우 이해관계인도 재심사청구를 할 수 있도록 개선하였다.(제45조제1항 및 제8항)
16) 지적약도 등의 간행·판매 제도를 지적편집도 간행·판매업제도로 개정하였다.(법 제46조제1항 및 제2항)
17) 도면의 전산화사업에 따라 지적공부부본 작성 제도와 도면의 2부 작성제도를 폐지하고 활용도가 저조한 지적도근보조점 설치제도와 삼사법·푸라니미터에 의한 면적측정방법 등을 폐지하였다.(시행규칙 개정)
18) 지적관련 전문 용어를 쉬운 용어로 변경하거나 현실에 맞도록 개정하였다.
  ① 지번설정지역 → 지번부여지역
  ② 수치지적부 → 경계점좌표등록부

③ 국토정보센터 → 지적정보센터
④ 도근점 → 지적도근점
⑤ 지적전산정보자료 → 지적전산자료
⑥ 지적약도 → 지적편집도
⑦ 해면성(海面成) 말소 → 바다로 된 토지의 등록말소

9. 제13차 지적법 개정(2003. 12. 31.)

지적측량업무를 비영리법인에게만 대행하도록 한 규정이 직업 선택의 자유와 평등권을 제한한 것이므로 「헌법」에 불합치 된다는 헌법재판소의 결정(2002. 5. 30. 2000헌마81)에 따라 지적측량업무를 개방하여 지적측량업자 및 대한지적공사로 하여금 지적측량업무를 수행할 수 있도록 하는 한편, 현행 규정의 운영상 나타난 일부 미비점을 개선·보완하기 위하여 제13차 「지적법」[시행 2004. 1. 1.] [법률 제7036호, 2003. 12. 31., 일부개정]을 개정하여 2004년 1월 1일부터 시행하였으며, 주요 내용은 다음과 같다.165)

1) 지적재조사사업을 시행할 수 있는 법적 근거를 마련하였다.(제3조의2)
2) 지적측량업을 영위하고자 하는 자는 행정자치부장관에게 등록하도록 규정하였다. (제41조의2)
3) 지적측량업의 등록을 한 자는 경계점좌표등록부가 비치된 지역과 도시개발사업 등이 완료됨에 따라 실시하는 지적확정측량을 수행할 수 있도록 개선하였다.(제41조의3)
4) 대한지적공사를 「지적법」에 의한 특수법인으로 전환하도록 규정하였다.(제41조의9 부터 제41조의15까지)
5) 부실한 지적측량에 의한 손해배상책임을 보장하기 위하여 지적측량 수행자는 보험 가입 등 필요한 조치를 하도록 규정하였다.(제45조의3)
6) 지적측량업의 등록을 하지 아니하고 지적측량업을 영위하거나 지적측량업등록증을 빌려준 때에는 5년 이하의 징역 또는 5천만원 이하의 벌금에 처하도록 규정하였다.(제50조의2)
7) 지적관련 전문 용어를 쉬운 용어로 변경하거나 현실에 맞도록 개정하였다.
    ① 지적측량신청 → 지적측량의뢰

---

165) 국회도서관, 2003. 11. 19, 제16대 국회 제243회 행정자치위원회 제12차 회의록, pp.5~7. ; 관보, 제15585호, 2003. 12. 31, pp.52~50.

② 지적측량대행 → 지적측량수행
③ 지적측량대행계획서 → 지적측량수행계획서

10. 제15차 지적법 개정(2006. 9. 22.)

지적측량업의 등록결격사유를 보완하기 위하여 제15차 「지적법」[시행 2006. 9. 22.] [법률 제7987호, 2006. 9. 22., 일부개정] 개정을 하였다.

제15차 「지적법」 개정 법률은 공포한 날부터 시행하였으며, 주요 내용은 다음과 같다.[166]

1) 지적측량업의 등록결격사유 중 "파산자로서 복권되지 아니한 자를 삭제함으로써 파산자의 경우에도 지적측량업의 등록을 할 수 있도록 개선하였다.(법 제41조의4제2호 삭제)

11. 제18차 지적법 개정(2008. 2. 29.)

2008년에 이명박 정부가 들어서면서 국토자원의 통합관리를 위하여 건설교통부와 해양수산부의 해양정책·항만·해운물류 및 행정자치부의 지적을 통합하여 국토해양부를 신설하는 등 정부기능을 재배치하기 위하여 「정부조직법」[시행 2008. 2. 29.][법률 제8852호, 2008. 2. 29. 전부개정]을 개정함에 따라 지적업무의 소관을 행정자치부에서 국토해양부로 이관하도록 제18차 「지적법」[시행 2008. 2. 29.] [법률 제8853호, 2008. 2. 29., 일부개정]을 개정하여 공포한 날부터 시행하였으며, 주요 내용은 다음과 같다.[167]

1) 「지적법」 중 "행정자치부령"을 "국토해양부령"으로, "행정자치부장관"을 "국토해양부장관"으로, "행정자치부"를 "국토해양부"로 각각 개정하였다.

---

166) 관보, 제16344호, 2006. 9. 22, p.17.
167) 관보, 제16699호, 2008. 2. 29, p.249.

12. 제19차 지적법 개정(2009. 6. 9. 폐지)
측량·수로조사 및 지적에 관한 법률 제정

2009년에 「지적법」·「측량법」·「수로업무법」 등 3법을 통합하여 「측량·수로조사 및 지적에 관한 법률」[시행 2009. 12. 10.] [법률 제9774호, 2009. 6. 9., 제정]을 제정(이하 '측수지법」' 이라 한다.)하고, 관련 3법을 폐지함에 따라 제19차 「지적법」[시행 2009. 12. 10.] [법률 제9774호, 2009. 6. 9., 타법폐지]을 개정하여 「지적법」을 폐지하였다.

그러나 불행 중 다행이도 「측수지법」[시행 2009. 12. 10.] [법률 제9774호, 2009. 6. 9., 제정]을 제정하면서 「지적법」에 규정되었던 지적에 관한 모든 규정은 「측수지법」에 그대로 존속되었다.

제19차 「지적법」 개정 법률은 「측수지법」 부칙 제2조(다른 법률의 폐지)제3호의 규정에 의하여 「지적법」 등 3법을 폐지하였는데, 공포한 날부터 6개월 후인 2009년 12월 10일부터 시행하여,168) 아쉽게도 「지적법」의 시대를 마감하게 되었다.

위와 같이 1950년 「지적법」을 제정한 후 2009년 「측수지법」을 제정하고 「지적법」을 폐지하기까지 총 19차에 걸쳐 개정 하였는데, 이중 11차에 걸쳐 일부개정 또는 전부개정을 하였으며, 8차에 걸쳐 타법에 의하여 개정하였는데, 지적법의 제정과 19차에 걸쳐 개정한 주요 내용을 요약하면 <표 2-6>과 같다.

<표 2-6> 「지적법」 제정 및 개정 주요 내용

구 분	공 포 일 자 (시행일자)	제정 및 개정 주요 내용
제정	○[시행 1950. 12. 1.] [법률 제165호, 1950. 12. 1. 제정]	○토지대장·지적도·임야대장 및 임야도를 지적공부로 규정 ○지목을 21개 종목으로 구분하도록 규정 ○세무서에 토지대장을 비치하고 그 등록사항을 규정 ○정부에 지적도·임야대장 및 임야도를 비치하고 그 등록사항을 규정 ○토지의 이동이 있을 경우에는 지번·지목·경계 및 지적은 신고에 의하여, 신고가 없거나 부적당하다고 인정되는 때 또는 신고를 필하지 아니할 때에는 정부의 조사에 의하여 정하도록 규정 ○질권자 또는 지상권자, 철도용지·수도용지·도로 등은 공사시행 관청 또는 기업자, 토지개량사업시행지 등은 시행자, 국유가 될 토지는 그 토지를 보관한 관청 등이 토지소유자를 대신하여 신

---

168) 관보, 제17019호, 2009. 6. 9, pp.523~574.

		고 또는 신청을 할 수 있도록 규정 ○ 지적공부에 새로이 등록하여야 할 도로·구거·하천 등 미등록 토지는 이법 시행일로부터 3년 이내에 등록하도록 규정
제1차 개정	○ [시행 1962. 1. 1.] [법률 제829호, 1961. 12. 8. 일부개정]	○「국세와 지방세의 조정에 관한 법률」(1961. 12. 2. 법률 제780호)의 제정에 의하여 지적업무를 재무부에서 내무부로 이관하기 위하여 개정 – 지적공부의 비치기관을 "세무서"에서 "서울특별시 또는 시·군"으로 개정 – 토지대장의 등록사항 중 "질권자의 주소·성명·명칭 등"의 등록규정을 삭제
제2차 개정 (제1차 전부개정)	○ [시행 1976. 4. 1.] [법률 제2801호, 1975. 12. 31. 전부개정]	○「지적법」의 주요 내용과 입법목적을 규정 ○ 지적공부·소관청·필지·지번·지번지역·지목 등 지적에 관한 용어의 정의를 규정하고 등록전환이라는 용어를 신설 ○ 시·군·구에 토지대장·지적도·임야대장·임야도·수치지적부를 비치·관리하고 그 등록사항을 규정 ○ 토지대장에 지상권자의 주소·성명·명칭 등의 등록규정을 삭제 ○ 시의 동과 군의 읍·면에 토지대장부본·지적약도와 임야대장부본·임야약도를 작성·비치하도록 규정 ○ 지목을 "21개 종목"에서 "24개 종목"으로 통·폐합·신설하도록 규정 – 신설지목 : 목장용지, 공장용지, 학교용지, 운동장, 유원지 ○ 면적단위를 척관법에서 미터법으로 개정 ○ 토지대장과 임야대장에 토지소유자의 주민등록번호를 등록하도록 제도신설 ○ 검사측량, 경계복원측량, 현황측량 등을 지적측량으로 규정 ○ 사진측량과 수치측량(경계점좌표측량) 제도 신설 ○ 지적도와 임야도의 축척변경을 할 수 있도록 제도 신설 ○ 소관청은 년1회 이상 등기부를 열람하여 지적공부와 일치되지 아니할 때에는 부합에 필요한 조치를 할 수 있도록 제도 신설 ○ 지적측량기술자격을 기술계와 기능계로 구분하도록 개정 ○ 지적측량업무의 일부를 지적측량을 주된 업무로 하여 설립된 비영리법인에게 대행시킬 수 있도록 규정 ○ 소관청이 직권으로 조사 또는 측량하여 토지이동정리를 한 경우와 지번변경·축척변경·행정구역변경·등록사항정정 등을 한 경우에는 관할 등기소에 토지표시변경등기를 촉탁하도록 제도 신설 ○ 지적위원회의 설치와 심의·의결에 관한 사항을 신설 ○ 대장의 서식을 「한지 부책」식에서 「카드」식으로 개정
		○ 면적의 등록단위 명칭을 "평방미터"에서 "제곱미터"로 개정 ○ 시의 동에 지적공부부본과 약도의 비치규정을 삭제 ○ 지적도와 임야도를 각 2부씩 작성하여 1부는 재조제를 위한 경

제3차 개정	○ [시행 1986. 11. 9.] [법률 제3810호, 1986. 5. 8. 일부개정]	우를 제외하고는 열람 등을 하지 못하도록 제도 신설 ○ 토지대장과 임야대장에 등록된 소유자가 국가·지방자치단체, 법인 또는 법인 아닌 사단이나 재단 및 외국인 등의 경우 등록번호를 등록하도록 제도 신설 ○ 아파트·연립주택 등의 공동주택부지와 도로·하천·구거 등의 합병을 촉진하기 위하여 집합건물의 관리인 또는 사업시행자에게 합병신청에 관한 대위권을 인정하도록 제도 신설 ○ 신규등록·분할·합병을 제외한 토지의 이동정리를 한때에는 소관청이 관할 등기소에 토지표시변경등기를 촉탁하도록 제도 신설 ○ 공유지연명부(집합건물의 대지권) 신설 ○ 소관청의 등기부 열람 회수를 "년1회 이상"에서 "필요하다고 인정할 때에는"으로 개정하고, 소관청 소속 공무원의 등기부 열람 수수료를 무료로 하도록 제도 신설 ○ 토지의 이동 신청의무를 게을리 한 자에 대한 과태료를 시장·군수·구청장이 부과 징수하도록 제도 개선
제4차 개정	○ [시행 1991. 1. 1.] [법률 제4273호, 1990. 12. 31. 일부개정]	○ 지적공부의 등록사항을 전산정보처리조직에 의하여 처리할 경우 전산등록파일을 지적공부로 보도록 규정 ○ 전산정보처리조직에 의하여 입력된 지적공부는 시·도의 지역전산본부에 보관·관리하도록 규정하고 복구 등을 위한 경우 이외에는 등록파일의 형태로 복제할 수 없도록 제도 신설 ○ 지적공부의 열람 및 등본의 발급을 전국 어디서나 가까운 시장·군수·구청장에게 신청할 수 있도록 제도 신설
제5차 개정	○ [시행 1992. 1. 1.] [법률 제4405호, 1991. 11. 30. 일부개정]	○ 지목 중 "운동장"을 "체육용지"로 명칭 변경 ○ 지적공부의 등록사항을 전산처리할 경우 변경사항을 전산등록파일에만 정리하도록 개정 ○ 군의 읍·면에 토지대장부본과 임야대장부본을 전산등록파일에 의거 작성·비치할 수 있도록 개정
제6차 개정	○ [시행 1992. 2. 1.] [법률 제4422호, 1991. 12. 14. 타법개정]	○ 「부동산등기법」의 일부개정(1991. 12. 14. 법률 제4422호)에 의하여 합병하고자 하는 토지에 소유권·지상권·전세권·임차권·지역권의 등기 이외의 등기가 되어 있는 경우에는 합병할 수 없도록 개정(법 제18조제3항)
제7차 개정	○ [시행 1995. 4. 1.] [법률 제4869호, 1995. 1. 5. 일부개정]	○ 전산등록파일을 지적파일로 명칭을 변경한 후 이를 지적공부로 규정하고 공유지연명부(집합건물의 대지권)를 대지권등록부로 변경 ; 도면과 대장이 없는 현대적인 지적제도(Mapless & Bookless Cadastral System)로 개편하기 위한 법적 장치 마련 ○ 국가는 「지적법」의 정하는 바에 따라 토지의 표시사항을 의무적으로 지적공부에 등록하도록 개선 ○ 토지의 표시에 대한 용어를 신설하고 토지의 이동에서 신규등록을 제외 ○ 지적약도의 간행·판매제도 신설 ○ 지적전산정보의 이용절차 신설 ○ 위성측량방법의 도입 신설

		○ 지적측량기준점 성과의 전면 공개제도 신설 ○ 지적측량기준점에 지적삼각보조점 추가 ○ 등기부의 무료 열람·등본신청 제도 신설 ○ 분할·합병 등 정리 시 등기촉탁제도의 확대 실시 ○ 지방지적위원회 설치 제도 신설 ○ 전문 용어의 한글화
제8차 개정	○ [시행 1998. 1. 1.] [법률 제5454호, 1997. 12. 13. 타법개정]	○「정부부처명칭 등의 변경에 따른 건축법 등의 정비에 관한 법률」 (1997. 12. 13. 법률 제5454호)의 제정에 의하여「지적법」중 "서울특별시·직할시"를 "특별시·광역시"로 개정
제9차 개정	○ [시행 1999. 4. 19.] [법률 제5630호, 1999. 1. 18. 일부개정]	○ 지번변경·지적공부 반출·지적공부의 재작성·축척변경에 대한 행정자치부장관의 승인권을 시·도지사에게 이양 ○ 지적약도 등 간행·판매업의 "지정제도"를 "등록제도"로 변경 ○ 토지의 이동신청 의무기간을 30일 내에서 60일 이내로 개정
제10차 개정 (제2차 전부개정)	○ [시행 2002. 1. 27.] [법률 제6389호, 2001. 1. 26. 전부개정]	○ "수치지적부"를 "경계점좌표등록부"로 명칭 변경 ○ 토지의 이동에 신규등록을 포함 ○ 지적위성기준점(GPS상시관측소)을 지적측량기준점으로 추가 ○ 지목을 "24개 종목"에서 "28개 종목"으로 개정 - 신설지목 : 주차장·주유소용지·창고용지·양어장 ○ 도로명과 건물번호를 부여·관리할 수 있도록 제도 신설 ○ 바다로 된 토지를 일정 기간 내에 말소신청을 하지 아니하면 소 관청이 직권으로 말소할 수 있도록 제도 개선 ○ 지적측량성과를 시·도지사 또는 소관청의 검사를 받도록 제도 개선 ○ 지적정보센터를 설치·운영할 수 있도록 제도 신설 ○ 지적측량적부심사 의결서를 이해관계인에게도 통지하여 이해관 계인도 재심사청구를 할 수 있도록 제도 개선 ○ 지적공부부본·도면의 2부 작성·도근보조점 설치제도와 삼사법· 푸라니미터에 의한 면적측정방법 등 폐지 ○ 지적·임야도에 '건축물 및 구조물 등의 위치'를 등록하도록 제도 신설(법 제10조제5호, 규칙 제10조제1항) ○ 전문 용어의 신설 및 한글화
제11차 개정	○ [시행 2003. 1. 1.] [법률 제6656호, 2002. 2. 4. 타법개정]	○「공익사업을 위한 토지 등의 취득 및 보상에 관한 법률」(2002. 2. 4. 법률 제6656호)의 제정에 의하여「지적법」중 "토지수용법" 을 "공익사업을 위한 토지 등의 취득 및 보상에 관한 법률"로 개정
제12차 개정	○ [시행 2003. 11. 30.] [법률 제6916호, 2003. 5. 29. 타법개정]	○「주택건설촉진법」을「주택법」(2003. 5. 29. 법률 제6915호)으로 제명 개정함에 따라「지적법」중 "주택건설촉진법"을 "주택법" 으로 개정
	○ [시행 2004. 1. 1.] [법률 제7036호,	○ 지적재조사사업을 시행할 수 있는 법적 근거 신설(제3조의2) ○ 지적측량업을 영위하고자 하는 자는 행정자치부장관에게 등록하

제13차 개정	2003. 12. 31. 일부개정]	도록 개정 ○지적측량업의 등록을 한 자는 경계점좌표등록부가 비치된 지역과 도시개발사업 등이 완료됨에 따라 실시하는 지적확정측량을 수행할 수 있도록 개정 ○대한지적공사를 「지적법」에 의한 특수법인으로 전환하도록 개정 ○부실한 지적측량에 의한 손해배상책임을 보장하기 위하여 지적측량수행자는 보험가입 등 필요한 조치를 하도록 개정 ○지적측량업의 등록을 하지 아니하고 지적측량업을 영위하거나 지적측량업 등록증을 빌려준 때에는 5년 이하의 징역 또는 5천만원 이하의 벌금에 처하도록 개정
제14차 개정	○[시행 2006. 4. 1.] [법률 제7428호, 2005. 3. 31. 타법개정]	○「채무자 회생 및 파산에 관한 법률」(2005. 3. 31. 법률 제7428호)의 제정에 의하여 「지적법」 중 "파산자"를 "파산선고를 받은 자"로 개정(법 제41조의4제2호 및 제41조의13제2호)
제15차 개정	○[시행 2006. 9. 22.] [법률 제7987호, 2006. 9. 22. 일부개정]	○지적측량업자의 결격사유 중에서 "파산선고를 받은 자로서 복권되지 아니한 자"를 삭제(법 제41조의4제2호)
제16차 개정	○[시행 2007. 4. 5.] [법률 제8027호, 2006. 10. 4. 타법개정]	○「도로명주소 등 표기에 관한 법률」(2006. 10. 4. 법률 제8027호)의 제정에 의하여 도로명 및 건물번호 부여 관련규정 삭제(법 제16조)
제17차 개정	○[시행 2008. 1. 1.] [법률 제8435호, 2007. 5. 17. 타법개정]	○「가족관계의 등록 등에 관한 법률」(2007. 5. 17. 법률 제8435호)의 제정에 의하여 「지적법」 중 "호적·제적"을 "가족관계기록사항에 관한 증명서"로 개정(법 제24조제4항 단서)
제18차 개정	○[시행 2008. 2. 29.] [법률 제8853호, 2008. 2. 29. 일부개정]	○지적업무를 행정자치부에서 국토해양부로 이관하기 위하여 개정 - 「지적법」에 규정된 "행정자치부령"을 "국토해양부령"으로, "행정자치부장관"을 "국토해양부장관"으로, "행정자치부"를 "국토해양부"로 각각 개정
제19차 개정	○[시행 2009. 12. 10.] [법률 제9774호, 2009. 6. 9. 타법폐지]	○「지적법」·「측량법」·「수로업무법」 폐지 ○「측수지법」(시행 2009. 12. 10, 법률 제9774호, 2009. 6. 9, 제정) 제정

출처 : 법제처 국가법령정보센터(http://www.law.go.kr/ 2025. 1. 10.) 참고 작성.

측수지법의 제정과 개정 연혁
(Enactment & Amendment History of the Act on Surveying, Hydrographic Surveying & Cadastre)

Chapter 04

2009년에 「측량·수로조사 및 지적에 관한 법률」[시행 2009. 12. 10.] [법률 제9774호, 2009. 6. 9., 제정]을 제정하고 2014년 6월에 「측수지법」을 「공간정보관리법」[시행 2015. 6. 4.] [법률 제12738호, 2014. 6. 3. 일부개정]으로 제명을 개정하기까지 총 8차에 걸쳐 「측수지법」을 개정한 내용 중 ① 제1차 개정(「국유재산법」 일부개정), ② 제2차 개정(「부동산등기법」 전부개정), ③ 제3차 개정(「지적재조사에 관한 특별법」 제정), ④ 제5차 개정(「정부조직법」 전부개정), ⑤ 제6차 개정(「건설기술관리법」 전부개정) 등 5차에 걸쳐 타법에 의하여 「측수지법」을 개정하였다.

그러나 타법에 의한 개정 내용은 새로운 법령의 제정 또는 타법 개정에 따른 용어와 자구 수정, 조문 변경 등이 주를 이루고 있어 이를 제외하고, 측수지법의 제정과 3차에 걸쳐 일부 개정한 「측수지법」 중 지적관련 법규의 주요 개정 연혁은 다음과 같다.

1. 측수지법 제정(2009. 6. 9.)

2009년에 측량의 기준과 절차를 일원화함으로써 측량성과의 신뢰도 및 정확도를 높여 국토의 효율적 관리, 항해의 안전 및 국민의 소유권 보호에 기여하고 국가지리정보산업의 발전을 도모한다는 목적으로 「지적법」·「측량법」·「수로업무법」 등 3법을 통합하여 「측량·수로조사 및 지적에 관한 법률」[시행 2009. 12. 10.] [법률 제9774호, 2009. 6. 9., 제정]을 제정하여 2009년 12월 10일부터 시행하였으며, 지적관련 주요 내용은 다음과 같다.[169]

1) 측량기준의 일원화로 위치는 세계측지계(世界測地系)에 따라 측정한 지리학적 경위도와 높이로 표시하고, 측량의 원점은 대한민국 경위도원점 및 수준원점으로 측량기준을 통합하고, 측량기준점은 국가기준점, 공공기준점 및 지적기준점으로 구분하여 정하도

---

169) 법제처 국가법령정보센터(http://www.law.go.kr/ 2025. 2. 20.)

록 규정하였다.(법 제6조 및 제7조)

  2) 측량기준점표지는 그 측량기준점을 정한 자가 설치·관리하고, 측량기준점표지를 설치한 자는 그 종류와 설치 장소를 국토해양부장관 및 관계 시·도지사와 측량기준점표지를 설치한 부지의 소유자 등에게 통지하도록 규정하였다.(법 제8조)

  3) 토지소유자, 이해관계인 또는 지적측량수행자는 지적측량성과에 다툼이 있는 경우에는 관할 시·도지사에게 지적측량 적부심사를 청구할 수 있고, 지적측량 적부심사청구를 받은 시·도지사는 소관 지방지적위원회에 회부하여 심의·의결을 거친 후 그 결과를 청구인에게 통지하도록 하며, 지방지적위원회의 의결에 불복하는 경우에는 국토해양부장관에게 재심사를 청구할 수 있도록 규정하였다.(법 제29조)

  4) 지적측량업자의 업무범위를 경제점좌표등록부가 있는 지역에서의 지적측량, 지적재조사사업에 따라 실시하는 지적확정측량, 도시개발사업 등이 끝남에 따라 하는 지적확정측량 외에 지적전산자료를 활용한 정보화사업을 할 수 있도록 규정하였다.(법 제45조)

  5) 국가는 모든 토지를 필지마다 토지의 소재·지번·지목·면적·경계 또는 좌표 등을 조사·측량하여 지적공부에 등록하도록 하고, 지적공부에 등록하는 지번·지목·면적·경계 또는 좌표는 토지의 이동이 있을 때 지적소관청이 토지소유자의 신청이나 직권으로 결정하도록 규정하였다.(법 제64조)

  그러나「측수지법」제정 당시에 지적분야와 수로분야에서는 기능별로 세분화되고 전문화하여 반세기 이상 별개의 영역으로 발전시켜온 제도를 통합하는 것은 시대의 흐름에 반하는 행위로 강력하게 반대하였으나 뜻을 이루지 못하였다.

  2008년 2월에 지적사무를 행정자치부에서 국토해양부로 이관하면서 국제적으로 우리나라 지적제도의 가장 강점이라고 자랑할 수 있는 독립적이고 전문화된「지적법」을 약 60여년 만에 폐지하여 매우 아쉽지만 내심 창조적 파괴를 기대하였다.

  그러나 중앙의 지적정책관을 비롯하여 시·도 및 시·군·구의 체계적인 지적행정조직이 와해되었으며, 대한지적공사의 명칭을 변경하고 시·도본부와 시·군·구지사의 조직을 대폭 축소하였으며, 전문대학과 대학의 지적학과가 폐지되거나 명칭을 변경하는 등 지적제도가 고사(枯死) 상태의 위기에 처하게 되었으며, 특히 중앙정부의 조직에 '지적'이란 용어가 없는 유일한 국가가 되었다.

  가까운 일본과 대만 및 네덜란드 등의 국가에서는 지적과 등기업무를 통합 일원화하여 운영하고 있으며, 중앙정부와 지방정부의 지적행정조직을 보강하고 지적관련 법령을 발전 지향적으로 개정하여 세계가 주목하는 지적제도로 발전시키고 있는데, 우리나라는 이에 반하고 있어 안타까운 실정이다.

2. 제4차 측수지법 개정(2012. 12. 18.)

2012년에 수로조사성과를 공표하도록 하여 해상교통안전의 향상에 이바지하고, 측량 등을 위하여 타인의 토지에 출입하는 경우 제시하여야 하는 증표 및 허가증을 허가증으로 일원화하는 등 현행 제도의 운영상 나타난 일부 미비점을 개선·보완하기 위하여 제4차 측수지법[시행 2013. 6. 19.] [법률 제11592호, 2012. 12. 18., 일부개정]을 개정하여 2013년 6월 19일부터 시행하였으며, 지적관련 주요 내용은 다음과 같다.170)

1) 제25조제1항 중 "지방자치법 제3조제3항에 따라 자치구가 아닌 구가 설치된 시의 시장"을 "지방자치법 제175조에 따라 서울특별시·광역시 및 특별자치시를 제외한 인구 50만 이상의 시의 시장"으로 개정하였다.
2) 제28조제1항 중 "광역시"를 "광역시·특별자치시"로 개정하였다.
3) 제29조제11항을 제12항으로 하고, 같은 조에 제11항을 다음과 같이 신설하였다.
⑪ 제9항 및 제10항에도 불구하고 특별자치시장은 제4항에 따라 지방지적위원회의 의결서를 받은 후 해당 지적측량 적부심사 청구인 및 이해관계인이 제6항에 따른 기간에 재심사를 청구하지 아니하거나 제8항에 따라 중앙지적위원회의 의결서를 받은 경우에는 직접 그 내용에 따라 지적공부의 등록사항을 정정하거나 측량성과를 수정하도록 개정하였다.

3. 제7차 측수지법 개정(2013. 7. 17.)

2013년에 부동산종합공부의 관리·운영 근거를 마련하고, 중앙지적위원회의 기능을 확대하며, 지상경계점등록부 작성의 법적 근거를 마련하는 한편, 측량 기술자격 취득자 외에 지적·지도제작·도화(圖畵) 등 다양한 분야의 기술자격 취득자가 포함되어 있는 점을 고려하여 현행 측량협회를 측량협회와 지적협회로 명확히 구분하기 위하여 제7차 측수지법[시행 2014. 1. 18.] [법률 제11943호, 2013. 7. 17., 일부개정]을 개정하여 2014년 1월 18일부터 시행하였으며, 지적관련 주요 내용은 다음과 같다.171)

---

170) 법제처 국가법령정보센터.(http://www.law.go.kr/ 2025. 2. 20.)
171) 법제처 국가법령정보센터.(http://www.law.go.kr/ 2025. 2. 20.)

1) 토지대장, 임야대장, 지적도, 건축물대장 등 현행 부동산과 관련된 18 종류의 공적공부를 하나의 공부로 통합한 부동산종합공부를 관리·운영할 수 있는 근거를 마련하였다.(제2조제19호의3 및 제76조의2부터 제76조의5까지 신설, 부칙 제5조).

2) 지적측량 적부심사(適否審査)에 한정된 중앙지적위원회의 기능을 지적 관련 정책개발 및 업무 개선에 관한 사항, 지적기술자에 대한 제재처분 등으로 확대하였다.(제28조제1항).

3) 측량기술자와 측량업자는 측량협회를, 지적기술자와 지적측량업자는 지적협회를 설립할 수 있도록 하고, 협회를 설립하기 위해서 필요한 발기인의 수를 정하는 등 협회설립절차를 명확히 규정하였다.(제56조).

4) 지적소관청은 토지의 이동에 따라 지상경계를 새로 정한 경우 토지의 소재, 지번, 경계점 좌표 등을 등록한 지상경계점등록부를 작성·관리하도록 규정하였다.(제65조 신설).

제8차 측수지법 개정(2014. 6. 3.)
「공간정보의 구축 및 관리 등에 관한 법률」로 제명 개정

2014년에 「측수지법」을 「공간정보의 구축 및 관리 등에 관한 법률」로 제명을 개정하기 위하여 제8차 측수지법[시행 2015. 6. 4.] [법률 제12738호, 2014. 6. 3. 일부개정]을 개정하였다.

지적관련 개정 주요 내용은 「측수지법」을 「공간정보의 구축 및 관리 등에 관한 법률」로 제명을 변경하였으며, 기타사항은 「공간정보관리법」의 개정 연혁과 함께 다음 장에서 서술하였다.

위와 같이 「측수지법」을 제정한 후 「공간정보관리법」으로 제명을 개정하기 까지 총 8차에 걸쳐 개정하였는데, 이중 3차에 걸쳐 일부 개정하였으며, 5차에 걸쳐 타법에 의하여 개정하였다.

2009년 「측수지법」을 제정한 이후 2014년 「공간정보관리법」으로 제명을 개정하기까지 8차에 걸쳐 개정한 지적관련 주요 내용을 요약하면 <표 2-7>과 같다.

<표 2-7> 「측수지법」 개정 주요 내용

구 분	공 포 일 자 (시행일자)	개정 주요 내용

측수지법 제정	○「측수지법」(시행 2009. 12. 10, 법률 제9774호, 2009. 6. 9, 제정) 제정	○ 측량의 기준과 절차를 일원화함으로써 측량성과의 신뢰도 및 정확도를 높여 국토의 효율적 관리, 항해의 안전 및 국민의 소유권 보호에 기여하고 국가지리정보산업의 발전을 도모하기 위하여 「지적법」·「측량법」·「수로업무법」을 통합하여 「측량·수로조사 및 지적에 관한 법률」제정
제1차 개정	○ [시행 2011. 4. 1.] [법률 제10485호, 2011. 3. 30., 타법개정]	○「국유재산법」일부개정(법률 제10485호, 2011. 3. 30.) - "「국유재산법」제8조에 따른 총괄청이나 관리청"을 "「국유재산법」제2조제10호에 따른 총괄청이나 같은 조 제11호에 따른 중앙관서의 장"으로 개정
제2차 개정	○ [시행 2011. 10. 13.] [법률 제10580호, 2011. 4. 12., 타법개정]	○「부동산등기법」전부개정(법률 제10580호, 2011. 4. 12.) - "등기부 등본·초본"을 "등기완료통지서, 등기사항증명서"로, "등기필 통지서, 등기필증, 등기부 등본·초본"을 "등기필증, 등기완료통지서, 등기사항증명서"로 개정
제3차 개정	○ [시행 2012. 3. 17.] [법률 제11062호, 2011. 9. 16., 타법개정]	○「지적재조사에 관한 특별법」제정(법률 제11062호, 2011. 9. 16.) - "지적재조사사업"을 "「지적재조사에 관한 특별법」에 따른 지적재조사사업"으로 개정
제4차 개정	○ [시행 2013. 6. 19.] [법률 제11592호, 2012. 12. 18., 일부개정]	○ 측량 등을 위하여 타인의 토지에 출입하는 경우 제시하여야 하는 증표 및 허가증을 허가증으로 일원화 ○ "자치구가 아닌 구가 설치된 시의 시장"을 "「지방자치법」제175조에 따라 서울특별시·광역시 및 특별자치시를 제외한 인구 50만 이상의 시의 시장"으로 개정 ○ "광역시"를 "광역시·특별자치시"로 개정 ○ 특별자치시장은 지방지적위원회의 의결서를 받은 후 해당 지적측량 적부심사 청구인 및 이해관계인이 재심사를 청구하지 아니하거나, 중앙지적위원회의 의결서를 받은 경우에는 직접 그 내용에 따라 지적공부의 등록사항을 정정하거나 측량성과를 수정하도록 개정
제5차 개정	○ [시행 2013. 3. 23.] [법률 제11690호, 2013. 3. 23., 타법개정]	○「정부조직법」전부개정(법률 제11690호, 2013. 3. 23.) - 해양·항만정책과 수산정책의 상호 연계를 통해 해양기능의 융합효과를 제고하기 위하여 해양수산부를 신설하고, 농림수산식품부 및 국토해양부를 각각 농림축산식품부 및 국토교통부로 개편함에 따라 "국토해양부장관"을 각각 "국토교통부장관"으로 "국토해양부장관"을 각각 "해양수산부장관"으로 개정
제6차 개정	○ [시행 2014. 5. 23.] [법률 제11794호, 2013. 5. 22., 타법개정]	○「건설기술관리법」전부개정(법률 제11794호(2013. 5. 22.) - 「건설기술관리법」을 각각 ""「건설기술 진흥법」으로 개정

제7차 개정	○ [시행 2014. 1. 18.] [법률 제11943호, 2013. 7. 17., 일부개정]	○ 토지대장·임야대장·지적도·건축물대장 등 현행 부동산과 관련된 18 종류의 공적공부를 하나의 공부로 통합한 부동산종합공부를 관리·운영할 수 있는 근거 마련 ○ 지적측량 적부심사에 한정된 중앙지적위원회의 기능을 지적 관련 정책 개발 및 업무 개선에 관한 사항, 지적기술자에 대한 제재처분 등으로 확대 ○ 측량협회와 지적협회를 설립할 수 있도록 하고, 협회설립 절차를 규정 ○ 토지의 이동에 따라 지상경계를 새로 정한 경우 지상경계점등록부를 작성·관리하도록 규정
제8차 개정	○ 「공간정보의 구축 및 관리 등에 관한 법률」[시행 2015. 6. 4.] [법률 제12738호, 2014. 6. 3. 일부개정]	○「측수지법」을 「공간정보의 구축 및 관리 등에 관한 법률」로 제명 개정

출처: 법제처 국가법령정보센터.(http://www.law.go.kr/ 2025. 2. 20.) 참고 작성.

특별법은 일반법에 우선한다.
Special law takes precedence over general law.

공간정보관리법의 개정 연혁
Amendment History of the Act on the Establishment, Management, etc. of Spatial Data

Chapter 05

2014년 6월에 「측수지법」을 「공간정보관리법」으로 제명을 개정한 후 「측수지법」에서 규정한 지적에 관한 규정은 「공간정보관리법」에 그대로 존속되었으며, 「공간정보관리법」으로 제명을 개정한 후 10년이 경과한 2024년 말까지 총 21차에 걸쳐 개정되었으며, 이 중 10차에 걸쳐 일부 개정하였고 11차에 걸쳐 타법에 의하여 개정하였다.

「공간정보관리법」으로 제명을 개정한 이후 총 11차에 걸쳐 타법에 의하여 개정한 내용은 ① 제2차 「공간정보관리법」 개정(「제주특별자치도 설치 및 국제자유도시 조성을 위한 특별법」 전부개정), ② 제4차 「공간정보관리법」 개정(「부동산 가격공시에 관한 법률」 전부개정), ③ 제5차 「공간정보관리법」 개정(「정부조직법」 일부개정), ④ 제8차 「공간정보관리법」 개정(「건설기술 진흥법」 일부개정), ⑤ 제10차 「공간정보관리법」 개정(「지적재조사법」 일부개정), ⑥ 제11차 「공간정보관리법」 개정(「부동산등기법」 일부개정), ⑦ 제12차 「공간정보관리법」 개정(「중앙행정권한 및 사무 등의 지방 일괄 이양을 위한 물가안정에 관한 법률 등 46개 법률의 일부개정을 위한 법률」 일괄개정), ⑧ 제13차 「공간정보관리법」 개정(「해양조사와 해양정보 활용에 관한 법률」 제정), ⑨ 제15차 「공간정보관리법」 개정(「법률용어 정비를 위한 국토교통위원회 소관 78개 법률 일부개정을 위한 법률」 일괄개정), ⑩ 제16차 「공간정보관리법」 개정(「지방자치법」 전부개정), ⑪ 제21차 「공간정보관리법」 개정(「한국국토정보공사법」 제정)을 하였다.

그러나 제13차 「공간정보관리법」 개정은 이 법에서 규정하고 있는 수로조사와 관련된 내용을 분리하여 새로이 「해양조사와 해양정보 활용에 관한 법률」[시행 2021. 2. 19.][법률 제17063호, 2020. 2. 18., 제정]을 제정함에 따라 수로조사에 관한 수로기술자, 수로측량, 해양수산부령, 해양수산부장관, 수로사업, 해양지명, 수로사업자 등에 관한 규정을 모두 「해양조사정보법」의 제정 취지에 맞도록 많은 조문을 삭제하거나 개정하여 이에 관한 개정 내용은 자세히 서술하였다.

그리고 타법에 의한 개정 내용은 새로운 법령의 제정 또는 타법 개정에 따른 용어와 자구 수정, 조문 변경 등이 주를 이루고 있어 이를 제외하고 측수지법을 「공간정보관리법」으로 제명을 변경한 내용과 10차에 걸쳐 일부 개정한 「공간정보관리법」 중 지적관련 법규의 주요 개정 연혁은 다음과 같다.

1. 측수지법을 공간정보관리법으로 제명 개정 (2014. 6. 3.)

2014년에 「측수지법」을 「공간정보의 구축 및 관리 등에 관한 법률」[시행 2015. 6. 4.] [법률 제12738호, 2014. 6. 3. 일부개정]로 제명을 개정하여 2015년 6월 4일부터 시행하였으며, 지적관련 주요 내용은 다음과 같다.172)

1) 국토교통부장관이 측량업정보(측량업자 자본금, 경영실태, 업무 수행실적 등)를 종합적으로 관리하고, 이를 관련기관 등에 제공할 수 있도록 하며, 측량업정보 종합관리체계의 구축·운영의 근거를 규정하였다.(제10조의2 신설)
3) 국토교통부장관은 측량용역사업에 대한 사업수행능력을 평가하여 공시하도록 하고, 측량업자는 평가 및 공시를 받기 위하여 측량용역 수행실적 등을 국토교통부장관에게 제출하도록 개선하였다.(제10조의3 신설)
4) 측량업자가 폐업신고 후 다시 동일한 측량업을 재등록할 때에는 폐업신고 전 측량업자가 받은 행정처분의 효과가 승계(6월 이내) 되도록 하고, 폐업신고 전의 위반행위(과실측량 등)에 대한 행정처분이 가능하도록 개선하였다.(제52조의2 신설).
5) 자진폐업 시에도 등록취소 또는 영업정지 처분을 받은 경우와 같이 폐업신고 전에 체결된 측량업무를 계속 수행할 수 있도록 개선하였다.(제53조제1항)
6) 공간정보산업의 건전한 발전을 도모하기 위해 "측량협회"와 "지적협회"를 「공간정보산업 진흥법」에 의한 "공간정보산업협회"로 전환하였다.(현행 제56조 삭제)
7) "대한지적공사"의 공적기능 확대에 따라 그 설립근거 및 사업범위를 공간정보에 관한 기본법적 성격인 「국가공간정보에 관한 법률」로 이관하였다.(현행 제58조부터 제63조 삭제)
8) 측량업정보 종합관리체계 구축·운영, 측량업자의 측량용역사업에 대한 사업수행능력 공시 및 실적 등의 접수 및 내용의 확인, 측량기준점(지적기준점에 한함)의 관리 업무 등에 대한 위탁 근거를 마련하고, 위임·위탁의 대상에 한국국토정보공사를 추가하였다.(제105조제2항제1호의2, 제1호의3, 제12호 및 제13호 신설)

---

172) 법제처 국가법령정보센터.(http://www.law.go.kr/ 2025. 2. 20.)

2. 제2차 공간정보관리법 개정(2015. 12. 29.)

"피성년후견인 또는 피한정후견인"과 같은 행위능력 결격자에 대하여 행위능력 관련 결격사유로 측량업 등록이 취소되었다가 능력이 회복되어 다시 등록을 하고자 하는 경우에 일정기간 등록 할 수 없도록 제한하는 것은 헌법상 과잉 입법금지에 해당하여 위헌적 소지가 있으며, 「공간정보관리법」에 따라 "피성년후견인 또는 피한정후견인"이 측량업에 등록되어 있는 경우에는 등록을 취소하고, 등록취소 후 2년간 측량업 등록을 할 수 없도록 이중으로 규제하고 있다는 비판이 있었다.

따라서 2015년에 "피성년후견인 또는 피한정후견인"을 이유로 측량업 등록이 취소되었으나 행위능력이 회복된 자에게는 측량업 등록이 가능하도록 측량업 등록의 결격사유를 정비하여 불합리하고 과도한 이중 제한을 개선하고 헌법 합치성을 제고하기 위하여 제3차 「공간정보관리법」[시행 2015. 12. 29.] [법률 제13673호, 2015. 12. 29., 일부개정]을 개정하여 공포한 날부터 시행하였으며, 주요 내용은 다음과 같다.[173]

1) 제47조제4호 중 "측량업의 등록이 취소된"을 "측량업의 등록이 취소(제47조제1호에 해당하여 등록이 취소된 경우는 제외한다.)된"으로 개정하였다.

3. 제5차 공간정보관리법 개정(2017. 10. 24.)

지적위원회의 민간위원에 대한 벌칙 적용 시 공무원으로 의제토록 하여 공정성과 책임성을 확보하고, 측량기술자가 경력 등을 신고하는 경우 신고서 접수일에 효력이 발생하도록 개선하였으며, 지적정보의 접근성을 제고하기 위하여 지적전산자료 이용 시 국토교통부장관 등의 승인 절차를 폐지하는 등 제6차 「공간정보관리법」[시행 2017. 10. 24.] [법률 제14936호, 2017. 10. 24., 일부개정]을 개정하여 공포한 날부터 시행하였으며, 주요 내용은 다음과 같다.[174]

1) 중앙지적위원회 및 지방지적위원회 위원 중 민간위원에 대하여는 업무상 공정성과 책임성을 담보하기 위하여 「형법」 제127조 및 제129조부터 제132조까지를 적용하

---

173) 법제처 국가법령정보센터.(http://www.law.go.kr / 2017. 10. 10.)
174) 법제처 국가법령정보센터.(http://www.law.go.kr / 2018. 10. 10.)

는 경우 공무원으로 보도록 규정하였다.(제28조제4항 신설)
2) 측량기술자가 경력 등을 신고하는 경우 신고서의 기재사항 및 구비서류에 흠이 없고 관계 법령 등에 규정한 형식상의 요건을 충족하면 신고서가 접수기관에 도달된 때에 신고된 것으로 보도록 규정하였다.(제40조제6항 신설)
3) 지적전산자료 이용 시 국토교통부장관 등의 승인 절차를 폐지하고 개인정보가 없는 지적전산자료에 대하여는 관계 중앙행정기관의 심사를 생략할 수 있도록 개정하였다.(제76조)

4. 제6차 공간정보관리법 개정(2018. 4. 17.)

측량업자로 등록한 법인의 임원에게 결격사유가 발생한 경우 유예기간 없이 바로 측량업자의 등록을 취소하도록 하던 것을 앞으로는 해당 법인에 대한 측량업자의 등록을 취소하기 전에 그 사유를 해소할 수 있도록 3개월의 유예기간을 부여함으로써 임원 개인의 결격사유 발생으로 인한 법인의 과도한 책임을 합리적으로 완화하기 위하여 제7차「공간정보 관리법」[시행 2018. 10. 18.] [법률 제15596호, 2018. 4. 17., 일부개정]을 개정하여 같은 해 10월 18일부터 시행하였으며, 주요 내용은 다음과 같다.175)

1) 제52조제1항 제7호에 측량업자가 같은 조 제5호에 해당하게 된 경우로서 그 사유가 발생한 날부터 3개월 이내에 그 사유를 해소한 경우는 제외하도록 단서를 신설하였다.
2) 제52조제1항 제12호에 "제52조제3항에 따른 임원의 직무정지 명령을 이행하지 아니한 경우"라고 신설하였다.
3) 제52조제3항에 국토교통부장관, 해양수산부장관 또는 시·도지사는 측량업자가 제47조제5호에 해당하게 된 경우에는 같은 조 제1호부터 제4호까지의 어느 하나에 해당하는 임원의 직무를 정지하도록 해당 측량업자에게 명할 수 있도록 신설하였다.

그리고 제52조제1항 제12호와 제52조제3항을 신설함에 따라 제52조의 각항과 각호를 개정하였다.

5. 제8차 공간정보관리법 개정(2019. 12. 10.)

---

175) 법제처 국가법령정보센터.(http://www.law.go.kr / 2018. 10. 10.)

측량기본계획에 따라 수립·시행하는 연도별 시행계획의 추진실적을 평가하고 그 평가 결과를 측량기본계획 및 연도별 시행계획에 반영하도록 하고, 공간정보의 정확성을 향상시키기 위하여 특별자치시장, 특별자치도지사, 시장·군수 또는 구청장은 관할구역 내 지형·지물의 변동 여부를 정기적으로 조사하고, 조사 결과 지형·지물의 변동사항이 있는 경우에는 이를 국토교통부장관에게 통보하도록 개정하였다.

그리고 국가와 시·도 및 시·군·구 지명위원회 민간위원의 책임성을 강화하기 위하여 해당 위원회 위원 중 공무원이 아닌 위원은 「형법」 제127조 및 제129조부터 제132조까지의 규정을 적용할 때에는 공무원으로 보도록 규정하기 위하여 제9차 「공간정보관리법」 [시행 2020. 3. 11.] [법률 제16807호, 2019. 12. 10., 일부개정]을 개정하여 2020년 3월 11일부터 시행하였으며, 주요 내용은 다음과 같다.[176]

1) 제5조제2항 중 "시행계획을 수립·시행하여야 한다."를 "시행계획을 수립·시행하고, 그 추진실적을 평가하여야 한다."로 하며, 같은 조에 제3항 및 제4항을 각각 다음과 같이 신설하였다.

③ 국토교통부장관은 제1항에 따른 측량기본계획과 제2항에 따른 연도별 시행계획을 수립하려는 경우 제2항에 따른 평가 결과를 반영하여야 한다.

④ 제2항에 따른 연도별 추진실적 평가의 기준·방법·절차에 관한 사항은 국토교통부령으로 정한다.

2) 제11조제1항부터 제4항까지를 각각 제2항부터 제5항까지로 하고, 같은 조에 제1항을 다음과 같이 신설하며, 같은 조 제2항(종전의 제1항) 중 "발생한"을 "발생하거나 제1항에 따라 실시한 조사 결과 지형·지물의 변동사항이 있을"로 하고, 같은 조 제5항(종전의 제4항) 중 "제2항"을 "제3항"으로 하였다.

① 특별자치시장, 특별자치도지사, 시장·군수 또는 구청장은 대통령령으로 정하는 바에 따라 관할 구역 내 지형·지물의 변동 여부를 정기적으로 조사하여야 한다.

3) 제91조제6항을 제7항으로 하고, 같은 조에 제6항을 다음과 같이 신설한다.

⑥ 국가지명위원회, 시·도 지명위원회 및 시·군·구 지명위원회의 위원 중 공무원이 아닌 위원은 「형법」 제127조 및 제129조부터 제132조까지의 규정을 적용할 때에는 공무원으로 본다.

---

176) 법제처 국가법령정보센터.(http://www.law.go.kr / 2020. 11. 22.)

6. 제12차 공간정보관리법 개정(2020. 2. 18.)

'수로조사'를 '해양조사'로 용어를 변경하고, 해양조사의 전문성을 강화하며, 해양조사의 실시와 해양정보의 효율적인 활용이 가능하도록 현행「공간정보관리법」에서 규정하고 있는 수로조사와 관련된 내용을 분리하여 새로이「해양조사와 해양정보 활용에 관한 법률」[시행 2021. 2. 19.] [법률 제17063호, 2020. 2. 18., 제정](이하 "「해양조사정보법」"이라 한다.)을 제정함에 따라 제13차「공간정보관리법」[시행 2021. 2. 19.] [법률 제17063호, 2020. 2. 18., 타법개정]을 개정하여 2021년 2월 19일부터 시행하였으며, 주요 내용은 다음과 같다.177)

1) 제1조 중 "측량 및 수로조사"를 "측량"으로, "효율적 관리와 해상교통의 안전"을 "효율적 관리"로 개정하였다.
2) 제2조제5호를 삭제하고, 같은 조 제6호 중 "공공측량, 지적측량 및 수로측량"을 "공공측량 및 지적측량"으로 하며, 같은 조 제11호, 제12호, 제12호의2, 제12호의3 및 제13호부터 제17호까지를 각각 삭제하였다.
3) 제3조 중 "측량 및 수로조사와"를 "측량과"로 개정하였다.
4) 제4조 각 호 외의 부분 중 "측량이나 수로조사로서 국토교통부장관 및 해양수산부장관이 고시하는 측량이나 수로조사에"를 "측량으로서 국토교통부장관이 고시하는 측량 및 「해양조사정보법」 제2조제3호에 따른 수로측량에"로 하고, 같은 조 제3호 중 "측량 또는 수로조사"를 "측량"으로 하며, 같은 조 제4호를 삭제하였다.
5) 제2장의 제목 "측량 및 수로조사"를 "측량"으로 개정하였다.
6) 제5조제1항 각 호 외의 부분 중 "사항(수로조사에 관한 사항은 제외한다.)"을 "사항"으로 개정하였다.
7) 제6조제1항제3호 및 제4호를 각각 삭제하고, 같은 조 제2항을 삭제하였다.
8) 제7조제1항제1호 중 "국토교통부장관 및 해양수산부장관"을 "국토교통부장관"으로 개정하였다.
9) 제8조제2항 전단 중 "측량기준점표지[수로측량을 위한 국가기준점표지(이하 "수로기준점표지"라 한다.)는 제외한다. 이하 이 항 및 제5항에서 같다]"를 "측량기준점표지"로 하고, 같은 조 제3항을 삭제하며, 같은 조 제6항 중 "국토교통부장관 및 해

---

177) 법제처 국가법령정보센터.(http://www.law.go.kr / 2020. 11. 22.)

양수산부장관"을 "국토교통부장관"으로 하고, 같은 조 제7항 중 "국토교통부령 또는 해양수산부령"을 "국토교통부령"으로 개정하였다.
10) 제9조제4항 단서 중 "국가기준점표지(수로기준점표지는 제외한다.)"를 "국가기준점표지"로 개정하였다.

이하 수로조사에 관한 "수로기술자, 수로측량, 해양수산부령, 해양수산부장관, 수로사업, 해양지명, 수로사업자 등에 관한 규정을 모두「해양조사정보법」의 제정 취지에 맞도록 삭제하거나 개정하였다.

2009년에「지적법」·「측량법」·「수로업무법」등 3법을 폐지하고「측수지법」을 제정한 후 2014년에 이를「공간정보관리법」으로 제명을 개정하였으며, 2020년에「공간정보관리법」중 통합전의「수로업무법」에 규정하였던 조문을 모두 삭제하고 이를「해양조사정보법」에서 규정하였다.

따라서 현행「공간정보관리법」은 제2장 제5절, 제8절, 제9절의 조문이 모두 삭제되고 기타 항이나 목이 삭제되어 이가 빠진 톱니바퀴처럼 흉하게 보일 뿐만 아니라 3법의 통합 후 15년이 경과한 현재까지도 통합의 효과가 나타나지 않는 실정이며, 통합전의「지적법」과「측량법」의 이질적인 내용이 혼합되어 규정하고 있다.

그리고 지적분야에서는「측량법」에 규정했던 사항에 대하여, 측지분야에서는「지적법」에 규정했던 사항에 대하여 서로 관심도 없고 이해하려고도 하지 않으며 이해할 필요조차 없는 실정이어서 상호 업무의 전문성을 보장하고 존재를 인정하며 선의의 경쟁을 하면서 독립적으로 발전할 수 있도록「지적법」과「측량법」의 분리 환원을 추진하여야 할 것이다.

7. 제13차 공간정보관리법 개정(2020. 4. 7.)

측량기기 성능검사 제도의 합리적이고 공정한 운영을 위하여 성능검사의 기준, 방법 및 절차 준수 의무, 실태 점검 및 시정명령 근거, 성능검사대행자 및 그 소속 직원의 교육에 관한 사항을 규정하는 등 현행 제도의 운영상 나타난 일부 미비점을 개선·보완하기 위하여 제14차「공간정보관리법」[시행 2021. 4. 8.] [법률 제17224호, 2020. 4. 7., 일부개정]을 개정하여 2021년 4월 8일부터 시행하였으며, 주요 내용은 다음과 같다.[178]

1) 제92조제1항 단서 중 "제4항"을 "제6항"으로 하고, 같은 조 제3항 중 "제93조에 따

---

[178] 법제처 국가법령정보센터.(http://www.law.go.kr / 2020. 11. 22.)

라 성능검사대행자로 등록한 자는"을 "제93조제1항에 따라 측량기기의 성능검사업무를 대행하는 자로 등록한 자(이하 "성능검사대행자"라 한다.)는"으로 하며, 같은 조 제4항을 제6항으로 하고, 같은 조에 제4항 및 제5항을 각각 다음과 같이 신설하며, 같은 조 제6항(종전의 제4항) 중 "제1항에 따른 성능검사의"를 "제1항 및 제2항에 따른 성능검사의"로, "절차"를 "절차와 제5항에 따른 실태점검 및 시정명령"으로 개정하였다.

2) 제93조의 제목 "(성능검사대행자의 등록)"을 "(성능검사대행자의 등록 등)"으로 하고, 같은 조 제3항 중 "제1항에 따라 측량기기의 성능검사업무를 대행하는 자로 등록한 자가"를 "성능검사대행자가"로 하며, 같은 조 제4항 중 "성능검사대행자는"을 "성능검사대행자와 그 검사업무를 담당하는 임직원은"으로 개정하였다.

3) 제96조제1항에 제1호의2를 다음과 같이 신설하였다.
1의2. 제92조제5항에 따른 시정명령을 따르지 아니한 경우

4) 제98조의 제목 중 "종사자"를 "종사자 등"으로 하고, 같은 조 제목 외의 부분을 제1항으로 하며, 같은 조에 제2항을 신설하였다.

5) 제99조제1항제4호 중 "성능검사대행업자가 성능검사를 부실하게 하거나"를 "성능검사대행자가 성능검사를 부실하게 하거나"로 하고, 같은 항에 제5호를 신설하였다.

6) 제111조제2항을 제3항으로 하고, 같은 조에 제2항을 신설하였으며, 같은 조 제3항(종전의 제2항) 중 "제1항"을 "제1항 및 제2항"으로 개정하였다.

8. 제16차 공간정보관리법 개정(2021. 7. 20.)

국토교통부장관은 기본측량성과를 사용하고, 공공측량시행자는 공공측량성과를 사용하여 지도 등을 간행·판매·배포할 수 있도록 운영하고 있으나, 이와 관련하여 색맹이나 색약과 같은 색각 이상자는 적색 계통과 녹색 계통 등이 섞인 지도 등을 보는 데 어려움을 겪고 있어 색각 이상자가 보는 데 지장이 없는 지도 등을 별도로 간행하도록 함으로써, 색각 이상자의 편의를 제고하기 위하여 제17차 「공간정보관리법」[시행 2022. 7. 21.] [법률 제18310호, 2021. 7. 20., 일부개정]을 개정하여 2022년 7월 21일부터 시행하였으며, 주요 내용은 '기본측량성과 등을 사용한 지도 등의 간행'에 관한 사항으로[179] 설명을 생략하였다.

9. 제17차 공간정보관리법 개정(2021. 8. 10.)

측량업자의 등록사항 변경신고, 지위 승계 신고 또는 성능검사대행자의 등록사항 변경신고를 받은 경우에는 20일 이내에 신고수리 여부를 신고인에게 통지하도록 하고, 그 기간 내에 신고수리 여부나 처리기간의 연장을 통지하지 아니한 경우에는 각각의 신고를 수리한 것으로 간주하는 제도를 도입하기 위하여 제18차「공간정보관리법」[시행 2022. 8. 11.] [법률 제18384호, 2021. 8. 10., 일부개정]을 개정하여 2022년 8월 11일부터 시행하였으며, 주요 내용은 다음과 같다.180)

1) 제44조제5항을 제7항으로 하고, 같은 조에 제5항 및 제6항을 각각 다음과 같이 신설한다.

⑤ 국토교통부장관, 시·도지사 또는 대도시 시장은 제4항에 따른 신고를 받은 날부터 20일 이내에 신고수리 여부를 신고인에게 통지하여야 한다.

⑥ 국토교통부장관, 시·도지사 또는 대도시 시장이 제5항에 따른 기간 내에 신고수리 여부 또는 민원 처리 관련 법령에 따른 처리기간의 연장을 신고인에게 통지하지 아니하면 그 기간이 끝난 날의 다음 날에 신고를 수리한 것으로 본다.

2) 제46조제1항 중 "경우에는"을 "경우로서"로, "합병에 따라 설립된 법인은"을 "합병으로 설립된 법인이"로, "승계한다"를 "승계하려는 경우에는 양수·상속 또는 합병한 날부터 30일 이내에 대통령령으로 정하는 바에 따라 국토교통부장관, 시·도지사 또는 대도시 시장에게 신고하여야 한다"로 하고, 같은 조 제2항을 다음과 같이 하며, 같은 조에 제3항부터 제5항까지를 각각 다음과 같이 신설한다.

② 국토교통부장관, 시·도지사 또는 대도시 시장은 제1항에 따른 신고를 받은 경우 측량업자의 지위를 승계하려는 자가 제47조 각 호의 어느 하나에 해당하면 신고를 수리하여서는 아니 된다.

③ 국토교통부장관, 시·도지사 또는 대도시 시장은 제1항에 따른 신고를 받은 날부터 20일 이내에 신고수리 여부를 신고인에게 통지하여야 한다.

④ 국토교통부장관, 시·도지사 또는 대도시 시장이 제3항에서 정한 기간 내에 신고 수리 여부 또는 민원 처리 관련 법령에 따른 처리기간의 연장을 신고인에게 통지하지 아니하면 제2항의 규정에도 불구하고 그 기간(민원 처리 관련 법령에 따라

---

179) 법제처 국가법령정보센터.(http://www.law.go.kr / 2025. 1. 20.)
180) 법제처 국가법령정보센터.(http://www.law.go.kr / 2025. 1. 20.)

처리기간이 연장 또는 재연장된 경우에는 해당 처리기간을 말한다.)이 끝난 날의 다음 날에 신고를 수리한 것으로 본다.

⑤ 제1항에 따른 양수인·상속인 또는 합병 후 존속하는 법인이나 합병으로 설립된 법인은 제3항에 따른 신고가 수리된 경우(제4항에 따라 신고가 수리된 것으로 보는 경우를 포함한다.)에는 그 양수일, 상속일 또는 합병일부터 종전의 측량업자의 지위를 승계한다.

3) 제93조제3항부터 제5항까지를 각각 제5항부터 제7항까지로 하고, 같은 조에 제3항 및 제4항을 각각 다음과 같이 신설한다.

③ 시·도지사는 제1항에 따른 신고를 받은 날부터 20일 이내에 신고수리 여부를 신고인에게 통지하여야 한다.

④ 시·도지사가 제3항에 따른 기간 내에 신고수리 여부 또는 민원 처리 관련 법령에 따른 처리기간의 연장을 신고인에게 통지하지 아니하면 그 기간(민원 처리 관련 법령에 따라 처리기간이 연장 또는 재연장된 경우에는 해당 처리기간을 말한다.)이 끝난 날의 다음 날에 신고를 수리한 것으로 본다.

10. 제18차 공간정보관리법 개정(2022. 6. 10.)

"공간정보"와 "지명"의 정의를 명확히 규정하고, 국토교통부장관이 지정하는 국가기본도로의 요건을 명확히 하며, 정밀도로지도의 간행심사에 대한 특례를 명시하고, 지명 결정 주체를 시·도지사로 명시하는 한편 결정된 지명에 대한 재심의 신청 및 고시 등 지명의 결정에 관한 사항을 정비하는 등 현행 제도의 운영상 나타난 일부 미비점을 개선·보완하기 위하여 제19차 「공간정보관리법」[시행 2023. 6. 11.] [법률 제18936호, 2022. 6. 10., 일부개정]을 개정하여 2023년 6월 11일부터 시행하였으며, 주요 내용은 다음과 같다.[181]

1) 공간정보가 「국가공간정보 기본법」에 따른 공간정보임을 명시하고, 각급 지명위원회의 심의 대상인 지명의 정의를 신설하였다.(제2조제1호 및 제9호의2 신설)

2) 측량업등록증·등록수첩 및 성능검사대행자 등록증의 재발급에 관한 사항을 규정하였다.(제44조제4항 및 제93조제3항 신설)

---

181) 법제처 국가법령정보센터.(http://www.law.go.kr / 2025. 1. 20.)

3) 측량업 등록신청 및 변경신고의 접수, 측량업자의 지위승계, 측량업의 휴업·폐업 등의 신고 및 측량업등록증·등록수첩의 재발급 신청 등의 접수에 관한 사항을 공간정보산업협회에 위탁할 수 있도록 규정하였다.(제105조제2항제10호 및 같은 항 제10호의2부터 제10호의4까지 신설)

11 제19차 공간정보관리법 개정(2022. 11. 15.)

측량업자와 측량기기 성능검사대행업자의 부담을 완화하기 위하여 영업정지 등 제재처분과 과태료를 중복하여 부과하지 아니하도록 개선하고, 영업정지 및 업무정지에 갈음하여 과징금을 부과할 수 있도록 하는 한편, 과태료 부과의 실효성을 높이도록 위반행위의 경중에 따라 과태료 상한액을 세분화하기 위하여 제20차「공간정보관리법」[시행 2023. 11. 16.] [법률 제19047호, 2022. 11. 15., 일부개정]을 개정하여 2023년 11월 16일부터 시행하였으며, 주요 내용은 다음과 같다.[182]

1) 측량업자나 측량기기 성능검사대행업자가 측량업이나 측량기기 성능검사대행업 등록사항의 변경신고를 하지 아니하거나 지적측량수행자가 본인 또는 배우자 등이 소유한 토지에 대한 지적측량을 한 경우에 영업정지 등 제재처분과 과태료를 중복으로 부과하도록 하던 것을 영업정지 등 부과 대상과 과태료 부과 대상을 구분하여 둘 중 하나만 부과하도록 개정하였다.(제52조제1항제5호, 제96조제1항제3호 삭제)
2) 국토교통부장관, 시·도지사 또는 대도시 시장은 측량업자에게 영업정지를 명하여야 하는 경우에도 공익을 해칠 우려가 있는 경우 등에는 영업정지를 갈음하여 4천만원 이하의 과징금을 부과할 수 있도록 하고,(제52조제4항 개정) 시·도지사는 측량기기성능검사대행자에게 업무정지를 명하여야 하는 경우에도 공익을 해칠 우려가 있는 경우 등에는 업무정지를 갈음하여 4천만원 이하의 과징금을 부과할 수 있도록 개선하여(제96조제3항 개정) 영업정지 및 업무정지 대체 과징금 제도를 도입하였다.
3) 이 법에 따른 각종 신고, 보고 의무 등을 위반한 자에게 부과하는 과태료의 상한액을 300만원 또는 100만원으로 하던 것을 위반행위의 경중에 따라 300만원, 200만원 또는 100만원으로 세분화하여 과태료 기준을 합리적으로 정비하였다.(법 제111조 전문개정)

---

182) 법제처 국가법령정보센터.(http://www.law.go.kr / 2025. 1. 20.)

12. 제21차 공간정보관리법 개정(2024. 3. 19.)

　국토교통부장관이 연속지적도의 정비 및 관리에 관한 정책을 수립·시행하고, 지적소관청은 지적도·임야도에 등록된 사항에 대하여 토지의 이동 또는 오류사항을 정비한 때에는 이를 연속지적도에 반영하며, 국토교통부장관이 연속지적도 정보관리체계를 구축·운영하되 관련 업무를 위탁할 수 있도록 하기 위하여 제22차 「공간정보관리법」[시행 2024. 9. 20.] [법률 제20388호, 2024. 3. 19., 일부개정]을 개정하여 같은 해 9월 20일부터 시행하였으며, 주요 내용은 다음과 같다.183)

　1) 제3장제3절에 제90조의2를 다음과 같이 신설하였다.
　　제90조의2(연속지적도의 관리 등) ① 국토교통부장관은 연속지적도의 관리 및 정비에 관한 정책을 수립·시행하여야 한다.
　　② 지적소관청은 지적도·임야도에 등록된 사항에 대하여 토지의 이동 또는 오류사항을 정비한 때에는 이를 연속지적도에 반영하여야 한다.
　　③ 국토교통부장관은 제2항에 따른 지적소관청의 연속지적도 정비에 필요한 경비의 전부 또는 일부를 지원할 수 있다.
　　④ 국토교통부장관은 연속지적도를 체계적으로 관리하기 위하여 대통령령으로 정하는 바에 따라 연속지적도 정보관리체계를 구축·운영할 수 있다.
　　⑤ 국토교통부장관 또는 지적소관청은 제2항에 따른 연속지적도의 관리·정비 및 제4항에 따른 연속지적도 정보관리체계의 구축·운영에 관한 업무를 대통령령으로 정하는 법인, 단체 또는 기관에 위탁할 수 있다. 이 경우 위탁관리에 필요한 경비의 전부 또는 일부를 지원할 수 있다.
　　⑥ 제1항 및 제2항에 따른 연속지적도의 관리·정비의 방법 등에 필요한 사항은 국토교통부령으로 정한다.

　위와 같이 「측수지법」을 「공간정보관리법」으로 제명을 개정한 후 2024년 말까지 총 21차에 걸쳐 개정하였는데, 이 중 10차에 걸쳐 일부 개정하였으며, 11차에 걸쳐 타법 개정하여 오늘에 이르고 있다.

　2014년 「측수지법」을 「공간정보관리법」으로 제명을 개정한 후 2024년 말까지 21차에 걸쳐 개정한 지적관련 개정 주요 내용을 요약하면 <표 2-8>과 같다.

---

183) 법제처 국가법령정보센터.(http://www.law.go.kr / 2025. 1. 20.)

<표 2-8> 「공간정보관리법」 개정 주요 내용

구 분	공 포 일 자 (시행일자)	개정 주요 내용
「측수지법」을「공간정보관리법」으로 제명 변경	○「공간정보의 구축 및 관리 등에 관한 법률」[시행 2015. 6. 4.] [법률 제12738호, 2014. 6. 3. 일부개정]	○ 공간정보산업의 발전을 도모한다는 목적으로 「측수지법」을 「공간정보의 구축 및 관리 등에 관한 법률」로 제명 개정 ○ 측량업정보 종합관리체계의 구축·운영 근거 마련 ○ 측량용역사업에 대한 사업수행능력을 평가하여 공시하도록 하고, 측량업자는 평가 및 공시를 받기 위하여 측량용역 수행실적 등을 국토교통부장관에게 제출하도록 개선 ○ 측량업자가 폐업신고 후 다시 동일한 측량업을 재등록할 때에는 폐업신고 전 측량업자가 받은 행정처분의 효과가 승계되도록 하고, 폐업신고 전의 위반행위에 대한 행정처분이 가능하도록 개선 ○ 자진폐업 시에도 등록취소 또는 영업정지 처분을 받은 경우와 같이 폐업신고 전에 체결된 측량업무를 계속 수행할 수 있도록 개선 ○ "측량협회"와 "지적협회"를 「공간정보산업 진흥법」에 의한 "공간정보산업협회"로 전환 ○ "대한지적공사"의 설립근거 및 사업범위를 「국가공간정보에 관한 법률」로 이관 ○ 측량업정보 종합관리체계 구축·운영, 측량업자의 측량용역사업에 대한 사업수행능력 공시 및 실적 등의 접수 및 내용의 확인, 측량기준점(지적기준점에 한함)의 관리 업무 등에 대한 위탁 근거를 마련하고, 위임·위탁의 대상에 한국국토정보공사를 추가
제1차 개정	○ [시행 2016. 1. 25.] [법률 제13426호, 2015. 7. 24., 타법개정]	○「제주특별자치도 설치 및 국제자유도시 조성을 위한 특별법」의 전부개정에 의하여 "「제주특별자치도 설치 및 국제자유도시 조성을 위한 특별법」 제15조제2항"을 "「제주특별자치도 설치 및 국제자유도시 조성을 위한 특별법」 제10조제2항"으로 개정(법 제2조제18호.)
제2차 개정	○ [시행 2015. 12. 29.] [법률 제13673호, 2015. 12. 29., 일부개정]	○ "측량업의 등록이 취소된"을 "측량업의 등록이 취소(제47조제1호에 해당하여 등록이 취소된 경우는 제외한다.)된"으로 개정 (법 제47조제4호.)
제3차 개정	○ [시행 2016. 9. 1.] [법률 제13796호, 2016. 1. 19., 타법개정]	○「부동산 가격공시 및 감정평가에 관한 법률」의 전부개정에 의하여 제76조의3제4호 중 "「부동산 가격공시 및 감정평가에 관한 법률」 제11조"를 "「부동산 가격공시에 관한 법률」 제10조"로, "같은 법 제16조 및 제17조"를 "같은 법 제16조, 제17조 및 제18조"로 개정
제4차 개정	○ [시행 2017. 7. 26.] [법률 제14839호, 2017.	○「정부조직법」의 일부개정에 의하여 "미래창조과학부장관"을 "과학기술정보통신부장관"으로, "안전행정부장관"을 "행정안전부장

	7. 26., 타법개정]	관"으로 개정(법 제16조제2항)
제5차 개정	○[시행 2017. 10. 24.] [법률 제14936호, 2017. 10. 24., 일부개정]	○ 중앙지적위원회 및 지방지적위원회 위원 중 민간위원에 대한 「형법」 적용 시 공무원으로 의제하도록 규정 신설 ○ 측량기술자가 경력 등을 신고하는 경우 신고서가 접수기관에 도달된 때에 신고된 것으로 보도록 제도 신설 ○ 지적전산자료 이용 시 국토교통부장관 등의 승인 절차를 폐지하고, 개인정보가 없는 지적전산자료에 대하여는 관계 중앙행정기관의 심사를 생략할 수 있도록 개정
제6차 개정	○[시행 2018. 10. 18.] [법률 제15596호, 2018. 4. 17., 일부개정]	○ 측량업자로 등록한 법인의 임원에게 결격사유가 발생한 경우 유예 기간 없이 바로 측량업자의 등록을 취소하도록 하던 것을 해당 법인에 대한 측량업자의 등록을 취소하기 전에 그 사유를 해소할 수 있도록 3개월의 유예기간을 부여함으로써 임원 개인의 결격사유 발생으로 인한 법인의 과도한 책임을 완화 할 수 있도록 개정(제52조)
제7차 개정	○[시행 2018. 12. 13.] [법률 제15719호, 2018. 8. 14., 타법개정]	○ 「건설기술 진흥법」의 일부개정에 의하여 "건설기술자"를 각각 "건설기술인"으로 개정(법 제40조제1항 전단 및 제42조제1항 각 호 외의 부분 전단)
제8차 개정	○[시행 2020. 3. 11.] [법률 제16807호, 2019. 12. 10., 일부개정]	○ 측량기본계획에 따라 수립·시행하는 연도별 시행계획의 추진 실적을 평가하고 그 평가결과를 측량기본계획 및 연도별 시행계획에 반영하도록 규정 신설 ○ 특별자치시장, 특별자치도지사, 시장·군수 또는 구청장은 관할 구역 내 지형·지물의 변동 여부를 정기적으로 조사하고, 조사결과 지형·지물의 변동사항이 있는 경우에는 이를 국토교통부장관에게 통보하도록 규정 신설
제9차 개정	○[시행 2020. 6. 11.] [법률 제16812호, 2019. 12. 10., 타법개정]	○ 「지적재조사특별법」의 일부개정에 의하여 "사업지구"를 "지적재조사지구"로 개정(법 제45조제2호)
제10차 개정	○[시행 2020. 8. 5.] [법률 제16912호, 2020. 2. 4., 타법개정]	○ 「부동산등기법」의 일부개정에 의하여 제80조제3항제2호에 라목 신설
제11차 개정	○[시행 2021. 1. 1.] [법률 제17007호, 2020. 2. 18., 타법개정]	○ 「중앙행정권한 및 사무 등의 지방 일괄 이양을 위한 물가안정에 관한 법률 등 46개 법률의 일부개정을 위한 법률」의 개정에 의하여 제44조제2항 본문 중 "국토교통부장관 또는 시·도지사"를 "국토교통부장관, 시·도지사 또는 대도시 시장"으로 개정하고, 같은 조 제3항 중 "국토교통부장관 또는 시·도지사는"을 "국토교통부장관, 시·도지사 또는 대도시 시장은"으로 하며, 같은 조 제4항 중 "국토교통부장관 또는 시·도지사"를 "국토교통부장관, 시·도지사 또는 대도시 시장"으로 개정

제12차 개정	○[시행 2021. 2. 19.] [법률 제17063호, 2020. 2. 18., 타법개정]	○「공간정보관리법」에서 규정하고 있는 수로조사 관련 내용을 분리하여「해양조사정보법」[시행 2021. 2. 19.] [법률 제17063호, 2020. 2. 18., 제정]을 제정함에 따라 "수로기술자, 수로측량, 해양수산부령, 해양수산부장관, 수로사업, 해양지명 등에 관한 규정을 삭제하거나 개정
제13차 개정	○[시행 2021. 4. 8.] [법률 제17224호, 2020. 4. 7., 일부개정]	○ 측량기기 성능검사의 기준, 방법 및 절차 준수 의무, 실태 점검 및 시정명령 근거, 성능검사대행자 및 그 소속 직원의 교육에 관한 사항을 규정하는 등 현행 제도의 운영상 나타난 일부 미비점을 개선·보완하기 위하여 개정
제14차 개정	○[시행 2020. 6. 9.] [법률 제17453호, 2020. 6. 9., 타법개정]	○「법률용어 정비를 위한 국토교통위원회 소관 78개 법률 일부개정을 위한 법률」의 일괄개정에 따라 어려운 한자어, 축약된 한자어, 부자연스러운 일본식 용어 등을 한글화 하거나 보다 쉬운 표현으로 용어를 순화하기 위하여 개정
제15차 개정	○[시행 2022. 1. 13.] [법률 제17893호, 2021. 1. 12., 타법개정]	○「지방자치법」전부개정[시행 2022. 1. 13.] [법률 제17893호, 2021. 1. 12.]에 따라「공간정보관리법」제25조제1항 본문 중 "「지방자치법」제175조"를 "「지방자치법」제198조"로 개정
제16차 개정	○[시행 2022. 7. 21.] [법률 제18310호, 2021. 7. 20., 일부개정]	○ 색각 이상자의 편의를 제고하기 위하여 색각 이상자가 보는 데 지장이 없는 지도 등을 별도로 간행하도록 개정
제17차 개정	○[시행 2022. 8. 11.] [법률 제18384호, 2021. 8. 10., 일부개정]	○ 측량업자의 등록사항 변경신고, 지위 승계 신고 또는 성능검사대행자의 등록사항 변경신고를 받은 경우에는 20일 이내에 신고 수리 여부를 신고인에게 통지하도록 개정
제18차 개정	○[시행 2023. 6. 11.] [법률 제18936호, 2022. 6. 10., 일부개정]	○ "공간정보"와 "지명"의 정의를 명확히 규정하고, 국가기본도로의 요건을 명확히 하며, 정밀도로 지도의 간행심사에 대한 특례를 명시하고, 지명 결정 주체를 시·도지사로 규정
제19차 개정	○ [시행 2023. 11. 16.] [법률 제19047호, 2022. 11. 15., 일부개정]	○ 측량업자와 측량기기 성능검사대행업자의 영업정지 등 제재처분과 과태료를 중복하여 부과하지 아니하도록 하고, 영업정지 및 업무정지에 갈음하여 과징금을 부과할 수 있도록 개선하고 위반행위의 경중에 따라 과태료 상한액을 세분화하도록 개정
제20차 개정	○[시행 2025. 2. 21.] [법률 제20341호, 2024. 2. 20., 타법개정]	○ 한국국토정보공사법[시행 2025. 2. 21.] [법률 제20341호, 2024. 2. 20., 제정] 제정에 따라「공간정보관리법」제24조제1항 제2호 중 "「국가공간정보 기본법」제12조"를 "「한국국토정보공사법」제3조제1항"으로 개정
제21차 개정	○[시행 2024. 9. 20.] [법률 제20388호, 2024. 3. 19., 일부개정]	○ 국토교통부장관이 연속지적도의 정비 및 관리에 관한 정책을 수립·시행하고, 지적소관청은 토지의 이동 또는 오류사항을 정비한 때에는 이를 연속지적도에 반영하며, 국토교통부장관이 연속지적도 정보관리체계를 구축·운영하되 관련 업무를 위탁할 수 있도록 개정

출처 : 법제처 국가법령정보센터.(http://www.law.go.kr/LSW/main.html / 2025. 2. 20.) 참고 작성.

13. 지적관련 전문 용어의 순화(2025. 3. 4.)

 2025년 3월에 국토교통부는 '지적 및 공간정보 분야의 전문 용어'를 국민들이 쉽고 편리하게 사용할 수 있도록 표준화하고 체계화하여 보급하기 위한 목적으로 <표 2-9>와 같이 행정규칙으로「지적 및 공간정보 분야 전문 용어 표준화」제정(안)을 확정 고시(국토교통부고시 제2025-89호, 2025. 3. 4.)하였다.

 위의 행정규칙<이하 '지적 및 공간정보 전문 용어 표준화(국토교통부고시 제2025-89호, 2025. 3. 4.)'라 한다.> [별표]에 고시된 31개의 표준화한 용어는 앞으로 소관 법령 제정·개정, 교과서 제작, 공문서 작성 및 국가 주관의 시험 출제 등에 적극 활용하되, 사회적으로 완전히 정착할 때까지 기존 용어를 병용 또는 병기할 수 있도록 규정하였으며,(제3조제1항, 제2항) 국토교통부장관은 이 고시에 대하여「훈령·예규 등의 발령 및 관리에 관한 규정」에 따라 2025년 7월 1일 기준으로 매 3년이 되는 시점(매 3년째의 6월 30일까지를 말한다.)마다 그 타당성을 검토하여 개선 등의 조치를 하도록 규정하여(제4조) 국제적으로 통용되는 지적(地籍, Cadastre)이란 전문 용어가 중앙정부의 행정조직 명칭에 이어서 법률 용어에서도 사라질 위기에 처해있다.

<표 2-9> 지적 및 공간정보 분야 전문 용어 표준어

[별표]

번호	분야	세부 분야	대상 용어	원어	표준화 용어 (띄어쓰기 포함)
1	국토교통부	일반공공행정	공유지연명부	共有地連名簿	공동^소유자^명부
2	국토교통부	일반공공행정	교차	較差	관측^차
3	국토교통부	일반공공행정	국지측량	局地測量	소지역^측량, 평면^측량
4	국토교통부	일반공공행정	기지(점) 사핵	旣知査覈	현장^경계^확인
5	국토교통부	일반공공행정	기지경계선	旣知境界線	확인^경계선
6	국토교통부	일반공공행정	기지점	旣知點	아는^점

7	국토교통부	일반공공행정	기차	氣差	빛^굴절^오차	
8	국토교통부	일반공공행정	도곽선	圖廓線	도면^구획선	
9	국토교통부	일반공공행정	도해지적	圖解地籍	도면^지적	
10	국토교통부	일반공공행정	미지점	未知點	모르는^점	
11	국토교통부	일반공공행정	배각법	倍角法	반복^각^측정법	
12	국토교통부	일반공공행정	보점	補点	보조점	
13	국토교통부	일반공공행정	부합	符合	일치	
14	국토교통부	일반공공행정	사거리	斜距離	경사^거리, 비탈^거리	
15	국토교통부	일반공공행정	소구점	所求點	구하는^점	
16	국토교통부	일반공공행정	수치지적	數値地籍	좌표^지적	
17	국토교통부	일반공공행정	실지조사	實地調査	현지^조사, 현장^조사	
18	국토교통부	일반공공행정	일람도	一覽圖	총괄도, 전체도	
19	국토교통부	일반공공행정	잡종지	雜種地	기타^토지	
20	국토교통부	일반공공행정	전개	展開	좌표^표시	
21	국토교통부	일반공공행정	전시점	前視點	앞^관측점	
22	국토교통부	일반공공행정	지구계선	地區界線	사업^지구^외곽선	
23	국토교통부	일반공공행정	지적공부	地籍公簿	토지^정보^등록부	
24	국토교통부	일반공공행정	지적소관청	地籍所管廳	토지^정보^관리청	
25	국토교통부	일반공공행정	측각	測角	각측정	
26	국토교통부	일반공공행정	측량현형파일	測量現形 file	측량^파일	
27	국토교통부	일반공공행정	측점	測點	관측점	
28	국토교통부	일반공공행정	타점	打點	측정점	
29	국토교통부	일반공공행정	토지(의)이동	土地異動	토지^정보^변동	
30	국토교통부	일반공공행정	토지(의)표시	土地表示	토지^정보^등록	
31	국토교통부	일반공공행정	후시점	後視點	뒤^관측점	

주 : 띄어쓰기에서, '^' 표시는 띄어 쓰는 것을 원칙으로 하되, 붙여 쓸 수 있음을 뜻함.

지적관련 주요 저서 목록
(List of Cadastral Related Major Books)

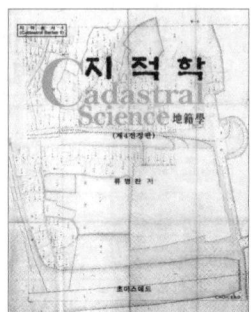

■ 『지적학(제4전정판)』(지적총서 1)
Cadastral Science(4th Revised ed.)
크라운판 / 696쪽 / 2024 / 초이스애드

■ 『지적법(제7전정판)』(지적총서 2)
Cadastral Act(7th Revised ed.)
크라운판 / 560쪽 / 2025 / 초이스애드

■ 『지적사(제2전정판)』(지적총서 3)
Cadastral History(2nd Revised ed.)
크라운판 / 668쪽 / 2017 / 부연사

■ 『지적공부정리실무』
Practical Arrangement of Cadastral Record
크라운판 / 280쪽 / 1996 / 남광출판사

■ 『일본의 지적제도』
Cadastral System of Japan
신국판 / 346쪽 / 2016 / 부연사

■ 『대만의 지적과 등기제도』
Cadastral & Registration System of Taiwan
신국판 / 352쪽 / 2020 / 초이스애드

지적총서 2
Cadastral Series 2

제 3 편

지적에 관한 법령 해설
(Part 3. Commentary of the Cadastral Act & Regulation)

- 제1장 총 칙 / 160
  (Chapter 1. General Provisions)

- 제2장 측 량 / 195
  (Chapter 2. Surveying)

- 제3장 지 적 / 298
  (Chapter 3. Cadastre)

- 제4장 보 칙 / 495
  (Chapter 4. Supplementary Provisions)

- 제5장 벌 칙 / 532
  (Chapter 5. Penal Provisions)

총칙
General Provisions
Chapter 01

    2009년에 「지적법」과 「측량법」 및 「수로업무법」 등 3법을 통합하여 「측수지법」을 제정하고, 2014년에 이 법을 「공간정보관리법」으로 제명을 개정하였으나, 「지적법」에서 규정하였던 지적 관련 조문은 「측수지법」에 이어서 「공간정보관리법」에 그대로 존속되었다. 따라서 현행 「공간정보관리법」 중에서 지적에 관련된 조문을 발췌하여 편의상 '지적에 관한 법'이라 칭하고, 조문별로 입법배경·입법목적·개정 연혁·유의 사항·판결내용 등을 분석 정리하였다.

    대부분의 법률은 일반적으로 맨 처음에 그 법률의 전반에 공통되는 사항을 ① 총칙(總則)으로 규정하고, 그 다음에 법률의 실체적 규정인 ② 본칙(本則)과 ③ 보칙(補則) 규정을 하며, 실체적 규정의 마지막으로 해당 법률의 위반행위에 대한 ④ 벌칙(罰則) 규정을 두는 것이 대체적인 원칙이며, 마지막으로 ⑤ 부칙(附則) 규정을 붙인다.[1]

    따라서 「지적법」은 이러한 원칙에 따라 제1장 총칙, 제2장 지적공부, 제3장 토지의 이동 신청 및 지적정리, 제4장 지적측량, 제5장 지적정보센터, 제6장 보칙, 제7장 벌칙 및 부칙으로 규정되어 있었으나, 「측수지법」을 제정하면서 제1장 총칙, 제2장 측량 및 수로조사, 제3장 지적(地籍), 제4장 보칙, 제5장 벌칙 및 부칙으로 규정되어 있었다. 그리고 「측수지법」을 「공간정보관리법」으로 제명을 변경하면서 「측수지법」과 동일하게 제1장 총칙, 제2장 측량 및 수로조사, 제3장 지적(地籍), 제4장 보칙, 제5장 벌칙 및 부칙으로 규정하였으며, 제13차 「공간정보관리법」 개정 법률에서 "제2장 측량 및 수로조사"를 "제2장 측량"으로 개정하여 오늘에 이르고 있다.

    그리고 일반적으로 대부분의 법률은 제1장 총칙에 ① 목적규정(目的規定), ② 정의규정(定義規定), ③ 해석규정(解釋規定), ④ 적용범위규정(適用範圍規定) 등을 정하고 있는데, 「지적법」의 제1장 총칙에는 목적, 용어의 정의, 토지의 조사 등록, 지번의 부여, 지목의 종류, 경계점 및 좌표의 결정, 면적의 단위 등으로 구성되어 있었다.

    그러나 「측수지법」을 제정하면서 제1장 총칙에 목적, 정의, 다른 법률과의 관계, 적용

---

1) 법제처, 2003. 『시·도 법률교육교재(Ⅰ)』, p.63.

범위 등 4개 조문을 규정하였으며, 「공간정보관리법」에서도 「측수지법」과 동일하게 제1장 총칙에 목적, 정의, 다른 법률과의 관계, 적용범위 등 4개 조문을 규정하고 있다.

위에서 서술한 「공간정보관리법」의 구성과 주요 규정을 요약하면 <표 3-1>과 같다.

<표 3-1> 「공간정보관리법」의 구성과 주요 규정

구 분	제 목	주요 규정
제1장	총 칙	○ 목적, 정의, 다른 법률과의 관계, 적용 범위
제2장 (본칙)	측량	○ 통칙, 기본측량, 공공측량 및 일반측량, 지적측량, 측량기술자, 측량업
제3장 (본칙)	지적	○ 토지의 등록, 지적공부, 토지의 이동 신청 및 지적정리 등
제4장	보칙	○ 측량기기의 검사, 성능검사대행자의 등록 등, 성능검사대행자 등록의 결격 사유, 성능검사대행자 등록증의 대여 금지 등, 성능검사대행자의 등록취소 등, 연구·개발의 추진 등, 측량 분야 종사자 등의 교육훈련, 보고 및 조사, 청문, 토지 등에의 출입, 토지 등의 출입 등에 따른 손실보상, 토지의 수용 또는 사용, 업무의 수탁, 권한의 위임·위탁 등, 수수료 등
제5장	벌칙	○ 벌칙, 양벌규정, 과태료
부칙		○ 시행일

주: 「공간정보관리법」은 총 5장과 부칙으로 구성되어 있다.
출처: 「공간정보의 구축 및 관리 등에 관한 법률」[시행 2021. 4. 8.] [법률 제17224호, 2020. 4. 7., 일부개정].

1. 목적

법 제1조(목적) 이 법은 측량의 기준 및 절차와 지적공부(地籍公簿)·부동산종합공부(不動産綜合公簿)의 작성 및 관리 등에 관한 사항을 규정함으로써 국토의 효율적 관리 및 국민의 소유권 보호에 기여함을 목적으로 한다. <개정 2013. 7. 17., 2020. 2. 18.>

「지적법」[시행 1950. 12. 1.] [법률 제165호, 1950. 12. 1., 제정] 제정 법률의 목적은 제1조에 "① 토지는 본 법의 정하는 바에 의하여 지적공부에 등록하여야 한다. ② 전항의 지적공부라 함은 토지대장·지적도·임야대장 및 임야도를 말한다."라고 규정하여 토지의 지적공부 등록 의무와 지적공부의 종류를 규정하였다.

그러나 제2차 「지적법」 개정 법률 제1조(목적)에 "이 법은 토지를 지적공부에 등록하는 절차와 이에 따르는 지적측량 및 그 정리에 관한 사항을 규정함으로써 효율적인 토지 관리와 소유권의 보호에 기여함을 목적으로 한다."라고 개정하여 「지적법」의 주요 규정 사항과 목적을 명시하였다.

그리고 제10차 「지적법」 개정 법률 제1조(목적)에 "이 법은 토지에 관련된 정보를 조사·측량하여 지적공부에 등록 관리하고, 등록된 정보의 제공에 관한 사항을 규정함으로서 효율적인 토지 관리와 소유권의 보호에 이바지함을 목적으로 한다."라고 규정함으로 21세기 정보화시대에 합치되도록 지적공부의 등록 관리 객체를 "토지"에서 "토지에 관련된 정보"로 확대 보완하여 「지적법」의 규정내용과 입법목적을 명확히 규정하였다.

그러나 「측수지법」을 제정하면서 「지적법」과 「측량법」 및 「수로업무법」의 통합 취지에 합치되도록 제1조(목적)에 "이 법은 측량 및 수로조사의 기준 및 절차와 지적공부(地籍公簿)의 작성 및 관리 등에 관한 사항을 규정함으로써 국토의 효율적 관리와 해상교통의 안전 및 국민의 소유권 보호에 기여함을 목적으로 한다."라고 입법목적을 규정하고 있다.

그리고 2014년에 「측수지법」을 「공간정보관리법」으로 제명을 변경하면서 제1조(목적)에 "이 법은 측량 및 수로조사의 기준 및 절차와 지적공부·부동산종합공부의 작성 및 관리 등에 관한 사항을 규정함으로써 국토의 효율적 관리와 해상교통의 안전 및 국민의 소유권 보호에 기여함을 목적으로 한다."라고 개정하여 부동산종합공부의 작성 및 관리 등에 관한 사항을 확대하여 규정하였다.

본 조문은 「공간정보관리법」에서 규정하고 있는 수로조사와 관련된 내용을 분리하여 「해양조사정보법」을 제정함에 따라 제13차 「공간정보관리법」 개정 법률에서 본문 중 "측량 및 수로조사"를 "측량"으로, "효율적 관리와 해상교통의 안전"을 "효율적 관리"로 개정하여 「해양조사정보법」의 제정 취지에 합치되도록 개선하였다.

위에서 서술한 「지적법」의 입법 목적에 관한 변천 연혁을 요약하면 <표 3-2>와 같다.

<표 3-2> 「지적법」 입법 목적의 변천 연혁

구 분	규정 내용
「지적법」 제정[시행 1950. 12. 1.] [법률 제165호, 1950. 12. 1., 제정]	제1조 ① 토지는 본 법의 정하는 바에 의하여 지적공부에 등록하여야 한다. ② 전항의 지적공부라 함은 토지대장·지적도·임야대장 및 임야도를 말한다.
「지적법」 제2차 개정 [시행 1976. 4. 1.]	제1조(목적) 이 법은 토지를 지적공부에 등록하는 절차와 이에 따르는 지적측량 및 그 정리에 관한 사항을 규정함으로써 효율적인 토지 관리와 소유권의 보

[법률 제2801호, 1975. 12. 31., 전부개정]	호에 기여함을 목적으로 한다.
「지적법」 제10차 개정 [시행 2002. 1. 27.] [법률 제6389호, 2001. 1. 26., 전부개정]	제1조(목적) 이 법은 토지에 관련된 정보를 조사·측량하여 지적공부에 등록관리하고, 등록된 정보의 제공에 관한 사항을 규정함으로써 효율적인 토지 관리와 소유권의 보호에 이바지함을 목적으로 한다.
「측량·수로조사 및 지적에 관한 법률」 [시행 2009. 12. 10.] [법률 제9774호, 2009. 6. 9., 제정]	제1조 (목적) 이 법은 측량 및 수로조사의 기준 및 절차와 지적공부(地籍公簿)의 작성 및 관리 등에 관한 사항을 규정함으로써 국토의 효율적 관리와 해상교통의 안전 및 국민의 소유권 보호에 기여함을 목적으로 한다.
「공간정보의 구축 및 관리 등에 관한 법률」 [시행 2015. 6. 4.] [법률 제12738호, 2014. 6. 3., 일부개정]	제1조 (목적) 이 법은 측량 및 수로조사의 기준 및 절차와 지적공부(地籍公簿)·부동산종합공부(不動産綜合公簿)의 작성 및 관리 등에 관한 사항을 규정함으로써 국토의 효율적 관리와 해상교통의 안전 및 국민의 소유권 보호에 기여함을 목적으로 한다.
「공간정보의 구축 및 관리 등에 관한 법률」 [시행 2021. 2. 19.] [법률 제17063호, 2020. 2. 18., 타법개정]	제1조 (목적) 이 법은 측량의 기준 및 절차와 지적공부(地籍公簿)·부동산종합공부(不動産綜合公簿)의 작성 및 관리 등에 관한 사항을 규정함으로써 국토의 효율적 관리 및 국민의 소유권 보호에 기여함을 목적으로 한다.

출처: 「지적법」, 「측량·수로조사 및 지적에 관한 법률」, 「공간정보의 구축 및 관리 등에 관한 법률」 등 참고 작성.

1.1. 규정 내용

「지적법」 제1조에 규정된 주요 내용은 첫째, 토지에 관련된 정보를 조사·측량하고 둘째, 이를 지적공부에 등록 관리하며 셋째, 등록된 정보의 제공에 관한 사항으로 요약할 수 있으며, 주요 목적은 첫째, 효율적인 토지 관리와 둘째, 소유권의 보호에 이바지하는 데 있다.

따라서 토지에 관한 등록·공시의 기본법으로써 지적소관청인 시장·군수·구청장이 국가기관의 하부 기관장의 자격으로 국가의 통치권이 미치는 모든 영토를 필지 단위로 구획하여 지적법령에 규정된 토지에 관한 정보를 조사·측량하여 시·군·구청에 비치하고 있는 국가의 공적장부인 지적공부에 등록 관리하는 절차와 등록된 정보의 제공에 관한 사항 등을 규정하고 효율적인 토지 관리와 국민의 소유권을 보호하는 것을 목적으로 규정하였다.

그러나 「공간정보관리법」[시행 2015. 6. 4.][법률 제12738호, 2014. 6. 3., 일부개정] 제1조(목적)에 "측량 및 수로조사의 기준 및 절차와 지적공부·부동산종합공부(不動産綜合公簿)의 작성 및 관리 등에 관한 사항"에 한하여 규정하고, 국토의 효율적 관리와 해상교통의 안전 및 국민의 소유권 보호에 기여하는 것으로 규정되어 있다.

따라서 「지적법」 제1조(목적)에서는 토지에 관한 조사·측량과 등록·관리 및 정보제공에 관한 법정주의를 표방하고 있었으나, 「공간정보관리법」 제1조(목적)에서는 지적공부의 작성 및 관리 등에 관한 사항만 법정주의를 표방하고 있다고 할 수 있어 목적 규정의 내용이 크게 축소된 것으로 판단된다.

1.2. 입법 목적

「지적법」 제1조에 규정된 주요 입법 목적은 첫째, 효율적인 토지 관리 둘째, 소유권 보호에 이바지함에 있었으나, 「공간정보관리법」 제1조에 규정된 주요 입법 목적은 첫째, 국토의 효율적 관리 둘째, 해상교통의 안전 셋째, 국민의 소유권 보호에 기여함을 목적으로 한다고 규정하여 「지적법」의 입법 목적을 그대로 이어서 규정하였다.

「공간정보관리법」 중 '지적에 관한 법'은 국정주의와 직권등록주의를 채택하여 효율적인 토지 관리를 도모함으로써 공익보호를 실현하고, 실질적심사주의와 형식주의 및 공개주의를 채택하여 국민의 토지소유권을 안전하게 보호할 수 있도록 등록·공시함으로써 사익보호를 실현함을 목적으로 제정된 공법적 성격을 지닌 토지사법(土地私法)이라고 할 수 있다.

따라서 「공간정보관리법」 중 '지적에 관한 법'은 공법적 측면에서는 국토 관리의 효율성과 토지이용의 합리성을 추구하며, 사법적 측면에서는 국민의 토지소유권을 안전하게 보호하는데 기여하기 위한 목적으로 제정된 토지의 등록·공시에 관한 기본법이라고 할 수 있다.

위에서 서술한 「공간정보관리법」 중 '지적에 관한 법'의 주요 규정 내용과 입법 목적 및 주요 이념과의 관계도는 [그림 3-1]과 같다.

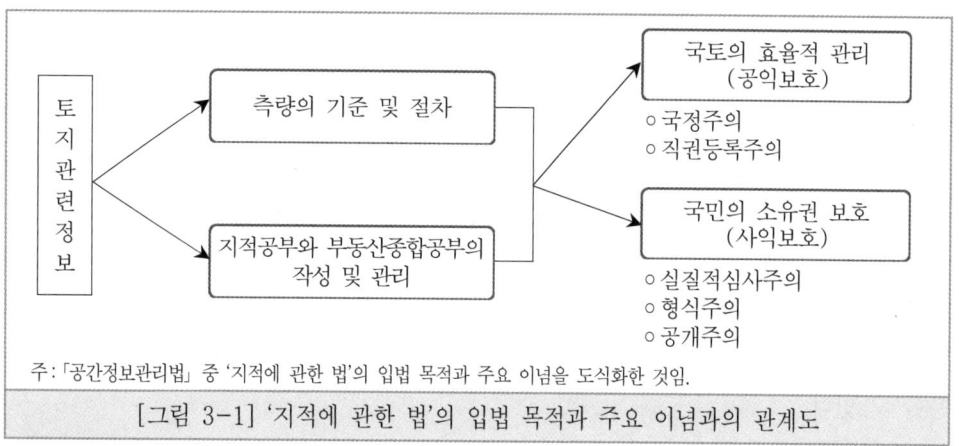

[그림 3-1] '지적에 관한 법'의 입법 목적과 주요 이념과의 관계도

2. 용어의 정의

법 제2조(정의) 이 법에서 사용하는 용어의 뜻은 다음과 같다. <개정 2012. 12. 18., 2013. 3. 23., 2013. 7. 17., 2015. 7. 24., 2020. 2. 18., 2022. 6. 10.>
1. "공간정보"란 「국가공간정보 기본법」 제2조제1호에 따른 공간정보를 말한다.
1의2. "측량"이란 공간상에 존재하는 일정한 점들의 위치를 측정하고 그 특성을 조사하여 도면 및 수치로 표현하거나 도면상의 위치를 현지(現地)에 재현하는 것을 말하며, 측량용 사진의 촬영, 지도의 제작 및 각종 건설사업에서 요구하는 도면작성 등을 포함한다.

본 조문은 「공간정보관리법」에서 규정하고 있는 수로조사와 관련된 내용을 분리하여 「해양조사정보법」을 제정함에 따라 제13차 「공간정보관리법」 개정 법률에서 제5호를 삭제하고, 제6호 중 "공공측량, 지적측량 및 수로측량"을 "공공측량 및 지적측량"으로 하며, 제11호, 제12호, 제12호의2, 제12호의3 및 제13호부터 제17호까지를 각각 삭제하여 「해양조사정보법」의 제정 취지에 합치되도록 개선하였다.

그리고 제19차 「공간정보관리법」 개정 법률에서 제1호를 제1의2호로 개정하고 제1호에 "공간정보"를 신설하였는데, 본 조 중 지적관련 규정에 대한 해설은 다음과 같다.

2.1. 공간정보

공간정보(空間情報, Spatial Data)란 국가공간정보 기본법[시행 2024. 3. 19.] [법률 제20390호, 2024. 3. 19., 일부개정] 제2조(정의)제1호의 규정에 따른 공간정보를 말하는 것으로, "지상·지하·수상·수중 등 공간상에 존재하는 자연적 또는 인공적인 객체에 대한 위치정보 및 이와 관련된 공간적 인지 및 의사결정에 필요한 정보를 말한다."라고 정의하고 있다.

다시 말하면 공간상에 존재하는 자연적 또는 인공적인 모든 객체, 즉 건물·도로·산·하천 등에 대한 위치정보 및 이와 관련된 공간적 인지 및 의사결정에 필요한 정보를 말하며, 이러한 공간정보는 도형정보(Graphic Data)와 속성정보(Alphanumeric Data)로 구분할 수 있다.

2.2. 측 량

측량(測量, Surveying)이란 측량기기를 사용하여 지구의 표면이나 지상·지하에 존재하는 모든 물건에 대한 기하학적 위치와 거리·각·방향·표고·면적·체적 등을 측정하고 그 특성을 조사하여 도면 및 수치로 표현하거나 도면에 등록된 위치를 현지에 재현하는 것을 말하며, 측량용 사진의 촬영과 지도의 제작·도면작성 등의 업무를 포함하고 있다.

다시 말하면 측량이란 지구 표면이나 지상 또는 지하에 있는 모든 대상물의 기하학적 위치를 결정하며, 이들의 물리적 현상과 문화적 환경에 대한 정보를 수집하여, 이들을 알맞은 형태로 묘사하며 처리하는 과학기술을 말한다.

지금까지 측량이라고 하면 각과 거리를 측정하는 재래식 측량과 지도제작 등이 그 주된 내용을 이루어 왔으나 그동안 항공사진측량(Aerial surveying)·인공위성측량(Satellite surveying)·관성측량(Inertial surveying) 등 현대적인 측량기술이 개발되었다.

특히 컴퓨터의 발전은 상대적으로 많은 양의 정보를 간편하고 신속하게 처리할 수 있게 되었으며 측량은 각종 건설업 및 지도제작 분야 뿐만 아니라 지구물리학·해양과학·지형학 등 다른 자연과학 분야에도 많이 응용되고 있다.[2]

측량은 관계 법령·측량 지역의 넓이·측량 순서·측량 목적 및 측량에 사용한 기계 등에 따라 다음과 같이 구분할 수 있다.[3]

---

[2] 조규전, 1996, 『표준측량학』, 서울, 보성문화사, p.11.
[3] 류병찬, 2006, 『최신지적학』, 서울, 건웅출판사, pp.487~494.

2.2.1. 법령에 의한 구분

「공간정보관리법」의 규정에 따라 ① 기본측량(基本測量, Fundamental Surveying), ② 공공측량(公共測量, Public Surveying) ③ 지적측량(地籍測量 : Cadastral Surveying), ④ 지적확정측량(Cadastral Confirmation Surveying), ⑤ 지적재조사측량(Cadastral Resurveying), ⑥ 일반측량(一般測量, General Surveying)으로 구분할 수 있으며[4] 이에 수로측량(水路測量 : Hydrographic Surveying)과 군사측량(軍事測量 : Military Surveying)을 추가할 수 있다.

2.2.2. 측량 지역의 넓이에 의한 구분

측량을 실시하는 지역의 넓이에 따라 ① 평면측량(平面測量 : Plane surveying), ② 대지측량(大地測量 : Geodetic surveying)으로 구분할 수 있다.

2.2.3. 측량 순서에 의한 구분

측량을 실시하는 순서에 따라 ① 골조측량(骨組測量 : Skeleton surveying), ② 세부측량(細部測量 : Detail surveying)으로 구분할 수 있다.

2.2.4. 측량 목적에 의한 구분

측량을 실시하는 목적에 따라 ① 지적측량(地籍測量 : Cadastral surveying), ② 지형측량(地形測量 : Topographic surveying), ③ 노선측량(路線測量 : Route surveying), ④ 수로측량(水路測量 : Hydrographic surveying), ⑤ 시가지측량(市街地測量 : City surveying), ⑥ 터널측량(Tunnel surveying), ⑦ 광산측량(鑛山測量 : Mine surveying), ⑧ 농지측량(農地測量 : Farm surveying), ⑨ 삼림측량(森林測量 : Forest surveying), ⑩ 건축측량(建築測量 : Architectural surveying), ⑪ 천문측량(天文測量 : Astronomical surveying) 등으로 구분할 수 있다.

2.2.5. 측량 기계에 의한 구분

측량을 실시하는 사용 기계에 따라 ① 측쇄측량(測鎖測量 : Chain surveying), ② 전

---

[4] 「공간정보의 구축 및 관리 등에 관한 법률」 제2조제2호부터 제6호까지.

경의측량(轉鏡儀測量 : Transit surveying), ③ 수준측량(水準測量 : Level surveying), ④ 평판측량(平板測量 : Plane table surveying), ⑤ 사진측량(寫眞測量 : Photogrammetry), ⑥ GPS측량 등으로 구분할 수 있다.

2.3. 기본측량

> 법 제2조(정의)제2호 "기본측량"이란 모든 측량의 기초가 되는 공간정보를 제공하기 위하여 국토교통부장관이 실시하는 측량을 말한다.

 기본측량(基本測量, Fundamental Surveying)이란 모든 측량의 기초가 되는 측량으로써 국토교통부장관이 주관하여 실시하는 정밀 1차, 2차 기준점측량 및 정밀 수준측량 등을 말한다.
 그러나 이러한 기본측량은 국토교통부장관이 국토지리정보원장에게 위임하여 처리하고 있다.

2.4. 공공측량

> 법 제2조(정의)제3호 "공공측량"이란 다음 각 목의 측량을 말한다.
> 가. 국가, 지방자치단체, 그 밖에 대통령령으로 정하는 기관이 관계 법령에 따른 사업 등을 시행하기 위하여 기본측량을 기초로 실시하는 측량
> 나. 가목 외의 자가 시행하는 측량 중 공공의 이해 또는 안전과 밀접한 관련이 있는 측량으로서 대통령령으로 정하는 측량

 공공측량(公共測量, Public Surveying)이란 국가기관이나 지방자치단체 또는 공공단체에서 경비를 들여 실시하는 측량을 말하는데, 「정부출연연구기관 등의 설립·운영 및 육성에 관한 법률」에 의한 정부출연 연구기관, 「공공기관의 운영에 관한 법률」에 따른 공공기관, 「지방공기업법」에 따른 지방 직영기업, 지방공사 및 지방공단, 「사회기반시설에 대한 민간투자법」에 의한 사업시행자, 「도시가스사업법」에 의한 도시가스사업자, 「전기통신사업법」에 의한 기간통신사업자 등이 기본측량을 기초로 실시하는 측량을 뜻한다.

2.5. 지적측량

> 법 제2조(정의)제4호 "지적측량"이란 토지를 지적공부에 등록하거나 지적공부에 등록된 경계점을 지상에 복원하기 위하여 제21호에 따른 필지의 경계 또는 좌표와 면적을 정하는 측량을 말하며, 지적확정측량 및 지적재조사측량을 포함한다.

지적측량(地籍測量, Cadastral Surveying)이란 국민의 토지 소유권을 보호하기 위하여 필지의 경계 또는 좌표와 면적을 정하고 지번을 부여하여 지적공부에 등록·공시하거나 지적공부에 등록·공시된 경계점을 지상에 복원하기 위하여 실시하는 측량을 말하는데, 「도시개발법」에 따른 도시개발사업, 「농어촌정비법」에 따른 농어촌정비사업 등이 끝나 토지의 표시를 새로 정하기 위하여 실시하는 지적확정측량과 「지적재조사법」에 따른 지적재조사사업에 따라 토지의 표시를 새로 정하기 위하여 실시하는 지적재조사측량 등을 포함한다.

2.6. 지적확정측량

> 법 제2조(정의)제4의2호 "지적확정측량"이란 제86조제1항에 따른 사업이 끝나 토지의 표시를 새로 정하기 위하여 실시하는 지적측량을 말한다.

지적확정측량(地籍確定測量, Cadastral Confirmation Surveying)이란 「도시개발법」에 따른 도시개발사업, 「농어촌정비법」에 따른 농어촌정비사업 등이 끝나 토지의 표시를 새로 정하기 위하여 실시하는 측량을 말한다.

지적확정측량은 주로 도시개발·농지개량·공업단지 조성사업 등의 물리적인 공사가 준공된 후에 새로이 지적공부를 작성하기 위하여 실시하는 측량을 뜻한다.

지적확정측량이란 용어는 지적측량규정[시행 1954. 11. 12.] [대통령령 제951호, 1954. 11. 12., 제정]에서 지적측량을 기초측량과 세부측량으로 구분하고 세부측량을 다시 신규측량, 이동측량, 확정측량으로 구분하였으며(제2조), "확정측량이라 함은 시가지계획령(市街地計劃令) 또는 토지개량령(土地改良令)에 의하여 토지의 구획을 정리하여 환지교부를 하는 토지의 지적(地籍)을 확정할 때에 시행하는 세부측량을 말한다."(제32조)라고 규정하였다.

그리고 지적측량규정[시행 1970. 6. 19.] [대통령령 제5101호, 1970. 6. 19., 전부개정] 개정 당시에 "확정측량이라 함은 시가지계획정리 또는 토지개량에 의하여 토지의 구획을 정리하여 환지교부를 하는 토지의 지적을 확정할 때에 시행하는 세부측량을 말한다."(제32조)라고 규정하였다.

이어서 지적법 시행령[시행 1976. 5. 7.] [대통령령 제8110호, 1976. 5. 7., 전부개정] 개정 당시에 "법 제21조의 규정에 의한 신청에 따른 측량(이하 "지적확정측량"이라 한다.)은 경위의 측량법으로 한다. 다만, 필요에 따라 측판측량법 또는 사진측량법으로 할 수 있다."(제10조제3항제2호)라고 규정하여 확정측량이 지적확정측량으로 용어가 개정되었다.

그리고 지적법 시행령[시행 1986. 11. 9.] [대통령령 제11998호, 1986. 11. 3., 전부개정] 개정 당시에 "지적확정측량이라 함은 법 제21조의 규정에 의한 토지구획정리사업 등에 의하여 토지를 구획정리하고 환지를 하는 토지의 지번·지목·면적 및 경계 또는 좌표를 지적공부에 새로이 등록하기 위하여 하는 측량을 말한다."(제2조제6호)라고 규정하여 지적확정측량의 정의를 명확하게 규정하였다.

이어서 지적법 시행령[시행 1995. 4. 6.] [대통령령 제14568호, 1995. 4. 6., 일부개정]을 개정하여 "지적확정측량이라 함은 법 제21조의 규정에 의한 토지구획정리사업 등의 공사가 준공된 경우에 토지의 표시사항을 지적공부에 새로이 등록하기 위하여 하는 측량을 말한다."(제2조제6호)라고 개정하여 환지를 수반하지 아니하는 경우에도 지적확정측량의 범위에 포함시켜 그 범위를 확대시켰다.

지적법 시행령[시행 2003. 7. 1.] [대통령령 제18044호, 2003. 6. 30., 타법개정]을 개정하여 "법 제26조의 규정에 의한 도시개발사업 등이 완료됨에 따라 지적확정측량(경계점좌표등록부에 토지의 표시를 새로이 등록하기 위한 측량을 말한다.)을 실시한 지역안의 각 필지에 지번을 새로이 부여하는 경우에는 다음 각목의 지번을 제외한 본번으로 부여할 것."(제3조제3항제5호, 이하 생략)이라고 규정하여 오늘에 이르고 있다.

지적확정측량의 대상 지역은 지적측량규정[시행 1954. 11. 12.] [대통령령 제951호, 1954. 11. 12., 제정]에 "확정측량이라 함은 시가지계획령(市街地計劃令) 또는 토지개량령(土地改良令)에 의하여 토지의 구획을 정리하여 환지교부를 하는 토지의 지적(地籍)을 확정할 때에 시행하는 세부측량을 말한다."(제32조)라고 규정하여 토지구획정리와 경지정리사업지역으로 한정하였다.

이어서 지적법 시행령[시행 1976. 5. 7.] [대통령령 제8110호, 1976. 5. 7. 전부개정]

개정 당시에 법 제21조의 규정에 의한 도시계획사업·토지구획정리사업·농지개량사업 기타 대통령령이 정하는 지역개발사업 등으로 규정하고, 기타 대통령령으로 정하는 지역개발사업을 법령에 의한 공업단지 및 산업기지개발사업으로 규정하였다.(영 제15조)

그리고 지적법 시행령[시행 1986. 11. 9.] [대통령령 제11998호, 1986. 11. 3., 전부개정] 개정 당시에 법 제21조의 "기타 대통령령이 정하는 지역개발사업 등"을 ①「공업단지관리법」에 의한 공업단지조성사업, ②「산업기지개발촉진법」에 의한 산업기지개발사업, ③「도시재개발법」에 의한 도시재개발사업, ④「주택건설촉진법」에 의한 주택건설사업, ⑤「택지개발촉진법」에 의한 택지개발사업, ⑥「특정지역종합개발촉진에 관한 특별조치법」에 의한 개발사업, ⑦「지방공업개발법」에 의한 공업용지조성사업, ⑧ 기타 법령에 의한 토지개발사업으로 규정하여(제20조제1항) 구체화하였다.

이어서 지적법 시행령[시행 1992. 3. 23.] [대통령령 제13620호, 1992. 3. 23., 일부개정]을 개정하여 법 제21조의 "기타 대통령령이 정하는 지역개발사업 등"을 ①「공유수면매립법」에 의한 토지조성사업, ②「산업입지 및 개발에 관한 법률」에 의한 공업단지조성사업, ③「도시재개발법」에 의한 도시재개발사업, ④「주택건설촉진법」에 의한 주택건설사업, ⑤「택지개발촉진법」에 의한 택지개발사업, ⑥「특정지역종합개발촉진에 관한 특별조치법」에 의한 개발사업, ⑦ 삭제, ⑧ 기타 법령에 의한 토지개발사업으로 규정하여(제20조제1항) 지적확정측량 대상지역을 공유수면 매립지로 확대하였다.

지적법 시행령[시행 1995. 4. 6.] [대통령령 제14568호, 1995. 4. 6., 일부개정]을 개정하여 "법 제21조의 기타 대통령령이 정하는 지역개발사업 등"을 ①「공유수면매립법」에 의한 토지조성사업, ②「산업입지 및 개발에 관한 법률」에 의한 공업단지조성사업, ③「도시재개발법」에 의한 도시재개발사업, ④「주택건설촉진법」에 의한 주택건설사업, ⑤「택지개발촉진법」에 의한 택지개발사업, ⑥「특정지역종합개발촉진에 관한 특별조치법」에 의한 개발사업, ⑦「농어촌 발전 특별조치법」에 의한 정주생활권개발사업, ⑧ 기타 법령에 의한 토지개발사업으로 규정하여(제20조제1항) 지적확정측량 대상지역을 정주개발권사업지역으로 확대하였다.

그리고 지적법 시행령[시행 2002. 1. 27.] [대통령령 제17497호, 2002. 1. 26., 전부개정] 개정 당시에 법 제26조제1항에서 규정한 도시개발사업·농어촌정비사업과 그 밖에 대통령령이 정하는 토지개발사업 등을 ①「주택건설촉진법」에 의한 주택건설사업, ②「택지개발촉진법」에 의한 택지개발사업, ③「산업입지 및 개발에 관한 법률」에 의한 산업단지조성사업, ④「도시재개발법」에 의한 재개발사업, ⑤「지역균형개발 및 지방 중소기업 육성에 관한 법률」에 의한 지역개발사업, ⑥ 그 밖에 제1호부터 제5호까지와 유사한 경우로 행정자치부장관이 인정하는 토지개발사업으로 규정하여(제32조제1항) 1992년부터 시행하여온「공유수면매립법」에 의한 토지조성사업을 지적확정측량 대상지역에서 제외시켰다.

이어서 지적법 시행령[시행 2003. 7. 1.] [대통령령 제18044호, 2003. 6. 30., 타법개정]을 개정하여 법 제26조제1항에서 그 밖에 대통령령이 정하는 토지개발사업 등을 ①「주택건설촉진법」에 의한 주택건설사업, ②「택지개발촉진법」에 의한 택지개발사업, ③「산업입지 및 개발에 관한 법률」에 의한 산업단지조성사업, ④「도시 및 주거환경 정비법」에 의한 정비사업, ⑤「지역균형개발 및 지방중소기업육성에 관한 법률」에 의한 지역개발사업, ⑥ 그 밖에 제1호부터 제5호까지와 유사한 경우로써 행정자치부장관이 인정하는 토지개발사업으로 규정하였다.(제32조제1항)

위에서 서술한 지적확정측량의 정의와 대상지역 등의 변천 연혁을 되돌아보면 1954년 11월에 제정한 지적측량규정 제32조에 확정측량에 대한 정의가 규정된 후 지적확정측량으로 용어가 변경되었으나 2003년 6월에 지적확정측량에 대한 용어의 정의를 삭제하였다.

그리고 1992년부터 「공유수면매립법」에 의한 토지조성사업을 확정측량 대상 지역으로 규정하여 지적소관청에서 10여년 이상 수치측량방법에 의하여 신규등록을 하였다.

그러나 2002년 1월에 특별한 사유 없이 이를 삭제하여 공유수면 매립지를 수치측량방법이 아닌 도해측량방법에 의하여 신규등록을 하도록 개정함으로써 지적측량에 혼란을 야기하고 지적행정이 후퇴하는 개악을 하였다는 비판을 받기도 하였다.

「측수지법」을 제정하면서 「공유수면매립법」에 따른 매립사업을 확정측량 대상 지역으로 개정하여 다시 제자리를 찾게 되었으며,(법 제86조제1항, 영 제83조제1항) '지적확정측량'이라는 용어의 정의는 2013년 「측수지법」[시행 2014. 5. 23.][법률 제11794호, 2013. 5. 22., 타법개정]개정 법률에 새로이 규정하였다.

2.7. 지적재조사측량

> 법 제2조(정의)제4의3호 "지적재조사측량"이란 「지적재조사에 관한 특별법」에 따른 지적재조사사업에 따라 토지의 표시를 새로 정하기 위하여 실시하는 지적측량을 말한다.

지적재조사측량(地籍再調査測量, Cadastral Resurveying)이란 「지적재조사법」에 따른 지적재조사사업을 추진함에 따라 토지의 표시를 새로 정하기 위하여 실시하는 측량을 말한다.

'지적재조사측량'이라는 용어는 2013년 「측수지법」[시행 2014. 5. 23.][법률 제11794호, 2013. 5. 22., 타법개정] 개정 당시에 새로이 규정하였다.

2.8. 일반측량

> 법 제2조(정의)제6호 "일반측량"이란 기본측량, 공공측량 및 지적측량 외의 측량을 말한다.

일반측량(一般測量, General Surveying)이란 기본측량을 비롯하여 공공측량·지적측량 이외의 모든 측량을 말한다.

2.9. 측량기준점

> 법 제2조(정의)제7호 "측량기준점"이란 측량의 정확도를 확보하고 효율성을 높이기 위하여 특정 지점을 제6조에 따른 측량기준에 따라 측정하고 좌표 등으로 표시하여 측량 시에 기준으로 사용되는 점을 말한다.

측량기준점(測量基準點 : Surveying Datum Point)이란 측량의 정확도를 확보하고 효율성을 높이기 위하여 측량기준에 따라 측정하고 좌표 등으로 표시하여 측량의 기준으로 사용되는 점을 말하는데, 「공간정보관리법」에서는 ① 국가기준점, ② 공공기준점, ③ 지적기준점으로 구분하고 있으며,(법 제7조) 지적측량을 실시하기 위하여 국가기준점을 토대로 하여 지적기준점을 설치하고 있다.

2.10. 측량성과

> 법 제2조(정의)제8호 "측량성과"란 측량을 통하여 얻은 최종 결과를 말한다.

측량성과(測量成果 : Surveying Result)란 측량을 실시한 후 검사기관의 검사를 완료한 최종 결과물로써 X, Y 좌표와 도면 등을 말한다.

2.11. 측량기록

> 법 제2조(정의)제9호 "측량기록"이란 측량성과를 얻을 때까지의 측량에 관한 작업의 기록을 말한다.

측량기록(測量記錄, Surveying Record)이란 측량을 실시하면서 관측한 거리·방향·각도·날씨·입회인 등 측량에 관한 작업의 기록을 말하는데, 이를 야장(野帳, Field note)이라고도 한다.

2.12. 지적소관청

> 법 제2조(정의)제18호 "지적소관청"이란 지적공부를 관리하는 특별자치시장, 시장(「제주특별자치도 설치 및 국제자유도시 조성을 위한 특별법」 제10조제2항에 따른 행정시의 시장을 포함하며, 「지방자치법」 제3조제3항에 따라 자치구가 아닌 구를 두는 시의 시장은 제외한다)·군수 또는 구청장(자치구가 아닌 구의 구청장을 포함한다)을 말한다.

지적소관청<地籍所管廳: Competent Cadastral Authority, 지적 및 공간정보 전문용어 표준화(국토교통부고시 제2025-89호, 2025. 3. 4.) [별표]에는 "토지^정보^관리청"으로 고시되어 있다.>이란 일반적으로 지적공부를 관리하는 시장·군수·구청장을 말하는데, 지적공부를 비치·관리하는 시 또는 군의 출장소장은 지적소관청이라고 할 수 있으나 지적공부를 비치·관리하지 아니하는 일반 구제를 실시하는 수원·성남·부천·안양·용인·고양·청주·전주·포항·창원·천안 등의 시장은 지적소관청이라고 할 수 없다.

여기서 지적공부를 관리한다는 의미는 지적공부를 새로이 작성하거나 이미 작성된 지적공부의 보존(保存)과 관리(管理)·이용(利用) 및 폐쇄된 지적공부의 보존 관리 등을 총칭하는 것으로 지적공부에 관해서는 그 비치 보관은 물론 등록내용의 가제정리 등 지적공부에 관한 모든 권한이 지적소관청에 전속(專屬)된다는 뜻이다.

따라서 지적소관청은 국가사무(國家事務)인 지적사무를 직접 담당하는 행정청인 국가기관의 하부기관장인 시장·군수·구청장을 뜻하며 지방자치단체의 장인 시장·군수·구청장을 의미하는 것이 아님을 유의하여야 한다.

지방자치단체에서 처리하는 사무의 유형은 자치사무(自治事務)와 단체위임사무(團體委任事務) 및 기관위임사무(機關委任事務)로 구분할 수 있다.5)

자치사무는 자치단체 존립의 목적에 속하는 고유사무로 지방자치단체가 자기의 책임과 부담으로 주민의 복지증진을 위하여 처리하는 포괄적 의미의 사무를 말하며, 단체위임사무는 국가 또는 다른 지방자치단체로부터 해당 지방자치단체에 그 처리가 위임된 사무로 지방자치법령에 의하여 지방자치단체에 속하는 사무를 말한다.

그리고 기관위임사무는 법령 등에 의하여 국가 또는 상급 지방자치단체로부터 지방자치단체의 장에게 처리가 위임된 사무를 말하며, 호적·주민등록·병사·지적·통계·경제시책에 관한 사무 등이 있다.

지적공부의 열람·등본발급수수료·지적공부정리신청수수료·토지의 이동 신청 의무를 게을리 한 자에게 부과하는 과태료 등을 지방자치단체의 수입으로 하도록「지적법」에 규정되어 있었기 때문에 지적사무를 지방자치단체의 사무로 생각할 수도 있다.

그러나 이것은 어디까지나 지적사무의 수행에 따른 예산을 전액 국비로 지원을 할 수 없는 실정이어서 시장·군수·구청장이 지적관계수수료를 직접 세입으로 잡아 이를 지적사무의 개선에 용이하게 재투자를 할 수 있도록 개선된 조치로 지적사무가 국가의 고유사무임에는 변함이 없는 것이다.

지적공부를 비치·관리하는 기관은「토지조사법」(1910. 8. 23. 법률 제7호) 제10조에서는 "정부"로 규정하였고, 토지조사령(1912. 8. 13. 제령 제2호) 제17조에서는 "임시토지조사국"으로, 조선임야조사령(1918. 5. 1. 제령 제5호) 제17조에서는 "도장관"으로 각각 규정하였다.

그리고「지적법」[시행 1950. 12. 1.] [법률 제165호, 1950. 12. 1., 제정] 제정 법률에는 "세무서"로, 제1차「지적법」개정 법률에는 "서울특별시 또는 시·군"으로,「지적법」제2차「지적법」개정 법률에는 "소관청"으로,「측수지법」에서는 "지적소관청"으로 각각 개정하여 오늘에 이르고 있다.

제1차「지적법」개정 법률에는 지방자치단체인 서울특별시 또는 시·군의 사무라고 해석하는 것이 가능하다고 주장할 수 있으나, 제2차「지적법」개정 법률 제2조제2호에 지적공부의 소관청을 시장·군수로 규정하고 있어 지적공부의 소관청이 국가의 지방행정기관으로서의 시장·군수라고 해석해야 할 것이고, 이는 시장·군수가 지방자치단체의 장의 지위를 겸유하고 있다 하여 달리 해석할 것은 아니라 할 것이다.6)

---

5) 법제처, 2003, 앞의 책, pp.150~152.

2.12.1. 시·도

시·도(市·道 : Metropolitan City·Province)란 "특별시·광역시·도 및 특별자치도"를 말하였는데, 지적사무를 지도 감독하는 중간 감독기관을 포괄하여 시·도라고 하였다.

그러나 지방자치법[시행 2012. 7. 1.] [법률 제10739호, 2011. 5. 30., 일부개정] 개정 당시에 지방자치단체의 종류에 정부의 직할로 두는 특별자치시를 추가하여 세종특별자치시 설치를 위한 제도적 기반을 마련하기 위하여 "특별시, 광역시, 특별자치시, 도, 특별자치도"로 개정하여 오늘에 이르고 있다.

2.12.2. 시·군

시·군(市·郡 : City·County)이란 시(「제주특별자치도 설치 및 국제자유도시 조성을 위한 특별법」제15조제2항에 따른 행정시를 포함하며, 「지방자치법」제3조제3항에 따라 자치구가 아닌 구를 두는 시는 제외한다.)·군 또는 구(자치구가 아닌 구를 포함한다.)를 말하는데, 지적사무를 담당하는 일선 기관을 총칭하여 시·군이라고 한다.

2.13. 지적공부

> 법 제2조(정의)제19호 "지적공부"란 토지대장, 임야대장, 공유지연명부, 대지권등록부, 지적도, 임야도 및 경계점좌표등록부 등 지적측량 등을 통하여 조사된 토지의 표시와 해당 토지의 소유자 등을 기록한 대장 및 도면(정보처리시스템을 통하여 기록·저장된 것을 포함한다)을 말한다.

지적공부<地籍公簿 : Cadastral Record, 지적 및 공간정보 표준화(국토교통부고시 제 2025-89호, 2025. 3. 4.) [별표]에는 "토지^정보^등록부"로 고시되어 있다.>란 토지에 관한 조사·측량성과에 의하여 작성된 토지대장·임야대장·공유지연명부·대지권등록부·지적도·임야도 및 경계점좌표등록부 등을 말한다.

지적공부는 국가의 통치를 위한 가장 기본이 되는 공부로 국민의 신분사항을 등록·공시하는 호적부(현행 가족관계등록부)·주민등록부와 국민의 재산사항을 등록·공시하는 지적공부·등기부와 함께 국가가 멸망하더라도 보존 관리하여야 하는 대단히 중요한 공부이다.

---

6) 광주지법, 1985. 12. 18. 선고84가합849 제3민사부판결.

일반적으로 공부(公簿)란 "법령의 규정에 따라 관공서(官公署)에서 작성 비치하는 일체의 장부(帳簿)"를 뜻하는 것으로 공적장부(公的帳簿)라고도 하는데, 지적공부는 국가에서 영구히 보존·관리를 하여야 할 책임과 의무가 있다.

지적공부는 일반적으로 대장과 도면으로 구분하며, 이들 공부는 일반 국민이 그 실체를 육안으로 볼 수 있는 유형(有形)의 가시적인 공부이다.

그리고 대장 및 도면에 등록할 정보를 정보처리시스템을 통하여 기록·저장된 경우에도 이를 지적공부로 규정하고 있으나, 이들 공부는 일반 국민이 그 실체를 육안으로 볼 수 없는 무형(無形)의 불가시적인 공부이다.

지적공부는 토지에 관련된 정보인 물리적 현황과 법적권리 등을 등록·공시하는 국가의 공적장부로 유형의 가시적인 지적공부는 지적소관청인 국가기관의 장인 시장·군수·구청장이 지적서고(地籍書庫)에 비치·보관하고 이를 영구히 보존하여야 하며, 무형의 불가시적인 지적공부는 시·도지사, 시장·군수·구청장이 지적정보관리체계에 영구히 보존하여야 한다.(법 제69조제1항, 제2항)

지적공부는 지적제도 창설이후 1975년까지 토지대장·임야대장·지적도·임야도의 네 가지로 구분하여 작성하였으며, 제2차「지적법」개정 법률에서 도해지적<圖解地籍, 지적 및 공간정보 전문 용어 표준화(국토교통부고시 제2025-89호, 2025. 3. 4.) [별표]에는 "도면^지적"으로 고시되어 있다.>의 단점을 보완하기 위하여 수치지적<數值地籍, 지적 및 공간정보 전문 용어 표준화(국토교통부고시 제2025-89호, 2025. 3. 4.) [별표]에는 "좌표^지적"으로 고시되어 있다.>제도를 도입함에 따라 수치지적부를 신설하여 다섯 가지 공부로 구분하여 작성하였다.

제3차「지적법」개정 법률에서 집합건물의 구분소유 단위로 대지권의 표시를 등록·관리하기 위하여 "공유지연명부(집합건물의 대지권)"이라는 지적공부를 신설하였으며, 1995년에 "공유지연명부(집합건물의 대지권)"를 "대지권등록부"로 명칭을 변경하였다.

이어서 지적전산화사업이 완료됨에 따라 제4차「지적법」개정 법률에 지적공부의 등록사항을 전산정보처리조직에 의하여 처리할 수 있는 형태로 작성된 전산등록파일을 지적공부로 보도록 의제함으로써 1991년 1월 1일부터 토지조사사업 이후 80여 년간 유지·관리하여 온 가시적인 지적공부 이외에 불가시적인 전산등록파일을 지적공부로 인정하고 전산등록파일에 의한 열람·등본발급이 가능하도록 개선하였다.

제5차「지적법」개정 법률에 1992년 1월 1일부터 전국의 모든 시·군·구에서 일제히 수작업에 의하여 정리하던 카드식 대장의 정리를 중지하고 지적파일에만 정리하도록 개선하여 카드식대장과 지적파일의 중복 정리에 따른 인력·예산의 절감과 행정력의 낭비 등을 방지하고 지적전산화사업의 조기정착을 가능하게 하였다.

이어서 제7차「지적법」개정 법률에 "전산등록파일"을 "지적파일"로 명칭을 변경하고 지적공부로 규정하였으며, 제10차「지적법」개정 법률에 공유지연명부와 대지권등록부를 지적공부로 규정하고 "수치지적부"를 "경계점좌표등록부"로 명칭을 변경하여 오늘에 이르고 있다.

2.13.1. 대장

대장(臺帳 : Cadastral Book 또는 Cadastral Terrier)이란 토지대장·임야대장·공유지연명부·대지권등록부를 말하는데, 토지에 관한 정보 중에서 물리적 현황과 법적 권리관계 등 속성정보를 등록·공시하는 지적공부이다.

제10차「지적법」개정 법률에 그 동안 논란이 되어 왔던 공유지연명부와 집합건물의 대지권을 등록하는 대지권등록부를 대장에 포함하도록 보완하였다.

1) 토지대장

토지대장(土地臺帳, Land Book)이란 지적도에 등록되어 있는 토지에 대한 소재·지번·지목·면적 등 토지표시사항과 토지소유자의 성명·주소·등록번호 등 소유권표시사항 등을 등록·공시하기 위하여 작성하는 대장을 말한다.

2) 임야대장

임야대장(林野臺帳, Forestry Book)이란 임야도에 등록되어 있는 토지에 대한 소재·지번·지목·면적 등 토지표시사항과 토지소유자의 성명·주소·등록번호 등 소유권표시사항 등을 등록·공시하기 위하여 작성하는 대장을 말한다.

3) 공유지연명부

공유지연명부<共有地連名簿, Common Land Book, 지적 및 공간정보 전문 용어 표준화(국토교통부고시 제2025-89호, 2025. 3. 4.) [별표]에는 "공동^소유자^명부"로 고시되어 있다.>란 1필지의 토지를 2인 이상이 공동으로 소유하고 있는 공유(共有)토지에 대하여 토지대장 또는 임야대장 이외에 공유자(共有者)와 지분(持分) 등을 등록·공시하기 위하여 작성하는 대장을 말한다.

공유지연명부는 토지대장의 부속장부(部屬帳簿) 또는 보조장부(補助帳簿)로 지적공부로 볼 수 없다는 일부 전문가의 주장도 있었으나7) 공유지연명부가 없이는 토지대장과 임야대장의 공시 기능을 다할 수 없을 뿐만 아니라 공유지연명부의 등본을 첨부하지 아니할 경우에는 토지에 대한 각종 민원신청과 소유권변동에 따른 등기신청이 불가능하며, 이는 등기관서에 비치하고 있는 공동인명부(共同人名簿)와 동일한 성격의 공부로 그동안 지적공부로 보아왔다.

그러다가 제10차「지적법」개정 법률에 공유지연명부를 지적공부로 규정하여 공유지연명부의 지적공부 여부에 관한 논란을 해소하였다.

4) 대지권등록부

대지권등록부(垈地權登錄簿, Building Site Rights Book)란「집합건물의 소유 및 관리에 관한 법률」[시행 1985. 4. 11.] [법률 제3725호, 1984. 4. 10., 제정]에 의거 집합건물을 구분소유(區分所有) 단위로 대지권(垈地權)표시의 등기를 한 공유토지에 대하여 토지대장 또는 임야대장 이외에 전유부분(專有部分)의 건물의 표시·건물의 명칭·대지권의 지분 등을 등록·공시하기 위하여 1986년부터 지적법 시행규칙[시행 1986. 11. 15.] [내무부령 제448호, 1986. 11. 15., 전부개정] 제14조에 의하여 신설된 대장을 말한다.

대지권등록부는 "공유지연명부(집합건물의 대지권)"라는 명칭으로 출발하였으나, 제7차「지적법」개정 법률에서 "대지권등록부"로 명칭을 개정하여 오늘에 이르고 있다.

2.13.2. 도면

도면(圖面, Cadastral Map)이란 지적도·임야도·경계점좌표등록부를 말하는데, 토지에 관한 정보 중에서 소유권 등 물권이 미치는 범위와 모양 등을 나타내는 경계 또는 좌표 등 도형정보를 등록·공시하는 지적공부이다.

도면은 간혹 지적공도(地籍公圖)라고도 불리고 있으나 널리 쓰이지 않고 있으며 토지에 관한 지적도와 임야도의 관리상 필요한 때에는 지번부여 지역마다 일람도(一覽圖)와 지번색인표(地番索引表)를 작성하여 비치하고 있다.

일람도에는 주요 지형·지물과 도면번호 등을 등재·관리하여야 한다. 그러나 일람도와 지번색인표는 효율적인 도면 관리와 지번을 쉽게 찾을 수 있도록 하기 위하여 작성하는 것으로 일람도와 지번색인표가 없어도 지적도와 임야도의 공시 기능을 다할 수 있으며 열람·등본을 발급하여야 할 필요가 없고 단순히 도면 관리의 보조적인 기능을 수행하기

---

7) 김인태, 1971. 10. "지적법에 대한 소고",『지적』통권 제1호(창간호), 대한지적공사, pp.99~100.

때문에 이를 지적공부라고 할 수 없다.

1) 지적도

지적도(地籍圖, Cadastral Map 또는 land map)란 토지대장에 등록된 토지의 필지별 경계선과 지번·지목 등을 등록·공시하기 위하여 작성하는 도면을 말한다.

2) 임야도

임야도(林野圖, forestry map)란 임야대장에 등록된 토지의 필지별 경계선과 지번·지목 등을 등록·공시하기 위하여 작성하는 도면을 말한다.

3) 경계점좌표등록부

경계점좌표등록부(境界點座標登錄簿, Boundary point coordinate Book or Numerical Terrier)란 수치측량방법의 도입에 따라 1976년부터 각 필지 단위로 권리가 미치는 경계점의 위치를 좌표로 등록·공시하기 위하여 신설된 지적공부를 말한다.

경계점좌표등록부는 처음에는 "수치지적부"라는 명칭으로 출발하였으나, 「지적법」 제10차 개정 법률에서 "경계점좌표등록부"로 명칭을 변경하여 오늘에 이르고 있다.

수치지적부의 비치는 지적법 시행규칙[시행 1976. 5. 7.] [내무부령 제208호, 1976. 5. 7., 제정] 제15조에 "(수치지적부의 비치) 영 제19조제3항제2호의 규정에 의한 지적확정측량이 실시되는 지구에는 수치지적부를 비치하여야 한다. 다만, 농경지의 지적확정측량지구에는 그러하지 아니할 수 있다."라고 규정하여 도시지역의 시가지구획정리지구에 한하여 비치하도록 규정하였다.

그리고 지적법 시행규칙[시행 1986. 11. 15.] [내무부령 제448호, 1986. 11. 15., 전부개정] 개정 당시에 규칙 제12조(수치지적부의 비치)를 "법 제11조제1항 본문의 규정에 의하여 수치지적부를 비치하여야 할 지역은 법 제21조 및 영 제24조제3항제2호 본문의 규정에 의하여 지적확정측량을 한 지역으로 한다."라고 개정하여 지적확정측량을 시행한 지역은 의무적으로 수치지적부를 비치하도록 개선하였다.

이어서 지적법 시행규칙[시행 1995. 4. 26.] [내무부령 제646호, 1995. 4. 26., 일부개정]을 개정하여 규칙 제12조(수치지적부의 비치)를 "법 제11조제1항 본문의 규정에 의하여 수치지적부를 비치하여야 할 지역은 지적확정측량과 축척변경측량 등을 경위의측량방법으로 한 지역으로 한다."라고 개정하였다.

지적법 시행규칙[시행 2002. 2. 26.] [행정자치부령 제162호, 2002. 2. 26., 전부개정] 개정 당시에 규칙 제12조(경계점좌표등록부의 등록사항 등)를 "법 제11조의 규정에 의하여 경계점좌표등록부를 비치하는 토지는 지적확정측량 또는 축척변경을 위한 측량을 실시하여 경계점을 좌표로 등록한 지역의 토지로 한다."라고 개정하여 오늘에 이르고 있다.

경계점좌표등록부는 도시개발사업지구 등 경위의측량방법으로 지적확정측량을 실시한 지역에 대하여 토지대장과 지적도 이외에 경계점의 위치를 평면직각 종횡선 수치로 등록 관리하기 위하여 작성하는 대장형식의 지적공부이나 등록사항은 도면에 등록하는 경계점의 위치를 좌표로 등록하기 때문에 경계점좌표등록부는 대장형식의 도면이라고 보는 것이 타당하다.

제2차「지적법」개정 법률과 제10차「지적법」개정 법률에 경계점좌표등록부를 대장과 도면에서 분리하여 별도 구분하도록 규정하여 경계점좌표등록부의 법적 지위를 혼돈할 수 있는 여지가 있었다. 그러나「측수지법」을 제정하면서 지적도와 임야도 및 경계점좌표등록부를 동일한 수준의 지적공부로 개정하여 경계점좌표등록부의 법적 지위를 확립하였다.

2.13.3. 전산정보처리시스템에 의한 지적공부

전산정보처리시스템을 통하여 기록·저장된 지적공부(Cadastral D/B File)란 대장·도면 및 경계점좌표등록부를 전산정보처리시스템에 의하여 처리할 수 있는 형태로 작성한 파일을 말하는데, 대장파일(Alphanumeric D/B File)과 도면파일(Graphic D/B File)로 구분할 수 있다.

전산정보처리시스템에 의한 지적공부는 제4차「지적법」개정 법률에 최초로 지적공부의 등록사항을 전산정보처리조직에 의하여 처리할 경우 전산등록파일을 지적공부로 보도록 의제되어 있었으나 제7차「지적법」개정 법률에서 "전산등록파일"을 "지적파일"로 명칭을 변경하고 지적공부의 일종으로 규정하였으며, 제10차「지적법」개정 법률에 전산정보처리조직에 의하여 자기디스크·자기테이프 그 밖에 이와 유사한 매체에 기록·저장 및 관리하는 집합물(集合物)을 지적공부로 규정하였다.

위에서 서술한 지적공부의 구성 체계도는 [그림 3-2]와 같다.

2.14. 연속지적도

> 법 제2조(정의)제19의2호 "연속지적도"란 지적측량을 하지 아니하고 전산화된 지적도 및 임야도 파일을 이용하여, 도면상 경계점들을 연결하여 작성한 도면으로서 측량에 활용할 수 없는 도면을 말한다.

연속지적도(連續地籍圖, Serial Cadastral Map)란 이미 전산화된 지적도 및 임야도의 파일을 이용하여 도면상 경계점들을 연결하여 작성한 도면으로서 측량에 활용할 수 없는 도면을 말하는데, 이는 시·군·구에 비치된 지적도와 임야도의 마모·신축 등으로 상호 접합이 곤란하여 인위적으로 도곽 접합을 실시하여 작성한 연속된 도면을 말한다.

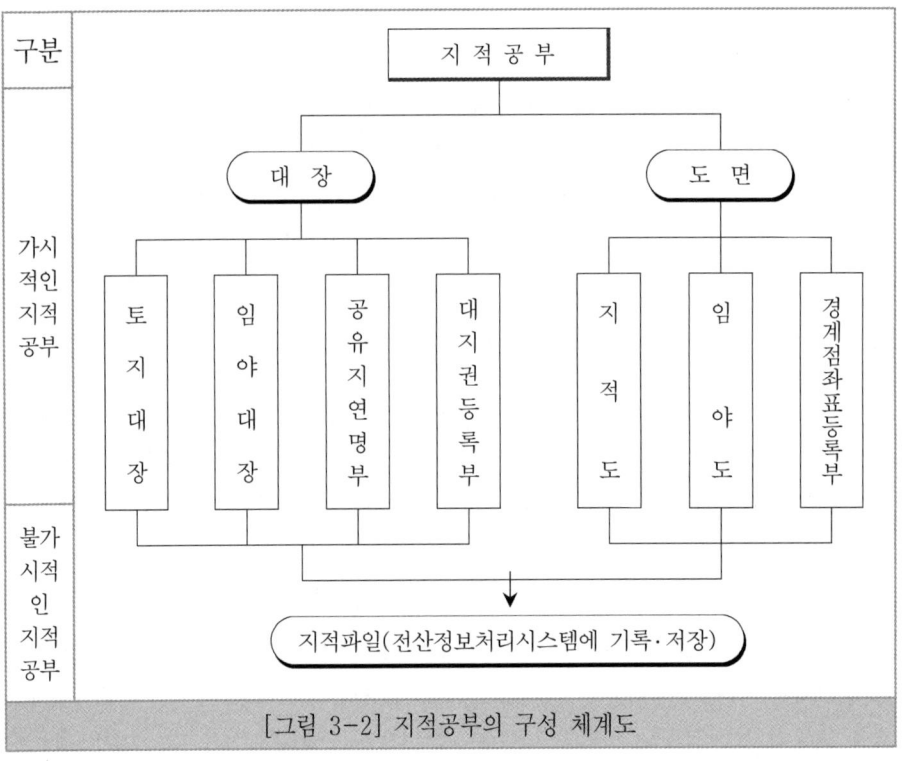

[그림 3-2] 지적공부의 구성 체계도

연속지적도는 주로 「토지이용규제 기본법」에 의한 지역·지구 등의 지정 효력을 발생시키기 위하여 지형도면 등을 작성·고시하고자 할 때에 사용하며, 도·시·군계획사업·택지개발사업 등 개발사업이 완료된 지역에서 지역·지구 등을 지정하는 경우, 지역·지구 등의 경계가 지적도에 등록된 경계선을 기준으로 결정되는 경우, 지적이 표시된 지형도의 데이터베이스가 구축되어 있지 아니하거나 지형과 지적의 불일치로 지형도의 활용이 곤란한 경우 등에 사용한다.

'연속지적도'라는 용어는 「측수지법」[시행 2014. 1. 18.][법률 제11943호, 2013. 7. 17., 일부개정] 개정 당시에 신설하였다.

2.15. 부동산종합공부

> 법 제2조(정의)제19의3호 "부동산종합공부"란 토지의 표시와 소유자에 관한 사항, 건축물의 표시와 소유자에 관한 사항, 토지의 이용 및 규제에 관한 사항, 부동산의 가격에 관한 사항 등 부동산에 관한 종합정보를 정보관리체계를 통하여 기록·저장한 것을 말한다.

부동산종합공부(不動産綜合公簿, Comprehensive Real Estate Record)란 지적공부에 등록된 토지의 표시와 소유자에 관한 사항, 건축물대장에 등록된 건축물의 표시와 소유자에 관한 사항, 토지이용계획확인서에 기재하는 토지의 이용 및 규제에 관한 사항, 개별공시지가·개별주택가격·공동주택가격 등 부동산의 가격에 관한 사항 등 부동산에 관한 종합정보를 정보관리시스템을 통하여 기록·저장한 것을 말한다.

'부동산종합공부'라는 용어는 「측수지법」[시행 2014. 1. 18.][법률 제11943호, 2013. 7. 17., 일부개정] 개정 당시에 새로이 규정하였다.

2.16. 토지의 표시

> 법 제2조(정의)제20호 "토지의 표시"란 지적공부에 토지의 소재·지번(地番)·지목(地目)·면적·경계 또는 좌표를 등록한 것을 말한다.

토지의 표시<土地의 表示, Definition of Land, 지적 및 공간정보 전문 용어 표준화(국토교통부고시 제2025-89호, 2025. 3. 4.) [별표]에는 "토지^정보^등록"으로 고시되어 있다.>란 지적공부에 등록한 토지의 소재를 비롯한 지번·지목·면적·경계 또는 좌표 등을 말하는데, 일반적으로 필지를 구성하는 기본요소라고도 한다.

2.17. 필지

법 제2조(정의)제21호 "필지"란 대통령령으로 정하는 바에 따라 구획되는 토지의 등록단위를 말한다.

필지(筆地, Parcel 또는 Land Unit)란 동일한 지번부여지역안의 토지로 토지소유자와 용도가 동일하고 지반이 연속되도록 인위적으로 구획하여 지적공부에 등록하는 토지의 등록단위를 말하는데, 물리적으로 연속되어 있는 토지를 인위적으로 지표에 경계선을 설정하고 측량을 실시하여 소유자별로 권리가 미치는 범위를 결정하여 지적공부에 등록함으로써 물권의 객체로 특정되고 이를 구분하기 위하여 동일 지번설정지역 내에서는 같은 지번을 두 개 이상 부여할 수 없도록 운영하여 물권 객체의 독립성을 유지하고 있다.

다시 말하면 토지에 대한 물권의 효력이 미치는 범위를 특정하고 거래 단위로 개별화하며 물권 객체를 독립시키기 위하여 구획한 토지의 법적 등록단위를 뜻한다.

공간정보관리법 시행령에 1필지로 정할 수 있는 기준은 "지번부여지역의 토지로써 소유자와 용도가 같고 지반이 연속된 토지는 1필지로 할 수 있으며(영 제5조제1항), 다음 각 호의 어느 하나에 해당하는 토지는 주된 용도의 토지에 편입하여 1필지로 할 수 있다. 다만, 종된 용도의 토지의 지목(地目)이 '대'(垈)인 경우와 종된 용도의 토지 면적이 주된 용도의 토지 면적의 10퍼센트를 초과하거나 330제곱미터를 초과하는 경우에는 그러하지 아니하다.(영 제5조제2항)

1) 주된 용도의 토지의 편의를 위하여 설치된 도로·구거(溝渠 : 도랑) 등의 부지
2) 주된 용도의 토지에 접속되거나 주된 용도의 토지로 둘러싸인 토지로써 다른 용도로 사용되고 있는 토지"로 규정하고 있다.

따라서 지적공부에 등록하는 필지는 자연적인 토지의 구획 단위가 아니고 「공간정보관리법」 중 '지적에 관한 법'에서 정한 기준에 따라 지적측량이라는 기술적 수단에 의하여 연속되어 있는 모든 영토를 인위적으로 구획하여 지적공부에 등록·공시하는 하나의 지번을 부여하는 토지의 등록단위이며 거래단위를 말한다.

필지는 지적제도의 3대 구성요소 중 가장 중요한 요소의 하나로 지적제도가 성립하기 위해서는 반드시 토지와 그 정착물 등에 관한 정보를 조사·측량하여 공적도부(公的圖簿)에 등록·공시를 하여야 하는데, 이 경우 토지에 관한 조사·측량과 등록·공시의 기본단위를 필지라고 한다.

따라서 지적공부에 등록한 필지는 토지에 대한 평가·과세·거래·이용계획·주소표

기 및 각종 토지정보 제공의 기본 단위로서의 기능을 하고 있다.

2.18. 지번

> 법 제2조(정의)제22호 "지번"이란 필지에 부여하여 지적공부에 등록한 번호를 말한다.

　지번(地番, Parcel Number)이란 토지번호(土地番號)의 준말로 각 필지에 대한 지리적 위치의 특정성과 개별성을 보장하기 위하여 동·리 단위로 필지마다 아라비아 숫자로 1번부터 순차적으로 부여하여 지적공부에 등록한 번호를 말하는데, 지번은 본번(本番)과 부번(副番)으로 구성되며, 필지의 구분과 지적관련 정보의 색인 및 위치의 확인 등에 활용된다.

2.19. 지번부여지역

> 법 제2조(정의)제23호 "지번부여지역"이란 지번을 부여하는 단위지역으로서 동·리 또는 이에 준하는 지역을 말한다.

　지번부여지역(地番附與地域, Parcel Numbering Region)이란 행정의 편의상 구획한 행정 동·리가 아니고 법정 동·리를 말한다. 그리고 동·리에 준하는 지역이란 외딴 섬을 의미하는 것으로 토지조사사업과 임야조사사업 당시에 1개 리에 소속된 도서(島嶼)가 있을 경우에는 그 도서마다 별개의 지번부여지역으로 인정하고 1번부터 지번을 부여하였다.
　따라서 섬이 있는 경우에는 "○○里 ○○島 ○○番地"로 지번을 설정하였으나 「지적법」 제2차 개정 후 1977년부터 1979년까지 이를 "○○리 ○○번지"로 지번변경을 완료하여 지번부여지역은 법정 동·리 뿐 이라는 것을 유의하여야 한다.
　지번부여지역은 토지조사 당시에는 "기번지역(起番地域)"이라고 하던 것을 1950년 「지적법」 제정 법률에서는 "지번지역(地番地域)"으로, 1995년 「지적법」 제7차 개정 법률에서는 "지번설정지역"으로, 2001년 제10차 「지적법」 개정 법률에서는 "지번부여지역"으로 각각 개정하여 오늘에 이르고 있다.

2.20. 지목

> 법 제2조(정의)제24호 "지목"이란 토지의 주된 용도에 따라 토지의 종류를 구분하여 지적공부에 등록한 것을 말한다.

지목(地目, Land Category)이란 토지종목(土地種目)의 준말로 토지를 인위적으로 전·답·과수원·목장용지 등 토지의 용도에 따라 28개 종목으로 구분하여 필지 단위로 지적공부에 등록하는 법정 명칭을 말한다.

지적제도를 창설하기 위한 준비단계인 1907년부터 1910년까지는 대구시가 토지측량에 관한 타합사항 제3조의 규정에 의하여 17개 지목으로, 토지조사사업 당시인 1910년부터 1912년까지는 17개 지목으로, 1912년부터 1918년까지는 18개 지목으로, 1918년부터 1943년까지는 19개 지목으로, 1943년부터 1976년까지는 21개 지목으로, 1976년부터 2001년까지는 24개 지목으로 각각 구분하여 등록하였으며, 제10차 「지적법」 개정 법률에 의하여 2002년부터 28개 지목으로 구분하여 오늘에 이르고 있다.[8]

2.21. 경계점

> 법 제2조(정의)제25호 "경계점"이란 필지를 구획하는 선의 굴곡점으로서 지적도나 임야도에 도해(圖解) 형태로 등록하거나 경계점좌표등록부에 좌표 형태로 등록하는 점을 말한다.

경계점(境界點, Boundary Point)이란 권리가 미치는 범위를 특정하기 위하여 지적측량이라는 기술적인 방법을 활용하여 얻어진 필지를 구획하는 선의 굴곡점을 말한다.

일반적으로 도해측량지역의 경계점은 폐합된 다각형의 굴곡점을 뜻하며 경계점좌표측량지역의 경계점은 경계점좌표등록부에 등록하는 평면직각 종횡선 수치의 교차점을 뜻한다.

---

[8] 지목의 구분은 지적관련 법령에 규정한 지목 구분의 종류와 시행년도를 기준으로 분류하였다.

2.22. 경계

> 법 제2조(정의)제26호. "경계"란 필지별로 경계점들을 직선으로 연결하여 지적공부에 등록한 선을 말한다.

경계(境界, Boundary)란 지적도나 임야도 위에 지적측량이라는 기술적인 방법을 활용하여 지상에 있는 둑·담장 그 밖에 구획의 목표가 될 만한 구조물 및 경계점표지 등 경계점들을 직선으로 연결하여 등록한 선 또는 경계점좌표등록부에 등록된 평면직각 종횡선 수치의 교차점의 연결을 말한다.

일반적으로 경계는 폐합된 다각형의 형태로 지적도와 임야도에 등록하거나 경계점의 평면직각 종횡선 수치(X,Y)를 경계점좌표등록부에 등록하고 있다.

어떤 토지가 토지대장과 지적도 또는 임야대장과 임야도에 1필지의 토지로 등록되어 있다면 그 토지의 소재·지번·지목·경계 및 면적은 다른 특별한 사정이 없는 한 이 등록으로써 특정이 되었다 할 것이며 토지에 대한 소유권의 범위는 지적공부에 등록된 경계선에 의하여 확정되었다 할 것이다.9)

따라서 지적공부에 등록하는 경계는 소유권이 미치는 범위와 면적 등을 정하는 기준이 되는 것으로 경계점 및 좌표는 반드시 지적측량을 실시하여 결정하여야 한다.

그러나 합병을 위한 경계점 및 좌표를 결정하는 경우에는 측량을 실시하지 아니하고 합병 후에 남아 있게 될 경계점 또는 좌표에 의하여 결정하여야 한다.

경계는 「토지조사법」과 토지조사령에서는 "강계(彊界)"로 규정되어 있었으나, 조선임야조사령에는 "경계"로 규정되어 있었으며, 「지적법」 제정 법률에 "경계"로 규정하여 오늘에 이르고 있다.

강계선(彊界線)이란 [그림 3-3]의 예시도와 같이 토지조사령에 의한 토지조사사업 당시에 소유자가 각각 다른 토지와의 경계선 즉 사정선(査定線)을 말한다.

그리고 지역선(地域線)이란 소유자는 같으나 지목이 다른 관계 등으로 별 필지로 등록하여야 하는 토지와 토지와의 경계선 "ㄱ', ㄴ', ㄷ', ㄹ', ㄱ'"의 연결선과 토지조사사업 시행지와 토지조사사업 미 시행지와의 지계(地界)인 "ㄱ, ㄴ, ㄷ, ㄹ, ㅁ, ㅂ, ㅅ, ㅋ, ㅊ, ㄱ"의 연결선을 말한다. 따라서 소유자가 같거나 혹은 소유자를 모르는 토지와의 경계선은 강계선이 될 수 없고 지역선이 되는 것이다.10)

---

9) 대법원. 1969. 10. 28, 선고69다889판결, 1971. 6. 2, 선고71다871판결.

그러나 오늘날에는 강계선과 경계선 또는 지역선 등의 구분 실익이 없기 때문에 경계 또는 경계선으로 부르고 있다.

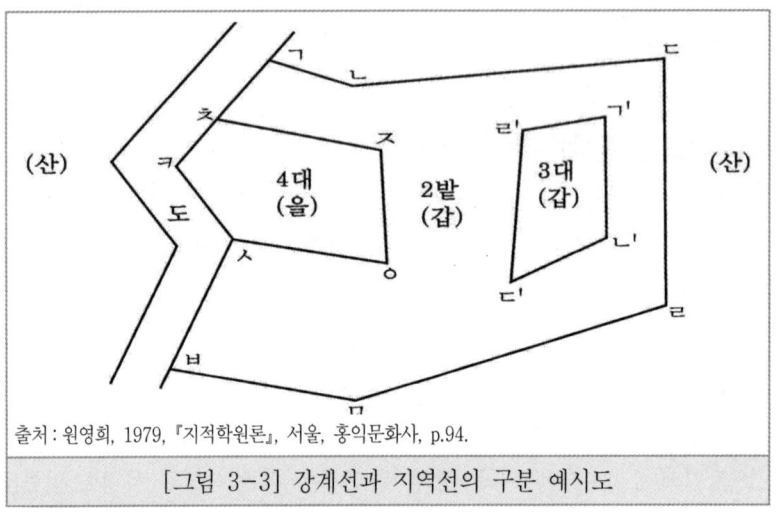

출처 : 원영희, 1979, 『지적학원론』, 서울, 홍익문화사, p.94.

[그림 3-3] 강계선과 지역선의 구분 예시도

2.23. 면 적

> 법 제2조(정의)제27호 "면적"이란 지적공부에 등록한 필지의 수평면상 넓이를 말한다.

면적(面積, Area 또는 Acreage)이란 원래 토지면적의 준말로 오랫동안 지적(地積)이라는 용어를 사용하였으며, 지적측량 성과에 의하여 지적공부에 등록한 필지의 수평면상 넓이를 말한다. 따라서 전이나 임야와 같이 경사를 이루고 있는 토지는 물론 지적공부에 등록한 모든 토지의 면적은 경사면적(傾斜面積)이나 표면적(表面積)이 아닌 수평면적(水平面積)임을 유의하여야 한다.

면적은 토지조사사업 당시부터 「토지조사법」, 토지조사령, 조선임야조사령 및 「지적법」 제정 법률에서도 각각 "지적(地積)"으로 규정하였으나, 토지의 호적이란 의미의 지적(地籍)과 혼동되어 제2차 「지적법」 개정 법률에서 "면적(面積)"으로 개정하여 오늘에 이르고 있다.

---

10) 원영희, 1972(a), 『해설지적학』, 서울, 보문출판사, pp.73~77.

2.24. 토지의 이동

> 법 제2조(정의)제28호 "토지의 이동(異動)"이란 토지의 표시를 새로 정하거나 변경 또는 말소하는 것을 말한다.

토지의 이동<土地의 異動, Land Alteration, 지적 및 공간정보 전문 용어 표준화(국토교통부고시 제2025-89호, 2025. 3. 4.) [별표]에는 "토지^정보^변동"으로 고시되어 있다.>이란 지적공부에 새로이 토지표시사항을 등록하거나 이미 등록된 토지표시사항을 변경 정리하거나 또는 말소 정리하는 행정처분을 말한다.

토지의 이동은 제2차「지적법」개정 법률에서 새로이 규정한 용어로서 "토지의 이동이란 신규등록 할 토지가 생기거나 기 등록지의 지번·지목·경계·좌표 또는 면적이 달라지는 것을 말한다."라고 규정하여(제2조제16호) 신규등록도 토지의 이동에 포함하도록 운영하였다.

그러나 제7차「지적법」개정 법률에서 "토지의 이동이라 함은 지적공부에 등록된 토지의 표시사항이 달라지는 것을 말한다."라고 개정하여 신규등록은 토지의 이동에서 제외하였다.

이어서 제10차「지적법」개정 법률에서 "토지의 이동이라 함은 토지의 표시를 새로이 정하거나 변경 또는 말소하는 것을 말한다."라고 개정하여 다시 신규등록을 토지의 이동에 포함하도록 운영하고 있다.

토지의 표시사항을 지적공부에 최초로 등록하는 신규등록과 이미 지적공부에 등록되어 있는 토지의 표시사항을 변경 등록하는 등록전환·분할·합병 등의 토지이동과는 근본적으로 구분이 가능할 뿐만 아니라 신규등록을 제외한 토지의 이동이 있을 경우에는 촉탁등기가 가능하나 신규등록은 촉탁등기대상에서 제외되듯이 토지의 이동에서 제외되도록 재개정함이 타당하다.

다시 말하면 종전에는 지적공부에 새로이 신규등록 할 토지가 생기는 경우에도 토지의 이동이라고 규정하였으나 제7차「지적법」개정 법률에서 신규등록을 제외하고 등록전환·지번변경·행정구역변경 등의 사유가 발생한 것만을 토지의 이동이라고 개정하였다가 제10차「지적법」개정 법률에서 다시 신규등록의 경우도 토지이동으로 규정하였다.

그리고 토지의 이동은 지적공부에 새로이 등록하거나 이미 등록된 토지의 물리적 현황을 표시하기 위한 등록사항의 변경 또는 말소 정리하는 것을 뜻하는 것으로 소유자표시사항이나 등급표시사항을 변경 정리하는 것을 뜻하는 것은 아니다.

토지의 이동은 그 내용에 따라 다음과 같이 세 가지 유형으로 구분할 수 있다.

첫째, 지적측량을 요하는 토지의 이동으로 신규등록·등록전환·분할·등록사항정정·바다로 된 토지의 등록말소 등이 이에 해당되며

둘째, 토지의 확인·조사를 요하는 토지의 이동으로 합병·지목변경 등이 이에 해당되고

셋째, 기타 토지의 이동으로 도시개발사업 등의 신고·지번변경·행정구역의 명칭변경·축척변경 등이 이에 해당된다.

대법원에서 "1필지의 토지를 2필지 이상의 토지로 분할하여 등기를 하려면 먼저 지적공부 소관청에 의하여 지적측량을 하고 그에 따라 필지마다 지번·지목·경계 또는 좌표와 면적이 정하여지고 지적공부에 등록이 되어야 비로소 등기가 가능한 것이므로 지적공부 소관청에 의하여 지번·경계가 특정되지 아니하면 등기 또한 할 수 없다."[11]라고 판결한 것과 같이 신규등록·등록전환·합병·지목변경·등록사항정정·바다로 된 토지의 등록말소 등 모든 토지의 이동정리 행위가 지적소관청에서 선행되어야만 토지표시변경등기가 가능하다.

위와 같은 토지의 이동정리 행위는 1971년부터 대법원의 판결에 의하여 30여 년간 행정처분으로 인정이 되지 아니하였으나, 2004년 4월 22일에 대법원 전원합의체 판결(2004. 4. 22. 선고 2003두9015)에서 대법원의 일관된 판례를 스스로 뒤엎고 토지의 이동정리 행위에 대한 처분성을 인정하여야 한다는 매우 중요한 판결을 하였다.[12]

2.25. 신규등록

> 법 제2조(정의)제29호 "신규등록"이란 새로 조성된 토지와 지적공부에 등록되어 있지 아니한 토지를 지적공부에 등록하는 것을 말한다.

신규등록(新規登錄, New Registration)이란 지적측량 성과에 의하여 토지의 소재·지번·지목·면적·경계 또는 좌표를 등록하고, 소유자 등은 지적소관청이 조사·결정하여 새로이 지적공부에 등록하는 행정처분을 말한다.

---

11) 대법원, 1984. 03. 27. 선고 83다카1135,1136 판결 가등기말소회복등기[집32(2)민, 38 ; 공 1984. 5. 15.(727),699]

12) 류병찬, 2006, 앞의 책, pp.239~251.

신규등록은 「지적법」 제정 법률에서는 산림의 형질변경·개간 등으로 임야대장과 임야도에 등록된 토지를 말소하고 토지대장과 지적도에 옮겨 등록하는 등록전환(登錄轉換)과 구분 없이 정리하도록 규정되어 있었다.

2.26. 등록전환

> 법 제2조(정의)제30호 "등록전환"이란 임야대장 및 임야도에 등록된 토지를 토지대장 및 지적도에 옮겨 등록하는 것을 말한다.

등록전환(登錄轉換, Registration Conversion)이란 지적측량 성과에 의하여 「산림법」·「건축법」 등 관계 법령에 의한 토지의 형질변경 또는 건축물의 사용승인 및 기타 사유로 임야대장과 임야도에 등록된 토지의 등록사항을 말소하고 이를 토지대장과 지적도에 옮겨 등록하는 행정처분을 말한다.

등록전환은 제2차 「지적법」 개정 법률에서 신설된 용어로 신규등록과 명확하게 구분하여 정리하도록 개정하여 오늘에 이르고 있다.

2.27. 분할

> 법 제2조(정의)제31호 "분할"이란 지적공부에 등록된 1필지를 2필지 이상으로 나누어 등록하는 것을 말한다.

분할(分割, Partition)이란 분할측량성과에 의하여 지적공부에 등록된 1필지의 토지를 2필지 이상의 토지로 나누어 등록하는 행정처분을 말한다.

2.28. 합병

> 법 제2조(정의)제32호 "합병"이란 지적공부에 등록된 2필지 이상을 1필지로 합하여 등록하는 것을 말한다.

합병(合倂, Annexation)이란 토지의 확인·조사를 실시하여 지적공부에 등록된 2필지 이상의 토지를 1필지의 토지로 합하여 등록하는 행정처분을 말한다.

2.29. 지목변경

> 법 제2조(정의)제33호 "지목변경"이란 지적공부에 등록된 지목을 다른 지목으로 바꾸어 등록하는 것을 말한다.

지목변경(地目變更, Land Category Change)이란 「산림법」·「도시계획법」·「건축법」 등 관계 법령에 의한 토지의 형질변경 등의 공사가 준공된 경우 또는 건축물의 사용승인 등에 의하여 토지의 주된 용도가 변경됨에 따라 토지의 확인·조사를 실시하여 지적공부에 등록된 지목을 다른 지목으로 바꾸어 등록하는 행정처분을 말한다.

지목변경은 「지적법」 제정 법률에서는 "지목변환(地目變換)"이라고 규정되어 있었으나 제2차 「지적법」 개정 법률에서 "지목변경"으로 개정하여 오늘에 이르고 있다.

2.30. 축척변경

> 법 제2조(정의)제34호 "축척변경"이란 지적도에 등록된 경계점의 정밀도를 높이기 위하여 작은 축척을 큰 축척으로 변경하여 등록하는 것을 말한다.

축척변경(縮尺變更, Scale Change)이란 지적도에 등록된 경계점의 정밀도를 높이기 위하여 현행 지적도의 축척을 큰 축척으로 바꾸어 등록하는 행정처분을 말한다.

축척변경은 「지적법」 제2차 개정 법률에서 새로이 도입된 제도로 지적도나 임야도의 정밀도를 높이기 위하여 다른 축척으로 변경하는 것을 축척변경이라고 규정하였다.

그러나 임야도의 작은 축척을 큰 축척으로 변경하는 것은 현실성이 없을 뿐만 아니라 시행이 불가능한 실정이며 주로 도시화된 지역의 1/1,200 또는 1/ 2,400의 지적도 축척을 1/500 또는 1/1,000의 축척으로 변경하고 있기 때문에 제10차 「지적법」 개정 법률에서 임야도의 축척변경을 제외하여 현실과 일치되도록 개선하였다.

2.31. 기타 용어

2.31.1. 좌표

좌표(座標, Coordinate)란 지적측량기준점 또는 경계점의 위치를 평면직각 종횡선 수치로 표시한 것을 말하는데, 한 점의 위치를 나타내기 위하여 어떤 특정된 점의 일정한 위치와 그 특정된 점의 위치와의 관계를 나타내는 수치를 뜻한다.

일반적으로 측량에 사용하는 좌표계는 평면직각좌표계·극좌표계·TM좌표계·UTM좌표계·경위도좌표계·WGS84좌표계·ITRF좌표계 등이 있다.

2.31.2. 지역전산본부

지역전산본부(地域電算本部, Local Cadastral Information Center)란 시·도 또는 시·군·자치구별로 전산처리조직에 의하여 작성된 지적공부를 관리·운영하는 조직을 말하는데, 지적전산화사업의 추진과 유지관리를 위하여 각 시·도 또는 각 시·군·구에 설치되어 있는 지적전산조직을 뜻한다.

시·도의 지적전산시스템을 시·군·구에 전환·운영하게 됨에 따라 2001년 제10차 「지적법」 개정 법률에서 지역전산본부를 시·군·자치구로 확대하였다.

2.31.3. 지적측량수행자

지적측량수행자(地籍測量遂行者, Surveying Worker)란 지적측량업자와 특수법인 한국국토정보공사를 말한다.

2.31.4. 지적측량업자

지적측량업자(地籍測量業者, Cadastral Surveying agent)란 지적측량업의 등록을 하고 지적측량업을 영위하는 자를 말한다.

2.31.5 지적측량 성과

지적측량 성과(地籍測量 成果, Result of Cadastral Surveying)란 지적측량을 실시하여 작성한 측량부·측량결과도 및 면적측정부에 등재된 측량결과를 말한다.

지적측량 성과는 지적삼각측량·지적삼각보조측량·지적도근측량을 실시하고 그 성과를 기록한 측량부와 평판측량을 실시하고 측량기하적(測量幾何跡)13)을 기록한 측량결과도 및 필지별 면적측정 결과를 기록한 면적측정부 등에 등재된 측량결과를 뜻한다.

2.31.6. 지적측량 성과도

지적측량 성과도(地籍測量 成果圖, Result Plan of Cadastral Surveying)란 측량결과도에 등재된 측량결과를 일정한 서식에 의하여 작성하여 검사기관의 검사를 완료한 도면을 말한다.

합병과 지목변경을 제외한 토지의 이동은 반드시 지적측량 성과도에 의하여 지적공부를 정리하여야 한다.

지적측량 성과도는 제2차「지적법」개정 법률에 이어서 제정한 지적사무 처리지침(1977. 5. 7. 내무부예규 제406호)에서 "소관청의 검사를 필한 측량성과에 의하여 발급한 도면"이라고 규정하였으나「지적법」제7차「지적법」개정 법률에 "측량결과도에 의하여 작성한 도면"이라고 개정하였으며, 경계복원측량 성과도와 지적현황측량 성과도는 지적측량 수행자가 자체적으로 발급할 수 있도록 운영하고 있다.

> 법의 부지(不知)는 용서되지 아니한다.
> The ignorance of the law is not forgiven.

---

13) 측량기하적(測量幾何跡)이란 측판측량방법에 의하여 측량을 실시할 경우 측량준비도에 측판점·타점·방위표정·도상거리·실측거리 등 기하학적 흔적을 연필로 표시한 것을 말한다.

측량
Surveying

Chapter 02

　법률의 실체적 규정은 일반적으로 ① 본칙(本則)과 ② 보칙(補則)으로 구분하여 규정을 하고 있다. 따라서 「공간정보관리법」에서도 이러한 일반원칙에 의하여 본칙 규정과 보칙 규정으로 나누어 규정하고 있다.

　「공간정보관리법」은 앞 장에서 서술한 제1장 총칙과 본칙으로 제2장 측량·제3장 지적 (地籍)·제4장 보칙 등 3개의 장(章)으로 구성되어 있다.

　제2장 측량은 제1절 통칙·제2절 기본측량·제3절 공공측량 및 일반측량·제4절 지적측량·제5절 삭제·제6절 측량기술자·제7절 측량업으로 구성되어 있으며, 제3장 지적은 제1절 토지의 등록·제2절 지적공부·제3절 토지의 이동 신청 및 지적정리 등으로 구성되어 있고, 제4장 보칙은 제91조(지명의 결정)부터 제106조(수수료 등)까지로 구성되어 있다.

　「공간정보관리법」의 본칙 규정 중에서 제2장 제1절 통칙의 일부 규정을 비롯하여 제2절 기본측량·제3절 공공측량 및 일반측량·제6절 측량기술자·제7절 측량업의 일부 규정과 제4장 보칙의 일부 규정 등을 제외하고 지적에 관련된 규정을 발췌하여 해설하였다.

제1절 통 칙 (Section1. Common Provisions)

1. 측량기본계획 및 시행계획

법 제5조(측량기본계획 및 시행계획) ① 국토교통부장관은 다음 각 호의 사항이 포함된 측량기본계획을 5년마다 수립하여야 한다. <개정 2013. 3. 23., 2020. 2. 18.>
　1. 측량에 관한 기본 구상 및 추진 전략
　2. 측량의 국내외 환경 분석 및 기술연구

> 3. 측량산업 및 기술인력 육성 방안
> 4. 그 밖에 측량 발전을 위하여 필요한 사항
> ② 국토교통부장관은 제1항에 따른 측량기본계획에 따라 연도별 시행계획을 수립·시행하고, 그 추진실적을 평가하여야 한다. <개정 2013. 3. 23., 2019. 12. 10.>
> ③ 국토교통부장관은 제1항에 따른 측량기본계획과 제2항에 따른 연도별 시행계획을 수립하려는 경우 제2항에 따른 평가 결과를 반영하여야 한다. <신설 2019. 12. 10.>
> ④ 제2항에 따른 연도별 추진실적 평가의 기준·방법·절차에 관한 사항은 국토교통부령으로 정한다. <신설 2019. 12. 10.>

국토교통부장관은 측량에 관한 기본구상 및 추진전략·측량의 국내외 환경 분석 및 기술연구·측량 산업 및 기술인력 육성방안·그 밖에 측량발전을 위하여 필요한 사항이 포함된 측량기본계획을 5년마다 수립하도록 규정하고 있다.(법 제5조제1항)

따라서 국토교통부장관은 지적측량 기술 인력의 육성방안 및 지적측량의 발전을 위하여 필요한 사항이 포함된 측량기본계획을 5년마다 수립하여야 한다.

본 조문은 제9차 「공간정보관리법」 개정 법률에서 측량기본계획에 따라 연도별 시행계획을 수립·시행하고, 그 추진실적을 평가하도록 개선하였으며,(법 제5조제2항) 측량기본계획과 연도별 시행계획을 수립하려는 경우 평가 결과를 반영하도록 규정을 신설하였고,(법 제5조제3항) 연도별 추진실적 평가의 기준·방법·절차에 관한 사항은 국토교통부령으로 정하도록 규정을 신설하였다.(법 제5조제4항)

이어서 「공간정보관리법」에서 규정하고 있는 수로조사와 관련된 내용을 분리하여 「해양조사정보법」을 제정함에 따라 제13차 「공간정보관리법」 개정 법률에서 제1항 각 호 외의 부분 중 "사항(수로조사에 관한 사항은 제외한다.)"을 "사항"으로 개정하여 「해양조사정보법」의 제정 취지에 합치되도록 개선하였다.

2. 측량기준

> 법 제6조(측량기준) ① 측량의 기준은 다음 각 호와 같다. <개정 2013.3.23.>
> 1. 위치는 세계측지계(世界測地系)에 따라 측정한 지리학적 경위도와 높이(평균해수면으로부터의 높이를 말한다. 이하 이 항에서 같다)로 표시한다. 다만, 지도 제작 등을 위하여 필요한 경우에는 직각좌표와 높이, 극좌표와 높이, 지구중심 직교좌표 및 그 밖의 다른 좌표로 표시할 수 있다.
> 2. 측량의 원점은 대한민국 경위도원점(經緯度原點) 및 수준원점(水準原點)으로 한다. 다만, 섬 등 대통령령으로 정하는 지역에 대하여는 국토교통부장관이 따로 정하여 고시하는 원점을 사용할 수 있다.
> 3. 삭제 <2020. 2. 18.>

4. 삭제 <2020. 2. 18.>
② 삭제 <2020. 2. 18.>
③ 제1항에 따른 세계측지계, 측량의 원점 값의 결정 및 직각좌표의 기준 등에 필요한 사항은 대통령령으로 정한다.

측량의 기준으로 위치는 세계측지계에 따라 측정한 지리학적 경위도와 높이로 표시하여야 한다. 그러나 지도 제작 등을 위하여 필요한 경우에는 직각좌표와 높이, 극좌표와 높이, 지구중심 직교좌표 및 그 밖의 다른 좌표로 표시할 수 있도록 규정하고 있다.(법 제6조제1항제1호)

우리나라는 2001년에 측량법[시행 2002. 6. 20.][법률 제6532호, 2001. 12. 19., 일부개정]을 개정하여 제5조제1항에 "기본측량과 공공측량은 다음의 측량기준에 의하여 실시하여야 한다."라고 규정하고, 제2호에 "지리학적 경위도는 세계측지계에 따라 측정한다."라고 규정하였다.

따라서 세계적으로 통용되고 있는 지리학적 경위도의 측량기준인 세계측지계를 새로운 측량기준으로 채택하고, 이어서 측량법 시행령[시행 2002. 6. 29.][대통령령 제17660호, 2002. 6. 29., 일부개정]을 개정하여 "세계측지계라 함은 지구를 편평한 회전타원체로 상정하여 실시하는 위치측정의 기준"이라고 정의하고 회전타원체의 장반경 및 편평률 등 요건을 규정(측량법 시행령 제2조의4)하였으며, 2003년 1월 1일부터 시행하도록 규정하였다.(부칙 제1항)

그러나 세계측지계의 부분 시행에 따른 혼란을 방지하고, 차질 없는 준비를 위하여 측량기준이 세계측지계로 변경되면서 기존의 동경원점에 의한 측량기준과 병행하여 사용할 수 있도록 규정한 측량의 기준에 관한 경과조치를 2009년 12월 31일까지 연장하도록(법률 제6532호 측량법 중 개정 법률 부칙 제2항) 측량법[시행 2007. 6. 21.][법률 제8071호, 2006. 12. 20., 일부개정]을 개정하였다.

그리고 「공간정보관리법」에서는 측량의 원점은 대한민국 경위도원점 및 수준원점으로 하되 제주도·울릉도·독도·그 밖에 대한민국 경위도원점 및 수준원점으로부터 원거리에 위치하여 경위도원점 및 수준원점을 적용하여 측량하기 곤란하다고 인정되어 국토교통부장관이 고시한 지역에 대하여는 국토교통부장관이 따로 정하여 고시하는 원점을 사용할 수 있도록 규정하고 있으며(법 제6조제1항제1호, 영 제6조), 측량기준에 관한 경과조치로써 토지개발사업의 시행지역이 아닌 지역에 대하여는 2020년 12월 31일까지 종전의 지적측량기준인 동경원점을 사용할 수 있도록 규정하였다.(법 부칙 제5조)

1910년대 조선총독부에서 실시한 한반도에 대한 토지조사사업 당시에 동경원점을 적용하여 측량을 실시하였기 때문에 지적측량에서 동경원점을 배제할 수 없는 실정이다.

세계측지좌표계는 미국 국방성(U.S. Department of Defense)에서 고안한 지구의 질량 중심을 원점으로 하는 지심좌표계로 세계 각국에서 널리 사용하고 있다.

본 조문은「공간정보관리법」에서 규정하고 있는 수로조사와 관련된 내용을 분리하여「해양조사정보법」을 제정함에 따라 제13차「공간정보관리법」개정 법률에서 제1항제3호, 제4호 및 제2항을 삭제하여「해양조사정보법」의 제정 취지에 합치되도록 개선하였다.

2.1. 세계측지계

세계측지계(世界測地系)는 지구를 편평한 회전타원체로 상정하여 실시하는 위치측정의 기준으로써 다음 각 호의 요건을 갖추도록 규정하고 있다.(법 제6조제1항제1호, 영 제7조제1항)

1. 회전타원체의 장반경(張半徑) 및 편평률(扁平率)은 다음 각 목과 같을 것
   가. 장반경 : 6,378,137미터
   나. 편평률 : 298.257222101분의 1
2. 회전타원체의 중심이 지구의 질량중심과 일치할 것
3. 회전타원체의 단축(短軸)이 지구의 자전축과 일치할 것

2.2. 경위도원점 및 수준원점

대한민국의 경위도원점(經緯度原點) 및 수준원점(水準原點)의 지점과 그 수치는 다음 각 호와 같이 규정하고 있다.(법 제6조제1항제2호, 영 제7조제2항)

2.2.1. 대한민국 경위도원점

1) 지점
경기도 수원시 영통구 원천동 111번지, 국토지리정보원에 있는 [그림 3-4]와 같은 대한민국 경위도원점 금속표의 십자선 교점

2) 수치

① 경도 : 동경 127도 03분 14.8913초

② 위도 : 북위 37도 16분 33.3659초

③ 원방위각 : 3도 17분 32.195초(원점으로부터 진북을 기준으로 오른쪽 방향으로 측정한 서울산업대학교에 있는 위성기준점 금속표 십자선 교점)

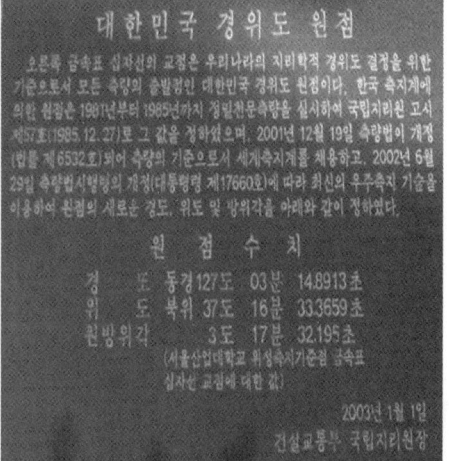

주 : 경위도원점(좌), 안내 표지판(우).
출처 : http://blog.daum.net/kcyun3/(2014. 10. 10.)

[그림 3-4] 경위도원점

2.2.2. 대한민국 수준원점

1) 지점

인천광역시 남구 용현동 253번지, 인하공업전문대학 구내에 있는 [그림 3-5]와 같은 벽돌 건축물14) 속의 원점표석 수정판의 영 눈금선 중앙점

2) 수치

인천만 평균해수면상의 높이로부터 26.6871미터 높이

---

14) 1913년부터 1916년까지 약 3년 동안 인천 앞바다에서 발생하는 조수 간만의 차이를 측정하여 그 평균값으로 평균해수면을 결정하였다. 수준원점은 원래 인천시 중구 항동 1가 2번지에 있었으나 1963년 12월에 현재의 위치로 옮겨왔다. 수준원점의 형태는 원점을 보호하는 원형 보호 건축물 안의 화강석 설치대에 부착된 자수정에 음각으로 십자(+)를 표시하였다.(http://www.ngii.go.kr / 2014. 8. 19.)

주 : 수준원점보호 건축물(좌), 안내 표지판(우).
출처 : http://blog.naver.com/PostView.nhn.(2014. 10. 10.)

[그림 3-5] 수준원점

2.3. 직각좌표계의 원점

직각좌표계(直角座標系)는 [그림 3-6]과 같이 서부좌표계(북위 38도선과 동경 125도선의 교차점), 중부좌표계(북위 38도선과 동경 127도선의 교차점), 동부좌표계(북위 38도선과 동경 129도선의 교차점), 동해좌표계(북위 38도선과 동경 131도선의 교차점)의 4개 좌표계로 구분하고, 투영원점은 <표 3-3>과 같이 X(N)방향에 600,000m을 가산하고 Y(E)방향에 200,000m을 가산하여 사용하도록 규정하고 있다.(법 제6조제1항제2호, 영 제7조제3항)

위와 같은 직각좌표계의 기준은 2002년에 측량법 시행령[시행 2002. 6.29.][대통령령 제17660호, 2002.6.29., 일부개정]을 개정하여 [별표 1의3] 직각좌표의 기준[제2조의5 관련]으로 신설되었으며, 이 당시에 동해좌표계도 신설되었다.

그러나 세계측지계에 따르지 아니하는 지적측량은 2020년 12월 31일까지 종전의 지적측량기준을 사용하여 가우스상사이중투영법으로 표시하되, 직각좌표계 투영원점의 가산(加算)수치를 각각 X(N) 500,000미터(제주도지역 550,000미터), Y(E) 200,000m로 하여 사용할 수 있도록 규정하고 있다.(법 제6조제1항제2호, 영 제7조제3항, 부칙 제5조)

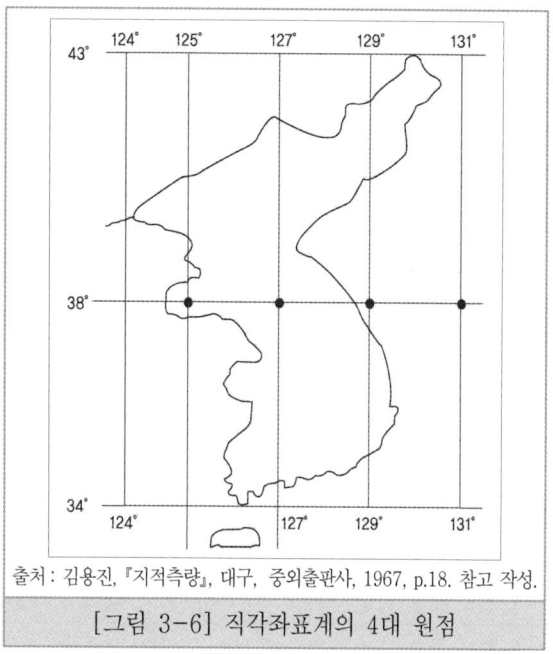

출처: 김용진, 『지적측량』, 대구, 중외출판사, 1967, p.18. 참고 작성.

[그림 3-6] 직각좌표계의 4대 원점

<표 3-3> 직각좌표의 기준

1. 직각좌표계 원점				
명칭	원점의 경위도	투영원점의 가산(加算)수치	원점축척 계수	적용 구역
서부좌표계	경도: 동경 125° 00′ 위도: 북위 38° 00′	X(N) 600,000m Y(E) 200,000m	1.0000	동경 124°~126°
중부좌표계	경도: 동경 127° 00′ 위도: 북위 38° 00′	X(N) 600,000m Y(E) 200,000m	1.0000	동경 126°~128°
동부좌표계	경도: 동경 129° 00′ 위도: 북위 38° 00′	X(N) 600,000m Y(E) 200,000m	1.0000	동경 128°~130°
동해좌표계	경도: 동경 131° 00′ 위도: 북위 38° 00′	X(N) 600,000m Y(E) 200,000m	1.0000	동경 130°~132°

비고
가. 각 좌표계에서의 직각좌표는 다음의 조건에 따라 T·M(Transverse Mercator, 횡단 머케이터) 방법으로 표시하고, 원점의 좌표는 (X=0, Y=0)으로 한다.
  1) X축은 좌표계 원점의 자오선에 일치하여야 하고, 진북방향을 정(+)으로 표시하며, Y축은 X축에 직교하는 축으로서 진동방향을 정(+)으로 한다.
  2) 세계측지계에 따르지 아니하는 지적측량의 경우에는 가우스상사이중투영법으로 표시하되, 직각좌표계 투영원점의 가산(加算)수치를 각각 X(N) 500,000미터(제주도지역 550,000미터), Y(E) 200,000m로 하여 사용할 수 있다.
나. 국토교통부장관은 지리정보의 위치측정을 위하여 필요하다고 인정할 때에는 직각좌표의 기준을 따로 정할 수 있다. 이 경우 국토교통부장관은 그 내용을 고시하여야 한다.

2. 지적측량에 사용되는 구소삼각지역의 직각좌표계 원점

명칭	원점의 경위도	
망산원점	경도: 동경 126°22′24″.596	위도: 북위 37°43′07″.060
계양원점	경도: 동경 126°42′49″.685	위도: 북위 37°33′01″.124
조본원점	경도: 동경 127°14′07″.397	위도: 북위 37°26′35″.262
가리원점	경도: 동경 126°51′59″.430	위도: 북위 37°25′30″.532
등경원점	경도: 동경 126°51′32″.845	위도: 북위 37°11′52″.885
고초원점	경도: 동경 127°14′41″.585	위도: 북위 37°09′03″.530
율곡원점	경도: 동경 128°57′30″.916	위도: 북위 35°57′21″.322
현창원점	경도: 동경 128°46′03″.947	위도: 북위 35°51′46″.967
구암원점	경도: 동경 128°35′46″.186	위도: 북위 35°51′30″.878
금산원점	경도: 동경 128°17′26″.070	위도: 북위 35°43′46″.532
소라원점	경도: 동경 128°43′36″.841	위도: 북위 35°39′58″.199

비고
가. 조본원점·고초원점·율곡원점·현창원점 및 소라원점의 평면직각종횡선 수치의 단위는 미터로 하고, 망산원점·계양원점·가리원점·등경원점·구암원점 및 금산원점의 평면직각종횡선수치의 단위는 간(間)으로 한다. 이 경우 각각의 원점에 대한 평면직각종횡선 수치는 0으로 한다.
나. 특별소삼각측량지역[전주, 강경, 마산, 진주, 광주(光州), 나주(羅州), 목포, 군산, 울릉도 등]에 분포된 소삼각측량지역은 별도의 원점을 사용할 수 있다.

출처: 영 제7조제3항.[별표 2]

2.4. 지적법에 의한 좌표의 원점

2.4.1. 3대 원점

2009년 「측수지법」 제정 이전에는 지적측량에 사용하는 좌표의 원점은 동부원점(북위 38도선과 동경 129도선의 교차점), 중부원점(북위 38도선과 동경 127도선의 교차점), 서부원점(북위 38도선과 동경 125도선의 교차점)의 3대 원점으로 규정하였고(「지적법」 제33조제1항), 원점을 기준으로 지구의 표면을 평면으로 정하는 투영식은 가우스상사 이중투영법으로 사용하도록 규정하였다.(「지적법」 제33조제2항)

그리고 위와 같은 3대 원점을 이용한 삼각점(구 「측량법」에 의하여 관리하는 1등부터 4등삼각점까지를 말한다.) 및 지적삼각점의 평면직각 종횡선 수치를 지적측량에 사용하

기 위하여 1910년대 토지조사사업 당시부터 종선수치에 50만미터(제주도 지역은 55만 미터), 횡선수치에 20만미터를 각각 가산하여(지적법 시행령 제36조제1항) 모든 지적도와 임야도의 도곽선 수치가 정(正)의 수가 되도록 운용하였으며 제2차「지적법」개정 법률에서 새로이 도입된 지적삼각점의 측량에서도 평면직각 종횡선 수치를 사용하도록 규정하였다.

2.4.2. 기타 원점

3대 원점을 사용하지 아니하는 망산·계양·조본·가리 등 11개 지역은 지역좌표체계인 독자적인 원점인 망산원점·계양원점·조본원점·가리원점 등 기타 원점을 사용하도록 규정하였다.(지적법 시행령 제36조제2항)

그러나 2009년에「측수지법」을 제정하면서 이러한 기타 원점을 "지적측량에 사용되는 구소삼각지역의 직각좌표계 원점"이라고 명칭을 개정하였다.(법 제6조제1항제2호, 영 제7조제3항)

2.4.3. 특별소삼각측량지역

특별소삼각측량지역(特別小三角測量地域)은 1912년에 시가지에 대한 지세를 긴급하게 징수할 필요가 있어 그 때까지 대삼각측량을 끝마치지 못한 평양 외 17개소와 지형관계로 대삼각측량망에 연결할 수 없는 울릉도에는 독립된 소삼각측량을 하였는데, 이것을 "특별소삼각측량지역"이라고 한다.

특별소삼각은 그 지역을 전부 포용하도록 소삼각 1등점망을 설치하고 각 점간 거리는 2킬로미터부터 4킬로미터까지로 하며, 1등점을 기지점<旣知點, 지적 및 공간정보 전문용어 표준화(국토교통부고시 제2025-89호, 2025. 3. 4.) [별표]에는 "아는ˇ점"으로 고시되어 있다.> 삼아 그 사이에 2등점을 1킬로미터부터 2킬로미터까지로 배치하였다.

기선은 삼각망 내 적당한 지역에 설정하되 길이는 400미터부터 1킬로미터까지로 하였으며, 특별소삼각점의 명칭과 번호는 보통 소삼각점에 준하도록 운영하였다.15)

그런데 2009년에「측수지법」을 제정하면서 "특별소삼각측량지역<전주·강경·마산·진주·광주(光州)·나주(羅州)·목포·군산·울릉도 등>에 분포된 소삼각측량지역은 별도의

---

15) 원영희, 1972(b), 앞의 책, pp.255~256.

원점을 사용할 수 있다."라고 개정하였다.(법 제6조제1항제2호, 영 제7조제3항)

2.4.4. 특별도근측량지역

특별도근측량지역(特別圖根測量地域)은 함경북도·함경남도·평안북도 및 강원도의 전지역과 평안남도의 강동군·순천군·양덕군·개천군·덕천군·맹산군·영원군, 황해도의 수안군·곡산군·신계군 및 각 도에 산재한 도서지방으로

1) 산간부(山間部)에 있는 조사지 중 삼각측량 또는 도근측량을 시행하는 조사 지역으로부터 약 300간(間) 이상 떨어지고 조사지 이외의 토지로써 포위되었으며, 그 집단 면적이 축척 1/1,200 지역에서는 약 200,000평, 축척 1/2,400 지역에서는 약 500,000평을 넘지 않을 때
2) 도서지방에서 도내(島內)에 삼각점이 없을 때 또는 삼각점이 있어도 다른 삼각점을 시준할 수 없을 때에 실시하였으며 조사지역내 또는 그 부근에 보조삼각점을 설정하기 곤란한 경우에만 이를 시행하였다. 삼각점이 없을 때에는 적당한 위치에 도근원점을 선정하여 회귀도선을 설치한 후 원점과 도근점간 또는 도근점 상호간을 연결하도록 운영하였다.16)

2.4.5. 특별세부측도지역

특별세부측도지역(特別細部測圖地域)은 특별세부측도 실시규정(1916. 2. 14. 임시토지조사국 훈령 제4호) 제2조에 의하여 함경북도·함경남도·평안북도 및 강원도와 평안남도내 강동군·순천군·성천군·양덕군·개천군·덕천군·맹산군·영온군, 황해도의 수안군·곡산군·신계군·황주군·재령군·봉산군 및 전기 도·군 소속의 도서지방을 선정하여 운영하였다.

위와 같은 각종 측량원점별로 <표 3-4>와 같은 원점 구분 코드 번호를 부여하여 관리하고 있다.

<표 3-4> 원점 구분 코드 번호

코드체계	*	*	⇐ 숫자 2자리	
코드	내용		코드	내용

---

16) 원영희, 1972(b), 앞의 책, pp.290~291.

01	동부원/지점	15	특별소삼각측량지역
02	중부원/지점	16	특별도근측량지역
03	서부원/지점	17	특별세부측도지역
04	망산원/지점	18	제주원점
05	계양원점	19	특별소삼각측량지역(군산)
06	조본원점	20	특별소삼각측량지역(마산)
07	가리원점	21	특별소삼각측량지역(목포)
08	등경원점	22	특별소삼각측량지역(전주)
09	고초원점	23	특별소삼각측량지역(울릉)
10	율곡원점	31	세계측지계 동부원점
11	현창원점	32	세계측지계 중부원점
12	구암원점	33	세계측지계 서부원점
13	금산원점	34	세계측지계 동해원점
14	소라원점		

3. 측량기준점

제7조(측량기준점) ① 측량기준점은 다음 각 호의 구분에 따른다. <개정 2012. 12. 18., 2013. 3. 23., 2020. 2. 18.>
1. 국가기준점: 측량의 정확도를 확보하고 효율성을 높이기 위하여 국토교통부장관이 전 국토를 대상으로 주요 지점마다 정한 측량의 기본이 되는 측량기준점
2. 공공기준점: 제17조제2항에 따른 공공측량시행자가 공공측량을 정확하고 효율적으로 시행하기 위하여 국가기준점을 기준으로 하여 따로 정하는 측량기준점
3. 지적기준점: 특별시장·광역시장·특별자치시장·도지사 또는 특별자치도지사(이하 "시·도지사"라 한다)나 지적소관청이 지적측량을 정확하고 효율적으로 시행하기 위하여 국가기준점을 기준으로 하여 따로 정하는 측량기준점
② 제1항에 따른 측량기준점의 구분에 관한 세부 사항은 대통령령으로 정한다.

우리나라의 측량기준점(測量基準點)은 크게 나누어 ① 국가기준점, ② 공공기준점, ③ 지적기준점의 세 종류로 구분하도록 규정하였다.(법 제7조제1항)

국가기준점은 국토교통부장관이 전 국토를 대상으로 주요 지점마다 정한 측량의 기본이 되는 측량기준점으로 ① 우주측지기준점, ② 위성기준점, ③ 수준점, ④ 중력점, ⑤ 통합기준점, ⑥ 삼각점, ⑦ 지자기점, ⑧ 수로기준점, ⑨ 영해기준점으로 구분하고,(영 제8

조제1항제1호) 공공기준점은 ① 공공삼각점, ② 공공수준점으로 구분하며,(영 제8조제1항제2호) 지적기준점은 ① 지적삼각점, ② 지적삼각보조점, ③ 지적도근점으로 구분하고,(영 제8조제1항제3호) 각각의 기준점은 필요에 따라 등급을 구분할 수 있도록 규정하고 있다.(영 제8조제2항)

본 조문은「측수지법」을 제정하면서 지적법령에서 규정한 ① "지적측량기준점"을 "지적기준점"으로, ② "지적삼각측량"을 "지적삼각점측량"으로, ③ "지적삼각보조측량"을 "지적삼각보조점측량"으로, ④ "지적도근측량"을 "지적도근점측량"으로, ⑤ "측판측량"을 "평판측량"으로 각각 용어를 개정하였다.

이어서「공간정보관리법」에서 규정하고 있는 수로조사와 관련된 내용을 분리하여「해양조사정보법」을 제정함에 따라 제13차「공간정보관리법」개정 법률에서 제1항제1호 중 "국토교통부장관 및 해양수산부장관"을 "국토교통부장관"으로 개정하여「해양조사정보법」의 제정 취지에 합치되도록 개선하였다.

3.1. 국가기준점

국가기준점(國家基準點, National control point)이란 측량의 정확도를 확보하고 효율성을 높이기 위하여 국토교통부장관이 전 국토를 대상으로 주요 지점마다 정한 측량의 기본이 되는 측량기준점을 말하는데(법 제7조제1항제1호), ① 위성기준점, ② 수준점, ③ 중력점, ④ 통합기준점, ⑤ 삼각점, ⑥ 지자기점(地磁氣點), ⑦ 수로기준점, ⑧ 영해기준점으로 구분하도록 규정하고 있다.(영 제8조제1항제1호)

3.1.1. 우주측지기준점

우주측지기준점(宇宙測地基準點)이란 국가측지기준계를 정립하기 위하여 전 세계 초장거리간섭계와 연결하여 정한 기준점을 말한다.

3.1.2. 위성기준점

위성기준점(衛星基準點)이란 지리학적 경위도, 직각좌표 및 지구중심 직교좌표의 측정기준으로 사용하기 위하여 대한민국 경위도원점을 기초로 정한 기준점을 말한다.

3.1.3. 수준점

수준점(水準點)이란 높이 측정의 기준으로 사용하기 위하여 대한민국 수준원점을 기초로 정한 기준점을 말한다.

3.1.4. 중력점

중력점(重力點)이란 중력 측정의 기준으로 사용하기 위하여 정한 기준점을 말한다.

3.1.5. 통합기준점

통합기준점(統合基準點)이란 지리학적 경위도·직각좌표·지구중심 직교좌표·높이 및 중력 측정의 기준으로 사용하기 위하여 위성기준점·수준점 및 중력점을 기초로 정한 기준점을 말한다.

3.1.6. 삼각점

삼각점(三角點)이란 지리학적 경위도·직각좌표 및 지구중심 직교좌표 측정의 기준으로 사용하기 위하여 위성기준점 및 통합기준점을 기초로 정한 기준점을 말한다.

3.1.7. 지자기점

지자기점(地磁氣點)이란 지구자기(地球磁氣) 측정의 기준으로 사용하기 위하여 정한 기준점을 말한다.

3.2. 공공기준점

공공기준점(公共基準點, Public control point)이란 공공측량시행자가 공공측량을 정확하고 효율적으로 시행하기 위하여 국가기준점을 기준으로 하여 따로 정하는 측량기준점을 말하는데(법 제7조제1항제2호) ① 공공삼각점, ② 공공수준점으로 구분하도록 규정하고 있다.(영 제8조제1항제2호)

3.2.1. 공공삼각점

공공삼각점(公共三角點)이란 공공측량 시 수평위치의 기준으로 사용하기 위하여 국가기준점을 기초로 하여 정한 기준점을 말한다.

3.2.2. 공공수준점

공공수준점(公共水準點)이란 공공측량 시 높이의 기준으로 사용하기 위하여 국가기준점을 기초로 하여 정한 기준점을 말한다.

3.3. 지적기준점

지적기준점(地籍基準點, Cadastral Control Point)이란 특별시장·광역시장·도지사 또는 특별자치도지사나 지적소관청이 지적측량을 정확하고 효율적으로 시행하기 위하여 국가기준점을 기준으로 하여 따로 정하는 측량기준점을 말하는데(법 제7조제1항제3호) ① 지적삼각점, ② 지적삼각보조점, ③ 지적도근점으로 구분하도록 규정하고 있다.(영 제8조제1항제3호)

제10차 「지적법」 개정 법률에서 "도근점"을 "지적도근점"으로 명칭을 변경하고 "지적위성기준점"(GPS상시관측소)을 지적측량기준점으로 추가하였다.(지적법 시행령 제38조제1항제5호)

3.3.1. 지적삼각점

지적삼각점(地籍三角點)이란 지적측량 시 수평위치 측량의 기준으로 사용하기 위하여 국가기준점을 기준으로 하여 정한 기준점을 말한다.

3.3.2. 지적삼각보조점

지적삼각보조점(地籍三角補助點)이란 지적측량 시 수평위치 측량의 기준으로 사용하기 위하여 국가기준점과 지적삼각점을 기준으로 하여 정한 기준점을 말한다.

3.3.3. 지적도근점

지적도근점(地籍圖根點)이란 지적측량 시 필지에 대한 수평위치 측량 기준으로 사용하기 위하여 국가기준점·지적삼각점·지적삼각보조점 및 다른 지적도근점을 기초로 하여 정한 기준점을 말한다.

지적기준점을 「지적법」에서는 지적측량기준점(地籍測量基準點, Cadastral Surveying Control Point)이라 규정하고 ① 지적삼각점, ② 지적삼각보조점, ③ 지적도근점, ④ 지적위성기준점을 포함하였다.(「지적법」 제2조제19호)

지적기준점은 세부측량을 실시하는데 필요한 기준이 되는 점의 역할을 하는 것으로써 지적삼각측량 및 지적삼각보조측량방법에 의하여 설치한 지적삼각점, 지적삼각보조점과 지적도근측량방법에 의하여 설치한 지적도근점(Cadastral Traverse Point) 및 지적위성기준측량방법에 의하여 설치한 지적위성기준점을 포함한다.

3.4. 측량기준점표지의 설치 및 관리

법 제8조(측량기준점표지의 설치 및 관리) ① 측량기준점을 정한 자는 측량기준점표지를 설치하고 관리하여야 한다.
② 제1항에 따라 측량기준점표지를 설치한 자는 대통령령으로 정하는 바에 따라 그 종류와 설치 장소를 국토교통부장관, 관계 시·도지사, 시장·군수 또는 구청장(자치구의 구청장을 말한다. 이하 같다) 및 측량기준점표지를 설치한 부지의 소유자 또는 점유자에게 통지하여야 한다. 설치한 측량기준점표지를 이전·철거하거나 폐기한 경우에도 같다. <개정 2013. 3. 23., 2020. 2. 18.>
③ 삭제 <2020. 2. 18.>
④ 시·도지사 또는 지적소관청은 지적기준점표지를 설치·이전·복구·철거하거나 폐기한 경우에는 그 사실을 고시하여야 한다. <개정 2013. 7. 17.>
⑤ 특별자치시장, 특별자치도지사, 시장·군수 또는 구청장은 국토교통부령으로 정하는 바에 따라 매년 관할 구역에 있는 측량기준점표지의 현황을 조사하고 그 결과를 시·도지사를 거쳐(특별자치시장 및 특별자치도지사의 경우는 제외한다) 국토교통부장관에게 보고하여야 한다. 측량기준점표지가 멸실·파손되거나 그 밖에 이상이 있음을 발견한 경우에도 같다. <개정 2012. 12. 18., 2013. 3. 23.>
⑥ 제5항에도 불구하고 국토교통부장관은 필요하다고 인정하는 경우에는 직접 측량기준점표지의 현황을 조사할 수 있다. <개정 2013. 3. 23., 2020. 2. 18.>
⑦ 측량기준점표지의 형상, 규격, 관리방법 등에 필요한 사항은 국토교통부령으로 정한다. <개정 2013. 3. 23., 2020. 2. 18.>

3.4.1. 지적기준점표지의 설치

「공간정보관리법」에 의하여 측량기준점을 정한 자는 측량기준점표지(測量基準點標識)를 설치하고 관리하여야 한다.(법 제8조제1항) 그리고 수로측량을 위한 국가기준점표지를 제외한 측량기준점표지를 설치한 자는 그 종류와 설치 장소, 평면직각좌표 및 표고(標高)의 성과가 있는 경우 그 좌표 및 표고를 포함하여 국토교통부장관, 관계 시·도지사, 시장·군수 또는 구청장 및 측량기준점표지를 설치한 부지의 소유자 또는 점유자에게 통

지하여야 하며, 측량기준점표지를 이전·철거하거나 폐기한 경우에도 같다.(법 제8조제2항)

측량기준점표지의 설치자가 측량기준점표지의 설치 사실을 통지할 때에는 그 측량성과<평면직각좌표 및 표고(標高)의 성과가 있는 경우 그 좌표 및 표고를 포함한다.>를 함께 통지하도록 규정하고 있다.(영 제9조제1항)

지적기준점표지의 설치는 다음 각 호의 기준에 따르도록 규정하고 있다.(지적측량 시행규칙 제2조제1항)

1) 지적삼각점표지의 점간거리는 평균 2킬로미터 이상 5킬로미터 이하로 할 것
2) 지적삼각보조점 표지의 점간거리는 평균 1킬로미터 이상 3킬로미터 이하로 할 것. 다만, 다각망도선법(多角網道線法)에 따르는 경우에는 평균 0.5킬로미터 이상 1킬로미터 이하로 한다.
3) 지적도근점표지의 점간거리는 평균 50미터 이상 300미터 이하로 할 것. 다만, 다각망도선법에 따르는 경우에는 평균 500미터 이하로 한다.

3.4.2. 지적기준점표지의 관리

지적소관청은 연 1회 이상 지적기준점표지의 이상 유무를 조사하여야 하며, 이 경우 멸실되거나 훼손된 지적기준점표지를 계속 보존할 필요가 없을 때에는 폐기할 수 있다.(지적측량 시행규칙 제2조제2항)

지적기준점표지가 멸실되거나 훼손되었을 때에는 지적소관청은 다시 설치하거나 보수하도록 규정하고 있다.(지적측량 시행규칙 제2조제3항)

지적법령에서는 지적측량의 편의를 위하여 대한지적공사에 지적삼각점표지 및 지적위성기준점표지를 제외한 지적측량기준점표지의 설치 및 그 측량성과의 관리를 위탁할 수 있도록 규정하였다.(지적법 시행령 제43조제2항)

지적소관청 또는 대한지적공사가 관리하는 지적측량기준점표지가 망실되거나 훼손된 때에는 소관청 또는 대한지적공사가 각각 이를 재설치하거나 보수하도록 규정하였으며,(지적법 시행령 제43조제3항) 대한지적공사가 지적측량기준점표지를 설치한 후 그 지적측량기준점성과를 소관청이 인정한 때에는 이를 지적측량기준점으로 보며, 이 경우 그 지적측량기준점은 공사가 관리하도록 규정하였다.(지적법 시행령 제43조제5항)

그러나「측수지법」을 제정하면서 대한지적공사에 지적측량기준점표지의 설치 및 그 측량성과의 관리 위탁제도를 폐지하고, 지적기준점표지를 정한 자, 즉 시·도지사 또는 지적소관청이 지적기준점표지를 설치하고 관리하도록 개정하였다.(법 제8조제1항)

3.4.3. 지적기준점성과의 관리

지적기준점 성과의 관리는 <표 3-5>와 같이 지적삼각점 성과는 특별시장·광역시장·도지사 또는 특별자치도지사가, 지적삼각보조점 및 지적도근점 성과는 지적소관청이 관리하도록 규정하고 있다.(지적측량 시행규칙 제3조제1호)

<표 3-5> 지적기준점 성과의 관리 기관

구 분	관리기관
지적삼각점 성과	시·도지사
지적삼각보조점 및 지적도근점 성과	지적소관청

출처: 지적측량 시행규칙 제3조제1호 참고 작성.

3.4.4. 지적기준점표지의 형상

공간정보관리법 시행규칙에서 정한 지적기준점표지의 형상 및 규격은 [그림 3-7]과 같이 규정하고 있다.(규칙 제3조제1항)

측량기준점을 정한 자는 측량기준점표지를 설치할 지역의 지형이 이 법 시행규칙 제3조제1항에서 정한 형상 및 규격으로 설치하기가 곤란할 경우에는 별도의 형상 및 규격으로 설치할 수 있으나, 이 경우 측량기준점을 정한 자가 공공측량시행자일 때에는 국토지리정보원장의 승인을 받아야 하며,(규칙 제3조제2항) 측량기준점을 정한 자가 별도의 형상 및 규격을 정한 때에는 이를 고시하도록 규정하고 있다.(규칙 제3조제3항)

지적법령에서는 소관청은 지적측량기준점을 설치하기 위하여 필요한 때에는 타인의 토지·건축물 또는 구조물 등에 지적측량기준점표지를 설치·관리할 수 있도록 규정하였다.(「지적법」 제38조제1항)

일반적으로 도로·제방 등의 공공용지나 지반이 높은 임야에 설치하는 경우가 대부분이며 암석·석재구조물·콘크리트 교량·맨홀 및 건축물 등 견고한 고정물에 지적측량기준점표지를 설치할 필요가 있는 경우에는 그 지형·지물에 지적측량기준점표지의 규격으로 각인(刻印)하거나 고정물에 함께 고정하여 설치할 수 있도록 규정하였다. 그리고 영구표지를 설치한 지적삼각보조점의 관측 및 계산에 관하여는 지적삼각측량을 준용하도록 규정하였다.(지적법 시행규칙 제38조제4항)

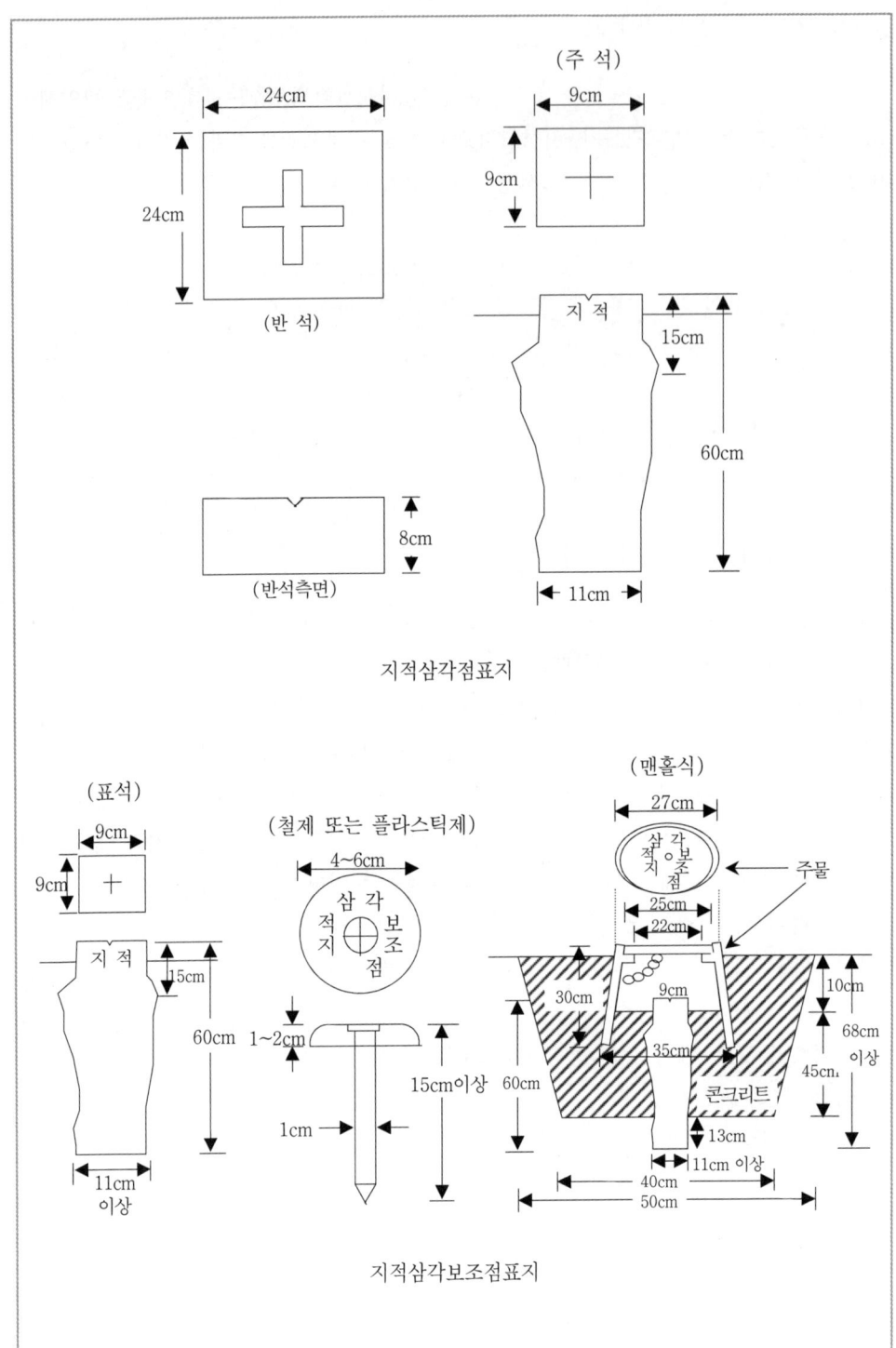

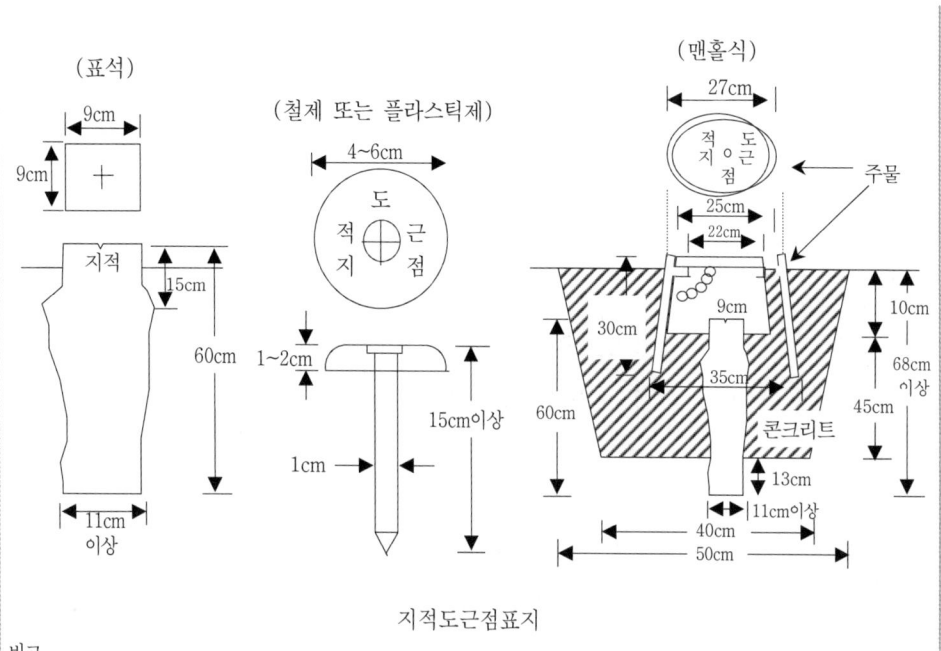

[그림 3-7] 지적기준점표지의 형상 및 규격

그러나 「측수지법」을 제정하면서 측량기준점표지를 설치할 지역의 지형이 [별표 1]의 형상 및 규격으로 설치하기가 곤란할 경우에는 별도의 형상 및 규격으로 설치할 수 있으며, 이 경우 측량기준점을 정한 자가 공공측량의 시행을 하는 자일 때에는 국토지리정보원장의 승인을 받도록 규정하였다.(규칙 제3조제1항, 제2항)

그리고 지적삼각점표지와 별도로 지적삼각보조점표지의 규격을 정하고(규칙 제3조제1항 [별표 1], 지적삼각보조점의 관측 및 계산에 관한 지적삼각측량의 준용 규정을 삭제함으로써 지적삼각점측량과 지적삼각보조점측량을 명확하게 구분할 수 있도록 개선하였다.

3.4.5. 지적기준점표지 설치의 고지

시·도지사 또는 지적소관청은 [그림 3-8] 또는 [그림 3-9]와 같이 지적기준점표지를 매설한 경우에는 그 사실을 고시하여야 한다.(법 제8조제4항)

특별자치도지사, 시장·군수 또는 구청장은 매년 관할 구역에 있는 측량기준점표지의 현황을 조사하고 그 결과를 시·도지사를 거쳐 국토교통부장관에게 보고하여야 하며, 측량기준점표지가 멸실·파손되거나 그 밖에 이상이 있음을 발견한 경우에도 동일하게 운영하도록 규정하고 있다.(법 제8조제5항)

[그림 3-8] 지적삼각점의 매설 현황도   [그림 3-9] 지적도근점의 매설 현황도

그리고 특별자치도지사·시장·군수 또는 구청장은 측량기준점표지의 현황에 대한 조사결과를 매년 10월 말까지 국토지리정보원장이 정하여 고시한 기준에 따라 보고하여야 하며,(규칙 제5조제1항) 국토지리정보원장은 측량기준점표지의 현황조사 결과 보고에 대한 기준을 정한 경우에는 이를 고시하도록 규정하고 있다.(규칙 제5조제2항)

지적기준점표지의 설치에 대한 고시는 ① 기준점의 명칭 및 번호, ② 직각좌표계의 원점명,(지적기준점에 한정한다.) ③ 좌표 및 표고, ④ 경도와 위도, ⑤ 설치일 소재지 및 표지의 재질, ⑥ 측량성과 보관 장소를 관보에 게재하는 방법으로 하여야 하며, 지적기준점 중 지적삼각보조점과 지적도근점표지의 설치에 대한 고시는 <표 3-6>과 같이 지적소관청의 공보 또는 인터넷 홈페이지에 게재할 수 있도록 규정하고 있다.(영 제10조)

지적법령에서는 지적삼각보조점과 지적도근점의 경우에는 표고, 경도와 위도는 고시하지 않도록 규정하였으나, 「측수지법」을 제정하면서 같은 해 12월 10일부터 지적삼각보조점과 지적도근점도 표고와 경도·위도를 고시하도록 개선하였다.(영 제10조)

그리고 지적소관청이 지적삼각점을 설치하거나 변경한 때에는 그 측량성과를 시·도지사에게 통보하여야 하며, 지적소관청은 지형·지물 등의 변동으로 인하여 지적삼각점성과가 다르게 된 때에는 지체 없이 그 측량성과를 수정하고 이를 시·도지사에게 통보하도록

규정하고 있다.(지적측량 시행규칙 제3조제2호, 제3호)

<표 3-6> 지적기준점 성과의 고시 기관과 방법

구 분	고시·통보 기관	통보 대상 기관	고시 방법
지적삼각점 성과	시·도지사	국토교통부장관	관보 게재
지적삼각보조점 및 지적도근점 성과	지적소관청	통보 불요	지적소관청의 공보 또는 인터넷 홈페이지

출처: 법 제8조제4항, 영 제10조 참고 작성.

3.4.6. 지적기준점성과표의 기록·관리

1) 지적삼각점성과표

시·도지사가 지적삼각점 성과를 관리할 때에는 ① 지적삼각점의 명칭과 기준원점명, ② 좌표 및 표고, ③ 경도 및 위도, ④ 자오선 수차, ⑤ 시준점의 명칭과 방위각과 거리, ⑥ 소재지와 측량 연월일, ⑦ 그 밖의 참고사항을 지적삼각점성과표에 기록·관리하도록 규정하고 있다.(지적측량 시행규칙 제4조제1항)

2) 지적삼각보조점 및 지적도근점 성과표

지적소관청이 지적삼각보조점성과 및 지적도근점 성과를 관리할 때에는 ① 번호 및 위치의 약도, ② 좌표와 직각좌표계 원점명, ③ 경도와 위도,(필요한 경우로 한정한다.) ④ 표고,(필요한 경우로 한정한다.) ⑤ 소재지와 측량 연월일, ⑥ 도선등급 및 도선명, ⑦ 표지의 재질, ⑧ 도면번호, ⑨ 설치기관, ⑩ 조사 연월일 조사자의 직위·성명 및 조사 내용을 지적삼각보조점 성과표 및 지적도근점 성과표에 기록·관리하도록 규정하고 있다.(지적측량 시행규칙 제4조제2항)

위 ⑩호의 조사 내용은 지적삼각보조점 및 지적도근점표지의 멸실 유무·사고 원인·경계의 일치 여부 등을 기록하여야 하며, 이 경우 경계와 일치되지 아니할 때에는 그 사유를 기록하여야 한다.(지적측량 시행규칙 제4조제3항)

본 조문은「공간정보관리법」에서 규정하고 있는 수로조사와 관련된 내용을 분리하여「해양조사정보법」을 제정함에 따라 제13차「공간정보관리법」개정 법률에서 제2항 전단 중 "측량기준점표지[수로측량을 위한 국가기준점표지(이하 "수로기준점표지"라 한다.)는 제외한다. 이하 이 항 및 제5항에서 같다.]"를 "측량기준점표지"로 하고, 제3항을 삭제하며, 제6항 중 "국토교통부장관 및 해양수산부장관"을 "국토교통부장관"으로 하고, 제7항 중 "국토교통부령 또는 해양수산부령"을 "국토교통부령"으로 개정하여 「해양조사정보법」의 제정 취지에 합치되도록 개선하였다.

3.5. 측량기준점표지의 보호

> 법 제9조(측량기준점표지의 보호) ① 누구든지 측량기준점표지를 이전·파손하거나 그 효용을 해치는 행위를 하여서는 아니 된다.
> ② 측량기준점표지를 파손하거나 그 효용을 해칠 우려가 있는 행위를 하려는 자는 그 측량기준점표지를 설치한 자에게 이전을 신청하여야 한다.
> ③ 제2항에 따른 신청을 받은 측량기준점표지의 설치자는 측량기준점표지를 이전하지 아니하고 제2항에 따른 신청인의 목적을 달성할 수 있는 경우를 제외하고는 그 측량기준점표지를 이전하여야 하며, 그 측량기준점표지를 이전하지 아니하는 경우에는 그 사유를 제2항에 따른 신청인에게 알려야 한다.
> ④ 제3항에 따른 측량기준점표지의 이전에 드는 비용은 제2항에 따른 신청인이 부담한다. 다만, 측량기준점표지 중 국가기준점표지의 이전에 드는 비용은 설치자가 부담한다. <개정 2013. 7. 17., 2020. 2. 18.>

측량기준점표지를 이전·파손하거나 그 효용을 해치는 행위를 하여서는 아니 되며,(법 제9조제1항) 측량기준점표지를 파손하거나 그 효용을 해칠 우려가 있는 행위를 하려는 자는 그 측량기준점표지를 설치한 자에게 이전을 신청하도록 규정하고 있다.(법 제9조제2항)

그리고 이전신청을 받은 측량기준점표지의 설치자는 측량기준점표지를 이전하지 아니하고 신청인의 목적을 달성할 수 있는 경우를 제외하고는 그 측량기준점표지를 이전하여야 하며, 그 측량기준점표지를 이전하지 아니하는 경우에는 그 사유를 신청인에게 알려야 한다.(법 제9조제3항)

측량기준점표지의 이전에 드는 비용은 신청인이 부담하되 다만, 측량기준점표지 중 국가기준점표지(수로기준점표지는 제외한다.)의 이전에 드는 비용은 설치자가 부담하도록 규정하고 있다.(법 제9조제4항)

그리고 측량기준점표지의 이전을 신청하려는 자는 측량기준점표지의 이전신청서에 현장사진을 첨부하여 이전을 원하는 날의 30일 전까지 측량기준점표지를 설치한 자에게 제출하여야 한다.(규칙 제6조제1항)

이전 신청을 받은 자는 신청을 받은 날부터 10일 이내에 측량기준점표지 이전경비 납부통지서를 신청인에게 통지하여야 하고,(규칙 제6조제2항) 이전경비 납부통지서를 받은 신청인은 이전을 원하는 날의 7일 전까지 측량기준점표지를 설치한 자에게 이전경비를 내도록 규정하고 있었다.(규칙 제6조제3항)

지적법령에서는 토지 등의 소유자·점유자 또는 관리인은 소유하거나 점유 또는 관리하는 토지 등에 설치된 지적측량기준점표지가 있는 때에는 이를 선량한 관리자의 주의의무로써 보호하도록 규정하였으며,(「지적법」 제47조제5항) 시·도지사 또는 소관청은 타인의 토지·건축물 또는 구조물 등에 지적측량기준점을 설치한 때에는 소유자 또는 점유자에게 선량한 관리자로서 보호의무가 있음을 통지하도록 규정하였다.(지적사무 처리규정 제55조)

그러나 「측수지법」을 제정하면서 지적측량기준점표지에 대한 선량한 관리자의 주의의무로써 보호하여야 하는 규정과 소유자 또는 점유자에게 선량한 관리자로서 보호의무가 있음을 통지하는 규정을 각각 삭제하였다.

본 조문은 「공간정보관리법」에서 규정하고 있는 수로조사와 관련된 내용을 분리하여 「해양조사정보법」을 제정함에 따라 제13차 「공간정보관리법」 개정 법률에서 제4항 단서 중 "국가기준점표지(수로기준점표지는 제외한다.)"를 "국가기준점표지"로 개정하여 「해양조사정보법」의 제정 취지에 합치되도록 개선하였다.

4. 측량업정보의 종합관리

법 제10조의2(측량업정보의 종합관리) ① 국토교통부장관은 측량업자의 자본금, 경영실태, 측량용역 수행실적, 측량기술자 및 장비 보유현황 등 측량업정보를 종합적으로 관리하고, 국토교통부령으로 정하는 바에 따라 그 측량업정보가 필요한 측량용역의 발주자, 행정기관 및 관련 단체 등의 장에게 제공할 수 있다. <개정 2020. 6. 9.>
② 국토교통부장관은 제1항에 따른 측량업정보를 체계적으로 관리하기 위하여 대통령령으로 정하는 바에 따라 측량업정보 종합관리체계를 구축·운영하여야 한다.
③ 국토교통부장관은 제1항의 업무를 수행하기 위하여 측량업자, 행정기관 등의 장에게 관련 자료의 제출을 요청할 수 있다. 이 경우 요청을 받은 자는 특별한 사유가 없으면 이에 따라야 한다.
④ 제3항에 따른 자료 제출의 요청 절차 등에 필요한 사항은 대통령령으로 정한다.
[본조신설 2014.6.3.]

측량업정보를 효율적으로 관리하기 위한 측량업정보 종합관리체계를 구축·운영하고, 측량용역사업에 대한 사업수행능력을 평가하여 측량용역의 발주자, 행정기관 및 관련 단체 등의 장에게 서면 또는 전자적 방법으로 제공할 수 있도록 규정하였다.(법 제10조의2 제1항, 시행규칙 제6조의2)

국토교통부장관은 ① 측량업자 자본금·경영실태·업무 수행실적·측량기술자 및 장비 보유현황, ② 측량용역사업에 대한 사업수행능력의 평가 및 공시에 관한 사항, ③ 측량기술자의 신고 등에 관한 사항, ④ 측량기술자의 업무정지 등에 관한 사항, ⑤ 측량업의 업종별 등록(변경신고를 포함한다.)에 관한 사항, ⑥ 측량업자의 지위 승계에 관한 사항, ⑦ 측량업의 휴업·폐업 등 신고에 관한 사항, ⑧ 측량업의 등록취소 등에 관한 사항, ⑨ 그 밖에 측량업정보 관리에 필요한 사항 등 측량업정보를 종합적으로 관리하도록 규정하고, 이를 관련기관 등에 제공할 수 있도록 측량업정보 종합관리체계의 구축·운영의 근거를 마련하고, 측량업정보관리대장에 입력하는 방식으로 관리하도록 규정하였다.(법 제10조의2, 시행령 제10조의2제1항, 시행규칙 제6조의3)

본 조문에 의한 측량업정보의 종합관리제도는 2014년에 「측수지법」을 「공간정보관리법」[시행 2015. 6. 4.][법률 제12738호, 2014. 6. 3., 일부개정]으로 제명 개정 당시에 새로이 도입하였으며, 제14차 「공간정보관리법」 개정 법률에서 제1항 중 "이를 필요로 하는"을 "그 측량업정보가 필요한"으로 개정하여 국민이 쉽게 이해할 수 있도록 용어를 순화하였다.

5. 측량용역사업에 대한 사업수행 능력의 평가 및 공시

> 법 제10조의3(측량용역사업에 대한 사업수행능력의 평가 및 공시) ① 국토교통부장관은 발주자가 적정한 측량업자를 선정할 수 있도록 하기 위하여 측량업자의 신청이 있는 경우 그 측량업자의 측량용역 수행실적, 자본금, 기술인력·장비 보유현황 수준 등에 따라 사업수행능력을 평가하여 공시하여야 한다.
> ② 제1항에 따른 사업수행능력의 평가 및 공시를 받으려는 측량업자는 전년도 측량용역 수행실적, 기술자 보유현황, 재무상태, 그 밖에 국토교통부령으로 정하는 사항을 국토교통부장관에게 제출하여야 한다.
> ③ 제1항 및 제2항에 따른 측량업자의 사업수행능력 공시, 사업수행능력 평가 기준 및 실적 등의 신고에 필요한 사항은 대통령령으로 정한다.
> [본조신설 2014. 6. 3.]

국토교통부장관은 발주자가 적정한 측량업자를 선정할 수 있도록 측량업자의 신청이 있는 경우 그 측량업자의 측량용역 수행실적·자본금·기술인력·장비 보유현황 수준 등에 따라 사업수행능력을 평가하여 공시하여야 하며, 측량용역사업에 대한 사업수행능력 평가를 받으려는 측량업자는 전년도 측량용역 수행실적·기술자 보유현황·재무상태·신인도·신용도 및 교육이행실적에 관한 자료를 매년 2월 15일(재무상태에 관한 자료의 경우 법인은 4월 15일, 개인은 6월 15일)까지 국토교통부장관에게 제출하도록 규정하고 있다.(법 제10조의3, 시행령 제10조의4, 시행규칙 제6조의5)

그리고 국토교통부장관이 사업수행능력평가를 한 경우에는 ① 상호 및 성명,(법인인 경우에는 대표자의 성명) ② 주된 영업소의 소재지 및 연락처, ③ 측량용역 수행실적, ④ 기술인력 및 장비 보유현황, ⑤ 측량업 등록현황, ⑥ 자본금 및 매출액 순이익율 등 재무상태 현황, ⑧ 신용정보회사가 실시한 신용평가를 받은 경우에는 그 신용평가 내용, ⑨ 사업수행능력평가 항목별 점수 및 종합평가점수 등을 매년 8월 31일까지 공간정보산업협회 인터넷 홈페이지에 공시하도록 규정하고 있다.(시행령 제10조의6, 시행규칙 제6조의6제4항)

본 조문에 의한 측량용역사업에 대한 사업수행능력의 평가 및 공시 제도는 2014년에 「측수지법」을 「공간정보관리법」[시행 2015. 6. 4.][법률 제12738호, 2014. 6. 3., 일부개정]으로 제명 개정 당시에 새로이 도입하였다.

<참고사항>
「공간정보관리법」 중 제2절 기본측량, 법 제10조(협력체계의 구축), 법 제11조(지형·지물의 변동사항 통보 등) 내지 제16조(기본측량성과의 국외 반출금지)와 제3절 공공측량 및 일반측량, 법 제17조(공공측량의 실시 등) 내지 제22조(일반측량의 실시 등)는 지적과 직접 관련이 없는 규정으로 해설을 생략하였다.

제2절 지적측량
(Section2. Cadastral Surveying)

1. 지적측량의 실시

> 법 제23조(지적측량의 실시 등) ① 다음 각 호의 어느 하나에 해당하는 경우에는 지적측량을 하여야 한다. <개정 2013. 7. 17.>
> 1. 제7조제1항제3호에 따른 지적기준점을 정하는 경우
> 2. 제25조에 따라 지적측량성과를 검사하는 경우
> 3. 다음 각 목의 어느 하나에 해당하는 경우로서 측량을 할 필요가 있는 경우
>   가. 제74조에 따라 지적공부를 복구하는 경우
>   나. 제77조에 따라 토지를 신규등록하는 경우
>   다. 제78조에 따라 토지를 등록전환하는 경우
>   라. 제79조에 따라 토지를 분할하는 경우
>   마. 제82조에 따라 바다가 된 토지의 등록을 말소하는 경우
>   바. 제83조에 따라 축척을 변경하는 경우
>   사. 제84조에 따라 지적공부의 등록사항을 정정하는 경우
>   아. 제86조에 따른 도시개발사업 등의 시행지역에서 토지의 이동이 있는 경우
>   자. 「지적재조사에 관한 특별법」에 따른 지적재조사사업에 따라 토지의 이동이 있는 경우
> 4. 경계점을 지상에 복원하는 경우
> 5. 그 밖에 대통령령으로 정하는 경우
> ② 지적측량의 방법 및 절차 등에 필요한 사항은 국토교통부령으로 정한다. <개정 2013. 3. 23.>

지적측량은 지적공부에 등록할 경계 또는 좌표와 면적을 정하거나 이를 지상에 복원하기 위한 측량과 지적도와 임야도에 등록된 경계와의 관계 위치를 표시하기 위하여 실시한다. 즉, 지적기준점을 정하기 위한 경우·지적측량수행자가 실시한 지적측량 성과를 검사하는 경우·지적공부의 복구를 위한 경우·신규등록을 위한 경우·등록전환을 위한 경우·토지분할을 위한 경우·바다로 된 토지의 등록사항을 말소 또는 회복등록하기 위한 경우·축척변경을 위한 경우·지적공부의 등록사항정정을 위한 경우·도시개발사업 등의 시행지역에서 토지의 이동으로 인한 경우·「지적재조사법」에 따른 지적재조사사업에 따라 토지의 이동이 있는 경우·경계점을 지상에 복원하기 위한 경우·지상 건축물 등의 현황을 지적도 및 임야도에 등록된 경계와 대비하여 표시하는 데에 필요한 경우 등이 있다.

경계점을 지상에 복원하기 위한 측량이란 지적도와 임야도에 등록된 경계 또는 경계점좌표등록부에 등록된 좌표에 의하여 지적공부에 등록할 당시의 원래 지상 경계점을 찾아내어 지상에 복원하는 측량을 말하는데 「지적법」 제정 법률에는 "경계감정측량"이란 용어로 사용되었으나 지적측량으로 규정되어 있지는 않았다.[17]

그 후 제2차 「지적법」 개정 법률에서 "경계복원측량"이란 용어가 새로이 규정 되었으며, 제3차 「지적법」 개정 법률에 「지적법」과 연계하여 같은 법 시행령에 "경계를 실지에

---

17) 원영희, 1972(b), 앞의 책, p.527.

복원하기 위하여 행하는 측량은 등록할 당시의 측량방법과 동일한 방법으로 시행하여야 한다."라고 강제규정을 신설하였다.(영 제45조)

그 이유는 지적측량 중에서 경계복원측량이 차지하는 비중이 크고 경계분쟁에 관한 민원이 빈번하게 발생하기 때문에 지적공부에 등록할 당시에 실시한 측량방법과 동일한 방법으로 측량을 실시하여야만 가장 정확하게 등록 당시의 원래 경계를 찾아낼 수 있다는 이론에 근거한 것이다.

그러나 현실적으로 위와 같은 강제 규정을 일률적으로 적용하기가 곤란하여 제7차「지적법」개정에 이어서 지적법 시행령[시행 1995. 4. 6.] [대통령령 제14568호, 1995. 4. 6., 일부개정]을 개정하여 제45조에 경계를 지표상에 복원하기 위한 경계복원측량에 있어서 경계를 지적공부에 등록할 당시에 거리측정 착오·측량성과의 결정착오 또는 경계오인 등의 사유로 경계가 잘못 등록되었다고 판단될 경우에는「지적법」제38조제2항의 규정에 의하여 등록사항을 정정한 후 측량을 하도록 개선하였으나, 제10차「지적법」개정 법률과 연계하여 같은 법 시행규칙 제47조로 하향 조정되었다.

그러나 2009년에「측수지법」을 제정하면서 지적측량의 방법 및 절차 등에 관한 사항은 국토교통부령으로 정하도록 규정하여 별도로 지적측량 시행규칙[시행 2009. 12. 14.] [국토해양부령 제192호, 2009. 12. 14., 제정]을 제정하여 시행하고 있는데, 현행 지적측량 시행규칙[시행 2015. 6. 4.][국토교통부령 제198호, 2015. 4. 23., 일부개정]에 규정된 지적측량에 관한 주요 내용은 다음과 같다.

1.1. 지적측량의 구분

> 지적측량 시행규칙 제5조(지적측량의 구분 등) ① 지적측량은「공간정보의 구축 및 관리 등에 관한 법률 시행령」(이하 "영"이라 한다) 제8조제1항제3호에 따른 지적기준점을 정하기 위한 기초측량과, 1필지의 경계와 면적을 정하는 세부측량으로 구분한다. <개정 2015. 4. 23.>
> ② 지적측량은 평판(平板)측량, 전자평판측량, 경위의(經緯儀)측량, 전파기(電波機) 또는 광파기(光波機)측량, 사진측량 및 위성측량 등의 방법에 따른다.

지적측량은 기초측량(基礎測量) 및 세부측량(細部測量)으로 구분하며, 평판측량·전자평판측량·경위의측량·전파기 또는 광파기측량·사진측량 및 위성측량 등의 방법에 따르도록 규정하고 있다.

일반적으로 경위의측량방법과 전파기 또는 광파기측량방법은 경계점좌표방법에 의한 기초측량 또는 세부측량에 활용하고 있으며, 평판측량방법은 도해방법에 의한 세부측량에 활용하고 있다.

토지조사사업이 착수된 1910년부터 제2차「지적법」개정 법률 시행 전인 1976년 5월 6일까지는 세부측량의 경우 평판측량방법에 의한 도해측량으로 지적측량을 실시하였다.

그러나 제2차「지적법」개정 법률에 새로이 수치측량(경계점좌표측량)제도를 도입하면서 전파기 또는 광파기측량방법과 사진측량방법을 도입하였으며, 「지적법」제7차 개정 법률에 인공위성을 이용하여 지상의 특정지점에 대한 좌표·표고 등을 측정할 수 있는 위성측량방법을 새로이 도입함으로써 선진국들이 채택하고 있는 최신 측량방법인 GNSS(Global Navigation Satellite System)[18] 위성측위시스템을 이용하여 지적측량을 실시할 수 있도록 제도화하였다.

위성측위시스템은 첨단장비를 이용한 측량으로 정확성을 확보할 수 있으며 짧은 시간에 많은 지점에 대한 측량이 가능하고 짙은 안개나 우천 시에도 관측이 가능하며 상호 시통이 안 되는 두 지점의 위치를 정확히 측정할 수 있고 경제성이 있는 장점이 있으나, 측량장비가 고가여서 초기에 많은 투자가 필요하고 운영에 고도의 전문성과 기술이 필요한 단점이 있다.

기초측량과 세부측량의 측량방법별로 거리·각도 등의 관측 및 계산방법과 측량성과의 작성 절차 등을「지적법」·지적법 시행령·지적법 시행규칙에 상세히 규정하였던 사유는 지적측량의 성과가 국민의 재산권 행사와 직결되기 때문에 구「측량법」에 의한 측지측량과는 달리 지적측량사 개인의 판단에 의하여 측량의 방법·관측·계산·성과 작성 등을 결정하지 못하게 하고 지적법령에 규정한 절차와 방법에 따라 조사·측량을 실시하고 성과를 작성하도록 규정하여 지적측량 성과의 공정성과 정확성 및 객관성을 확보하고 지적제도의 공신력을 제고하기 위한 법적 장치이다.

1.2. 지적측량의 실시기준

지적측량 시행규칙 제6조(지적측량의 실시기준) ① 지적삼각점측량·지적삼각보조점측량은

---

[18] 각국의 위성측위시스템을 통칭하여 GNSS(Global Navigation Satellite System, 위성측위시스템)라고 하며, 미국의 위성위치 측정시스템(GPS), 러시아의 글로나스(GLONASS), 유럽연합의 갈릴레오(Galileo), 중국의 베이더우(Beidou) 등이 구축되어 있다.(네이버 지식백과, 두산백과)

다음 각 호의 어느 하나에 해당하는 경우에 실시한다.
1. 측량지역의 지형상 지적삼각점이나 지적삼각보조점의 설치 또는 재설치가 필요한 경우
2. 지적도근점의 설치 또는 재설치를 위하여 지적삼각점이나 지적삼각보조점의 설치가 필요한 경우
3. 세부측량을 하기 위하여 지적삼각점 또는 지적삼각보조점의 설치가 필요한 경우
② 지적도근점측량은 다음 각 호의 어느 하나에 해당하는 경우에 실시한다.
1. 법 제83조에 따라 축척변경을 위한 측량을 하는 경우
2. 법 제86조에 따른 도시개발사업 등으로 인하여 지적확정측량을 하는 경우
3. 「국토의 계획 및 이용에 관한 법률」 제7조제1호의 도시지역에서 세부측량을 하는 경우
4. 측량지역의 면적이 해당 지적도 1장에 해당하는 면적 이상인 경우
5. 세부측량을 하기 위하여 특히 필요한 경우
③ 세부측량은 법 제23조제1항제2호·제3호·제4호 및 제5호의 경우에 실시한다.

　기초측량은 지적삼각점측량·지적삼각보조점측량·지적도근점측량으로 구분하여 실시하는데, 지적삼각점측량·지적삼각보조점측량은 측량지역의 지형관계상 지적삼각점이나 지적삼각보조점의 설치 또는 재설치가 필요한 경우, 지적도근점의 설치 또는 재설치를 위하여 지적삼각점이나 지적삼각보조점의 설치가 필요한 경우, 세부측량을 하기 위하여 지적삼각점 또는 지적삼각보조점의 설치가 필요한 경우에 실시하도록 규정하고 있다.(지적측량 시행규칙 제6조제1항)

　그리고 지적도근점측량은 축척변경을 위한 측량을 하는 경우·도시개발사업 등으로 인하여 지적확정측량을 하는 경우·도시지역에서 세부측량을 하는 경우·측량지역의 면적이 당해 지적도 1장에 해당하는 면적 이상인 경우·세부측량을 하기 위하여 특히 필요한 경우에 실시하도록 규정하고 있다.(지적측량 시행규칙 제6조제2항)

　이어서 세부측량은 지적기준점을 정하는 경우·지적공부를 복구하는 경우·토지를 신규등록하는 경우·토지를 등록전환하는 경우·토지를 분할하는 경우·바다가 된 토지의 등록을 말소하는 경우·축척을 변경하는 경우·지적공부의 등록사항을 정정하는 경우·도시개발사업 등의 시행지역에서 토지의 이동이 있는 경우·경계점을 지상에 복원하는 경우 및 그 밖에 대통령령으로 정하는 지적현황측량 등에 실시하도록 규정하고 있다.(지적측량 시행규칙 제6조제3항)

1.3. 지적측량의 방법

지적측량 시행규칙 제7조(지적측량의 방법 등) ① 법 제23조제2항에 따른 지적측량의 방법은 다음 각 호의 어느 하나에 따른다. <개정 2013. 3. 23., 2024. 12. 26.>

1. 지적삼각점측량: 위성기준점, 통합기준점, 삼각점 및 지적삼각점을 기초로 하여 경위의측량방법, 전파기 또는 광파기측량방법, 위성측량방법 및 국토교통부장관이 승인한 측량방법에 따르되, 그 계산은 평균계산법이나 망평균계산법에 따를 것
2. 지적삼각보조점측량: 위성기준점, 통합기준점, 삼각점, 지적삼각점 및 지적삼각보조점을 기초로 하여 경위의측량방법, 전파기 또는 광파기측량방법, 위성측량방법 및 국토교통부장관이 승인한 측량방법에 따르되, 그 계산은 교회법(交會法) 또는 다각망도선법에 따를 것
3. 지적도근점측량: 위성기준점, 통합기준점, 삼각점 및 지적기준점을 기초로 하여 경위의측량방법, 전파기 또는 광파기측량방법, 위성측량방법 및 국토교통부장관이 승인한 측량방법에 따르되, 그 계산은 도선법, 교회법 및 다각망도선법에 따를 것
4. 세부측량: 위성기준점, 통합기준점, 지적기준점 및 경계점을 기초로 하여 경위의측량방법, 평판측량방법, 전자평판측량방법, 위성측량방법 및 드론측량방법에 따를 것

② 위성측량 및 드론측량의 방법 및 절차 등에 관하여 필요한 사항은 국토교통부장관이 따로 정한다. <개정 2013. 3. 23., 2024. 12. 26.>
③ 법 제23조제1항제1호에 따른 지적기준점측량의 절차는 다음 각 호의 순서에 따른다.
1. 계획의 수립
2. 준비 및 현지답사
3. 선점(選點) 및 조표(調標)
4. 관측 및 계산과 성과표의 작성
④ 지적측량의 계산 및 결과 작성에 사용하는 소프트웨어는 국토교통부장관이 정한다. <개정 2013. 3. 23.>
[시행일: 2025. 3. 27.] 제7조

1.3.1. 지적삼각점측량

지적삼각점측량은 위성기준점·통합기준점·삼각점 및 지적삼각점을 기초로 하여 경위의측량방법·전파기 또는 광파기측량방법·위성측량방법 및 국토교통부장관이 승인한 측량방법에 따르고, 그 계산은 평균계산법이나 망평균계산법에 따르도록 규정하고 있다. (지적측량 시행규칙 제7조제1항제1호)

1.3.2. 지적삼각보조점측량

지적삼각보조점측량은 위성기준점·통합기준점·삼각점·지적삼각점 및 지적삼각보조점을 기초로 하여 경위의측량방법·전파기 또는 광파기측량방법·위성측량방법 및 국토교통부장관이 승인한 측량방법에 따르고, 그 계산은 교회법(交會法) 또는 다각망도선법에 따르도록 규정하고 있다.(지적측량 시행규칙 제7조제1항제2호)

1.3.3. 지적도근점측량

지적도근점측량은 위성기준점·통합기준점·삼각점 및 지적기준점을 기초로 하여 경위의측량방법·전파기 또는 광파기측량방법·위성측량방법 및 국토교통부장관이 승인한 측량방법에 따르고, 그 계산은 도선법·교회법 및 다각망도선법에 따르도록 규정하고 있다.(지적측량 시행규칙 제7조제1항제3호)

1.3.4. 세부측량

세부측량은 위성기준점·통합기준점·지적기준점 및 경계점을 기초로 하여 경위의측량방법·평판측량방법·위성측량방법 및 전자평판측량방법에 따르도록 규정하고 있다.(지적측량 시행규칙 제7조제1항제4호)

1.3.5. 위성측량

2024년에 지적측량 시행규칙[시행 2025. 3. 27.] [국토교통부령 제1426호, 2024. 12. 26., 일부개정]을 일부 개정하여 드론측량 방법을 지적측량의 방법에 포함하도록 개선하였다. 그리고 위성측량 및 드론측량의 방법 및 절차 등에 관하여 필요한 사항은 국토교통부장관이 따로 정하도록 규정함에 따라(지적측량 시행규칙 제7조제2항) GPS에 의한 지적측량규정을 별도 제정하여 운영하고 있다.

1.3.6. 지적기준점측량의 절차

지적기준점측량의 절차는 계획의 수립·준비 및 현지답사·선점 및 조표·관측 및 계산과 성과표의 작성 등 순서에 따르도록 규정하고 있다.(지적측량 시행규칙 제7조제3항)

1.3.7. 지적측량의 계산 및 결과 작성에 사용하는 소프트웨어

지적측량의 계산 및 결과 작성에 사용하는 소프트웨어는 국토교통부장관이 정하도록 규정하고 있다.(지적측량 시행규칙 제7조제4항)

1.4. 지적삼각점측량

지적측량 시행규칙 제8조(지적삼각점측량) ① 지적삼각점측량을 할 때에는 미리 지적삼각점표지를 설치하여야 한다.

② 지적삼각점의 명칭은 측량지역이 소재하고 있는 특별시·광역시·특별자치시·도 또는 특별자치도(이하 "시·도"라 한다)의 명칭 중 두 글자를 선택하고 시·도 단위로 일련번호를 붙여서 정한다. <개정 2024. 12. 26.>
③ 지적삼각점은 유심다각망(有心多角網)·삽입망(挿入網)·사각망(四角網)·삼각쇄(三角鎖) 또는 삼변(三邊) 이상의 망으로 구성하여야 한다.
④ 삼각형의 각 내각은 30도 이상 120도 이하로 한다. 다만, 망평균계산법과 삼변측량에 따르는 경우에는 그러하지 아니하다.
⑤ 지적삼각점성과 결정을 위한 관측 및 계산의 과정은 지적삼각점측량부에 적어야 한다.

지적삼각점측량을 하는 때에는 미리 지적삼각점표지를 설치하여야 하며, "측량지역이 소재하고 있는 특별시·광역시·도 또는 특별자치도(이하 "시·도"라 한다)의 명칭" 중에서 두 글자를 선택하고 시·도 단위로 일련번호를 붙여서 지적삼각점의 명칭을 정하도록 규정하고 있었다.(지적측량 시행규칙 제8조제1항, 제2항, 지적사무 처리규정 제32조)

그러나 2024년에 지적측량 시행규칙[시행 2025. 3. 27.] [국토교통부령 제1426호, 2024. 12. 26., 일부개정]을 일부 개정하여 제8조제2항 중 "측량지역이 소재하고 있는 특별시·광역시·도 또는 특별자치도(이하 "시·도"라 한다)의 명칭 중"을 "측량지역이 소재하고 있는 특별시·광역시·특별자치시·도 또는 특별자치도(이하 "시·도"라 한다)의 명칭 중"으로 개정하였으며, 지적삼각점의 명칭은 시·도별로 <표 3-7>과 같이 부여하도록 규정하여(제7조) 오늘에 이르고 있다.

그리고 지적삼각점은 유심다각망·삽입망·사각망·삼각쇄 또는 삼변 이상의 망으로 구성하여야 하며, 삼각형의 각 내각은 30도 이상 120도 이하로 하여야 하나,(지적측량 시행규칙 제8조제3항) 망평균계산법과 삼변측량에 따르는 경우에는 그러하지 아니하며, (지적측량 시행규칙 제8조제4항) 지적삼각점 성과결정을 위한 관측 및 계산의 과정은 이를 지적삼각점측량부에 기재하도록 규정하고 있다.(지적측량 시행규칙 제8조제5항)

<표 3-7> 지적삼각점의 명칭 부여

기관명	명칭	기관명	명칭	기관명	명칭
서울특별시	서울	울산광역시	울산	전북특별자치도	전북
부산광역시	부산	경기도	경기	전라남도	전남
대구광역시	대구	강원특별자치도	강원	경상북도	경북
인천광역시	인천	충청북도	충북	경상남도	경남
광주광역시	광주	충청남도	충남	제주특별자치도	제주
대전광역시	대전	세종특별자치시	세종		

출처 : 지적업무 처리규정[시행 2025. 3. 27.] [국토교통부훈령 제1834호, 2024. 12. 24., 일부개정] 제7조.

1.5. 지적삼각보조점측량

지적측량 시행규칙 제10조(지적삼각보조점측량) ① 지적삼각보조점측량을 할 때에 필요한 경우에는 미리 지적삼각보조점표지를 설치하여야 한다.
② 지적삼각보조점은 측량지역별로 설치순서에 따라 일련번호를 부여하되, 영구표지를 설치하는 경우에는 시·군·구별로 일련번호를 부여한다. 이 경우 지적삼각보조점의 일련번호 앞에 "보"자를 붙인다.
③ 지적삼각보조점은 교회망 또는 교점다각망(交點多角網)으로 구성하여야 한다.
④ 경위의측량방법과 전파기 또는 광파기측량방법에 따라 교회법으로 지적삼각보조점측량을 할 때에는 다음 각 호의 기준에 따른다.
1. 3방향의 교회에 따를 것. 다만, 지형상 부득이 하여 2방향의 교회에 의하여 결정하려는 경우에는 각 내각을 관측하여 각 내각의 관측치의 합계와 180도와의 차가 ±40초 이내일 때에는 이를 각 내각에 고르게 배분하여 사용할 수 있다.
2. 삼각형의 각 내각은 30도 이상 120도 이하로 할 것
⑤ 전파기 또는 광파기측량방법에 따라 다각망도선법으로 지적삼각보조점측량을 할 때에는 다음 각 호의 기준에 따른다. <개정 2014. 1. 17.>
1. 3점 이상의 기지점을 포함한 결합다각방식에 따를 것
2. 1도선(기지점과 교점간 또는 교점과 교점간을 말한다)의 점의 수는 기지점과 교점을 포함하여 5점 이하로 할 것
3. 1도선의 거리(기지점과 교점 또는 교점과 교점간의 점간거리의 총합계를 말한다)는 4킬로미터 이하로 할 것
⑥ 지적삼각보조점성과 결정을 위한 관측 및 계산의 과정은 지적삼각보조점측량부에 적어야 한다.

지적삼각보조점측량을 할 때 필요한 경우에는 미리 지적삼각보조점표지를 설치하여야 하며,(지적측량 시행규칙 제10조제1항) 지적삼각보조점은 측량지역별로 설치순서에 따라 일련번호를 부여하되, 영구표지를 설치하는 경우에는 시·군·구별로 일련번호를 부여한다.

이 경우 지적삼각보조점의 일련번호 앞에 "보"자를 붙이며,(지적측량 시행규칙 제10조제2항) 지적삼각보조점은 교회망 또는 교점다각망으로 구성하도록 규정하고 있다.(지적측량 시행규칙 제10조제3항)

경위의측량방법과 전파기 또는 광파기측량방법에 따라 교회법으로 지적삼각보조점측량을 할 때에는 3방향의 교회에 따르되 지형상 부득이 하여 2방향의 교회에 의하여 결정하려는 경우에는 각 내각을 관측하여 각 내각의 관측치의 합계와 180도와의 차가 ±40초 이내일 때에는 이를 각 내각에 고르게 배분하여 사용할 수 있으며, 삼각형의 각 내각은 30도 이상 120도 이하로 하도록 규정하고 있다.(지적측량 시행규칙 제10조제4항)

그리고 전파기 또는 광파기측량 방법에 따라 다각망도선법으로 지적삼각보조점측량을

할 때에는 3개 이상의 기지점을 포함한 결합다각방식에 따라야 하며, 1도선의 점의 수는 기지점과 교점을 포함하여 5개 이하로 하고, 1도선의 거리는 4킬로미터 이하로 하여야 하며,(지적측량 시행규칙 제10조제5항) 지적삼각보조점의 성과결정을 위한 관측 및 계산 과정은 이를 지적삼각보조점측량부에 기재하도록 규정하고 있다.(지적측량 시행규칙 제10조제6항)

1.6. 지적도근점측량

지적측량 시행규칙 제12조(지적도근점측량) ① 지적도근점측량을 할 때에는 미리 지적도근점표지를 설치하여야 한다.
② 지적도근점의 번호는 영구표지를 설치하는 경우에는 시·군·구별로, 영구표지를 설치하지 아니하는 경우에는 시행지역별로 설치순서에 따라 일련번호를 부여한다. 이 경우 각 도선의 교점은 지적도근점의 번호 앞에 "교"자를 붙인다.
③ 지적도근점측량의 도선은 다음 각 호의 기준에 따라 1등도선과 2등도선으로 구분한다.
1. 1등도선은 위성기준점, 통합기준점, 삼각점, 지적삼각점 및 지적삼각보조점의 상호간을 연결하는 도선 또는 다각망도선으로 할 것
2. 2등도선은 위성기준점, 통합기준점, 삼각점, 지적삼각점 및 지적삼각보조점과 지적도근점을 연결하거나 지적도근점 상호간을 연결하는 도선으로 할 것
3. 1등도선은 가·나·다순으로 표기하고, 2등도선은 ㄱ·ㄴ·ㄷ순으로 표기할 것
④ 지적도근점은 결합도선·폐합도선(廢合道線)·왕복도선 및 다각망도선으로 구성하여야 한다.
⑤ 경위의측량방법에 따라 도선법으로 지적도근점측량을 할 때에는 다음 각 호의 기준에 따른다.
1. 도선은 위성기준점, 통합기준점, 삼각점, 지적삼각점, 지적삼각보조점 및 지적도근점의 상호간을 연결하는 결합도선에 따를 것. 다만, 지형상 부득이 한 경우에는 폐합도선 또는 왕복도선에 따를 수 있다.
2. 1도선의 점의 수는 40점 이하로 할 것. 다만, 지형상 부득이 한 경우에는 50점까지로 할 수 있다.
⑥ 경위의측량방법이나 전파기 또는 광파기측량방법에 따라 다각망도선법으로 지적도근점측량을 할 때에는 다음 각 호의 기준에 따른다. <개정 2014. 1. 17.>
1. 3점 이상의 기지점을 포함한 결합다각방식에 따를 것
2. 1도선의 점의 수는 20점 이하로 할 것
⑦ 지적도근점 성과결정을 위한 관측 및 계산의 과정은 그 내용을 지적도근점측량부에 적어야 한다.

지적도근점측량을 할 때에는 미리 지적도근점표지를 설치하여야 하며,(지적측량 시행규칙 제12조제1항) 지적도근점의 번호는 영구표지를 설치하는 경우에는 시·군·구별로, 영구표지를 설치하지 아니하는 경우에는 시행지역별로 설치 순서에 따라 일련번호를 부여하여야 한다.

이 경우 각 도선의 교점은 지적도근점의 번호 앞에 "교"자를 붙이도록 규정하고 있

다.(지적측량 시행규칙 제12조제2항)

지적도근점측량의 도선은 1등도선과 2등도선으로 구분하되 1등도선은 위성기준점·통합기준점·삼각점·지적삼각점 및 지적삼각보조점의 상호간을 연결하는 도선 또는 다각망도선으로 하여야 하고, 2등도선은 위성기준점·통합기준점·삼각점·지적삼각점 및 지적삼각보조점과 지적도근점을 연결하거나 지적도근점 상호간을 연결하는 도선으로 하여야 하며, 1등도선은 가, 나, 다 …… 의 순으로, 2등도선은 ㄱ, ㄴ, ㄷ …… 의 순으로 표기하여야 하며,(지적측량 시행규칙 제12조제3항) 지적도근점은 결합도선·폐합도선·왕복도선 및 다각망도선으로 구성하도록 규정하고 있다.(지적측량 시행규칙 제12조제4항)

그리고 경위의측량방법에 따라 도선법으로 지적도근점측량을 할 때에는 도선은 위성기준점·통합기준점·삼각점·지적삼각점·지적삼각보조점 및 지적도근점의 상호간을 연결하는 결합도선에 따르되 지형상 부득이 한 경우에는 폐합도선 또는 왕복도선에 따를 수 있으며, 1도선의 점의 수는 40점 이하로 하되 지형상 부득이 한 경우에는 50점까지로 할 수 있도록 규정하고 있다.(지적측량 시행규칙 제12조제5항)

경위의측량방법이나 전파기 또는 광파기측량방법에 따라 다각망도선법으로 지적도근점측량을 할 때에는 3점 이상의 기지점을 포함한 결합다각방식에 따르고, 1도선의 점의 수는 20개 이하로 하도록 규정하고 있으며,(지적측량 시행규칙 제12조제6항) 지적도근점의 성과결정을 위한 관측 및 계산과정은 이를 지적도근점측량부에 기재하도록 규정하고 있다.(지적측량 시행규칙 제12조제7항)

제5차「지적법」개정에 이어서 지적법 시행령[시행 1992. 3. 23.] [대통령령 제13620호, 1992. 3. 23., 일부개정]을 개정하여 도근점표석 또는 표지의 매설이 곤란하거나 훼손 또는 멸실이 우려되는 경우에는 도근점을 매설하지 아니하고 그 도근점으로부터 직각방향으로 1미터의 거리에 있는 건축물 벽면 등 고정물에 도근보조점(圖根補助點) 표지를 설치하고 이 표지에 의하여 실제 도근점의 위치를 찾아 측량의 기준점으로 활용하도록 개선하였다.(시행령 제38조)

도근보조점은 지적도근점과는 달리 도근점의 색인 기능만을 갖고 있어 지적측량기준점이라고 할 수 없고 도근점표석대장에는 도근점표석 또는 표지를 매설한 도근점과 매설하지 아니하고 도근보조점을 설치한 도근점을 구분하여 등록하고 도근보조점의 위치를 등재하여 관리하도록 운영하였으나 실효성이 적고 활용되지 아니하여 제10차「지적법」개정 법률에서 도근보조점 제도를 폐지하였다.

1.7. 지적공부 등의 전산자료 제공

> 지적측량 시행규칙 제16조(지적공부 등의 전산자료 제공) ① 지적소관청은 지적측량수행자가 「공간정보의 구축 및 관리 등에 관한 법률 시행규칙」(이하 "규칙"이라 한다) 제25조제2항에 따라 제출한 지적측량 수행계획서에 따라 지적측량을 하려는 지역의 지적공부와 부동산종합공부에 관한 전산자료를 지적측량수행자에게 제공하여야 한다. <개정 2014. 1. 17., 2015. 4. 23.>
> ② 지적소관청은 지적측량수행자가 측량업무수행을 위하여 전산화 이전의 지적공부, 측량부·측량결과도·면적측정부, 측량성과 파일 등 측량성과에 관한 자료를 요청한 경우에는 특별한 사정이 없는 한 지적측량수행자에게 제공하여야 한다. <신설 2014. 1. 17.>
> [제목개정 2014. 1. 17.]

지적측량수행자가 지적측량 의뢰를 받은 때에는 측량기간·측량일자 및 측량 수수료 등을 적은 지적측량 수행계획서를 그 다음 날까지 지적소관청에 제출하여야 한다.(규칙 제25조제2항)

그리고 지적소관청은 지적측량수행자가 제출한 지적측량 수행계획서에 따라 지적측량을 하려는 지역의 지적도·임야도 및 토지대장·임야대장·경계점좌표등록부에 관한 전산자료를 지적측량수행자에게 의무적으로 제공하도록 개선하였다.(지적측량 시행규칙 제16조)

1.8. 측량준비 파일의 작성

> 지적측량 시행규칙 제17조(측량준비 파일의 작성) ① 제18조제1항에 따라 평판측량방법으로 세부측량을 할 때에는 지적도, 임야도에 따라 다음 각 호의 사항을 포함한 측량준비 파일을 작성하여야 한다. <개정 2013. 3. 23.>
> 1. 측량대상 토지의 경계선·지번 및 지목
> 2. 인근 토지의 경계선·지번 및 지목
> 3. 임야도를 갖춰 두는 지역에서 인근 지적도의 축척으로 측량을 할 때에는 임야도에 표시된 경계점의 좌표를 구하여 지적도에 전개(展開)한 경계선. 다만, 임야도에 표시된 경계점의 좌표를 구할 수 없거나 그 좌표에 따라 확대하여 그리는 것이 부적당한 경우에는 축척비율에 따라 확대한 경계선을 말한다.
> 4. 행정구역선과 그 명칭
> 5. 지적기준점 및 그 번호와 지적기준점 간의 거리, 지적기준점의 좌표, 그 밖에 측량의 기점이 될 수 있는 기지점
> 6. 도곽선(圖廓線)과 그 수치
> 7. 도곽선의 신축이 0.5밀리미터 이상일 때에는 그 신축량 및 보정(補正) 계수
> 8. 그 밖에 국토교통부장관이 정하는 사항
> ② 제18조제9항에 따라 경위의측량방법으로 세부측량을 할 때에는 경계점좌표등록부와 지적도에 따라 다음 각 호의 사항을 포함한 측량준비 파일을 작성하여야 한다. <개정 2013. 3. 23.>

1. 측량대상 토지의 경계와 경계점의 좌표 및 부호도·지번·지목
2. 인근 토지의 경계와 경계점의 좌표 및 부호도·지번·지목
3. 행정구역선과 그 명칭
4. 지적기준점 및 그 번호와 지적기준점 간의 방위각 및 그 거리
5. 경계점 간 계산거리
6. 도곽선과 그 수치
7. 그 밖에 국토교통부장관이 정하는 사항
③ 지적측량수행자는 제1항 및 제2항의 측량준비 파일로 지적측량성과를 결정할 수 없는 경우에는 지적소관청에 지적측량성과의 연혁 자료를 요청할 수 있다.

평판측량방법으로 세부측량을 할 때에는 미리 지적도와 임야도에 따라 ① 측량대상 토지의 경계선·지번 및 지목, ② 인근 토지의 경계선·지번 및 지목, ③ 임야도를 갖춰 두는 지역에서 인근 지적도의 축척으로 측량을 할 때에는 임야도에 표시된 경계점의 좌표를 구하여 지적도에 전개<展開, 지적 및 공간정보 전문 용어 표준화(국토교통부고시 제2025-89호, 2025. 3. 4.) [별표]에는 "좌표^표시"로 고시되어 있다.>한 경계선, ④ 행정구역선과 그 명칭, ⑤ 지적기준점 및 그 번호와 지적기준점간의 거리·지적기준점의 좌표·그 밖에 측량의 기점이 될 수 있는 기지점, ⑥ 도곽선<圖廓線, 지적 및 공간정보 전문 용어 표준화(국토교통부고시 제2025-89호, 2025. 3. 4.) [별표]에는 "도면^구획선"으로 고시되어 있다.>과 그 수치, ⑦ 도곽선의 신축이 0.5밀리미터 이상일 때에는 그 신축량 및 보정(補正) 계수, ⑧ 그 밖에 국토교통부장관이 정하는 사항을 포함한 측량준비 파일을 작성하도록 규정하고 있다.(지적측량 시행규칙 제17조제1항)

경위의측량방법으로 세부측량을 할 때에는 미리 경계점좌표등록부와 지적도에 따라 ① 측량대상 토지의 경계와 경계점의 좌표 및 부호도·지번·지목, ② 인근 토지의 경계와 경계점의 좌표 및 부호도·지번·지목, ③ 행정구역선과 그 명칭, ④ 지적기준점 및 그 번호와 지적기준점 간의 방위각 및 그 거리, ⑤ 경계점 간 계산거리, ⑥ 도곽선과 그 수치, ⑦ 그 밖에 국토교통부장관이 정하는 사항을 포함한 측량준비 파일을 작성하도록 규정하고 있다.(지적측량 시행규칙 제17조제2항)

그리고 지적측량 수행자는 평판측량방법 또는 경위의측량방법에 의한 측량준비 파일로 지적측량 성과를 결정할 수 없는 경우에는 지적소관청에 지적측량 성과의 연혁 자료를 요청할 수 있도록 규정하고 있다.(지적측량 시행규칙 제17조제3항)

따라서 지적법령에서는 평판측량방법으로 세부측량을 할 때에는 측량준비도를 도면으로 작성하는 것을 원칙으로 하였으나, 「측수지법」을 제정하면서 측량준비도는 모두 측량준비 파일로 작성하도록 개선하였다.

이상 서술한 「공간정보관리법」과 지적측량 시행규칙[시행 2025. 3. 27.] [국토교통부령 제1426호, 2024. 12. 26., 일부개정]에 규정된 지적측량의 구분과 측량 방법을 요약하면 [그림 3-10]과 같다.

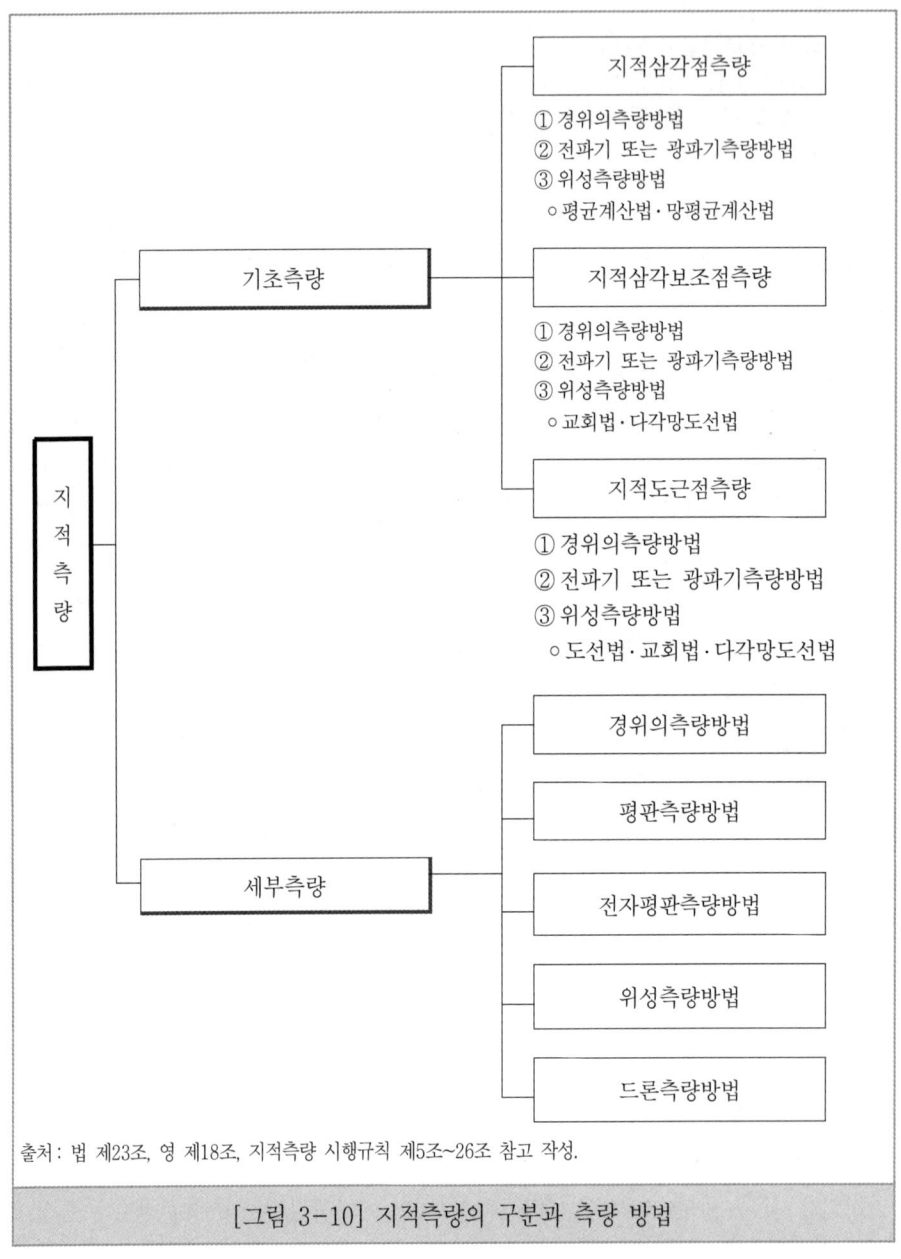

[그림 3-10] 지적측량의 구분과 측량 방법

2. 지적측량 의뢰

법 제24조(지적측량 의뢰 등) 제24조(지적측량 의뢰 등) ① 토지소유자 등 이해관계인은 제23조제1항제1호 및 제3호(자목은 제외한다)부터 제5호까지의 사유로 지적측량을 할 필요가 있는 경우에는 다음 각 호의 어느 하나에 해당하는 자(이하 "지적측량수행자"라 한다)에게 지적측량을 의뢰하여야 한다. <개정 2013. 7. 17., 2014. 6. 3., 2024. 2. 20.>
1. 제44조제1항제2호의 지적측량업의 등록을 한 자
2. 「한국국토정보공사법」 제3조제1항에 따라 설립된 한국국토정보공사(이하 "한국국토정보공사"라 한다)
② 지적측량수행자는 제1항에 따른 지적측량 의뢰를 받으면 지적측량을 하여 그 측량성과를 결정하여야 한다.
③ 제1항 및 제2항에 따른 지적측량 의뢰 및 측량성과 결정 등에 필요한 사항은 국토교통부령으로 정한다. <개정 2013. 3. 23., 2013. 7. 17.>

2.1. 지적측량 의뢰자

"지적측량신청"이라는 용어가 제13차 「지적법」 개정 법률에서 지적측량업무의 일부를 개방하면서 "지적측량의뢰"라는 용어로 개정되었다.

지적측량을 의뢰할 수 있는 자는 원칙적으로 해당 토지의 소유자이어야 하나 법 제86조의 도시개발사업 등 시행지역의 토지이동 신청에 관한 특례규정에 의한 사업시행자 및 같은 법 제87조의 신청의 대위규정에 의한 공공사업 등에 따라 학교용지·도로·철도용지·제방·하천·구거·유지·수도용지 등의 지목으로 되는 토지인 경우에는 해당 사업의 시행자·국가나 지방자치단체가 취득하는 토지인 경우에는 해당 토지를 관리하는 행정기관의 장 또는 지방자치단체의 장·「주택법」에 따른 공동주택의 부지인 경우에는 「집합건물의 소유 및 관리에 관한 법률」에 따른 관리인(관리인이 없는 경우에는 공유자가 선임한 대표자) 또는 해당 사업의 시행자·「민법」 제404조에 따른 채권자 등이 할 수 있다.

따라서 지적측량을 의뢰할 수 있는 측량의뢰권자를 크게 나누면 다음과 같이 네 가지의 유형으로 구분할 수 있다.

첫째, 측량을 하고자 하는 토지를 자유로이 사용·수익·처분할 수 있는 전면적인 지배권을 가진 자연인과 법인뿐만 아니라 법인 아닌 사단이나 재단 등 실제 토지소유자.

둘째, 해당 토지에 대하여 직접 이해관계가 있는 자, 즉 사망자의 재산에 관한 포괄적 권리의무를 승계하는 상속인 또는 지적측량의 실시로 인하여 권리나 의무를 취득 또는 상실하거나, 권리의 행사·의무의 이행이 가능하게 되거나 또는 불가능하게 되는 자(「민법」제22조, 제27조, 제44조, 제63조, 제64조)

셋째, 법 제86조의 규정에 의한 도시개발사업 등의 사업시행자.

넷째, 법 제87조의 규정에 의한 공공사업의 시행자, 행정기관의 장 또는 지방자치단체의 장·관리인 또는 대표자·채권자 등이 있다.

따라서 측량대상 토지와 직접 관련이 없고 단순히 사실상 또는 감정상으로 이익을 얻거나 곤란을 받는 자는 제3자의 소유 토지에 대한 지적측량을 의뢰할 수 없다.

2.2 의뢰 절차

국가는 지적측량시행에 따른 고급 기술 인력과 고가의 현대적인 측량장비 및 다수의 보조 인력을 상시 확보하고 연중 계속하여 발생되는 지적측량 민원업무를 적기에 처리하기가 곤란하여 지적측량업무를 대행할 비영리법인을 지정하여 지적측량업무를 전담 대행토록 하고, 지적소관청이 대행법인이 실시한 측량성과의 검사업무만을 전담하는 2원체제로 65년간 운영하여 왔다.

따라서 지적측량은 행정자치부장관이 지정한 지적측량업무의 일부를 지적측량을 주된 업무로 하여 설립된 비영리법인 대한지적공사만이 이를 수행할 수 있었기 때문에 당연히 대행법인에게 측량신청을 하도록 운영하였다.

그러나 제13차「지적법」개정 법률에 의하여 2004년 1월부터 지적측량업무의 일부를 개방하여 부분 경쟁체제로 개선하였기 때문에 지적측량수행자 즉, 법 제44조제1항제2호의 규정에 의한 지적측량업의 등록을 한 자 또는「국가공간정보 기본법」제12조에 따라 설립된 한국국토정보공사에게 지적측량을 의뢰하도록 개선하였다.(법 제24조제1항제1호, 제2호)

이어서 2024년에「한국국토정보공사법」[시행 2025. 2. 21.] [법률 제20341호, 2024. 2. 20., 제정]을 제정함에 따라 제21차「공간정보관리법」개정 법률에서 법 제24조제1항제2호 중 "「국가공간정보 기본법」제12조에 따라 설립된"을 "「한국국토정보공사법」제3조제1항에 따라 설립된"으로 개정하여 오늘에 이르고 있다.

지적측량을 의뢰하고자 하는 자는 지적측량의뢰서(전자문서로 된 의뢰서를 포함한다.)에 의뢰사유를 증명하는 서류를 첨부하여 지적측량수행자에게 의뢰하여야 하며,(규칙 제25조제1항) 지적측량수행자가 지적측량의뢰를 받은 때에는 측량기간·측량일자 및 측량수수료 등을 기재한 지적측량 수행계획서를 그 다음날까지 지적소관청에 제출하여야 하

며, 제출한 지적측량 수행계획서를 변경한 경우에도 같다.(규칙 제25조제2항)

지적측량기간은 제2차「지적법」개정 법률에서 도입하여 대행법인의 측량기간은 시·구지역은 7일, 군지역은 10일, 소관청의 검사기간은 시·구지역은 5일, 군지역은 7일로 규정하였다.

그러나 행정쇄신위원회의 '지적측량 민원처리제도의 개선 방침'에 의하여 제7차「지적법」개정 법률에서 대행법인의 측량기간은 동지역은 5일, 읍·면지역은 7일, 소관청의 검사기간은 동지역은 4일, 읍·면지역은 5일로 단축하였다.

그리고 지적기준점을 설치하여 측량 또는 측량검사를 하는 경우 지적기준점이 15점 이하인 경우에는 4일을, 15점을 초과하는 경우에는 4일에 15점을 초과하는 4점마다 1일을 가산하도록 규정하였다. 다만, 지적측량 의뢰인과 지적측량수행자가 서로 협의하여 따로 기간을 정하는 경우에는 그 기간에 따르되, 전체 기간의 4분의 3은 측량기간으로, 4분의 1은 측량검사기간으로 보도록 개선하였다.

이어서 공간정보관리법 시행규칙에서는 측량기간과 측량성과 검사 기간을 <표 3-8>과 같이 규정하여(제25조제3항, 제4항) 오늘에 이르고 있다.

<표 3-8> 지적측량 및 성과 검사 기간

구 분	측량 기간(지적측량수행자)	성과 검사 기간 (지적소관청)
일반 업무	○5일	○4일
계약 업무	○계약기간의 4분의 3	○계약기간의 4분의 1

출처: 공간정보의 구축 및 관리 등에 관한 법률 시행규칙 제25조 참고 작성.

2.3 측량입회

지적측량을 실시할 때에는 토지소유자 또는 이해관계인이 입회를 하여야 한다. 측량입회에 관한 사항은 1907년에 대구시가지 토지측량에 대한 군수에게 통달(1907. 5. 16. 대구재무관 대(代) 가와카미 재정감사관)을 제정하면서 측량을 할 때에는 소유주 혹은 관리인 및 동장이 입회하여야 하나, 만약 사고가 있어 입회할 수 없을 때에는 책임 있는 대리인을 입회시키도록 규정하여(제4조) 최초로 측량 입회에 관한 내용이 규정되었다.

이어서 1910년에 토지조사법(1910. 8. 23. 법률 제7호)을 제정하면서 토지의 조사를 행함에 있어서 필요하다고 인정할 때에는 정부는 지주 또는 그 대리인으로 하여금 실지에 입회하게 하도록 규정하였으며,(법 제6조) 토지조사령(1912. 8. 13. 제령 제2호)에서는 토지의 조사 및 측량을 함에 있어서 필요한 때에는 당해 관리는 토지의 소유자·이해관계인 혹은 그 대리인으로 하여금 실지에 입회시킬 수 있도록 규정하였다.(령 제7조)
　이어서 지적사무 처리규정(2004. 7. 6. 행정자치부 예규 제149호)에 측량을 할 때에는 토지소유자 및 이해관계인을 입회시켜 측량에 필요한 질문이나 참고 자료의 제시를 요구할 수 있도록 규정하였으며, 지적사무 처리규정(2008. 9. 2. 국토해양부 예규 제15호) 및 지적업무 처리규정(2014. 12. 31. 국토교통부 훈령 제482호)에도 위와 동일하게 측량을 하는 때에는 토지소유자 및 이해관계인을 입회시켜 측량에 필요한 질문이나 참고 자료의 제시를 요구할 수 있도록 규정하고 있으며,(제20조제1항) 지적측량결과도에는 토지소유자 및 이해관계인의 서명·전자서명 또는 날인을 받아야 하나, 토지소유자 및 이해관계인이 입회하지 못하는 경우와 입회는 하였으나 서명 또는 날인을 거부하는 때에는 그 사유를 기재하도록 규정하고 있다.(제20조제2항)
　그러나 측량입회에 관한 사항은 토지소유자의 권리이자 의무라고 할 수 있기 때문에 측량을 실시하는 때에는 토지소유자를 비롯하여 인접 토지의 소유자 또는 이해관계인이 입회하도록 적극 권유하여 측량성과에 대한 이해도를 높이고 불복이 최소화 되도록 제도화하여야 한다.
　지적측량의 입회에 관한 법규의 변천 연혁을 요약하면 <표 3-9>와 같다.

<표 3-9> 지적측량 입회에 관한 법규의 변천 연혁

구　　　분	내　　　용
대구시가지 토지측량에 대한 군수에게 통달(1907. 5. 16.)	○측량을 할 때에는 소유주 혹은 관리인 및 동장이 입회하여야 하나, 만약 사고가 있어 입회할 수 없을 때에는 책임 있는 대리인을 입회시키도록 규정(제4조)
토지조사법 (1910. 8. 23. 법률 제7호)	○토지의 조사를 행함에 있어서 필요하다고 인정할 때에는 정부는 지주 또는 그 대리인으로 하여금 실지에 입회하게 하도록 규정(법 제6조)
토지조사령 (1912. 8. 13. 제령 제2호)	○토지의 조사 및 측량을 함에 있어서 필요한 때에는 당해 관리는 토지의 소유자·이해관계인 혹은 그 대리인으로 하여금 실지에 입회시킬 수 있도록 규정(제7조)
지적사무 처리규정 (2004. 7. 6. 행정자치부 예규 제149호)	○측량을 할 때에는 토지소유자 및 이해관계인을 입회시켜 측량에 필요한 질문이나 참고 자료의 제시를 요구할 수 있도록 규정(제41조)
지적사무 처리규정 (2008. 9. 2. 국토해양부 예규 제15호)	○측량을 하는 때에는 토지소유자 및 이해관계인을 입회시켜 측량에 필요한 질문이나 참고 자료의 제시를 요구할 수 있도록 규정(제41조제1항)
지적업무 처리규정 (2014. 12. 31. 국토교통부 훈령 제482호)	○측량을 하는 때에는 토지소유자 및 이해관계인을 입회시켜 측량에 필요한 질문이나 참고 자료의 제시를 요구할 수 있도록 규정(제20조제1항)

3. 지적측량 성과의 검사

> 법 제25조(지적측량성과의 검사) ① 지적측량수행자가 제23조에 따라 지적측량을 하였으면 시·도지사, 대도시 시장(「지방자치법」 제198조에 따라 서울특별시·광역시 및 특별자치시를 제외한 인구 50만 이상의 시의 시장을 말한다. 이하 같다) 또는 지적소관청으로부터 측량성과에 대한 검사를 받아야 한다. 다만, 지적공부를 정리하지 아니하는 측량으로서 국토교통부령으로 정하는 측량의 경우에는 그러하지 아니하다. <개정 2012. 12. 18., 2013. 3. 23., 2021. 1. 12.>
> ② 제1항에 따른 지적측량성과의 검사방법 및 검사절차 등에 필요한 사항은 국토교통부령으로 정한다. <개정 2013. 3. 23.>

지적측량수행자가 지적측량을 실시한 때에는 시·도지사·대도시 시장 또는 지적소관청으로부터 측량성과에 대한 검사를 받아야 한다. 다만, 지적공부를 정리하지 아니하는 세부측량으로 국토교통부령에서 정한 경계복원측량 및 지적현황측량을 실시하는 경우에는 그러하지 아니하도록 규정하고 있다.(법 제25조제1항, 지적측량 시행규칙 제28조제1항)

그리고 지적삼각점측량성과 및 경위의측량 방법으로 실시한 지적확정측량 성과는 국토교통부장관이 정하여 고시하는 면적 규모 이상의 경우에는 시·도지사 또는 대도시 시장(「지방자치법」 제175조에 따라 서울특별시·광역시 및 특별시를 제외한 인구 50만 이상 대도시의 시장을 말한다. 이하 같다.)에게, 국토교통부장관이 정하여 고시하는 면적 규모 미만의 경우에는 지적소관청에게 검사를 받도록 규정하고 있다.(지적측량 시행규칙 제28조제2항)

그러나 지방자치법[시행 2022. 1. 13.] [법률 제17893호, 2021. 1. 12., 전부개정] 개정 법률 부칙 제22조(다른 법률의 개정)제5항의 규정에 의하여 제16차 「공간정보관리법」 개정 법률에서 제25조제1항 본문 중 "「지방자치법」 제175조"를 "「지방자치법」 제198조"로 개정하여 오늘에 이르고 있다.

3.1. 측량 성과의 검사

측량은 관측(Observation)방법에 따라 측정값이 어떤 조건식을 만족하여야 한다는 제약이 없는 독립 관측(獨立 觀測)과 측정값이 이론상 정하여진 어떠한 조건을 만족하여야 한다는 제약에 의하여 행하는 조건부 관측(條件附 觀測)으로 구분하고, 거리·각도·고저차 등을 테이프·트랜싯·레벨·전파기 또는 광파기 등에 의하여 관측하는 직접 관측(直接 觀測)과 다른 량을 측정하여 계산에 의하여 미지 점의 위치·고저 등을 구하는 간접 관측(間接 觀測)의 방법이 있다.

관측 방법에 의하여 어떤 미지 점의 위치·고저 등을 구하기 위하여 관측할 때에는 측량사의 착오·부주의·시각·청각 등 인위적인 오차와 측량기계의 결함·조정 불량 등에 의한 기계적인 오차 및 온도·습도·기압 등 자연환경에 의한 자연적인 오차가 발생하게 된다.

따라서 어느 측정값의 절대적 정확성(Absolute Certainty)을 확보하는 것은 불가능하다. 이러한 절대적 정확성을 갖는 값을 참값(True Value)이라고 하며, 참값은 실제로 구할 수가 없고 우리가 구할 수 있는 값은 참값에 대한 추정값(Estimate Value)이다.[19]

측정값은 인위적·기계적·자연적인 요인에 의하여 발생하는 착오·정오차·우연오차 등이 포함되어 있기 때문에 일반적으로 참값과는 서로 다르며, 측정값과 참값과의 차이를 측정오차라고 하고, 측정오차를 처리하기 위하여 여러 가지 방법을 활용하고 있으며, 측정값이 참값에 가까울수록 정확도가 높다고 말한다.

지적측량 성과는 측량사가 측정하여 얻어진 측정값에 오차 처리를 한 후의 값과 검사성과의 연결교차가 허용범위 이내일 때에는 그 지적측량 성과에 관하여 다른 입증을 할 수 있는 경우를 제외하고는 측량성과로 결정하도록 운영하고 있다.

3.2. 측량성과의 검사 절차

지적측량수행자가 지적측량을 실시한 때에는 측량부·측량결과도·면적측정부·측량성과 파일 등 측량성과에 관한 자료를 시·도지사나 대도시 시장 또는 지적소관청에 제출하여 그 성과의 정확 여부에 관한 검사를 받아야 한다.

시·도지사나 대도시 시장은 지적측량 성과의 검사를 하였을 때에는 그 결과를 지적소관청에 통지하여야 하며,(지적측량 시행규칙 제28조제2항제2호) 지적소관청은 측량성과가 정확하다고 인정하면 지적측량 성과도를 지적측량수행자에게 교부하여야 하고, 지적측량수행자는 측량의뢰인에게 그 측량성과도를 지체 없이 송부하여야 한다. 이 경우 검사를 받지 아니한 측량성과도는 측량의뢰인에게 교부할 수 없도록 규정하고 있다.(지적측량

---

[19] 강태석, 1994.『지적측량학』, 서울, 형설출판사, pp.30~31.

시행규칙 제28조제2항제3호)

그러나 대법원에서 지적측량 성과의 검사제도는 지적측량수행자가 실시한 측량성과의 정확성만을 검사·확인하도록 규정하고 있을 뿐 측량성과를 이용하여 토지를 분할하는 경우에 관계 법령상의 저촉사항 여부 등을 검토하여 이에 위배되는 경우 측량성과도의 교부를 거부하거나 교부신청을 반려하거나 또는 그러한 사유를 측량성과도에 기재하여 교부하는 등의 절차를 규정하고 있지 아니하므로, 토지소유자가 측량성과도의 발급신청을 하여 온 경우에「건축법」제49조제2항의 분할 제한 사유 등의 규정에 위배된다하여 이를 이유로 측량성과도의 교부신청을 반려할 수는 없으며, 측량성과의 정확성을 확인할 수 있는 이상 그 신청 내용에 따라 측량성과도를 교부하여야 한다고 판결하였다.[20]

지적법령에서 지적측량 성과검사는 지적소관청이 실시하였으나, 제10차「지적법」개정 법률에서 지적삼각측량 성과와 경위의측량방법으로 실시한 지적확정측량 성과는 특별시장·광역시장 또는 도지사(이하 "시·도지사"라 한다.)가 검사하도록 개정하였다.(법 제36조제2항, 같은 법 시행규칙 제55조제2항)

그리고「측수지법」을 제정하면서 지방자치단체의 사무를 합리적으로 배분하기 위하여 시·도지사가 하던 지적측량 성과의 검사업무를 대도시(「지방자치법」제3조제3항에 따라 자치구가 아닌 구가 설치된 시의 시장을 말한다.)의 시장도 검사할 수 있도록 개선하였다.(법 제25조제1항)

3.3. 측량성과의 결정

지적측량 시행규칙 제27조(지적측량성과의 결정) ① 지적측량성과와 검사 성과의 연결교차가 다음 각 호의 허용범위 이내일 때에는 그 지적측량성과에 관하여 다른 입증을 할 수 있는 경우를 제외하고는 그 측량성과로 결정하여야 한다.
1. 지적삼각점: 0.20미터
2. 지적삼각보조점: 0.25미터
3. 지적도근점
 가. 경계점좌표등록부 시행지역: 0.15미터
 나. 그 밖의 지역: 0.25미터
4. 경계점
 가. 경계점좌표등록부 시행지역: 0.10미터
 나. 그 밖의 지역: 10분의 3M밀리미터 (M은 축척분모)

---

[20] 대법원, 선고97누1792판결.(1997. 9. 9.)

② 지적측량성과를 전자계산기기로 계산하였을 때에는 그 계산성과자료를 측량부 및 면적측정부로 본다.

지적측량 성과와 검사 성과의 연결교차가 ① 지적삼각점은 0.20미터 ② 지적삼각보조점은 0.25미터 ③ 지적도근점은 경계점좌표등록부시행지역은 0.15미터, 그 밖의 지역은 0.25미터 ④ 경계점은 경계점좌표등록부시행지역은 0.10미터, 그 밖의 지역은 10분의 3M밀리미터(M은 축척분모) 이내인 때에는 그 지적측량 성과에 관하여 다른 입증을 할 수 있는 경우를 제외하고는 그 측량성과로 결정하도록 규정하고 있다.(지적측량 시행규칙 제27조제1항)

그리고 지적측량 성과를 전자계산기기로 계산하였을 때에는 계산성과자료를 측량부 및 면적측정부로 보도록 규정하고 있다.(지적측량 시행규칙 제27조제2항)

영국인이면서 인도의 측량국에 근무한 바라드(S. G. Burrard) 대령이 자신의 체험을 설명했듯이 "어떤 관측에도 오차가 있는 것이다. 완전한 망원경은 없고 전적으로 신뢰할 수 있는 수준기도 없다. 어떤 기기에 의해서도 경사를 정확히 측정할 수 없다. 그렇다고 착오를 그냥 두지 않는 관측자도 없다."[21]라고 말한 것 같이 지적측량사가 실시한 측량성과는 국민의 토지 소유권을 등록·공시하는 근본 목적을 완벽하게 달성할 수 없으며, 국민의 재산상 적고 크던 간에 영향을 미칠 수 있기 때문에 측량성과의 공정성과 정확성 및 객관성의 확보가 더욱 중요시 되고 있다.

4. 법원감정측량

4.1. 법원감정측량의 의의

법원감정측량(法院鑑定測量)이란 법원에서 민사 또는 형사소송 등의 판결에 필요한 자료로 활용하기 위하여 지적공부에 등록된 경계선을 기준으로 토지와 그 정착물인 지상건축물 또는 지하 시설물 등의 위치·형태·면적·고저·현황 등을 표시하기 위하여 실시하는 지적측량(이하 "법원감정측량"이라 한다.)을 말한다.

그러나 법원감정측량은 지적법령과 현행「공간정보관리법」에 지적측량의 목적과 대상으로 규정되어 있지 아니한 유일한 지적측량으로 앞으로 관련 법률 개정 시에 이를 지적

---

21) 김추윤, 김별, 2009.『측량사』, 서울, 도서출판 바른길, p.472.

측량의 목적과 대상으로 포함시키는 것을 적극 검토할 필요가 있다.

그 이유는 한국국토정보공사 또는 지적측량업의 등록을 한 자에 소속된 지적기술자가 「공간정보관리법」과 지적측량 시행규칙에 규정된 측량방법과 절차에 따라 법원감정측량을 실시하고 그 성과를 작성하며, 지적측량 성과를 검사하기 위한 측량(법 제23조제1항제2호)을 제외하고 모든 지적측량이 법원감정측량의 대상이 되기 때문이다.

법원감정측량은 「공간정보관리법」에 의한 경계복원측량(법 제23조제4호)과 같은 법률 시행령에 의한 지적현황측량(영 제18조)이 대부분을 차지하고 있어 측량성과의 검사 대상이 아니나, 지적공부의 정리를 수반하는 분할측량도 법원감정측량에 포함되는 등 「공간정보관리법」에 의한 지적측량 성과를 검사하기 위한 측량을 제외하고 모든 지적측량이 대상이 되고 있다.

그리고 각종 공작물의 형태, 종·횡단, 고저측량 등 구 측량법령에 의한 일반측량도 법원감정측량의 대상이 되고 있다.

4.2. 법원감정측량사의 선정

법원감정측량의 성과는 재판장이 민사 또는 형사소송 등에 관한 판단과 결정에 직접 활용하고 영향을 미치기 때문에 감정측량사의 선정은 대단히 중요한 사무이다.

법원감정측량 중 공작물의 형태, 종·횡단, 고저측량 등 구 「측량법」에 의한 일반측량을 제외하고는 「공간정보관리법」에 규정된 측량방법과 절차에 따라 실시하여야 하며, 해당 사건의 청구취지·청구원인·측량감정의 대상 및 입증취지 등을 이해하고 법원감정측량에 임하여야 하기 때문에 충분히 검증되고 정확한 성과를 제공할 수 있는 감정측량사의 선정이 매우 중요하다.

법원감정측량사는 첫째, 지적 측량분야에 장기간 종사하거나 연구하여 상당한 지식과 경험을 쌓은 전문성(專門性)을 갖추어야 하며 둘째, 감정측량성과를 결정할 때 감정평가 요구자와 상대방 어느 한쪽으로 치우치지 않고 공평하게 올바른 결론을 도출할 수 있는 공정성(公正性)을 보장하여야 하며 셋째, 감정측량성과를 객관화하고 신뢰할 수 있는 타당한 근거의 제시와 논리적인 주장을 할 수 있는 합리성(合理性)이 있어야 하며 넷째, 감정측량에 필요한 자료의 수집·현지 측량·내업·감정서 작성 등의 업무를 신속히 처리할 수 있는 신속성(迅速性) 등을 겸비한 측량사로 선정하여야 한다.

따라서 법원감정측량사는 원칙적으로 「국가기술자격법」에 의한 지적기술사, 지적기사 등 지적기술자격을 소지한 자로 제한하여야 하며, 가급적 지적기술사 또는 지적기사 등

상위의 자격 취득자를 선정하여야 하고, 상위 자격 취득자라 하더라도 지적직공무원이나 한국국토정보공사 직원 또는 지적측량업자에 소속 된 팀장급 이상의 직위에서 10년 이상 현장 경험이 있는 기술능력이 우수한 자를 선정하여야 한다.

법원감정측량을 집행하기 위한 감정측량사의 선정은 「민사소송법」 제335조의 규정에 의거 수소법원(受訴法院)·수명법관(受命法官) 또는 수탁판사(受託判事)의 고유권한이기 때문에 이를 「공간정보관리법」에서 강제할 수가 없다.

따라서 법원에서 지적직 공무원이나 한국국토정보공사 직원·지적측량업자에 소속 된 직원 또는 퇴직한 지적기술자 중에서 지적기술사 또는 지적기사 등 상위의 자격을 취득한 후 팀장급 이상의 직위에서 일정기간 현장 경험이 있는 기술능력이 우수한 자를 선정하여 감정을 명하는 것이 바람직하다.

일부 법원에서는 간혹 지적기술자격이 없는 대학 교수나, 유사자격인 측량 및 지형공간정보처리기사 자격 소지자 또는 현장 경험이 일천한 자 등을 선정하여 감정측량을 실시함으로 법원감정측량의 신뢰도를 저하시키고 지적공부 정리를 할 수 없어 재 측량을 실시하는 사례도 발생하였다.

대만은 위와 같은 법원감정측량을 지정기관인 내정부 산하 국토측회중심(國土測繪中心)의 지적측량과(地籍測量課)에서 실시하도록 규정하여[22] 지적측량과에 소속된 국가공무원이 전담하여 수행하도록 제도화되어 있다.

4.3. 지적공부정리를 수반하는 법원감정측량

지적공부정리를 수반하는 토지의 이동 즉, 시효취득 또는 상호명의신탁관계의 해지를 원인으로 한 소유권이전등기 사건·공유물분할 사건 등에 따른 법원감정측량을 지적직 공무원이나 한국국토정보공사 직원 또는 지적측량업자가 아닌 일반측량업에 소속된 지적기술자 또는 대학 교수 등을 지정하여 실시하는 사례도 있었다.

이 경우 법원의 확정판결에 따라 지적공부에 토지의 이동정리를 하여야 할 때에는 한국국토정보공사 또는 지적측량업자에게 다시 측량을 의뢰하여야 하며, 실질적심사주의의 이념에 따라 지적소관청으로부터 측량성과에 대한 검사를 받아 정확여부를 판단한 후에 지적공부를 정리하여야 한다.

---

22) 내정부, 국토측회중심판사세칙 제6조. ; 류병찬, 2020(b), 『한국인이 바라본 대만의 지적과 등기제도』, 서울, 초이스애드, pp.124~125.

따라서 지적소관청이 검사한 지적측량 성과가 확정판결에 첨부된 법원감정측량성과와 서로 다를 때에는 지적소관청이 검사한 측량성과도를 첨부하여 법원으로부터 경정결정(更正決定)23)을 받아야만 지적공부에 토지의 이동정리가 가능하게 된다.

법원감정측량 중에서 특히 지적공부의 정리를 요하는 지적측량은 반드시 시·군·구의 지적직 공무원, 한국국토정보공사 및 지적측량업자에 소속된 지적기술자격을 소지한 직원 중에서 우수한 자를 선정하여 실시하는 것이 측량성과의 정확성을 확보하고 민원인의 불편과 부담을 덜어 줄 수 있으며 사법부의 신뢰를 제고할 수 있다.

대법원은 이러한 문제점을 해소하기 위하여 1997년 6월에 측량감정에 있어서 감정방법과 감정인 선정 등에 관한 예규(1997.6.11. 대법원 송무예규 제526호)를 제정하고「지적법」에 의한 지적측량 중 지적공부의 정리를 수반하는 측량은 대한지적공사의 본사·본부·지사에 감정을 촉탁하도록 규정하고,(제3조제1항제1호 및 제2항제1호) 단순한 점유범위측량 등「지적법」에 의한 지적측량 중 지적공부의 정리를 수반하지 않는 측량은 지적기술사 또는 지적기사 중에서 감정인을 선정하여 감정측량을 하도록 규정하였다.(제3조제1항제2호 및 제2항제2호)

그리고 지적공부에 토지의 이동정리를 하여야 하는 감정측량은 측량성과에 관한 자료를 지적소관청에 제출하여 지적법령에서 규정한 측량성과의 정확여부에 관한 검사를 받도록 규정하고,(제5조제2항) 지적소관청으로부터 교부받은 측량성과도와 감정서를 법원에 제출하도록 규정하여,(제5조제3항) 법원감정측량의 중복 시행에 따른 불편을 해소할 수 있도록 제도적인 장치를 마련하였다.24)

4.4. 법원감정측량 수수료

법원감정측량 수수료는 토지의 이동정리를 수반하지 않는 경우에는 지적측량 수수료 산정기준 등에 관한 규정에 의한 단가의 70%에 해당하는 금액을 징수하도록 규정하여 1997년 8월 1일부터 시행하였다.

2004년부터 지적측량 시장이 개방됨에 따라 같은 해 10월에 측량감정에 있어서 감정

---

23) 경정결정(更正決定)이란 판결의 위산(違算)·오기(誤記) 기타 위와 유사한 명백한 오류가 있는 경우에 경정하는 결정으로써 본판결을 한 법원이 신청에 의하여 또는 직권으로 할 수 있다.
24) 저자가 내무부 지적과장으로 재직하면서 지적공부를 정리하여야 하는 감정측량은 그 성과에 관한 자료를 소관청에 제출하여 지적법령에서 규정한 측량성과의 정확여부에 관한 검사를 받은 후 소관청으로부터 교부받은 측량성과도와 감정서를 법원에 제출하도록 설득하여 대법원에서 이에 관한 타당성을 인정하고 제도개선을 하여 오늘에 이르고 있다.

방법과 감정인 선정 등에 관한 예규(2004. 10. 26. 대법원 재판예규 제985호)를 개정하여「지적법」에 의한 지적측량 중 경계점좌표등록부가 비치된 지역(수치지역)에서의 지적측량은 대한지적공사의 본사·본부·지사에 감정을 촉탁하거나「지적법」에 의하여 등록된 지적측량업자 또는 그 소속 지적기술사·지적기사·지적산업기사 중에서 감정인을 선정하도록 개선하고,「지적법」에 의한 지적측량 중 경계점좌표등록부가 비치되지 않은 도해지역에서의 지적측량은 대한지적공사에 감정을 촉탁하도록 보완하였다.

이어서 2008년에 감정료의 산정기준 등에 관한 예규, 부동산시가 등 감정인의 선정 등에 관한 예규, 필적·문서·인영·지문감정 등에 있어서 감정 방법과 감정인 선정 등에 관한 예규, 측량감정에 있어서 감정 방법과 감정인 선정 등에 관한 예규, 신체감정에 있어서 감정인 선정과 감정절차 등에 관한 예규, 공사비 등 감정인의 선정 등에 관한 예규를 통합하여 새로이 '감정인 등 선정과 감정료 산정기준 등에 관한 예규(제정 2008. 02. 20. 재판예규 제1204호)'를 제정하여 2008년 3월 1일부터 시행하였다.

그 후 몇 차례의 개정을 하였으며, 2024년에 이를 개정(개정 2024. 12. 30. 재판예규 제1888호, 시행 2025. 1. 1.)하여 시행하고 있다.

감정인 등 선정과 감정료 산정 기준 등에 관한 예규의 주요 내용은 측량감정 적용 대상을 토지분할측량·경계복원측량·현황측량·그 밖의 일반측량 등으로 규정하였으며(제2조제1항제2호), 측량감정인은 법원장 또는 지원장이 주관하여「공간정보관리법」에 따라 등록된 지적측량업자 또는 그 소속 지적기술사·지적기사·지적산업기사 중에서 적절하다고 판단되는 사람을 선정하여 감정인 명단을 작성하도록 규정하고 있다.(제5조제1항제2호)

그리고 측량감정의 분류는 ①「공간정보관리법」에 따른 지적측량 중 경계점좌표등록부가 비치된 지역(수치지역)에서의 지적측량, ②「공간정보관리법」에 따른 지적측량 중 경계점좌표등록부가 비치되지 않은 지역(도해지역)에서의 지적측량, ③ 각종 공작물의 형태, 종·횡단, 고저측량 등「공간정보관리법」에 의한 일반측량으로 구분하고,(제17조제1항) 측량감정의 방법은 ① 수치측량의 경우에는 한국국토정보공사의 본사·본부·지사에 감정을 촉탁하거나 '감정인 선정 전산프로그램'을 이용하여 감정인을 선정하고 감정을 명하며, ② 도해측량의 경우에는 한국국토정보공사에 감정을 촉탁하고, ③ 일반측량의 경우에는 공간정보산업협회의 본부·지부·출장소에 감정을 촉탁하거나 위 단체에게 추천을 의뢰하여 감정인을 선정하고 감정을 명하도록 규정하고 있다.(제17조제2항)

지적공부상 이동정리를 수반(시효취득 또는 상호명의 신탁관계의 해지를 원인으로 한 소유권이전등기사건·공유물 분할사건 등)하는 지적측량을 실시한 감정인 또는 한국국토정보공사는 측량성과에 관한 자료를 지적소관청에 제출하여 그 성과의 정확성에 관한 검사를 받아 감정서와 함께 소관청으로부터 교부받은 측량성과도를 법원에 제출하도록 규정하였다.(제18조)

그리고 측량감정료는 ① 지적공부상 이동정리를 수반하는 측량감정의 경우에는 지적측량수수료 산정기준 등에 관한 규정에 따른 기준, ② 그 밖에 「공간정보관리법」에 의한 지적측량감정의 경우에는 지적측량수수료 산정기준 등에 관한 규정에 따른 기준 소정의 금액에 70%를 곱한 금액, ③ 일반측량감정의 경우에는 측량대가의 기준에 따른 기준으로 정하도록 규정하여(제29조제1항) 운용하고 있다.

법원감정측량은 측량사의 정신적인 부담이 클 수밖에 없으며, 최소 3회 이상 법원을 출입하여야 하고, 현장에도 최소 2회 이상 출장을 하여야 감정서를 작성 할 수 있으며, 감정서 작성에도 측량에 관한 이론과 실무경험을 총동원하여 판단 결정하여야 하며, 측량 후에도 민원에 휘말릴 가능성이 높은 반면에 측량감정료를 소정 금액의 70%를 곱한 금액을 적용하기 때문에 우수하고 경험이 많은 지적기술자들이 이를 외면하고 있는 실정이다.

따라서 1997년 6월에 제정한 '측량감정에 있어서 감정방법과 감정인 선정 등에 관한 예규'가 시행되기 전의 법원감정측량 수수료 징수제도와 동일하게 지적측량표준품셈에서 정한 규정과 같이 현행 지적측량 수수료의 100%를 가산하여 적용하도록 개선하여 감정측량의 공정성과 정확성을 높이고 감정측량에 대한 사회적 신뢰성을 확보하여야 한다.

5. 토지의 이동에 따른 면적의 결정방법

법 제26조(토지의 이동에 따른 면적 등의 결정방법) ① 합병에 따른 경계·좌표 또는 면적은 따로 지적측량을 하지 아니하고 다음 각 호의 구분에 따라 결정한다.
1. 합병 후 필지의 경계 또는 좌표: 합병 전 각 필지의 경계 또는 좌표 중 합병으로 필요 없게 된 부분을 말소하여 결정
2. 합병 후 필지의 면적: 합병 전 각 필지의 면적을 합산하여 결정
② 등록전환이나 분할에 따른 면적을 정할 때 오차가 발생하는 경우 그 오차의 허용 범위 및 처리방법 등에 필요한 사항은 대통령령으로 정한다.
[제목개정 2013. 7. 17.]

5.1. 합병에 따른 면적 결정

합병에 따른 경계·좌표 또는 면적은 따로 지적측량을 하지 아니하고 합병 후 필지의 경계 또는 좌표는 합병 전 각 필지의 경계 또는 좌표 중 합병으로 필요 없게 된 부분을 말소하여 결정하고, 합병 후 필지의 면적은 합병 전 각 필지의 면적을 합산하여 결정하도록 규정하고 있다.(법 제26조제1항)

그리고 등록전환이나 분할에 따른 면적을 정할 때 오차가 발생하는 경우 그 오차의 허용 범위 및 처리 방법 등에 필요한 사항은 대통령령으로 정하도록 규정하고 있다.(법 제26조제2항, 영 제19조)

5.2. 등록전환에 따른 면적 결정

등록전환을 위하여 면적을 정함에 있어서 오차가 발생하는 경우 임야대장의 면적과 등록전환 될 면적의 오차 허용범위는 다음의 계산식에 따른다. 이 경우 오차의 허용범위를 계산할 때 축척이 3천분의 1인 지역의 축척 분모는 6천으로 한다.(영 제19조제1항제1호가목)

$$A = 0.026^2 M \sqrt{F}$$

(A는 오차 허용면적, M은 임야도 축척분모, F는 등록전환될 면적)

그리고 임야대장의 면적과 등록전환 될 면적의 차이가 $A = 0.026^2 M \sqrt{F}$ 의 계산식에 따른 허용범위 이내인 경우에는 등록전환 될 면적을 등록전환 면적으로 결정하고, 허용범위를 초과하는 경우에는 임야대장의 면적 또는 임야도의 경계를 지적소관청이 직권으로 정정하여야 한다.(영 제19조제1항제1호나목)

5.3. 분할에 따른 면적 결정

토지를 분할하는 경우 분할 후의 각 필지의 면적의 합계와 분할 전 면적과의 오차의 허용범위는 $A = 0.026^2 M \sqrt{F}$ 의 계산식에 따른다.

이 경우 A는 오차 허용면적, M은 축척분모, F는 원면적으로 하되 축척이 3천분의 1인 지역의 축척분모는 6천으로 한다.(영 제19조제1항제2호가목)

그러나 분할 전후 면적의 차이가 위 계산식에 따른 허용범위 이내인 경우에는 그 오차를 분할 후의 각 필지의 면적에 따라 나누고, 허용범위를 초과하는 경우에는 지적공부상의 면적 또는 경계를 정정하여야 한다.(영 제19조제1항제2호나목)

그리고 분할 전후 면적의 차이를 배분한 산출면적은 아래의 계산식에 따라 필요한 자리까지 계산하고, 결정면적은 원면적에 일치하도록 산출면적의 구하려는 끝자리의 다음 숫자가 큰 것부터 차례로 올려서 정하여야 한다.

이 경우 구하고자 하는 끝자리의 다음 숫자가 서로 같은 때에는 산출면적이 큰 것부터 순차로 올려서 정하되, 구하려는 끝자리의 다음 숫자가 서로 같을 때에는 산출면적이 큰 것을 올려서 정하도록 규정하고 있다.(영 제19조제1항제2호다목)

$$r = \frac{F}{A} \times a$$

(r은 각 필지의 산출면적, F는 원면적, A는 측정면적 합계 또는 보정면적 합계, a는 각 필지의 측정면적 또는 보정면적)

5.4. 경계점좌표등록지의 분할에 따른 면적 결정

경계점좌표등록부가 있는 지역의 토지분할을 위하여 면적을 정할 때에는 다음 각 호의 기준에 따르도록 규정하고 있다.(영 제19조제2항)

1) 분할 후 각 필지의 면적 합계가 분할 전 면적보다 많은 경우에는 구하려는 끝자리의 다음 숫자가 작은 것부터 순차적으로 버려서 정하되, 분할 전 면적에 증감이 없도록 하여야 한다.
2) 분할 후 각 필지의 면적 합계가 분할 전 면적보다 적은 경우에는 구하려는 끝자리의 다음 숫자가 큰 것부터 순차적으로 올려서 정하되, 분할 전 면적에 증감이 없도록 하여야 한다.

6. 지적기준점성과의 보관 및 열람

> 법 제27조(지적기준점성과의 보관 및 열람 등) ① 시·도지사나 지적소관청은 지적기준점성과(지적기준점에 의한 측량성과를 말한다. 이하 같다)와 그 측량기록을 보관하고 일반인이 열람할 수 있도록 하여야 한다.
> ② 지적기준점성과의 등본이나 그 측량기록의 사본을 발급받으려는 자는 국토교통부령으로 정하는 바에 따라 시·도지사나 지적소관청에 그 발급을 신청하여야 한다. <개정 2013. 3. 23.>

시·도지사나 지적소관청은 지적기준점 성과와 그 측량기록을 보관하고 일반인이 열람할 수 있도록 하되, 지적측량기준점 성과 또는 그 측량부를 열람하거나 등본을 발급받으려는 자는 지적삼각점 성과는 특별시장·광역시장·도지사 또는 특별자치도지사에게 신청하고, 지적삼각보조점 성과 및 지적도근점 성과는 지적소관청에 신청하도록 규정하고 있다.(법 제27조제1항, 지적측량 시행규칙 제26조제1항)

지적측량기준점 성과 또는 그 측량부의 열람이나 등본발급 신청을 받은 해당 기관은 이를 열람하게 하거나 별지 제18호 서식의 지적측량기준점성과의 등본을 발급하도록 규정하고 있다.(규칙 제26조제3항)

7. 지적위원회

> 법 제28조(지적위원회) ① 다음 각 호의 사항을 심의·의결하기 위하여 국토교통부에 중앙지적위원회를 둔다. <개정 2013. 7. 17.>
> 1. 지적 관련 정책 개발 및 업무 개선 등에 관한 사항
> 2. 지적측량기술의 연구·개발 및 보급에 관한 사항
> 3. 제29조제6항에 따른 지적측량 적부심사(適否審査)에 대한 재심사(再審査)
> 4. 제39조에 따른 측량기술자 중 지적분야 측량기술자(이하 "지적기술자"라 한다)의 양성에 관한 사항
> 5. 제42조에 따른 지적기술자의 업무정지 처분 및 징계요구에 관한 사항
> ② 제29조에 따른 지적측량에 대한 적부심사 청구사항을 심의·의결하기 위하여 특별시·광역시·특별자치시·도 또는 특별자치도(이하 "시·도"라 한다)에 지방지적위원회를 둔다. <신설 2013. 7. 17.>
> ③ 중앙지적위원회와 지방지적위원회의 위원 구성 및 운영에 필요한 사항은 대통령령으로 정한다. <개정 2013. 7. 17., 2017. 10. 24.>
> ④ 중앙지적위원회와 지방지적위원회의 위원 중 공무원이 아닌 사람은 「형법」 제127조 및 제129조부터 제132조까지의 규정을 적용할 때에는 공무원으로 본다. <신설 2017. 10. 24.>

7.1. 위원회의 설치연혁

지적위원회의 모체는 지적측량에 종사하는 자의 자질향상을 도모하고 지적행정의 원활한 운영에 기여하기 위하여 제정한 지적측량사 규정[시행 1961. 1. 1.] [국무원령 제176호, 1960. 12. 31., 제정]에 의한 지적측량심의회와 지적측량사징계위원회라고 할 수 있다.

지적측량심의회는 지적측량에 대한 적부를 심사하기 위하여 재무부에 두는 중앙심의회와 사세청에 두는 지방심의회로 구분하여 2심제를 채택하였으며,(같은 규정 제26조) 회장 1인과 위원 4인 이상 10인 이내로 구성하고 중앙심의회의 회장은 재무부 사세국장이, 지방심의회 회장은 사세청장이 되며 위원은 지적측량에 관한 학식과 경험이 풍부한 공무원 또는 사회 인사 중에서 회장이 위촉하되 임기는 1년으로 규정하였다.(같은 규정 제27조)

그리고 지적측량사징계위원회는 지적측량사의 징계에 관한 사항을 심의의결하기 위하여 재무부에 두도록 하여 1심제를 채택하였으며,(같은 규정 제30조) 위원장 1인과 위원 4인 이상 10인 이내로 구성하고 위원장은 재무부 사세국장이 되고 위원은 위원장이 위촉하며 임기는 1년으로 규정하였으며,(같은 규정 제31조) 이 규정은 1961년 1월 1일부터 시행하였다.25)

그 후 지적사무가 재무부에서 내무부로 이관됨에 따라 지적측량사규정[시행 1967. 8. 22.] [대통령령 제3189호, 1967. 8. 22., 일부개정]을 개정하여 지적측량에 대한 적부를 심사하기 위하여 내무부에 중앙심의회와 시·도에 지방심의회를 설치하도록 규정하고,(제26조) 지적측량사의 징계에 관한 사항을 장리하게 하기 위하여 지적측량사징계위원회를 내무부에 두도록 규정하고,(제30조) 종전 규정 중 "재무부 사세국장"을 "내무부 지적사무주무국장"으로, "사세청"을 "서울특별시·부산시 및 도"로, "사세청장이"를 "서울특별시장·부산시장·또는 도지사가"로, "사세청장"을 "서울특별시장·부산시장·도지사"로 개정하였으나, 위원장 1인과 위원 4인 이상 10인 이내로, 위원의 임기는 1년으로 개정 전의 규정과 동일하게 규정하였다..

이어서 지적측량사 규정[시행 1970. 5. 16.] [대통령령 제5016호, 1970. 5. 16., 전부개정]을 개정하여 지적측량에 대한 적부를 심사하기 위하여 지적측량심의회를 설치하되 내무부에 중앙심의회를, 시·도에 지방심의회를 설치하도록 규정하였으며, 회장 1인과 위원 4인 이상 10인 이내로 구성하되, 회장은 내무부와 시·도의 지적사무 주무국장이 각각 맡고 위원은 지적측량에 관한 학식과 경험이 풍부한 공무원 또는 사회 인사 중에서 회장이 위촉하되 임기는 1년으로 규정하였다.(같은 규정 제28조)

---

25) 관보 제2750호, 1960. 12. 31. pp.1677~1679.

그리고 지적측량사의 징계에 관한 사항을 심의하기 위하여 내무부에 지적측량사징계위원회를 설치하도록 규정하여 1심제를 채택하였으며, 위원장 1인과 위원 4인 이상 10인 이내로 구성하되 위원장은 내무부 지적사무 주무국장이 맡고 위원은 위원장이 위촉하되 임기는 1년으로 규정하였다.(같은 규정 제31조, 제32조)

따라서 1960년부터 1975년까지 지적측량에 관한 적부심사 기능과 지적측량사에 대한 징계심의 기능을 구분하여 별도의 위원회를 설치하여 운영하였으나, 제2차「지적법」개정 법률에 내무부장관 소속하에 지적위원회를 설치하고 지적측량 적부심사 기능과 지적기술자 및 지적기능자에 대한 징계의결 기능을 통합하도록 개선하여, 지적측량 적부심사와 지적측량사징계심의를 1심제로 일원화하고, 위원장 및 부위원장 각 1인을 포함하여 5인 이상 10인 이내의 위원을 내무부장관이 임명 또는 위촉하되, 위원의 임기는 2년으로 규정하였다.

이어서 제7차「지적법」개정 법률에 내무부장관 소속하에 중앙지적위원회를 시·도지사 소속하에 지방지적위원회를 설치하도록 개선하여 지적측량 적부심사는 다시 2심제를 채택하였으나, 지적측량사 징계심의는 종전과 같이 1심제를 채택하여 운영하였으며, 제9차「지적법」개정 법률에 행정자치부장관 소속하에, 제18차「지적법」개정 법률에 국토교통부장관 소속하에 각각 중앙지적위원회를 설치하도록 규정하였다.

그러나「측수지법」을 제정하면서「지적법」에 중앙지적위원회는 지적기술자의 징계에 관한 사항의 심의·의결을 하도록 규정되어 있었는데,(「지적법」제44조제1항제3호) 이를 삭제하고 지적측량에 대한 적부심사 청구사항만을 심의·의결하도록 개선하였다.(법 제28조제1항) 따라서 1960년에 지적측량사 규정을 제정하고 지적측량사징계위원회를 설치할 수 있도록 규정한 후 약 50년 만에 지적측량사 징계에 관한 내용이「공간정보관리법」중 '지적에 관한 법'에서 삭제되었다.

이어서 2017년 제5차「공간정보관리법」개정 법률[시행 2017. 10. 24.] [법률 제14936호, 2017. 10. 24., 일부개정]에서 중앙지적위원회 및 지방지적위원회 위원 중 민간위원에 대하여는 업무상 공정성과 책임성을 담보하기 위하여「형법」제127조 및 제129조부터 제132조까지를 적용하는 경우 공무원으로 보도록 규정하였다.(제28조제4항 신설)

위에서 서술한 지적위원회의 설치 연혁을 요약하면 <표 3-10>과 같다.

<표 3-10> 지적위원회의 설치 연혁

근거 법규	지적측량 적부심사	지적측량사 징계심의	시행 기간
지적측량사 규정 [시행	(2심제)	(1심제)	1961. 1. 1.~

1961. 1. 1.] [국무원령 제176호, 1960. 12. 31., 제정]	○ 재무부 : 지적측량중앙심의회 - 회 장 : 재무부 사세국장 - 위 원 : 4~10인 이내 ○ 사세청 : 지적측량지방심의회 - 회 장 : 사세청장 - 위 원 : 4~10인 이내	○ 재무부 : 지적측량사징계위원회 - 위원장 : 재무부 사세국장 - 위 원 : 4~10인 이내	1967. 8. 21.
지적측량사 규정 [시행 1967. 8. 22.] [대통령령 제3189호, 1967. 8. 22., 일부개정]	(2심제) ○ 내무부 : 중앙심의회 - 위원장 : 내무부 지적사무주무국장 - 위 원 : 4~10인 이내 ○ 시·도 : 지방심의회 - 위원장 : 시·도지사 - 위 원 : 4~10인 이내	(1심제) ○ 내무부 : 지적측량사징계위원회 - 위원장 : 내무부 지적사무주무국장 - 위 원 : 4~10인 이내	1967. 8. 21.~ 1970. 5. 15.
지적측량사 규정 [시행 1970. 5. 16.] [대통령령 제5016호, 1970. 5. 16., 전부개정]	(2심제) ○ 내무부 : 중앙심의회 - 위원장 : 내무부 지적사무주무국장 - 위 원 : 4~10인 이내 ○ 시·도 : 지방심의회 - 위원장 : 시·도 지적사무주무국장 - 위 원 : 4~10인 이내	(1심제) ○ 내무부 : 지적측량사징계위원회 - 위원장 : 내무부 지적사무주무국장 - 위 원 : 4~10인 이내	1970. 5. 16.~ 1976. 5. 6.
제2차「지적법」개정 법률 [시행 1976. 4. 1.] [법률 제2801호, 1975. 12. 31., 전부개정]	(1심제) ○ 내무부 : 지적위원회 - 위원장 : 내무부 지방국장 - 위 원 : 5~10인 이내		1976. 5. 7.~ 1995. 3. 31.
제7차「지적법」개정 법률 [시행 1995. 4. 1.] [법률 제4869호, 1995. 1. 5., 일부개정]	(2심제) ○ 내무부 : 중앙지적위원회 - 위원장 : 내무부 지적사무담당국장 - 위 원 : 5~10인 이내 ○ 시·도 : 지방지적위원회 - 위원장 : 시·도 지적사무담당국장 - 위 원 : 5~10인 이내	(1심제) ○ 내무부 : 중앙지적위원회 - 위원장 : 내무부 지적사무국장 - 위 원 : 5~10인 이내	1995. 4. 1.~ 1999. 4. 18.
제9차「지적법」개정 법률 [시행 1999. 4. 19.] [법률 제5630호, 1999. 1. 18., 일부개정]	(2심제) ○ 행정자치부 : 중앙지적위원회 - 위원장 : 행자부 지적사	(1심제) ○ 행정자치부 : 중앙지적위원회 - 위원장 : 행자부 지적사	1999. 4. 19.~ 2008. 2. 28.

	무담당국장 - 위 원 : 5~10인 이내 ○ 시·도 : 지방지적위원회 - 위원장 : 시·도 지적사무담당국장 - 위 원 : 5~10인 이내	무국장 - 위 원 : 5~10인 이내	
제18차 「지적법」 개정법률 [시행 2008. 2. 29.] [법률 제8853호, 2008. 2. 29., 일부개정]	(2심제) ○ 국토교통부 : 중앙지적위원회 - 위원장 : 국토부 지적사무담당국장 - 위 원 : 5~10인 이내 ○ 시·도 : 지방지적위원회 - 위원장 : 시·도 지적사무담당국장 - 위 원 : 5~10인 이내	(1심제) ○ 국토교통부 : 중앙지적위원회 - 위원장 : 국토부 지적사무국장 - 위 원 : 5~10인 이내	2008. 2. 29.~ 2009. 12. 9.
「측수지법」 [시행 2009. 12. 10.] [법률 제9774호, 2009. 6. 9., 제정]	(2심제) ○ 국토교통부 : 중앙지적위원회 - 위원장 : 국토부 지적업무담당국장 - 위 원 : 5~10인 이내 ○ 시·도 : 지방지적위원회 - 위원장 : 시·도 지적업무담당국장 - 위 원 : 5~10인 이내	-	2009. 12. 10.~ 2015. 6. 3.
「공간정보관리법」 [시행 2015. 6. 4.] [법률 제12738호, 2014. 6. 3. 일부개정]	○ 위와 동일	-	2015. 6. 4.~ 2017. 10. 23.
「공간정보관리법」 [시행 2017. 10. 24.] [법률 제14936호, 2017. 10. 24., 일부개정]	○ 위와 동일 - 중앙지적위원회 및 지방지적위원회 위원 중 민간위원에 대하여는 「형법」을 적용하는 경우 공무원으로 보도록 규정	-	2017. 10. 24.~ 현재

출처 : 지적측량사 규정, 「지적법」, 「공간정보의 구축 및 관리 등에 관한 법률」 등 참고 작성.

7.2. 중앙지적위원회

7.2.1. 심의·의결사항

지적법령에서 지적기술자가 ① 고의 또는 중대한 과실로 지적측량을 잘못한 경우, ② 지적기술자로서의 명예를 훼손하거나 품위를 손상시킨 경우, ③ 기타 지적관계 법령의 규정에 위반한 경우에 해당하는 때에는 중앙지적위원회의 의결을 거쳐 징계를 하도록 규정하였다.(「지적법」 제40조제2항)

징계의 종류는 ① 자격 취소, ② 1월 이상 3년 이하의 자격정지로 규정하였고,(「지적법」 제40조제3항) 징계는 그 사유가 발생한 날부터 3년이 경과한 때에는 징계할 수 없도록 규정하였다.(「지적법」 제40조제4항)

그리고 중앙지적위원회는 ① 토지등록업무의 개선 및 지적측량기술의 연구·개발, ② 지적기술자의 양성방안, ③ 지적기술자의 징계, ④ 재심사청구사항에 관한 사항의 심의·의결을 하도록 규정하였다.(「지적법」 제44조제1항)

그러나 「측수지법」을 제정하면서 지적기술자와 측량 및 지형공간정보기술자간 형평에 맞도록 「지적법」 제44조제1항제1호부터 제3호까지에 규정된 ① 토지등록업무의 개선 및 지적측량기술의 연구·개발, ② 지적기술자의 양성방안, ③ 지적기술자의 징계에 관한 규정을 삭제하고, 지적측량에 대한 적부심사청구사항만을 심의·의결하기 위하여 중앙지적위원회와 지방지적위원회를 두도록 개선하였다.(법 제28조제1항)

따라서 지적기술자를 「공간정보관리법」에 의하여 징계할 수 없으며, 측량 및 지형공간정보기술자와 동일하게 국가기술자격법에 의하여 징계하여야 한다.

7.2.2. 구성

중앙지적위원회는 위원장 및 부위원장 각 1인을 포함하여 5인 이상 10인 이내의 위원으로 구성하며,(영 제20조제1항) 위원장은 국토교통부의 지적업무 담당국장이, 부위원장은 국토교통부의 지적업무 담당과장이 된다.(영 제20조제2항)

위원은 지적에 관한 학식과 경험이 풍부한 사람 중에서 국토교통부장관이 임명하거나 위촉하며,(영 제20조제3항) 위원장 및 부위원장을 제외한 위원의 임기는 2년으로 한다.(영 제20조제4항)

그리고 위원회의 간사는 국토교통부의 지적업무 담당 공무원 중에서 국토교통부장관이 임명하며, 회의준비·회의록 작성 및 회의결과에 따른 업무 등 중앙지적위원회의 서무를 담당하며,(영 제20조제5항) 위원회의 위원에게는 예산의 범위 안에서 출석수당과 여비 그 밖의 실비를 지급할 수 있으나, 공무원인 위원이 그 소관업무와 직접적으로 관련되어 출석하는 경우에는 그러하지 아니하도록 규정하고 있다.(영 제20조제6항)

7.2.3. 회의소집

중앙지적위원회 위원장은 중앙지적위원회의 회의를 소집하고 그 의장이 되며,(영 제21조제1항) 위원장이 부득이한 사유로 직무를 수행할 수 없을 때에는 부위원장이 그 직무를 대행하고, 위원장 및 부위원장이 모두 부득이한 사유로 직무를 수행할 수 없을 때에는 위원장이 미리 지명한 위원이 그 직무를 대행하도록 규정하고 있다.(영 제21조제2항)

회의는 위원장 및 부위원장을 포함한 재적위원 과반수의 출석으로 개의하고 출석위원 과반수의 찬성으로 의결하며,(영 제21조제3항) 위원회는 관계인을 출석하게 하여 의견을 들을 수 있고, 필요하면 현지조사를 할 수 있다.(영 제21조제4항)

그리고 위원장이 위원회의 회의를 소집하는 때에는 회의일시·장소 및 심의안건을 회의 5일 전까지 각 위원에게 서면으로 통지하도록 규정하고 있다.(영 제21조제5항)

7.2.4. 위원의 심의·의결 제한

지적법령에서는 지적기술자의 징계에 있어서 징계대상자와 4촌 이내의 친족관계에 있거나 징계사유와 관련이 있는 경우 또는 지적측량 적부심사의 재심사에 있어서 해당 측량 사안에 관하여 관련이 있는 경우에는 해당 안건의 심의 또는 의결에 참석할 수 없도록 규정하였다.(지적법 시행령 제52조제5항)

그러나 「측수지법」을 제정하면서 국토교통부에 지적측량에 대한 적부심사청구사항을 심의·의결하기 위하여 중앙지적위원회를 두도록 개정하고,(법 제28조제1항) 중앙지적위원회 위원이 지적측량의 재심사 시 그 측량 사안에 관하여 관련이 있는 경우에는 그 안건의 심의 또는 의결에 참석할 수 없도록 개선하였다.(영 제21조제6항)

7.2.5. 현지 조사자의 지정

중앙지적위원회가 현지조사를 하고자 하는 때에는 관계 공무원을 지정하여 지적측량 및 자료조사 등 현지조사를 하고 그 결과를 보고하게 할 수 있으며, 필요할 때에는 지적측량수행자에게 그 소속 지적기술자를 참여시키도록 요청할 수 있도록 규정하고 있다.(영 제22조)

7.3. 지방지적위원회

1995년 4월 1일 제7차「지적법」개정 법률 시행 전까지 지적측량 성과에 관한 분쟁민원을 해결하기 위해서는 시·도지사 경유 내무부의 지적위원회에 지적측량 적부심사청구서를 제출하여야만 처리할 수 있었다.

따라서 당시에는 1심제를 채택하고 있었기 때문에 지적위원회의 의결사항에 불복이 있는 경우에도 재심사를 청구할 수 없었고 의견진술 등이 필요한 때에는 지방에서 서울까지 올라와야 하는 불편과 부담이 있었다.

이러한 문제점을 해소하고자 제7차「지적법」개정 법률에 지적측량에 관한 분쟁민원을 지역단위에서 신속·공정하게 처리할 수 있도록 시·도에 지방지적위원회를 설치하고 지적측량 적부심사청구사항을 심의·의결하도록 개선하였다.

그리고 지방지적위원회의 의결에 불복하는 때에는 내무부의 중앙지적위원회에 재심사를 청구할 수 있도록 개선하였고 지적측량에 관한 분쟁 민원 처리의 2심제를 도입하여 민원처리의 객관성과 공정성을 확보할 수 있도록 제도화 하였다.

지방지적위원회는 지적측량에 대한 적부심사청구사항을 심의·의결하기 위하여 시·도에 설치하고,(법 제28조제2항) 지방지적위원회의 구성·회의·위원의 제척 및 운영 등에 관한 사항은 중앙지적위원회의 관련 규정을 준용하도록 규정하고 있으며, 이 경우 "중앙지적위원회"는 "지방지적위원회"로, "국토교통부"는 "시·도"로, "국토교통부장관"은 "시·도지사"로 보고, "재심사"는 "지적측량 적부심사"로 보도록 규정하고 있다.(영 제23조)

위에서 서술한 중앙지적위원회와 지방지적위원회의 구성과 주요 기능을 요약하면 <표 3-11>과 같다.

<표 3-11> 지적위원회의 구성과 주요 업무

구분	중앙지적위원회	지방지적위원회	비고
설치기관	○국토교통부	○시·도	
위원장	○지적업무 담당국장	○지적업무 담당국장	○당연직
부위원장	○지적업무 담당과장	○지적업무 담당과장	○당연직
위촉자	○국토교통부장관	○시·도지사	
위원수	○5인 이상 10인 이내	○5인 이상 10인 이내	○당연직 포함
임 기	○2년	○2년	
주요 업무	○지적측량 적부심사의 재심사	○지적측량 적부심사	

출처:「공간정보의 구축 및 관리 등에 관한 법률」제28조, 같은 법률 시행령 제20조~제23조 참고 작성.

8. 지적측량의 적부심사

법 제29조(지적측량의 적부심사 등) ① 토지소유자, 이해관계인 또는 지적측량수행자는 지적측량성과에 대하여 다툼이 있는 경우에는 대통령령으로 정하는 바에 따라 관할 시·도지사를 거쳐 지방지적위원회에 지적측량 적부심사를 청구할 수 있다. <개정 2013. 7. 17.>
② 제1항에 따른 지적측량 적부심사청구를 받은 시·도지사는 30일 이내에 다음 각 호의 사항을 조사하여 지방지적위원회에 회부하여야 한다.
1. 다툼이 되는 지적측량의 경위 및 그 성과
2. 해당 토지에 대한 토지이동 및 소유권 변동 연혁
3. 해당 토지 주변의 측량기준점, 경계, 주요 구조물 등 현황 실측도
③ 제2항에 따라 지적측량 적부심사청구를 회부받은 지방지적위원회는 그 심사청구를 회부받은 날부터 60일 이내에 심의·의결하여야 한다. 다만, 부득이한 경우에는 그 심의기간을 해당 지적위원회의 의결을 거쳐 30일 이내에서 한 번만 연장할 수 있다.
④ 지방지적위원회는 지적측량 적부심사를 의결하였으면 대통령령으로 정하는 바에 따라 의결서를 작성하여 시·도지사에게 송부하여야 한다.
⑤ 시·도지사는 제4항에 따라 의결서를 받은 날부터 7일 이내에 지적측량 적부심사 청구인 및 이해관계인에게 그 의결서를 통지하여야 한다.
⑥ 제5항에 따라 의결서를 받은 자가 지방지적위원회의 의결에 불복하는 경우에는 그 의결서를 받은 날부터 90일 이내에 국토교통부장관을 거쳐 중앙지적위원회에 재심사를 청구할 수 있다. <개정 2013. 3. 23., 2013. 7. 17.>
⑦ 제6항에 따른 재심사청구에 관하여는 제2항부터 제5항까지의 규정을 준용한다. 이 경우 "시·도지사"는 "국토교통부장관"으로, "지방지적위원회"는 "중앙지적위원회"로 본다. <개정 2013. 3. 23.>
⑧ 제7항에 따라 중앙지적위원회로부터 의결서를 받은 국토교통부장관은 그 의결서를 관할 시·도지사에게 송부하여야 한다. <개정 2013. 3. 23.>
⑨ 시·도지사는 제4항에 따라 지방지적위원회의 의결서를 받은 후 해당 지적측량 적부심사 청구인 및 이해관계인이 제6항에 따른 기간에 재심사를 청구하지 아니하면 그 의결서 사본을 지적소관청에 보내야 하며, 제8항에 따라 중앙지적위원회의 의결서를 받은 경우에는 그 의결서 사본에 제4항에 따라 받은 지방지적위원회의 의결서 사본을 첨부하여 지적소관청에 보내야 한다.
⑩ 제9항에 따라 지방지적위원회 또는 중앙지적위원회의 의결서 사본을 받은 지적소관청은 그 내용에 따라 지적공부의 등록사항을 정정하거나 측량성과를 수정하여야 한다.
⑪ 제9항 및 제10항에도 불구하고 특별자치시장은 제4항에 따라 지방지적위원회의 의결서를 받은 후 해당 지적측량 적부심사 청구인 및 이해관계인이 제6항에 따른 기간에 재심사를 청구하지 아니하거나 제8항에 따라 중앙지적위원회의 의결서를 받은 경우에는 직접 그 내용에 따라 지적공부의 등록사항을 정정하거나 측량성과를 수정하여야 한다. <신설 2012. 12. 18.>
⑫ 지방지적위원회의 의결이 있은 후 제6항에 따른 기간에 재심사를 청구하지 아니하거나 중앙지적위원회의 의결이 있는 경우에는 해당 지적측량성과에 대하여 다시 지적측량 적부심사청구를 할 수 없다. <개정 2012. 12. 18.>

8.1. 적부심사제도의 변천연혁

지적측량사규정[시행 1961. 1. 1.] [국무원령 제176호, 1960. 12. 31., 제정]에 지적측량에 대한 적부를 심사하기 위하여 지적측량심의회를 두도록 규정하고, 재무부에 지적측량중앙심의회와 사세청에 지적측량지방심의회로 구분하여 설치하도록 규정하였다.(제26조)

이어서 지적측량사규정 시행규칙[시행 1961. 1. 1.] [재무부령 제194호, 1961. 2. 7., 제정]에 지적측량의 심의 대상을 ① 경계감정측량에 이의가 있을 때, ② 측량검사에 불복이 있을 때, ③ 지적측량에 관하여 관계인의 심의 요구가 있을 때로 규정하였다.(제10조)

따라서 지적측량 적부심사제도는 지적측량사규정에 의한 지적측량심의제도가 효시라고 할 수 있다.

지적측량심의회는 지적측량에 대한 적부를 심사하기 위하여 재무부에 두는 중앙심의회와 사세청에 두는 지방심의회로 구분하여 2심제를 채택하였고, 지적측량심의 대상은 경계감정측량에 이의가 있을 때, 측량검사에 불복이 있을 때, 지적측량에 관하여 관계인의 심의 요구가 있을 때로 제한하였다.

그 후 지적사무가 재무부에서 내무부로 이관됨에 따라 지적측량사규정[시행 1967. 8. 22.] [대통령령 제3189호, 1967. 8. 22., 일부개정]을 개정하여 지적측량에 대한 적부를 심사하기 위하여 내무부에 중앙심의회와 시·도에 지방심의회를 설치하도록 규정하여, (제26조) 종전과 같이 2심제로 운영하였다.

이어서 1970년에 지적측량사 규정 [시행 1970. 5. 16.] [대통령령 제5016호, 1970. 5. 16., 전부개정]을 개정하여 시·도의 지방심의회의 위원장을 시·도지사에서 시·도 지적사무주무국장으로 개정하였으며, 제2차「지적법」개정 법률에서 내무부장관 소속하에 지적위원회를 두고 지적측량의 적부심사에 관한 사항을 심의 또는 의결하도록 규정하였으며,(법 제42조) 같은 법 시행규칙[시행 1976. 5. 7.] [내무부령 제208호, 1976. 5. 7., 제정]을 제정하고 지적측량결과에 이의가 있어 지적측량의 적부심사를 청구하고자 하는 자는 지적측량 적부심사청구서를 관할 도지사를 거쳐 지적위원회에 제출하도록 규정하였다.(규칙 제35조)

위와 같이 1960년부터 1975년까지 지적측량에 대한 적부심사기능과 지적측량사에 대한 징계심의 기능을 구분하여 별도의 위원회를 설치하여 운영하였으나, 제2차「지적법」개정 법률에 내무부장관 소속하에 지적위원회를 설치하고 지적측량 적부심사 기능과 지적기술자 및 지적기능자에 대한 징계의결 기능을 총괄하여 담당하도록 규정하여,(법

제42조) 1976년부터 지적측량 적부심사를 단심제로 운영하였다.

　이어서 지적법 시행령[시행 1986. 11. 9.] [대통령령 제11998호, 1986. 11. 3., 전부개정]을 개정하여 제80조에 지적측량 적부심사는 측량성과에 다툼이 있는 경우에 한하여 관할 도지사를 거쳐 지적위원회에 제출할 수 있도록 규정하였고, 도지사는 측량자별 측량성과·측량경위·해당 토지에 대한 토지이동 및 소유권변동연혁 등을 조사하고 의견서를 내무부장관에게 송부하도록 규정하였다.

　그리고 지적법 시행령[시행 1992. 3. 23.] [대통령령 제13620호, 1992. 3. 23., 일부개정]을 개정하여 지적측량 적부심사는 측량성과에 다툼이 있는 경우에 청구할 수 있도록 규정하였다. 이 경우 다른 사람의 신청에 의하여 행하여진 지적측량 성과에 대한 적부심사의 청구를 하고자 할 때에는 청구인 기타 이해관계인이 다시 지적측량을 신청하여 이를 행한 후 청구하도록 규정하여,(영 제80조) 2회 이상 실시한 측량성과에 대한 다툼으로 제한하였다.

　제7차「지적법」개정 법률에 토지소유자 또는 이해관계인은 이 법에 의한 지적측량 성과에 대하여 다툼이 있는 경우에는 대통령령이 정하는 바에 의하여 관할 도지사를 거쳐 지방지적위원회에 지적측량 적부심사를 청구할 수 있도록 규정하고,(법 제42조의2) 이어서 지적법 시행령[시행 1995. 4. 6.] [대통령령 제14568호, 1995. 4. 6., 일부개정]을 개정하여 지적측량 적부심사를 청구하고자 하는 토지소유자 또는 이해관계인은 지적측량을 신청하여 측량을 실시한 후 심사청구서에 그 측량성과와 심사청구경위서를 첨부하여 도지사에게 제출하도록 규정하였다.(영 제80조)

　따라서 내무부장관 소속하에 중앙지적위원회를 시·도지사 소속하에 지방지적위원회를 설치하도록 개선하여 다시 2심제를 채택하게 되었다.

　그리고 제10차「지적법」개정 법률에 토지소유자 또는 이해관계인은 지적측량 성과에 대하여 다툼이 있는 경우에는 관할 시·도지사를 거쳐 지방지적위원회에 지적측량 적부심사를 청구할 수 있도록 규정하고,(법 제45조제1항) 지적법 시행령[시행 2002. 1. 27.] [대통령령 제17497호, 2002. 1. 26., 전부개정]을 개정하여 지적측량 적부심사를 청구하고자 하는 토지소유자 또는 이해관계인은 지적측량을 신청하여 측량을 실시한 후 심사청구서에 그 측량성과와 심사청구 경위서를 첨부하여 시·도지사에게 제출하도록 규정하였다.(영 제55조)

　그러나「측수지법」을 제정하면서 토지소유자·이해관계인 또는 지적측량수행자는 지적측량 성과에 대하여 다툼이 있는 경우에 관할 시·도지사에게 지적측량 적부심사를 청구할 수 있도록 규정하여,(법 제29조제1항) 지적법령에서는 토지소유자 또는 이해관계인에 한하여 지적측량 적부심사를 청구할 수 있었으나, 지적측량수행자도 지적측량 적부심사를 청구할 수 있도록 개선하였다.

이어서「측수지법」[시행 2014. 1. 18.] [법률 제11943호, 2013. 7. 17., 일부개정]을 개정하여 토지소유자·이해관계인 또는 지적측량수행자는 지적측량성과에 대하여 다툼이 있는 경우에는 대통령령으로 정하는 바에 따라 관할 시·도지사를 거쳐 지방지적위원회에 지적측량 적부심사를 청구할 수 있도록 개선하였다.(법 제29조제1항)

위에서 서술한 지적측량 적부심사제도의 변천 연혁을 요약하면 <표 3-12>와 같다.

<표 3-12> 지적측량 적부심사제도의 변천 연혁

관련법령	관련 조문 및 내용
지적측량사 규정 [시행 1961. 1. 1.] [국무원령 제176호, 1960. 12. 31., 제정]	○지적측량에 대한 적부를 심사하기 위하여 지적측량심의회를 두되 재무부에 지적측량 중앙심의회와 사세청에 지적측량 지방심의회로 구분하여 설치하도록 규정(제26조)
지적측량사 규정 시행규칙[시행 1961. 1. 1.] [재무부령 제194호, 1961. 2. 7., 제정]	○지적측량의 적부심사 대상을 경계감정측량에 이의가 있을 때, 측량검사에 불복이 있을 때, 지적측량에 관하여 관계인의 심의 요구가 있을 때로 규정(제10조)
지적측량사 규정 개정 [시행 1967.8.22.] [대통령령 제3189호, 1967. 8.22., 일부개정]	○지적측량에 대한 적부를 심사하기 위하여 내무부에 중앙심의회와 시·도에 지방심의회를 설치하도록 규정(제26조)
「지적법」전부개정 [시행 1976. 4. 1.] [법률 제2801호, 1975. 12. 31. 전부개정]	○내무부장관 소속하에 지적위원회를 두고 지적측량의 적부심사에 관한 사항을 심의 또는 의결하도록 규정(제42조)
지적법 시행규칙 [시행 1976. 5. 7.] [내무부령 제208호, 1976. 5. 7., 제정]	○지적측량결과에 이의가 있어 지적측량의 적부심사를 청구하고자 하는 자는 지적측량 적부심사청구서를 관할 도지사를 거쳐 지적위원회에 제출하도록 규정(제35조)
지적법 시행령 [시행 1986. 11. 9.] [대통령령 제11998호, 1986. 11. 3., 전부개정]	○지적측량 적부심사는 측량성과에 다툼이 있는 경우에 청구할 수 있도록 규정(제80조)
지적법 시행령 [시행 1992. 3. 23.]	○지적측량 적부심사는 측량성과에 다툼이 있는 경우에 청구하되, 이 경우 다른 사람의 신청에 의하여 행하여진 지적측량 성과에 대하여 적부심사

[대통령령 제13620호, 1992. 3. 23., 일부개정]	의 청구를 하고자 할 때에는 청구인 기타 이해관계인이 다시 지적측량을 신청하여 이를 행한 후 청구하도록 규정(제80조)
「지적법」 개정 [시행 1995. 4. 1.] [법률 제4869호, 1995. 1. 5., 일부개정]	○ 토지소유자 또는 이해관계인은 이 법에 의한 지적측량 성과에 대하여 다툼이 있는 경우에는 대통령령이 정하는 바에 의하여 관할 도지사를 거쳐 지방지적위원회에 지적측량 적부심사를 청구할 수 있도록 규정(제42조의2)
지적법 시행령 개정 [시행 1995. 4. 6.] [대통령령 제14568호, 1995. 4. 6., 일부개정]	○ 지적측량 적부심사를 청구하고자 하는 토지소유자 또는 이해관계인은 지적측량을 신청하여 측량을 실시한 후 심사청구서에 그 측량성과와 심사청구경위서를 첨부하여 도지사에게 제출하도록 규정(제80조)
「지적법」 전부 개정 [시행 2002. 1. 27.] [법률 제6389호, 2001. 1. 26., 전부개정]	○ 토지소유자 또는 이해관계인은 지적측량 성과에 대하여 다툼이 있는 경우에는 관할 시·도지사를 거쳐 지방지적위원회에 지적측량 적부심사를 청구할 수 있도록 규정(제45조제1항)
지적법 시행령 전부개정 [시행 2002. 1. 27.] [대통령령 제17497호, 2002. 1. 26., 전부개정]	○ 지적측량 적부심사를 청구하고자 하는 토지소유자 또는 이해관계인은 지적측량을 신청하여 측량을 실시한 후 심사청구서에 그 측량성과와 심사청구 경위서를 첨부하여 시·도지사에게 제출하도록 규정(제55조제1항)
「측수지법」 [시행 2009. 12. 10.] [법률 제9774호, 2009. 6. 9., 제정]	○ 토지소유자·이해관계인 또는 지적측량수행자는 지적측량 성과에 대하여 다툼이 있는 경우에는 관할 시·도지사에게 지적측량 적부심사를 청구할 수 있도록 규정(제29조제1항)
「측수지법」 [시행 2014. 7. 1.] [법률 제11943호, 2013. 7. 17. 일부개정]	○ 토지소유자·이해관계인 또는 지적측량수행자는 지적측량성과에 대하여 다툼이 있는 경우에는 대통령령으로 정하는 바에 따라 관할 시·도지사를 거쳐 지방지적위원회에 지적측량 적부심사를 청구할 수 있도록 규정(제29조제1항)

출처: 지적측량사 규정, 「지적법」, 「공간정보의 구축 및 관리 등에 관한 법률」 등 참고 작성.

8.2. 적부심사 청구권자

「지적법」에서는 지적측량 적부심사 청구를 할 수 있는 자를 토지소유자 또는 이해관계인26)으로 규정하였으나,(「지적법」 제45조제1항) 「측수지법」을 제정하면서 지적측량 적부심사 청구를 할 수 있는 자를 토지소유자·이해관계인 또는 지적측량수행자로 개정하

---

26) 이해관계인(利害關係人)이란 제3자의 행위나 공적인 기관의 처분에 따라 자기의 이익을 침해받을 수 있는 지위에 있는 자를 말하는 것으로, 일정한 사실 행위나 법률 행위의 당사자는 아니지만 그것에 의해서 자기의 권리나 이익에 영향을 받는 사람을 말한다.

여 지적측량수행자도 지적측량 성과에 대하여 다툼이 있는 경우에 관할 시·도지사를 거쳐 지방지적위원회에 지적측량 적부심사를 청구할 수 있도록 규정하고 있다.(법 제29조 제1항)

따라서 지적측량 적부심사 청구권자는 토지소유자와 이해관계인 및 지적측량수행자로 한정할 수 있는데, 이해관계인의 범위에 관한 문제가 남는다.

「공간정보관리법」제24조(지적측량 의뢰 등)제1항을 비롯하여 제29조(지적측량의 적부심사 등)제1항·제5항·제9항, 제88조(토지소유자의 정리)제4항 등에 "이해관계인"이라는 용어가 규정되어 있다.

법 제77조부터 제82조까지와 관련된 토지이동 신청권자를 토지소유자·사업시행자·토지를 취득하는 국가 또는 지방자치단체의 장·「집합건물의 소유 및 관리에 관한 법률」에 의한 관리인·대표자 또는 사업시행자 등으로 구분하여 서술하였고, 법 제24조의 규정에 의한 지적측량을 의뢰할 수 있는 사람을 토지소유자·상속인·이해관계자·사업시행자·대위신청자 등으로 구분하여 서술하였다.

따라서 법 제29조제1항에서 규정한 지적측량 적부심사를 청구할 수 있는 이해관계인의 범위는 측량을 수반하는 토지이동 신청자와 지적측량 의뢰자로서 사업시행자·토지를 취득하는 국가·또는 지방자치단체의 장·「집합건물의 소유 및 관리에 관한 법률」에 의한 관리인·대표자 또는 사업시행자·「민법」제404조의 규정에 의한 채권자 등으로 한정하는 것이 타당한 것으로 본다.

8.3. 적부심사 청구

지적측량 적부심사제도는 지적측량사규정(1960. 12. 31. 국무원령 제176호)에 지적측량에 대한 적부를 심사하기 위하여 지적측량심의회를 두도록 규정하여 운영하다가 제2차「지적법」개정 법률에 내무부장관 소속하에 지적위원회를 두고 지적측량의 적부심사에 관한 사항을 심의 또는 의결하도록 규정함으로써 처음으로 「지적법」에서 지적측량 적부심사제도를 도입하였다.

2009년에 「측수지법」을 제정하면서 토지소유자·이해관계인 또는 지적측량수행자는 지적측량 성과에 대하여 다툼이 있는 경우에는 관할 시·도지사에게 지적측량 적부심사를 청구할 수 있도록 개선하였으며,(법 제29조제1항) 지적측량 적부심사를 청구하려는 토지소유자·이해관계인 또는 지적측량수행자는 지적측량을 신청하여 측량을 실시한 후 심사청구서(규칙, 별지 제19호 서식)에 그 측량성과와 심사청구 경위서를 첨부하여 시·

도지사에게 제출하도록 규정하고 있다.(영 제24조제1항)

그리고 지적측량 적부심사청구서를 받은 시·도지사는 30일 이내에 ① 다툼이 되는 지적측량의 경위 및 그 성과, ② 해당 토지에 대한 토지이동 및 소유권 변동 연혁, ③ 해당 토지 주변의 측량기준점·경계·주요 구조물 등 현황 실측도를 조사하여 지방지적위원회에 회부하도록 규정하고 있다.(법 제29조제2항)

시·도지사는 조사측량성과를 작성하기 위하여 필요한 경우에는 관계 공무원을 지정하여 지적측량을 하게 할 수 있으며, 필요하면 지적측량수행자에게 그 소속 지적기술자를 참여시키도록 요청할 수 있다.(영 제24조제2항)

그러나「공간정보관리법」에 의한 지적측량 적부심사제도는 법 제29조제1항에 규정한 "지적측량 성과에 대하여 다툼이 있는 경우"를 민원을 적극적으로 해소하고 불복사항의 구제 차원에서 1회 실시한 측량성과에 대한 불복이 있거나, 2회 이상 실시한 측량성과가 동일하더라도 그 성과에 불복하는 경우에는 언제든지 지적측량 적부심사를 청구할 수 있도록 운영함으로써 지적측량 적부심사업무에 중앙정부와 시·도에 소속된 우수한 고급 인력과 행정력을 낭비하고 있을 뿐만 아니라 지적측량수행자의 기술인력 낭비는 물론 지적제도에 관한 국민의 불신을 조장하는 결과를 초래하고 지적측량업무의 개방화 시대에 합치되지 아니한다는 비판이 제기되었다.

따라서 지적측량업의 개방에 맞추어 지적측량 적부심사는 2인 이상의 지적측량사 또는 2개 이상의 지적측량수행자가 지적측량을 실시하여 그 성과가 서로 다르게 되어 다툼이 있는 경우에 한하여 청구할 수 있도록 개선하고, 지적측량 적부심사에 필요한 조사측량을 지적측량수행자에 소속된 지적측량기술자의 참여를 배제하도록 개선하여 공정하고 객관적인 적부심사가 이루어지도록 하여야 한다.

그리고 소송이 계류 중인 사건으로 재판에 필요한 증거서류로 제출하기 위하여 원고 또는 피고 등 당사자가 재판 진행 중에 지적위원회에 이의신청이나 심사청구를 했을 경우에는「헌법」제57조와「청원법」제5조에 의한 재판간섭 배제 규정에 의하여 지적측량 적부심사를 할 수 없다고 보나 재판장의 요구가 있을 경우에는 심의를 할 수 있으며,(내무부 세정 1236.13-8020, 1971. 9. 2.) 일반측량업에 소속된 지적기술자격 소지자가 실시한 법원감정측량은 지적법에 의한 지적측량 성과로 볼 수 없기 때문에 지적측량 적부심사의 대상이 되지 않으며,(행정자치부, 지적13500-1030, 2000. 7. 14.) 지적측량 적부심사 청구 대상 토지가 경계분쟁으로 인한 건물 철거 등 소송이 계류 중인 경우에는 지적측량 적부심사 청구 대상 토지라고 볼 수 없는 것으로 판단된다.(행정자치부 지적팀-271, 2005. 12. 27.)라고 회신한바 있다.[27]

따라서 「공간정보관리법」 제23조의 규정에 의한 지적측량 중에서 지적소관청이 지적측량 성과를 검사하기 위한 측량을 제외한 모든 지적측량은 지적측량 적부심사 대상으로 보기 때문에 법원감정측량은 측량 종목에 관계없이 소송이 계류 중에 있거나 판결이 확정되었을 경우에는 현행 법령상 지적측량이 아니므로 지적측량 적부심사의 대상이라고 할 수 없다.

그러나 소송이 계류 중인 사건이라도 법원감정측량과 관계없이 토지소유자 또는 이해관계인이 지적측량 적부심사를 청구할 경우에는 지적측량 적부심사 청구 대상 토지로 보아 심사를 해야 한다는 전문가의 견해도 지속적으로 제기되고 있다.

따라서 「부패방지 및 국민권익위원회의 설치와 운영에 관한 법률」[시행 2010. 7. 26.] [법률 제9968호, 2010. 1. 25., 타법개정]에 행정심판·행정소송·헌법재판소의 심판이나 감사원의 심사청구 그 밖에 다른 법률에 따른 불복 구제절차가 진행 중인 사항(제43조제1항제4호)과 법령에 따라 화해·알선·조정·중재 등 당사자 간의 이해 조정을 목적으로 행하는 절차가 진행 중인 사항(제43조제1항제5호)은 각하하도록 규정한 내용과 유사하게 「공간정보관리법」에서도 소송이 계류 중인 경우에는 지적측량 적부심사 청구를 각하하도록 제도적인 개선이 필요하다.

8.4. 적부심사 절차

지적측량 적부심사청구를 회부 받은 지방지적위원회는 그 심사청구를 회부 받은 날부터 60일 이내에 심의·의결하여야 한다. 다만, 부득이한 경우에는 그 심의기간을 해당 지적위원회의 의결을 거쳐 30일 이내에서 한 번만 연장할 수 있다.(법 제29조제3항)

지방지적위원회는 지적측량 적부심사를 의결하였으면 위원장과 참석위원 전원이 서명 및 날인한 지적측량 적부심사 의결서(규칙, 별지 제21호 서식)를 작성하여 지체 없이 시·도지사에게 송부하여야 한다.(법 제29조제4항, 영 제25조제1항)

시·도지사는 의결서를 송부 받은 날부터 7일 이내에 지적측량 적부심사 청구인 및 이해관계인에게 그 의결서를 통지하여야 하며,(법 제29조제3항) 이 경우 청구인 및 이해관계인에게 통지할 때에는 재심사를 청구할 수 있음을 서면으로 알려야 한다.(영 제25조제2항)

지적측량 적부심사 의결서를 받은 자가 지방지적위원회의 의결에 불복하는 경우에는 그 의결서를 받은 날부터 90일 이내에 국토교통부장관에게 재심사를 청구할 수 있다.(법

---

27) 국토해양부, 2010, 「지적측량 적부심사 지적위원회 운영」, pp.185~186.

제29조제6항)

시·도지사는 지방지적위원회의 의결서를 받은 후 해당 지적측량 적부심사 청구인 및 이해관계인이 의결서를 받은 날부터 90일 이내에 재심사를 청구하지 아니하면 그 의결서 사본을 지적소관청에 보내야 하며, 중앙지적위원회의 의결서를 받은 경우에는 그 의결서 사본에 지방지적위원회의 의결서 사본을 첨부하여 지적소관청에 보내도록 규정하고 있다.(법 제29조제9항)

이어서 지방지적위원회 또는 중앙지적위원회의 의결서 사본을 받은 지적소관청은 그 내용에 따라 지적공부의 등록사항을 정정하거나 측량성과를 수정하여야 한다.(법 제29조제10항)

그리고 지방지적위원회의 의결이 있은 후 재심사를 청구하지 아니하거나 중앙지적위원회의 의결이 있는 경우에는 해당 지적측량 성과에 대하여 다시 지적측량 적부심사청구를 할 수 없도록 규정하고 있다.(법 제29조제11항)

8.5. 재심사청구

지적측량 적부심사의 재심사청구를 하려는 자는 재심사청구서(규칙, 별지 제20호 서식)에 ① 지방지적위원회의 지적측량 적부심사 의결서 사본, ② 재심사 청구 사유에 관한 서류를 첨부하여 국토교통부장관에게 제출하여야 한다.(영 제26조제1항)

중앙지적위원회가 재심사를 의결하였을 때에는 위원장과 참석위원 전원이 서명 및 날인한 의결서(규칙, 별지 제21호 서식)를 지체 없이 국토교통부장관에게 송부하여야 한다.(영 제26조제2항)

그리고 중앙지적위원회로부터 의결서를 받은 국토교통부장관은 그 의결서를 관할 시·도지사에게 송부하도록 규정하고 있다(법 제29조제8항).

<참고사항>
2020년에 「해양조사정보법」[시행 2021. 2. 19.] [법률 제17063호, 2020. 2. 18., 제정]을 제정함에 따라 제13차 「공간정보관리법」[시행 2021. 2. 19.] [법률 제17063호, 2020. 2. 18., 타법개정] 개정 법률에서 제5절 수로조사, 법 제30조(수로조사 기본계획) 내지 법 제38조(관계기관의 수로조사성과 활용)를 모두 삭제하였다.

제3절 측량기술자
(Section3. Surveying Technician)

1. 측량기술자

> 법 제39조(측량기술자) ① 이 법에서 정하는 측량은 측량기술자가 아니면 할 수 없다. <개정 2020. 2. 18.>
> ② 측량기술자는 다음 각 호의 어느 하나에 해당하는 자로서 대통령령으로 정하는 자격기준에 해당하는 자이어야 하며, 대통령령으로 정하는 바에 따라 그 등급을 나눌 수 있다.
> 1. 「국가기술자격법」에 따른 측량 및 지형공간정보, 지적, 측량, 지도 제작, 도화(圖畵) 또는 항공사진 분야의 기술자격 취득자
> 2. 측량, 지형공간정보, 지적, 지도 제작, 도화 또는 항공사진 분야의 일정한 학력 또는 경력을 가진 자
> ③ 측량기술자는 전문분야를 측량분야와 지적분야로 구분한다. <신설 2013. 7. 17.>

1.1. 지적기술자격제도의 변천연혁

1910년대 지적제도의 창설 당시부터 해방 전까지는 지적측량업무가 많지 않아 기술자를 주로 강습 또는 조선지적협회의 양성교육(1939년부터 1941년까지 3회에 걸쳐 6개월간 교육)에 의하여 확보하였고, 정부수립 후부터 1960년까지도 위와 같은 방법으로 확보하였기 때문에 지적기술자격제도에 관한 별도의 규정이 없었다.[28]

따라서 지적제도의 창설 당시부터 1960년까지 약 50여 년간은 기술이 일정한 수준에 도달한 자를 선정하여 지적측량업무에 종사하도록 운영하였으며, 지적기술자는 주로 강습이나 대한지적공사의 전신인 조선지적협회와 대한지적협회의 양성 교육에 의하여 확보하였다.

그러나 지적측량사규정[시행 1961. 1. 1.] [국무원령 제176호, 1960. 12. 31., 제정]을 제정하고 이어서 지적측량사규정 시행규칙[시행 1961. 1. 1.] [재무부령 제194호, 1961.

---

28) 내무부, 한국지방행정연구원, 1987, 『한국지방행정사(상권)』, p.1053.

2. 7., 제정]을 제정하여 세부측량과·기초측량과·확정측량과 등 3과의 지적측량사자격 시험제도를 도입하였다.

1961년 2월 21일 재무부의 사세국에 지적측량사전형위원회를 설치하고 같은 해 2월 25일 지적행정사상 최초로 지적측량사 시험을 치렀으나 실무경험이 있는 자는 서류전형으로, 실무경험이 없는 자는 필기와 실기시험을 치렀다.[29]

이어서 산업계에 종사하는 각종 기술자와 기능자의 자격제도가 산만하고 그 관리가 소홀하므로 기술과 기능이 일정 수준에 도달한 사람에게 국가가 통일적으로 자격을 인정하고 그 활용을 촉진함으로써 중화학공업의 추진 등을 지원하려는 국가의 방침에 따라 「국가기술자격법」[시행 1974. 7. 1.] [법률 제2672호, 1973. 12. 31., 제정]을 제정하여[30] 지적기술자격을 기술계와 기능계로 구분하고 기술계의 자격은 "국토개발기술사(지적)·지적기사 1급·지적기사 2급"으로, 기능계의 자격은 "지적기능장·지적기능사 1급·지적기능사 2급"으로 구분하여 제도화하였다.[31]

지적기술자격시험은 1979년까지 내무부장관이 주관하여 시행하였으며 1980년부터 한국산업인력공단(전 한국기술검정공단)에 이관하여 시행하였으나 1990년대 초까지 기술사의 배출이 미미하고 기능장은 단 1명도 배출을 하지 못하였다.

그 후 산업사회의 변화에 부응할 수 있도록 기술자격의 등급 및 종목을 일괄 조정하기 위하여 국가기술자격법 시행령[시행 1992. 3. 1.] [대통령령 제13494호, 1991. 10. 31., 일부개정]을 개정하여 1992년 3월 1일부터 국토개발기술사(지적)를 지적기술사로 명칭을 변경하고 지적기능장 제도를 폐지하였으며, 이어서 국가기술자격법 시행령[시행 1998. 5. 9.] [대통령령 제15794호, 1998. 5. 9., 일부개정]을 개정하여 "지적기술사·지적기사·지적산업기사·지적기능산업기사·지적기능사"로 명칭을 변경하였다.

이어서 국가기술자격법 시행령[시행 2005. 1. 1.] [대통령령 제18608호, 2004. 12. 28., 전부개정]을 개정하여 국가기술자격의 등급을 기술·기능분야, 서비스분야로 구분하되, 기술·기능분야의 등급은 기술사·기능장·기사·산업기사·기능사로 하고, 서비스분야의 등급은 3등급의 범위 안에서 국가기술자격의 종목별로 노동부령으로 정하도록 규정하였으며,(국가기술자격법 시행령 제10조제1항) 국가기술자격법 시행규칙[시행 2005. 1. 1.] [노동부령 제217호, 2004. 12. 31., 전부개정]을 개정하여 "지적기술사·지적기사·지적산업기사·지적기능사"로 명칭을 변경하였다.

---

29) 대한지적공사, 1984. 4, 『지적』 통권 제109호, pp.2~3.
30) 내무부, 한국지방행정연구원, 1987, 앞의 책, p.1054.
31) 한국지방행정연구원, 1999, 『지방자치행정50년사』, pp.668~669.

그러나 「측수지법」을 제정하면서 측량기술자를 ① 「국가기술자격법」에 따른 측량 및 지형공간정보·지적·측량·지도 제작·도화(圖畵) 또는 항공사진 분야의 기술자격 취득자, ② 측량·지형공간정보·지적·지도 제작·도화 또는 항공사진 분야의 일정한 학력 또는 경력을 가진 자로 구분하도록 개정하여,(법 제39조제2항) 「지적법」에 의한 지적기술자와 구 「측량법」에 의한 측량 및 지형공간정보기술자 등은 물론 이와 관련된 분야의 일정한 학력 또는 경력을 가진 자를 모두 포함하여 측량기술자로 규정하였다.

그리고 측량기술자의 기술등급을 특급·고급·중급·초급기술자와 고급·중급·초급기능사의 7등급으로 구분하도록 개정하고,(영 제32조) 학력 또는 경력 인정 측량기술자에 관한 사항은 측량기술자의 학력·경력 인정 방법 및 절차 등에 관한 규정(국토해양부고시 제2009-1196호, 2009. 12. 22.)을 별도로 제정하여 시행하고 있으며, 이 법에서 정하는 측량은 측량기술자가 아니면 할 수 없도록 규정하였다.

본 조문은 「공간정보관리법」에서 규정하고 있는 수로조사와 관련된 내용을 분리하여 「해양조사정보법」을 제정함에 따라 제13차 「공간정보관리법」 개정 법률에서 제1항 중 "측량(수로측량은 제외한다. 이하 이 절에서 같다.)"을 "측량"으로 개정하여 「해양조사정보법」의 제정 취지에 합치되도록 개선하였다.

1.2. 자격별 직무 범위

지적법령에서 「국가기술자격법」에 의한 기술·기능분야 지적기술자격 취득자의 기술자격별 직무범위를 <표 3-13>과 같이 규정하였으나,(지적법 시행령 제46조) 「측수지법」을 제정하면서 지적법령에서 규정한 「국가기술자격법」에 의한 기술·기능분야 지적기술자격취득자의 기술자격별 직무 범위를 모두 삭제하였다.

<표 3-13> 지적기술자격별 직무 범위

구 분	직 무 범 위
지적기술사	ㅇ지적기사가 하는 업무와 지적측량기술의 개발 등에 관한 기획 및 연구
지적기사	ㅇ지적산업기사가 하는 업무와 지적측량의 종합적 계획수립
지적산업기사	ㅇ지적기능산업기사 및 지적기능사가 하는 업무와 지적측량
지적기능산업기사 및 지적기능사	ㅇ지적측량의 보조 또는 도면의 정리와 등사·면적측정 및 도면작성

출처: 지적법 시행령 제45조 참고 작성.

1.3. 측량도서의 서명·날인

측량기술자는 그가 작성한 측량도서에 서명 및 날인하여야 하며,(영 제31조) 측량기술자가 측량도서에 서명 및 날인을 할 때에는 소속 기관 또는 소속 업체명, 업체등록번호 및 국가기술자격번호, 학력·경력자 관리번호를 함께 적도록 규정하고 있다.(규칙 제42조)

1.4. 측량기술자의 자격기준과 등급

「공간정보관리법」 제39조제2항에 "측량기술자는 대통령령으로 정하는 자격기준에 해당하는 자이어야 하며, 대통령령으로 정하는 바에 따라 그 등급을 나눌 수 있다."라고 규정하고, 같은 법 시행령 제32조에 "법 제39조제2항에 따른 측량기술자의 자격기준과 등급은 별표 5와 같다."라고 규정하여, 측량기술자의 자격 기준과 등급은 영 제32조 별표 5에 규정되어 있었다.

그러나 2022년에 공간정보관리법 시행령[시행 2022. 8. 9.] [대통령령 제32868호, 2022. 8. 9., 타법개정] 개정 당시에 영 제32조 별표 5 비고 다목 후단에 "이 경우 해당 업무를 수행하거나 복무한 경력은 제2호 표의 해당 자격·학력 또는 교육과정을 취득··이수하기 전과 취득··이수한 후의 경력을 모두 포함한다."라고 신설하여 자격 취득 등에 요구되는 실무경력의 인정범위를 확대하여 오늘에 이르고 있다.

법 제39조제2항과 영 제32조 별표 5에 규정한 측량기술자의 자격기준과 등급은 <표 3-14>와 같다.

<표 3-14> 측량기술자의 자격 기준

1. 기술자
「건설기술 진흥법」 제2조제8호에 따른 건설기술인인 측량기술자의 자격기준과 등급에 관하여는 「건설기술 진흥법 시행령」 별표 1에서 정하는 바에 따른다.

2. 기능사
「국가기술자격법」 제9조제1항제1호에 따른 기능사인 측량기술자의 자격기준과 등급은 아래의 표와 같다.

등급	기술자격자	학력·경력자
고급 기능사	기능사 자격을 취득한 사람으로서 7년 이상 해당 분야의 측량업무를 수행한 사람	

중급 기능사	기능사 자격을 취득한 사람으로서 3년 이상 해당 분야의 측량업무를 수행한 사람	
초급 기능사	기능사 자격을 가진 사람	가. 전문대학 졸업 이상의 학력을 가진 사람으로서 1년 이상 측량업무를 수행한 사람 나. 고등학교를 졸업한 사람으로서 3년 이상 측량업무를 수행한 사람 다. 국토교통부장관이 고시하는 교육기관에서 1년 이상 측량 관련 교육과정을 이수한 사람으로서 5년 이상 측량업무를 수행한 사람

비고:
가. "기술자격자"는 「국가기술자격법」의 기술자격종목 중 측량·지도제작·도화(圖化)·지적 또는 항공사진의 기술자격을 취득한 사람을 말한다.
나. "학력·경력자"는 다음의 어느 하나에 해당하는 사람을 말한다. 이 경우 측량 및 지적 관련 학과의 범위, 경력 인정방법 및 절차 등은 국토교통부장관이 정하여 고시하는 바에 따른다.
  1) 「초·중등교육법」 또는 「고등교육법」에 따른 학과의 과정으로서 국토교통부장관이 고시하는 측량 및 지적 관련 학과의 과정을 이수하고 졸업한 사람
  2) 관계 법령에 따라 국내 또는 외국에서 1)과 같은 수준 이상의 학력이 있다고 인정되는 사람
  3) 국토교통부장관이 고시하는 교육기관에서 측량 및 지적 관련 교육과정을 1년 이상 이수한 사람
다. "측량업무를 수행한 사람"은 측량 분야에서 계획·설계·실시·지도·감독·심사·감리·측량기기성능검사·조사·연구 또는 교육업무를 수행한 사람과 측량 분야 병과(兵科)에서 복무한 사람을 말한다. 이 경우 해당 업무를 수행하거나 복무한 경력은 제2호 표의 해당 자격·학력 또는 교육과정을 취득··이수하기 전과 취득··이수한 후의 경력을 모두 포함한다.
라. 전문분야는 아래와 같이 구분한다.

구분	전문분야
측량	측량 지도제작 도화 항공사진
지적	지적

마. 외국인의 기술자격 또는 학력·경력에 관하여는 해당 외국인의 국가와 우리나라 간 상호인정 협정 등에서 정하는 바에 따라 인정하되, 그 인정방법 및 등급에 관하여는 위 표의 기준을 준용한다.

출처 : 영 제32조.[별표 5]

2. 측량기술자의 신고

법 제40조(측량기술자의 신고 등) ① 측량업무에 종사하는 측량기술자(「건설기술 진흥법」

제2조제8호에 따른 건설기술인인 측량기술자와 「기술사법」 제2조에 따른 기술사는 제외한다. 이하 이 조에서 같다)는 국토교통부령으로 정하는 바에 따라 근무처·경력·학력 및 자격 등(이하 "근무처 및 경력등"이라 한다)을 관리하는 데에 필요한 사항을 국토교통부장관에게 신고할 수 있다. 신고사항의 변경이 있는 경우에도 같다. <개정 2013. 3. 23., 2013. 5. 22., 2018. 8. 14., 2020. 2. 18.>
② 국토교통부장관은 제1항에 따른 신고를 받았으면 측량기술자의 근무처 및 경력등에 관한 기록을 유지·관리하여야 한다. <개정 2013. 3. 23., 2020. 2. 18.>
③ 국토교통부장관은 측량기술자가 신청하면 근무처 및 경력등에 관한 증명서(이하 "측량기술경력증"이라 한다)를 발급할 수 있다. <개정 2013. 3. 23., 2020. 2. 18.>
④ 국토교통부장관은 제1항에 따라 신고를 받은 내용을 확인하기 위하여 필요한 경우에는 중앙행정기관, 지방자치단체, 「초·중등교육법」 제2조 및 「고등교육법」 제2조의 학교, 신고를 한 측량기술자가 소속된 측량 관련 업체 등 관련 기관의 장에게 관련 자료를 제출하도록 요청할 수 있다. 이 경우 그 요청을 받은 기관의 장은 특별한 사유가 없으면 요청에 따라야 한다. <개정 2013. 3. 23., 2020. 2. 18.>
⑤ 이 법이나 그 밖의 관계 법률에 따른 인가·허가·등록·면허 등을 하려는 행정기관의 장은 측량기술자의 근무처 및 경력등을 확인할 필요가 있는 경우에는 국토교통부장관의 확인을 받아야 한다. <개정 2013. 3. 23., 2020. 2. 18.>
⑥ 제1항에 따른 신고가 신고서의 기재사항 및 구비서류에 흠이 없고, 관계 법령 등에 규정된 형식상의 요건을 충족하는 경우에는 신고서가 접수기관에 도달된 때에 신고된 것으로 본다. <신설 2017. 10. 24.>
⑦ 제1항부터 제6항까지에서 규정한 사항 외에 측량기술자의 신고, 기록의 유지·관리, 측량기술경력증의 발급 등에 필요한 사항은 국토교통부령으로 정한다. <개정 2013. 3. 23., 2017. 10. 24., 2020. 2. 18.>

「건설기술 진흥법」 제2조제8호에 따른 건설기술인인 측량기술자와 「기술사법」 제2조에 따른 기술사를 제외한 측량업무에 종사하는 측량기술자는 국토교통부령으로 정하는 바에 따라 근무처·경력·학력 및 자격 등(이하 "근무처 및 경력 등"이라 한다.)을 관리하는 데에 필요한 사항을 국토교통부장관에게 신고할 수 있으며, 신고사항의 변경이 있는 경우에도 같다.(법 제40조제1항)

이에 따라 신고 또는 변경신고를 하려는 측량기술자는 규칙 제43조제1항의 규정에 의하여 측량기술자 경력신고서(규칙, 별지 제29호 서식) 또는 측량기술자 경력변경신고서(규칙, 별지 제30호 서식)에 다음 각 호의 서류(전자문서를 포함한다.)를 첨부하여 공간정보산업협회에 제출하여야 한다.(규칙 제43조제1항)

1) 측량기술자 경력확인서,<(규칙, 별지 제31호 서식) 사용자(대표자) 또는 발주자의 확인을 받은 것만 해당한다.>
2) 국가기술자격증 사본(해당자만 첨부한다.)
3) 졸업증명서(해당자만 첨부한다.)

4) 사진(3×4센티미터) 1장(경력신고의 경우만 해당한다.)
5) 경력 또는 경력변경사항을 증명할 수 있는 서류

　국토교통부장관은 측량기술자 등의 신고를 받았으면 측량기술자의 근무처 및 경력 등에 관한 기록을 유지·관리하여야 하며,(법 제40조제2항) 측량기술자가 신청하면 근무처 및 경력 등에 관한 측량기술 경력증(규칙, 별지 제32호 서식)을 발급할 수 있도록 규정하고 있다.(법 제40조제3항)

　공간정보산업협회는 측량기술 경력증을 발급한 때에는 측량기술 경력증 발급대장(규칙, 별지 제33호 서식)에 기록하고 관리하여야 하며,(규칙 제43조제3항) 측량기술자가 법 제40조제3항에 따른 측량기술 경력증을 발급·갱신 또는 재발급을 받으려는 경우에는 측량기술 경력증 발급(신규·갱신·재발급) 신청서(규칙, 별지 제34호 서식)를 공간정보산업협회에 제출하여야 한다.(규칙 제43조제4항)

　측량기술자의 근무처 및 경력 등의 확인은 측량기술자 경력증명서(규칙, 별지 제35호 서식) 및 측량기술자 보유증명서(규칙, 별지 제36호 서식)에 따라야 하며,(규칙 제43조제5항) 공간정보산업협회는 측량기술 경력증을 발급, 갱신 또는 재발급하거나 측량기술자 경력증명서 및 측량기술자 보유증명서를 발급하는 때에는 그 신청인으로부터 실비의 범위에서 수수료를 받을 수 있으며,(규칙 제43조제6항) 신고 또는 변경신고를 받은 경우에는 관련 기관에 그 신고내용을 확인하도록 규정하고 있다.(규칙 제43조제7항)

　그리고 국토교통부장관이 측량기술자의 경력인정 방법 및 절차 등을 정한 때에는 이를 고시하도록 규정하고 있다.(규칙 제43조제8항)

　국토교통부장관은 측량기술자의 신고를 받은 내용을 확인하기 위하여 필요한 경우에는 중앙행정기관·지방자치단체·학교·신고를 한 측량기술자가 소속된 측량 관련 업체 등 관련 기관의 장에게 관련 자료를 제출하도록 요청할 수 있으며, 이 경우 그 요청을 받은 기관의 장은 특별한 사유가 없으면 요청에 따라야 한다.(법 제40조제4항)

　이 법이나 그 밖의 관계 법률에 따른 인가·허가·등록·면허 등을 하려는 행정기관의 장은 측량기술자의 근무처 및 경력 등을 확인할 필요가 있는 경우에는 국토교통부장관의 확인을 받도록 규정하고 있다.(법 제40조제5항)

　본 조문은 제5차「공간정보관리법」개정 법률에서 측량기술자가 경력 등을 신고하는 경우 신고서의 기재사항 및 구비서류에 흠이 없고 관계 법령 등에 규정한 형식상의 요건을 충족하면 신고서가 접수기관에 도달된 때에 신고된 것으로 보도록 제도를 신설하여, (제40조제6항 신설) 신고서의 접수 시점을 명확하게 보완하였다.

　이어서「건설기술 진흥법」을 일부개정[시행 2018. 12. 13.] [법률 제15719호, 2018. 8. 14., 일부개정]하여 건설기술자가 존중·우대받는 사회풍토를 조성하고, 건설공사를 안정적으로 수행할 수 있는 환경을 마련하기 위하여 '건설기술자'를 '건설기술인'으로 순화 개정함에 따라 제7차 「공간정보관리법」을 개정하여 법 제40조제1항 중 '건설기술자'를 '건설기술인'으로 개정하였으며, 「공간정보관리법」에서 규정하고 있는 수로조사와 관련된 내용을 분리하여 「해양조사정보법」을 제정함에 따라 제13차 「공간정보관리법」 개정 법률에서 제1항 전단 중 "국토교통부령 또는 해양수산부령"을 "국토교통부령"으로, "국토교통부장관 또는 해양수산부장관"을 "국토교통부장관"으로 하고, 제2항·제3항, 제4항 전단 및 제5항 중 "국토교통부장관 또는 해양수산부장관"을 각각 "국토교통부장관"으로 하며, 제7항 중 "국토교통부령 또는 해양수산부령"을 "국토교통부령"으로 개정하여 「해양조사정보법」의 제정 취지에 합치되도록 개선하였다.

3. 측량기술자의 의무

> 법 제41조(측량기술자의 의무) ① 측량기술자는 신의와 성실로써 공정하게 측량을 하여야 하며, 정당한 사유 없이 측량을 거부하여서는 아니 된다.
> ② 측량기술자는 정당한 사유 없이 그 업무상 알게 된 비밀을 누설하여서는 아니 된다.
> ③ 측량기술자는 둘 이상의 측량업자에게 소속될 수 없다.
> ④ 측량기술자는 다른 사람에게 측량기술경력증을 빌려 주거나 자기의 성명을 사용하여 측량업무를 수행하게 하여서는 아니 된다.

지적법령에서는 정당한 사유 없이 그 업무상 알게 된 비밀을 누설하여서는 아니 되고,(「지적법」 제45조의2제4항) 지적기술자는 2 이상의 지적측량수행자에게 소속될 수 없도록 규정하였다.(「지적법」 제45조의2제5항)

그러나 2009년에 「측수지법」을 제정하면서 측량기술자는 신의와 성실로써 공정하게 측량을 하여야 하며, 또한 정당한 사유 없이 측량을 거부하여서는 아니 되며,(법 제41조제1항) 정당한 사유 없이 그 업무상 알게 된 비밀을 누설하지 아니하도록 규정하고 있다.(법 제41조제2항)

그리고 둘 이상의 측량업자에게 소속될 수 없으며,(법 제41조제3항) 측량기술자는 다른 사람에게 측량기술 경력증을 빌려 주거나 자기의 성명을 사용하여 측량업무를 수행하게 하여서는 아니 되도록 규정하고 있다.(법 제41조제4항)

4. 측량기술자의 업무정지

법 제42조(측량기술자의 업무정지 등) ① 국토교통부장관은 측량기술자 (「건설기술 진흥법」 제2조제8호에 따른 건설기술인인 측량기술자는 제외한다)가 다음 각 호의 어느 하나에 해당하는 경우에는 1년(지적기술자의 경우에는 2년) 이내의 기간을 정하여 측량업무의 수행을 정지시킬 수 있다. 이 경우 지적기술자에 대하여는 대통령령으로 정하는 바에 따라 중앙지적위원회의 심의·의결을 거쳐야 한다. <개정 2013. 3. 23., 2013. 5. 22., 2013. 7. 17., 2018. 8. 14., 2020. 2. 18.>
1. 제40조제1항에 따른 근무처 및 경력등의 신고 또는 변경신고를 거짓으로 한 경우
2. 제41조제4항을 위반하여 다른 사람에게 측량기술경력증을 빌려 주거나 자기의 성명을 사용하여 측량업무를 수행하게 한 경우
3. 지적기술자가 제50조제1항을 위반하여 신의와 성실로써 공정하게 지적측량을 하지 아니하거나 고의 또는 중대한 과실로 지적측량을 잘못하여 다른 사람에게 손해를 입힌 경우
4. 지적기술자가 제50조제1항을 위반하여 정당한 사유 없이 지적측량 신청을 거부한 경우
② 국토교통부장관은 지적기술자가 제1항 각 호의 어느 하나에 해당하는 경우 위반행위의 횟수, 정도, 동기 및 결과 등을 고려하여 지적기술자가 소속된 한국국토정보공사 또는 지적측량업자에게 해임 등 적절한 징계를 할 것을 요청할 수 있다. <신설 2013. 7. 17., 2014. 6. 3.>
③ 제1항에 따른 업무정지의 기준과 그 밖에 필요한 사항은 국토교통부령으로 정한다. <개정 2013. 3. 23., 2013. 7. 17., 2020. 2. 18.>
[제목개정 2013. 7. 17.]

국토교통부장관은 ① 측량기술자가 근무처 및 경력 등의 신고 또는 변경신고를 거짓으로 한 경우, ② 다른 사람에게 측량기술 경력증을 빌려 주거나 자기의 성명을 사용하여 측량업무를 수행하게 한 경우, ③ 신의와 성실로써 공정하게 지적측량을 하지 아니하거나 고의 또는 중대한 과실로 지적측량을 잘못하여 다른 사람에게 손해를 입힌 경우, ④ 정당한 사유 없이 지적측량 신청을 거부한 경우에는 1년(지적기술자의 경우에는 2년) 이내의 기간을 정하여 측량업무의 수행을 정지시킬 수 있도록 규정하고 있다.(법 제42조제1항)

업무정지의 기준은 근무처 및 경력 등의 신고 또는 변경신고를 거짓으로 한 경우와 다른 사람에게 측량기술 경력증을 빌려 주거나 자기의 성명을 사용하여 측량업무를 수행하게 한 경우에는 각각 업무정지를 1년으로 할 수 있도록 규정하고 있다.(법 제42조제1항, 규칙 제44조제1항)

그러나 국토지리정보원장은 위반행위의 동기 및 횟수 등을 고려하여 최근 2년 이내에 업무정지처분을 받은 사실이 없는 경우에는 4분의 1을 경감할 수 있고, 해당 위반행위가 과실 또는 상당한 이유에 의한 것으로 보완이 가능한 경우에도 4분의 1을 경감할 수 있으며, 위 두 가지 사항 모두에 해당할 경우에는 2분의 1을 경감하여 업무정지의 기간을 줄일 수 있도록 규정하고 있다.(규칙 제41조제2항)

이어서 「공간정보관리법」에서 규정하고 있는 수로조사와 관련된 내용을 분리하여 「해양조사정보법」을 제정함에 따라 제13차 「공간정보관리법」 개정 법률에서 제1항 각 호 외의 부분 전단 중 "국토교통부장관 또는 해양수산부장관"을 "국토교통부장관"으로 하고, 제3항 중 "국토교통부령 또는 해양수산부령"을 "국토교통부령"으로 개정하여 「해양조사정보법」의 제정 취지에 합치되도록 개선하였다.

5. 측량업의 등록

법 제44조(측량업의 등록) ① 측량업은 다음 각 호의 업종으로 구분한다.
 1. 측지측량업
 2. 지적측량업
 3. 그 밖에 항공촬영, 지도제작 등 대통령령으로 정하는 업종
② 측량업을 하려는 자는 업종별로 대통령령으로 정하는 기술인력·장비 등의 등록기준을 갖추어 국토교통부장관, 시·도지사 또는 대도시 시장에게 등록하여야 한다. 다만, 한국국토정보공사는 측량업의 등록을 하지 아니하고 제1항제2호의 지적측량업을 할 수 있다. <개정 2013. 3. 23., 2014. 6. 3., 2020. 2. 18.>
③ 국토교통부장관, 시·도지사 또는 대도시 시장은 제2항에 따른 측량업의 등록을 한 자(이하 "측량업자"라 한다)에게 측량업등록증 및 측량업등록수첩을 발급하여야 한다. <개정 2013. 3. 23., 2020. 2. 18.>
④ 측량업자는 제3항에 따라 발급받은 측량업등록증 또는 측량업등록수첩을 잃어버리거나 못쓰게 된 때에는 국토교통부령으로 정하는 바에 따라 재발급 받을 수 있다. <신설 2022. 6. 10.>
⑤ 측량업자는 등록사항이 변경된 경우에는 국토교통부장관, 시·도지사 또는 대도시 시장에게 신고하여야 한다. <개정 2013. 3. 23., 2020. 2. 18., 2022. 6. 10.>
⑥ 국토교통부장관, 시·도지사 또는 대도시 시장은 제5항에 따른 신고를 받은 날부터 20일 이내에 신고수리 여부를 신고인에게 통지하여야 한다. <신설 2021. 8. 10., 2022. 6. 10.>
⑦ 국토교통부장관, 시·도지사 또는 대도시 시장이 제6항에 따른 기간 내에 신고수리 여부 또는 민원 처리 관련 법령에 따른 처리기간의 연장을 신고인에게 통지하지 아니하면 그 기간(민원 처리 관련 법령에 따라 처리기간이 연장 또는 재연장된 경우에는 해당 처리기

간을 말한다)이 끝난 날의 다음 날에 신고를 수리한 것으로 본다. <신설 2021. 8. 10., 2022. 6. 10.>
⑧ 측량업의 등록, 등록사항의 변경신고, 측량업등록증 및 측량업등록수첩의 발급절차 등에 필요한 사항은 대통령령으로 정한다. <개정 2021. 8. 10., 2022. 6. 10.>

5.1. 측량업의 구분

측량업은 ① 측지측량업, ② 지적측량업, ③ 공공측량업, ④ 일반측량업, ⑤ 연안조사측량업, ⑥ 항공촬영업, ⑦ 공간영상도화업, ⑧ 영상처리업, ⑨ 수치지도제작업, ⑩ 지도제작업, ⑪ 지하시설물측량업으로 구분하도록 규정하고 있다.(법 제44조제1항, 영 제34조제1항)

그리고 지적측량업은 ① 법 제73조에 따른 경계점좌표등록부가 있는 지역에서의 지적측량, ②「지적재조사법」에 따른 지적재조사지구에서 실시하는 지적재조사측량, ③ 법 제86조에 따른 도시개발사업 등이 끝남에 따라 하는 지적확정측량, ④ 지적전산자료를 활용한 정보화사업 등의 업무를 수행할 수 있도록 규정하고 있으며, 측량업의 종류별 업무 내용은 <표 3-15>와 같다.(영 제34조제2항)

<표 3-15> 측량업의 종류별 업무 내용

종류	업무 내용
측지측량업	○ 기본측량으로서 국가기준점의 측량 및 지형·지물에 대한 측량 ○ 공공측량업 및 일반측량업 업무 범위에 해당하는 사항
공공측량업	○ 공공측량으로서 토지 및 지형·지물에 대한 측량 ○ 일반측량업 업무 범위에 해당하는 사항
일반측량업	○ 공공측량(설계금액이 3천만원 이하인 경우로 한정한다.)으로서 토지 및 지형·지물에 대한 측량 ○ 일반측량으로서 토지 및 지형·지물에 대한 측량 ○ 설계에 수반되는 조사측량과 측량 관련 도면의 작성 ○ 각종 인허가 관련 측량도면 및 설계도서의 작성
연안조사측량업	○ 하천·내수면·연안지역 및 댐에 대한 측량과 이에 수반되는 토지에 대한 측량 및 데이터베이스 구축 ○ 기본측량의 성과로서의 기본도의 연장을 위한 연안조사측량과 이에 수반되는 토지에 대한 측량

항공촬영업	○항공기를 이용한 측량용 공간영상정보 등의 촬영·제작과 데이터베이스 구축
공간영상도화업	○측량용 사진과 위성영상을 이용한 도화기상에서의 지형·지물의 측정 및 묘사와 그에 관련된 좌표측량·영상판독 및 현지조사
영상처리업	○측량용 공간영상정보를 이용한 데이터베이스 구축, 정사사진지도제작 및 입체영상지도의 제작과 그에 관련된 좌표측량, 영상분석·지리조사 및 제작, 데이터의 입력·출력 및 편집
수치지도제작업	○지도(수치지도 포함) 제작을 위한 지리조사, 영상판독, 데이터의 입력·출력 및 편집, 지형공간정보체계의 구축
지도제작업	○지도책자 등을 간행하거나 인터넷 등 통신매체를 통하여 지도를 제공하기 위한 지리조사, 데이터의 입력·출력 및 편집·제도(스크라이브 포함) ○지적편집도 제작
지하시설물 측량업	○지하시설물에 대한 측량과 데이터베이스 구축
지적측량업	○법 제73조에 따른 경계점좌표등록부가 있는 지역에서의 지적측량 ○「지적재조사법」에 따른 지적재조사지구에서 실시하는 지적재조사측량 ○법 제86조에 따른 도시개발사업 등이 끝남에 따라 하는 지적확정측량 ○지적전산자료를 활용한 정보화사업

출처 : 「공간정보의 구축 및 관리 등에 관한 법률」 제45조, 같은 법률 시행령 제34조제1항. [별표 7]

5.2. 지적측량업의 등록

    지적측량은 토지에 대한 물권이 미치는 범위와 면적 등을 결정하여 지적공부에 등록·공시하기 위하여 실시하는 준사법적이며 기속성이 있는 측량으로 국가가 직접 측량을 실시하여 정확성을 유지하여야 하며 또한 절대적인 공신력을 가져야 한다.

    그러나 현실적으로 국가가 모든 지적측량업무를 수행하는 것이 불가능하여 「지적법」 제2차 개정 법률에 이어서 지적측량업무를 대행할 수 있는 비영리법인은 1개 단체에 한하여 인가하도록 규정하였으나,(영 제67조제2항) 제9차 「지적법」 개정 법률에 「지적법」과 연계하여 지적법 시행령[시행 1999. 4. 19.] [대통령령 제16124호, 1999. 2. 26., 일부개정]을 개정하여 "내무부장관이 지적측량업무를 대행하게 하는 법인은 1개로 한다."(제67조제2항)라는 규정을 삭제하였다.

    지적측량대행법인을 공기업 형식의 1개 단체로 한정함으로써 자유경쟁 상태에서 발생할 수 있는 경영적 비리를 배제하고 지적측량의 공권적 신념을 유지하는데 있다.[32]고 할 수 있으나 지적측량업무를 1개 단체에 대행시키는 법률상 독점[33]에 따른 국민의 비판과 지적기술자격 소지자의 불만이 제기되고 있어 제13차「지적법」개정 법률에서 2004년 1월부터 지적측량업무의 일부를 개방하도록 개선하였다.

측지측량업과 연안조사측량업·항공촬영업·공간영상도화업·영상처리업·수치지도제작업·지도제작업·지하시설물측량업은 국토교통부장관에게 등록하고, 지적측량업과 공공측량업·일반측량업은 특별시장·광역시장 또는 도지사에게 등록하도록 규정하고 있으며, 특별자치도의 경우에는 측지측량업, 지적측량업, 공공측량업 등 모든 측량업을 특별자치도지사에게 등록하도록 규정하고 있다.(영 제35조제1항)

측량업의 등록을 하려는 자는 국토교통부령으로 정하는 측량업 등록신청서<전자문서로 된 신청서를 포함한다. 규칙, 별지 제37호 서식)>에 다음 각 호의 서류(전자문서를 포함한다.)를 첨부하여 국토교통부장관, 시·도지사 또는 대도시 시장에게 제출하도록 규정하고 있으나, 한국국토정보공사는 측량업의 등록을 하지 아니하고 지적측량업을 할 수 있도록 규정하고 있다.(법 제44조제2항, 영 제35조제2항, 규칙 제46조)

1) 측량업의 등록기준에 따른 기술능력을 갖춘 사실을 증명하기 위한 다음 각 호의 서류
　가. 보유하고 있는 측량기술자의 명단
　나. 가목의 인력에 대한 측량기술 경력증명서
2) 측량업의 등록기준에 따른 장비를 갖춘 사실을 증명하기 위한 다음 각 호의 서류
　가. 보유하고 있는 장비의 명세서
　나. 가목의 장비의 성능검사서 사본

측량업의 등록신청을 받은 국토교통부장관, 시·도지사 또는 대도시 시장은 「전자정부법」제21조제1항에 따른 행정정보의 공동이용을 통하여 ① 사업자등록증 또는 법인등기부등본,(법인인 경우만 해당한다.) ② 「국가기술자격법」에 따른 국가기술자격(정보처리기사의 경우만 해당한다.)에 관한 행정정보를 확인하여야 한다. 다만, 사업자등록증 및 제2호의 서류에 대해서는 신청인으로부터 확인에 대한 동의를 받고, 신청인이 확인에 동의하지 아니하는 경우에는 해당 서류의 사본을 첨부하도록 규정하고 있다.(영 제35조제3항)

---

32) 박순표, 1985, "한국의 지적제도", 한국지적학회, 『한국지적학회보』 제6호, p.102.
33) 법률상(法律上) 독점(獨占)이란 법률이 타자에 대하여 그 사업의 경영을 금지하고 있어 국가 또는 행정주체가 그것을 독점하는 절대적 권리를 가지게 되는 것을 말한다. 따라서 타자가 적법한 절차에 따른 인·허가 또는 승낙 없이 같은 종류의 사업을 경영하는 것은 권리의 침해가 된다. 국가가 경영하는 법률상 독점에 속하는 사업의 예로서는 우편·전신·전화·공중무선통신·우편부대사업 등이 있으며, 공공단체가 경영하는 것은 권리의 침해가 된다. 국가가 경영하는 법률상 독점에 속하는 사업의 예로서는 수도·농수산물도매시장·가축시장·화폐의 발행 등이 있으나 우편·전화사업 등은 단계적으로 경쟁체제를 도입하여 서비스의 개선과 경영의 합리화를 추구하고 있는 실정이다.

지적법령에서는 지적측량업의 등록신청을 받은 경우에는 신청을 받은 날부터 30일 이내에 결격사유가 없는지 여부와 등록기준에 적합한지 여부를 심사한 후 적합하다고 인정되는 때에는 지적측량업 등록증을 교부하여야 하며, 적합하지 아니하다고 인정되는 때에는 그 뜻을 신청인에게 통지하도록 규정하였다.(지적법 시행령 제48조의2제2항)

그러나 「측수지법」[시행 2009. 12. 10.] [법률 제9774호, 2009. 6. 9., 제정]을 제정하면서 측량업의 등록신청을 받은 국토해양부장관, 시·도지사 또는 대도시 시장은 신청받은 날부터 14일 이내에 등록기준에 적합한지와 결격사유가 없는지를 심사한 후 적합하다고 인정할 때에는 측량업등록부에 기록하고, 측량업등록증과 측량업등록수첩을 발급하도록 규정하였으며,(법 제44조제3항, 영 제35조제4항) 국토해양부장관, 시·도지사 또는 대도시 시장은 측량업의 등록신청이 등록기준에 적합하지 아니하다고 인정할 때에는 신청인에게 그 뜻을 통지하여야 하여야 하며, 등록을 하였을 때에는 이를 공고하도록 규정하였다.(영 제35조제5항, 제6항)

본 조문은 「중앙행정권한 및 사무 등의 지방 일괄 이양을 위한 물가안정에 관한 법률 등 46개 법률의 일부개정을 위한 법률」[시행 2021. 1. 1.] [법률 제17007호, 2020. 2. 18., 일괄개정]을 개정함에 따라 제13차 「공간정보관리법」 개정 법률에서 제2항 본문 중 "국토교통부장관 또는 시·도지사"를 "국토교통부장관, 시·도지사 또는 대도시 시장"으로 하고, 제3항 중 "국토교통부장관 또는 시·도지사는"을 "국토교통부장관, 시·도지사 또는 대도시 시장은"으로 하며, 제4항 중 "국토교통부장관 또는 시·도지사"를 "국토교통부장관, 시·도지사 또는 대도시 시장"으로 개정하였다.

그러나 제12차 「공간정보관리법」 개정 법률에서 국토교통부장관, 시·도지사 또는 대도시 시장은 측량업의 등록을 한 자(이하 "측량업자"라 한다.)에게 측량업등록증 및 측량업등록수첩을 발급하도록 본조문의 일부를 개정하였다.(법 제44조제3항)

5.3. 측량업의 등록기준

지적법령에서는 지적측량업을 영위하고자 하는 자는 기술자격·기술능력·설비 등의 등록기준을 갖추어 행정자치부장관에게 지적측량업의 등록을 하도록 규정하고,(「지적법」 제41조의2제1항) 지적측량업의 등록을 하고자 하는 자는 지적측량업 등록신청서에 지적기술자의 명단, 지적기술자의 지적측량 경력증명서·보유 장비 명세서를 첨부하여 행정자치부장관에게 제출하도록 규정하였다.(지적법 시행령 제48조의2제1항)

그리고 지적측량업의 등록기준을 ① 지적기술사 1인 또는 지적기사자격을 취득한 자로서 10년 이상의 지적측량경력이 있는 자 2인을 포함한 7인 이상의 지적기술자를 확보하고, ② 토탈스테이션(각도·거리 통합 측량기) 1대 이상과 자동제도장치 1대 이상의 측량장비를 확보하도록 규정하였다.(「지적법」 제41조의2제4항, 지적법 시행령 제48조의4)

「측수지법」을 제정하면서 새로이 지적측량업을 등록하는 경우에는 <표 3-16>과 같이 기술능력은 ① 특급기술자 1명 또는 고급기술자 2명 이상, ② 중급기술자 2명 이상, ③ 초급기술자 1명 이상, ④ 초급기능사 1명 이상의 지적기술자를 확보하도록 개선하고, 장비는 ① 토털 스테이션 1대 이상, ② 자동제도장치 1대 이상을 확보하도록 개정하여, (영 제36조제1항, 별표 8) 지적측량업의 등록 기준을 지적기술자의 등급별로 구체화하였다.

그러나 기술능력에 관한 사항으로 초급기술자 또는 중급기술자는 고급기술자 또는 특급기술자로 대체가 가능하나 초급기능사는 기능사 우대 정책의 일환으로 상위 기술자격으로 대체할 수 없도록 운영하고 있다.

<표 3-16> 지적측량업의 등록 기준

구 분	기술 능력	장비
지적측량업	1. 특급기술인 1명 또는 고급기술인 2명 이상 2. 중급기술인 2명 이상 3. 초급기술인 1명 이상 4. 지적 분야의 초급기능사 1명 이상	1. 토털 스테이션 1대 이상 2. 출력장치 1대 이상 　해상도 : 2400DPI×1200DPI 　출력범위 : 600밀리미터×1060밀리미터 　이상

출처 : 공간정보의 구축 및 관리 등에 관한 법률 시행령 제36조제1항 [별표 8] 측량업의 등록 기준 참고 작성.

5.4. 측량업등록사항의 변경

지적법령에서는 지적측량업의 등록을 한 자가 대통령령이 정하는 등록사항이 변경된 때에는 행정자치부장관에게 신고하여야 하며,(「지적법」 제41조의2) 지적측량업자가 법인인 경우에는 그 대표자가, 법인이 아닌 경우에는 그 지적측량업자가 각각 지적기술자이어야 하도록 규정하였으며,(「지적법」 제41조의2제3항) 지적측량업의 등록사항 중 ① 상호가 변경된 때, ② 법인의 경우 그 대표자가 변경된 때, ③ 소속지적기술자의 변동이 있는 때, ④ 사무소의 소재지가 변경된 때에는 행정자치부장관에게 신고하도록 규정하였

다.(지적법 시행령 제48조의2제3항)

  그리고 지적측량업의 변경신고를 하고자 하는 자는 지적측량업 변경신고서에 변경사항을 증명하는 서류를 첨부하여 행정자치부장관에게 제출하도록 규정하고,(지적법 시행령 제48조의2제4항) 행정자치부장관은 지적측량업의 등록 또는 변경신고가 있은 때에는 지적측량업 등록대장을 작성·보관하도록 규정하였다.(지적법 시행령 제48조의2제5항)

  그러나 「측수지법」을 제정하면서 측량업의 등록을 한 자는 ① 주된 영업소 또는 지점의 소재지, ② 상호, ③ 대표자 및 임원, ④ 기술능력 및 장비 중 어느 하나에 해당하는 사항을 변경하였을 때에는 변경된 날부터 30일 이내에 변경신고를 하도록 규정하고, 2009년 7월 1일부터 2011년 6월 30일까지의 기간 중에 제4호(기술능력 및 장비)에 해당하는 사항을 변경한 때에는 그 변경이 있은 날부터 90일 이내에 변경등록을 하도록 개정하였다.(영 제37조제1항)

  그리고 둘 이상의 측량업에 등록한 자가 제1항제1호(주된 영업소 또는 지점의 소재지)부터 제3호(대표자 및 임원)까지의 등록사항을 변경한 경우로써 영 제35조제1항에 따라 등록한 기관이 같은 경우에는 이를 한꺼번에 신고할 수 있도록 규정하고 있다.(영 제37조제2항)

  이어서 공간정보관리법 시행령에 등록사항을 변경하려는 측량업자는 신고서(전자문서로 된 신고서를 포함한다. 규칙, 별지 제41호 서식 : 측량업 등록사항 변경신고서)에 다음 각 호의 구분에 따른 서류(전자문서를 포함한다.)를 첨부하여 국토지리정보원장 또는 시·도지사에게 제출하도록 규정하고 있다.(규칙 제48조제1항)

  1) 측량업용 장비 변경의 경우
     가. 변경된 장비의 명세서 및 그 장비의 성능검사서 사본
     나. 소유권 또는 임대 사실을 증명할 수 있는 서류
  2) 보유하고 있는 측량기술인력 변경의 경우
     가. 입사하거나 퇴사한 기술인력의 명단
     나. 입사한 기술인력의 측량기술 경력증명서

  그리고 측량업 등록사항의 변경신고서를 제출받은 담당 공무원은 「전자정부법」 제21조제1항에 따른 행정정보의 공동이용을 통하여 ① 주된 영업소 또는 지점의 소재지 변경 및 상호 변경의 경우에는 변경사항이 기재된 사업자등록증 또는 법인등기부등본(법인인 경우만 해당한다.), ② 법인 대표자 또는 임원 변경의 경우에는 법인등기부등본, ③ 「국가기술자격법」에 따른 국가기술자격증(정보처리기사만 해당한다.)에 관한 정보를 확인하여야 한다. 이 경우 제①호(사업자등록증만 해당한다.) 및 제③호의 서류에 대해서는 신

청인으로부터 확인에 대한 동의를 받고, 신청인이 확인에 동의하지 아니하는 경우에는 해당 서류의 사본을 첨부하도록 규정하고 있다.(규칙 제48조제2항)

그러나 제19차 「공간정보관리법」 개정 법률에서 측량업자는 등록사항이 변경된 경우에는 국토교통부장관, 시·도지사 또는 대도시 시장에게 신고하여야 하며,(법 제44조제5항) 국토교통부장관, 시·도지사 또는 대도시 시장은 제5항에 따른 신고를 받은 날부터 20일 이내에 신고수리 여부를 신고인에게 통지하여야 하고,(법 제44조제6항) 국토교통부장관, 시·도지사 또는 대도시 시장이 제6항에 따른 기간 내에 신고수리 여부 또는 민원 처리 관련 법령에 따른 처리기간의 연장을 신고인에게 통지하지 아니하면 그 기간(민원 처리 관련 법령에 따라 처리기간이 연장 또는 재연장된 경우에는 해당 처리기간을 말한다.)이 끝난 날의 다음 날에 신고를 수리한 것으로 보도록 개정하여(법 제44조제7항) 오늘에 이르고 있다.

5.5. 측량업등록증 등의 재발급

지적법령에서 행정자치부장관은 지적측량업 변경신고(신고사항이 지적기술자의 변동인 경우를 제외한다.) 또는 지적측량업자 지위승계신고를 받은 경우에는 신고를 받은 날부터 3일 이내에 신고사항을 확인한 후 적합하다고 인정되는 때에는 지적측량업 등록증을 재교부하여야 하고, 적합하지 아니하다고 인정되는 때에는 그 뜻을 신청인에게 통지하도록 규정하였으며,(지적법 시행령 제48조의3제1항) 지적측량업자는 지적측량업 등록증을 잃어버리거나 지적측량업 등록증이 헐어 못쓰게 된 경우에는 행정자치부장관에게 지적측량업 등록증의 재교부를 신청하여야 하며, 이 경우 행정자치부장관은 재교부신청을 받은 날부터 3일 이내에 지적측량업 등록증을 재교부하도록 규정하였다.(지적법 시행령 제48조의3제2항)

그러나 「측수지법」을 제정하면서 측량업자가 측량업등록증 또는 측량업등록수첩을 잃어버리거나 헐어서 못 쓰게 되었을 때에는 국토교통부장관 또는 시·도지사에게 재발급을 신청할 수 있으며, 이 경우 잃어버렸을 때에는 그 사유서를 첨부하도록 개선하였다.(영 제38조)

측량업등록증 또는 측량업등록수첩을 재발급 받으려는 자는 측량업(등록증, 등록수첩) 재발급신청서(규칙 별지 제42호 서식)에 ① 잃어버린 경우에는 사유서, ② 헐어서 못 쓰게 된 경우에는 측량업등록증 또는 측량업등록수첩을 첨부하여 영 제35조제1항의 규정에 따라 등록한 기관에 제출하도록 규정하고 있으며,(규칙 제49조) 국토지리정보원장 또는 시·도지사는 측량업의 등록, 변경신고, 휴업·폐업 등 신고 또는 측량업의 등록취소가 있는 경우에는 이를 공간정보산업협회에 통보하도록 규정하고 있다.(규칙 제50조)

그러나 제19차「공간정보관리법」개정 법률에서 측량업자는 측량업등록증 또는 측량업등록수첩을 잃어버리거나 못쓰게 된 때에는 국토교통부령으로 정하는 바에 따라 재발급 받을 수 있도록 개정하여(법 제44조제4항) 오늘에 이르고 있다.

5.6. 대행제도와 지적측량업

제2차「지적법」개정 법률에 지적측량은 토지를 지적공부에 등록하거나 지적공부에 등록된 경계를 지표상에 복원할 목적으로 소관청이 직권 또는 이해관계인의 신청에 의하여 각필지의 경계 또는 좌표와 면적을 정하는 측량이라고 규정하고,(「지적법」제25조제1항) 내무부장관은 대통령령이 정하는 바에 따라 지적측량업무의 일부를 지적측량을 주된 업무로 하여 설립된 비영리법인에게 대행시킬 수 있도록 규정하였는데,(「지적법」제28조제2항) 이와 관련하여 국가사무의 민간 대행에 관하여 살펴볼 필요가 있다.

민간 대행제도의 효시는 1983년「국세징수법」개정 법률에 세무서장의 국세체납재산 공매업무를 성업공사에게 대행시킨 사례가 있는데, 재무부는 원래 민간 위탁으로 동 업무를 수행하게 하려 했으나「정부조직법」에서 국민의 권리·의무와 관계있는 업무의 민간 위탁을 금지하고 있어 이 조항과의 저촉을 회피하기 위하여 민간 대행이라는 개념을 도입하였던 것으로 판단된다.

그 후 대법원 판례(1989. 10. 13. 선고 89누1933판결, 1996. 9. 6. 선고 95누12026판결 등)에서는 위의 공매 대행은 세무서장의 공매권한의 위임(「정부조직법」에서는 위임·위탁·민간 위탁을 구분하여 사용하고 있으나 대법원은 이를 모두 위임으로 본 것임.)으로 보아야 한다고 하여 민간 대행과 민간 위탁의 개념을 동일한 것으로 보고 있다.

민간 위탁의 법률관계는 대통령령인 행정권한의 위임 및 위탁에 관한 규정 제3장에 규정되어 있으나 민간 대행의 법률관계에 관하여 규정한 법령은 없다. 민간 위탁은 위 규정에서 수탁기관의 명의와 책임아래 사무를 처리하되, 일정한 범위 내에서 위탁기관의 사전·사후적 감독을 받도록 규정하고 있는데, 민간 대행은 법령상 명문규정은 없으나 대리의 개념에 따라 대리인의 행위는 본인에게 그 법률효과가 귀속되도록 하고 따라서「정부조직법」상 민간 위탁 금지의 취지도 대행의 경우에는 문제될 것이 없다고 본 것이다.

그러나 대법원에서는 이와 같은 구분을 무시하고 민간 위탁과 대행을 동일시한 것으로 판단된다. 그렇다면 과거 지적측량의 전담대행제도는 행정권한의 민간 위탁과 같은 법률문제로서 대행이란 용어 자체에 그 대상 업무가 국가사무라는 점을 내포하고 있는 것으로 보아야 할 것이다.

본 조문은 제13차「지적법」개정 법률에서 지적측량업무의 일부를 개방하면서 대한지적공사와 지적측량업자를 지적측량수행자로 규정하여 지적측량의 대행제도를 지적측량수행제도로 개선하였다.

6. 지적측량업자의 업무 범위

법 제45조(지적측량업자의 업무 범위) 제44조제1항제2호에 따른 지적측량업의 등록을 한 자(이하 "지적측량업자"라 한다)는 제23조제1항제1호 및 제3호부터 제5호까지의 규정에 해당하는 사유로 하는 지적측량 중 다음 각 호의 지적측량과 지적전산자료를 활용한 정보화사업을 할 수 있다. <개정 2011. 9. 16., 2013. 7. 17., 2019. 12. 10.>
1. 제73조에 따른 경계점좌표등록부가 있는 지역에서의 지적측량
2. 「지적재조사에 관한 특별법」에 따른 지적재조사지구에서 실시하는 지적재조사측량
3. 제86조에 따른 도시개발사업 등이 끝남에 따라 하는 지적확정측량

1938년에 조선지적협회라는 지적측량대행기관을 설립하여 국가로부터 지적측량 업무를 위임받아 60년 이상 전담하여 처리하였으나, 국민이 이러한 법률상 독점을 더 이상 바라지 않고 보다 향상된 기술과 현대 장비에 의한 정확한 측량성과와 양질의 서비스를 제공 받을 수 있는 측량업체 또는 측량사의 선택이 가능한 경쟁과 선택의 시대를 바라고 있었다.

그러나 지적측량업무는 그것이 갖는 강한 공공성으로 인해 경쟁체제를 실시하거나 그 도입이 논의되는 다른 분야와는 본질적으로 차이가 있으며, 지적측량업무는 국가의 사무에 속하고, 공공재화(Public Goods)로서의 성격을 갖고 있어 시장경제원리가 전적으로 적용될 수 있는 분야가 아니라고 보아 왔다.

그럼에도 불구하고 정부의 강력한 규제개혁정책에 따라 지적측량시장에도 전면 경쟁체제를 도입하여야 한다는 여론이 제기되었으며, 급기야 2002년 5월 30일 헌법재판소에서 "지적측량업무를 주된 업무로 하여 설립된 비영리법인에게 대행시킬 수 있다."라고 규정한 「지적법」제41조가 「헌법」제11조에 규정한 평등권과 제15조에 규정한 직업선택의

자유를 침해한다고 볼 수 있으므로「헌법」에 위배된다고 헌법불합치결정(2000헌마81, 2002. 5. 30)을 하면서 2003년말 까지 관련법을 개정하도록 선고하였다.

이에 따라 지적측량업무를 업무 종목별, 지적기술 자격별, 법인별로 구분하여 개방할 수밖에 없게 되어 제13차「지적법」개정 법률에서 2004년 1월 1일부터 지적측량업자에게 지적측량(지적측량 성과검사를 위한 측량을 제외한다.) 중에서 ① 경계점좌표등록부가 비치된 지역에서의 지적측량, ② 제26조의 규정에 의한 도시개발사업 등이 완료됨에 따라 실시하는 지적확정측량(경계점좌표등록부에 토지의 표시를 새로이 등록하기 위한 측량을 말한다.)업무를 수행할 수 있도록「지적법」제41조의3(지적측량업자의 업무범위)을 신설하였다.

본 조문은「측수지법」을「공간정보관리법」[시행 2015. 6. 4.] [법률 제12738호, 2014. 6. 3., 일부개정]으로 제명을 개정하면서 지적측량업자의 업무 범위를 제44조제1항제2호에 따른 지적측량업의 등록을 한 자는 제23조제1항제1호 및 제3호부터 제5호까지의 규정에 해당하는 사유로 하는 지적측량 중 ① 제73조에 따른 경계점좌표등록부가 있는 지역에서의 지적측량, ②「지적재조사법」에 따른 사업지구에서 실시하는 지적재조사측량, ③ 제86조에 따른 도시개발사업 등이 끝남에 따라 하는 지적확정측량과 지적전산자료를 활용한 정보화사업을 할 수 있도록 개정하였다(법 제45조).

이어서「지적재조사법」[시행 2020. 6. 11.] [법률 제16812호, 2019. 12. 10., 일부개정]에서 "사업지구"를 "지적재조사지구"로 개정함에 따라 제9차「공간정보 관리법」개정 법률에서 제2호 중 "사업지구"를 "지적재조사지구"로 개정하였다.[34]

7. 지적측량업자의 지위 승계

법 제46조(측량업자의 지위 승계) ① 측량업자가 그 사업을 양도하거나 사망한 경우 또는 법인인 측량업자의 합병이 있는 경우로서 그 사업의 양수인·상속인 또는 합병 후 존속하는 법인이나 합병으로 설립된 법인이 종전의 측량업자의 지위를 승계하려는 경우에는 양수·상속 또는 합병한 날부터 30일 이내에 대통령령으로 정하는 바에 따라 국토교통부장관, 시·도지사 또는 대도시 시장에게 신고하여야 한다. <개정 2021. 8. 10.>
② 국토교통부장관, 시·도지사 또는 대도시 시장은 제1항에 따른 신고를 받은 경우 측량업자의 지위를 승계하려는 자가 제47조 각 호의 어느 하나에 해당하면 신고를 수리하여서는 아

---

34)「공간정보의 구축 및 관리 등에 관한 법률」제45조, 같은 법률 시행령 제34조제1항. [별표 7]

니 된다. <개정 2021. 8. 10.>
③ 국토교통부장관, 시·도지사 또는 대도시 시장은 제1항에 따른 신고를 받은 날부터 20일 이내에 신고수리 여부를 신고인에게 통지하여야 한다. <신설 2021. 8. 10.>
④ 국토교통부장관, 시·도지사 또는 대도시 시장이 제3항에서 정한 기간 내에 신고수리 여부 또는 민원 처리 관련 법령에 따른 처리기간의 연장을 신고인에게 통지하지 아니하면 제2항의 규정에도 불구하고 그 기간(민원 처리 관련 법령에 따라 처리기간이 연장 또는 재연장된 경우에는 해당 처리기간을 말한다)이 끝난 날의 다음 날에 신고를 수리한 것으로 본다. <신설 2021. 8. 10.>
⑤ 제1항에 따른 양수인·상속인 또는 합병 후 존속하는 법인이나 합병으로 설립된 법인은 제3항에 따른 신고가 수리된 경우(제4항에 따라 신고가 수리된 것으로 보는 경우를 포함한다)에는 그 양수일, 상속일 또는 합병일부터 종전의 측량업자의 지위를 승계한다. <신설 2021. 8. 10.>

지적측량업자가 그 사업을 양도하거나 사망한 경우 또는 법인인 측량업자의 합병이 있는 때에는 그 사업의 양수인·상속인 또는 합병 후에 존속하는 법인이나 합병으로 설립된 법인이 종전의 측량업자의 지위를 승계하려는 경우에는 양수·상속 또는 합병한 날부터 30일 이내에 대통령령으로 정하는 바에 따라 국토교통부장관, 시·도지사 또는 대도시 시장 등 등록한 기관에 신고하여야 하며,(법 제46조제1항, 영 제40조제1항, 규칙 제51조제1항) 신고 절차는 국토교통부령으로 정한다.<개정 2013. 3. 23.>

1) 측량업 양도·양수 신고의 경우 : 측량업 양도·양수 신고서(규칙 별지 제43호 서식)
   가. 양도·양수 계약서 사본
   나. 측량기술자의 명단 및 기술경력증명서·장비명세서 및 장비의 성능검사서 사본, 폐업신고를 함께하는 경우에는 제외한다.(영 제35조제2항제1호 및 제2호의 서류)
2) 측량업 상속 신고의 경우 : 측량업 상속 신고서(규칙 별지 제44호 서식)
   가. 상속인임을 증명할 수 있는 서류
   나. 측량기술자의 명단 및 기술경력증명서, 장비명세서 및 장비의 성능검사서 사본 (영 제35조제2항제1호 및 제2호의 서류)
3) 측량업 법인 합병 신고의 경우 : 측량업 법인 합병 신고서(규칙 별지 제45호 서식)
   가. 합병계약서 사본
   나. 합병공고문
   다. 합병에 관한 사항을 의결한 총회 또는 창립총회의 결의서 사본
   라. 측량기술자의 명단 및 기술경력증명서·장비명세서 및 장비의 성능검사서 사본 (영 제35조제2항제1호 및 제2호의 서류)

지적측량업자의 지위승계를 위한 신고서(상속신고서는 제외한다.)를 제출받은 기관은 「전자정부법」 제36조제1항에 따른 행정정보의 공동이용을 통하여 사업자등록증 또는 법인등기사항증명서(신고인이 법인인 경우만 해당한다.)을 확인하여야 한다. 이 경우 사업자등록증명에 대해서는 신고인으로부터 확인에 대한 동의를 받고, 신고인이 확인에 동의하지 아니하는 경우에는 그 서류를 첨부하도록 규정하고 있다.(규칙 제51조제2항)

본 조문은 「중앙행정권한 및 사무 등의 지방 일괄 이양을 위한 물가안정에 관한 법률 등 46개 법률의 일부개정을 위한 법률」[시행 2021. 1. 1.] [법률 제17007호, 2020. 2. 18., 일괄개정]을 개정함에 따라 제11차 「공간정보관리법」 개정 법률에서 제2항 본문 중 "국토교통부장관 또는 시·도지사"를 "국토교통부장관, 시·도지사 또는 대도시 시장"으로 개정하였으며, 같은 날에 「공간정보관리법」에서 규정하고 있는 수로조사와 관련된 내용을 분리하여 「해양조사정보법」을 제정함에 따라 제13차 「공간정보관리법」 개정 법률에서 제2항 중 "국토교통부장관, 해양수산부장관"을 "국토교통부장관"으로 개정하여 「해양조사정보법」의 제정 취지에 합치되도록 개선하였다.

그리고 제18차 「공간정보관리법」 개정 법률에서 신고 민원의 투명하고 신속한 처리와 일선 행정기관의 적극행정을 유도하기 위하여 측량업자의 등록사항 변경신고, 측량업자의 지위 승계 신고 또는 성능검사대행자의 등록사항 변경신고를 받은 경우에는 20일 이내에 신고수리 여부를 신고인에게 통지하도록 하고, 그 기간 내에 신고수리 여부나 처리기간의 연장을 통지하지 아니한 경우에는 각각의 신고를 수리한 것으로 보도록 개정하여(법 제46조제4항) 오늘에 이르고 있다.

8. 측량업등록의 결격사유

법 제47조(측량업등록의 결격사유) 다음 각 호의 어느 하나에 해당하는 자는 측량업의 등록을 할 수 없다. <개정 2013. 7. 17., 2015. 12. 29.>
1. 피성년후견인 또는 피한정후견인
2. 이 법이나 「국가보안법」 또는 「형법」 제87조부터 제104조까지의 규정을 위반하여 금고 이상의 실형을 선고받고 그 집행이 끝나거나(집행이 끝난 것으로 보는 경우를 포함한다) 집행이 면제된 날부터 2년이 지나지 아니한 자
3. 이 법이나 「국가보안법」 또는 「형법」 제87조부터 제104조까지의 규정을 위반하여 금고 이상의 형의 집행유예를 선고받고 그 집행유예기간 중에 있는 자
4. 제52조에 따라 측량업의 등록이 취소(제47조제1호에 해당하여 등록이 취소된 경우는 제외한다)된 후 2년이 지나지 아니한 자

5. 임원 중에 제1호부터 제4호까지의 어느 하나에 해당하는 자가 있는 법인

제15차 「지적법」 개정 법률에서 지적측량업등록의 결격사유 중 "파산자로서 복권되지 아니한 자"(「지적법」 제41조의4제9호)를 삭제함으로써 파산자의 경우에도 지적측량업의 등록을 할 수 있도록 개선하였다.

그러나 「측수지법」을 제정하면서 지적측량업자의 결격사유를 ① 금치산자 또는 한정치산자, ② 금고 이상의 실형을 선고받고 그 집행이 끝나거나(집행이 끝난 것으로 보는 경우를 포함한다.) 집행이 면제된 날부터 2년이 지나지 아니한 자, ③ 금고 이상의 형의 집행유예를 선고받고 그 집행유예기간 중에 있는 자, ④ 측량업의 등록이 취소된 후 2년이 지나지 아니한 자, ⑤ 임원중에 위에 기술한 네 가지 사유 중 어느 하나에 해당하는 자가 있는 법인은 지적측량업의 등록을 할 수 없도록 개정하였으며,(법 제47조) 2013년에 「측수지법」을 개정하면서 "금치산자 또는 한정치산자"를 "피성년후견인(被成年後見人) 또는 피한정후견인(被限定後見人)"[35]으로 개정하였다.

9. 측량업의 휴업·폐업 등 신고

법 제48조(측량업의 휴업·폐업 등 신고) 다음 각 호의 어느 하나에 해당하는 자는 국토교통부령으로 정하는 바에 따라 국토교통부장관, 시·도지사 또는 대도시 시장에게 해당 각 호의 사실이 발생한 날부터 30일 이내에 그 사실을 신고하여야 한다. <개정 2013. 3. 23., 2020. 2. 18.>
1. 측량업자인 법인이 파산 또는 합병 외의 사유로 해산한 경우: 해당 법인의 청산인
2. 측량업자가 폐업한 경우: 폐업한 측량업자
3. 측량업자가 30일을 넘는 기간 동안 휴업하거나, 휴업 후 업무를 재개한 경우: 해당 측량업자

측량업자인 법인이 파산 또는 합병 외의 사유로 해산한 경우·측량업자가 폐업한 경우·측량업자가 30일을 넘는 기간 동안 휴업하거나, 휴업 후 업무를 재개한 경우에는 그 사

---

35) 민법을 개정하여 금치산자·한정치산자 제도가 없어지고 성년후견인 제도로 바뀌어 능력이 없는 성년에 대해서 후견인을 두도록 제도가 변경되었다. 피성년후견인은 능력이 결여되어 있어 사무를 처리하려면 후견인의 동의가 필요하다. 그러나 피한정후견인은 단지 능력이 부족할 뿐 처리능력이 부족하지 않은 사무라면 후견인의 동의 없이도 사무처리가 가능하다.

실을 그 휴업·폐업 또는 업무를 재개한 날부터 30일 이내에 국토교통부장관 또는 시·도지사 또는 대도시 시장에게 해당 사실을 신고하도록 규정하고 있으며,(법 제48조) 측량업의 휴업 또는 폐업을 하려는 자는 다음 각 호의 구분에 따라 신고서에 해당 서류를 첨부하여 등록한 기관에 제출하도록 규정하고 있다.(규칙 제52조제1항)
   1) 측량업자인 법인 및 측량업을 폐업하려는 자 : 측량업 폐업신고서,(별지 제46호 서식) 측량업등록증 및 측량업등록수첩
   2) 측량업을 휴업하려는 자 : 측량업 휴업신고서,(별지 제47호 서식) 측량업등록증 및 측량업 등록수첩
   3) 휴업 후 업무를 재개하려는 자 : 측량업 재개신고서(별지 제48호 서식)

이어서 측량업의 휴업·폐업 등 신고를 받은 담당 공무원은 「전자정부법」에 따른 행정정보의 공동이용을 통하여 법인등기부등본(신고인이 법인인 경우만 해당한다.)을 확인하도록 규정하고 있다.(규칙 제52조제2항)

본 조문은 「중앙행정권한 및 사무 등의 지방 일괄 이양을 위한 물가안정에 관한 법률 등 46개 법률의 일부개정을 위한 법률」[시행 2021. 1. 1.] [법률 제17007호, 2020. 2. 18., 일괄개정]을 개정함에 따라 제11차 「공간정보관리법」 개정 법률에서 본문 중 "국토교통부장관, 해양수산부장관 또는 시·도지사에게"를 "국토교통부장관, 해양수산부장관, 시·도지사 또는 대도시 시장"으로 개정하였다.

그리고 같은 날에 「공간정보관리법」에서 규정하고 있는 수로조사와 관련된 내용을 분리하여 「해양조사정보법」을 제정함에 따라 제13차 「공간정보관리법」 개정 법률에서 본문 중 "국토교통부령 또는 해양수산부령"을 "국토교통부령"으로, "국토교통부장관, 해양수산부장관"을 "국토교통부장관"으로 개정하여 「해양조사정보법」의 제정 취지에 합치되도록 개선하였다.

10. 측량업등록증의 대여 금지

법 제49조(측량업등록증의 대여 금지 등) ① 측량업자는 다른 사람에게 자기의 측량업등록증 또는 측량업등록수첩을 빌려 주거나 자기의 성명 또는 상호를 사용하여 측량업무를 하게 하여서는 아니 된다.
② 누구든지 다른 사람의 등록증 또는 등록수첩을 빌려서 사용하거나 다른 사람의 성명 또는 상호를 사용하여 측량업무를 하여서는 아니 된다.

대여(貸與)란 영업 면허 또는 신용을 가진 사람이 다른 사람에게 자기의 이름이나 상호를 사용하여 영업을 할 것을 허락하는 계약을 말하며, 대여 금지란 대여행위를 하지 못하도록 금지하는 것을 말한다.

측량업자는 다른 사람에게 자기의 측량업 등록증 또는 측량업 등록수첩을 빌려 주거나 자기의 성명 또는 상호를 사용하여 측량업무를 하게 하여서는 아니 된다.(법 제49조제1항)

또한 다른 사람의 등록증 또는 등록수첩을 빌려서 사용하거나 다른 사람의 성명 또는 상호를 사용하여 측량업무를 하여서는 아니 되도록 규정하고 있다.(법 제48조제2항)

11. 지적측량수행자의 성실의무

> 법 제50조(지적측량수행자의 성실의무 등) ① 지적측량수행자(소속 지적기술자를 포함한다. 이하 이 조에서 같다)는 신의와 성실로써 공정하게 지적측량을 하여야 하며, 정당한 사유 없이 지적측량 신청을 거부하여서는 아니 된다. <개정 2013. 7. 17.>
> ② 지적측량수행자는 본인, 배우자 또는 직계 존속·비속이 소유한 토지에 대한 지적측량을 하여서는 아니 된다.
> ③ 지적측량수행자는 제106조제2항에 따른 지적측량수수료 외에는 어떠한 명목으로도 그 업무와 관련된 대가를 받으면 아니 된다.

성실의무(誠實義務)란 공무원이 직무를 담당함에 있어 특별히 요구되고 있는 의무 중의 하나로 「국가공무원법」 제56조(성실의무)와 「지방공무원법」 제48조(성실의 의무)에 "모든 공무원은 법령을 준수하며 성실히 직무를 수행하여야 한다."라고 규정하고 있으며, 직무의 태만·직장의 무단이탈·법령의 위반·직권남용 등은 성실의무에 위반되는 행위로서 징계처분을 받도록 규정하고 있다.[36]

「지적법」에 지적측량수행자는 신의와 성실로써 공정하게 지적측량을 하여야 하며, 정당한 사유 없이 지적측량의뢰를 거부하여서는 아니 되고, 자기·배우자 또는 직계 존·비속의 소유 토지에 대하여는 지적측량을 하여서는 아니 되며, 지적측량수수료 이외에는 어떠한 명목으로도 그 업무와 관련된 대가를 받아서는 아니 되고, 업무상 알게 된 비밀을 누설하여서는 아니 되며, 지적기술자는 2 이상의 지적측량수행자에게 소속될 수 없도록 규정하였다.(「지적법」 제45조의2)

---

[36] 『도해법률용어사전』, 1990, 서울, 현암사, p.674. ; 『법률학대사전』, 1995, 법률학대사전편찬위원회, 서울, 한국사전연구사, p.671.

그러나 「측수지법」을 제정하면서 지적측량수행자는 신의와 성실로써 공정하게 지적측량을 하여야 하며, 정당한 사유 없이 지적측량 신청을 거부하여서는 아니 되며, 본인·배우자 또는 직계 존속·비속이 소유한 토지에 대하여는 지적측량을 할 수 없고, 지적측량수행자는 지적측량수수료 이외에는 어떠한 명목으로도 그 업무와 관련된 대가를 받아서는 아니 되도록 규정하고 있다.(법 제50조제1항부터 제3항까지)

「지적법」에서 정한 업무상 알게 된 비밀을 누설하여서는 아니 되며, 지적기술자는 2 이상의 지적측량수행자에게 소속될 수 없도록 규정한 조문은 이어서 「측수지법」과 「공간정보관리법」 제41조(측량기술자의 의무)에 규정하고 있다.

12. 손해배상책임의 보장

법 제51조(손해배상책임의 보장) ① 지적측량수행자가 타인의 의뢰에 의하여 지적측량을 하는 경우 고의 또는 과실로 지적측량을 부실하게 함으로써 지적측량의뢰인이나 제3자에게 재산상의 손해를 발생하게 한 때에는 지적측량수행자는 그 손해를 배상할 책임이 있다. <개정 2020. 6. 9.>
② 지적측량수행자는 제1항에 따른 손해배상책임을 보장하기 위하여 대통령령으로 정하는 바에 따라 보험가입 등 필요한 조치를 하여야 한다.

손해배상(損害賠償)이란 손해를 가한 자가 손해를 입은 자에 대하여 배상을 하는 것을 말하며, 손해배상책임(損害賠償責任)이란 배상을 하여야 할 사람이 배상을 받을 사람에 대하여 지는 책임을 말한다.[37]

손해배상이 인정되는 경우로는 채무불이행(債務不履行)과 불법행위(不法行爲)를 들 수 있으며, 이 경우에는 가해자에게 고의·과실 등의 사유가 있을 때에 한하여 손해를 배상하게 된다.(민법 제390조)

배상을 하는 것은 보통 재산적인 손해이지만 정신적인 손해도 배상을 받을 수 있으며,(민법 제75조) 배상방법은 금전배상을 원칙으로 하며 예외적으로 원상회복이 인정되도록 규정하고 있다.(민법 제394조, 제763조)

「측수지법」을 제정하면서 지적측량수행자가 타인의 의뢰에 의하여 지적측량을 하는

---

[37] 『도해법률용어사전』, 1990, 서울, 현암사, pp.183~184.

경우 고의 또는 과실로 지적측량을 부실하게 함으로써 지적측량의뢰인이나 제3자에게 재산상의 손해를 발생하게 한 때에는 지적측량수행자는 그 손해를 배상할 책임이 있으며,(법 제51조제1항) 손해배상책임을 보장하기 위하여 대통령령이 정하는 바에 의하여 보험가입 등 필요한 조치를 하도록 규정하고 있다.(법 제51조제2항)

측수지법 시행령에 지적측량수행자가 손해배상책임을 보장하기 위한 보증보험에 가입하여야 하는 금액은 ① 지적측량업자는 1억원 이상, ② 대한지적공사(현 한국국토정보공사)는 20억원 이상으로 규정하고 있다.(영 제41조제1항)

지적측량업자는 지적측량업 등록증을 교부받은 날부터 10일 이내에 보증보험에 가입하여야 하며, 보증보험에 가입하였을 때에는 이를 증명하는 서류를 등록한 시·도지사에게 제출하도록 규정하고 있다.(영 제41조제2항)

그리고 보증보험에 가입한 지적측량수행자가 그 보증보험을 다른 보증보험으로 변경하려는 경우에는 이미 가입한 보험의 효력이 있는 기간 중에 다른 보증보험에 가입하고 그 사실을 증명하는 서류를 등록한 시·도지사에게 제출하도록 규정하고 있다.(영 제42조제1항)

또한 보증보험에 가입한 지적측량수행자가 보증보험기간의 만료로 인하여 다시 보증보험에 가입하려는 경우에는 그 보증기간만료일까지 다시 보증보험에 가입하고 그 사실을 증명하는 서류를 등록한 시·도지사에게 제출하도록 규정하고 있다.(영 제42조제2항)

지적측량의뢰인은 손해배상으로 보험금을 지급받으려면 그 지적측량의뢰인과 지적측량수행자간의 손해배상합의서·화해조서·확정된 법원의 판결문 사본 또는 이에 준하는 효력이 있는 서류를 첨부하여 보험회사에 손해배상금 지급을 청구하여야 하며,(영 제43조제1항) 지적측량수행자는 보험금으로 손해배상을 하였을 때에는 지체 없이 보증보험에 다시 가입하고 그 사실을 증명하는 서류를 등록한 시·도지사에게 제출하도록 규정하고 있다.(영 제43조제2항)

채무불이행(債務不履行)에 근거한 손해배상청구권의 소멸시효는 「민법」 제162조제1항에 "채권은 10년간 행사하지 아니하면 소멸시효가 완성한다."라고 규정하고 있다.

그러나 불법행위(不法行爲)로 인한 손해배상 청구권의 소멸시효는 「민법」 제766조제1항에 "피해자나 그 법정대리인이 그 손해 및 가해자를 안 날로부터 3년간 이를 행사하지 아니하면 시효로 인하여 소멸한다."라고 규정하고 같은 조제2항에 "불법행위를 한날로부터 10년을 경과한 때에도 전항과 같다."라고 규정하고 있다.

일반적으로 지적측량 성과에 대한 책임은 「민법」 제766조제1항과 제2항에 규정한 두 기간 중에 어느 한 기간이 먼저 경과하게 되면 소송의 시효는 만료되는 것으로, 피해자가 측량착오로 인한 피해사실을 안날로부터 3년 이내에 손해배상청구를 하였다 하더러도 불법행위를 한날 즉 지적측량을 수행한 날로부터 10년이 경과하면 시효가 소멸된다고 보아야 할 것이다.

그러나 법원에서는 불법행위로 인한 손해배상청구에 있어서 장기소멸시효의 기산점은 "불법행위를 한 날이고 불법행위를 한날이란 불법행위의 요건을 구비한 날을 의미하는 것으로써, 여기서 침해행위를 한날과 손해가 발생한 날 사이에 간격이 있을 경우에는 최초의 원인 행위 당시가 아니라 관념적이고 유동적인 상태에서 잠재적으로 머물러 있던 손해가 구체적으로 현실화 되었다고 볼 수 있을 때로부터 위 소멸시효기간이 진행되는 것이라고 봄이 상당하다."라고 판결하였다.[38]

따라서 1981년 11월에 실시한 측량성과에 대한 책임을 15년이 경과한 1997년 12월에 배상을 하도록 판결하였으나, 이는 법원에서 피해자의 입장을 고려하여 국민을 보호하고 피해를 최소화하기 위한 판결이라고 판단되지만, 이로 인하여 측량수행자가 판결에 의한 손해를 배상하고 이어서 해당 측량사인 직원에게 구상권(求償權)을 행사함으로써 직원들에게 재정적인 부담은 물론 정신적인 부담을 지게 되어 지적측량사의 권익보호를 위하여 합리적인 개선이 필요하다.

본 조문은 제14차 「공간정보관리법」 개정 법률에서 제1항 중 "지적측량을 함에 있어서"를 "지적측량을 하는 경우"로 개정하여 국민이 쉽게 이해할 수 있도록 용어를 순화하였다.

13. 측량업의 등록취소

> 법 제52조(측량업의 등록취소 등) ① 국토교통부장관, 시·도지사 또는 대도시 시장은 측량업자가 다음 각 호의 어느 하나에 해당하는 경우에는 측량업의 등록을 취소하거나 1년 이내의 기간을 정하여 영업의 정지를 명할 수 있다. 다만, 제2호·제4호·제7호·제8호·제11호 또는 제15호에 해당하는 경우에는 측량업의 등록을 취소하여야 한다. <개정 2013. 3. 23., 2014. 6. 3., 2018. 4. 17., 2020. 2. 18., 2020. 6. 9. 2022. 6. 10.>
> 1. 고의 또는 과실로 측량을 부정확하게 한 경우.
> 2. 거짓이나 그 밖의 부정한 방법으로 측량업의 등록을 한 경우
> 3. 정당한 사유 없이 측량업의 등록을 한 날부터 1년 이내에 영업을 시작하지 아니하거나 계속하여 1년 이상 휴업한 경우

---

38) 창원지방법원 진주지원 민사부, 97가합1689 손해배상(기), pp.8~9.

4. 제44조제2항에 따른 등록기준에 미달하게 된 경우. 다만, 일시적으로 등록기준에 미달되는 등 대통령령으로 정하는 경우는 제외한다.
5. 삭제 <2022. 11. 15.>
6. 지적측량업자가 제45조에 따른 업무 범위를 위반하여 지적측량을 한 경우
7. 제47조 각 호의 어느 하나에 해당하게 된 경우. 다만, 측량업자가 같은 조 제5호에 해당하게 된 경우로서 그 사유가 발생한 날부터 3개월 이내에 그 사유를 없앤 경우는 제외한다.
8. 제49조제1항을 위반하여 다른 사람에게 자기의 측량업등록증 또는 측량업등록수첩을 빌려 주거나 자기의 성명 또는 상호를 사용하여 측량업무를 하게 한 경우
9. 지적측량업자가 제50조를 위반한 경우
10. 제51조를 위반하여 보험가입 등 필요한 조치를 하지 아니한 경우
11. 영업정지기간 중에 계속하여 영업을 한 경우
12. 제52조제3항에 따른 임원의 직무정지 명령을 이행하지 아니한 경우
13. 지적측량업자가 제106조제2항에 따른 지적측량수수료를 같은 조 제3항에 따라 고시한 금액보다 과다 또는 과소하게 받은 경우
14. 다른 행정기관이 관계 법령에 따라 등록취소 또는 영업정지를 요구한 경우
15. 「국가기술자격법」 제15조제2항을 위반하여 측량업자가 측량기술자의 국가기술자격증을 대여 받은 사실이 확인된 경우

② 측량업자의 지위를 승계한 상속인이 제47조에 따른 측량업등록의 결격사유에 해당하는 경우에는 그 결격사유에 해당하게 된 날부터 6개월이 지난 날까지는 제1항제7호를 적용하지 아니한다.

③ 국토교통부장관, 시·도지사 또는 대도시 시장은 측량업자가 제47조제5호에 해당하게 된 경우에는 같은 조 제1호부터 제4호까지의 어느 하나에 해당하는 임원의 직무를 정지하도록 해당 측량업자에게 명할 수 있다. <신설 2018. 4. 17., 2020. 2. 18.>

④ 국토교통부장관, 시·도지사 또는 대도시 시장은 제1항에 따라 영업정지를 명하여야 하는 경우로서 그 영업정지가 해당 영업의 이용자에게 심한 불편을 주거나 공익을 해칠 우려가 있는 경우에는 영업정지 처분을 갈음하여 4천만원 이하의 과징금을 부과할 수 있다. <개정 2022. 11. 15.>

⑤ 국토교통부장관, 시·도지사 또는 대도시 시장은 제1항 또는 제4항에 따라 측량업등록의 취소, 영업정지 또는 과징금 부과처분을 하였으면 그 사실을 공고하여야 한다. <개정 2022. 11. 15.>

국토교통부장관 또는 시·도지사 또는 대도시 시장은 지적측량업자가 법 제52조제1항제1호부터 제15호까지의 어느 하나에 해당하는 때에는 지적측량업의 등록을 취소하거나 1년 이내의 기간을 정하여 영업의 정지39)를 명할 수 있다.

그러나 거짓이나 그 밖의 부정한 방법으로 측량업의 등록을 한 경우(제1항제2호), 등록

---

39) 영업의 정지(營業의 停止)란 영업자가 행정법규에 위반하는 등의 위법행위를 한 경우에 행정법규의 실효성 확보를 위한 행정제재처분을 말하며, 영업정지처분이 유효한 기간 중에는 영업행위가 금지된다(법제처, 2003, 『시도법률교육교재(Ⅱ)』, p.296.)

기준에 미달하게 된 경우. 다만, 일시적으로 등록기준에 미달되는 등 대통령령으로 정하는 경우는 제외하며,(제1항제4호) 제47조(측량업등록의 결격사유) 각 호의 어느 하나에 해당하게 된 경우. 다만, 측량업자가 같은 조 제5호에 해당하게 된 경우로 그 사유가 발생한 날부터 3개월 이내에 그 사유를 없앤 경우는 제외하도록 규정하였다.(제1항제7호)

다른 사람에게 자기의 측량업등록증 또는 측량업등록수첩을 빌려 주거나 자기의 성명 또는 상호를 사용하여 측량업무를 하게 한 경우(제8호), 영업정지기간 중에 계속하여 영업을 한 경우(제11호), 또는 「국가기술자격법」 제15조제2항을 위반하여 측량업자가 측량기술자의 국가기술자격증을 대여 받은 사실이 확인된 경우(제11호)에는 측량업의 등록을 취소하도록 규정하고 있다.(법 제52조제1항)

법 제52조제1항제4호 단서에 "일시적으로 등록기준에 미달되는 등 대통령령으로 정하는 경우"란 별표 8(측량업의 등록기준)에 따른 기술인력에 해당하는 사람의 사망·실종 또는 퇴직으로 인하여 등록기준에 미달되는 기간이 90일 이내인 경우로 규정하고 있다. (영 제44조)

본 조문은 제6차 「공간정보관리법」 개정 법률에서 제52조제1항제7호에 측량업자가 같은 조 제5호에 해당하게 된 경우로서 그 사유가 발생한 날부터 3개월 이내에 그 사유를 없앤 경우는 제외하도록 단서 규정을 신설하여 법인에 대한 측량업자의 등록을 취소하기 전에 그 사유를 해소할 수 있도록 3개월의 유예기간을 부여함으로써 임원 개인의 결격사유 발생으로 인한 법인의 과도한 책임을 합리적으로 완화하도록 개선하였다.

그리고 법 제52조제3항을 신설하여 국토교통부장관, 해양수산부장관 또는 시·도지사는 측량업자가 제47조제5호에 해당하게 된 경우에는 같은 조 제1호부터 제4호까지의 어느 하나에 해당하는 임원의 직무를 정지하도록 해당 측량업자에게 명할 수 있도록 개선하였다.

이어서 「중앙행정권한 및 사무 등의 지방 일괄 이양을 위한 물가안정에 관한 법률 등 46개 법률의 일부개정을 위한 법률」[시행 2021. 1. 1.] [법률 제17007호, 2020. 2. 18., 일괄개정]을 개정함에 따라 제11차 「공간정보관리법」 개정 법률에서 제1항, 제3항, 제4항 중 "국토교통부장관, 해양수산부장관 또는 시·도지사에게"를 "국토교통부장관, 해양수산부장관, 시·도지사 또는 대도시 시장"으로 개정하였다.

그리고 같은 날에 「공간정보관리법」에서 규정하고 있는 수로조사와 관련된 내용을 분리하여 「해양조사정보법」을 제정함에 따라 제13차 「공간정보관리법」 개정 법률에서 제1항, 제3항, 제4항 중 "국토교통부장관, 해양수산부장관"을 "국토교통부장관"으로 하고 제5항 중 "국토교통부령 또는 해양수산부령"을 "국토교통부령"으로 개정하여 「해양조사정보법」의 제정 취지에 합치되도록 개선하였다.

이어서 제14차 「공간정보관리법」 개정 법률에서 제1항제7호 단서 중 "해소한"을 "없앤"으로 개정하여 국민이 쉽게 이해할 수 있도록 용어를 순화하였다.

그리고 제20차 「공간정보관리법」 개정 법률에서 측량업자의 부담을 완화하기 위하여 영업정지 등 제재처분과 과태료를 중복하여 부과하지 아니하도록 개선하고, 측량업자에 대한 영업정지 처분에 갈음하여 4천만원 이하의 과징금을 부과할 수 있도록 하고,(법 제52조제4항) 측량업등록의 취소, 영업정지 또는 과징금 부과처분을 하면 그 사실을 공고하도록 개정(법 제52조제5항)하여 오늘에 이르고 있다.

14. 측량업자의 행정처분 효과의 승계

법 제52조의2(측량업자의 행정처분 효과의 승계 등) ① 제48조에 따라 폐업신고한 측량업자가 폐업신고 당시와 동일한 측량업을 다시 등록한 때에는 폐업신고 전의 측량업자의 지위를 승계한다.
② 제1항의 경우 폐업신고 전의 측량업자에 대하여 제52조제1항 및 제111조제1항부터 제3항까지의 규정의 위반행위로 인한 행정처분의 효과는 그 폐업일부터 6개월 이내에 다시 측량업의 등록을 한 자(이하 이 조에서 "재등록 측량업자"라 한다)에게 승계된다. <개정 2022. 11. 15.>
③ 제1항의 경우 재등록 측량업자에 대하여 폐업신고 전의 제52조제1항 각 호의 위반행위에 대한 행정처분을 할 수 있다. 다만, 다음 각 호의 어느 하나에 해당하는 경우는 제외한다.
1. 폐업신고를 한 날부터 다시 측량업의 등록을 한 날까지의 기간(이하 이 조에서 "폐업기간"이라 한다)이 2년을 초과한 경우
2. 폐업신고 전의 위반행위에 대한 행정처분이 영업정지에 해당하는 경우로서 폐업기간이 1년을 초과한 경우
④ 제3항에 따라 행정처분을 할 때에는 폐업기간과 폐업의 사유를 고려하여야 한다.
[본조신설 2014. 6. 3.]

측량업의 등록 질서를 확립하기 위해 고의적으로 폐업한 후 일정기간 내 재등록할 경우 폐업 전 위반행위에 대한 행정처분 효과의 승계는 물론 위반행위에 대하여 행정처분이 가능하도록 함과 동시에 자진폐업을 한 경우에도 폐업 전에 수행중인 측량업무를 계속 수행할 수 있도록 개선하기 위하여 측량업자가 폐업신고 후 다시 동일한 측량업을 재등록할 때에는 폐업신고 전 측량업자가 받은 행정처분의 효과가 6개월 이내에 승계되도록 규정하였다.(법 제52조의2제1항, 제2항)

그리고 폐업신고 전의 위반행위(과실측량 등)에 대한 행정처분이 가능하도록 규정하였으나, 폐업신고를 한 날부터 다시 측량업의 등록을 한 날까지의 기간이 2년을 초과한 경우, 폐업신고 전의 위반행위에 대한 행정처분이 영업정지에 해당하는 경우로서 폐업기간이 1년을 초과한 경우에는 폐업신고 전의 위반행위에 대한 행정처분을 할 수 없도록 규정하고 있다.(법 제52조의2제3항)

측량업자의 행정처분 효과의 승계 등에 관한 사항은 2014년에 「측수지법」을 「공간정보관리법」[시행 2015. 6. 4.] [법률 제12738호, 2014. 6. 3., 일부개정]으로 제명을 개정하면서 새로이 도입한 제도로, 제20차 「공간정보관리법」 개정 법률에서 측량업의 등록취소 또는 1년 이내의 영업정지를 명한 경우(법 제52조제1항)와 각종 신고, 보고 의무 등을 위반한 자에게 부과하는 과태료의 상한액을 300만원 또는 100만원으로 하던 것을 위반행위의 경중에 따라 300만원, 200만원 또는 100만원으로 세분화하여 과태료 기준을 합리적으로 정비하도록 개정(법 제111조제1항부터 제3항)하여 오늘에 이르고 있다.

15. 등록취소 처분 후 측량업자의 업무 수행

> 법 제53조(등록취소 등의 처분 후 측량업자의 업무 수행 등) ① 등록취소 또는 영업정지 처분을 받거나 제48조에 따라 폐업신고를 한 측량업자 및 그 포괄승계인은 그 처분 및 폐업신고 전에 체결한 계약에 따른 측량업무를 계속 수행할 수 있다. 다만, 등록취소 또는 영업정지 처분을 받은 지적측량업자나 그 포괄승계인의 경우에는 그러하지 아니하다. <개정 2014. 6. 3.>
> ② 제1항에 따른 측량업자 또는 포괄승계인은 등록취소 또는 영업정지 처분을 받은 사실을 지체 없이 해당 측량의 발주자에게 알려야 한다.
> ③ 제1항에 따라 측량업무를 계속하는 자는 그 측량이 끝날 때까지 측량업자로 본다.
> ④ 측량의 발주자는 특별한 사유가 있는 경우를 제외하고는 그 측량업자로부터 제2항에 따른 통지를 받거나 등록취소 또는 영업정지의 처분이 있은 사실을 안 날부터 30일 이내에만 그 측량에 관한 계약을 해지할 수 있다.

자진폐업 시에도 등록취소 또는 영업정지 처분을 받은 경우와 같이 폐업신고 전에 체결된 측량업무를 계속 수행할 수 있도록 개선하기 위하여 측량업의 등록취소 또는 영업정지 처분을 받은 측량업자나 그 포괄승계인은 그 처분 및 폐업신고 전에 체결한 계약에 따른 측량업무를 계속하여 수행할 수 있으나, 등록취소 또는 영업정지 처분을 받은 지적측량업자나 그 포괄승계인의 경우에는 그러하지 아니하도록 규정하였다.(법

제53조제1항)

 따라서 지적측량업의 등록취소 또는 영업정지 처분을 받은 지적측량업자나 그 포괄승계인은 그 처분 전에 체결한 계약에 따른 지적측량업무를 계속하여 수행할 수 없다.

 그리고 측량업자 또는 포괄승계인은 등록취소 또는 영업정지 처분을 받은 사실을 지체 없이 해당 측량의 발주자에게 알려야 하며,(법 제53조제2항) 측량의 발주자는 특별한 사유가 있는 경우를 제외하고는 그 측량업자로부터 등록취소 또는 영업정지 처분을 받은 사실에 관한 통지를 받거나 등록취소 또는 영업정지의 처분이 있은 사실을 안 날부터 30일 이내에만 그 측량에 관한 계약을 해지할 수 있도록 규정하고 있다.(법 제53조제4항)

 등록취소 또는 영업정지 처분을 받거나 폐업신고를 한 측량업자 및 그 포괄승계인은 그 처분 및 폐업신고 전에 체결한 계약에 따른 측량업무의 계속 수행에 관한 제도는(법 제53조제1항) 2014년에 「측수지법」을 「공간정보관리법」[시행 2015. 6. 4.] [법률 제12738호, 2014. 6. 3., 일부개정]으로 제명을 개정하면서 새로이 도입하였다.

<참고사항>

「해양조사정보법」[시행 2021. 2. 19.] [법률 제17063호, 2020. 2. 18., 제정]을 제정함에 따라 제13차 「공간정보관리법」[시행 2021. 2. 19.] [법률 제17063호, 2020. 2. 18., 타법개정] 개정 법률에서 법 제54조(수로사업의 등록), 법 제56조(협회) 내지 법 제63조(다른 법률의 준용)를 모두 삭제하였다.

지 적(地籍)
Cadastre
Chapter 03

제1절 토지의 등록
(Section1. Land Registration)

1. 토지의 조사·등록

법 제64조 (토지의 조사·등록 등) ① 국토교통부장관은 모든 토지에 대하여 필지별로 소재·지번·지목·면적·경계 또는 좌표 등을 조사·측량하여 지적공부에 등록하여야 한다. <개정 2013. 3. 23.>
② 지적공부에 등록하는 지번·지목·면적·경계 또는 좌표는 토지의 이동이 있을 때 토지소유자(법인이 아닌 사단이나 재단의 경우에는 그 대표자나 관리인을 말한다. 이하 같다)의 신청을 받아 지적소관청이 결정한다. 다만, 신청이 없으면 지적소관청이 직권으로 조사·측량하여 결정할 수 있다.
③ 제2항 단서에 따른 조사·측량의 절차 등에 필요한 사항은 국토교통부령으로 정한다. <개정 2013. 3. 23.>

1.1. 조사·등록 대상 토지의 확대 연혁

1460년(세조 6) 조선 초에 호적·지적·세제·권농 등 재정경제에 관한 내용을 규정한 경국대전의 호전(戶典)을 완성 공포하고, 양전조에 "凡田分六等, 每二十年改量成籍, 藏於本曹·本道·本邑. (모든 농경지는 6등급으로 나누며 20년마다 다시 측량을 실시하고 양안(量案)을 작성하여 호조와 각 도 및 읍에 각각 보관한다.)라고 규정하여 우리나라 최초로 양안(토지대장)의 조사·등록 대상 토지를 '전답 등 모든 농경지'로 제한하였는데, 그 이유는 농경지에 대한 전세(田稅)를 수취하기 위함이었다.

이어서 1899년 양지아문에서 제정한 양전사목(量田事目)에 "공해(公廨)40)와 민가는 모두 자로 재고, 가주(家主)의 성명 및 가택(家宅)의 칸수<間數>를 기록한다."라고 규정하여 경국대전 호전의 양전조에서 조사·등록 대상 토지를 '전답의 농경지'로 제한하였는데, '관청과 민가의 건물'을 추가 확장하였다.

그리고 1904년에 탁지부에서 제정한 양지국 관제(1904. 4. 21. 칙령 제11호)에 '전답·가사 이외에 산림·천택'을 추가하여 조사·등록하도록 규정함으로서 조사 측량 대상 토지를 점진적으로 확대하였으며, 1907년 대한제국 시대에 제정한 대구시가 토지측량에 관한 타합사항(1907. 5. 16.)에 '대·전·답·산림·원야·지소·잡지·사묘·사원·묘지·철도용지·공원·도로·구거·하천·제방·철도'의 17개 지목으로 구분하여 등록하되,(제3조) '도로·구거·하천·제방·철도'의 5개 지목의 토지는 지번을 부여하지 않도록 규정하여,(제11조) 이에 해당하는 지목을 제외한 12개 지목의 모든 토지를 조사·등록 대상으로 확대하였다.

그 후 1910년 대한제국에서 제정한 「토지조사법」(1910. 8. 23. 법률 제7호)에 '① 전답·대·지소·임야·잡종지, ② 사사지·분묘지·공원지·철도용지·수도용지, ③ 도로·하천·구거·제방·성첩·철도선로·수도선로'의 17개 지목으로 구분하여 토지대장과 지도에 등록하되,(제3조) '도로·하천·구거·제방·성첩·철도선로·수도선로'는 지번을 부여하지 않도록 규정하여,(제2조) 이에 해당하는 지목 이외의 모든 토지를 조사·등록 대상으로 확대하였으며, 1912년 조선총독부에서 제정한 토지조사령(1912. 8. 13. 제령 제2호)에도 「토지조사법」과 동일하게 규정하였다.

이어서 광복 후 제정한 「지적법」[시행 1950. 12. 1.] [법률 제165호, 1950. 12. 1., 제정]에 ① 전·답·대·염전·광천지·지소·잡종지, ② 사사지·공원지·철도용지·수도용지, ③ 임야·분묘지·도로·하천·구거·유지·제방·성첩·철도선로·수도선로의 21개 지목으로 구분하여(제3조) 모든 토지를 지적공부에 의무적으로 조사·등록하도록 규정하여(제1조) 지적공부의 등록 대상을 전 국토의 모든 토지로 확대하여 오늘에 이르고 있다.

1.2. 조사·등록 주체

1460년(세조 6) 조선 초에 경국대전의 호전을 완성 공포하고, 양전조에 "모든 농경지는 6등급으로 나누며 20년마다 다시 측량을 실시하고 양안을 작성하여 호조와 각 도 및

---

40) 공해(公廨)란 관가(官家)의 건물(建物)을 말하며, 공해전(公廨田)이란 고려 시대에 중앙의 여러 관아(官衙)와 주(州)·부(府)·군(郡)·현(縣)·관(館)·역(驛) 등의 지방 관서(官署)에 나누어 준 논밭을 말한다.

읍에 각각 보관한다."라고 규정하여 최초로 토지의 조사·등록 주체를 국가로 규정하였다.

이어서 1910년 토지조사법(1910. 8. 23. 법률 제7호) 제정 당시에 토지의 조사·등록 주체를 법 제5조, 법 제10조에서 각각 "정부"로 규정하였고, 1950년 「지적법」 제정 당시에는 토지의 조사·등록 주체를 법 제5조, 법 제23조 및 법 제24조에서 각각 "정부"로 규정하였다.

1995년 제7차 「지적법」 개정 법률에서는 토지의 조사·등록 주체를 법 제3조제1항에서 "국가"로 규정하였다.

그러나 2009년에 「측수지법」[시행 2009. 12. 10.] [법률 제9774호, 2009. 6. 9., 제정]을 제정하면서 법 제64조제1항에서 "국토해양부장관"으로 규정하여 토지의 조사·등록주체가 100여 년 동안 "정부" 또는 "국가"로 규정되었던 것을 "장관"으로 개정하였다.

국가나 지방자치단체 등의 책무와 책임 등에 관한 규정은 그 법령의 목적 달성을 위하여 정하는 것으로, 이러한 규정은 국가나 지방자치단체 등이 담당해야 할 책무를 법령으로 명확히 정함으로써 그 법령의 입법목적을 좀 더 효과적으로 달성하도록 강제하는 효과를 거두고, 아울러 국가발전과 국민복지 향상을 위하여 정부의 적극적인 법령 집행을 유도하기 위하여 두는 것이다.41)

따라서 국민의 토지 소유권을 조사·측량하여 지적공부에 등록하는 등록주체를 "국가"에서 "장관"으로 개정한 것은 지적제도의 개선 발전에 관한 국가의 확고한 의지가 부족한 것이 아닌가 하는 의문을 가질 수 있으나, 지적행정에 관한 최종적인 책임은 국가에 귀속될 수밖에 없다.

1.3. 토지의 조사·등록

국토교통부장관은 「공간정보관리법」이 정하는 바에 의하여 모든 토지를 필지마다 토지의 소재·지번·지목·면적·경계 또는 좌표 등을 조사·측량하여 지적공부에 등록·공시하도록 규정하고 있다.(법 제64조제1항)

위에서 지적공부에 등록·공시하여야 할 모든 토지란 일반적으로 대한민국 영토 내의 모든 육지를 말하며, 이는 지적공부의 등록 대상이 되는 객체라고 할 수 있다.

그러나 대한민국의 행정력이 미치지 않는 군사분계선 이북지역의 토지와 육지가 아닌 하천·호소(湖沼)·구거(溝渠) 등을 제외한 공유수면은 지적공부의 등록 대상이 될 수 없

---

41) 법제처, 법령입안심사기준분류.(http://edu.klaw.go.kr/StdInfInfoR.do / 2010. 12. 15.)

으며, 또한 이들은 등기의 대상이 될 수도 없다.

그리고 지적공부에 등록하는 지번·지목·면적·경계 또는 좌표는 토지의 이동이 있는 때에 토지소유자의 신청에 의하여 지적소관청이 결정하되, 신청이 없는 때에는 지적소관청이 직권으로 조사·측량하여 결정할 수 있도록 규정하고 있다.(법 제64조제2항)

지적소관청이 토지의 이동현황을 직권으로 조사·측량하여 토지의 지번·지목·면적·경계 또는 좌표를 결정하려는 때에는 토지이동현황 조사계획을 수립하여야 하며, 이 경우 토지이동현황 조사계획은 시·군·구별로 수립하되, 부득이한 사유가 있는 때에는 읍·면·동별로 수립할 수 있다.(규칙 제59조제1항)

지적소관청이 토지이동현황 조사계획에 따라 토지의 이동현황을 조사한 때에는 토지이동 조사부(규칙 제59조제2항, 별지 제55호)에 토지의 이동현황을 기재하여야 하며, 토지이동현황 조사결과에 따라 토지의 지번·지목·면적·경계 또는 좌표를 결정한 때에는 이에 따라 지적공부를 정리하여야 한다.(규칙 제59조제3항)

지적소관청은 지적공부를 정리하려는 때에는 토지이동 조사부를 근거로 토지이동 조서를 작성하여 토지이동정리 결의서에 첨부하여야 하며, 토지이동 조서의 아래 부분 여백에 "「측수지법」 제64조제2항 단서의 규정에 의한 직권정리"라고 기재하도록 규정하였으며,(규칙 제59조제4항)「공간정보관리법」에서는 '「측수지법」 제64조제2항'를 '「공간정보관리법」 제64조제2항'으로 개정하여 오늘에 이르고 있다.

2. 지상경계의 구분

제65조(지상경계의 구분 등) ① 토지의 지상경계는 둑, 담장이나 그 밖에 구획의 목표가 될 만한 구조물 및 경계점표지 등으로 구분한다.
② 지적소관청은 토지의 이동에 따라 지상경계를 새로 정한 경우에는 다음 각 호의 사항을 등록한 지상경계점등록부를 작성·관리하여야 한다.
1. 토지의 소재
2. 지번
3. 경계점 좌표(경계점좌표등록부 시행지역에 한정한다)
4. 경계점 위치 설명도
5. 그 밖에 국토교통부령으로 정하는 사항
③ 제1항에 따른 지상경계의 결정 기준 등 지상경계의 결정에 필요한 사항은 대통령령으로 정하고, 경계점표지의 규격과 재질 등에 필요한 사항은 국토교통부령으로 정한다.
[본조신설 2013. 7. 17.]

2.1. 경계의 위치표시

　토지의 지상 경계는 자연적인 둑, 담장이나 그 밖에 구획의 목표가 될 만한 구조물 및 경계점표지 등으로 표시하여야 한다.
　토지의 지상 경계는 자연적인 고정물 또는 인공적인 구조물과 지상에 견고한 석제 또는 철제 등의 표지를 설치하여 일반인들이 경계로 인식할 수 있도록 하여야 한다.
　경계는 도면상에 선으로 표시할 수도 있고 방위각과 거리 또는 좌표로 표시할 수도 있으나, 도면상의 경계표시가 지상의 경계점표지보다 법적으로 우선한다면 측량의 정확도에 대한 요구가 반대의 경우보다 통상적으로 높다.
　따라서 지상의 실제적인 경계설정은 토지소유자들에게 경계의 실제적인 공시효과를 제공하므로 대단히 중요하다.[42]

2.2. 지상경계점등록부

　측수지법 시행규칙[시행 2009. 12. 14.] [국토해양부령 제191호, 2009. 12. 14., 제정] 제정 당시에 지적소관청이 지상 경계점을 등록하려는 때에는 지상 경계점 등록부에 토지의 소재·지번·경계점 좌표(경계점좌표등록부 시행지역에 한정한다.)·경계점 위치 설명도·경계점의 사진 파일을 등록하도록 규정하였다.(제60조제1항)
　이어서 「측수지법」[시행 2014. 1. 18.] [법률 제11943호, 2013. 7. 17., 일부개정] 개정 법률에 지적소관청은 토지의 이동에 따라 지상경계를 새로 정한 경우에는 토지의 소재·지번·경계점 좌표 등을 등록한 지상경계점등록부를 작성·관리하도록 규칙의 일부 내용을 법으로 상향 조정하여 규정하였으며,(법 제65조 신설) [서식 3-1]과 같은 지상경계점등록부에 ① 토지의 소재, ② 지번, ③ 경계점 좌표,(경계점좌표등록부 시행지역에 한정한다.) ④ 경계점 위치 설명도, ⑤ 공부상 지목과 실제 토지이용 지목, ⑥ 경계점의 사진 파일, ⑦ 경계점표지의 종류 및 경계점 위치를 등록하도록 개정하였다.(시행규칙 제60조제3항, 별지 제58호 서식)
　따라서 지상경계점등록부에는 토지의 이동에 따라 지상 경계를 새로 정한 경우에는 의무적으로 경계점의 좌표와 경계점의 사진파일 등을 등록하여야 한다.

---

[42] FIG Bureau, 1995, *The FIG Statement on the Cadastre*, Canberra, Australia, pp.13~14.

[서식 3-1] 지상 경계점 등록부

토지 소재 :
지 번 :

경계점 좌표(경계점좌표등록부 시행지역만 해당함)

부 호	좌 표		부 호	좌 표	
	X	Y		X	Y
	m	m		m	m

경계점 위치 설명도

경계점의 사진 파일

출처 : 규칙 제60조 [별지 제58호 서식].210㎜×297㎜ 또는 520㎜×420㎜(보존용지(1종) 70 g/㎡)

2.3. 경계점표지의 규격과 재질

지적법령에서는 지상 경계점에 설치하는 경계점표지의 규격과 재질을 목제와 철못 1호, 철못 2호, 철못 3호로 규정하였다.(지적법 시행규칙 제50조)

그러나 「측수지법」[시행 2009.12.10.] [법률 제9774호, 2009. 6. 9., 제정]을 제정하면서 지상 경계점에 설치하는 경계점 표지의 규격과 재질을 목제와 철못 1호, 철못 2호, 철못 3호 이외에 표석을 신설하여 소유자의 요구가 있는 경우에 설치하도록 개선하였다.(영 제54조제3항, 규칙 제60조제2항)

이어서 같은 법률[시행 2014. 1. 18.] [법률 제11943호, 2013. 7. 17., 일부개정]과 같은 법률 시행규칙[시행 2014. 1. 18.] [국토교통부령 제65호, 2014. 1. 17., 일부개정]을 개정하여 지상 경계점에 설치하는 경계점 표지의 규격과 재질을 [그림 3-11]과 같이 목제와 철못 1호, 철못 2호, 철못 3호 이외에 표석을 신설하여 소유자의 요구가 있는 경우에 설치하도록 규정하였으며,(법 제65조제3항, 규칙 제60조제4항[별표 6]「공간정보관리법」에 동일하게 규정하여 오늘에 이르고 있다.

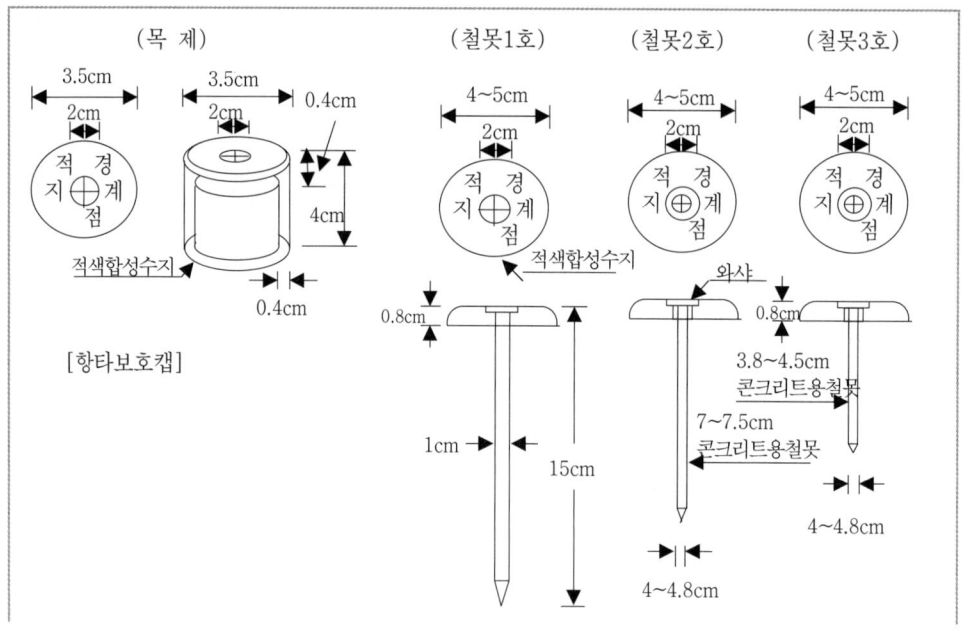

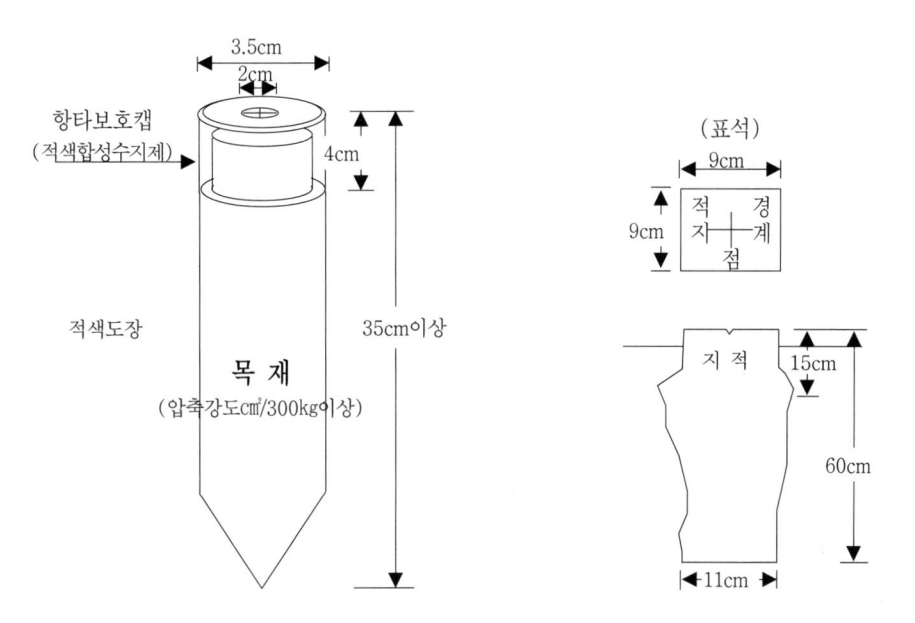

비고
1. 목재는 비포장지역에 설치한다.
2. 철못1호는 아스팔트 포장지역에 설치한다.
3. 철못2호는 콘크리트 포장지역에 설치한다.
4. 철못3호는 콘크리트 구조물·담장·벽에 설치한다.
5. 표석은 소유자의 요구가 있는 경우 설치한다.
출처 : 법 제65조제3항, 규칙 제60조제4항.[별표 6]

[그림 3-11] 경계점표지의 규격과 재질

2.4. 지상경계의 결정기준

영 제55조(지상 경계의 결정 등) ① 법 제65조제1항에 따른 지상 경계의 결정기준은 다음 각 호의 구분에 따른다. <개정 2014. 1. 17., 2021. 1. 5.>
1. 연접되는 토지 간에 높낮이 차이가 없는 경우: 그 구조물 등의 중앙
2. 연접되는 토지 간에 높낮이 차이가 있는 경우: 그 구조물 등의 하단부
3. 도로·구거 등의 토지에 절토(땅깎기)된 부분이 있는 경우: 그 경사면의 상단부
4. 토지가 해면 또는 수면에 접하는 경우: 최대만조위 또는 최대만수위가 되는 선
5. 공유수면매립지의 토지 중 제방 등을 토지에 편입하여 등록하는 경우: 바깥쪽 어깨부분
② 지상 경계의 구획을 형성하는 구조물 등의 소유자가 다른 경우에는 제1항제1호부터 제3호까지의 규정에도 불구하고 그 소유권에 따라 지상 경계를 결정한다.

③ 다음 각 호의 어느 하나에 해당하는 경우에는 지상 경계점에 법 제65조제1항에 따른 경계점표지를 설치하여 측량할 수 있다. <개정 2012. 4. 10., 2014. 1. 17.>
1. 법 제86조제1항에 따른 도시개발사업 등의 사업시행자가 사업지구의 경계를 결정하기 위하여 토지를 분할하려는 경우
2. 법 제87조제1호 및 제2호에 따른 사업시행자와 행정기관의 장 또는 지방자치단체의 장이 토지를 취득하기 위하여 분할하려는 경우
3. 「국토의 계획 및 이용에 관한 법률」 제30조제6항에 따른 도시·군관리계획 결정고시와 같은 법 제32조제4항에 따른 지형도면 고시가 된 지역의 도시·군관리계획선에 따라 토지를 분할하려는 경우
4. 제65조제1항에 따라 토지를 분할하려는 경우
5. 관계 법령에 따라 인가·허가 등을 받아 토지를 분할하려는 경우
④ 분할에 따른 지상 경계는 지상건축물을 걸리게 결정해서는 아니 된다. 다만, 다음 각 호의 어느 하나에 해당하는 경우에는 그러하지 아니하다.
1. 법원의 확정판결이 있는 경우
2. 법 제87조제1호에 해당하는 토지를 분할하는 경우
3. 제3항제1호 또는 제3호에 따라 토지를 분할하는 경우
⑤ 지적확정측량의 경계는 공사가 완료된 현황대로 결정하되, 공사가 완료된 현황이 사업계획도와 다를 때에는 미리 사업시행자에게 그 사실을 통지하여야 한다. <개정 2014. 1. 17.>
[제목개정 2014. 1. 17.]

토지의 지상 경계를 새로 결정하려는 경우 그 기준은 다음 각 호의 구분에 따르도록 규정하고 있다.(영 제55조제1항)

그러나 지상 경계의 구획을 형성하는 구조물 등의 소유자가 다른 경우에는 그 소유권에 따라 지상 경계를 결정하도록 규정하고 있으며,(영 제55조제2항) 공유수면 매립지의 토지 중에서 제방을 별개의 필지로 등록하는 경우에는 최대 만조위선으로 설정하도록 규정하고 있다.(영 제55조제1항)

1) 연접되는 토지 간에 높낮이 차이가 없는 경우에는 그 구조물 등의 중앙
2) 연접되는 토지 간에 높낮이 차이가 있는 경우에는 그 구조물 등의 하단부
3) 도로·구거 등의 토지에 절토(切土, 땅깎기)된 부분이 있는 경우에는 그 경사면의 상단부
4) 토지가 해면 또는 수면에 접하는 경우에는 최대 만조위 또는 최대 만수위가 되는 선
5) 공유수면매립지의 토지 중 제방 등을 토지에 편입하여 등록하는 경우에는 바깥쪽 어깨부분

그리고 다음 각 호의 어느 하나에 해당하는 경우에는 지상경계점에 경계점표지를 설치한 후 측량을 실시할 수 있도록 규정하고 있다.(영 제55조제3항)

1) 도시개발사업 등의 사업시행자가 사업지구의 경계를 결정하기 위하여 분할하려는 경우

2) 사업시행자와 행정기관의 장 또는 지방자치단체의 장이 토지를 취득하기 위하여 분할하려는 경우
3) 「국토의 계획 및 이용에 관한 법률」에 의한 도시·군관리계획 결정고시와 지형도면 고시가 된 지역의 도시·군관리계획선에 따라 토지를 분할하려는 경우
4) 소유권이전·매매 등과 토지이용상 불합리한 지상경계를 시정하기 위하여 토지를 분할하려는 경우(영 제65조제1항)
5) 관계 법령에 따라 인가·허가[43] 등을 받아 토지를 분할하려는 경우

토지의 분할에 따른 지상 경계는 지상건축물을 걸리게 결정해서는 아니 된다. 다만, 다음 각 호의 어느 하나에 해당하는 경우에는 지상 경계를 지상건축물을 걸리게 결정할 수 있다.(영 제55조제4항)

① 법원의 확정판결이 있는 경우
② 공공사업 등에 따라 학교용지·도로·철도용지·제방·하천·구거·유지·수도용지 등의 지목으로 되는 토지를 분할하는 경우
③ 도시개발사업 등의 사업시행자가 사업지구의 경계를 결정하기 위하여 분할하려는 경우 또는 「국토의 계획 및 이용에 관한 법률」에 의한 도시·군관리계획 결정고시와 지형도면 고시가 된 지역의 도시·군관리계획선에 따라 토지를 분할하려는 경우

그러나 영 제55조제4항제1호의 규정에 의한 법원의 확정판결이 있는 경우라도 「건축법」제57조제1항의 규정에 의한 '최소면적기준'에 미달하는 때에는 분할을 할 수 없다는 것이 국토교통부와 법제처의 유권해석이다. 따라서 취득시효 완성을 원인으로 한 소유권이전등기절차 이행판결 및 공유물분할을 원인으로 한 토지분할에 관한 판결이 있다하더라도 이러한 확정판결이 「국토계획법」이나 「건축법」 등 공법상의 제한규정을 곧바로 면제하는 것이라고 할 수 없기 때문에 지적소관청은 위와 같은 판결만으로 지적공부상의 필지를 분할하여 등록할 수 없다.[44]

그리고 도시개발사업 등이 완료되어 실시하는 지적확정측량의 경계는 공사가 완료된 현황대로 결정하되, 공사가 완료된 현황이 사업계획도와 다를 때에는 미리 사업시행자에게 그 사실을 통지하도록 개정하여,(영 제55조제5항) 지적확정측량에 따른 경계의 기준을 명확하게 규정하였다.

---

43) 인·허가제도란 공공질서의 유지나 공공복리의 증진을 위하여 특정의 영업·사업·업무 그 밖의 행위를 함에 있어서 행정관청의 일정한 행위(인가·허가·면허 등)나 행정관청에 대한 일정한 행위(등록·신고 등)를 요건으로 하는 것으로 그러한 목적을 위하여 국민의 사회·경제생활상의 자유 또는 권리를 제한하거나 의무를 부과하는 규제제도를 말한다.(법제처, 2003, 『시·도법률교육교재(Ⅱ)』, p.201.)
44) 국가법령정보센터, 법제처 16-0513(2016. 11. 2. 서울특별시), 건축물이 있는 대지를 분할하는 확정판결의 내용이 「건축법」 제57조제1항에 따른 분할제한 기준에 위반하는 경우, 「공간정보의 구축 및 관리 등에 관한 법률」에 따른 지적공부상 분필이 가능한지.(「건축법」 제57조제1항 등 관련)

2.5. 행정구역 경계의 결정기준

도로·하천·구거 등을 따라 시·도와 시·군간 또는 읍·면과 동·리간의 경계선 등 행정구역선을 결정하는 경우에는 그 도로·하천·구거 등의 중앙으로 경계를 설정하여야 한다. 그러나 동·리간의 경계는 지적소관청이 필요로 하는 경우에는 그러하지 아니하다.

이러한 경계의 결정 기준은 1907년에 제정한 대구시가지 토지측량에 관한 타합사항 제2조에 "면 및 동의 경계 중 도로·하천 및 구거가 그 경계가 되는 때에는 그 중앙을 경계로 한다."라고 규정하여 오늘날까지 행정구역 경계의 결정기준으로 적용하고 있다.

따라서 공유수면매립 등으로 인하여 시·도와 시·군간 경계선을 새로이 정하고자 할 때에는 반드시 행정구역 경계의 결정기준에 따라 관련 기관간에 협의하여 결정하여야 한다.

2.6. 실정법상의 경계

실정법(實定法, Positive Law)이란 특정한 시대와 사회에서 구체적이고 실질적인 효력을 가지고 있는 법규범을 말하며, 성문법·관습법·판례법 등을 포괄하는 개념으로 쓰인다.

그러나 일반적으로 실정법은 한 사회의 규제를 위해 권위 있는 기관이 제정하거나 채택한 구체적인 법이라는 협의의 의미로 사용된다.

여기서 실정법상의 경계란 후자의 협의의 실정법으로 「민법」·「형법」·「공간정보관리법」에 규정된 경계를 말한다.

2.6.1. 민법상의 경계

「민법」제237조제1항에 "인접하여 토지를 소유한 자는 공동 비용으로 통상의 경계표나 담을 설치할 수 있다."라고 규정하고 있으며, 제2항에 "전항의 비용은 쌍방이 절반하여 부담한다. 그러나 측량비용은 토지의 면적에 비례하여 부담한다."라고 규정하고 있다.

그리고 「민법」제239조에 "경계에 설치된 경계표·담·구거 등은 상린자(相隣者)의 공유로 추정한다. 그러나 경계표·담·구거 등이 상린자 일방의 단독 비용으로 설치되었거나 담이 건물의 일부인 경우에는 그러하지 아니하다."라고 규정하고 있다.

따라서 「민법」상의 경계란 실제 토지 위에 설치한 담장이나 전·답 등의 구획된 둑 또는 주요 지형·지물에 의하여 구획된 구거 등을 말하는 것으로, 일반적으로 지표상의 경계를 뜻한다.

2.6.2. 형법상의 경계

「형법」제370조에 "경계표를 손괴·이동 또는 제거하거나 기타 방법으로 토지의 경계를 인식 불능하게 한 자는 3년 이하의 징역 또는 500만원 이하의 벌금에 처한다."라고 경계침범죄에 관하여 규정하고 있다.

이 경우 경계란 소유권 등 권리의 장소적 한계를 나타내는 지표를 말하는 것으로 설사 실체상의 권리관계와 일치하지 아니하더라도 일반적으로 승인됐거나 이해관계인의 명시(明示) 또는 묵시(黙示)의 합의에 의하여 정하여진 것으로 어느 정도 객관적으로 통용되어 오던 사실상의 경계를 의미한다.

경계침범죄는 토지의 경계에 관한 권리관계의 안정을 확보하여 사권(私權)을 보호하고 사회질서를 유지하려는데 그 목적이 있는 것으로 권한 있는 당국에 의하여 확정된 것이어야 함도 아니고 사실상의 경계로 되어 있다면 침해의 객체가 되는 것이며, 기존 경계를 진실한 권리상태와 일치하지 않는다는 이유로 당사자의 한쪽이 측량과 같은 방법을 써서 권리에 합치된 경계라고 주장하여 표시한 계표(界標)는 본조에서 말하는 경계라고 할 수 없다는 것이 대법원의 판단이다.(1976. 5. 25. 대법75도2564)

따라서 「형법」상의 경계는 일반적으로 승인됐거나 이해관계인의 명시(明示) 또는 묵시(黙示)의 합의에 의하여 정하여진 것으로 객관적으로 통용되어 오던 사실상의 경계를 말하며, 지적도상의 경계와 다르다고 하여 객관적으로 통용되어 오던 사실상의 경계를 정당한 절차 없이 무단 침범하거나 철거하는 등의 행위는 형법에 따라 처벌을 받게 된다.

2.6.3. 지적법상의 경계

'지적에 관한 법' 즉, 오늘날의 「공간정보관리법」상의 경계란 지적소관청이 자연적 또는 인위적인 사유로 항상 변하고 있는 지상의 경계를 지적측량을 실시하여 소유권이 미치는 범위와 면적 등을 정하여 일정한 축척의 지적도 또는 임야도에 등록·공시한 경계선 또는 경계점좌표등록부에 등록한 좌표의 연결을 말한다.

따라서 「공간정보관리법」상의 경계는 일반적으로 지표상의 경계가 아닌 지적공부에 등록된 도면상의 경계 또는 경계점좌표등록부상의 좌표를 뜻한다.

어떤 토지가 1필지의 토지로 지적공부에 등록되었다면 그 토지의 소재·지번·지목·면적 및 경계는 다른 특별한 사정이 없는 한 그 등록으로 특정되고 그 소유권의 범위는 현실의 경계와 관계없이 지적공부상의 경계와 면적에 의하여 확정되는 것이고, 지적도상의 경계표시가 분할측량의 잘못 등으로 사실상의 경계와 다르게 표시되었다 하더라도 특별한 사정이 없는 한 현실의 경계와 관계없이 지적공부상의 경계에 의하여 소유권의 범위가 확정된 토지로 보아야 할 것이다.

그러나 지적도를 작성함에 있어서 기점을 잘못 선택하는 등 기술적인 착오로 인하여 지적도상의 경계선이 진실한 경계선과 다르게 작성되었기 때문에 경계와 면적이 실제의 것과 일치하지 않게 되었다는 등의 특별한 사정이 있는 경우에는 그 토지의 경계는 실제의 경계에 의하여야 한다.45)

어떤 토지가 지적공부상 1필지의 토지로 등록되면 다른 특별한 사정이 없는 한 그 토지의 경계는 그 등록으로 특정되고 그 소유권의 범위는 현실의 경계와 관계없이 공부상의 경계에 의하여 확정되는 것이므로 토지에 대한 매매도 현실의 경계와 관계없이 지적공부상의 경계와 지적에 의하여 확정된 토지를 매매의 대상으로 하는 것으로 보아야 할 것이고, 1필지의 토지 위에 여러 동의 건물을 짓고 건물의 경계에 담장을 설치하여 각 건물의 부지로 사실상 구획지워 어림잡아 매도한 후 그 분필등기를 하였기 때문에 그 경계와 지적이 실제의 것과 일치하지 아니하게 되었다 하더라도 그 매매 당사자가 지적공부에 의하여 소유권의 범위가 확정된 토지를 매매할 의사가 아니고 사실상의 경계대로의 토지를 매매할 의사를 가지고 매매한 사실이 인정되는 등 특별한 사정이 없는 한 사실상의 경계에 관계없이 지적공부에 기재된 지번·지목·지적 및 경계에 의하여 소유권의 범위가 확정된 토지를 매매한 것으로 보아야 할 것이고, 그 매매 당사자가 그 토지의 실제의 경계가 지적공부상의 경계와 상이한 것을 모르는 상태에서 당시 실제의 경계를 대지의 경계로 알고 매매하였다고 해서 매매 당사자들이 지적공부상의 경계를 떠나 현실의 경계에 따라 매매 목적물을 특정하여 매매한 것이라고 볼 수는 없다 할 것이다.46)

따라서 1필지의 토지에 대한 소유권의 범위는 특별한 사정이 없는 한 현실 경계에 관계없이 지적공부에 등록된 경계선에 의하여 확정된다고 할 수 있기 때문에 「민법」과 「형법」상 경계의 개념과 다르다는 것을 알 수 있으며, 「공간정보관리법」상의 경계는 법적으로 소유권의 범위를 특정하는 매우 중요한 역할을 한다.

실정법상의 경계는 ① 지표상의 경계를 채택하고 있는 국가, ② 도면상의 경계를 채택하고 있는 국가, ③ 지적공부에 등록된 경계점의 X,Y 좌표를 채택하고 있는 국가, ④ 위와 같은 경계를 혼용하는 국가 등이 있다.

---

45) 대법원, 1969. 10. 28, 선고69다889판결. 대법원, 1991. 4. 9, 선고89다카1305판결. 대법원, 1995. 4. 14, 선고94다57879판결. 대법원, 1998. 6. 26, 선고97다42823판결.
46) 대법원 1991. 2. 22. 선고90다12977 판결, 1993. 5. 11. 선고92다48918, 48925판결, 1996. 7. 9. 선고95다55597, 55603판결.

3. 지번

> 법 제66조 (지번의 부여 등) ① 지번은 지적소관청이 지번부여지역별로 차례대로 부여한다.
> ② 지적소관청은 지적공부에 등록된 지번을 변경할 필요가 있다고 인정하면 시·도지사나 대도시 시장의 승인을 받아 지번부여지역의 전부 또는 일부에 대하여 지번을 새로 부여할 수 있다.
> ③ 제1항과 제2항에 따른 지번의 부여방법 및 부여절차 등에 필요한 사항은 대통령령으로 정한다.

3.1. 정의

지번(地番 : Parcel Number)이란 필지에 부여하여 지적공부에 등록한 번호를 말하는데, 토지의 특정성과 개별성을 확보하기 위하여 지적소관청이 지번부여지역인 법정 동·리 단위로 기번(起番)하여 필지마다 아라비아 숫자 1, 2, 3, 4 …… 등으로 순차적으로 부여한 번호를 뜻한다.

3.2. 부여원칙

지번은 지적소관청이 지번부여지역별로 차례대로 부여하여야 하며, 지적소관청은 지적공부에 등록된 지번을 변경할 필요가 있다고 인정하면 시·도지사나 대도시 시장의 승인을 받아 지번부여지역안의 전부 또는 일부에 지번을 새로 부여할 수 있다.(법 제66조 제1항, 제2항)

지번은 지번부여지역 단위인 법정 리·동별로 북서에서 남동으로 순차적으로 부여하도록 규정되어 있는데,(영 제56조제3항) 이를 북서기번법(北西起番法)이라고 한다.

북서기번법은 지번부여지역 단위별로 북서쪽에서 1번부터 부여하여 순차적으로 진행하다가 남동쪽에서 끝내는 방법을 말한다.

한글·영어·아라비아 숫자 등은 모두 위에서 아래로 또는 왼쪽에서 오른쪽으로 쓰기 때문에 이러한 글자를 사용하는 국가에서는 북서기번법을 많이 채용하고 있다.

그런데 우리나라는 토지조사사업 당시에는 지번을 한문자 위주로 一, 二, 三, 四 …… 등으로 표기하였기 때문에 북동에서 시작하여 남서로 순차적으로 부여하는 북동기번법

(北東起番法)을 채용하였으나 1975년 12월에 제2차 「지적법」 개정 법률에서 지번을 아라비아 숫자로 표기하도록 개정하여 북서기번법을 채용하여 오늘에 이르고 있다.

3.3. 구 성

지번은 아라비아 숫자로 표기하되, 임야대장과 임야도에 등록하는 토지의 지번은 숫자 앞에 "산"자를 붙이며, 본번(本番)과 부번(副番)으로 구성되되, 본번과 부번 사이에 "-"표시로 연결한다. 이 경우 "-"표시는 "의"라고 읽도록 규정하고 있으며, 북서에서 시작하여 남동으로 순차적으로 부여하여야 한다.(영 제56조)

그리고 본번만으로 구성되는 지번을 단식지번(單式地番)이라 하고 본번에 부번을 붙여서 구성되는 지번을 복식지번(複式地番)이라고도 한다.47)

3.3.1. 본번

본번(本番 : Main Number)이란 지번에 "-"의 부호가 없는 지번이거나 "-"의 부호가 있는 지번인 경우 "-"의 부호 앞에 있는 번호를 말하는데, 본번의 부여 예시는 <표 3-17>과 같다.

<표 3-17> 본번 부여 예시

구 분	본 번 부 여 보 기
지적도·토지대장 등록지	<u>1</u>, <u>2</u>, <u>3</u>-1, <u>3</u>-2, <u>3</u>-3, <u>3</u>-4 ……………………………… ……………, <u>100</u>, <u>101</u>, <u>102</u>, <u>103</u>-1, <u>103</u>-2, ………………
임야도·임야대장 등록지	<u>산1</u>, <u>산2</u>, <u>산3</u>-1, <u>산3</u>-2, <u>산3</u>-3, ……………………………… ……………, <u>산100</u>, <u>산101</u>, <u>산102</u>-1, <u>산103</u>-1, ………………

주 : 밑줄친 부분이 본번임.

3.3.2. 부번

부번(副番 : Sub Number)이란 본번에 "-"의 부호가 있는 지번으로 "-"의 부호 다음에 부여한 번호를 말하는데, 부번의 부여 예시는 <표 3-18>과 같다.

---

47) 원영희, 1979, 『지적학원론』, 서울, 홍익문화사, p.112.

<표 3-18> 부번 부여 예시

구 분	본 번 부 여 보 기
지적도·토지대장 등록지	1-1, 1-2, 1-3, ·················, 100-1, 101-1, 102-2, 103-1, 103-2, ·················
임야도·임야대장 등록지	산1-1, 산1-2, 산1-3, ···········,산100-1, 산101-1 산102-1, 산103-1, ················

주: 밑줄친 부분이 부번임.

3.4. 부여방법

3.4.1. 신규등록 및 등록전환

신규등록 및 등록전환의 경우에는 원칙적으로 그 지번부여지역에서 인접토지의 본번에 부번을 붙여서 지번을 부여하여야 한다. 그러나 ① 대상 토지가 그 지번부여지역의 최종 지번의 토지에 인접하여 있는 경우, ② 대상 토지가 이미 등록된 토지와 멀리 떨어져 있어서 등록된 토지의 본번에 부번을 부여하는 것이 불합리한 경우, ③ 대상 토지가 여러 필지로 되어 있는 경우에는 그 지번부여지역의 최종 본번의 다음 순번부터 본번으로 하여 순차적으로 지번을 부여할 수 있도록 규정하고 있다.(영 제56조제3항제2호)

3.4.2. 분할

분할의 경우에는 원칙적으로 [그림 3-12]의 예시도와 같이 분할 후의 필지 중 1필지의 지번은 분할 전의 지번으로 하고, 나머지 필지의 지번은 본번의 최종 부번의 다음 순번으로 부번을 부여하여야 한다. 그러나 예외적으로 주거·사무실 등의 건축물이 있는 필지는 분할 전의 지번을 우선하여 부여하도록 규정하고 있다.(영 제56조제3항제3호)

다시 말하면 주거·사무실 등의 건축물이 있는 부분에 대한 분할시의 지번부여는 [그림 3-13]의 예시도와 같이 토지소유자가 원하는 경우에 한하여 분할하기 전의 지번을 부여할 수 있도록 규정되어 있었으나 제10차 「지적법」 개정 법률에 토지소유자의 희망여부에 관계없이 우선 부여하도록 개정하여 분할시 지번부여에 따른 주소변경 등 국민의 불편과 부담을 덜어줄 수 있도록 개선하였다.

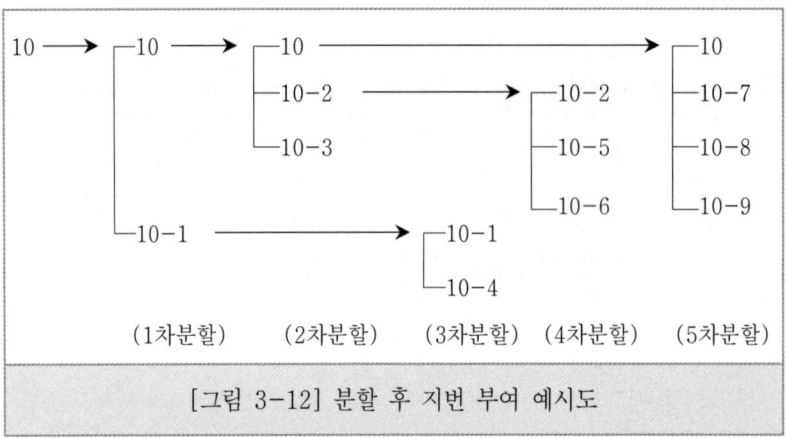

[그림 3-12] 분할 후 지번 부여 예시도

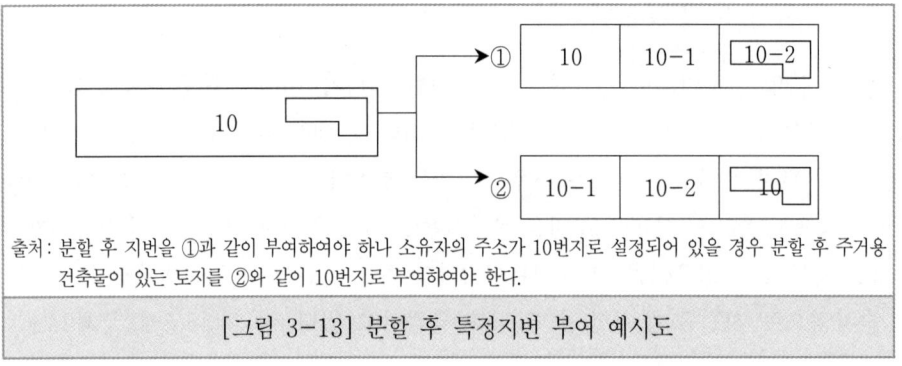

출처: 분할 후 지번을 ①과 같이 부여하여야 하나 소유자의 주소가 10번지로 설정되어 있을 경우 분할 후 주거용 건축물이 있는 토지를 ②와 같이 10번지로 부여하여야 한다.

[그림 3-13] 분할 후 특정지번 부여 예시도

3.4.3. 합병

합병의 경우에는 원칙적으로 <표 3-19>와 같이 합병 대상 지번 중에서 선순위의 지번을 그 지번으로 하되, 본번으로 된 지번이 있을 때에는 <표 3-20>과 같이 본번 중에서 선순위의 지번을 합병 후의 지번으로 부여하도록 규정하고 있다.(영 제56조제3항제4호)

<표 3-19> 합병 후 선순위 지번 부여 예시

합병전지번	합병후지번	합병전지번	합병후지번
3-2 6-1 6-3 10-5	3-2	101-1 103-2 110-1 131-2	101-1

<표 3-20> 합병 후 선순위 본번 부여 예시

합병전지번	합병후지번	합병전지번	합병후지번
3-2		100-3	
4		100-4	
5-1	4	105	105
5-3		107	
6		110	

그러나 예외적으로 토지소유자가 합병 전의 필지에 주거·사무실 등의 건축물이 있어서 그 건축물이 위치한 지번을 합병 후의 지번으로 신청할 때에는 [그림 3-14]의 예시도와 같이 그 지번을 합병 후의 지번으로 부여하여야 한다.

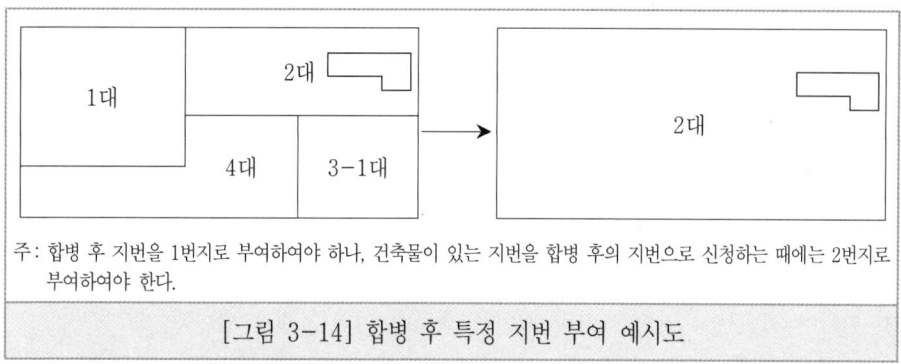

[그림 3-14] 합병 후 특정 지번 부여 예시도

3.4.4. 도시개발사업 지역

도시개발사업 등이 완료됨에 따라 경계점좌표등록부에 토지의 표시를 새로이 등록하기 위한 지적확정측량을 실시한 지역의 각 필지에 지번을 새로 부여하는 경우에는 원칙적으로 ① 지적확정측량을 실시한 지역의 종전의 지번과 지적확정측량을 실시한 지역밖에 있는 본번이 같은 지번이 있을 때에는 그 지번, ② 지적확정측량을 실시한 지역의 경계에 걸쳐 있는 지번을 제외한 본번으로 된 지번을 부여하여야 한다.(영 제56조제3항제5호)

그러나 예외적으로 종전 지번의 수가 새로 부여할 지번의 수보다 적을 때에는 블록 단위로 하나의 본번을 부여한 후 필지별로 부번을 부여하거나, 그 지번부여지역의 최종 본번 다음 순번부터 본번으로 하여 차례로 지번을 부여할 수 있도록 규정하고 있다.

그리고 제10차 「지적법」 개정 법률에 도시개발사업 등이 준공되기 전에 사업시행자가 사업계획에 의거 지번부여신청을 하면 지적소관청은 사업계획도에 따라 입주민의 편의를 위하여 도시개발사업 지역의 지번부여방법을 준용하여 지번을 부여할 수 있도록 개선하여 오늘에 이르고 있다.(영 제56조제4항, 규칙 제61조)

3.4.5. 기타 지역

기타 지번부여지역의 지번을 변경할 때, 행정구역개편에 따라 새로 지번을 부여할 때, 축척변경 시행지역의 필지에 지번을 부여할 때에는 원칙적으로 도시개발사업 지역의 지번부여방법을 준용하여 지번을 부여하도록 규정하고 있다.(영 제56조제3항제6호)

3.5. 지번변경

3.5.1. 지번변경의 의의

지번변경(地番變更, Parcel Number Change)이란 지번부여지역에 있는 지번의 전부 또는 일부가 순차적으로 부여되어 있지 아니하여 지번의 검색에 어려움이 있어 일반 국민이 지적공부를 이용하는데 불편이 따르고 주소 확인이 곤란하여 이러한 불편사항을 해소하기 위하여 지번부여 기준에 따라 지번을 새로 부여하는 것을 말한다.

다시 말하면 법 제66조제2항에 규정된 "지적공부에 등록된 지번을 변경할 필요가 있다고 인정하면"이란 이미 부여된 지번의 배열이 무질서하여 이를 색인이 쉽도록 지적소관청이 시·도지사나 대도시 시장의 승인을 받아 지번부여 기준에 따라 새로 지번을 부여하는 것을 뜻한다.

지적공부에 등록된 지번을 변경하였을 때에는 토지등기부에 등기된 지번도 등기촉탁을 하여 의무적으로 변경을 하도록 운영하고 있어 지번변경에 따른 토지소유자의 부담과 불편을 덜고 있다.

그러나 지번변경 내용을 시·군·구 또는 읍·면·동의 게시판에 일정기간 공고하고 관련부서와 토지소유자에게 통지하여 지적공부상의 지번은 물론 토지등기부·호적부·주민등록표·건축물대장 및 각종 과세대장상의 주소와 지번 등이 자동적으로 변경 정리되도록 하여야 하나 토지등기부를 제외하고는 자동적으로 주소 등을 변경 정리할 수 있는 제도적인 장치가 없기 때문에 토지소유자의 부담과 불편을 초래하게 되어 지번변경정리 업무가 정착되지 않고 있는 실정이다.

3.5.2. 지번변경 절차

지적소관청이 지번을 변경하려면 지번변경 사유를 적은 지번변경 승인신청서(규칙 제62조, 별지 제59호 서식)에 지번변경 대상지역의 지번·지목·면적·소유자 등에 관한 상세한 내용을 기재한 지번 등 명세(규칙 제62조, 별지 제60호 서식)와 지적도 및 임야도의 사본을 첨부하여 시·도지사 또는 대도시 시장에게 제출하여야 한다.(영 제57조제1항, 규칙 제62조)

지번변경 승인신청을 받은 시·도지사 또는 대도시 시장은 지번변경 사유 등을 심사한 후 그 결과를 지적소관청에 통지하도록 규정하고 있으며,(영 제57조제2항) 지적소관청이 지번변경을 완료하였을 때에는 관할 등기소에 지체 없이 그 등기를 촉탁하도록 규정하고 있다.(법 제89조제1항)

지적법령에서 소관청은 지적공부에 등록된 지번을 변경할 필요가 있다고 인정하는 때에는 특별시장·광역시장 또는 도지사(이하 "시·도지사"라 한다.)의 승인을 얻어 지번을 새로이 부여할 수 있도록 규정하였다.(「지적법」 제4조제2항)

그러나 「공간정보관리법」을 제정하면서 지방자치단체의 사무를 합리적으로 배분하기 위하여 시·도지사만 처리할 수 있었던 지번변경 승인업무를 대도시(「지방자치법」 제3조제3항에 따라 자치구가 아닌 구가 설치된 시의 시장)의 시장도 승인할 수 있도록 개선하였다.

3.6. 결번대장의 비치

지적소관청은 행정구역의 변경, 도시개발사업의 시행, 지번변경, 축척변경, 지번정정 등의 사유로 지번에 결번이 생긴 때에는 지체 없이 그 사유를 결번대장에 적어 영구히 보존하여야 한다.(규칙 제63조)

3.6.1. 결번의 의의

결번(缺番 : Missing Parcel Number)이란 지번부여지역인 법정 동·리 단위로 아라비아 숫자 1, 2, 3 …… 등으로 순차적으로 연속하여 부여하여야 하나 행정구역의 변경·도시개발사업의 시행·지번변경·축척변경·지번정정 등의 사유로 인하여 그 지번의 순서에 지적공부에 등록되지 않은 번호가 발생하게 되는데 이를 결번이라고 한다.

지적소관청은 행정구역의 변경·도시개발사업의 시행·지번변경·축척변경·지번정정 등의 사유로 지번에 결번이 생긴 때에는 지체 없이 그 사유를 결번대장(규칙 제63조, 별지 제61호 서식)에 적어 영구히 보존하도록 규정하고 있다.(규칙 제63조)

3.6.2. 결번발생 사유

결번의 발생사유는 다음 각 호의 1과 같다.
1) 행정구역변경으로 지번부여지역 내 일부가 다른 지번부여지역으로 편입된 경우
2) 도시개발사업·농업생산기반정비사업 등의 시행으로 종전 지번이 폐쇄된 경우
3) 지번변경으로 결번이 발생한 경우
4) 토지합병에 의거 말소된 경우(지적파일의 경우에는 제외)
5) 등록전환에 의거 임야대장 등록지의 지번이 말소된 경우(지적파일의 경우에는 제외)
6) 축척변경으로 결번이 발생한 경우
7) 바다로 된 토지의 등록말소로 대장 등록지의 지번이 말소된 경우
8) 기타 착오 등 지번정정으로 인하여 지번이 결번된 경우 등이 있다.

결번대장은 이미 지적공부에 등록된 지번과 새로이 지적공부에 등록하는 지번을 중복하여 설정하는 사례를 방지하고 수기(手記)작성 방법에 의하여 작성된 대장의 분실 여부를 쉽게 파악하기 위하여 작성·비치하는데, 결번 사유를 구분하여 <표 3-21>과 같이 코드를 부여하여 관리하고 있다.

<표 3-21> 결번 사유 구분 코드

코드체계	*	⇐ 숫자 1자리	
코드	내용	코드	내용
1	행정구역변경	5	축척변경
2	토지구획정리사업	6	토지개발사업
3	경지정리사업	7	지적재조사사업
4	지번변경	9	기타

출처 : 부동산종합공부시스템 운영 및 관리규정(2017. 3. 6. 국토교통부 훈령 제813호 개정)[별표 제3호].

3.6.3. 결번대장 관리

결번대장(缺番臺帳)은 [서식 3-2]와 같이 작성하되, 토지대장 등록지와 임야대장 등록지를 구분 작성하여 지적공부와 동일하게 지적서고에 영구히 보존·관리하여야 한다.

[서식 3-2] 결번대장

결 번 대 장

구 읍 면

결		재	동·리	지번	결	번	비 고
					연월일	사유	
							(결번사유)
							1. 행정구역변경
							2. 도시개발사업
							3. 지번변경
							4. 축척변경
							5. 지번정정 등

420 210㎜×297㎜ (보존용지(2종) 70g/㎡)

출처 : 규칙 제63조[별지 제61호 서식].

4. 지목

> 법 제67조 (지목의 종류) ① 지목은 전·답·과수원·목장용지·임야·광천지·염전·대(垈)·공장용지·학교용지·주차장·주유소용지·창고용지·도로·철도용지·제방(堤防)·하천·구거(溝渠)·유지(溜池)·양어장·수도용지·공원·체육용지·유원지·종교용지·사적지·묘지·잡종지로 구분하여 정한다.
> ② 제1항에 따른 지목의 구분 및 설정방법 등에 필요한 사항은 대통령령으로 정한다.

4.1. 지목의 정의

지목(地目, Land Category)이란 토지의 주된 용도에 따라 토지의 종류를 구분하여 지적공부에 등록한 명칭을 말하며,(「공간정보관리법」 제2조제24호) 「지적법」 제5조에 규정하였던 28개 지목이 「측수지법」을 거쳐 「공간정보관리법」에서도 전·답·과수원·목장용지 등 용도에 따라 28개 지목으로 구분하여 지적공부에 등록하도록 규정하여 오늘에 이르고 있다.(법 제67조)

지목은 토지의 주된 용도에 따라 구분하여 지적공부에 등록하는 법령상의 명칭으로 우리나라 최초의 지목은 815년경에 작성한 신라장적에 내시령답(內視令畓)·관모전답(官謨田畓)·촌주위답(村主位畓)·연수유전답(烟受有田畓) 등 소유의 유형별 구분과 '마전(麻田)·합마전(合麻田)' 등 토지의 용도별 구분이 등록되어 있는데,[48] 이는 당시의 지목 구분에 관한 별도의 규정은 확인할 수 없으나 우리나라 지목의 시원이라고 할 수 있다.

그리고 1899년에 제정한 양전사목(量田事目)에 '대밭<竹田>·갈대밭<蘆田>·닥나무밭<楮田>·옻나무숲<漆林>'을 분별하여 기록하도록 규정하여[49] 이 또한 토지를 용도별로 구분한 지목의 유형이라고 판단된다.

이어서 근대적인 토지의 용도별 지목의 구분은 '대구시가지 토지측량에 관한 타합사항(1907.5. 16.)'에서 최초로 규정하였으며, 그 후 「토지조사법」·토지조사령·지세령·조선지세령·「지적법」 등에서 지목의 종류와 구분 방법 등을 자세히 규정하였다.

---

[48] 정도전 저, 한영우 역, 2013, 앞의 책, p.162. ; 리진호, 1999, 앞의 책, pp.105~107. ; 우리나라학중앙연구원(http://yoksa.aks.ac.kr/ 2017. 1. 5.) ; 류병찬, 2017, 『지적사(제2전정판)』, 서울, 부연사, pp.155~156. 재인용.
[49] 국사편찬위원회, "주제로 본 한국사", (http://contents.history.go.kr/ 2023. 4. 30.) ; 국사편찬위원회, 우리역사넷 (http://contents.history. go.kr)『증보문헌비고』, 전부고 2, 조선, 중권, p.645. 재인용 / 2023. 5. 5.)

우리나라 지목 설정의 대원칙은 1907년 대구시가지 토지측량에 관한 타합사항 제정 당시부터 현재까지 지목법정주의(地目法定主義)를 채택하고 있기 때문에 지적공부에 등록하는 지목을 국가나 지적소관청에서 임의로 통·폐합하거나 신설할 수 없다.

우리나라를 비롯하여 독일·일본·대만 등에서 지목을 설정하여 지적공부에 등록·공시하고 있으나 일부 국가에서는 지목 대신에 토지의 용도지역 또는 용도지구·지질 등을 등록하여 공시하고 있다.50)

2004년 4월에 대법원은 "지목은 토지에 대한 공법상의 규제, 개발부담금의 부과대상, 지방세의 과세대상, 공시지가의 산정, 손실보상가액의 산정 등 토지행정의 기초로서 공법상의 법률관계에 영향을 미치고, 토지소유자는 지목을 토대로 토지의 사용·수익·처분에 일정한 제한을 받게 되는 점 등을 고려하면, 지목은 토지소유권을 제대로 행사하기 위한 전제요건으로써 토지소유자의 실체적 권리관계에 밀접하게 관련되어 있으므로 지적공부 소관청의 지목변경신청 반려행위는 국민의 권리관계에 영향을 미치는 것으로서 항고소송의 대상이 되는 행정처분에 해당한다고 할 것이다."라고 판결하여51) 지목법정주의(地目法定主義)의 원칙과 지목의 기능 및 중요성 등을 인정하고 있다.

4.2. 지목의 구분 연혁

지적제도를 창설하기 위한 준비단계 이후 현재까지 법령에 규정된 지목의 종류에 따라 지목의 구분 연혁을 나누면 다음과 같이 7단계로 구분할 수 있다.

4.2.1. 제1단계

대구시가지 토지측량에 관한 타합사항(1907. 5. 16.) 시달 이후부터 「토지조사법」 제정(1910. 8. 23. 법률 제7호) 시행 전까지(1907. 5. 16.~1910. 8. 22.)를 제1단계로 구분할 수 있다.

대구시가지 토지측량에 관한 타합사항 제3조에 "지목은 대·전·답·산림·원야·지소·잡지·사묘·사원·묘지·철도용지·공원·도로·구거·하천·제방·철도로 한다. 단, 관유지는 지목의 옆에 관유의 문자를 쓴다."라고 규정하여 총 17개의 지목으로 구분하였으며, 관유지는 지목 옆에 "관유(官有)"라는 문자를 쓰도록 규정하였다.

---

50) 류병찬, 2006, 앞의 책, p.221.
51) 대법원, 2004. 4. 22, 선고 2003두9015 전원합의체 판결.

이 당시의 지목은 총 17개의 지목으로 구분하여 이를 측량원도와 지적도에 등록 관리하였으나, 한성부(현 서울특별시)의 일부 지역을 제외하고 타 지역에서 이러한 지적도를 작성한 사실은 확인되지 않고 있다.

그동안 우리나라의 지목은 1910년에 제정한「토지조사법」이 지적법의 효시이자 제3조의 규정에 의한 지목 구분 방법이 근대적인 지목 분류 체계의 효시라고 알려져 왔다.

그러나 저자가 법제처 문서고에서「토지조사법」보다 3년 전에 시행한 '대구시가지 토지측량에 관한 타합사항(1907. 5. 16.)' 외 2건의 새로운 규정을 발견한 후 대구시가지 토지측량에 관한 타합사항 제3조에 우리나라 최초로 지목 분류에 관한 사항이 규정되어 있음을 확인하고, 이러한 사실을 저서에 소개하여[52] 세상에 알려지게 되었다.

대구시가지토지측량에 관한 타합사항에서 우리나라 최초로 '지목'이라는 용어를 사용하고 17개의 지목으로 구분하도록 규정하여, 그 후 이 규정은 우리나라「지적법」과 지목 분류 체계의 효시로 불리게 되었다.

4.2.2. 제2단계

「토지조사법」제정(1910. 8. 23. 법률 제7호) 시행 이후부터 토지조사령 제정(1912. 8. 13. 제령 제2호) 시행 전까지(1910. 8. 23.~1912. 8. 13.)를 제2단계로 구분할 수 있다.

「토지조사법」제3조에 "토지의 지목은 좌에 게기한 바에 의함. ① 전답·대·지소·임야·잡종지, ② 사사지·분묘지·공원지·철도용지·수도용지, ③ 도로·하천·구거·제방·성첩·철도선로·수도선로"라고 규정하여 1단계와 동일하게 총 17개의 지목으로 구분하도록 규정하였다.

이 당시의 지목은 첫째, "전"과 "답"을 "전답"으로, "산림"과 "원야"를 "임야"로, "사묘"와 "사원"을 "사사지"로 6개의 지목을 3개의 지목으로 각각 통합하였으며 둘째, "잡지"를 "잡종지"로 "묘지"를 "분묘지"로, "공원"을 "공원지"로, "철도"를 "철도선로"로 각각 명칭을 변경하였고 셋째, "수도용지·성첩·수도선로" 등 3개의 지목을 신설하였으나, 지목 수는 제1단계와 동일하게 총 17개 지목으로 구분하여 이를 지적공부에 등록 관리하였다.

4.2.3. 제3단계

토지조사령 제정(1912. 8. 13. 제령 제2호)시행 이후부터 지세령 개정(1918. 6. 18.

---

52) 류병찬, 2005,『지적법해설』, 서울, 건웅출판사, pp.156~157.

제령 제9호) 전까지(1912. 8. 13.~1918. 6. 30.)를 제3단계로 구분할 수 있다.

토지조사령 제2조에 "토지는 그 종류에 따라 지목을 정하고 지반을 측량하여 일구역마다 지번을 붙인다. 단 제3호에 게재하는 토지에 있어서는 지번을 붙이지 않을 수 있다. ① 전·답·대·지소·임야·잡종지, ② 사사지·분묘지·공원지·철도용지·수도용지, ③ 도로·하천·구거·제방·성첩·철도선로·수도선로"라고 규정하였다.

그리고 지세령 제1조에 "토지의 지목은 그 종류에 따라 아래와 같이 구별한다. ① 전·답·대·지소·잡종지, ② 임야·사사지·분묘지·공원지·철도용지·수도용지·도로·하천·구거·제방·성첩·철도선로·수도선로"라고 규정하였다.

제3단계의 지목은 토지조사령에서는 토지의 종류에 따라 제1종으로 "전·답·대·지소·임야·잡종지", 제2종으로 "사사지·분묘지·공원지·철도용지·수도용지", 제3종으로 "도로·하천·구거·제방·성첩·철도선로·수도선로" 등 18개의 지목으로 구분하도록 규정하였는데, 제1종의 지목은 그 토지에서 직접적인 수익이 있고 또한 당시 과세 중에 있거나 혹은 가까운 장래에 과세의 객체가 될 수 있는 토지이며, 제2종의 지목은 거의 전부가 공공용(公共用)에 속하고 또한 직접적인 수익이 없어 지세의 면제 대상 토지이며, 제3종의 지목은 사유를 인정하기 곤란한 토지로서 전연 과세의 객체가 되지 아니하는 토지로 구별하였다.[53]

이 당시의 지목은 지세령에서는 토지조사령과 동일하게 18개 지목으로 구분하였으나, 제1종과 제2종으로만 구분하였으며, 3단계의 지목은 "전답"을 "전"과 "답"으로 분리하여 제2단계의 17개 지목 보다 1개 지목이 늘어나 총 18개 지목으로 구분하여 이를 지적공부에 등록 관리하였다.

4.2.4. 제4단계

제1차 지세령 개정(1918. 6. 18. 제령 제9호) 시행 이후부터 조선지세령 제정(1943. 3. 31. 제령 제6호) 시행 전까지(1918. 7. 1.~1943. 3. 31.)를 제4단계로 구분할 수 있다.

지세령 제1조에 "구거"의 다음에 "유지"를 추가하여 19개 지목으로 구분하도록 개정하였다.

이 당시의 지목은 제3단계 18개 지목 보다 1개 지목이 늘어나 총 19개 지목으로 구분하여 이를 지적공부에 등록 관리하였다.

---

53) 내무부, 1966, 『한국지방행정사』, p.775.

4.2.5. 제5단계

조선지세령 제정(1943. 3. 31. 제령 제6호) 시행 이후부터 제2차 「지적법」 개정 법률 시행 전까지(1943. 4. 1.~1976. 5. 6.)를 제5단계로 구분할 수 있다.

조선지세령 제7조에 "지목은 토지의 종류에 따라 아래와 같이 구별하여 이를 정한다. ① 전·답·대·염전·광천지·지소·잡종지, ② 임야·사사지·분묘지·공원지·철도용지·수도용지·도로·하천·구거·유지·제방·성첩·철도선로·수도선로"라고 규정하여 염전과 광천지를 신설하였다.

그리고 「지적법」 제정 법률 제3조에 "지목은 토지의 종류에 따라 좌와 여히 구별하여 이를 정한다. ① 전·답·대·염전·광천지·지소·잡종지, ② 사사지·공원지·철도용지·수도용지, ③ 임야·분묘지·도로·하천·구거·유지·제방·성첩·철도선로·수도선로"라고 규정하여 조선지세령 제7조와 동일하게 21개의 지목으로 구분하도록 규정하였다.

이 당시의 지목은 제4단계의 19개 지목 중 잡종지에서 염전과 광천지로 분리하여 2개 지목이 늘어나 총 21개 지목으로 구분하여 이를 지적공부에 등록 관리하였다.

4.2.6. 제6단계

제2차 「지적법」 개정 법률 시행 이후부터 제10차 「지적법」 개정 법률 시행 전까지 (1976. 5. 7.~2002. 1. 26.)를 제6단계로 구분할 수 있다.

「지적법」 제5조에 "지목은 토지의 주된 사용목적에 따라 전·답·과수원·목장용지·임야·광천지·염전·대·공장용지·학교용지·도로·철도용지·하천·제방·구거·유지·수도용지·공원·운동장·유원지·종교용지·사적지·묘지·잡종지로 구분하여 정한다."라고 규정하였다.

따라서 제6단계의 지목은 첫째, "철도용지"와 "철도선로"를 "철도용지"로, "수도용지"와 "수도선로"를 "수도용지"로, "유지"와 "지소"를 "유지"로 각각 6개 지목을 3개 지목으로 통·폐합하였으며 둘째, "공원지"를 "공원"으로, "사사지"를 "종교용지"로, "성첩"을 "사적지"로, "분묘지"를 "묘지"로 4개 지목의 명칭을 변경하고 셋째, "과수원·목장용지·공장용지·학교용지·운동장·유원지"등 6개의 지목을 신설하고 넷째, 제5차 「지적법」 개정 법률에서 "운동장"을 "체육용지"로 지목 명칭을 변경하였다.

이 당시의 지목은 제5단계의 21개 지목에서 통·폐합과 신설로 3개 지목이 늘어나 총 24개 지목으로 구분하여 이를 지적공부에 등록 관리하였다.

4.2.7. 제7단계

제10차 「지적법」 개정 법률 시행 이후부터 현재까지(2002. 1. 27.~현재)를 제7단계로 구분할 수 있다.

「지적법」 제5조(지목의 종류)에 "지목은 전·답·과수원·목장용지·임야·광천지·염전·대(垈)·공장용지·학교용지·주차장·주유소용지·창고용지·도로·철도용지·제방·하천·구거(溝渠)·유지(溜池)·양어장·수도용지·공원·체육용지·유원지·종교용지·사적지·묘지·잡종지로 구분하여 정한다."라고 규정하였다.

이 당시의 지목은 제6단계의 24개 지목에 "주차장·주유소용지·창고용지·양어장"을 신설하여 4개 지목이 늘어나 총 28개 지목으로 구분하여 이를 지적공부에 등록 관리하고 있으며, 2009년에 「측수지법」을 제정하면서 법 제67조(지목의 종류)에 「지적법」 제5조에서 규정한 지목과 동일하게 총 28개 지목으로 구분하도록 규정하였으며, 「공간정보관리법」에서도 동일하게 규정하였다.

따라서 지목은 토지의 이용이 다양화됨에 따라 1907년 제1단계의 17개 지목에서 현행 제7단계의 28개 지목으로 그 수가 점차 증가되었음을 확인할 수 있다.

위에서 서술한 대한제국 시대부터 조선총독부를 거쳐 오늘에 이르기까지 지목 구분에 관한 변천 연혁을 요약하면 <표 3-22>와 같다.

<표 3-22> 지목 구분의 변천 연혁

구분	1단계	2단계	3단계	4단계	5단계	6단계	7단계
근거 법령	○대구시가지 토지측량에 관한 타합사항 (제3조)	○토지조사법 (제3조)	○토지조사령 (제2조) ○지세령 (제1조)	○제1차 지세령 개정 (제1조)	○조선지세령 (제7조) ○지적법 제정 법률 (제3조)	○제2차 지적법 개정 법률 (제5조)	○제10차 지적법 개정 법률(제5조) ○「공간정보관리법」 (제67조)
시행 기간	○1907. 5. 16. ~1910. 8. 22.	○1910. 8. 23. ~1912. 8. 12.	○1912. 8. 13. ~1918. 6.. 30.	○1918. 7. 1. ~1943. 3. 31.	○1943. 4. 1. ~1976. 5. 6.	○1976. 5. 7. ~2002. 1. 26.	○2002. 1. 27. ~현재
지목 의 수	○17개 지목	○17개 지목	○18개 지목	○19개 지목	○21개 지목	○24개 지목	○28개 지목
지목 명칭	① 대 ② 전 ③ 답 ④ 산림 ⑤ 원야 ⑥ 지소 ⑦ 잡지 ⑧ 사묘	① 전답 ② 대 ③ 지소 ④ 임야 ⑤ 잡종지 ⑥ 사사지 ⑦ 분묘지 ⑧ 공원지	① 전 ② 답 ③ 대 ④ 지소 ⑤ 임야 ⑥ 잡종지 ⑦ 사사지 ⑧ 분묘지	① 전 ② 답 ③ 대 ④ 지소 ⑤ 임야 ⑥ 잡종지 ⑦ 사사지 ⑧ 분묘지	① 전 ② 답 ③ 대 ④ 염전 ⑤ 광천지 ⑥ 지소 ⑦ 잡종지 ⑧ 사사지	① 전 ② 답 ③ 과수원 ④ 목장용지 ⑤ 임야 ⑥ 광천지 ⑦ 염전 ⑧ 대	① 전 ② 답 ③ 과수원 ④ 목장용지 ⑤ 임야 ⑥ 광천지 ⑦ 염전 ⑧ 대

	(1)	(2)	(3)	(4)	(5)	(6)	(7)
	⑨사원 ⑩묘지 ⑪철도용지 ⑫공원 ⑬도로 ⑭구거 ⑮하천 ⑯제방 ⑰철도	⑨철도용지 ⑩수도용지 ⑪도로 ⑫하천 ⑬구거 ⑭제방 ⑮성첩 ⑯철도선로 ⑰수도선로	⑨공원지 ⑩철도용지 ⑪수도용지 ⑫도로 ⑬하천 ⑭구거 ⑮제방 ⑯성첩 ⑰철도선로 ⑱수도선로	⑨공원지 ⑩철도용지 ⑪수도용지 ⑫도로 ⑬하천 ⑭구거 ⑮제방 ⑯성첩 ⑰철도선로 ⑱수도선로 ⑲유지	⑨공원지 ⑩철도용지 ⑪수도용지 ⑫임야 ⑬분묘지 ⑭도로 ⑮하천 ⑯구거 ⑰유지 ⑱제방 ⑲성첩 ⑳철도선로 ㉑수도선로	⑨공장용지 ⑩학교용지 ⑪도로 ⑫철도용지 ⑬하천 ⑭제방 ⑮구거 ⑯유지 ⑰수도용지 ⑱공원 ⑲운동장 ⑳유원지 ㉑종교용지 ㉒사적지 ㉓묘지 ㉔잡종지	⑨공장용지 ⑩학교용지 ⑪주차장 ⑫주유소용지 ⑬창고용지 ⑭도로 ⑮철도용지 ⑯제방 ⑰하천 ⑱구거 ⑲유지 ⑳양어장 ㉑수도용지 ㉒공원 ㉓체육용지 ㉔유원지 ㉕종교용지 ㉖사적지 ㉗묘지 ㉘잡종지
신설 지목		(3개 지목) ○수도용지 ○성첩 ○수도선로		(1개 지목) ○유지	(2개 지목) ○염전 ○광천지	(6개 지목) ○과수원 ○목장용지 ○공장용지 ○학교용지 ○운동장 ○유원지	(4개 지목) ○주차장 ○주유소 용지 ○창고용지 ○양어장
통·폐 합 지목		(6개 지목 →3개지목) ○전+답→ 전답 ○산림+원야 →임야 ○사묘+사원 →사사지	(2개 지목) ○전답→ 전과 답으 로 분리			(6개 지목 →3개 지목) ○철도용지+ 철도선로→ 철도용지 ○수도용지+ 수도선로→ 수도용지 ○유지+지소 →유지	
명칭 변경 지목		(4개 지목) ○잡지→ 잡종지 ○묘지→ 분묘지 ○공원→ 공원지 ○철도→ 철도선로				(4개 지목) ○공원지→ 공원 ○사사지→ 종교용지 ○성첩→ 사적지 ○분묘지→ 묘지	(1개 지목) ○운동장→ 체육용지

주 : 제7단계의 지목 중 '체육용지'는 제5차 지적법 개정(시행 1992. 1. 1. 법률 제4405호, 1991. 11. 30. 일부개정) 당시에 '운동장'에서 명칭이 개정된 것임.
출처 : 대구시가지 토지측량에 관한 타합사항, 「토지조사법」, 토지조사령, 지세령, 「지적법」, 「공간정보관리법」 등 참고 작성.

4.3. 지목의 설정 방법

지목의 설정 방법은 원칙적으로 지목법정주의(地目法定主義)의 원칙에 따라 1필지마다 하나의 지목을 설정하여야 한다.

지목법정주의(地目法定主義)란 지목의 종류와 구분 방법 등은 '지적에 관한 법'에서 정한 규정에 따라 1필지마다 하나의 지목을 설정하여야 하는 1필1목의 원칙(영 제59조제1항제1호)을 비롯하여 1필지가 둘 이상의 용도로 활용되는 경우에는 주된 용도에 따라 지목을 설정하여야 하는 주지목추종의 원칙(영 제59조제1항제2호), 토지가 일시적 또는 임시적인 용도로 사용될 때에는 지목을 변경하지 아니하는 일시변경불변의 원칙(영 제59조제2항)과 등록선후의 원칙, 용도경중의 원칙 및 사용목적 추종의 원칙 등을 적용하여 1필지마다 하나의 지목을 설정하여 지적공부에 등록·공시하여야 한다는 원칙을 말한다.54)

따라서 국가나 지적소관청 또는 토지소유자가 자유로이 지목을 통·폐합하거나 신설 또는 변경할 수 없다. 다시 말하면 지목법정주의는 「공간정보관리법」에서 정한 지목의 종류와 구분방법 등에 따라 필지 단위로 하나의 지목을 조사·측량하여 지적공부에 등록·공시하여야 한다는 원칙으로 지적공부에 등록하는 지목은 ① 국가 또는 지적소관청이 자유로이 통합·폐합하거나 신설 또는 변경할 수 없으며, ② 토지소유자의 신청에 따라 임의의 지목으로 변경하거나 또는 설정을 할 수 없고, ③ 토지의 효율적인 이용규제와 합리적인 보존·관리를 위하여 「국토의 계획 및 이용에 관한 법률」·「농지법」·「산림법」 등 관계 법령의 지목변경에 관한 규제사항에 저촉되지 아니하도록 합목적적(合目的的)으로 지목을 설정하거나 변경을 하여야 한다.

4.4. 지목의 구분

현행 「공간정보관리법」에 의한 지목(地目)은 전·답·과수원·목장용지·임야·광천지·염전·대(垈)·공장용지·학교용지·주차장·주유소용지·창고용지·도로·철도용지·제방·하천·구거(溝渠)·유지(溜池)·양어장·수도용지·공원·체육용지·유원지·종교용지·사적지·묘지·잡종지의 28개 지목으로 구분하여 정하도록 규정하고 있으며,(법 제67조제1항) 지목별 구분 방법은 다음과 같다.

---

54) 류병찬, 2006, 앞의 책, pp.227~230.

4.4.1. 전

전<田, Dry Paddy Field 또는 Barley Field>이란 물을 상시적으로 이용하지 않고 곡물·원예작물<과수류를 제외한다.>·약초·뽕나무·닥나무·묘목·관상수 등의 식물을 주로 재배하는 토지와 식용(食用)으로 죽순을 재배하는 토지라고 규정하고 있다.(영 제58조제1호)

'전'이라는 지목은 대구시가지 토지측량에 관한 타합사항에서 '답'과 구분하여 지목을 설정하도록 최초로 규정하였으나, 「토지조사법」에서 '전'과 '답'을 구분하지 않고 '전답'이라는 하나의 지목으로 설정하도록 규정하였고, 토지조사령에서 '답'과 구분하여 설정하도록 규정하여 오늘에 이르고 있다.

전은 양수(揚水)를 직접 이용하지 않고 과수류를 제외한 식물을 재배하는 토지는 모두 전에 해당한다. 따라서 물을 직접 이용하지 아니하고 죽순(竹筍)이나 육도(陸稻)를 재배하는 토지의 지목은 답으로 설정하지 아니하고 전으로 설정하여야 하며, 전은 식물을 재배하기 위하여 물을 가두어 놓을 필요가 없기 때문에 대부분 지표면이 경사가 지거나 불규칙한 경우가 많은 것이 특징이다.

전에서 재배하는 식물의 종류는 ① 보리·밀·귀리·조·옥수수·육도 등의 곡식류(穀食類), ② 배추·무우·호박·가지·감자·토마토·수박·당근·파·마늘·고추·우엉·생강 등의 소채류(蔬菜類), ③ 인삼·도라지·당귀·지황(地黃) 등의 약초류(藥草類), ④ 목화·담배·사탕무우·대마·뽕나무·닥나무 등의 공예작물류(工藝作物類), ⑤ 죽순·묘목·딸기·파인애플 등의 특수작물류(特殊作物類) 등으로 구분할 수 있다.[55]

농지란 「농지법」 제2조제1호 가목에 "전·답, 과수원, 그 밖에 법적 지목(地目)을 불문하고 실제로 농작물 경작지 또는 대통령령으로 정하는 다년생식물 재배지로 이용되는 토지. 다만, 「초지법」에 따라 조성된 초지 등 대통령령으로 정하는 토지는 제외한다."라고 규정되어 있으며, 제2조제1호 나목에 "가목의 토지의 개량시설과 가목의 토지에 설치하는 농축산물 생산시설로서 대통령령으로 정하는 시설의 부지"로 규정되어 있다.

그리고 「농지법」 제41조(농지의 지목변경 제한)에 다음 각 호의 어느 하나에 해당하는 경우 외에는 농지를 전·답·과수원 외의 지목으로 변경하지 못하도록 규정되어 있다.
1) 제34조제1항에 따라 농지전용허가(다른 법률에 따라 농지전용허가가 의제되는 협의를 포함한다.)를 받거나 같은 조 제2항에 따라 농지를 전용한 경우
2) 제34조제1항제4호에 규정된 목적으로 농지를 전용한 경우

---

[55] 원영희, 1979, 앞의 책, p.170.

3) 제35조 또는 제43조에 따라 농지전용신고를 하고 농지를 전용한 경우
4) 「농어촌정비법」 제2조제5호 가목 또는 나목에 따른 농어촌용수의 개발사업이나 농업생산기반 개량사업의 시행으로 이 법 제2조제1호 나목에 따른 토지의 개량 시설의 부지로 변경되는 경우
5) 시장·군수 또는 자치구 구청장이 천재지변이나 그 밖의 불가항력의 사유로 그 농지의 형질이 현저히 달라져 원상회복이 거의 불가능하다고 인정하는 경우

따라서 「농지법」·「초지법」·「농어촌정비법」 등에 저촉되지 않도록 전의 지목 설정 또는 변경에 참고하여야 한다.

4.4.2. 답

답<畓, Rice Paddy Field 또는 Rice Field>이란 물을 상시적으로 직접 이용하여 벼·연(蓮)·미나리·왕골 등의 식물을 주로 재배하는 토지라고 규정하고 있다.(영 제58조제2호)

'답'이라는 지목은 대구시가지 토지측량에 관한 타합사항에서 '전'과 구분하여 지목을 설정하도록 최초로 규정하였으나, 「토지조사법」에서 '전'과 '답'을 구분하지 않고 '전답'이라는 하나의 지목으로 설정하도록 규정하였고, 토지조사령에서 '전'과 구분하여 지목을 설정하도록 규정하여 오늘에 이르고 있다.

답은 식물을 재배하기 위하여 물을 가두어 놓아야 하기 때문에 대부분 지표면이 수평을 이루고 있는 것이 특징이나, 연·왕골 등을 재배하지 아니하고 자생하는 배수가 잘되지 아니하는 토지의 지목은 답으로 설정하지 아니하고 유지로 설정하여야 한다.

그리고 농작물을 재배하기 위하여 설치한 유리온실·고정식 비닐하우스·고정식 온상·버섯 재배사·망실 등 시설물 부지의 지목은 농지로 보아 전 또는 답으로 설정하여야 하며 잡종지나 다른 지목으로 변경할 수 없기 때문에 답의 지목 설정 또는 변경에 참고하여야 한다.

4.4.3. 과수원

과수원<果樹園, Orchard>이란 사과·배·밤·호도·귤나무 등 과수류를 집단적으로 재배하는 토지와 이에 접속된 저장고 등 부속시설물의 부지를 말하나, 과수원 내에 있는 주거용 건축물의 부지는 '대'로 설정하도록 규정하고 있다.(영 제58조제3호)

'과수원'이라는 지목은 제2차 「지적법」 개정 법률에서 '전'에서 분리되어 신설된 지목

으로 규정하여 오늘에 이르고 있다.
 과수원은 주로 사과·배·밤·호도·귤·복숭아·포도 등의 과수류를 집단적으로 재배하는 토지를 뜻한다.
 그러나 저장고 등 부속시설물의 부지 면적이 100제곱미터를 초과하거나 과수원 전체 면적의 10%를 초과하는 경우에는 양입지의 제외 원칙에 따라 별도의 필지로 획정한 후 지목을 설정하여야 한다.
 과수원에서 재배하는 과수류의 종류는 ① 배·사과·능금 등의 이과(梨果), ② 포도·귤·감 등의 장과(漿果), ③ 복숭아·살구·매실·앵두 등의 핵과(核果), ④ 솔·잣 등의 구과(毬果), ⑤ 밤·도토리 등의 견과(堅果) 등이 있어[56] 과수원의 지목 설정 또는 변경에 참고하여야 한다.

4.4.4. 목장용지

 목장용지<牧場用地, Pasture>란 축산업 및 낙농업을 하기 위하여 초지를 조성한 토지, 「축산법」 제2조제1호에 따른 가축을 사육하는 축사 등의 부지 또는 위 토지와 접속된 부속시설물의 부지라고 규정하고 있다.(영 제58조제4호)
 '목장용지'라는 지목은 제2차 「지적법」 개정 법률에서 '잡종지'에서 분리되어 신설된 지목으로 규정하여 오늘에 이르고 있다.
 「축산법」 제2조제1호에 가축이란 사육하는 소·말·면양·염소[유산양(乳山羊: 젖을 생산하기 위해 사육하는 염소)]·돼지·사슴·닭·오리·거위·칠면조·메추리·타조·꿩, 그 밖에 대통령령이 정하는 동물 등을 말하는 것으로 규정하고 있다.
 일반적으로 목장은 ① 초지, ② 축사·사료창고·사료조제실·가공실·퇴비사·농기구사 등의 건물, ③ 울타리 등의 설비를 갖추고 있다.
 그러나 목장용지 내에 있는 주거용 건축물의 부지는 대로 설정하여야 하며, 농가주택이 건립된 부지 내에 농가 소득증대의 일환으로 건축한 소규모의 계사·돈사·우사 등 축사의 부지는 농가의 부속시설물로 보아 이를 별개의 필지로 분할하여 목장용지로 지목변경을 할 수 없다.
 「초지법」 제5조에 초지조성을 하고자 하는 자는 시장·군수에게 초지조성허가신청을 하도록 규정되어 있으며, 같은 법 제23조에 「초지법」에 따라 조성된 초지를 전용하고자 하는 경우에는 시장·군수의 허가를 받도록 규정하고 있어 목장용지의 지목 설정 또는 변

---

[56] 원영희, 1979, 앞의 책, p.174.

경에 참고하여야 한다.

4.4.5. 임야

임야<林野, Forestry>란 산림 및 원야(原野)를 이루고 있는 수림지(樹林地)·죽림지·암석지·자갈땅·모래땅·습지·황무지 등의 토지라고 규정하고 있다.(영 제58조제5호)

'임야'라는 지목은 대구시가지 토지측량에 관한 타합사항에는 '산림'과 '원야'로 구분하여 설정하도록 규정하였으나, 「토지조사법」에서 이를 합하여 '임야'로 설정하도록 규정하여 오늘에 이르고 있다.

따라서 임야는 토지조사사업 당시부터 설정된 지목으로 수림지는 침엽수나 활엽수 등이 성장하여 일단을 이루고 있는 지역을 말하며, 죽림지는 대가 숲을 이루어 자라고 있는 대숲을 말하고, 암석지는 화성암·퇴적암·변성암 등이 있는 지반을 말한다.

그리고 자갈땅은 자갈이 많이 깔려 있는 자갈밭을 말하며, 모래땅은 순수한 모래가 널려있는 모래밭을 말하고 습지는 물기가 있어서 항상 축축한 토지를 말하며, 황무지는 사람의 손이 가지 아니하여 거칠어진 땅을 말한다.57)

일반적으로 습지와 황무지 등은 잡종지로 지목을 설정하는 것으로 인식하고 있으나 위와 같은 부류에 속하는 토지는 일괄하여 임야로 지목을 설정하여야 한다.

2001년 「지적법」 제10차 개정 법률 시행 전에는 조수가 드나드는 갯벌인 간석지도 임야로 지목을 설정하도록 규정되어 있었으나, 간석지는 지적공부의 등록대상 토지가 될 수 없기 때문에 임야의 범위에서 삭제하였다.

「산림법」 제3조에 산림의 종류는 소유자에 따라 국유림·공유림·사유림으로 구분하고, 같은 법 제16조에 산림은 이용목적에 따라 보전임지·준보전임지로 구분하며, 같은 법 제20조에 보전임지는 전용허가 등을 얻어 전용하는 경우를 제외하고는 지목을 변경하지 못하도록 규정되어 있었다.

그러나 2005년에 산림법[시행 2006. 8. 5.] [법률 제7678호, 2005. 8. 4., 타법폐지]을 폐지하고 산림자원의 조성 및 관리에 관한 법률[시행 2006. 8. 5.] [법률 제7678호, 2005. 8. 4., 제정]을 제정하고 제2조제1호에 산림이라 함은 ① 집단적으로 생육하고 있는 입목(立木)·죽(竹)과 그 토지, ② 집단적으로 생육하고 있던 입목·죽이 일시적으로 상실된 토지, ③ 입목·죽의 집단적 생육에 사용하게 된 토지, ④ 산림의 경영 및 관리를 위하여 설치한 도로, ⑤ 1호 내지 3호의 토지 안에 있는 암석지(巖石地)·소택지(沼澤

---
57) 원영희, 1979, 앞의 책, pp.182~198.

地)의 어느 하나에 해당하는 것을 말하며, 농지·초지·주택지·도로 그 밖에 대통령령이 정하는 토지에 있는 입목·죽과 그 토지를 제외하도록 규정하고, 산림은 그 소유자에 따라 국유림·공유림·사유림으로 구분하며,(제4조) 보안림(保安林), 산림유전자원보호림, 특별산림보호구역, 산림정화보호구역 등으로 지정할 수 있도록 규정하고 있어(제43조, 제47조 내지 제49조) 임야의 지목 설정 또는 변경에 참고하여야 한다.

4.4.6. 광천지

광천지<鑛泉地, Mineral Spring Site>란 지하에서 온수·약수·석유류 등이 용출되는 용출구(湧出口)와 그 유지(維持)에 사용되는 부지를 말하나, 온수·약수·석유류 등을 일정한 장소로 운송하는 송수관·송유관 및 저장시설의 부지는 제외하도록 규정하고 있다.(영 제58조제6호)

'광천지'라는 지목은 조선지세령에서 '잡종지'에서 분리되어 신설된 지목으로, 제2차 「지적법」 개정 법률에서 광천지에 석유류를 추가하여 오늘에 이르고 있다.

광천(鑛泉)은 광수(鑛水)라고도 하는데 광물성 물질·가스·방사능 물질 등을 비교적 많이 함유하고 있는 물로써 치료의 목적으로 쓰이거나 음료로 쓰이는 온천과 냉천이 있으며, 그 함유하는 화학적 성분에 따라 단순온천(單純溫泉)·탄산천(炭酸泉)·중탄산토류천(重炭酸土類泉)·중조천(重曹泉)·황산염천(黃酸鹽泉)·철천(鐵泉)·명반천(明礬泉)·산성천(酸性泉)·유황천(硫黃泉)·방사능천(放射能泉) 등으로 구분한다.[58]

「온천법」 제2조에 온천이란 지하로부터 솟아나는 섭씨 25도 이상의 온수로서 그 성분이 대통령령으로 정하는 기준을 모두 갖춘 경우로서 음용 또는 목욕용으로 사용되어도 인체에 해롭지 아니한 것을 말하며, 온천수를 솟아나게 할 목적으로 토지를 굴착하려는 자 또는 온천의 채수(採水)를 위하여 동력장치를 설치하려는 자는 시장·군수의 허가를 얻도록 규정되어 있어(제12조, 제14조) 광천지의 지목 설정 또는 변경에 참고하여야 한다.

4.4.7. 염전

염전<鹽田, Saltern>이란 바닷물을 끌어 들여 소금을 채취하기 위하여 조성된 토지와 이에 접속된 제염장(製鹽場) 등 부속시설물의 부지를 말하나, 천일제염(天日製鹽)방식으로 하지 아니하고 동력으로 바닷물을 끌어들여 소금을 제조하는 공장시설물의 부지는 제

---

58) 원영희, 1979, 앞의 책, p.200.

외하도록 규정하고 있다.(영 제58조제7호)

'염전'이란 지목은 조선지세령에서 신설된 지목으로 규정하여 오늘에 이르고 있다.

염전은 일반적으로 ① 제방, ② 염전내부, ③ 염유지(鹽溜池), ④ 염퇴장(鹽堆場) 등으로 구성되어 있으며, 염전내부는 증발지(蒸發池)·결정지(結晶池)·수로(水路)·용수로(用水路)·역수로(逆水路)·배수로(排水路)·도수로(導水路)·함수류(鹹水溜) 등으로 구분할 수 있다.59)

소금산업 진흥법[시행 2024. 5. 1.] [법률 제19807호, 2023. 10. 31., 타법개정] 제2조제3호에 염전이란 소금을 생산·제조하기 위하여 바닷물을 저장하는 저수지, 바닷물을 농축하는 자연증발지, 소금을 결정시키는 결정지 등을 지닌 지면을 말하며, 해주·소금창고 등 해양수산부령으로 정하는 시설을 포함하도록 규정하고 있다.

그리고 같은 법 제23조에 ① 염전을 개발하는 자, ② 염전에서의 천일염이나 그 밖에 대통령령으로 정하는 소금의 생산·제조를 업으로 하는 자, ③ 천일식 제조 소금의 제조를 업으로 하는 자는 시·도지사의 허가를 받아야 하며, 허가받은 사항 중 해양수산부령으로 정하는 중요한 사항을 변경하려는 경우에도 시·도지사의 허가를 받도록 규정되어 있어 염전의 지목 설정 또는 변경에 참고하여야 한다.

4.4.8. 대

대<垈, Housing Site 또는 Building Site>란 영구적 건축물 중 주거·사무실·상가와 박물관·극장·미술관 등 문화시설 및 이에 접속된 정원과 부속시설물의 부지 또는 「국토의 계획 및 이용에 관한 법률」 등 관계 법령에 따른 택지조성공사가 준공된 토지라고 규정하고 있다.(영 제58조제8호)

'대'라는 지목은 대구시가지 토지측량에 관한 타합사항에서 최초로 규정하여 오늘에 이르고 있다.

따라서 '대'라는 지목은 토지조사사업 당시부터 설정된 지목으로, 건축물이 있는 부지 중 주거용·사무실·점포 등의 부지와 박물관·극장·미술관 등 문화시설의 부지 등은 대로 설정하여야 하고 기타 건축물이 있는 부지는 건축물의 주된 용도에 따라 지목을 설정하여야 한다.

건축물이란 목재·석재·벽돌·세면불럭·철근콘크리트 및 이와 유사한 재료로 지은 것을 말하며, 건축물의 부속시설물은 물건장(物乾場)·물치장(物置場)·공작장(工作場)·도

---

59) 원영희, 1979, 앞의 책, p.207.

급장(稻扱場) 등이 있으나 이러한 부속 시설물이 본지(本地)와 떨어져서 독립적으로 설치되어 있다면 현지의 상황과 용도에 따라서 잡종지 등으로 지목을 설정하여야 한다.60)

건축법[시행 2024. 6. 27.] [법률 제20424호, 2024. 3. 26., 일부개정] 제2조제1항제2호에 건축물이란 토지에 정착(定着)하는 공작물 중 지붕과 기둥 또는 벽이 있는 것과 이에 딸린 시설물, 지하나 고가(高架)의 공작물에 설치하는 사무소·공연장·점포·차고·창고, 그 밖에 대통령령으로 정하는 것을 말하는 것으로 규정하고 있다.

건축물의 용도는 건축물의 종류를 유사한 구조·규모·기능·형태 및 이용목적에 따라 구분한 것을 말하는데,「건축법」제2조제2항에 단독주택·공동주택·제1종 근린생활시설·제2종 근린생활시설·문화 및 집회시설·종교시설·판매시설·운수시설·의료시설·교육연구시설·노유자(老幼者)시설,·수련시설·운동시설·업무시설·숙박시설 등 다양하게 규정되어 있어 대의 지목 설정 또는 변경에 참고하여야 한다.

4.4.9. 공장용지

공장용지<工場用地, Factory Site>란 제조업을 하고 있는 공장시설물의 부지와 「산업집적활성화 및 공장설립에 관한 법률」(이하 "산업집적법"이라 한다.) 등 관계 법령에 따른 공장부지 조성공사가 준공된 토지 또는 위 토지와 같은 구역에 있는 의료시설 등 부속시설물의 부지라고 규정하고 있어,(영 제58조제9호) 동일한 구역에 있는 의료시설 및 기타 부속 시설물 부지의 지목은 공장용지로 설정하여야 한다.

'공장용지'라는 지목은 제2차「지적법」개정 법률에서 '대'에서 분리되어 신설된 지목으로 규정하여 오늘에 이르고 있다.

「산업집적법」제2조제1호에 공장이란 건축물 또는 공작물, 물품제조 공정을 형성하는 기계·장치 등 제조시설과 그 부대시설을 갖추고 대통령령으로 정하는 제조업을 하기 위한 사업장으로서 대통령령으로 정하는 것이라고 규정하고 있다.

공장은 도시계획구역내의 공장과 도시계획구역 외의 공장으로 구분할 수 있으며, 일반적으로 사무실·작업장·경비실·창고·전기·가스 시설 등이 있으며, 부속시설물로서는 전용의 식당·병원·운동장·교육장 등이 있다.61)

공장용지는 도시계획구역 내에서는 공업지역에서만 공장용지로 지목을 설정할 수 있기 때문에 주거지역 또는 녹지지역 등에 공장용 건축허가를 받아 사용승인서가 교부된 공장시설이 있는 경우에는 이를 공장용지로 지목변경을 할 수 없어 지목 설정의 일반원

---

60) 원영희, 1979, 앞의 책, pp.207~208.
61) 원영희, 1979, 위의 책, p.210.

칙에 반할 뿐만 아니라 민원이 야기되었다.

따라서 지적법 시행령[시행 1994. 12. 23.] [대통령령 제14447호, 1994. 12. 23., 타법개정]을 개정하여 도시계획구역의 공업지역 안에서 제조업을 목적으로 하는 공장시설 또는 도시계획구역 밖에서 일정규모 이상의 제조업을 목적으로 하는 공장시설의 부지 및 이에 접속된 부속시설의 부지는 공장용지로 설정하도록 개선하여(제6조제9호) 공장용지의 지목 설정 또는 변경에 참고하여야 한다.

4.4.10. 학교용지

학교용지<學校用地, School Site>란 학교의 교사와 이에 접속된 체육장 등 부속시설물의 부지라고 규정하고 있다.(영 제58조제10호)

'학교용지'라는 지목은 제2차 「지적법」 개정 법률에서 '대'에서 분리되어 신설된 지목으로 규정하여 오늘에 이르고 있다.

「초·중등교육법」 제2조에 학교의 종류는 초등학교·중학교·고등공민학교·고등학교·고등기술학교·특수학교와 기타 이와 유사한 각종학교로 규정되어 있으며, 「고등교육법」 제2조에 학교의 종류는 대학·산업대학·교육대학·전문대학·방송대학·통신대학·방송통신대학·사이버대학·기술대학 및 기타 이와 유사한 각종학교로 구분하도록 규정되어 있다.

그리고 「학원의 설립·운영 및 과외교습에 관한 법률」에 의거 설립한 사인(私人)이 대통령령으로 정하는 수 이상의 학습자 또는 불특정다수의 학습자에게 30일 이상의 교습과정에 따라 지식·기술·예능을 교습하거나 30일 이상 학습장소로 제공되는 시설(제2조제1호) 등 학원의 부지와 학교시설구역으로부터 떨어진 실습지·기숙사·사택 등의 부지 및 교육용에 직접 이용되지 않고 주변정화와 자연경관을 보존하기 위한 임야는 학교용지로 설정할 수 없기 때문에 학교용지의 지목 설정 또는 변경에 참고하여야 한다.

4.4.11. 주차장

주차장<駐車場, Parking Lot>이란 자동차 등의 주차에 필요한 독립적인 시설을 갖춘 부지와 주차전용 건축물 및 이에 접속된 부속시설물의 부지를 말하나, 「주차장법」 제2조제1호가목 및 다목에 따른 노상주차장 및 부설주차장과 자동차 등의 판매목적으로 설치된 물류장 및 야외전시장은 제외하도록 규정하고 있다.(영 제58조제11호)

'주차장'이란 지목은 제10차 「지적법」 개정 법률에서 '잡종지'에서 분리되어 신설된 지목으로 규정하여 오늘에 이르고 있다.

「주차장법」 제2조제1호에 주차장의 종류는 노상주차장·노외주차장·부설주차장으로 구분하도록 규정되어 있으나, 2004년에 지적법 시행령 제5조제11호를 개정하여 부설주차장에「주차장법」제19조제4항의 규정에 의하여 시설물의 부지 인근에 설치된 부설주차장을 제외하도록 개선하였다.

그리고 도시·군계획시설의 결정·구조 및 설치기준에 관한 규칙[시행 2023. 12. 22.][국토교통부령 제1288호, 2023. 12. 22., 일부개정] 제31조에 자동차 정류장의 종류는 여객자동차터미널과·물류터미널·공영차고지·공동차고지 등으로 구분하도록 규정되어 있어 주차장의 지목 설정 또는 변경에 참고하여야 한다.

4.4.12. 주유소용지

주유소용지<注油所用地, Gas Station Site>란 석유·석유제품 또는 액화석유가스 등의 판매를 위하여 일정한 설비를 갖춘 시설물의 부지와 저유소 및 원유저장소의 부지와 이에 접속된 부속시설물의 부지를 말하나, 자동차·선박·기차 등의 제작 또는 정비공장 안에 설치된 급유·송유시설 등의 부지는 제외하도록 규정하고 있다.(영 제58조제12호)

'주유소용지'라는 지목은 제10차「지적법」개정 법률에서 '잡종지'에서 분리되어 신설된 지목으로 규정하여 오늘에 이르고 있다.

「석유 및 석유대체연료 사업법」제2조제1호에 석유라 함은 원유·천연가스(액화한 것을 포함한다.) 및 석유제품을 말하며, 석유제품이란 휘발유·등유·경유·중유·윤활유와 이에 준하는 탄화수소유 및 석유가스(액화한 것을 포함한다.)를 포함하고, 같은 법 제10조에 석유판매업을 하고자 하는 자는 시·도지사에게 등록하거나 신고하도록 규정되어 있어 주유소용지의 지목 설정 또는 변경에 참고하여야 한다.

4.4.13. 창고용지

창고용지<倉庫用地, Warehouse Site>란 물건 등을 보관하거나 저장하기 위하여 독립적으로 설치된 보관시설물의 부지와 이에 접속된 부속시설물의 부지라고 규정하고 있다.(영 제58조제13호)

'창고용지'라는 지목은 제10차「지적법」개정 법률에서 '잡종지'에서 분리되어 신설된 지목으로 규정하여 오늘에 이르고 있다.

물류시설의 개발 및 운영에 관한 법률[시행 2025. 1. 31.] [법률 제20760호, 2025. 1. 31., 일부개정] 제2조제5의2호에 물류창고란 화물의 저장·관리, 집화·배송 및 수급조정 등을 위한 보관시설(주문 수요를 예측하여 소형·경량 위주의 화물을 미리 보관하고 소비자의 주문에 대응하여 즉시 배송하기 위한 주문배송시설을 포함한다.)·보관장소 또는 이와 관련된 하역·분류·포장·상표부착 등에 필요한 기능을 갖춘 시설을 포함하도록 규정되어 있어 창고용지의 지목 설정 또는 변경에 참고하여야 한다.

4.4.14. 도로

도로<道路, Road>란 일반 공중(公衆)의 교통운수를 위하여 보행이나 차량운행에 필요한 일정한 설비 또는 형태를 갖추어 이용되는 토지, 「도로법」 등 관계 법령에 의하여 도로로 개설된 토지, 고속도로의 휴게소 부지 또는 2필지 이상에 진입하는 통로로 이용되는 토지를 말하나, 아파트·공장 등 단일용도의 일정한 단지 안에 설치된 통로 등은 제외하도록 규정하고 있다.(영 제58조제14호)

'도로'라는 지목은 대구시가지 토지측량에 관한 타합사항에서 최초로 규정하여 오늘에 이르고 있다.

따라서 '도로'는 토지조사사업 당시부터 설정된 지목으로써, 「도로법」의 적용을 받는 도로는 물론이고 「사도법」의 적용을 받는 사도(私道)와 일반적으로 길이라고 하는 모든 토지 및 2필지 이상의 대에 진입하는 통로는 도로로 지목을 설정하여야 하며, 도로는 용이하게 개설하거나 폐쇄하지 못하는 특성이 있다.

「도로법」 제2조제1호에 도로란 차도, 보도(步道), 자전거도로, 측도(側道), 터널, 교량, 육교 등 대통령령으로 정하는 시설로 구성된 것으로서 제10조에 열거된 것을 말하며, 도로의 부속물을 포함 하도록 규정하고 있으며, 제10조(도로의 종류와 등급)에 도로의 종류는 "고속국도·일반국도·특별시도·광역시도·지방도·시도(市道)·군도(郡道)·구도(區道)" 등으로 구분하도록 규정되어 있다.

그리고 도시·군계획시설의 결정·구조 및 설치기준에 관한 규칙[시행 2023. 12. 22.] [국토교통부령 제1288호, 2023. 12. 22., 일부개정] 제9조제1호에 도로의 사용 및 형태별로 일반도로·자동차전용도로·보행자전용도로·자전거전용도로·고가도로·지하도로 등으로 구분하도록 규정되어 있고, 같은 규칙 제9조제2호에 도로의 규모를 기준으로는 광로(40m 이상)·대로(25m 이상~40m 미만)·중로(12m 이상~25m 미만)·소로(12m 미만)로, 기능별로는 주간선도로·보조간선도로·집산도로(集散道路)·국지도로·특수도로로 구분하도록 규정되어 있다.

사도는 「도로법」 제10조의 규정에 의한 도로와 같은 법의 준용을 받는 도로가 아닌 것으로 그 도로에 연결되는 길을 말하는데, 「사도법」 제4조제1항에 사도를 개설·개축(改築)·증축(增築) 또는 변경하려는 자는 특별자치시장, 특별자치도지사 또는 시장·군수·구청장의 허가를 받도록 규정되어 있다.

도로를 새로이 개설하여 지적공부에 등록하고자 하는 경우에는 [그림 3-15]의 단면도와 같이 인도(人道)와 차도(車道)를 포함하는 노면뿐만 아니라 한쪽 또는 양쪽에 설치된 측구(側溝)는 물론 절개지(切開地)가 있을 경우에는 그 절개지의 상단부분을 포함하여 분할하고 이를 도로로 지목을 설정하여야 한다.

따라서 「공간정보관리법」에서 규정한 지목인 도로는 도로법령에 의하여 노선이 지정되거나 인정된 도로 뿐만 아니라 사도 등 사회통념상 도로라고 일컫는 일체의 토지를 포함하고 있어 도로의 지목 설정 또는 변경에 참고하여야 한다.

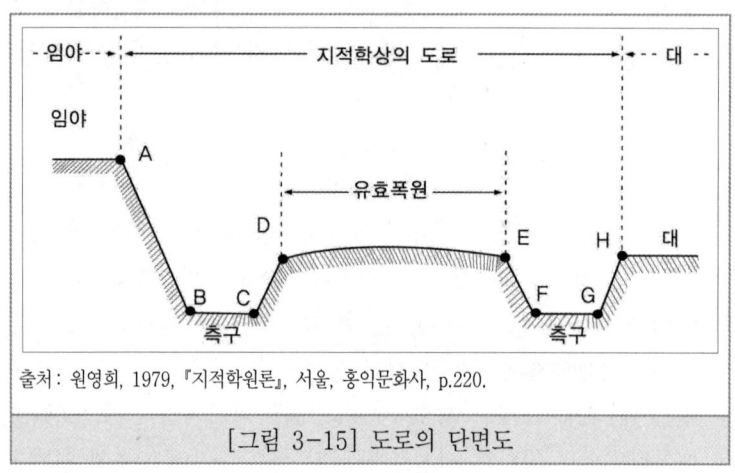

[그림 3-15] 도로의 단면도

4.4.15. 철도용지

철도용지<鐵道用地, Railroad Site>란 교통 운수를 위하여 일정한 궤도 등의 설비와 형태를 갖추어 이용되는 토지와 이에 접속된 역사(驛舍)·차고·발전시설 및 공작창(工作廠) 등 부속시설물의 부지라고 규정하고 있다.(영 제58조제15호)

'철도용지'라는 지목은 대구시가지 토지측량에 관한 타합사항에서 최초로 규정하여 오늘에 이르고 있다.

따라서 철도용지는 토지조사사업 당시부터 설정된 지목이었으나, 토지조사령에서 '철도선로'를 신설하였고 제2차 「지적법」 개정 법률에서 '철도용지'와 '철도선로'를 통합하여 '철도용지'로 규정함으로써 지적소관청이 지적공부에 등록된 '철도선로'를 일제 조사하여 '철도용지'로 지목변경을 하였다.

철도용지는 궤도(軌道)·정차장(停車場)·차고(車庫)·발전시설(發電施設)·공작창·철도원의 숙사(宿舍)·신호소(信號所)·보선소(保線所) 등 철도와 관련된 일체의 시설물에 대한 부지를 뜻하며, 경영의 주체에 따라 국유철도·지방철도·전용철도·사설철도 등으로 구분할 수 있다.

구「철도법」제3조에 철도의 건설은 국유철도건설규칙에 의하여 건설하도록 규정되어 있으며 같은 법 제5조에는 국가 이외의 자가 그의 비용으로 영업을 목적으로 철도를 건설하여 경영하는 사설철도와 국가 이외의 자가 그의 비용으로 특수사업을 목적으로 철도를 건설하여 전용하는 전용철도의 건설 및 경영은 건설교통부장관의 면허를 얻어서 건설하도록 규정되어 있었다.

그리고 철도산업발전기본법[시행 2022. 7. 5.] [법률 제18693호, 2022. 1. 4., 일부개정] 제3조제1호와 철도의 건설 및 철도시설 유지관리에 관한 법률[시행 2025. 8. 1.] [법률 제20764호, 2025. 1. 31., 일부개정] 제2조제1호에 철도란 여객 또는 화물을 운송하는 데 필요한 철도시설과 철도차량 및 이와 관련된 운영·지원체계가 유기적으로 구성된 운송체계를 말하는 것으로 규정하고, 도시철도법[시행 2024. 1. 9.] [법률 제19987호, 2024. 1. 9., 타법개정] 제2조제2호에 도시철도란 도시교통의 원활한 소통을 위하여 도시교통권역에서 건설·운영하는 철도·모노레일·노면전차·선형유도전동기(線形誘導電動機)·자기부상열차(磁氣浮上列車) 등 궤도에 의한 교통시설 및 교통수단이라 규정하고 있어 철도용지의 지목 설정 또는 변경에 참고하여야 한다.

4.4.16. 제방

제방<堤防, Bank>이란 조수·자연유수(自然流水)·모래·바람 등을 막기 위하여 설치된 방조제(防潮堤)·방수제(防水堤)·방사제(防砂堤)·방파제(防波堤) 등의 부지라고 규정하고 있다.(영 제58조제16호)

'제방'이란 지목은 대구시가지 토지측량에 관한 타합사항에서 최초로 규정하여 오늘에 이르고 있다.

따라서 제방은 토지조사사업 당시부터 설정된 지목으로 흐르는 물을 한정된 유로(流路) 안에 가두어서 다른 데로 넘치지 않도록 흙·모래·돌·콘크리트 등으로 만든 하천 공작물을 의미한다.

한강의 제방과 같이 제방의 윗부분을 도로로 사용하는 사례가 많은데 이러한 경우 토지의 주된 용도를 제방이 아닌 도로로 생각하기 쉬우나 제방의 용도가 도로의 용도에 우선할 뿐만 아니라 지적공부에 제방으로 먼저 등록되어 있어 용도경중의 원칙과 등록선후의 원칙 등을 검토하여 제방의 지목 설정 또는 변경에 참고하여야 한다.

4.4.17. 하천

하천<河川, River>이란 자연의 유수(流水)가 있거나 있을 것으로 예상되는 토지라고 규정하고 있다.(영 제58조제17호)

'하천'이란 지목은 대구시가지 토지측량에 관한 타합사항에서 최초로 규정하여 오늘에 이르고 있다.

따라서 '하천'은 토지조사사업 당시부터 설정된 지목으로 일시적이 아닌 자연유수가 있거나 또는 있을 것이 예상되는 토지라 하더라도 그 규모가 특히 작은 것은 하천으로 설정하지 아니하고 구거로 설정하여야 한다.

그리고 시가지 등에 자연 유수가 있는 하천을 복개하여 도로·상가·주차장 등으로 사용하는 경우에는 복개후의 용도에 따라 지목변경을 하여서는 아니 된다.

하천은 인간에게 음료수(飮料水)를 공급하며 농업용수(農業用水)·산업용수(産業用水)·교통(交通) 등에 이용되고 있을 뿐만 아니라 시·도, 시·군·구, 읍·면, 리·동 등의 행정구역 경계와 국가와 국가간의 경계선인 국경선의 역할을 하고 있다.

지적법령에서는 하천을 토지로 보고 지적공부에 그 지목을 하천으로 등록하도록 규정되어 있으나, 구 「하천법」 제3조에 "하천은 이를 국유로 한다. 다만, 지방2급 하천에 있어서는 하천공사 등으로 하천에 편입되는 토지에 대한 보상을 하고 이를 국유로 하는 경우를 제외하고는 그러하지 아니하다."라고 규정되어 있어 지적공부에 등록된 사유 토지가 하천으로 지목변경이 되면 지방2급 하천을 제외한 하천에 대한 토지의 소유권은 사유가 아닌 국유로 인정하였다.

그리고 2011년 부동산등기법[시행 2012. 6. 11.] [법률 제10580호, 2011. 4. 12., 전부개정]을 전부개정하기 전에는 제114조제1항에 "등기된 토지가 하천의 부지로 된 경우에는 해당 관청은 지체 없이 그 등기의 말소를 등기소에 촉탁하여야 한다."라고 규정되어 있고, 같은 조제3항에 "제1항의 촉탁을 받은 등기소는 등기용지의 표시란에 하천의 부지로 된 취지를 기재하고 토지의 표시·표시번호와 등기번호를 붉은선으로 지우고 그 등기용지를 폐쇄하여야 한다."라고 규정하고 있어 하천은 사권(私權)의 객체가 될 수 없고 그 위에 있던 사권은 소멸되는 것으로 규정하고 있었다.

따라서 「하천법」과 「부동산등기법」에 사유 토지의 지목을 하천으로 변경하면 국유로 인정하도록 규정되어 있는 것 같았으나 하천법령의 규정에 따라 하천구역으로 지정한 토지는 개인 소유로 두지 말고 적법한 절차를 거쳐서 국가의 소유로 한다.62)는 뜻으로 이

---

62) 원영희, 1979, 앞의 책, p.397.

해하여야 할 것이다.

국유 하천의 유역에 있는 사인의 소유 토지가 홍수의 범람으로 지표가 유실 또는 포락(浦落)되어 국유 하천과 구별할 수 없는 상태로 소유자가 이를 다년간 방치하였다하여 당연히 사권이 소멸되고 국유 하천의 부지가 되어버리는 것이라고는 할 수 없다고 판결(1995. 2. 23. 대법64다677)하여 이를 뒷받침하고 있으나, 「지적법」과 「하천법」 및 「부동산등기법」이 서로 다르게 규정하고 있어 민원을 야기하고 있었다.

따라서 부동산등기법[시행 2012. 6. 11.] [법률 제10580호, 2011. 4. 12., 전부개정] 전부개정 당시에 제114조제1항을 삭제하였으며, 하천법[시행 2023. 7. 4.] [법률 제19171호, 2023. 1. 3., 일부개정] 일부개정 당시에 제3조제1항에 국가는 하천을 효율적으로 이용·관리하고 하천을 자연친화적으로 보전·정비하며 기후변화 등으로 인한 수·재해에 효과적으로 대응하기 위하여 하천에 관한 종합적인 계획을 수립하고 합리적인 시책을 마련할 책무를 지도록 규정하여, 지적공부에 등록된 사유(私有)의 토지가 하천으로 편입되면 국가나 지방자치단체가 적정한 보상을 한 후에 「부동산등기법」의 절차에 따라 사유에서 국·공유로 소유권이전등기를 하여 해당 등기용지를 폐쇄하지 아니하고 계속하여 사용할 수 있도록 개선하였다.

「하천법」 제2조제1호에 하천이라 함은 지표면에 내린 빗물 등이 모여 흐르는 물길로서 공공의 이해와 밀접한 관계가 있어 제7조제2항 및 제3항에 따라 국가하천 또는 지방하천으로 지정된 것을 말하며, 하천구역과 하천시설을 포함하도록 규정하고 있어 하천의 지목 설정 또는 변경에 참고하여야 한다.

4.4.18. 구거

구거<溝渠, Ditch 또는 Gully>란 용수(用水) 또는 배수(排水)를 위하여 일정한 형태를 갖춘 인공적인 수로·둑 및 그 부속시설물의 부지와 자연의 유수(流水)가 있거나 있을 것으로 예상되는 소규모의 수로부지라고 규정하고 있다.(영 제58조제18호)

'구거'라는 지목은 대구시가지 토지측량에 관한 타합사항에서 최초로 규정하여 오늘에 이르고 있다.

따라서 '구거'는 토지조사사업 당시부터 설정된 지목으로 농업생산기반정비사업 지구 내의 용수와 배수를 목적으로 조성한 용수로(用水路)·배수로(排水路)·하수구(下水溝) 등과 농촌지역의 자연 유수가 있는 소규모 수로의 부지 및 둑은 구거로 지목을 설정하여야 한다.

하천은 자연유수를 전제로 하였으나 구거는 인공적인 유수를 전제로 하고 있으며, 하

천은 담수(淡水)를 원칙으로 하지만 구거는 담수나 함수(鹹水) 등의 구별이 없는 특성이 있다.63)

하천과 구거의 구분은 양자 모두가 자연의 유수가 있거나 있을 것으로 예상되는 토지라는 점에서는 동일하나 일반적으로 하천은 항상 자연의 유수가 흐르지만 구거는 우기에만 자연의 유수가 흐르고 평상시에는 인공적인 유수가 흐르며, 하천은 자연적으로 생성되고 구거는 인위적으로 생성된다는 점과 그 폭이 하천은 넓고 구거는 좁다는 점을 유의하여 구거의 지목 설정 또는 변경에 참고하여야 한다.

4.4.19. 유지

유지<溜池, Pond 또는 Reservoir>란 물이 고이거나 상시적으로 물을 저장하고 있는 댐·저수지·소류지(沼溜地)·호수·연못 등의 토지와 연·왕골 등이 자생하는 배수가 잘 되지 아니하는 토지라고 규정하고 있다.(영 제58조제19호)

'유지'라는 지목은 지세령 개정 당시에 '지소(池沼)'에서 분리하여 신설된 지목으로 규정하여 오늘에 이르고 있다.

양어장·연지(蓮池)·근지(芹池) 등 수리 이외에 생산성이 있는 유수지(溜水池)의 부지는 지소로 설정하고 관개용 저수지 및 동력용 댐 등 수리 이외에 생산성이 없는 유수지의 부지는 유지(溜池)로 설정하였으나, 제2차 「지적법」 개정 법률에서 지소와 유지를 통합하여 유지로 하였으며, 제10차 「지적법」 개정 법률에서 양어장이 분리되어 유지의 지목 설정 또는 변경에 참고하여야 한다.

4.4.20. 양어장

양어장<養魚場, Fish Farm>이란 육상에 인공으로 조성된 수산생물의 번식 또는 양식을 위한 시설을 갖춘 부지와 이에 접속된 부속시설물의 부지라고 규정하고 있다.(영 제58조제20호)

'양어장'이란 지목은 제10차 「지적법」 개정 법률에서 '유지'에서 분리되어 신설된 지목으로 규정하여 오늘에 이르고 있다.

양어라는 말은 양식(養殖)이라고도 하며 양어의 장소·방법·대상 등에 따라 구분할 수 있는데, 양어장소에 따라서는 지중양어(池中養魚)·호소양어(湖沼養魚)·유지양어(溜池養魚)·하천양어(河川養魚)·도전양어(稻田養魚) 등이 있다.

---

63) 원영희, 1979, 앞의 책, p.255.

양어방법에 따라서는 집약적(集約的) 양어·조방적(粗放的) 양어가 있고, 양어대상에 따라서는 잉어·뱀장어 등 온수성(溫水性) 어족양어, 연어·송어·은어 등 냉수성(冷水性) 어족양어·열대어인 온천수(溫泉水) 어족양어 등이 있다.64)

「내수면 어업법」 제11조제1항에 내수면에서 대통령령으로 정하는 어업을 하려는 자는 특별자치시장·특별자치도지사·시장·군수·구청장에게 신고하도록 규정되어 있어 양어장의 지목 설정 또는 변경에 참고하여야 한다.

4.4.21. 수도용지

수도용지<水道用地, Water Supply Site>란 물을 정수하여 공급하기 위한 취수·저수·도수(導水)·정수·송수 및 배수시설의 부지 및 이에 접속된 부속시설물의 부지라고 규정하고 있다.(영 제58조제21호)

'수도용지'라는 지목은 「토지조사법」에서 '수도선로'와 함께 신설된 지목으로 토지조사사업 당시부터 설정된 지목이나, 제2차 「지적법」 개정 법률에서 '수도용지'와 '수도선로'를 통합함으로써 지적소관청이 지적공부에 등록된 수도선로를 일제 조사하여 수도용지로 지목변경을 하여 오늘에 이르고 있다.

일반적으로 수도라고 하면 상수도와 하수도를 포함하는 개념으로 사용하지만 지적법령에서 규정한 '수도용지'라는 지목은 상수도를 말하며 하수도는 그 지목을 구거로 설정하여야 한다.

그리고 송수 또는 배수관의 매설 부지를 도로로 사용한다 하더라도 당초에 송수 및 배수의 목적으로 개설하였다면 도로로 지목변경을 하여서는 아니 되며, 이미 개설된 도로에 송수 또는 배수관을 매설한 경우에는 이를 수도용지로 지목변경을 할 수 없어 수도용지의 지목 설정 또는 변경에 참고하여야 한다.

4.4.22. 공원

공원<公園, Park>이란 일반 공중의 보건·휴양 및 정서생활에 이용하기 위한 시설을 갖춘 토지로 「국토의 계획 및 이용에 관한 법률」65)에 따라 공원 또는 녹지로 결정·고시

---

64) 원영희, 1979, 앞의 책, p.265.
65) 종전에는 국토를 도시지역과 비도시지역으로 구분하여 도시지역에는 「도시계획법」, 비도시지역에는 「국토이용관리법」으로 이원화되어 있었으나, 국토의 난개발(亂開發) 문제가 대두됨에 따라 「도시계획법」과 「국토이용관리법」을 통합하여 비도시지역에도 「도시계획법」에 의한 도시계획기법을 도입할 수 있도록 국토의 계획 및 이용에 관한 법률[시행 2003. 1. 1.] [법률 제6655호, 2002. 2. 4., 제정]을 제정하여 국토의 계획적·체계적인 이용을 통한 난개발의 방지와 환경친화적인 국토이용체계를 구축할 수 있도록 개선하였다.

된 토지라고 규정하고 있다.(영 제58조제22호)

'공원'이란 지목은 대구시가지 토지측량에 관한 타합사항에서 최초로 규정하였으나, 「토지조사법」에서 '공원지'로 명칭을 변경하였으며, 제2차 「지적법」 개정 법률에서 다시 '공원'으로 명칭을 복원하여 오늘에 이르고 있다.

따라서 토지조사사업 당시에 '공원지'로 설정된 지목을 제2차 「지적법」 개정 법률에서 '공원'으로 명칭을 변경함으로써 지적소관청이 지적공부에 등록된 '공원지'를 일제 조사하여 '공원'으로 지목을 변경하였다.

그러나 「자연공원법」[시행 1980. 6. 1.] [법률 제3243호, 1980. 1. 4., 제정]에 의한 국립공원·도립공원·군립공원과 「도시공원법」[시행 1980. 6. 1.] [법률 제3256호, 1980. 1. 4., 제정]에 의한 묘지공원의 지목은 공원으로 설정하지 아니한다.

따라서 설악산·속리산·지리산·계룡산·무등산 등과 같은 국립공원이나 금오산·칠갑산·팔공산·대둔산 등과 같은 도립공원 등은 그 지목을 공원으로 설정하지 아니하고 임야로 설정하여야 하며, 묘지공원으로 결정 고시된 토지의 지목은 묘지로 설정하여야 한다.

구 「도시공원법」 제3조 및 제10조에 공원의 종류는 어린이공원·근린공원·도시자연공원·묘지공원·체육공원 및 도시지역 외의 지역에 「도시공원법」을 준용하여 설치하는 공원으로 구분하고, 녹지는 완충녹지와 경관녹지로 구분하도록 규정되어 있었다.

그러나 도시공원 및 녹지 등에 관한 법률[시행 2024. 5. 17.] [법률 제20309호, 2024. 2. 13., 타법개정] 제15조제1항에 도시공원은 그 기능 및 주제에 따라 ① 국가도시공원, ② 생활권공원(소공원, 어린이공원, 근린공원), ③ 주제공원(역사공원, 문화공원, 수변공원, 묘지공원, 체육공원, 도시농업공원, 방재공원, 그 밖에 특별시·광역시·특별자치시·도·특별자치도 또는 「지방자치법」 제198조에 따른 서울특별시·광역시 및 특별자치시를 제외한 인구 50만 이상 대도시의 조례로 정하는 공원)으로 구분하도록 규정되어 있고, 「자연공원법」 제2조제1호에 자연공원의 종류는 국립공원·도립공원·군립공원·지질공원으로 구분하도록 개정하였다.

공원은 「자연공원법」·「도시공원 및 녹지 등에 관한 법률」 등 관계 법령에 의하여 지정된 것을 필수 요건으로 하며 일부 입장료를 받는 유료 공원도 있으나 이는 기업적이 아니고 그 유지관리에 충당할 만한 정도에 그치는 등 영리를 목적으로 공원을 시설하는 것은 아니며, 대부분 국가, 시·도 또는 시·군과 공공기관이 운영주체라는 것을 공원의 지목 설정 또는 변경에 참고하여야 한다.

4.4.23. 체육용지

체육용지<體育用地, Gymnasium site>란 국민의 건강증진 등을 위한 체육활동에 적합한 시설과 형태를 갖춘 종합운동장·실내체육관·야구장·골프장·스키장·승마장·경륜장 등 체육시설의 토지와 이에 접속된 부속시설물의 부지를 말하나, 체육시설로서의 영속성과 독립성이 미흡한 정구장·골프연습장·실내수영장 및 체육도장, 유수(流水)를 이용한 요트장 및 카누장, 산림 안의 야영장 등의 토지는 제외하도록 규정하고 있다.(영 제58조제23호)

'체육용지'라는 지목은 제2차「지적법」개정 법률에서 '잡종지'에서 분리하여 운동장으로 신설된 지목으로 제5차「지적법」개정 법률에서 '체육용지'로 명칭을 변경하고, 유원지로 설정하던 골프장·스키장 등을 체육용지로 설정하도록 개선하여 오늘에 이르고 있다.

「체육시설의 설치·이용에 관한 법률」[시행 2025. 4. 23.] [법률 제20499호, 2024. 10. 22., 일부개정] 제3조 및 같은 법 시행령 제2조에 체육시설의 종류는 골프장·골프연습장·궁도장·게이트볼장·농구장·당구장·라켓볼장·럭비풋볼장 등과 그 밖에 국내 또는 국제적으로 치러지는 운동 종목의 시설로서 문화체육관광부장관이 정하는 것으로 다양하게 구분하도록 규정되어 있으며, 같은 법 제10조에 등록 체육시설업(골프장업·스키장업·자동차 경주장업)과 신고 체육시설업(요트장업·조정장업·카누장업·빙상장업·승마장업·종합 체육시설업·수영장업·체육도장업·골프 연습장업·체력단련장업·당구장업·썰매장업·무도학원업·무도장업·야구장업·가상체험 체육시설업·체육교습업·인공암벽장업) 등으로 구분하도록 규정되어 있다.

그리고 같은 법 제12조에 등록 체육시설업을 하려는 자는 체육시설업의 종류별로 사업계획서를 작성하여 특별시장·광역시장·특별자치시장·도지사·특별자치도지사의 승인을 받아야 하고, 같은 법 제20조에 신고 체육시설업을 하려는 자는 특별자치시장·특별자치도지사·시장·군수 또는 구청장에게 신고하도록 규정되어 있어 체육용지의 지목 설정 또는 변경에 참고하여야 한다.

4.4.24. 유원지

유원지<遊園地, Recreation area>란 일반 공중의 위락·휴양 등에 적합한 시설물을 종합적으로 갖춘 수영장·유선장(遊船場)·낚시터·어린이놀이터·동물원·식물원·민속촌·경마장 등의 토지와 이에 접속된 부속시설물의 부지를 말하며, 이들 시설과의 거리 등으로 보아 독립적인 것으로 인정되는 숙식시설 및 유기장(遊技場)의 부지와 하천·구거 또는 유지<공유(公有)인 것으로 한정한다.>로 분류되는 것은 제외하도록 규정하고 있다. (영 제58조제24호)

'유원지'라는 지목은 제2차 「지적법」 개정 법률에서 '공원지'와 '잡종지'에서 분리되어 신설된 지목으로 규정하여 오늘에 이르고 있다.

도시·군계획시설의 결정·구조 및 설치기준에 관한 규칙[시행 2023. 12. 22.] [국토교통부령 제1288호, 2023. 12. 22., 일부개정]에 유원지라 함은 주로 주민의 복지향상에 기여하기 위하여 설치하는 오락과 휴양을 위한 시설을 말하는 것으로 규정하고,(제56조) 유원지의 규모는 1만제곱미터 이상으로 당해 유원지의 성격과 기능에 따라 적정하게 정도록 규정하고 있다.(제57조제9호)

그리고 유원지에는 ① 유희시설, ② 운동시설, ③ 휴양시설, ④ 특수시설, ⑤ 위락시설, ⑥ 편익시설, ⑦ 관리시설 등을 설치할 수 있도록 규정하고, 제1호 내지 제7호의 시설과 유사한 시설로서 유원지별 목적·규모 및 지역별 특성에 적합하여 도시·군계획시설결정권자 소속 도시계획위원회의 심의를 거친 시설을 설치할 수 있도록 규정하고 있다.(제58조제2항)

유원지는 대중을 유인하기 위하여 흥미 있는 오락시설을 설치하고 입장료를 징수하여 그 수입으로 유원지를 경영하는 등 영리를 목적으로 투자를 하기 때문에 대부분 운영주체는 공공기관이나 기업으로 유원지의 지목 설정 또는 변경에 참고하여야 한다.

4.4.25. 종교용지

종교용지<宗敎用地, Religious Site>란 일반 공중의 종교의식을 위하여 예배·법요·설교·제사 등을 하기 위한 교회·사찰·향교 등 건축물의 부지와 이에 접속된 부속시설물의 부지라고 규정하고 있다.(영 제58조제25호)

'종교용지'라는 지목은 토지조사사업 당시에는 "사사지"로 설정된 지목으로 제2차 「지적법」 개정 법률에서 '종교용지'로 명칭을 변경하여 지적소관청이 지적공부에 '사사지'로 등록된 토지를 일제 조사하여 문화재로 지정된 역사적인 유적·고적·기념물 등의 부지는 '사적지'로 변경하고 나머지는 '종교용지'로 지목을 변경하여 오늘에 이르고 있다.

종교용지는 교회·사찰·향교뿐만 아니라 사<社, 토지의 수호신을 모시고 제사를 지내는 집>·전<殿, 궁전 또는 신불을 모셔 놓은 집>·묘<廟, 조상의 영혼을 제사 지내는 집>·단<壇, 흙이나 돌 등으로 쌓아 놓은 제단>·사<祠, 신주를 모시는 집>·포교소<布敎所, 신자를 모아 놓고 종교의 교의나 종지를 설명하여 그 종교를 널리 펴는 곳> 등의 건축물 부지와 이에 필요한 부속시설물의 부지를 모두 종교용지라고 한다.

그러나 관리자·성직자·승려 등이 사용하는 경외의 주거용 건축물 부지의 지목은 '대'로 설정하여야 하기 때문에 종교용지의 지목 설정 또는 변경에 참고하여야 한다.

4.4.26. 사적지

사적지<史蹟地, History Site>란 문화재로 지정된 역사적인 유적·고적·기념물 등을 보존하기 위하여 구획된 토지를 말하나, 학교용지·공원·종교용지 등 다른 지목으로 된 토지에 있는 유적·고적·기념물 등을 보호하기 위하여 구획된 토지는 제외하도록 규정하고 있다.(영 제58조제26호)

'사적지'라는 지목은 토지조사사업 당시에는 '성첩'으로 설정된 지목으로 제2차 「지적법」 개정 법률에서 '사적지'로 명칭을 변경함으로써 지적소관청이 지적공부에 '성첩'으로 등록된 토지를 일제 조사하여 '사적지'로 지목을 변경하고, 사사지 중에서 문화재로 지정된 역사적인 유적·고적·기념물 등의 부지도 사적지로 지목을 변경하여 오늘에 이르고 있다.

국가유산기본법[시행 2024. 5. 17.] [법률 제20309호, 2024. 2. 13., 타법개정] 제2조에 ① 국가유산이란 인위적이거나 자연적으로 형성된 국가적·민족적 또는 세계적 유산으로서 역사적·예술적·학술적 또는 경관적 가치가 큰 문화유산·자연유산·무형유산을 말하며, ② 문화유산이란 우리 역사와 전통의 산물로서 문화의 고유성, 겨레의 정체성 및 국민생활의 변화를 나타내는 유형의 문화적 유산을 말하고, ③ 자연유산이란 동물·식물·지형·지질 등의 자연물 또는 자연환경과의 상호작용으로 조성된 문화적 유산을 말하며, ④ 무형유산이란 여러 세대에 걸쳐 전승되어, 공동체·집단과 역사·환경의 상호작용으로 끊임없이 재창조된 무형의 문화적 유산을 말하는 것으로 규정하고 있다.

그리고 문화유산의 보존 및 활용에 관한 법률[시행 2024. 5. 17.] [법률 제20369호, 2024. 2. 27., 타법개정] 제2조제1항에 문화유산이란 「국가유산기본법」 제3조제2호에 우리 역사와 전통의 산물로서 문화의 고유성, 겨레의 정체성 및 국민생활의 변화를 나타내는 유형의 문화적 유산에 해당하는 유형문화유산, 기념물, 민속문화유산으로 구분하도록 규정되어 있어 사적지의 지목 설정 또는 변경에 참고하여야 한다.

4.4.27. 묘지

묘지<墓地, Graveyard>란 사람의 시체나 유골이 매장된 토지, 「도시공원 및 녹지 등에 관한 법률」(2005. 3. 31. 법률 제7476호)에 따른 묘지공원으로 결정·고시된 토지 또는 「장사 등에 관한 법률」 제2조제9호에 따른 봉안시설과 이에 접속된 부속시설물의 부지를 말하며, 묘지의 관리를 위한 건축물의 부지는 '대'로 설정하도록 규정하고 있다.(영 제58조제27호)

'묘지'라는 지목은 대구시가지 토지측량에 관한 타합사항에서 최초로 규정하였으나, 「토지조사법」에서 '분묘지'로 명칭을 변경하였으며, 제2차 「지적법」 개정 법률에서 '묘지'로 명칭을 복원하여 오늘에 이르고 있다.

따라서 토지조사사업 당시에는 "분묘지"로 설정된 지목으로 제2차 「지적법」 개정 법률에서 '묘지'로 명칭을 변경하여 지적소관청이 지적공부에 '분묘지'로 등록된 토지를 일제 조사하여 '묘지'로 지목을 변경하였으며, 제10차 「지적법」 개정 법률에서 '잡종지' 중의 하나인 납골시설을 '묘지'로 설정하도록 개선하였다.

우리나라의 묘지는 일반적으로 봉분(封墳)이 있는 무덤을 말하는 것으로 능<陵 : 제왕(帝王)이나 제왕비(帝王妃)의 분묘>·원<園 : 왕세자 및 왕세자비, 왕자 및 왕자비, 왕의 생모였던 빈궁(嬪宮) 등의 분묘>·묘<墓 : 능(陵), 원(園)의 다음가는 격식의 분묘>·일반분묘(一般墳墓) 등으로 구분할 수 있다.

「장사 등에 관한 법률」 제2조제9호에 봉안시설이란 봉안묘·봉안당·봉안탑 등 유골을 안치(매장은 제외한다.)하는 시설로 규정하고 있으며, 같은 법 제8조에 매장을 한 자는 매장 후 30일 이내에 매장지를 관할하는 특별자치도지사·시장·군수·구청장(이하 "시장 등"이라 한다.)에게 신고하도록 규정하고, 같은 법 제18조에 공설묘지, 가족묘지, 종중·문중묘지 또는 법인묘지 안의 분묘 1기 및 그 분묘의 상석(床石)·비석 등 시설물을 설치하는 구역의 면적은 10제곱미터(합장하는 경우에는 15제곱미터)를 초과하여서는 아니 되며, 개인묘지는 30제곱미터를 초과하여서는 아니 되고, 봉안시설 중 봉안묘의 높이는 70센티미터, 봉안묘의 1기당 면적은 2제곱미터를 초과하여서는 아니 되도록 규정하고 있어 묘지의 지목 설정 또는 변경에 참고하여야 한다.

4.4.28. 잡종지

잡종지<雜種地, Miscellaneous Land, 지적 및 공간정보 전문 용어 표준화(국토교통부고시 제2025-89호, 2025. 3. 4.) [별표]에는 "기타^토지"로 고시되어 있다.>란 갈대밭(芦田)·실외에 물건을 쌓아두는 곳(物置場)·돌을 캐내는 곳(採石場)·흙을 파내는 곳(土取場)·야외시장·비행장·공동우물·영구적 건축물 중 변전소·송신소·수신소·송유시설,·도축장·자동차운전학원·쓰레기 및 오물처리장 등의 부지 또는 다른 지목에 속하지 아니하는 토지를 말하나, 원상회복을 조건으로 돌을 캐내는 곳 또는 흙을 파내는 곳으로 허가된 토지는 제외하도록 규정하고 있다.(영 제58조제28호)

'잡종지'라는 지목은 「토지조사법」에서 신설된 지목으로 토지조사사업 당시부터 설정된 지목으로 오늘에 이르고 있다.

잡종지는 다른 지목에 속하지 아니하는 토지로 영구적 건물이 없는 물건장<物乾場 : 일광을 이용하여 물건을 말리는 장소>, 도급장<稻扱場 : 벼를 타작하는 장소>, 수차장 <水車(물레방아)를 설치한 장소>, 화장장(火葬場), 효자열녀(孝子烈女) 등의 비석부지, 디딜방아와 물방아 등의 방앗간, 상여(喪輿)집을 비롯하여 영구적인 삼각점 표석 등의 측량표부지(測量標敷地) 등을 말한다.

신축·개축 또는 증축을 위하여 건축물을 철거하였거나 일시적으로 휴경(休耕)한 농경지 및 원상회복을 조건으로 돌을 캐내는 곳 또는 흙을 파내는 곳으로 허가된 토지 등은 잡종지로 지목을 변경할 수 없다.

그리고 다른 지목으로 변경하기 위한 중간 과정인 잡종지로 지목을 변경할 수 없으며, 전·답 등 휴경지를 잡종지로 지목을 변경한 후 이를 다시 대 또는 공장용지 등으로 지목을 변경할 수 없기 때문에 잡종지의 지목 설정 또는 변경에 참고하여야 한다.

위와 같은 지목 분류 체계를 채택하여 필지별로 지목을 설정하여 지적공부에 등록·공시하고 있는 국가는 우리나라를 비롯하여 독일·일본·대만·관동주 등 5개 국가로 확인되었다.

독일의 니더작센(Niedersachsen) 주는 대분류 8개 종목과, 소분류 64개 종목으로 구분하고 있으며, 대만은 대분류 4개 종목과 소분류 36개 종목으로 구분하고 있는데 반하여 우리나라는 28개 지목으로, 일본은 23개 지목으로 각각 분류하고 있다.[66]

그리고 일본 제국의 관동도독부[67] 임시토지조사부에서 토지조사령(1914년 5. 11., 칙령 제87호)과 임시토지조사부관제(1914. 5. 11., 칙령 제88호)를 제정하고 1914년(대정 3) 5월부터 1924년(대정 13) 2월까지 9년 10개월 동안 관동주의 토지조사사업을 추진하면서 18개 지목으로 구분하였던 것으로 밝혀졌다.[68]

따라서 우리나라와 일본은 토지의 주된 용도와 일치되는 지목을 지적공부에 등록·공시하지 못하고 있다는 비판을 받을 수밖에 없다.

앞으로 지목 '대'의 경우 대분류로 건축물이 있는 대지(垈地)와 건축물이 없는 나대지(裸垈地)로 구분하고, 건축물이 있는 경우 그 용도에 따라 주거용(단독 주택, 아파트 등)·업무용(공공용 청사)·상업용(상가)·문화용(극장, 박물관 등)·의료용(병원)·숙박용(호텔) 등으로 중분류 또는 소분류로 구분하는 등 지목 분류 체계를 전면적으로 보완하여

---

66) 류병찬, 2019, "국내외 지목체계 운용실태 연구에 관한 새로운 시각" 『지적과 국토정보』, 제49권 제2호, 한국국토정보공사, p.156.
67) 관동주(關東州)는 1905년부터 1945년까지 존속했던 일본 제국의 조차지로 1905년 10월 17일 관동총독부를 설치하였다가 1906년 9월 1일 관동도독부로 바뀌었으며 1919년 4월 12일 관동청이 되었다.
68) 관동청 임시토지조사부, 1924년(대정13. 2. 10.), 『관동주토지조사사업보고서』, p.59, pp.131~132.(『관동주 토지조사사업보고서』는 송영준 전 한국국토정보공사 전북지역본부장이 입수하여 제공한 자료임.)

지적공부에 등록된 지목에 의하여 필지별 토지의 주된 용도를 누구나 쉽게 파악할 수 있도록 개선하여야 할 것이다.

4.5. 지목의 표기 방법

지목을 토지대장과 임야대장에 등록하는 때에는 지목명칭 전체를 기재하여야 한다. 그러나 지목을 지적도와 임야도에 등록하는 때에는 지목명칭 전체를 기재하지 아니하고 지목의 부호를 기재하여야 한다.

지목을 도면에 등록하기 위한 지목 표기의 부호를 크게 나누면 다음과 같이 두문자(頭文字) 표기 지목과 차문자(次文字) 표기 지목으로 구분할 수 있다.

4.5.1. 두문자 표기 지목

두문자(頭文字) 표기 지목이란 지목명칭의 첫 번째 문자를 지목 표기의 부호로 사용하는 지목을 말하는데, "전·답·과수원·목장용지·임야·광천지·염전·대·학교용지·주유소용지·창고용지·도로·철도용지·제방·구거·유지·양어장·수도용지·공원·체육용지·종교용지·사적지·묘지·잡종지"의 24개 지목이 이에 해당된다.

4.5.2. 차문자 표기 지목

차문자(次文字) 표기 지목이란 지목명칭의 두 번째 문자를 지목 표기의 부호로 사용하는 지목을 말하는데, "공장용지·주차장·하천·유원지"의 4개 지목이 이에 해당된다.

그러나 지목을 토지이동조서나 기타 일반 서류에 기재할 때에는 부호로 기재하지 아니하고 지목명칭 전체를 기재하는 것이 일반적인 관례이다.

1977년에 지적사무처리지침(1977. 5. 7. 내무부예규 제406호)을 제정하고 제99조제3항제1호에 지목 코드번호를 부여하여 토지대장과 임야대장에 등록하도록 규정하였으며, 몇 차례의 개정을 거처 부동산종합공부시스템 운영 및 관리규정(2014.12.31. 국토교통부 훈령 제481호)을 제정하고,[69] 그 후 이 규정을 개정하여(2017. 3. 6. 국토교통부 훈

---

[69] 전자평판측량운영규정(국토교통부 예규 제105호), 지적사무처리규정(국토교통부 예규 제106호) 및 지적사무전산처리규정(국토교통부 예규 107호)이 부동산종합공부시스템 운영 및 관리규정(2014. 12. 31. 국토교통부 훈령 제481호)과 지적업무처리규정(국토교통부 훈령 제482호)을 제정하면서 이에 전부 이관됨에 따라 2016년 5월 24일에 3개 예규를 전면 폐지하였다.(국토교통부/http://www.molit.go.kr/ 2025. 4. 1.)

령 제813호 개정)[별표 제3호]에 의한 <표 3-23>과 같은 지목 구분 코드번호와 부호를 기재하도록 개선하였다.(규칙 제64조)

<표 3-23> 지목 구분 코드번호 및 부호

지목	코드	부호	지목	코드	부호
전	01	전	철도용지	15	철
답	02	답	제방	16	제
과수원	03	과	하천	17	천
목장용지	04	목	구거	18	구
임야	05	임	유지	19	유
광천지	06	광	양어장	20	양
염전	07	염	수도용지	21	수
대	08	대	공원	22	공
공장용지	09	장	체육용지	23	체
학교용지	10	학	유원지	24	원
주차장	11	차	종교용지	25	종
주유소용지	12	주	사적지	26	사
창고용지	13	창	묘지	27	묘
도로	14	도	잡종지	28	잡

출처 : 부동산종합공부시스템 운영 및 관리규정(2017. 3. 6. 국토교통부 훈령 제813호 개정).[별표 제3호]

5. 면적

법 제68조 (면적의 단위 등) ① 면적의 단위는 제곱미터로 한다.
② 면적의 결정방법 등에 필요한 사항은 대통령령으로 정한다.

5.1. 면적의 기준

면적(面積)은 일반적으로 수평면상(水平面上)의 면적·구면상(球面上)의 면적·경사면상(傾斜面上)의 면적·표면상(表面上)의 면적 등으로 구분할 수 있는데, 지적공부에 등록하는 면적은 수평면상의 면적을 말한다. 따라서 전 또는 임야와 같이 경사를 이루고 있는 토지의 면적은 구면상의 면적이나 경사면상의 면적이 아닌 수평면상의 면적을 지적공부에 등록하기 때문에 실제 표면상의 면적은 지적공부에 등록된 면적보다 넓은 경우가 대부분이다.

5.2. 면적 단위의 변천 연혁

대구시가지 토지측량규정(1907. 5. 16.) 제124조에서 최초로 "면적의 단위는 평방미터로 한다."라고 규정하여 미터법에 의한 면적을 채택하도록 규정하였다.

그러나 「토지조사법」 제4조에 "지반의 측량에 용(用)하는 척도 및 지적(地積)의 명칭·명위는 「도량형법」의 규정에 의함."이라고 규정하고, 토지조사법 시행규칙 제1조에 "토지의 면적은 평위(坪位)에 지(止)함."이라고 규정하여 척관법을 채택하도록 규정하였다.

이어서 토지조사령 제3조에 "지반의 측량에 있어서는 평(坪) 또는 보(步)를 지적(地積)의 단위로 한다."라고 규정하였다.

그리고 임야조사정리내규(1917. 10. 경기도 제정) 제63조에 면적은 보로 계산하고 무 미만은 절사해서 무자리에 그친다. 단, 1무 미만의 토지는 보위에 그치도록 보 미만을 절사하며 보 미만의 토지는 보로 절상하도록 규정하였으며,

조선임야조사령 시행수속(훈령 제59호, 1918. 11. 26.) 제75조에 면적을 계산할 때 무 미만의 단수가 생겼을 때에는 단수를 4사5입해서 무자리에 그칠 것. 단, 1무보에 미치지 못하는 임야에 있어서는 보위까지 산출하고 보 미만의 단수는 보로 절상하도록 규정하였고, 임야대장규칙(조선총독부령 제113호, 1920. 8. 23.) 제5조에 면적에 1무 미만의 단수가 있을 때는 15보 미만은 절사, 15보 이상은 1무로 절상하고, 면적이 1무 미만이 될 때는 이를 보단위로 끊고 1보 미만일 될 때는 1보로 하도록 규정하였다.

따라서 면적의 등록 단위는 처음에는 미터법에 의하도록 규정하였으나 토지조사사업 당시부터 척관법(尺貫法)에 의한 평과 보를 단위로 하여 지적공부에 등록하였다.

그리고 「지적법」 제정 법률에 "토지대장 등록지의 지적은 평(坪)을 단위로 정한다."라고 규정하였고,(법 제7조) "임야대장 등록지의 지적은 무(畝)를 단위로 하여 이를 정한다."라고 규정하여(법 제26조) 토지대장 등록 토지와 임야대장 등록 토지의 면적 단위가 서로 달랐음을 알 수 있다.

토지대장 등록지는 홉(合)을 최소 단위로 하고 이 경우 1평(坪)은 10홉, 1홉은 10작(勺))을 뜻하는 것으로, 1평은 1변의 길이가 6척(尺)의 정사각형의 넓이를 말한다.

임야대장 등록지는 보(步)를 최소단위로 하고 이 경우 1무(畝)는 30보, 1단(段)은 10무, 1정(町)은 10단을 뜻하는 것으로, 1보는 1변의 길이가 6척(尺)의 정사각형의 넓이를 말하

며 토지대장 등록지의 1평과 동일한 면적이다.
 임야대장 등록지의 면적 단위인 무(畝)는 과거에는 일반적으로 "묘"로 불리었으나 등기관계 법령에서 "무"라고 쓰기 시작함으로써 현재는 무로 표기하고 있다.70)
 본 조문은 제2차「지적법」개정 법률에 "토지대장 및 임야대장에 등록하는 면적은 평방미터를 단위로 하여 이를 정한다."라고 규정하여(법 제7조) 만국 공통의 미터법을 도입함에 따라 이미 지적공부에 등록된 척관법에 의한 면적을 1976년부터 1981년까지 평방미터(㎡) 단위로 소관청에서 직권으로 환산하여 등록을 완료하였다.
 이어서 제3차「지적법」개정 법률에서 면적의 등록단위에 대한 명칭을 "평방미터"에서 "제곱미터"로 변경하였으며, 토지등기부에 등기된 각 필지의 면적도 토지대장과 임야대장에 환산 등록된 면적을 토대로 면적 환산 등기를 완료하여 토지의 면적에 대한 등록 및 등기의 단위는 제곱미터(㎡)로 일원화하여 오늘에 이르고 있다.
 지적부에 등록한 면적 단위의 변천 연혁을 요약하면 <표 3-24>와 같고, 도면의 축척별 면적의 등록 단위를 요약하면 <표 3-25>와 같다.

<표 3-24> 면적 단위의 변천 연혁

시행 기간	근거 법령	규정 내용
1907. 5.~1910. 8.	ㅇ대구시가 토지측량 규정 (제124조)	ㅇ면적의 단위를 평방미터로 규정
1910. 8.~1912. 8.	ㅇ토지조사법(제4조)	ㅇ지적(地積)의 명칭은 도량형법의 규정에 의하도록 규정
1912. 8.~1918.	ㅇ토지조사령(제3조)	ㅇ지적(地積)의 단위를 평(坪)과 보(步)로 규정
1917. 10.~1918. 5.	ㅇ임야조사정리내규 (제63조)	ㅇ지적(地積)은 보(步)로 계산하고 무(畝) 미만은 절사하도록 규정
1918. 11.~1924.	ㅇ조선임야조사령 시행수속 (제75조)	ㅇ무 미만의 단수가 생겼을 때는 4사5입해서 무 자리에 그칠 것. 단, 1무보에 미치지 못하는 임야는 보위까지 산출하고 보 미만의 단수는 보로 절상하도록 규정
1920. 8.~1924.	ㅇ임야대장규칙(제5조)	ㅇ1무 미만의 단수가 있을 때에는 15보 미만은 절사, 15보 이상은 1무로 절상하고, 면적 1무 미만이 될 때는 보단위로 끊고 1보 미만일 될 때는 1보로 하도록 규정
1950. 12.~1975. 12.	ㅇ제정「지적법」(제7조, 제26조)	ㅇ토지대장 등록지의 지적(地積)은 평(坪)을 단위로, 임야대장 등록지의 지적은 무(畝)를 단위로 규정

---

70) 원영희, 1972(a), 앞의 책, p.221.

1975. 12.~1986. 5.	○제2차「지적법」개정 법률(제7조)	○지적(地積)을 면적(面積)으로 개정하고, 면적은 평방미터를 단위로 하여 정하도록 규정
1986. 5~2009. 12.	○제3차「지적법」개정 법률(제7조)	○면적의 등록단위 명칭을 "평방미터"에서 "제곱미터"로 변경
2009. 12.~현재	○「공간정보의 구축 및 관리 등에 관한 법률」(제68조제1항)	○면적의 단위를 제곱미터로 규정

출처 : 대구시 토지측량 규정, 「토지조사법」, 토지조사령, 「지적법」, 「공간정보의 구축 및 관리 등에 관한 법률」 등 참고 작성.

<표 3-25> 축척별 면적의 등록 단위

구 분	측량 방법	축척	등록 단위	비고
지적도 (토지대장 등록지)	좌표	1/500	0.1㎡	○도시개발사업 등 지역
		1/1,000		○농지의 구획정리 지역
		1/3,000		○도시개발사업 등 시행지역 중 필요한 경우 (시·도지사 승인)
		1/6,000		
	도해	1/600	1㎡	○시가지 및 농촌지역
		1/1,000		○농지의 구획정리 지역(시·도지사 승인)
		1/1,200		
		1/2,400		○시가지 및 농촌지역
임야도 (임야대장 등록지)	도해	1/3,000	1㎡	○산간지역
		1/6,000		

출처 : 류병찬, 1996, 『지적공부 정리 실무』, 서울, 남광출판사, p.35. 참고 작성.

5.3. 면적 등의 결정 방법

일반적으로 계산에 있어서 측정한 소요 행수의 다음 행수는 보통 절상(切上), 절사(切捨), 사사오입(四捨五入) 또는 오사오입(五捨五入) 등의 방법에 의하여 진치(眞値)에 가깝도록 처리하고 있다.[71]

지적공부에 등록할 토지의 면적에 1제곱미터 미만의 끝수가 있는 경우 0.5제곱미터 미만일 때에는 버리고, 0.5제곱미터를 초과하는 때에는 올리며, 0.5제곱미터일 때에는 구하려는 끝자리의 숫자가 0 또는 짝수(2, 4, 6, 8)이면 버리고 홀수(1, 3, 5, 7, 9)이면 올리며, 1필지의 면적이 1제곱미터 미만일 때에는 1제곱미터로 등록하도록 규정하고 있는

---

71) 김영배, 1979, 『면적학』, 서울, 신라출판사, pp.24~26.

데,(영 제60조제1항제1호) 이러한 방법을 '오사오입(五捨五入)의 방법' 또는 '우사기상(偶捨寄上)의 방법'이라고도 한다.

지적도의 축척이 600분의 1인 지역과 경계점좌표등록부에 등록하는 지역의 토지의 면적은 제곱미터 이하 한자리 단위로 하되, 0.1제곱미터 미만의 끝수가 있는 경우 0.05제곱미터 미만일 때에는 버리고, 0.05제곱미터를 초과할 때에는 올리며, 0.05제곱미터일 때에는 구하려는 끝자리의 숫자가 0 또는 짝수이면 버리고 홀수이면 올리며, 1필지의 면적이 0.1제곱미터 미만일 때에는 0.1제곱미터로 등록하도록 규정하고 있다.(영 제60조제1항제2호)

그리고 방위각의 각치(角値), 종횡선의 수치 또는 거리를 계산하는 경우 구하려는 끝자리의 다음 숫자가 5 미만일 때에는 버리고, 5를 초과할 때에는 올리며, 5일 때에는 구하려는 끝자리의 숫자가 0 또는 짝수이면 버리고 홀수이면 올린다. 그러나 전자계산조직을 이용하여 연산할 때에는 최종수치에만 이를 적용하도록 규정하고 있다.(영 제60조제2항)

이러한 오사오입(五捨五入)의 방법에 의한 끝수 처리 방법은 사사오입(四捨五入)의 방법에 의한 끝수 처리 방법보다 진치(眞値)에 가까운 정밀한 단수 처리 방법으로, 면적의 계산뿐만 아니라 방위각의 각치·종횡선의 수치·거리의 계산 등 측량에 따른 관측과 계산에 적용하고 있다.

5.3.1. 면적의 결정

경계점좌표 측량 지역의 면적은 제곱미터 이하 한 자리 단위(0.1㎡)까지 구하여 대장에 등록하며, 도해측량 지역의 면적은 축척이 600분의 1 지역을 제외하고는 제곱미터 단위(1㎡)까지 구하여 대장에 등록하여야 하는데, 오사오입의 방법을 적용한 면적의 결정 예시는 <표 3-26>과 같다.

<표 3-26> 면적의 결정 예시

경계점좌표측량 지역		도해측량 지역(1/600제외)	
산 출 면 적	결 정 면 적	산 출 면 적	결 정 면 적
123.54	123.5	123.3	123
123.55	123.6	123.5	124
123.56	123.6	123.6	124
123.65	123.6	124.5	124

출처 : 영 제60조제1항 참고 작성.

5.3.2. 방위각의 결정

도선법과 다각망도선법에 의한 도근측량시 배각법<倍角法, 지적 및 공간정보 전문 용어 표준화(국토교통부고시 제2025-89호, 2025. 3. 4.) [별표]에는 "반복＾각＾측정법"으로 고시되어 있다.>은 초(秒)단위까지 구하여야 하며 방위각법은 분(分)단위까지 구하도록 규정되어 있다.(지적측량 시행규칙 제13조)

따라서 오사오입의 방법을 적용한 방위각의 결정 예시는 <표 3-27>과 같다.

<표 3-27> 방위각의 결정 예시

배각법		방위각법	
측정각	결정각	측정각	결정각
30°20'40".6	30°20'41"	35°24'31"	35°25'
30°20'40".4	30°20'40"	35°25'29"	35°25'
30°20'40".5	30°20'40"	35°25'30"	35°26'
30°20'41".5	30°20'42"	35°25'31"	35°26'

출처 : 영 제60조제2항, 지적측량 시행규칙 제13조 참고 작성.

5.3.3. 거리의 결정

측판측량방법으로 세부측량을 하는 경우에 거리측정의 단위는 지적도 시행지역은 5㎝ 단위로 구하여야 하며, 임야도 시행지역은 50㎝ 단위로 구하도록 규정되어 있다.(지적측량 시행규칙 제18조제1항제1호)

따라서 오사오입의 방법을 적용한 거리의 결정 예시는 <표 3-28>과 같다.

<표 3-28> 거리의 결정 예시

지적도 시행지역		임야도 시행지역	
측정거리	결정거리	측정거리	결정거리
100.175m	100.20m	100.750m	101.00m
100.125m	100.10m	100.250m	100.00m

출처 : 영 제60조제2항, 지적측량 시행규칙 제18조제1항 참고 작성.

5.3.4. 종횡선 수치의 결정

경위의측량방법에 의한 세부측량시 경계점의 좌표의 계산 방법은 센티미터(cm)단위로 구하도록 규정되어 있다.(지적측량 시행규칙 제18조제10항)

따라서 오사오입의 방법을 적용한 종횡선 수치의 결정 예시는 <표 3-29>와 같다.

<표 3-29> 종횡선 수치의 결정 예시

계산 수치	결정 수치
123.456m	123.46m
123.454m	123.45m
123.455m	123.46m
123.465m	123.46m

출처 : 영 제60조제2항, 지적측량 시행규칙 제18조제10항 참고 작성.

5.4. 면적 측정의 대상

세부측량을 실시하여 ① 지적공부의 복구·신규등록·등록전환·분할 및 축척변경을 하는 경우, ② 면적 또는 경계를 정정하는 경우, ③ 도시개발사업 등으로 인한 토지의 이동에 따라 토지의 표시를 새로 결정하는 경우, ④ 경계복원측량 및 지적현황측량에 의하여 면적 측정이 수반되는 경우의 어느 하나에 해당하면 필지마다 면적을 측정하도록 규정하였다.(지적측량 시행규칙 제19조제1항)

그러나 경계복원측량과 지적현황측량을 하는 경우에는 필지마다 면적을 측정하지 아니하도록 규정하여(지적측량 시행규칙 제19조제2항) 같은 규칙 제19조제1항제4호의 규정과 서로 모순되어 왔다.

대부분의 경계복원측량은 지적도 또는 임야도에 등록된 경계만을 현지에 복원하는 것(지상의 경계점에 경계표지를 설치하는 것)으로 종결하게 되며, 지적현황측량도 지상 건축물 등의 현황을 측량하여 지적도 또는 임야도에 등록된 경계와 대비하여 표시하는 것(도면상에 건축물 등의 위치를 표시하는 것)으로 종결하게 되어 근본적으로 면적 측정이 필요 없는 경우가 대부분이나, 법원 감정측량 등 면적 측정이 필요한 경우가 발생되기 때문에 지적측량규정 제19조제1항제4호와 같은 규정을 하게 된 것으로 추정된다.

그리고 측량신청자가 경계복원측량 또는 지적현황측량을 마친 후에 단순히 면적의 정확 여부만을 확인하기 위하여 면적 측정을 요구하는 사례가 있으나 현행 지적공부에 등록된 면적은 법정 허용오차(1/1,200 지역기준 : 100평일 경우 ±4평, 1,000평일 경우 ±18평)를 내포하고 있어 모든 필지의 면적이 이미 지적공부에 등록된 면적과 일치할 수가 없기 때문에 민원의 발생 소지가 있을 수 있으며, 또한 현행 지적측량수수료품셈에 경계복원측량과 지적현황측량에는 면적 측정이 필요 없기 때문에 면적 산정 품이 포함되어 있지 않아 지적측량규정 제19조제2항과 같은 규정을 하게 된 것으로 판단된다.

따라서 위와 같은 모순을 해소하기 위하여 지적측량 시행규칙[시행 2025. 3. 27.] [국토교통부령 제1426호, 2024. 12. 26., 일부개정]을 개정하여 세부측량을 실시하여 ① 지적공부의 복구·신규등록·등록전환·분할 및 축척변경을 하는 경우, ② 면적 또는 경계를 정정하는 경우, ③ 지적확정측량을 하는 경우, ④ 지적현황측량에 면적 측정이 수반되는 경우의 어느 하나에 해당하면 필지마다 면적을 측정하도록 개선하였다.(제19조제1호 내지 제4호)

5.5. 면적 측정의 방법

면적 측정의 방법에 관한 규정은 대구시가지 토지측량규정(1907. 5. 16.) 제124조에 "면적의 단위는 평방미터로 한다."라고 규정하였고, 제125조에 "면적은 원도상에서 프라니미터를 사용하여 매필마다 측정한다."라고 규정하였으며, 제126조에 "면적은 2회 측정하여 그 단위의 차가 3이하인 때에는 그 중수를 채용한다."라고 최초로 규정하였다.

그리고 토지대장규칙(1914. 4. 25.) 제8조에 "면적에 1평 미만의 단수가 있을 때에는 이를 절사하고, 지적이 1평 미만일 때에는 이를 홉위에 그치고, 1홉 미만일 때에는 이를 1홉으로 한다."라고 규정하였으며, 조선임야조사령 시행수속(훈령 제59호, 1918. 11. 26.) 제75조에 "면적을 계산할 때 무 미만의 단수가 생겼을 때에는 단수를 4사5입해서 무자리에 그칠 것. 단, 1무보에 미치지 못하는 임야에 있어서는 보위까지 산출하고 보 미만의 단수는 보로 절상한다."라고 규정하였다.

이어서 지적측량규정[시행 1954. 11. 12.] [대통령령 제951호, 1954. 11. 12., 제정] 제정 당시에 면적 측정을 "지적 산정(地積 算定)"으로 용어를 변경하고 제69조에 보통지역에서는 보정계적기·극식계적기·삼사법으로, 제75조에 확정측량 시행지역에서는 삼사법·계적기로, 제79조에 임야도 시행지역에서는 극식계적기로 측정하도록 규정하였다.

그러나 제2차「지적법」개정 법률에서 다시 "면적 측정(面積 測定)"으로 용어를 개정하고 지적법 시행령[시행 1976. 5. 7.] [대통령령 제8110호, 1976. 5. 7., 전부개정]을 개정하여 필지별 면적 측정은 좌표면적계산법·삼사법·푸라니미터 또는 전자면적계 등에 의하여 측정하도록 규정하였다.(영 제41조제3항)

그리고 제10차 「지적법」 개정 법률에 경위의측량방법(경계점좌표측량)에 의한 세부측량시의 면적 측정은 "좌표면적 계산법", 그밖에 측판측량방법(도해측량)에 의한 세부측량시의 면적 측정은 "전자면적 측정기"로 측정하도록 개정하였으며,(지적법 시행규칙 제52조) 그 후 지적측량 시행규칙[시행 2009. 12. 14.] [국토해양부령 제192호, 2009. 12. 14., 제정]을 제정하면서 제20조제1항과 제2항에 좌표면적 계산법에 의한 면적 측정과 전자면적 측정기에 의한 면적 측정에 관한 방법과 절차를 지적법 시행규칙 제52조와 동일하게 규정하여 오늘에 이르고 있으며, 면적 측정의 세부 방법은 다음 각 호와 같다.

5.5.1. 좌표면적 계산법에 의한 면적 측정

좌표면적 계산법에 따른 면적 측정은 다음 각 호의 기준에 의하도록 규정하고 있다. (지적측량 시행규칙 제20조제1항)

1) 경위의측량방법으로 세부측량을 한 지역의 필지별 면적 측정은 경계점좌표에 따른다.
2) 측정면적은 1천분의 1제곱미터까지 측정하고, 산출면적은 지적도의 축척이 600분의 1인 지역 및 경계점좌표등록부에 등록하는 지역은 100분의 1제곱미터, 그 밖의 지역은 10분의 1제곱미터 단위로 정한다.

5.5.2. 전자면적 측정기에 의한 면적 측정

전자면적 측정기에 따른 면적 측정은 다음 각 호의 기준에 따르도록 규정하고 있다. (지적측량 시행규칙 제20조제2항)

1) 도상에서 2회 측정하여 그 교차가 다음 계산식에 따른 허용 면적 이하일 때에는 그 평균치를 측정 면적으로 한다.

$$A = 0.023^2 M \sqrt{F}$$
(A는 허용 면적, M은 축척 분모, F는 2회 측정한 면적의 합계를 2로 나눈 수)

2) 측정 면적은 1천분의 1제곱미터까지 측정하고, 산출면적은 10분의 1제곱미터 단위로

정한다.

5.5.3. 도곽선의 신축 보정

전자면적측정기로 면적을 측정하는 경우 도곽선의 길이에 0.5밀리미터 이상의 신축이 있는 때에는 이를 보정하여야 한다. 이 경우 도곽선의 신축량 및 보정계수의 계산은 다음 각 호의 계산식에 따르도록 규정하고 있다.(지적측량 시행규칙 제20조제3항)

1) 도곽선의 신축량 계산

$$S = \frac{\triangle X_1 + \triangle X_2 + \triangle Y_1 + \triangle Y_2}{4}$$

(S는 신축량, $\triangle X_1$는 왼쪽 종선의 신축된 차, $\triangle X_2$는 오른쪽 종선의 신축된 차, $\triangle Y_1$는 윗쪽 횡선의 신축된 차, $\triangle Y_2$는 아래쪽 횡선의 신축된 차)

이 경우 신축된 차(㎜) = $\frac{1000(L-Lo)}{M}$

(L은 신축된 도곽선 지상길이, Lo는 도곽선 지상길이, M은 축척분모)

2) 도곽선의 보정계수 산출

$$Z = \frac{X \cdot Y}{\triangle X \cdot \triangle Y}$$

(Z는 보정계수, X는 도곽선 종선길이, Y는 도곽선 횡선길이, $\triangle X$는 신축된 도곽선 종선길이의 합/2, $\triangle Y$는 신축된 도곽선 횡선길이의 합/2)

면적이 5천제곱미터 이상인 필지를 분할하는 경우 분할 후의 면적이 분할 전 면적의 80퍼센트 이상이 되는 필지의 면적을 측정할 때에는 분할 전 면적의 20퍼센트 미만이 되는 필지의 면적을 먼저 측정한 후, 분할 전 면적에서 그 측정된 면적을 빼는 방법으로 할 수 있다. 다만, 동일한 측량 결과도에서 측정할 수 있는 경우와 좌표면적 계산법에 따라 면적을 측정하는 경우에는 그러하지 아니하도록 규정하고 있다.(지적측량 시행규칙 제20조제4항)

5.6. 면적의 환산 기준

토지대장에 등록하는 토지의 면적 단위인 1평(坪)이란 1변의 길이가 6척(尺)인 정사각형의 넓이로, 임야대장에 등록하는 토지의 면적단위인 1보(步)와 같은 면적이며, 1평이나 1보를 미터법으로 환산하면 3.3058제곱미터(m^2)가 되고 1제곱미터(m^2)는 0.3025평이 된다.

그리고 임야대장에 등록하는 1무(畝)는 30보(步)로써 토지대장에 등록하는 30평(坪)과 동일한 면적으로 미터법으로는 99.174제곱미터(m^2)가 되고, 1단은 300평으로써 991.74제곱미터(m^2)가 되며, 1정은 3,000평으로써 9,917.4제곱미터(m^2)가 된다.

그러므로 임야대장에 등록된 토지의 면적이 "3정 2단 1무"라면 9,630평이 되고, "5정 4단 3무 12보"라면 16,302평이 되는 것이다.

따라서 지적공부에 등록된 척관법에 의한 평(坪) 또는 보(步)를 미터법에 의한 제곱미터(m^2)로 환산 등록하는 기준은 아래 공식과 같으나,(지적법 시행규칙 부칙 제3항) 이미 토지대장과 임야대장에 등록된 모든 필지의 면적을 1976년부터 1981년까지 평방미터(m^2) 단위로 환산하여 등록을 완료하였기 때문에 1986년 제3차「지적법」개정 법률에서 이 기준을 삭제하였다.

$$\text{면적의 환산 기준 : 坪(또는 步)} \times 400/121 = \text{제곱미터}(m^2)$$

제2절 지적공부
(Section2. Cadastral Record)

1. 지적공부의 보존

법 제69조 (지적공부의 보존 등) ① 지적소관청은 해당 청사에 지적서고를 설치하고 그 곳에 지적공부(정보처리시스템을 통하여 기록·저장한 경우는 제외한다. 이하 이 항에서 같다)를 영구히 보존하여야 하며, 다음 각 호의 어느 하나에 해당하는 경우 외에는 해당 청사 밖으로 지적공부를 반출할 수 없다.
1. 천재지변이나 그 밖에 이에 준하는 재난을 피하기 위하여 필요한 경우
2. 관할 시·도지사 또는 대도시 시장의 승인을 받은 경우
② 지적공부를 정보처리시스템을 통하여 기록·저장한 경우 관할 시·도지사, 시장·군수 또는 구청장은 그 지적공부를 지적정보관리체계에 영구히 보존하여야 한다. <개정 2013. 7. 17.>

③ 국토교통부장관은 제2항에 따라 보존하여야 하는 지적공부가 멸실되거나 훼손될 경우를 대비하여 지적공부를 복제하여 관리하는 정보관리체계를 구축하여야 한다. <개정 2013. 3. 23., 2013. 7. 17.>
④ 지적서고의 설치기준, 지적공부의 보관방법 및 반출승인 절차 등에 필요한 사항은 국토교통부령으로 정한다. <개정 2013. 3. 23.>

지적소관청은 해당 시·군·구의 청사에 [그림 3-16]과 같은 지적서고(地籍書庫)72)를 설치하고 대장과 도면 등 지적공부를 영구히 보존하여야 한다. 다만, 지적공부의 등록사항을 정보처리시스템을 통하여 기록·저장한 경우는 지적서고에 보관하지 아니할 수 있도록 규정하고 있다.(법 제69조제1항)

주 : 지적서고내 지적공부 보관함(좌), 지적서고 출입문.(우, 상단에 제한구역이라고 표시되어 있음)
출처 : 충청남도, 2014, 『충청남도 지적사』, p.355.

[그림 3-16] 지적공부 보관 서고

지적공부의 보관 방법은 부책으로 된 대장은 지적공부 보관 상자에 넣어 보관하고, 카드로 된 대장은 100장 단위로 바인더(Binder)에 넣어 보관하여야 한다.

그리고 일람도·지번색인표·지적도면은 지번부여지역별로 도면번호 순으로 보관하되, 각 장별로 보호대에 넣어야 하며, 지적공부를 정보처리시스템을 통하여 기록·보존하는 때에는 그 지적공부를 「공공기관의 기록물 관리에 관한 법률」 제19조제2항에 따라 국가기록원(國家記錄院)73)에 이관할 수 있도록 규정하고 있다.(규칙 제66조제3항)

---

72) 지적공부를 보관하는 장소를 과거에는 '지적창고(地籍倉庫)'라고 하였으나 창고는 물건이나 상품을 쌓아 두는 저장고의 의미가 강한 것으로 제2차 「지적법」 개정 법률에서 '지적서고'로 개정하였다.
73) 우리나라의 기록 보존 역사를 계승할 목적으로 1962년 5월 내각사무처 총무과 문서촬영실로 발족하였으나, 1969년 8월 총무처 소속 정부기록보존소로 바꾼 뒤, 1984년 부산지소를 열었다. 1998년 2월 28일 행정자치

1.1. 지적공부의 반출

지적공부 중에서 가시적인 지적공부는 ① 천재·지변이나 그 밖에 이에 준하는 재난을 피하기 위하여 필요한 경우, ② 관할 시·도지사 또는 대도시 시장의 승인을 받은 경우의 어느 하나에 해당하는 경우 외에는 해당 청사 밖으로 반출(搬出)할 수 없도록 규정하고 있다.(법 제69조제1항)

그리고 지적공부를 정보처리시스템을 통하여 기록·저장한 경우 관할 시·도지사, 시장·군수 또는 구청장은 그 지적공부를 지적 전산정보시스템에 영구히 보존하여야 한다.(법 제69조제2항)

국토교통부장관은 지적공부를 정보처리시스템을 통하여 기록·저장한 경우 지적공부가 멸실되거나 훼손될 경우를 대비하여 지적공부를 복제하여 관리하는 시스템을 구축하도록 규정하고 있다.(법 제69조제3항)

지적소관청이 지적공부를 그 시·군·구의 청사 밖으로 반출하려는 경우에는 시·도지사 또는 대도시 시장에게 지적공부 반출 사유를 적은 승인신청서(규칙, 별지 제62호 서식)를 제출하여야 하며, 지적공부의 반출승인신청을 받은 시·도지사 또는 대도시 시장은 지적공부 반출 사유 등을 심사한 후 그 승인 여부를 지적소관청에 통지하도록 규정하고 있다.(규칙 제67조)

지적법령에서 지적공부를 그 시·군·구의 청사 밖으로 반출하려는 경우에는 특별시장·광역시장 또는 도지사(이하 "시·도지사"라 한다.)의 승인을 얻은 경우에 가능하도록 규정하였다.(「지적법」 제8조제1항제3호)

그러나 「측수지법」을 제정하면서 지방자치단체의 사무를 합리적으로 배분하기 위하여 시·도지사만 처리할 수 있었던 공부의 반출승인업무를 대도시(「지방자치법」 제3조제3항에 따라 자치구가 아닌 구가 설치된 시의 시장)의 시장도 승인할 수 있도록 개선하였으며, 이어서 「공간정보관리법」 제67조(지적공부의 반출승인 절차)에 동일한 내용으로 규정하여 오늘에 이르고 있다.

1.2. 지적서고의 설치

부로 소속이 바뀐 뒤, 같은 해 7월 정부대전청사로 본소를 옮기고, 서울사무소를 개소하였다. 1999년 1월 「공공기관의 기록물 관리에 관한 법률」을 제정하고, 2004년 5월 국가기록원으로 명칭을 변경하였다.

지적공부는 국가의 공적장부로 지적소관청이 해당 청사에 지적서고(地籍書庫)를 설치하고 그 곳에 지적공부(정보처리시스템을 통하여 기록·저장한 경우는 제외한다.)를 영구히 보존하여야 하며, 지적서고는 지적사무를 처리하는 사무실과 연접(連接)하여 설치하도록 규정하고 있다.(규칙 제65조제1항)

1.2.1. 지적서고의 설치 기준

지적공부는 대부분 종이로 작성되어 있기 때문에 습기를 흡수하여 신축이 이루어지기 쉽고 마모와 파손 등의 우려가 높으며 곤충과 쥐 등의 피해를 입기가 쉬우며, 화재와 도난 등의 염려가 있다.

따라서 반드시 이러한 위험으로부터 보호하여야 할 시설을 갖추어야 한다.

지적서고의 구조는 다음 각 호의 기준에 따라야 하고 또한 시설물을 설치하도록 규정하고 있다.(규칙 제65조제2항)

1) 골조는 철근콘크리트 이상의 강질로 하여야 한다.
2) 지적서고의 면적은 <표 3-30>과 같은 기준 면적에 따라야 한다.
3) 바닥과 벽은 2중으로 하고 영구적인 방수 설비를 하여야 한다.
4) 창문과 출입문은 2중으로 하되, 바깥쪽 문은 반드시 철제로 하고 안쪽 문은 곤충·쥐 등의 침입을 막을 수 있도록 철망 등을 설치하여야 한다.
5) 온도 및 습도 자동 조절 장치를 설치하고, 연중 평균 온도는 섭씨 20±5도를, 연중 평균 습도는 65±5퍼센트를 유지하여야 한다.
6) 전기 시설을 설치하는 때에는 단독 퓨즈를 설치하고 소화 장비를 갖춰 두어야 한다.
7) 열과 습도의 영향을 받지 아니하도록 내부 공간을 넓게 하고 천정을 높게 설치하여야 한다.

<표 3-30> 지적서고의 기준 면적

지적공부 등록필지수	지적서고 기준 면적	지적공부 등록필지수	지적서고 기준 면적
10만필지 이하	80㎡	10만필지 초과 20만필지 이하	110㎡
20만필지 초과 30만필지 이하	130㎡	30만필지 초과 40만필지 이하	150㎡
40만필지 초과 50만필지 이하	165㎡	50만필지 초과	180㎡에 60만필지를 초과하는 10만필지까지마다 10㎡를 가산한 면적

출처 : 규칙 제65조제2항제2호 관련.[별표 7]

1.2.2. 지적서고의 관리

지적서고의 관리는 ① 제한구역으로 지정하고 출입자를 지적사무 담당공무원으로 한정하여야 하며, ② 인화물질의 반입을 금지하고 지적공부·지적 관계서류 및 지적측량장비만 보관하도록 규정하고 있다.(규칙 제65조제3항)

그리고 지적공부 보관상자는 벽으로부터 15센티미터 이상 띄워야 하며, 높이 10센티미터 이상의 깔판 위에 올려놓도록 규정하고(규칙 제65조제4항), 일정한 온도와 습도를 유지하여 이의 차이에 따른 지적공부의 신축과 훼손 등을 방지하는 등 지적공부가 최적의 상태에서 보존 관리하도록 장치하여야 한다.

2. 지적정보 전담 관리기구의 설치

> 법 제70조(지적정보 전담 관리기구의 설치) ① 국토교통부장관은 지적공부의 효율적인 관리 및 활용을 위하여 지적정보 전담 관리기구를 설치·운영한다. <개정 2013. 3. 23.>
> ② 국토교통부장관은 지적공부를 과세나 부동산정책자료 등으로 활용하기 위하여 주민등록전산자료, 가족관계등록전산자료, 부동산등기전산자료 또는 공시지가전산자료 등을 관리하는 기관에 그 자료를 요청할 수 있으며 요청을 받은 관리기관의 장은 특별한 사정이 없으면 그 요청을 따라야 한다. <개정 2013. 3. 23., 2020. 6. 9.>
> ③ 제1항에 따른 지적정보 전담 관리기구의 설치·운영에 관한 세부사항은 대통령령으로 정한다.

2.1. 지적정보 전담 관리 기구

국토교통부장관은 지적공부의 효율적인 관리와 활용을 위하여 지적정보 전담 관리 기구를 설치·운영하도록 규정하고,(법 제70조제1항) 지적정보 전담 관리 기구의 설치·운영 등에 관하여 필요한 사항을 대통령령으로 정하도록 규정하고 있다.(법 제70조제3항)

이에 따라 「국가공간정보에 관한 법률」에 따른 공간정보, 「측수지법」에 따른 지적공부에 관한 전산자료, 「지방세법」 및 「종합부동산세법」에 따른 부동산 관련 자료를 통합적으로 관리하기 위하여 국가공간정보센터 운영규정[시행 2010. 1. 7.] [대통령령 제21984호, 2010. 1. 7., 제정]을 제정하고, 제10조 내지 제12조에 지적전산 자료의 관리에 관한 사항을 규정하고 있다.

2.2. 자료의 제출요구

　국토교통부장관은 지적공부를 과세나 부동산 정책자료 등으로 활용하기 위하여 주민등록 전산자료·가족관계등록 전산자료·부동산등기 전산자료 또는 공시지가 전산자료 등을 관리하는 기관에 그 자료를 요청할 수 있으며, 요청을 받은 관리 기관의 장은 특별한 사정이 없으면 그 요청을 따르도록 규정하고 있다.(법 제70조제2항)
　본 조문은 제14차「공간정보관리법」개정 법률에서 제2항 중 "없는 한 이에 응하여야"를 "없으면 그 요청을 따라야"로 개정하여 국민이 쉽게 이해할 수 있도록 용어를 순화하였다.

2.3. 지적정보센터의 설치

　지적정보센터(Cadastral Information Center)란 1995년 내무부에서 국토정보센터(National Land Information Center)를 설치하고 지적 전산자료를 중심으로 하여 주민등록 전산자료와 건설교통부의 공시지가 전산자료를 연계 통합하여 토지 공개념의 정착과 토지거래 실명제 전환을 위한 기반 조성 및 지적관련 정보의 공동 활용으로 부처별 중복 투자를 방지하고 전국의 지가를 안정시키며 부동산 투기를 근절하기 위한 목적으로 개인별·세대별·법인별 토지소유 현황을 쉽게 파악할 수 있는 프로그램을 개발하여 운용하고 있는 시스템을 말한다.
　국토정보센터는 그 중요성이 인정되어 개설에 앞서 국토정보센터구축 완료보고서를 작성하여 지적행정 80년 역사상 최초로 지적업무에 관한 사항을 차관회의와 국무회의의 안건으로 상정하여 보고를 하였다.
　그리고 1995년 1월 19일에 내무부 대회의실에서 이홍구(李洪九) 국무총리, 김용태(金瑢泰) 내무부장관, 오명(吳明) 건설부장관, 경상현(景商鉉) 정보통신부장관 등이 참석한 가운데 시연회를 개최하였으며, 같은 해 2월 3일 내무부장관 주관으로 국토정보센터의 현판식을 갖고 정상 가동을 시작하였다.
　이어서 국토정보센터에서 관리하고 있는 지적관련 자료의 효율적인 관리와 활용을 위하여 국토정보센터 운영규정(1996. 5. 7. 내무부예규 제778호)을 제정하였다.
　그러나 제10차「지적법」개정 법률에 "행정자치부장관은 지적 전산자료·주민등록 전산자료·공시지가 전산자료·지적위성기준점 관측자료 등 지적관련 자료의 효율적인 관리 및 활용을 위하여 지적정보센터를 설치·운영한다."라고 개정하여(법 제42조제1항) '국토정보센터'를 '지적정보센터'로 명칭을 변경하였으며, 지적정보센터에서 관리하고 있는 지적관련 자료의 효율적인 관리와 활용을 위하여 지적정보센터 운영규정(2007. 10. 16. 행정자치부예규 제261호)을 제정하여 시행하였다.

2.4. 지적관련 정보의 활용

1995년 2월 국토정보센터 설립이후 첫째, 입법·사법·행정부 산하 각급 공직자윤리위원회에서 신청한 공직자와 그 가족의 토지 소유 현황 등 공직자 재산등록에 관한 심사자료 둘째, 개발제한구역내의 토지 소유 현황·국공유 재산 현황·공시지가 표준지 현황·30대 기업의 토지 소유 현황 등 지적관련 정책정보 셋째, 병역 면제자·생활 보호 대상자·국세 및 지방세 체납자·수사·감사·조사 등 개별법령의 규정에 의한 토지 소유 현황 넷째, 본인 및 직계 존비속의 토지 소유 현황 등 지적관련 정보를 일반 국민에게는 물론이고 각급 중앙행정기관과 감사원·검찰청·국세청·경찰청, 시·도, 시·군·구 등에 제공하는 매우 중요한 역할을 하고 있다.

3. 지적공부 등의 등록사항

3.1. 토지대장과 임야대장

법 제71조(토지대장 등의 등록사항) ① 토지대장과 임야대장에는 다음 각 호의 사항을 등록하여야 한다. <개정 2011. 4. 12., 2013. 3. 23.>
 1. 토지의 소재
 2. 지번
 3. 지목
 4. 면적
 5. 소유자의 성명 또는 명칭, 주소 및 주민등록번호(국가, 지방자치단체, 법인, 법인 아닌 사단이나 재단 및 외국인의 경우에는 「부동산등기법」 제49조에 따라 부여된 등록번호를 말한다. 이하 같다)
 6. 그 밖에 국토교통부령으로 정하는 사항
② 제1항제5호의 소유자가 둘 이상이면 공유지연명부에 다음 각 호의 사항을 등록하여야 한다. <개정

2013. 3. 23.>
1. 토지의 소재
2. 지번
3. 소유권 지분
4. 소유자의 성명 또는 명칭, 주소 및 주민등록번호
5. 그 밖에 국토교통부령으로 정하는 사항
③ 토지대장이나 임야대장에 등록하는 토지가 「부동산등기법」에 따라 대지권 등기가 되어 있는 경우에는 대지권등록부에 다음 각 호의 사항을 등록하여야 한다. <개정 2013. 3. 23.>
1. 토지의 소재
2. 지번
3. 대지권 비율
4. 소유자의 성명 또는 명칭, 주소 및 주민등록번호
5. 그 밖에 국토교통부령으로 정하는 사항

3.1.1. 작성대상

지적도 또는 임야도에 등록하는 모든 토지는 필지 단위로 [서식 3-3]과 같은 토지대장(규칙 제68조, 별지 제63호 서식) 또는 [서식 3-4]와 같은 임야대장(규칙 제68조, 별지 제64호 서식)을 작성·비치하여야 하며,(규칙 제68조제1항) 부동산종합공부시스템 운영 및 관리 규정(2017. 3. 6. 국토교통부 훈령 제813호 개정)[별표 제3호]에 <표 3-31>과 같은 대장별 코드번호를 부여하여 관리하도록 규정하고 있다.

3.1.2. 등록사항

토지대장과 임야대장에는 ① 토지의 소재, ② 지번, ③ 지목, ④ 면적, ⑤ 소유자의 성명 또는 명칭·주소 및 주민등록번호(국가·지방자치단체·법인·법인 아닌 사단이나 재단 및 외국인은 그 등록번호를 말한다.), ⑥ 그 밖에 국토교통부령으로 정하는 사항을 등록하도록 규정하고 있으며,(법 제71조제1항) 그 밖에 국토교통부령으로 정하는 사항이란 ① 토지의 고유번호,(각 필지를 서로 구별하기 위하여 필지마다 붙이는 고유한 번호를 말한다.) ② 지적도 또는 임야도의 번호와 필지별 토지대장 또는 임야대장의 장번호 및 축척, ③ 토지의 이동사유, ④ 토지소유자가 변경된 날과 그 원인, ⑤ 토지등급 또는 기준수확량 등급과 그 설정·수정연월일, ⑥ 개별공시지가와 그 기준일, ⑦ 그 밖에 국토교통부장관이 정하는 사항을 말한다.(규칙 제68조제2항)

[서식 3-3] 토지대장

출처: 규칙 제68조[별지 제63호 서식]

[서식 3-4] 임야대장

출처: 규칙 제68조[별지 제64호 서식]

<표 3-31> 대장 구분 코드 번호

코드체계	*	⇐ 숫자 1자리		
코드	내용		코드	내용
1	토지대장		8	토지대장 (폐쇄)
2	임야대장		9	임야대장 (폐쇄)

출처 : 부동산종합공부시스템 운영 및 관리규정(2017. 3. 6. 국토교통부 훈령 제813호 개정).[별표 제3호]

그리고 부동산등기법[시행 2006. 6. 1.] [법률 제7764호, 2005. 12. 29., 일부개정]을 개정하여 2006년 6월 1일부터 매매에 관한 거래계약서를 등기원인을 증명하는 서면으로 하여 소유권이전등기를 신청하는 경우에는 대법원규칙이 정하는 거래신고필증과 매매목록을 제출하도록 개선하고,(부동산등기법 제40조제1항제9호) 매매에 관한 거래계약서를 등기원인을 증명하는 서면으로 하여 소유권이전등기를 하는 경우에는 제40조제1항제9호의 규정에 따른 서면에 기재된 거래가액을 갑구의 권리자 및 기타 사항란에 기재하도록 규정하여(부동산등기법 제57조제4항) 시행하고 있다.

따라서 앞으로 토지대장과 임야대장에도 거래가액을 등록하도록 개선하여 지적공부에 등록된 정보의 활용도를 증대시켜야 할 것이다.

3.1.3. 정리 방법

1) 토지의 소재

법정 행정구역의 명칭인 "시·도, 시·군·구, 읍·면, 동·리"의 명을 등록하여야 한다.

2) 지번

아라비아 숫자로 본번 또는 본번과 부번으로 구성된 지번을 등록하여야 하며, 임야대장에 등록하는 토지의 지번은 숫자 앞에 "산"자를 붙여야 한다.

3) 지목

각 필지 단위로 앞에서 제시한 해당 지목 구분 코드번호와 지목의 명칭을 등록하여야 한다.

4) 면적

제곱미터(㎡) 단위로 경계점좌표 측량지역과 도해 측량지역을 구분하여 다음과 같이 등록하여야 한다.

가) 경계점좌표 측량지역 : 0.1㎡ 단위로 등록
나) 도해 측량지역 : 1㎡ 단위로 등록. 다만, 축척이 600분의 1 지역은 0.1㎡ 단위로 등록

5) 소유자의 성명 또는 명칭·주소·주민등록번호

토지조사사업 당시에 작성한 토지대장에는 사정(査定)으로써 확정된 소유자에 관한 사항을 등록하였으며, 특히 소유자·질권자(質權者)·전당권자(典當權者) 또는 지상권자(地上權者)의 주소가 토지의 소재와 리(里)·동(洞)을 같이 할 때에는 토지대장규칙(1914. 4. 25. 조선총독부령 제45호)에 그 주소란에 리·동 명칭의 기재를 생략하고 읍·면, 시·군 또는 도가 같을 경우에도 이에 준하여 주소란에 그 행정구역 명칭의 기재를 생략하도록 규정하였다.(토지대장규칙, 제1조제1호 양식 비고 제4호)

그리고 토지대장의 주소란에 기재하는 도(道)의 명칭도 조선총독부 탁지부장관(度支部長官)이 각 도장관(道長官)에게 토지대장·지세명기장 등에 기재할 토지소유자의 주소의 건(1915.7.5. 세제857호)을 통첩하여 <표 3-32>와 같이 약기(略記)하도록 조치하였다.

<표 3-32> 주소란의 도 명칭 정리 기준

도명	약기	도명	약기	도명	약기
경기도	경(京)	경상북도	경북	강원도	강(江)
충청북도	충북	경상남도	경남	함경남도	함남
충청남도	충남	황해도	황(黃)	함경북도	함북
전라북도	전북	평안남도	평남		
전라남도	전남	평안북도	평북		

출처 : 원영희, 1972(b), 『한국지적사』, 서울, 보문출판사, p.747.

따라서 지금까지 이러한 원칙에 준하여 시·도의 명칭을 "서울·부산 …… 경남·제주" 등으로 줄여서 토지대장과 임야대장에 소유자의 주소를 정리하고 있다.

신규등록을 할 경우에는 지적소관청이 소유자에 관한 사항, 즉 성명 또는 명칭·주소·

주민등록번호 등을 조사 등록하여야 하며, 보존등기 이후 소유자의 변경에 관한 사항은 등기관서에서 등기한 사실을 증명하는 등기필통지서 등에 의하여 정리하여야 한다.

6) 소유자의 유형

지적공부에 등록된 토지소유자를 크게 나누면 ① 자연인, ② 국가·지방자치단체, ③ 법인, ④ 법인 아닌 사단·재단, ⑤ 외국인, ⑥ 외국정부·국제기관 등의 유형으로 구분할 수 있다. 이 경우 사단은 학회·동창회·노동조합·정당·동민회·직장주택조합·교회·사찰·불교 신도회·문중·종중 등이 있으며 재단은 육영회·대학교장학회 등이 있다.

부동산을 취득하고자 할 경우에는 소유자 유형별로 1인 또는 1개 단체에 각각 가변성(可變性)이 없는 고유번호로 1개의 등록번호를 부여 받아야 한다.

주민등록번호는 전산화에 대비하고 소유권의 위·변조 방지 등을 위하여 제2차「지적법」개정 법률 제9조(토지대장 및 임야대장)제5호에 토지대장 및 임야대장에 소유자의 주민등록번호를 등록하도록 개선하고, 내무부의 '주민등록번호 등재 정리지침(지적 1269.1-870. 1979. 1. 22.)'에 의하여 1979년부터 1985년까지 전국의 사유 토지 약 24백만 필지 중에서 사망자·외국 이민자·행방불명자 등 주민등록번호를 부여 받지 못한 소유자를 제외한 약 21백만 필지의 사유 토지에 대한 토지소유자의 주민등록번호를 소관청별로 시장·군수·구청장이 직권으로 조사하여 토지대장과 임야대장에 등록하였다.74)

이와 관련하여「부동산등기법」[시행 1984. 7. 1.] [법률 제3692호, 1983. 12. 31., 일부개정]을 개정하여 1984년 7월 1일부터 등기신청서에 등기권리자가 개인인 때에는 소유자의 주민등록번호를 병기하도록 개선하고,(법 제41조제3호) 부동산등기부에 등기권리자의 주민등록번호를 성명에 병기(倂記)하도록 규정하여(법 제57조제2항) 부동산등기부에 주민등록번호를 기재하기 시작하였다.

그리고 다시「부동산등기법」[시행 1987. 3. 1.] [법률 제3859호, 1986. 12. 23., 일부개정]을 개정하여 1987년 3월 1일부터 등기권리자가 국가·지방자치단체·국제기관·외국정부·법인·법인 아닌 사단이나 재단 또는 외국인인 경우에는 부동산등기용 등록번호를 등기신청서의 성명 또는 명칭에 병기하도록 개선하였으며,(법 제41조제2항) 법 제41조의2(등록번호의 부여절차)를 신설하여 소유자의 유형별로 부동산등기용 등록번호를 부

---

74) 류병찬, 1982. 1, "토지기록 전산화를 위한 지적공부 정비계획",『지적』, 대한지적공사, p.29. ; 류병찬, 2006,『최신지적학』, 서울, 건웅출판사, p.361.

여하도록 규정하고, 부동산등기부에 등기권리자의 성명 또는 명칭에 부동산등기용 등록번호를 병기하도록 규정하였다.(법 제57조제2항)

 이어서「부동산등기법」[시행 2011. 10. 13.] [법률 제10580호, 2011. 4. 12., 전부개정]을 개정하여 제48조(등기사항)제2항에 '권리자의 성명 또는 명칭 외에 주민등록번호 또는 부동산등기용등록번호와 주소 또는 사무소 소재지를 함께 기록하여야 한다.'라고 규정하여 오늘에 이르고 있다.

 그리고「남북주민 사이의 가족관계와 상속 등에 관한 특례법」[시행 2012. 5. 11] [법률 제11299호, 2012. 2. 10, 제정]을 제정하고 법무부장관은 상속·유증재산 등을 취득한 북한 주민에 관한 인적사항, 북한 주민의 상속·유증재산 등의 취득에 관한 사항, 그 밖에 상속·유증재산 등의 효율적 관리를 위하여 필요한 사항을 등록관리하기 위하여 북한 주민의 등록대장을 작성·보존하도록 규정하였다.(특례법 제21조제1항)

 북한주민등록대장은 재산관리인이 신고한 경우나 법무부장관이 북한 주민의 남한 내 상속·유증재산 등의 취득을 알게 된 경우에 작성하며,(특례법 시행령 제12조제1항) 또한 법무부장관은 북한주민등록대장에 등록된 북한 주민에 대하여는 개인별로 고유한 북한주민등록번호를 부여하여야 하고,(특례법 제21조제3항) 북한 주민이 남한 내 부동산을 등기하는 경우에 북한주민등록번호는「부동산등기법」제49조에 따라 부여된 부동산등기용 등록번호로 보도록 규정하여,(같은 특례법 제21조제4항) 이 특례법에 의하여 북한주민등록번호는 부동산등기용 등록번호로 갈음할 수 있게 되었다.

 따라서 주민등록번호는 1979년부터 토지·임야대장에 등록하기 시작하였으며, 1984년 7월부터 등기권리자가 개인인 경우에는 소유자의 주민등록번호를 부동산등기부에 기재하기 시작하였고, 1987년 3월부터 등기권리자가 국가·지방자치단체·국제기관·외국정부·법인·법인 아닌 사단이나 재단 또는 외국인인 경우에는 부동산등기용 등록번호를 부동산등기부에 기재하기 시작하였으며, 2012년 5월부터 북한 주민인 경우에는 북한주민등록번호를 부동산등기부에 기재할 수 있도록 개선하였다.

 그리고 등기소의 등기필 통지서에 의하여 부동산등기부에 기재된 주민등록번호 또는 부동산등기용 등록번호를 지적소관청에서 토지·임야대장에 등록하고 있다.

 소유자별 주민등록번호 또는 부동산등기용 등록번호를 대장과 등기부에 등록함으로써 개인별·법인별·단체별로 토지 소유 현황을 쉽게 파악할 수 있을 뿐만 아니라 종합부동산세 등을 부과하기 위하여 전국의 과세대상 토지를 토지소유자별로 합산하는 기준으로 활용하고 있다.

「부동산등기법」 제49조제1항과 부동산종합공부시스템 운영 및 관리규정(2017. 3. 6. 국토교통부 훈령 제813호 개정)[별표 제3호]에 규정된 토지소유자의 유형별 소유 구분 번호·명칭 및 부여기관 등을 요약한 소유 구분 코드번호는 <표 3-33>과 같다.

<표 3-33> 소유 구분 코드번호

소유구분번호	소유자 유형		대상 토지	등록 번호	부여 기관	등록번호 자리수
01	개인	내국민	주민등록번호를 부여받은 자의 소유 토지	주민등록번호	읍·면·동장	13자리
		재외국민	재외국민등록번호를 부여받은 자의 소유 토지	재외국민등록번호	대법원소재지 관할 등기소의 등기관	13자리
02	국 유 지		국 또는 중앙부처(청)의 소유 토지	국가기관 등록번호	국토교통부장관	3자리
03	외국인		외국인등록번호를 부여받은 국내거주 외국인·국제기관·외국정부의 소유 토지	외국인 등록번호	지방출입국 외국인 관서의 장	13자리
	국제기관 외국정부			국제기관· 외국정부 등록번호	국토교통부장관	4자리
04	시·도유지		특별시·광역시·도의 소유 토지	지방자치단체등록번호 (시·도)	〃	3자리
05	군유지		시·군·구의 소유 토지	지방자치단체등록번호 (시·군·구)	〃	4자리
06	법인	민법법인	사단법인·재단법인의 소유 토지	법인등록번호	주된 사무소 소재지 관할 등기소의 등기관	13자리
		상법법인	주식회사·합자회사·합명회사·유한회사의 소유 토지	법인등록번호	〃	13자리
		특수법인	특별법에 의하여 설립된 법인의 소유 토지	법인등록번호	〃	13자리
		외국법인	외국법인의 소유 토지	법인등록번호	〃	13자리
07	비법인 사단 재단	종중	문중·종친회·화수회 등의 소유 토지	비법인등록번호	시장·군수· 구청장	13자리
08		종교단체	교회·사찰·향교 등의	비법인등록	〃	10자리

09	기타단체	소유 토지 노인회·마을회 등의 소유 토지	번호 비법인등록 번호	〃	9자리
00	일본인· 창씨명의				

출처 : 류병찬, 1996, 『지적공부 정리실무』, 서울, 남광출판사, p.41. ; 「부동산등기법」 제49조, 부동산종합공부시스템 운영 및 관리규정(2017. 3. 6. 국토교통부 훈령 제813호 개정)[별표 제3호] 등 참고 작성.

① 개인

주민등록법 제7조의2제1항에 시장·군수 또는 구청장이 주민에게 개인별로 고유한 등록번호(이하 "주민등록번호"라 한다.)를 부여하도록 규정되어 있다. 그리고 부동산등기법[시행 1984. 7. 1.] [법률 제3692호, 1983. 12. 31., 일부개정]을 개정하여 주민등록번호를 개인에 대한 부동산등기용 등록번호로 사용하도록 규정하고, 등기부에 등기권리자의 주민등록번호를 성명에 병기하도록 규정하여,(부동산등기법 제57조제2항 신설) 토지대장과 임야대장에 이어서 1984년 7월 1일부터 주민등록번호를 등기부에 기재하기 시작하여 오늘에 이르고 있다.

신분증제도는 고려 공민왕(재위기간 : 1351~1374.) 때 중국 원나라에서 실시하고 있던 제도를 도입한 것이었으나, 잘 시행되지 않다가 조선 태종(재위기간 : 1400~1418.) 때 신분을 나타내기 위하여 16세 이상의 남자들에게 나무 조각에 성명·출생년도·특징 등을 새겨 주고 가지고 다니게 하는 호패제도(戶牌制度)를 다시 시행하였는데, 이는 백성의 이동상황과 장정의 수와 주소를 살펴 군역 대상자의 파악과 세금을 거둬들이는데 활용하였다.

오늘날의 주민등록제도는 주민의 거주이동 실태를 기록 관리하는 제도로 조선총독부에서 최초로 조선기류령(朝鮮記留令)[시행 1942. 10. 15.] [조선총독부제령 제32호, 1942. 9. 26., 제정]을 제정하여 90일 이상 거주할 목적으로 본적 외에 일정한 장소에 주소 또는 거소를 정한 자에게 기류신고를 하도록 규정하였으나,(령 제1조) 광복 후 기류법(記留法)[시행 1962. 1. 15.] [법률 제967호, 1962. 1. 15., 제정]을 제정하고 30일 이상 거주할 목적으로 본적지 이외의 일정한 장소에 주소 또는 거소를 정한 자를 등록대상으로 하고(법 제2조제1항) 조선기류령을 폐지하였으나, 1950년에 6.25전쟁이 발발하자 간첩 식별을 위하여 각 시·도의 규칙에 따라 시·도민증을 발급하다가 1962년에 「주민등록법」[시행 1962. 6. 20.] [법률 제1067호, 1962. 5. 10., 제정]을 제정하여 국가 신분증 제도로 통합하였으며 기류법을 폐지하였다.[75]

그러나 주민들의 허위 신고·이중 등록·무단 전출입자 등이 많이 발생되어 「주민등록법」[시행 1968. 8. 30.] [법률 제2016호, 1968. 5. 29., 일부개정]을 개정하여 호적과 연계시키고 신고주의원칙에 직권조치제도를 가미하였으며 18세 이상의 주민등록자는 주민등록증을 발급받아야 할 의무규정을 신설하는 등 주민등록의 정확을 기하도록 개선하였다.

이어서 「주민등록법」[시행 1975. 8. 25.] [법률 제2777호, 1975. 7. 25., 일부개정]을 개정하여 주민등록발급 대상자의 연령을 17세로 내리고 주민등록증을 발급 받을 연령에 달한 자에게는 주민등록증을 의무적으로 받도록 하고 시장·군수 또는 구청장이 주민등록을 한 때에는 개인별로 주민등록번호를 부여하도록 규정하였다.[76]

주민등록번호는 업무편의상 지방자치단체의 조례에 의하여 읍·면·동장에게 위임하여 부여하고 있으며, 1인 1번호를 부여하도록 규정하고 있어 똑같은 번호가 둘 이상 있을 수 없고 한번 사용한 번호는 어떠한 경우에도 이를 다시 사용할 수 없으며 사망할 경우에는 그 사람의 주민등록번호도 영원히 없어지도록 운영하였다.[77]

그러나 주민등록법[시행 2017. 5. 30.] [법률 제14191호, 2016. 5. 29., 일부개정]을 개정하여 2017년 5월 30일부터 주민등록번호의 유출로 인하여 생명·신체·재산·성폭력 등의 피해를 입거나, 피해 우려가 있는 경우에는 주민등록번호가 유출되었다는 입증자료를 첨부하여 주민등록지의 시장·군수·구청장에게 주민등록번호의 변경을 신청할 수 있으며, 변경신청은 법정대리인 외에 신청인의 배우자, 직계 존·비속, 형제자매 등을 통해서도 가능하며, 신청이 접수되면 행정자치부에 설치된 주민등록번호변경위원회의 심의를 거쳐 주민등록번호를 변경할 수 있도록 개선하였는데,(주민등록법 제7조의3, 제7조의4 등 신설) 주민등록번호의 13자리 중 생년월일 6자리, 성별 1자리를 제외한 '지역번호 4자리, 등록순서 1자리, 검증번호 1자리'의 숫자만 변경이 가능하다.[78]

주민등록번호변경위원회는 필요시 범죄수사경력·체납·출입국 기록 조회와 금융·신용·보험정보의 제공을 요청할 수 있으며, 변경신청이 범죄경력 은폐, 법령상 의무 회피, 수사나 재판 방해, 선량한 풍속 기타 사회질서를 위반할 경우에는 변경신청을 기각할 수 있다.(주민등록법 시행령 제12조의2부터 제12조의14까지 신설)

위에서 서술한 주민등록번호의 구성 체계도는 [그림 3-17]과 같다.

---

75) 김재영, 2020, 『흐르는 강물처럼』, 서울, 도서출판 온북스, pp.178~179. : 법제처 국가법령정보센터.(http://www.law.go.kr / 2020. 11. 22.)
76) 내무부, 1986, 『주민등록사무편람』, pp.283~291.
77) 내무부, 1986, 앞의 책, p.47.
78) 행정자치부 보도자료, 2017. 5. 2, "주민등록번호' 올해 5월 30일부터 변경할 수 있습니다.(주민등록법 시행령 일부 개정령안 국무회의 의결)". p.6.

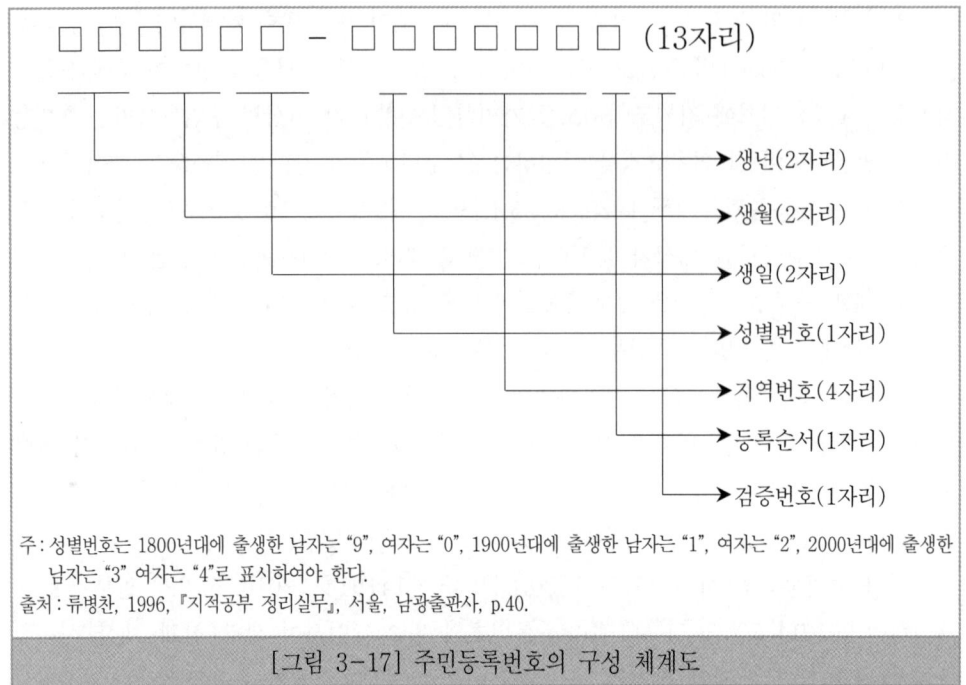

[그림 3-17] 주민등록번호의 구성 체계도

② 국가·지방자치단체

국가나 지방자치단체에 대한 부동산등기용 등록번호는 「부동산등기법」[시행 1987. 3. 1.] [법률 제3859호, 1986. 12. 23., 일부개정]을 개정하여 제41조의2(등록번호의 부여절차)를 신설하고 제1항제1호에 내무부장관이 지정·고시한 국가기관별 등록번호와 지방자치단체별 등록번호를 사용하도록 규정하였다.

이어서 「부동산등기법」[시행 2011. 10. 13.] [법률 제10580호, 2011. 4. 12., 전부개정]을 개정하여 제49조(등록번호의 부여절차)제1항제1호에 국가·지방자치단체·국제기관 및 외국정부의 등록번호는 국토해양부장관이 지정·고시하도록 규정하였으나, 현행 「부동산등기법」[시행 2025. 1. 31.] [법률 제20435호, 2024. 9. 20., 일부개정] 제49조(등록번호의 부여절차)제1항제1호에 국가·지방자치단체·국제기관 및 외국정부의 등록번호는 국토교통부장관이 지정·고시하도록 규정하고 있다.

③ 재외 국민

재외 국민이 국내에서 토지를 취득하고자 하는 경우에는 「부동산등기법」[시행 1992. 2. 1.] [법률 제4422호, 1991. 12. 14., 일부개정]을 개정하여 제41조의2제1항제2호에 주민등록번호가 없는 재외국민에 대한 등록번호는 대법원 소재지 관할 등기소의 등기관이 부여하도록 규정하고, 법인 및 재외 국민의 부동산등기용 등록번호 부여에 관한 규칙(1991. 12. 30. 대법원규칙 제1187호, 2008. 7. 7., 대법원규칙 제2190호)에 의하여 1992년 2월 1일부터 대법원 소재지 관할 등기소인 등기관(중부등기소의 등기관)79)으로부터 재외 국민 등록번호를 부여받아야만 소유권이전등기가 가능하도록 개선하였다.

현행「부동산등기법」[시행 2025. 1. 31.] [법률 제20435호, 2024. 9. 20., 일부개정] 제49조(등록번호의 부여절차)제1항제2호에 주민등록번호가 없는 재외 국민의 등록번호는 대법원 소재지 관할 등기소의 등기관이 부여하도록 규정하고 있다.

재외 국민 등록번호는 주민등록번호와 같이 1인 1번호를 부여하도록 규정하고 있어 동일 번호가 둘 이상 있을 수 없고 이미 한번 사용한 번호는 이를 다시 사용할 수 없다.

④ 법인

법인에 대한 부동산등기용 등록번호는「부동산등기법」[시행 1987. 3. 1.] [법률 제3859호, 1986. 12. 23., 일부개정]을 개정하여 제41조의2(등록번호의 부여절차)를 신설하고 제1항제2호에 주된 사무소(회사의 경우 본점, 외국회사의 경우에는 국내영업소를 말한다.) 소재지 관할 등기소의 등기공무원이 부여하도록 규정하였으며, 법인 및 재외 국민의 부동산등기용 등록번호 부여에 관한 규칙(1991. 12. 30. 대법원규칙 제1187호, 2008. 7. 7., 대법원규칙 제2190호)에 의하여 법인의 설립등기를 하는 때에 부여한 법인등록번호를 사용하도록 규정하였다.

현행「부동산등기법」[시행 2025. 1. 31.] [법률 제20435호, 2024. 9. 20., 일부개정] 제49조(등록번호의 부여절차)제1항제2호에 법인의 등록번호는 주된 사무소(회사의 경우에는 본점, 외국법인의 경우에는 국내에 최초로 설치 등기를 한 영업소나 사무소를 말한다.) 소재지 관할 등기소의 등기관이 부여하도록 규정하고 있으며, 법인 등록번호의 구성 체계도는 [그림 3-18]과 같다.

⑤ 법인 아닌 사단·재단·외국법인

법인 아닌 사단이나 재단에 대한 부동산등기용 등록번호는「부동산등기법」[시행 1987. 3. 1.] [법률 제3859호, 1986. 12. 23., 일부개정]을 개정하여 제41조의2(등록번호의 부여절차)를 신설하고 제1항제3호에 법인 아닌 사단이나 재단에 대한 등록번호는 사단이나 재단이 등기권리자로서 등기를 하고자 하는 부동산 소재지 관할시장(구가 설치

---

79)「부동산등기법」[시행 1998. 12. 28] [법률 제5592호, 1998. 12. 28., 일부개정] 의 개정으로 "등기공무원"이라는 용어가 "등기관"으로 변경되었다.

되어 있는 시에서는 구청장) · 군수가 부여하도록 규정하였다.

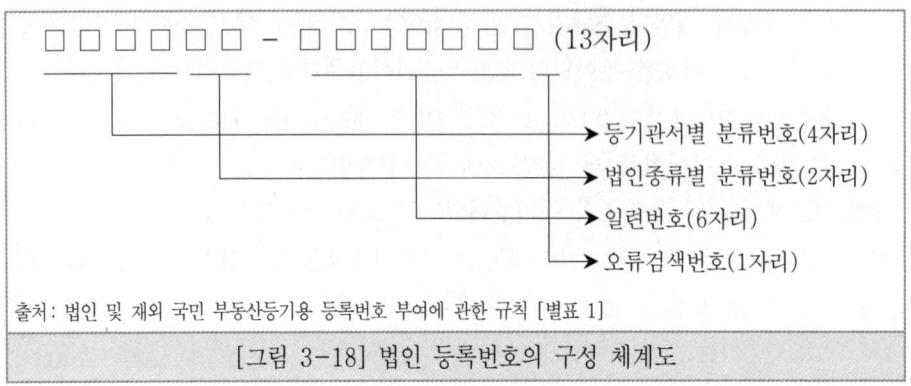

[그림 3-18] 법인 등록번호의 구성 체계도

이어서 「부동산등기법」[시행 2011. 10. 13.] [법률 제10580호, 2011. 4. 12., 전부개정]을 개정하여 제49조(등록번호의 부여절차)제1항제3호에 법인 아닌 사단이나 재단 및 국내에 영업소나 사무소의 설치 등기를 하지 아니한 외국법인의 등록번호는 시장(「제주특별자치도 설치 및 국제자유도시 조성을 위한 특별법」제15조제2항에 따른 행정시의 시장을 포함하며, 「지방자치법」제3조제3항에 따라 자치구가 아닌 구를 두는 시의 시장은 제외한다.) · 군수 또는 구청장(자치구가 아닌 구의 구청장을 포함한다.)이 부여하도록 규정하였다.

현행 「부동산등기법」[시행 2025. 1. 31.] [법률 제20435호, 2024. 9. 20., 일부개정] 제49조(등록번호의 부여절차)제1항제3호에 법인 아닌 사단이나 재단 및 국내에 영업소나 사무소의 설치 등기를 하지 아니한 외국법인의 등록번호는 시장(「제주특별자치도 설치 및 국제자유도시 조성을 위한 특별법」제10조제2항에 따른 행정시의 시장을 포함하며, 「지방자치법」제3조제3항에 따라 자치구가 아닌 구를 두는 시의 시장은 제외한다.) · 군수 또는 구청장(자치구가 아닌 구의 구청장을 포함한다.)이 부여하도록 규정하고 있다.

⑥ 외국인

외국인에 대한 부동산등기용 등록번호는 「부동산등기법」[시행 1987. 3. 1.] [법률 제3859호, 1986. 12. 23., 일부개정]을 개정하여 제41조의2(등록번호의 부여절차)를 신설하고 제1항제4호에 외국인에 대한 등록번호는 거류지(국내에 거류지가 없는 경우에는 대법원 소재지에 거류지가 있는 것으로 본다.)를 관할하는 출입국관리사무소장이 부여하도록 규정하였다.

현행「부동산등기법」[시행 2025. 1. 31.] [법률 제20435호, 2024. 9. 20., 일부개정] 제49조(등록번호의 부여절차)제1항제4호에 외국인의 등록번호는 체류지(국내에 체류지가 없는 경우에는 대법원 소재지에 체류지가 있는 것으로 본다.)를 관할하는 지방출입국·외국인관서의 장이 부여하도록 규정하고 있다.

⑦ 국제기관 및 외국정부

국제기관 및 외국정부에 대한 부동산등기용 등록번호는「부동산등기법」[시행 1987. 3. 1.] [법률 제3859호, 1986. 12. 23., 일부개정]을 개정하여 제41조의2(등록번호의 부여절차)를 신설하고 제1항제1호에 국제기관·외국정부에 대한 등록번호는 내무부장관이 지정·고시하도록 규정하였다.

그러나 현행「부동산등기법」[시행 2025. 1. 31.] [법률 제20435호, 2024. 9. 20., 일부개정] 제49조(등록번호의 부여절차)제1항제1호에 국제기관 및 외국정부의 등록번호는 국토교통부장관이 지정·고시하도록 규정하고 있다.

⑧ 북한 주민

북한 주민에 대한 부동산등기용 등록번호는「남북주민 사이의 가족관계와 상속 등에 관한 특례법」[시행 2012. 5. 11.] [법률 제11299호, 2012. 2. 10., 제정] 제21조제3항에 법무부장관은 북한주민등록대장에 등록된 북한 주민에 대하여는 대통령령으로 정하는 바에 따라 개인별로 고유한 등록번호(이하 "북한주민등록번호"라 한다.)를 부여하여야 하며, 제4항에 '북한 주민이 남한 내 부동산을 등기하는 경우에 북한주민등록번호는「부동산등기법」제49조에 따라 부여된 부동산등기용등록번호로 본다.'라고 규정하고 있다.

북한주민등록번호는 생년월일·성별·북한 주민 식별 등을 표시하는 13자리 숫자로 부여하도록 규정하고 있다.(특례법 시행령 제13조제1항)

7) 고유번호

고유번호(固有番號)란 각 필지별 색인과 정보의 검색·유사 정보와의 연계 등에 필요한 가변성이 없는 번호를 말하는데, 지적사무처리지침(1977. 5. 7. 내무부예규 제406호)을 제정하고 제99조제1항에 1필지마다 고유번호를 부여하되, 그 구성은 토지소재 번호(행정구역 번호) 8자리, 대장별 번호(토지대장 1, 임야대장 2, 수치지적부 3) 1 자리, 지번의 본번 4 자리 및 부번 4자리 합계 17자리로 구성하도록 규정하였다.

그 후 1990년에 지적전산사무처리규정(1990. 3. 13. 내무부예규 제712호)을 제정하면서 제31조제1항에 토지소재 번호(행정구역 번호)를 10자리로 개선하고, 대장 구분 번호 1 자리 지번의 본번 4 자리 및 부번 4자리 합계 19자리로 구성하도록 개정하였으며, 부동산종합공부시스템 운영 및 관리규정(2017. 3. 6. 국토교통부 훈령 제813호 개정)에도 이와 동일하게 행정구역코드 10자리(시·도 2, 시·군·구 3, 읍·면·동 3, 리 2), 대장구분 1자리, 본번 4자리, 부번 4자리를 합한 19자리로 구성도록 규정하고 있다.(제19조제1항)

고유번호는 지적공부에 등록하는 모든 토지에 부여하는 번호로 자연인에게 부여하는 주민등록번호와 유사한 성격과 기능을 갖고 있을 뿐만 아니라 고유번호에 의하여 해당 토지의 소재인 행정구역의 명칭·등록된 대장의 구분·본번 및 부번 등을 쉽게 파악할 수 있도록 구성되어 있다.

위와 같은 고유번호의 구성 체계도는 [그림 3-19]와 같다.

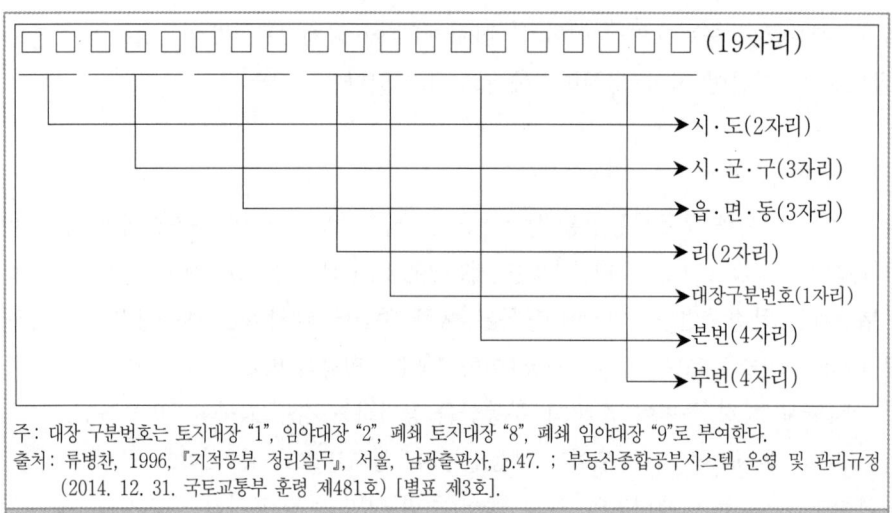

[그림 3-19] 고유번호의 구성 체계도

8) 도면번호

각 필지별로 해당 토지가 등록되어 있는 지적도 또는 임야도의 도면번호(圖面番號)를 등록하여야 하는데 이 경우 1필지의 토지가 2장 이상의 도면에 등록되어 있는 때에는 많은 면적이 등록되어 있는 도면번호를 등록하여야 한다.

도면번호는 필지 단위로 해당 필지가 등록되어 있는 도면의 색인을 쉽게 할 수 있다.

9) 장번호

1필지의 대장이 2장 이상으로 작성될 경우에는 대장의 작성 순서인 장번호(帳番號)를 1, 2, 3 …… 등 아라비아 숫자로 연속하여 등록하여야 한다.

장번호는 필지 단위로 대장의 편제순의 파악과 색인을 쉽게 할 수 있다.

10) 축척

각 필지별로 해당 토지가 등록된 도면의 축척(縮尺)을 <표 3-34>와 같은 코드번호와 1 : ○○○○의 형태로 등록하여야 한다.

축척은 대장에 등록된 필지 단위로 해당 필지가 등록되어 있는 도면의 축척을 쉽게 파악할 수 있다.

<표 3-34> 축척 구분 코드번호

코드체계		축척 수치의 앞 두 자리	
코드	내용	코드	내용
00	수치	12	1 : 1,200
05	1 : 500	24	1 : 2,400
06	1 : 600	30	1 : 3,000
10	1 : 1,000	60	1 : 6,000

출처 : 부동산종합공부시스템 운영 및 관리규정(2014. 12. 31. 국토교통부 훈령 제481호).[별표 제3호]

11) 토지의 이동사유

토지 이동사유(異動事由)의 정리는 1917년 토지조사사업의 마무리 시점에서 조선총독부 탁지부장관이 토지대장 가제정정에 관한 건(1917. 11. 12. 조선총독부 관통첩 제194호)을 각 도장관에게 통첩하여 '토지대장 기재례'에 따르도록 하였다.

이 당시에는 토지의 이동사유와 소유권 변동원인 사유를 구분하지 않고 '토지대장 기재례' 제1호 재결로 인한 강계정정의 예(지적에 증감이 있는 경우), 제2호 재결로 인한 강계정정의 예(지적에 증감이 없는 경우), 제3호 토지분할의 예(2지번으로 분할할 경우) …… (중간 생략) …… 제71호 씨명 또는 명칭변경의 예(신고에 의할 경우), 제72호 씨명 또는 명칭변경의 예(등기를 거친 改姓), 제73호 씨명 또는 명칭변경의 예(등기를 거친 성명경정 또는 성명변경), 제74호 오류정정의 예<신청에 의한 명(名) 정정의 경우>, 제75호 오류정정의 예(신청에 의한 주소 정정의 경우) 등 총 77개 종목의 토지 이동사유와 소유권 변동원인 사유의 기재례를 시달하여 토지대장을 정리하도록 운영하였다.

그 후 지적사무처리지침(1977. 5. 7. 내무부예규 제406호)을 제정하고 제99조제3항제2호에 토지의 이동사유를 정형화하고 코드번호를 부여하여 토지대장과 임야대장에 등록하도록 개선하였다.

토지의 이동사유는 토지조사사업 당시부터 대장에 등록하였으나 지적법령에 대장의 등록사항에서 누락되어, 1995년 제7차「지적법」개정 법률에 이어서 지적법시행규칙[시행 1995. 4. 26.] [내무부령 제646호, 1995. 4. 26., 일부개정]을 개정하여 토지의 이동사유를 대장에 등록하도록 규정하였다.(령 제6조제1항제3호)

이어서「지적재조사법」[시행 2012. 3. 17.] [법률 제11062호, 2011. 9. 16., 제정]을 제정 시행하면서 부동산종합공부시스템 운영 및 관리규정(2014. 12. 31. 국토교통부 훈령 제481호)을 제정하고, 지적재조사업무규정(2015. 1. 6. 국토교통령 고시 제2015-11호)를 제정하여 제31조(토지이동사유 코드 등)에 지적재조사사업에 따른 토지이동사유 코드를 신설하였으며, 그 후 부동산종합공부시스템 운영 및 관리규정(2017. 3. 6. 국토교통부 훈령 제813호 개정)을 개정하여 <표 3-35>와 같이 토지이동 사유 구분 코드번호와 <표 3-36>과 같이 토지이동 종목 구분 코드번호를 보완 개정하여 대장에 등록하고 있다.

<표 3-35> 토지이동 사유 구분 코드번호

코드체계			* * 숫자 2자리로 구성	
코드	내 용		코드	내 용
01	신규등록		57	지적재조사 경계 미확정 토지
02	신규등록(매립준공)		58	지적재조사 경계 확정 토지
10	산 번에서 등록전환		60	구획정리 시행신고
11	번으로 등록전환되어 말소		61	구획정리 시행신고폐지
20	분할되어 본번에 을 부함		62	구획정리완료
21	번에서 분할		63	구획정리되어 폐쇄
22	분할개시 결정		65	경지정리 시행신고
23	분할개시 결정 취소		66	경지정리 시행신고폐지
30	번과 합병		67	경지정리 완료
31	번에 합병되어 말소		68	경지정리되어 폐쇄
40	지목변경		70	축척변경 시행
41	지목변경(매립준공)		71	축척변경 시행폐지
42	해면성 말소		72	축척변경 완료
43	번에서 지번변경		73	축척변경되어 폐쇄
44	면적정정		74	토지개발사업 시행신고
45	경계정정		75	토지개발사업 시행신고폐지

46	위치정정		76	토지개발사업 완료
47	지적복구		77	토지개발사업으로 폐쇄
48	해면성 복구		80	등록사항 정정( )대상 토지
50	행정구역명칭변경		81	등록사항 정정( )
51	에서 행정관할구역변경		82	도면등록사항정정( )
52	번에서 행정관할구역변경		83	공유지연명부 등록사항정정( )
53	지적재조사 지구 지정		84	공유지(집합건물) 등록사항정정( )
54	지적재조사 지구 지정 폐지		85	경계점좌표등록부 등록사항정정( )
55	지적재조사 완료		90	등록사항 말소( )
56	지적재조사로 폐쇄		91	등록사항 회복( )

출처 : 부동산종합공부시스템 운영 및 관리규정(2017. 3. 6. 국토교통부 훈령 제813호 개정).[별표 제3호]

<표 3-36> 토지이동 종목 구분 코드번호

코드체계			숫자 2자리로 구성	
코드	내용	코드	내용
00	신규등록(토지)	61	축척변경(임야)
01	신규등록(임야)	62	토지개발사업(토지)
10	등록전환	63	토지개발사업(임야)
20	분할(토지)	64	지적재조사사업(토지대장)
21	분할(임야)	65	지적재조사사업(임야대장)
30	합병(토지)	70	등록사항정정(토지)
31	합병(임야)	71	등록사항정정(임야)
40	지목변경(토지)	75	지번변경(토지)
41	지목변경(임야)	76	지번변경(임야)
45	지적공부복구(토지)	77	행정구역변경(토지)
46	지적공부복구(임야)	78	행정구역변경(임야)
50	구획정리(토지)	80	등기촉탁(토지)
51	구획정리(임야)	81	등기촉탁(임야)
52	경지정리(토지)	85	등급(토지)
53	경지정리(임야)	86	등급(임야)
55	해면성말소(토지)	90	기타(토지)
56	해면성말소(임야)	91	기타(임야)
57	해면성복구(토지대장)	92	분할개시결정/취소(토지)
58	해면성복구(임야대장)	93	분할개시결정/취소(임야)
60	축척변경(토지)		

출처 : 부동산종합공부시스템 운영 및 관리규정(2017. 3. 6. 국토교통부 훈령 제813호 개정).[별표 제3호]

12) 토지소유자 변동 일자와 그 원인

토지소유자의 변동된 일자와 그 원인의 정리는 1917년 토지조사사업의 마무리 시점에서 조선총독부 탁지부장관이 토지대장 가제정정에 관한 건(1917. 11. 12. 조선총독부 관통첩 제194호)을 각 도장관에게 통첩하여 '토지대장 기재례'에 따르도록 하였다.

그 후 지적사무처리지침(1977. 5. 7. 내무부예규 제406호)을 제정하고 제99조제3항제3호에 토지소유자 변동원인을 정형화하고 코드번호를 부여하여 토지대장과 임야대장에 등록하도록 개선하였으며, 몇 차례의 개정을 거쳐 토지의 소유자 변동사유와 코드번호를 토지대장과 임야대장에 등록하도록 개선하였다.

이어서 토지조사사업 당시부터 소유자 변동사유를 대장에 등록하였으나 지적법령에 대장의 등록사항에서 누락되어, 1995년 제7차「지적법」개정 법률에 이어서 지적법시행규칙[시행 1995. 4. 26.] [내무부령 제646호, 1995. 4. 26., 일부개정]을 개정하여 소유권의 변동일자 및 변동원인을 대장에 등록하도록 규정하였다.(령 제6조제1항제4호)

그 후 부동산종합공부시스템 운영 및 관리규정(2014. 12. 31. 국토교통부 훈령 제481호)을 제정하고 같은 관리규정(2017. 3. 6. 국토교통부 훈령 제813호 개정)을 개정하여 <표 3-37>과 같은 소유자 변동사유 구분 코드번호를 대장에 등록하고 있다.

<표 3-37> 소유자 변동사유 구분 코드번호

코드체계				숫자 2자리로 구성	
코드	내 용		코드	내 용	
01	사정		17	입목등록말소	
02	소유권보존		18	등록번호경정	
03	소유권이전		19	공유분할	
04	주소변경		20	지분경정	
05	성명(명칭)변경		21	대지권설정	
06	주소경정		22	주소등록	
07	성명(명칭)경정		23	일부대지권설정	
08	환지		24	일부대지권말소	
09	촉탁등기		25	대지권말소	
10	소유자복구		26	등록번호추가	
11	회복등기		27	지적확정	
12	소유권회복		28	소유권변경	
13	소유자등록		29	소유권경정	
14	소유자말소		98	미등기	
15	법률 제 호 명의변경		99	미복구	
16	임목등록				

출처: 부동산종합공부시스템 운영 및 관리규정(2017. 3. 6. 국토교통부 훈령 제813호 개정).[별표 제3호]

13) 토지등급 또는 기준수확량등급과 설정·수정 연월일

토지등급(土地等級)이란 토지에 대한 과세기준에 사용하기 위하여 필지별로 토지의 가격을 기준으로 시장·군수가 설정한 등급을 말한다.[80]

시장·군수는 토지에 대하여 「지가공시 및 토지 등의 평가에 관한 법률」에 의한 공시지가를 참작하여 토지의 지목·품위 또는 정황에 따라 균형이 이루어지도록 토지등급을 설정하도록 규정되어 있었으며,(구 지방세법 시행령 제80조의2제1항) 모든 토지는 1㎡당 가격을 설정하여야 하나, 광천지는 1필지당 가격을 기준으로 설정하고 공용지와 공공용지는 제외할 수 있도록 규정되어 있었다.(구 지방세법 시행규칙 제42조제1항)

기준수확량등급(基準收穫量等級)이란 농지에 대한 과세기준에 사용하기 위하여 벼를 경작하는 농지에서 평년작의 경우에 생산되는 수확량으로 시장·군수가 정하는 농지등급별 수확량을 말한다.[81]

기준수확량은 시장·군수가 정하는 농지등급에 따라 단위 면적당의 평균수확량을 기준으로 하며,(구 지방세법 시행령 제157조제2항) 기준수확량등급은 평년작의 경우 생산되는 1㎡당 메벼 수확량을 기초로 답 100㎡당 평균수확량을 기준으로 농지의 기준수확량등급표의 등급별 수확량에 의하여 설정하여야 한다.(구 지방세법 시행규칙 제84조제1항, 제3항)

따라서 공용지와 공공용지를 제외한 모든 토지에 필지별로 토지등급을 설정하여야 하며 지목이 답인 경우에는 토지등급과 기준수확량등급을 동시에 설정·등록하도록 운영하였으나, 지방세의 세율산정기준을 과세시가표준액에서 개별공시지가를 적용하도록 「지방세법」과 같은 법 시행령을 개정함으로써 1996년 1월 1일부터 토지대장과 임야대장에 토지등급을 등록하지 않고 개별공시지가를 등록하고 있다.

14) 개별공시지가와 그 기준일

개별공시지가(個別公示地價)와 그 기준일은 제10차 「지적법」 개정 법률에서 대장에 등록하도록 개선된 것으로 1996년부터 지방세의 과세기준인 토지등급이 「지가공시 및 토지 등의 평가에 관한 법률」에 의한 개별공시지가로 개정되어 토지등급을 등록하지 않고 개별공시지가와 그 기준일을 등록하여 국세와 지방세의 과세기준으로 활용하고 있다.

---

80) 권강웅, 1982, 『지방세법』, 서울, 조세통람사, p.388.
81) 위의 책, p.738.

15) 용도지역

용도지역(用途地域)이란 건폐율·용적률·높이 등을 필지별로 제한하기 위하여 지정해 놓은 일정한 구역을 뜻하는 것으로, 토지를 그 적성에 따라 구분하여 적절한 용도를 부여한 후 그 용도와 일치되지 아니하는 토지의 이용을 규제함으로써 무질서한 토지이용으로 인한 혼란을 방지하고 합리적이고 능률적인 토지이용을 유도하여 쾌적한 생활환경을 유지하려는 제도이다.[82]

이러한 목적의 달성을 지원하기 위하여 제2차「지적법」개정 법률에서 도시계획구역 내 각 필지별로 지형도면에 고시된 주거지역·상업지역·공업지역·녹지지역 등 용도지역의 명칭을 토지대장과 임야대장에 참고사항으로 기재할 수 있도록 개선하였다.[83]

그러나 용도지역은 가변성이 있을 뿐만 아니라 1필지의 토지가 2종 이상의 용도지역으로 지정되는 등 용도지역의 등록 관리에 문제점으로 대두되고 있어 일단 고시된 용도지역의 변경을 가급적 억제하고 1필지의 토지가 2종 이상의 용도지역으로 지정되는 경우에는 지적소관청이 이를 직권으로 분할한 후에 필지 단위로 용도지역을 기재하거나 또는 넓은 면적에 해당하는 지역의 용도지역을 기재하도록 하고 면적이 비슷한 경우에는 토지의 이용도가 높은 상업지역·주거지역·공업지역·녹지지역 등의 순으로 기재하는 등 용도지역에 대한 관계규정을 보완 개정한 후 지적공부에 등록하도록 제도화하여야 할 것이다.

16) 소관청의 직인

토지대장과 임야대장의 원본임을 확인하고 위·변조를 방지하기 위하여 카드식 대장에 소관청의 직인(職印)을 날인하였으나, 전산정보 처리조직에 의한 지적공부의 활용으로 제10차「지적법」개정 법률에서 소관청의 직인 날인 제도를 폐지하였다.

17) 직인날인 번호

시·군·구별 대장의 장수를 쉽게 파악할 수 있도록 카드식 토지대장과 임야대장을 구분하여 각각 직인날인 번호를 1, 2, 3 ······ 등 아라비아 숫자로 순차적으로 부여하였으나, 전산정보 처리조직에 의한 지적공부의 활용으로 제10차「지적법」개정 법률에서 직인날인 번호 부여 제도를 폐지하였다.

---

82) 정태용, 1988,『도시계획법』, 서울, 재단법인 법령편찬보급회, p.146.
83) 류병찬, 1996,『지적공부정리실무』, 서울, 남광출판사, p.49.

3.2. 공유지연명부

3.2.1. 작성대상

 토지대장규칙(1914. 4. 25. 조선총독부령 제45호)에 1필지에 대한 토지소유자가 2인 이상이면 토지대장 또는 임야대장 이외에 [서식 3-5]와 같은 공유지연명부(共有地連名簿, 규칙 제68조, 별지 제65호 서식)를 별도 작성하고 갖춰 두도록 규정하였으며, 이 경우 토지대장이나 임야대장의 소유자 명칭란에는 "하모 외 하명"이라 등록하고 따로 공유지연명부에 소유자와 소유자별 소유권 보합(步合) 등을 등록하도록 규정하였다.
 그리고 공유자가 2인으로써 그 소유권 보합(步合), 즉 지분(持分)이 동일한 때에는 토지대장이나 임야대장에 이를 연기(連記)하고 공유지연명부를 별도로 작성하지 아니하도록 규정하였다.(토지대장규칙 제1조제1호 양식 비고 제5호)

3.2.2. 등록사항

 공유지연명부에는 ① 토지의 소재, ② 지번, ③ 소유권 지분, ④ 소유자의 성명 또는 명칭·주소 및 주민등록번호, ⑤ 그 밖에 국토교통부령으로 정하는 사항을 등록하도록 규정하고 있으며,(법 제71조제2항) 그 밖에 국토교통부령으로 정하는 사항이라 함은 ① 토지의 고유번호, ② 필지별 공유지연명부의 장번호, ③ 토지소유자가 변경된 날과 그 원인을 말한다.(규칙 제68조제3항)

3.2.3. 정리 방법

 공유지연명부는 토지대장 또는 임야대장의 정리 방법에 준하여 정리하되 토지대장 또는 임야대장의 소유권란에는 토지등기부에 등기된 선순위의 공유자 "○○○ 외 ○명"이라 등록하여야 하며, 공유지연명부에는 모든 공유자에 관한 지분·성명 또는 명칭·주소·주민등록번호 등 등기사항을 등록하여야 한다.

3.3. 대지권등록부

3.3.1. 작성대상

 「집합건물의 소유 및 관리에 관한 법률」[시행 1985. 4. 11.] [법률 제3725호, 1984.

10., 제정]의 제정에 따라 아파트·연립주택·복합 상가 등 집합건물을 구분소유 단위로 「부동산등기법」에 의하여 대지권등기가 된 토지에 대하여는 1986년부터 토지대장 또는 임야대장 이외에 공유지연명부(집합건물의 대지권)를 별도 작성하고 갖춰 두도록 규정하였다.

그리고 1995년에 공유지연명부(집합건물의 대지권)를 [서식 3-6]과 같은 대지권등록부(규칙 제68조, 별지 제66호 서식)로 명칭을 개정하여 오늘에 이르고 있다.

3.3.2. 등록사항

대지권등록부에는 ① 토지의 소재, ② 지번, ③ 대지권 비율, ④ 소유자의 성명 또는 명칭·주소 및 주민등록번호, ⑤ 그 밖에 국토교통부령으로 정하는 사항을 등록하도록 규정하고 있으며,(법 제71조제3항) 그 밖에 국토교통부령으로 정하는 사항이라 함은 ① 토지의 고유번호, ② 전유부분(專有部分)의 건물표시, ③ 건물의 명칭, ④ 집합건물별 대지권등록부의 장번호, ⑤ 토지소유자가 변경된 날과 그 원인, ⑥ 소유권 지분을 말한다.(규칙 제68조 제4항)

3.3.3. 정리방법

대지권등록부는 토지대장 또는 임야대장의 정리방법에 준하여 정리하되 토지대장 또는 임야대장의 소유권변동 원인란에 "○○○○년 ○○월 ○○일 대지권설정" 또는 "○○○○년 ○○월 ○○일 일부 대지권설정"이라고 등록하고, 대지권등록부에 대지권비율 등을 구분소유 단위별로 소유자에 관한 등기사항을 등록하여야 한다.

3.4. 지적도와 임야도

법 제72조 (지적도 등의 등록사항) 지적도 및 임야도에는 다음 각 호의 사항을 등록하여야 한다. <개정 2013. 3. 23.>
1. 토지의 소재
2. 지번
3. 지목
4. 경계
5. 그 밖에 국토교통부령으로 정하는 사항

[서식 3-5] 공유지연명부

[서식 3-6] 대지권등록부

출처 : 규칙 제68조.[별지 제66호 서식]

3.4.1. 작성대상

토지대장 또는 임야대장에 등록하는 모든 토지는 [서식 3-7]과 같은 지적도(地籍圖, 규칙 제69조 별지 제67호 서식) 또는 [서식 3-8]과 같은 임야도(林野圖, 규칙 제69조 별지 제68호 서식)를 작성하고 갖춰 두어야 하며, 이를 영구히 보존하도록 규정하고 있다.(규칙 제69조제1항)

3.4.2. 등록사항

지적도와 임야도에는 ① 토지의 소재, ② 지번, ③ 지목, ④ 경계, ⑤ 그 밖에 국토교통부령으로 정하는 사항을 등록하도록 규정하고 있으며,(법 제72조) 그 밖에 국토교통부령으로 정하는 사항이라 함은 ① 도면의 색인도(인접도면의 연결순서를 표시하기 위하여 기재한 도표와 번호를 말한다.), ② 도면의 제명 및 축척, ③ 도곽선과 그 수치, ④ 좌표에 의하여 계산된 경계점간의 거리(경계점좌표등록부를 갖춰 두는 지역에 한한다.[내무부령 제448호, 1986. 11. 15., 전부개정] 당시 신설), ⑤ 삼각점 및 지적기준점의 위치, ⑥ 건축물 및 구조물 등의 위치[지적법 시행규칙, 행정자치부령 제162호, 2002. 2. 26., 전부개정] 당시 신설, ⑦ 그 밖에 국토교통부장관이 정하는 사항을 말한다.(규칙 제69조제2항)

경계점좌표등록부를 갖춰 두는 지역의 지적도에는 해당 도면의 제명 끝에 "(좌표)"라고 표시하고, 도곽선(圖廓線)의 오른쪽 아래 끝에 "이 도면에 의하여 측량을 할 수 없음"이라고 기재하여야 한다.(규칙 제69조제3항)

그리고 지적도면에는 지적소관청의 직인을 날인하여야 하나 정보처리시스템을 이용하여 관리하는 지적도면의 경우에는 그러하지 아니하도록 규정하고 있다.(규칙 제69조제4항)

3.4.3. 정리 방법

1) 토지의 소재

법정 행정구역의 명칭인 "시·군·구, 읍·면, 동·리"명을 등록하여야 한다.

2) 지번

아리비아 숫자로 본번 또는 본번과 부번으로 구성된 지번을 등록하여야 하며, 임야도에 등록하는 토지의 지번은 숫자 앞에 "산"자를 기재하여야 한다.

[서식 3-7] 지적도

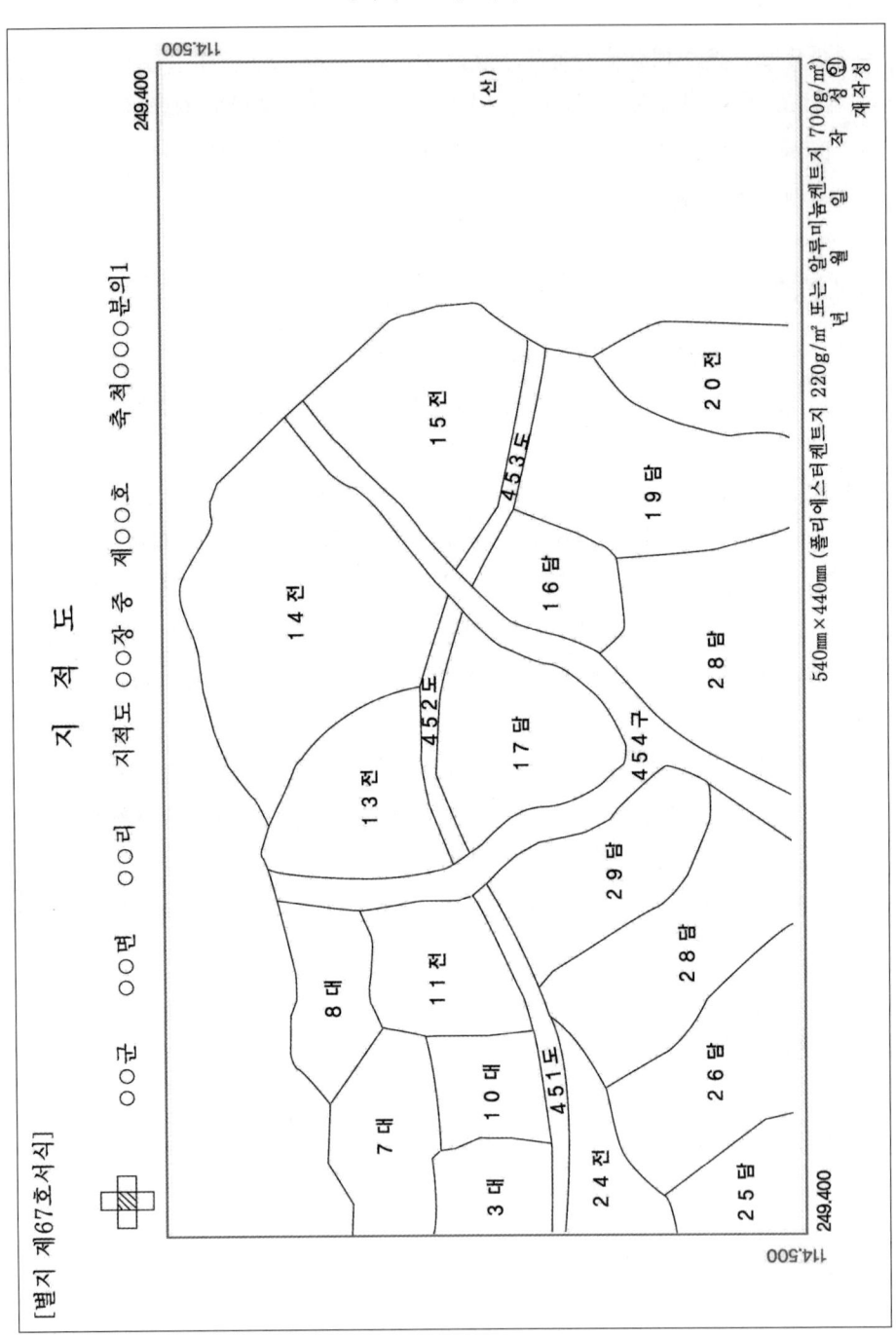

출처: 규칙 제69조.[별지 제67호 서식]

[서식 3-8] 임야도

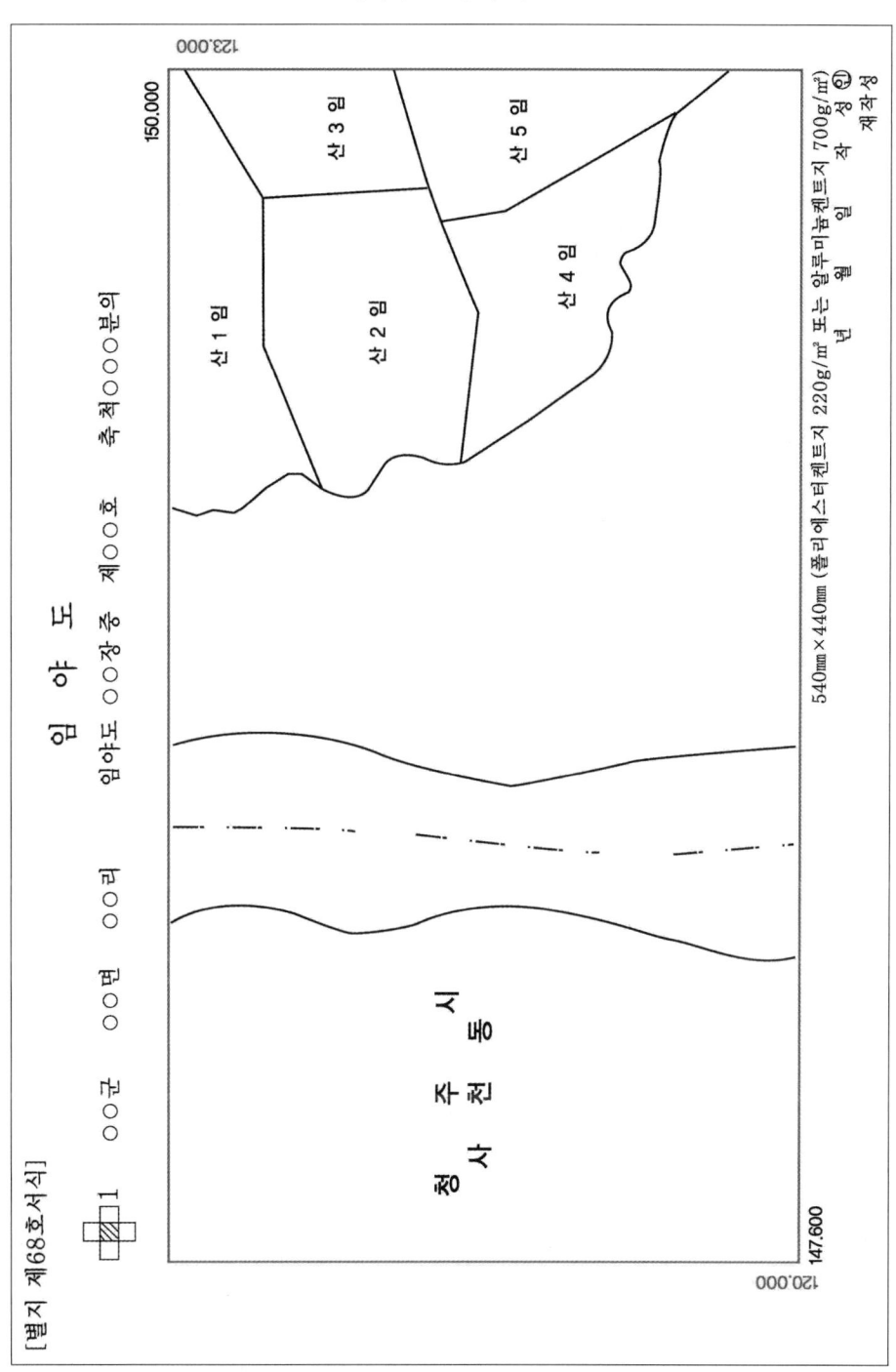

출처: 규칙 제69조.[별지 제68호 서식]

3) 지목

각 필지 단위로 해당 지목에 대한 지목 표기의 부호를 등록하여야 한다.

4) 경계

경계점좌표 측량지역은 평면직각 종횡선 수치(X, Y)로 등록하여야 하며, 도해측량지역은 폐합된 다각형의 형태로 등록하여야 한다.

5) 색인도

도곽선 왼쪽 위 끝부분의 여백 중앙에 [그림 3-20]과 같은 색인도(索引圖)를 제도하고 인접 도면과의 연결순서를 표시하기 위하여 상하좌우(上下左右) 인접 도면의 도면번호를 등록하여야 한다.

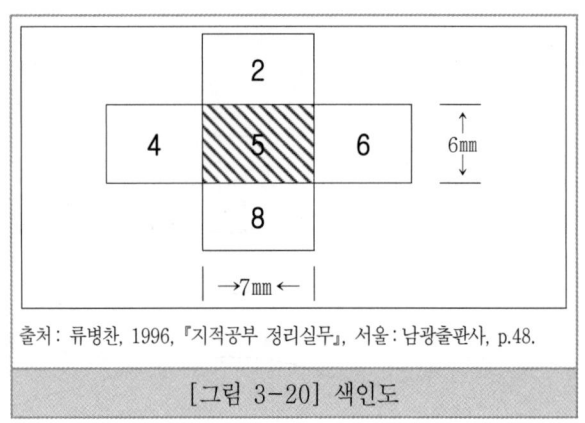

[그림 3-20] 색인도

6) 제명

도곽선 위부분의 여백 중앙에 "○○시·군·구 ○○읍·면 ○○동·리 지적도 또는 임야도 ○○장중 제○○호"라고 제명(題名)을 등록하여야 한다. 이 경우 경계점좌표등록부 시행지역은 제명 중의 지적도 다음에 "(좌표)"라 기재하여야 한다.

그러나 제10차「지적법」개정 법률 시행 이전에 작성된 경계점좌표등록부(종전 수치지적부) 시행지역의 지적도에는 "(수치)"로 기재하였다.

7) 축척

제명의 끝 부분으로부터 10㎜ 떼어서 "축척 ○○○○분의 1"이라고 해당 도면의 축척을 등록하여야 한다.

8) 도곽선

지적도의 도곽은 가로 40㎝, 세로 30㎝의 직사각형으로 구획하여야 하나 임야도는 일정한 기준이 없으며, 도면의 위방향은 항상 북쪽이 되어야 하고 도곽선은 붉은색으로 제도하여야 한다.

도곽선(圖廓線)은 인접 도면과의 접합·지적측량기준점의 전개·방위·도곽의 신축보정 등에 따른 기준선으로서의 역할을 하고 있으며, 지적도와 임야도의 축척별 도곽의 규격과 포용 면적은 <표 3-38>과 같다.

<표 3-38> 축척별 도곽 규격 및 포용 면적

축척\구분	도상 규격 X(mm)	도상 규격 Y(mm)	지상 규격 X(m)	지상 규격 Y(m)	포용 면적 m2	포용 면적 평
1 : 500	300.000	400.000	150	200	30,000	9,075
1 : 600	333.333	416.667	200	250	50,000	15,125
1 : 1,000	300.000	400.000	300	400	120,000	36,300
1 : 1,200	333.333	416.667	400	500	200,000	60,500
1 : 2,400	333.333	416.667	800	1,000	800,000	242,000
1 : 3,000	400.000	500.000	1,200	1,500	1,800,000	544,500
1 : 6,000	400.000	500.000	2,400	3,000	7,200,000	2,178,000

출처 : 류병찬, 1996, 「지적공부 정리실무」, 서울, 남광출판사, p.52. 참고 작성.

9) 도곽선 수치

도면별 도곽의 왼쪽 아래 부분과 오른쪽 윗부분의 종횡선 교차점 바깥쪽에 도곽선 수치를 붉은색 아라비아 숫자로 등록하여야 한다.

10) 경계점간 거리

경계점좌표등록부를 비치하는 지역의 지적도에는 각 필지별 경계점간의 거리를 ㎝단위까지 검은색 아라비아 숫자로 등록하여야 한다. 그러나 경계점간의 거리가 짧거나 경계가 원을 이루는 경우에는 거리의 등록을 생략할 수 있다.

11) 삼각점 및 지적측량 기준점

「측량법」에 의하여 설치한 1등삼각점부터 4등삼각점은 세부측량 당시부터 그 위치를 지적도와 임야도에 등록하여 왔다.

그리고 지적사무처리지침(1977. 5. 7. 내무부예규 제406호)에 1등삼각점부터 4등삼각점과 지적삼각점·도근점의 제도방법을 규정하였다.(제107조)

그러나 이들 삼각점의 위치를 지적도와 임야도에 등록할 수 있는 법적 근거 규정이 없어 지적법 시행규칙[시행 1986. 11. 15.] [내무부령 제448호, 1986. 11. 15., 전부개정] 개정 당시에 영구표지가 설치된 기초점의 위치를 지적도와 임야도에 등록할 수 있도록 개선하였다.(지적법 시행규칙 제10조제1항제5호)

따라서 구「측량법」에 의하여 설치된 1등삼각점부터 4등삼각점과「지적법」에 의하여 영구표지가 설치된 지적삼각점·지적삼각보조점·지적도근점 등 지적측량기준점의 위치를 지적도와 임야도에 등록하였다.

이어서「측수지법」을 제정하면서 같은 법 시행규칙 제69조제2항제5호와 지적사무 처리규정(2008. 9. 2. 국토해양부 예규 제15호) 제14조제1항에 삼각점과 지적기준점의 위치를 지적도와 임야도에 등록하도록 규정하였다.

그리고 공간정보관리법 시행규칙 제69조제2항제5호와 지적업무처리규정(2017. 6. 23. 국토교통부 훈령 제899호) 제43조제1항에 삼각점과 지적기준점을 [그림 3-21]과 같이 등록하도록 규정하여(제14조제1항) 오늘에 이르고 있다.

12) 건축물 및 구조물 등의 위치

건축물 및 구조물 등의 위치는 제10차「지적법」[시행 2002. 1. 27.] [법률 제6389호, 2001. 1. 26., 전부개정] 개정 법률 제10조(도면의 등록사항)에 "도면에는 다음 각호의 사항을 등록한다."라고 규정하고 제5호에 "그 밖에 행정자치부령이 정하는 사항"이라고 규정한 후 2002년에 지적법시행규칙[시행 2002. 2. 26.] [행정자치부령 제162호, 2002. 2. 26., 전부개정]을 전부개정하면서 규칙 제10조(도면의 등록사항 등)제1항에 '법 제10조제5호에서 "그 밖에 행정자치부령이 정하는 사항"이라 함은 다음 각호의 사항을 말한다.'라고 규정하고 제6호에 '건축물 및 구조물 등의 위치'라고 규정함으로서 도면에 새로이 건축물 및 구조물 등의 정위치를 등록하는 제도를 신설하였다.

이어서 공간정보관리법 제72조(지적도 등의 등록사항)제5호에 "그 밖에 교통부령으로 정하는 사항"이라고 규정한 후 같은 법 시행규칙 제69조(지적도면 등의 등록사항 등)제2항제6호에 "건축물 및 구조물 등의 위치"라고 규정하여 2002년에 제도화되어 오늘에 이르고 있으나, 아쉽게도 실현되지 않고 있다.

　유럽의 프랑스·독일·네덜란드·스웨덴·덴마크·스위스 등 대부분의 국가들이 건축물 또는 구조물의 정위치를 지적도에 등록하고 있으나, 동양권에서는 우리나라가 제일 먼저 도입한 제도로서 건축물 및 구조물 등의 정위치 등록이 조속히 실현되어야 할 것이다.

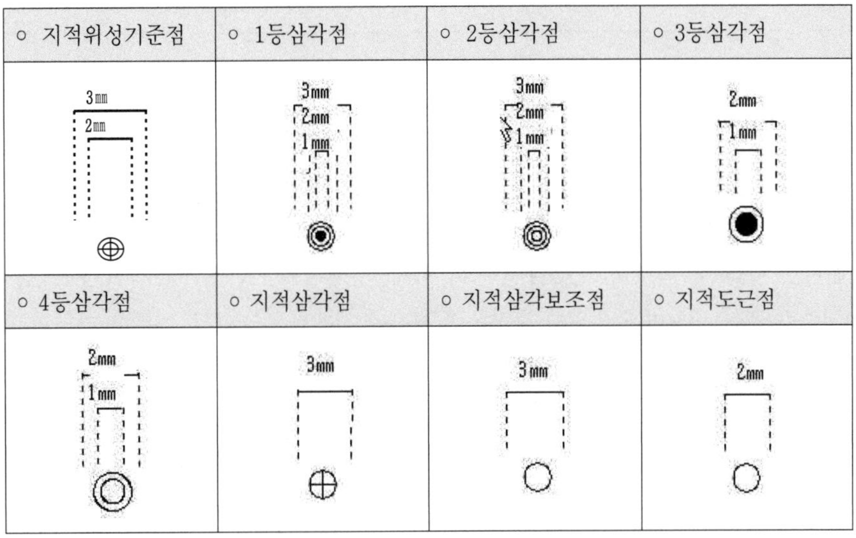

[그림 3-21] 삼각점 및 지적측량 기준점

출처: 지적업무처리규정(2017. 6. 23. 국토교통부 훈령 제899호) 제43조제1항.

13) 소관청 직인

　지적도와 임야도의 원본임을 확인하고 위·변조를 방지하기 위하여 도면의 오른쪽 아래 끝 부분에 작성 또는 재작성 연월일을 기재하고 그 끝부분에 소관청의 직인을 날인하도록 제2차 「지적법」 개정 법률에서 개선하였으나, 제10차 「지적법」 개정 법률에 의하여 지적도면 전산화사업을 추진하면서 전산정보 처리조직에 의하여 관리하는 도면은 소관청의 직인날인제도를 폐지하였다.

3.5. 경계점좌표등록부

> 법 제73조 (경계점좌표등록부의 등록사항) 지적소관청은 제86조에 따른 도시개발사업 등에 따라 새로이 지적공부에 등록하는 토지에 대하여는 다음 각 호의 사항을 등록한 경계점좌표등록부를 작성하고 갖춰 두어야 한다. <개정 2013. 3. 23.>
> 1. 토지의 소재
> 2. 지번
> 3. 좌표
> 4. 그 밖에 국토교통부령으로 정하는 사항

3.5.1. 작성 대상

 지적소관청은 법 제86조에 따른 도시개발사업 등에 따라 새로이 지적공부에 등록하는 토지에 대하여는 [서식 3-9]와 같은 경계점좌표등록부(境界點座標登錄簿, 규칙 제71조 별지 제69호 서식)를 작성하고 갖춰 두어야 하며, 경계점좌표등록부를 갖춰 두는 토지는 지적확정측량 또는 축척변경을 위한 측량을 실시하여 경계점을 좌표로 등록한 지역의 토지를 대상으로 하도록 규정하고 있다.(법 제73조, 규칙 제71조제1항, 제2항)

 다시 말하면 도시개발사업 등의 시행지역으로 지적확정측량을 실시하는 다음 각 호의 어느 하나에 해당하는 사업을 완료한 지역 및 시가지 지역의 축척변경지역은 경계점좌표등록부를 작성하고 갖춰 두도록 규정하고 있다.(법 제86조, 영 제83조)

1) 「도시개발법」에 의한 도시개발사업
2) 「농어촌정비법」에 의한 농어촌정비사업
3) 「주택법」에 의한 주택건설사업
4) 「택지개발촉진법」에 의한 택지개발사업
5) 「산업입지 및 개발에 관한 법률」에 의한 산업단지조성사업
6) 「도시 및 주거환경정비법」에 의한 정비사업
7) 「지역균형개발 및 지방중소기업육성에 관한 법률」에 의한 지역개발사업
8) 「체육시설의 설치·이용에 관한 법률」에 따른 체육시설 설치를 위한 토지개발사업
9) 「관광진흥법」에 따른 관광단지 개발사업
10) 「공유수면매립법」에 따른 매립사업
11) 「항만법」 및 「신항만건설촉진법」에 따른 항만개발사업
12) 「보금자리주택건설 등에 관한 특별법」에 따른 보금자리주택지구 조성사업
13) 「물류시설의 개발 및 운영에 관한 법률」 및 「경제자유구역의 지정 및 운영에 관한 특별법」에 따른 개발사업

[서식 3-9] 경계점좌표등록부

출처: 규칙 제71조.[별지 제69호 서식]

14) 그 밖에 국토교통부장관이 인정하는 토지개발사업

그리고 위 도시개발사업 등 시행지역과 축척변경 시행지역의 측량결과도 축척은 500분의 1로 작성하고 농지의 구획정리시행지역의 측량결과도 축척은 1,000분의 1로 작성하되, 필요한 경우에는 미리 시·도지사의 승인을 얻어 6,000분의 1까지 작성할 수 있도록 운영하고 있다.

제5차「지적법」개정 법률에서 농지개량사업 시행지역의 지적확정측량은 1995년 1월 1일부터 경위의측량방법으로 세부측량을 실시하도록 개정하였으며,「측수지법」을 제정하면서 "「체육시설의 설치·이용에 관한 법률」에 따른 체육시설 설치를 위한 토지개발사업,「관광진흥법」에 따른 관광단지 개발사업,「공유수면매립법」에 따른 매립사업,「항만법」및「신항만건설촉진법」에 따른 항만개발사업,「보금자리주택건설 등에 관한 특별법」에 따른 보금자리주택지구 조성사업,「물류시설의 개발 및 운영에 관한 법률」및「경제자유구역의 지정 및 운영에 관한 특별법」에 따른 개발사업 등을 추가하도록 개정하여 단계적으로 경계점좌표측량시행지역을 확대하고 있다.

3.5.2. 등록사항

경계점좌표등록부에는 ① 토지의 소재, ② 지번, ③ 좌표, ④ 그 밖에 국토교통부령으로 정하는 사항을 등록하도록 규정하고 있으며,(법 제73조) 그 밖에 국토교통부령으로 정하는 사항이라 함은 ① 토지의 고유번호, ② 지적도면의 번호, ③ 필지별 경계점좌표등록부의 장번호, ④ 부호 및 부호도를 말한다.(규칙 제71조제3항)

3.5.3. 정리 방법

1) 토지의 소재

법정 행정구역인 "시·군·구, 읍·면, 동·리"의 명칭을 등록하여야 한다.

2) 지번

아리비아 숫자로 본번 또는 본번과 부번으로 구성된 지번을 등록하여야 한다.

3) 좌표

경계점의 평면직각종횡선 좌표(X, Y)를 등록하여야 한다.

4) 고유번호

각 필지 단위로 토지대장에 등록한 고유번호를 19자리의 아라비아 숫자로 등록하여야 한다.

5) 도면번호

각 필지 단위로 해당 토지가 등록되어 있는 지적도의 도면번호를 1, 2, 3 ······ 등 아라비아 숫자로 등록하여야 한다.

6) 장번호

1필지에 대한 경계점좌표등록부가 2장 이상으로 작성될 경우에는 경계점좌표등록부의 작성 순서에 따라 1, 2, 3 ······ 등 아라비아 숫자로 연속하여 부여하여야 한다.

7) 부호 및 부호도

각 필지별 경계점을 왼쪽 위에서부터 오른쪽으로 경계를 따라 1, 2, 3 ······ 등 아라비아 숫자로 연속하여 등록하여야 한다.

8) 소관청 직인

경계점좌표등록부의 원본임을 확인하고 위·변조를 방지하기 위하여 경계점좌표등록부에 지적소관청의 직인을 날인하였다.

그러나 제10차 「지적법」 개정 법률에서 전산정보 처리조직에 의한 지적공부의 활용으로 지적소관청의 직인 날인제도를 폐지하였다.

9) 직인날인 번호

시·군·구별 경계점좌표등록부의 장수를 쉽게 파악할 수 있도록 각각 직인날인 번호를 1, 2, 3 ······ 등 아라비아 숫자로 순차적으로 부여하였다.

그러나 제10차 「지적법」 개정 법률에서 전산정보 처리조직에 의한 지적공부의 활용으로 직인날인 번호 부여제도를 폐지하였다.

위에서 서술한 지적공부의 종류별 법정 등록 정보는 <표 3-39>와 같다.

<표 3-39> 지적공부의 종류별 법정 등록 정보

등록 사항	구분	대장				도면		경계점 좌표 등록부	비고
		토지 대장	임야 대장	공유지 연명부	대지권 등록부	지적도	임야도		
토지표시사항	토지소재	○	○	○	○	○	○	○	
	지번	○	○	○	○	○	○	○	
	지목	○	○	×	×	○	○	×	
	면적	○	○	×	×	×	×	×	
	이동사유	○	○	×	×	×	×	×	
	경계	×	×	×	×	○	○	×	
	좌표	×	×	×	×	×	×	○	1976 신설
	경계점간 거리 (경계점좌표등록지역)	×	×	×	×	○	×	×	1987 신설
소유자표시사항	변동일자	○	○	○	○	×	×	×	
	변동원인	○	○	○	○	×	×	×	
	주소	○	○	○	○	×	×	×	
	등록번호	○	○	○	○	×	×	×	1976 신설
	성명 또는 명칭	○	○	○	○	×	×	×	
	소유권지분	×	×	○	○	×	×	×	
	대지권비율	×	×	×	○	×	×	×	1986 신설
등급가격표시사항	등급설정·수정일자	○	○	×	×	×	×	×	
	토지등급	○	○	×	×	×	×	×	
	기준수확량등급	○	×	×	×	×	×	×	
	개별공시지가 기준일	○	○	×	×	×	×	×	2002 신설
	개별공시지가	○	○	×	×	×	×	×	2002 신설

	고유번호	○	○	○	○	×	×	○	1976 신설
	도면번호	○	○	×	×	○	○	○	1976 신설
	장번호	○	○	○	○	×	×	○	
기타표시사항	전유부분의 건물표시	×	×	×	○	×	×	×	1986 신설
	건물명칭	×	×	×	○	×	×	×	1986 신설
	건축물·구조물 위치	×	×	×	×	○	○	×	2002 신설
	축척	○	○	×	×	○	○	×	1976 신설
	직인날인	×	×	×	×	○	○	×	
	직인날인 번호	○	○	×	×	×	×	○	1979 신설
	용도지역	○	○	×	×	×	×	×	1976 신설
	지적측량기준점	×	×	×	×	○	○	×	
	부호	×	×	×	×	×	×	○	1976 신설
	부호도	×	×	×	×	×	×	○	1976 신설
	도곽선	×	×	×	×	○	○	×	
	도곽선수치	×	×	×	×	○	○	×	

주 : 법정 등록 정보 ○, 법정 미등록 정보 ×.
출처 : 류병찬, 1996, 『지적공부 정리실무』, 서울, 남광출판사, pp.25~26. 보완 작성.

3.6. 기타 지적관련 도부

3.6.1. 일람도

지적소관청은 지적도면의 관리에 필요한 경우에는 지번부여지역 마다 일람도<지적 및 공간정보 전문 용어 표준화(국토교통부고시 제2025-89호, 2025. 3. 4.) [별표]에는 "총괄도, 전체도"로 고시되어 있다.>를 작성하여 갖춰 둘 수 있도록 규정하고 있다.(규칙 제

69조제5항)

1) 작성대상

지적소관청은 도면의 관리상 필요한 때에는 지번부여지역 단위로 [서식 3-10]과 같은 일람도를 작성하여 갖춰 둘 수 있다.

일람도는 지적도 축척의 10분의 1로 작성하고 있으며 동·리의 개황과 도면번호를 기재하여 주요 지형·지물과 각 지적도의 접합·연결 관계를 쉽게 파악할 수 있다.

그리고 도면의 장수가 많아서 1장의 일람도에 작성할 수 없는 경우에는 축척을 줄여서 작성할 수 있으며, 도면의 장수가 4장 미만인 때에는 일람도의 작성을 생략할 수 있다.

2) 등재사항

일람도에는 지번부여지역의 경계 및 명칭·도면의 제명 및 축척·도곽선 및 도곽선 수치·도면번호·하천·도로·철도·유지·취락 등 주요 지형·지물의 표시 등을 등재하고 있다.

3.6.2. 지번색인표

1) 작성대상

지적소관청은 도면의 관리상 필요한 때에는 지번부여지역 마다 [서식 3-11]과 같은 지번색인표(地番索引表)를 작성하여 갖춰 둘 수 있다.(규칙 제69조제5항)

지번색인표는 지번부여지역 단위로 작성하여 비치하는데 도면번호별로 그 도면에 등록된 지번을 기재하고, 토지의 이동으로 결번(缺番)이 생긴 때에는 결번란에 그 지번을 기재하여 필지별로 해당 토지가 등록된 도면번호와 결번을 쉽게 파악할 수 있다.

2) 등재사항

지번색인표에는 도면의 제명·도면번호·지번·결번 등을 등재하고 있다.

3.6.3. 도면 축척

지적도와 임야도의 축척은 다음 각 호의 구분에 따라 작성하도록 규정하고 있다. (규칙 제69조제6항)

1) 지적도 : 1/500, 1/600, 1/1,000, 1/1,200, 1/2,400, 1/3,000, 1/6,000
2) 임야도 : 1/3,000, 1/6,000

[서식 3-10] 일람도

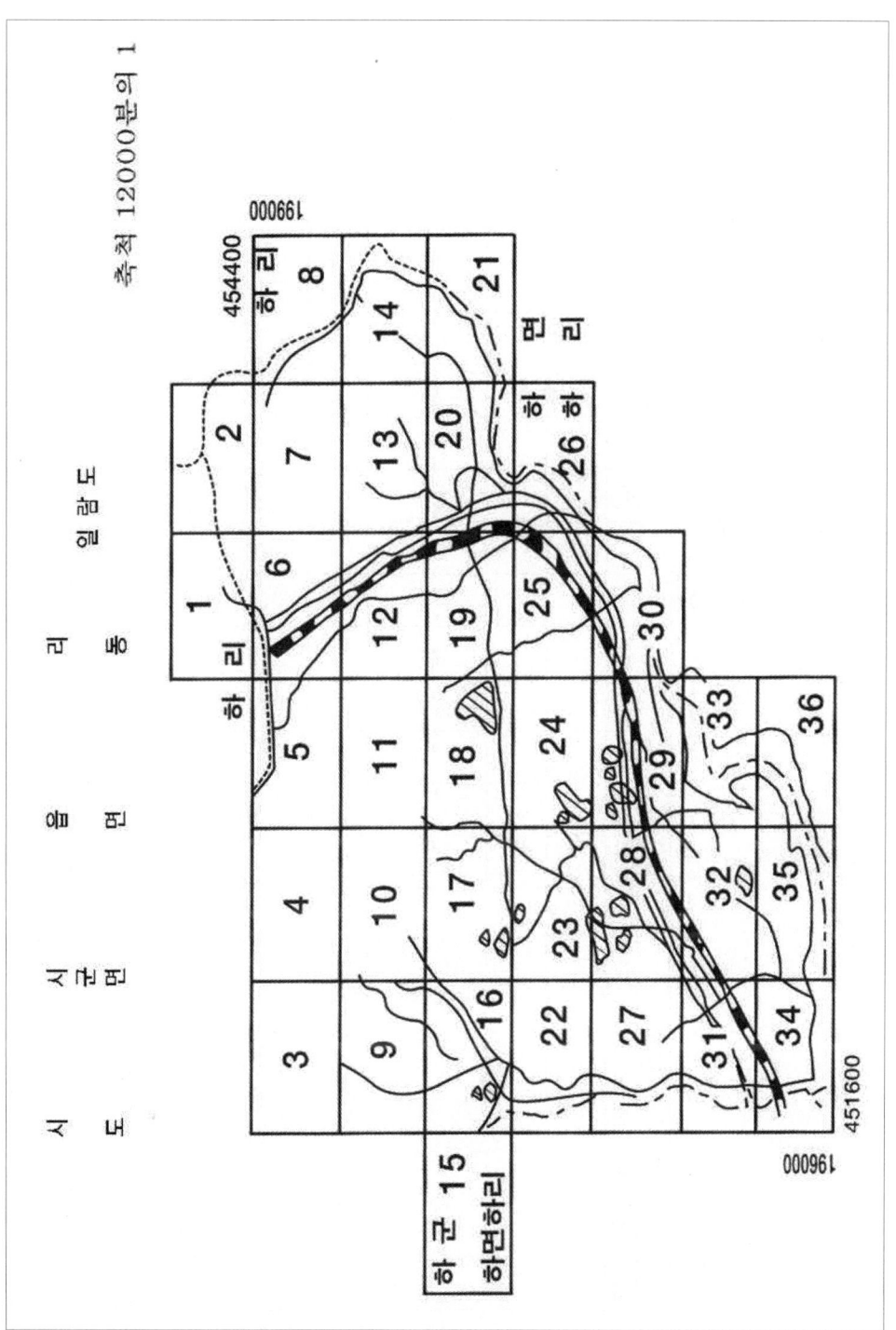

[서식 3-11] 지번색인표

지번색인표 시 도 시 군 구 읍 면 동 리		본 번 (本番)																				지 번																					결 번
																						지 번 (枝番)	본 번	도 호	지 번	본 번	도 호	지 번	본 번	도 호	지 번	본 번	도 호	지 번	본 번	도 호	지 번	본 번	도 호	지 번				
		도 호	지 번	도 호	지 번	도 호	지 번	도 호	지 번	도 호	지 번	도 호	지 번	도 호	지 번	도 호	지 번	도 호	지 번	도 호	지 번																							

지적도 축척 중 1/2,400 지적도는 산간지역 또는 1필지의 면적이 큰 농경지역의 토지를 등록한 도면으로 강원도 철원군에 23장을 작성하여 비치하고 있으며, 1/500과 1/1,000 지적도는 제2차 「지적법」 개정 법률에서 지적공부에 등록하는 면적의 단위를 척관법에서 미터법으로 전환함에 따라 1976년부터 새로이 작성하기 시작하였다.

그리고 1/3,000과 1/6,000 지적도는 지적법 시행규칙[시행 1995. 4. 26.] [내무부령 제646호, 1995. 4. 26., 일부개정]을 개정하여 1995년부터 시·도지사의 승인을 얻어 작성하기 시작하였으며, 기타의 축척은 토지조사사업과 임야조사사업의 성과에 의하여 척관법으로 작성된 도면으로 축척 구분 코드번호는 <표 3-40>과 같다.

따라서 1개 동·리에 대한 도면의 축척이 대부분 3종부터 4종 이상으로 구성되어 있어 도면의 확대와 축소 및 접합 등을 할 경우 오차의 발생률이 높아지기 때문에 실지측량과 도시계획사업 등의 추진에 많은 문제점이 야기되고 있어 축척을 단계적으로 단순화하여야 한다.

<표 3-40> 축척 구분 코드번호

코드체계	*	*	⇐ 축척 수치의 앞 2자리	
코드	내용		코드	내용
00	수치		12	1 : 1200
05	1 : 500		24	1 : 2400
06	1 : 600		30	1 : 3000
10	1 : 1000		60	1 : 6000

출처 : 부동산종합공부시스템 운영 및 관리규정(2017. 3. 6. 국토교통부 훈령 제813호 개정).[별표 제3호]

3.6.4. 도면 복사

국가기관·지방자치단체 또는 지적측량수행자가 지적도면(정보처리시스템에 구축된 지적도면데이터 파일을 포함한다.)을 복사(複寫)하려는 경우에는 지적도면 복사의 목적, 사업계획 등을 적은 신청서를 지적소관청에 제출하도록 규정하고 있다.(규칙 제70조제1항)

그리고 도면의 복사 신청을 받은 지적소관청은 신청내용을 심사한 후 그 타당성이 인정되는 때에 지적도면을 복사할 수 있게 하여야 하며, 이 경우 복사 과정에서 지적도면을 손상시킬 염려가 있으면 지적도면의 복사를 정지시킬 수 있다.(규칙 제70조제2항)

그리고 복사한 지적도면은 신청 당시의 목적 외의 용도로는 사용할 수 없도록 규정하고 있다.(규칙 제70조제3항)

3.6.5. 도면 2부 작성

제3차 「지적법」 개정 법률에서 지적공부의 안전 관리를 위하여 토지의 이동이 빈번하거나 열람 및 등본의 청구 등 민원이 많은 시가지 및 준시가지 지역으로 사용이 빈번하여 닳거나 헤질 염려가 많은 도면과 5년 이내에 재작성하여야 할 것으로 예상되는 도면은 이를 2부씩 작성하여 비치하되, 그 중 1부는 지적도와 임야도의 재작성용에 한하여 사용하고 1부는 민원처리용으로 사용하도록 도면의 2부 작성 비치 제도를 신설하였다.(법 제8조제2항)

그러나 지적도면전산화사업을 추진하면서 실효성이 없어 제10차 「지적법」 개정 법률에서 도면의 2부 작성 관련 규정(법 제8조제2항)을 삭제함으로써 도면의 2부 작성 제도를 폐지하였다.

3.6.6. 도면 재작성

도면의 재작성(再作成 : Reproduction of Cadastral Map)이란 도면이 훼손·마모 등으로 그 효용을 다할 수 없는 때에 지적소관청이 시·도지사의 승인을 얻어 다시 작성하는 것을 말한다.(「지적법」 제13조제1항)

도면의 재작성 대상은 토지의 빈번한 이동정리로 인하여 도면의 경계 등을 식별하기 곤란한 경우, 장기간 사용으로 도면이 손상되어 토지의 표시가 분명하지 아니한 경우, 도곽선의 신축량이 0.5밀리미터 이상인 경우, 행정구역의 변경 등으로 1장의 도면에 2 이상의 동·리가 등록되어 있는 경우, 1장의 도면에 등록된 토지의 일부가 도시개발사업 등의 시행지역에 편입된 경우로 규정하였다.(지적법 시행규칙 제15조제1항)

그리고 도면의 재작성 절차는 소관청이 도면을 재작성하고자 하는 때에는 도면의 재작성 사유를 기재한 승인신청서를 시·도지사에게 제출하여야 하며, 도면의 재작성승인신청을 받은 시·도지사는 도면 재작성 사유 등을 심사한 후 그 승인 여부를 소관청에 통지하도록 규정하였다.(지적법 시행규칙규칙 제15조제2항, 제3항)

도면의 재작성 기준은 재작성 당시의 도면을 기준으로 직접자사법·간접자사법 또는 전자자동제도법에 의하고, 도곽선의 신축량이 0.5밀리미터 이상인 경우에는 전자자동제도법에 의하여 신축을 보정하여야 하며, 도면의 경계가 불분명한 경우에는 측량결과도를, 지번 또는 지목이 불분명한 경우에는 대장을 기준으로 재작성하도록 규정하였다.(지적법 시행규칙 제15조제3항)

도면의 재작성 제도는 제2차 「지적법」 개정 법률에서 "소관청은 지적공부의 오손 마멸 등으로 그 효용을 다할 수 없는 때에는 서울특별시장·부산시장 또는 도지사를 거쳐 내무부장관의 승인을 얻어 이를 다시 조제할 수 있다."라고 규정하여(법 제14조) 새로이 도입된 제도이다.

본 조문은 제7차「지적법」개정 법률에서 지적관련 전문 용어를 쉬운 용어로 변경하기 위하여 "지적공부의 재조제"라는 용어를 "지적공부의 재작성"이라고 개정하였으며, 제10차「지적법」개정 법률에서 토지대장과 임야대장을 재작성하는 사례가 거의 없고 대부분 지적도와 임야도를 재작성하기 때문에 "지적공부의 재작성"이라는 용어를 "도면의 재작성"으로 개정하였다.(법 제13조)

그러나「측수지법」을 제정하면서 제2차「지적법」개정 법률에서 새로이 도입된 도면의 재작성 관련규정(「지적법」제13조)을 삭제함으로써 도면의 재작성 제도를 폐지하였는데, 이는 전산화사업의 완료로 언제든지 필요한 축척으로 도면을 재작성할 수 있기 때문인 것으로 판단된다.

3.6.7. 지적편집도 작성

지적편집도(地籍編輯圖 : Cadastral Editing Map)란 지적도와 임야도를 복사하여 일정한 축척으로 편집하여 간행한 도면을 말하는데, 지적도 또는 임야도를 복제하여 작성한 지적약도라고 하였다.

지적약도 등의 간행 판매 제도는 제7차「지적법」개정 법률에서 지적약도 등의 간행·판매·배포를 대행하게 하기 위하여 대행업자를 지정할 수 있도록 규정(법 제12조의2)함으로써 신설된 제도이다.

본 조문은 제9차「지적법」개정 법률에서 지적도 또는 임야도를 복제한 약도 등을 간행·판매하고자 하는 자는 행정자치부장관에게 등록을 하여야 하며, 행정자치부장관은 지적약도 등 간행·판매업 등록증을 교부하도록 개정하여 지정제도에서 등록제도로 개선하였다.

이어서 제10차「지적법」개정 법률에서 도면을 편집하여 작성한 편집도(이하 "지적편집도"라 한다.)를 간행·판매하고자 하는 자는 행정자치부장관에게 등록을 하여야 하며, 행정자치부장관은 지적편집도 간행·판매업등록증을 교부하도록 규정(법 제46조제1항, 제2항)하여 지적약도 등의 간행 판매제도가 지적편집도 간행·판매업제도로 개정되었다.

그리고 지적법 시행규칙[시행 2002. 2. 26.][행정자치부령 제162호, 2002. 2. 26., 전부개정]을 개정하여 지적편집도를 간행·판매하고자 하는 자는 지적편집도 간행·판매업 등록신청서를 행정자치부장관에게 제출하여야 하며, 행정자치부장관은 지적편집도 간행

· 판매업등록신청을 받은 날부터 15일 이내에 지적법 시행규칙 제65조[별표 7]의 규정에 의한 지적편집도 간행·판매업의 등록기준에 적합한지 여부를 심사한 후 적합하다고 인정되는 때에는 지적편집도 간행·판매업 등록증을 교부하여야 하며, 등록기준에 적합하지 아니하다고 인정되는 때에는 그 뜻을 신청인에게 통지하도록 규정하였다.(지적법 시행규칙 제64조제1항, 제2항)

이어서 지적편집도 간행·판매업의 등록기준을 규정하였으며,(지적법 시행규칙 제65조) 지적편집도 간행·판매업을 등록한 자가 도면을 복사하고자 하는 때에는 도면복사신청서에 등록증 사본을 첨부하여 지적소관청에 제출하여야 하며, 도면을 복사하고자 하는 지적편집도 간행·판매업자는 도면 1장당 1,200원의 수수료를 그 지방자치단체의 수입증지로 납부하도록 규정하였다.(지적법 시행규칙 제66조)

지적법 시행규칙[시행 2005. 2. 11.][행정자치부령 제267호, 2005. 2. 11., 타법개정]을 개정하여 지적편집도를 간행·판매하고자 하는 자는 지적편집도 간행·판매업등록신청서를 시·도지사에게 제출하도록 개선하였다.

시·도지사는 지적편집도 간행·판매업등록신청을 받은 날부터 15일 이내에 지적편집도 간행·판매업의 등록기준에 적합한지 여부를 심사한 후 적합하다고 인정되는 때에는 지적편집도 간행·판매업 등록증을 교부하여야 하며, 등록기준에 적합하지 아니하다고 인정되는 때에는 그 뜻을 신청인에게 통지하도록 규정하였다.(지적법 시행규칙 제64조제1항, 제2항)

그리고 지적편집도 간행·판매업을 등록한 자가 도면을 복사하고자 하는 때에는 도면복사신청서에 등록증 사본을 첨부하여 지적소관청에 제출하여야 하며, 도면을 복사하고자 하는 지적편집도 간행·판매업자는 도면 1장당 1,200원의 수수료를 그 지방자치단체의 수입증지로 납부하여야 하며, 이 경우 도면복사신청서는 전자문서로 된 신청서를 포함하고, 지적소관청은 정보통신망을 이용하여 전자화폐·전자결제 등의 방법으로 이를 납부하게 할 수 있도록 개선하였다.(지적법 시행규칙 제66조)

따라서 지적편집도의 간행·판매업등록제도는 제7차「지적법」개정 법률에서 지적약도 등의 간행·판매대행업자의 지정제도로 신설되어, 제9차「지적법」개정 법률에서 지적약도 등 간행·판매업등록제도로 개정되었고, 제10차「지적법」개정 법률에서 지적편집도 간행·판매업으로 명칭을 변경하였다.

이어서「측수지법」을 제정하면서「지적법」에 의한 지적편집도 간행판매업을 지도제작업으로 개정하고, 종전의 지적편집도 간행판매업자는 지도제작업자로 등록한 것으로 보도록 규정하였으며,(법 부칙 제10조제3항) 공간정보의 구축 및 관리 등에 관한 법률[시행 2015. 6. 4.] [법률 제12738호, 2014. 6. 3., 일부개정]로 제명을 변경하면서 이 법 시행 전에 종전의 「지적법」에 따라 등록한 지적편집도 간행·판매업자는 지도제작 등 대통령령으로 정하는 업종을 등록한 자로 보도록 개정하여(법 부칙 제10조제3항) 오늘에 이르고 있다.

3.6.8. 지적공부부본 작성

지적공부부본(副本: Copy of Cadastral Record)이란 토지대장부본·지적약도·임야대장부본 및 임야약도를 말하는데, 대장부본과 도면약도를 일괄하여 지적공부부본이라고 하였다.

지적공부부본은 지적공부(지적파일을 포함한다.)에 의하여 작성하여 「지방자치법」 제7조의 규정에 따른 도농복합시(都農複合市) 및 군지역의 읍·면에 비치·보관하고 지적공부와 일치되도록 토지표시사항·소유자표시사항 등을 변경·정리하여 주민의 열람과 읍·면의 행정수행 및 지적공부의 분·소실시 복구자료 등으로 활용하였다.

지적공부부본의 작성 비치제도는 제2차 「지적법」 개정 법률에서 "시의 동과 군의 읍·면에는 지적공부에 의하여 토지대장부본 및 지적약도와 임야대장부본 및 임야약도를 작성 비치하고 상시 지적공부와 부합하도록 그 이동사항을 정리하여야 한다."라고 규정하여(법 제8조제3항) 신설된 제도이다.

본 조문은 제3차 「지적법」 개정 법률에서 시의 동지역은 지적공부부본 및 약도의 활용도가 너무 낮아 "군의 읍·면에는 지적공부에 의하여 토지대장부본 및 지적약도와 임야대장부본 및 임야약도를 작성 비치하고 상시 지적공부와 부합하도록 그 이동사항을 정리하여야 한다."라고 개정하여(법 제8조제4항) 시의 동에 지적공부부본 및 약도의 작성 비치제도를 폐지하였으며, 제5차 「지적법」 개정 법률에서 군의 읍·면에 토지대장부본과 임야대장부본을 전산등록파일에 의거 작성·비치할 수 있도록 개정하였으나,(법 제8조제4항) 군의 읍·면지역 역시 지적공부부본 및 약도의 활용도가 너무 낮아 제10차 「지적법」 개정 법률에서 읍·면에 대장부본의 작성·비치제도를 폐지하였다.

4. 지적통계

4.1. 지적통계의 작성 연혁

지적소관청은 지적공부에 등록된 토지대장과 임야대장의 등록지별로 국유지와 민유지로 구분하여 지목별 필지수와 면적의 변경사항을 등록 관리하는 집계부를 작성하여 비치하였다.

'집계부'는 '집계표' '집계기록지' 또는 '지적통계'라고 각각 규정하였는데, 지번부여지역별 집계에 의하여 읍·면·동과 시·군·구 총괄을 집계 관리하도록 운영하여 국토의 등록상황과 지목별 면적의 증감상황 등 국토통계에 관한 정보를 제공하는 매우 중요한 역할을 하고 있다.

따라서 집계부는 지적공부·결번대장 등과 같이 지적서고에 영구히 보존·관리하도록 운영하였다.

집계부의 작성은 지적사무 처리규정(1970. 8. 16. 시행, 내무부 예규, 1970. 7. 10. 제정) 제9조(집계부)에 토지대장과 임야대장으로 구분하고 이를 국유지와 민유지로 분류하며, 토지대장 집계부 중 민유지의 부는 다시 과세지와 비과세지로 분류하고 별책으로 작성하도록 규정하고,(지침 제9조제1항, 제2항) 군수는 각종 집계부의 년말현재액을 익년 1월 15일까지 도지사에, 도지사는 1월 31일까지 내무부장관에게 보고하도록 규정하였다. (지침 제152조제3항)

이어서 지적사무 처리지침(1977. 5. 7. 내무부 예규 제406호)을 제정하고 제113조(집계표의 비치)에 소관청은 대장별로 민유지와 국유지로 구분하여 지번지역 집계에 따라 읍·면, 시·군·구 총괄을 두고, 수치지적부(경계점좌표등록부로 명칭변경) 시행지역에 대하여는 별도로 집계하여 토지대장 집계표에 합계하고, 전자계산 조직을 운영할 경우에는 등록한 입력매체에 의하여 기록된 집계기록지를 집계표로 가름하도록 규정하여(지침 제113조제1항, 제2항) '집계부'의 명칭이 '집계표'로 변경되고 수작업에 의하여 작성하던 집계표를 '집계기록지'로 대체하도록 개선하였다.

지적사무 처리규정(2008. 9. 2. 국토해양부 예규 제15호) 제7조(지적공부등록현황의 비치·관리)에 지적소관청은 매월 말일 현재로 지적공부 등록 현황과 지적사무 정리 상황 등을 작성·관리하도록 규정하였다.

그리고 제24조(지적통계 작성)에 지역전산본부는 매월 말 현재의 지적통계를 시·군의 일일마감과 시·도의 사무종료 후에 작성하고, 지적소관청은 지적공부등록현황과 일일마감 처리결과를 대조 확인하고 지적통계의 증감은 토지이동 종목별, 지목별 변동사항을 지난 월과 상호 대비하여 매월 분석하여야 하며, 지적소관청은 지적통계의 증감내역을 시·도지사에게 제출하고, 시·도지사는 시·군의 자료를 취합하여 국토해양부장관에게 제출하도록 규정하였다.

이어서 부동산종합공부시스템 운영 및 관리규정(2014. 12. 31. 국토교통부 훈령 제481호) 제18조(지적통계 작성)에 지적소관청에서는 지적통계를 작성하기 위한 일일마감, 월마감, 년마감을 하도록 규정하고 부동산종합공부시스템에서 출력할 수 있는 통계의 종류를 규정하고, 국토교통부장관은 매년 시·군·구 자료를 취합하여 지적통계를 작성하도록 규정하고 있다.(부동산종합공부시스템 운영 및 관리규정 제18조제1항, 제2항)

그러나 지적통계 작성 시에 시·도지사와 시장·군수·구청장 등 지방자치단체가 소유하고 있는 토지의 구분 방법과 국유와 사유가 혼합된 공유 토지의 구분방법 등이 규정되어 있지 아니하여 앞으로 지적통계의 작성과 관리 방법 등을 자세히 규정하고 국토통계의 중요성을 인식할 수 있도록 훈령으로 규정되어 있는 지적통계 작성에 관한 규정을 지적법령으로 상향 조정하여야 할 것이다.

4.2. 지적통계의 종류

지적통계는 부동산종합공부시스템 운영 및 관리규정(2014. 12. 31. 국토교통부 훈령 제481호)을 제정하기 전에는 토지대장 등록지(민유지, 국유지 ; 경계점좌표등록부 등록지를 포함하였다.)와 임야대장 등록지(민유지, 국유지)로 구분하여 작성하였다.

그러나 부동산종합공부시스템 운영 및 관리규정에 ① 지적공부등록지 현황, ② 토지대장등록지 총괄(수치시행지역 포함), ③ 토지대장등록지 총괄(수치시행지역 제외), ④ 토지대장등록지(국유지, 수치시행지역 포함), ⑤ 토지대장등록지(국유지, 수치시행지역 제외), ⑥ 토지대장등록지(민유지, 수치시행지역 포함), ⑦ 토지대장등록지(민유지, 수치시행지역 제외), ⑧ 행정구역별 지목별 총괄, ⑨ 지목별 현황, ⑩ 임야대장등록지 총괄, ⑪ 임야대장등록지(국유지), ⑫ 임야대장등록지(민유지), ⑬ 경계점좌표등록부시행지 총괄, ⑭ 경계점좌표등록부시행지(국유지), ⑮ 경계점좌표등록부시행지(민유지) 등 다양하게 지적통계를 작성하도록 규정하여(제18조제3항, 별표 2) 오늘에 이르고 있다.

4.3. 지적통계의 작성방법

지적소관청은 토지의 이동에 따른 지목별 필지수와 면적의 변경사항을 정리하되 도시개발사업 또는 농어촌정비사업 등의 완료로 일시에 많은 양의 필지수를 정리하는 경우에는 수시로 지적공부 등록 현황 집계표를 정리하고 기타의 경우에는 월 1회 이상 정리하여 지적통계를 작성하도록 운영하였다.

그러나 전산정보 처리조직에 의하여 처리하는 경우에는 다음달 5일까지 지적공부등록 현황 등을 출력하여 보관·관리하도록 운영하였으나 현재는 지적통계를 작성하기 위하여 일일마감·월마감·년마감을 하도록 규정하고, 국토교통부장관은 매년 시·군·구 자료를 취합하여 지적통계를 작성하고 있다.(부동산종합공부시스템 운영 및 관리규정 제18조제1항, 제2항)

5. 지적공부의 복구

> 법 제74조 (지적공부의 복구) 지적소관청(제69조제2항에 따른 지적공부의 경우에는 시·도지사, 시장·군수 또는 구청장)은 지적공부의 전부 또는 일부가 멸실되거나 훼손된 경우에는 대통령령으로 정하는 바에 따라 지체 없이 이를 복구하여야 한다.

5.1. 복구의 의의

지적공부의 복구(復舊 : Restoration of Cadastral Record)란 지적소관청이 지적공부의 전부 또는 일부가 멸실 또는 훼손된 때에 멸실·훼손 당시의 지적공부와 가장 일치된다고 인정되는 관계 자료에 의하여 지적공부의 등록사항을 복구 등록(전산정보 처리조직에 의한 지적공부는 시·도지사와 시장·군수 또는 구청장이 복구 등록한다.)하는 행정처분을 말한다.

6.25동란으로 인하여 대장 86,415권과 도면 577,793매의 지적공부 중에서 대장 17,862권(21%)과 도면 129,748매(22%)가 소실되었으며, 특히 경기도와 강원도 지역의 피해가 심하였다.

내무부는 국민의 재산권 보호와 효율적인 지적행정의 수행을 위하여 지적복구 사업을 지속적으로 추진하여 <표 3-41>과 같이 소실된 4,010,105필지 중에서 3,961,839필지(99.8%)를 복구하였으나, 수복지역은 증빙서류가 부족하여 756,345필지 중에서 718,130필지(95%)를 복구하였다.

<표 3-41> 6.25 동란 당시 소실된 지적공부의 복구 현황

구 분	종목	단위	소실 현황	복구 현황	미복구 현황
계	대 장	필수	(756,345) 4,010,105	(718,130) 3,961,839	(38,216) 48,266
		권수	(3,546) 17,862	(3,352) 17,569	(194) 293
	도 면	필수	(763,633) 4,109,829	(685,856) 4,038,711	(67,777) 71,118
		매수	(33,969) 123,748	(31,041) 126,119	(2,928) 3,629
토지대장 등록지	대 장	필수	(633,595) 3,504,589	(612,280) 3,473,542	(21,315) 31,047
		권수	(2,799) 14,660	(2,699) 14,491	(100) 166
	도 면	필수	(634,791) 3,541,411	(586,681) 3,490,376	(48,110) 51,035
		매수	(30,897) 115,377	(228,167) 119,976	(2,730) 3,401
임야대장 등록지	대 장	필수	(122,751) 505,516	(105,850) 48,897	(16,901) 17,219
		권수	(747) 3,202	(653) 3,075	(94) 127
	도면	필수	(118,842) 568,418	(99,175) 548,335	(19,667) 20,083
		매수	(3,072) 14,371	(2,874) 14,143	(198) 228

주 : ( )내는 수복지역에 대한 통계임.
출처 : 박순표, 1978. 10, "지적행정 30년", 『지적』통권 제43호, 대한지적공사, p.36.

그러나 토지등기부와 함께 소실된 토지에 대하여는 소유자의 행방불명 또는 소유권에 관한 증빙서는 있으나 그 이후의 권리 변동사항을 확인할 길이 없는 토지가 많아 분쟁이 빈발하게 되었다.[84]

전산정보 처리조직에 의하여 기록·저장·관리하는 불가시적인 지적공부는 제4차 「지적법」 개정 법률에서 멸실·파손시 복구 자료로 활용할 수 있도록 매년 말을 기준으로 년

---

[84] 박순표, 1978. 10, "지적행정 30년", 『지적』통권 제43호, 대한지적공사, pp35~36.

1회 일괄 복제하여 해당 지역전산본부가 아닌 안전한 장소에 보관·관리하도록 규정되어 있었으나, 제7차 「지적법」 개정 법률에서 이를 매분기말에 일괄 복제하여 별도 보관·관리하도록 개선하여 지적파일의 멸실·훼손 기타 유사시에 즉시 복구할 수 있도록 제도적인 장치를 마련하였다.

지적공부의 복구는 크게 나누어 토지의 표시에 관한 사항과 소유자의 표시에 관한 사항으로 구분할 수 있다.

토지의 표시에 관한사항은 지적소관청이 조사·측량하여 복구 등록할 수 있으나 소유자의 표시에 관한 사항은 부동산등기부 등 등기사실을 증명하는 서류나 법원의 확정판결에 따라 복구하도록 규정되어 있기 때문에(영 제61조제1항) 토지대장 또는 임야대장에 토지의 표시에 관한 사항만 복구등록하고 소유자의 표시에 관한 사항은 복구등록하지 아니한 소유자미복구토지, 즉 소유자란이 공란으로 되어있는 사례가 있음은 이러한 사유에 기인하고 있다.

따라서 지적공부상 소유자의 표시에 관한 사항을 복구등록하기 위하여 소유신고 내지는 회복등기를 하기 위한 방법으로 법원의 확정판결에 의하지 아니하고서는 지적공부상 소유자란의 복구등록을 할 수 없는 경우라면 국가를 상대로 토지소유권확인소송을 구할 수 있다.[85]

그러나 '지적에 관한 법'이 국정주의의 이념을 채택하고 있는 한 소유자의 표시에 관한 복구도 국가 자신이 복구할 것이지 법원의 판결로서만 복구하여야 할 이유가 없고 또한 지적공부가 멸실되었다고 하여 멸실 전의 토지소유권마저 상실되었다고 볼 수 없기 때문에 이론적인 모순이 있다는 비판이 있어 왔다.[86]

지적공부의 복구와는 개념이 다르나, 공간정보관리법 제84조(등록사항의 정정)제4항에 지적소관청이 지적공부의 등록사항을 정정할 때 그 정정사항이 미등기 토지에 대한 토지 소유자의 성명 또는 명칭, 주민등록번호, 주소 등에 관한 사항일 경우 그 등록사항이 명백히 잘못된 경우에는 가족관계 기록사항에 관한 증명서에 따라 정정하여야 하도록 규정하고, 지적업무처리규정 제61조(미 등기토지의 소유자 정정 등)제1항에 미등기 토지로서 소유자의 정정에 관한 사항과 토지조사당시에 사정 또는 재결 등에 따라 대장에 소유자는 등록하였으나, 소유자의 주소가 등록되어 있지 아니한 토지 및 종전 지적법 시행령(대통령령 제497호 1951년4월1일 제정)제3조제4호에 따라 국유지를 매각·교환 또는 양여하여 취득한 토지의 소유자 주소가 대장에 등록되어 있지 아니한 미등기 토지에

---

85) 대법원, 1980. 11. 11, 선고79다723판결.
86) 주명식, 1984, 『신부동산등기법론』, 서울, 범론사, p.94.

한하여 소유자정정 등에 관한 신청이 있는 때에는 지적소관청은 14일 이내에 다음 각 호의 사항을 확인하여 처리하도록 규정하고 있다.
1) 적용대상 토지 여부
2) 대장상 소유자와 가족관계등록부·제적부에 등재된 자와의 동일인 여부
3) 적용대상 토지에 대한 확정판결이나 소송의 진행여부
4) 첨부서류의 적합여부
5) 그 밖에 지적소관청이 필요하다고 인정되는 사항

5.2. 복구자료

지적공부의 복구에 관한 관계 자료는 ① 지적공부의 등본, ② 측량결과도, ③ 토지이동정리결의서, ④ 등기사항증명서 등 등기사실을 증명하는 서류, ⑤ 지적소관청이 작성하거나 발행한 지적공부의 등록내용을 증명하는 서류, ⑥ 복제된 전산정보처리조직에 의한 지적공부, ⑦ 법원의 확정판결서 정본 또는 사본 등이 있다.(규칙 제72조)

지적법령에서는 지적공부부본에 의하여 지적공부를 복구할 수 있도록 규정하였으나, 제10차「지적법」개정 법률에서 지적공부부본의 작성·비치제도를 폐지하면서 지적공부의 복구에 관한 정확성을 확보할 수 없기 때문에 복구자료 중 "지적공부부본"을 삭제하였다.

5.3. 복구절차

지적소관청은 지적공부를 복구하고자 하는 때에는 복구자료를 조사하여야 하며, 조사된 복구자료 중 토지대장·임야대장 및 공유지연명부의 등록 내용을 증명하는 서류 등에 따라 지적복구자료 조사서를 작성하고, 지적도면의 등록 내용을 증명하는 서류 등에 따라 복구자료도(復舊資料圖)를 작성하여야 한다.(규칙 제73조제1항, 제2항)

그리고 작성된 복구자료도에 따라 측정한 면적과 지적복구자료 조사서에 조사된 면적의 증감이 계산식($A = 0.026^2 M\sqrt{F}$, A는 오차 허용면적·M은 축척 분모·F는 조사된 면적)에 따른 허용 범위를 초과하거나 복구자료도를 작성할 복구자료가 없는 경우에는 복구측량을 하여야 한다.(규칙 제73조제3항)

지적복구자료 조사서의 조사된 면적이 위 계산식에 따른 허용범위 이내인 경우에는 그

면적을 복구면적으로 결정하여야 하고, 복구측량을 한 결과가 복구자료와 일치되지 아니하는 때에는 토지소유자 및 이해관계인의 동의를 받아 경계 또는 면적 등을 조정할 수 있다. 이 경우 경계를 조정한 때에는 경계점표지를 설치하도록 규정하고 있다.(규칙 제73조제4항, 제5항)

5.4. 복구게시

지적소관청은 복구자료의 조사 또는 복구측량 등이 완료되어 지적공부를 복구하고자 하는 경우에는 복구하려는 토지의 표시 등을 시·군·구 게시판 및 인터넷 홈페이지에 15일 이상 게시하여야 한다.(규칙 제73조제6항)

종전에는 지적공부의 복구를 완료한 때에는 15일간 시·군·구의 게시판에 복구사실을 게시하도록 규정하고 있어 지적공부의 복구사실에 대한 게시는 단순히 지적공부가 복구되었음을 알리는 것에 불과하고 지적공부의 복구효력은 복구 당시에 발생하게 되어 있었다.[87]

따라서 지적공부를 복구한 후에 복구사실을 게시하는 것은 의미가 없을 뿐만 아니라 효력발생의 요건이 아니기 때문에 지적공부를 복구하고자 할 때에는 미리 복구하고자 하는 내용을 시·군·구의 게시판에 게시하여 인접 토지소유자 또는 이해관계인 등이 이의신청을 제기할 수 있도록 하고 이를 심사한 후에 멸실 당시의 상태대로 지적공부를 복구등록하도록 제7차 「지적법」 개정에 이어서 지적법 시행규칙[시행 1995. 4. 26.] [내무부령 제646호, 1995. 4. 26., 일부개정]을 개정하였다.

복구하려는 토지의 표시 등에 이의가 있는 자는 게시기간 내에 지적소관청에 이의신청을 할 수 있으며, 이 경우 이의신청을 받은 지적소관청은 이의사유를 검토하여 이유가 있다고 인정되는 때에는 그 시정에 필요한 조치를 하여야 한다.(규칙 제73조제7항)

지적소관청은 복구게시와 이의신청에 관한 절차를 이행한 때에는 지적복구자료 조사서·복구자료도 또는 복구측량 결과도 등에 따라 토지대장·임야대장·공유지연명부 또는 지적도면을 복구하여야 한다.(규칙 제73조제8항)

그리고 토지대장·임야대장 또는 공유지연명부는 복구되고 지적도면이 복구되지 아니한 토지가 축척변경 시행지역이나 도시개발사업 등의 시행지역에 편입된 때에는 지적도면을 복구하지 아니할 수 있도록 규정하고 있다.(규칙 제73조제8항)

---

[87] 원영희, 1972(b), 앞의 책, p.111.

6. 지적공부의 열람 및 등본 발급

> 법 제75조 (지적공부의 열람 및 등본 발급) ① 지적공부를 열람하거나 그 등본을 발급받으려는 자는 해당 지적소관청에 그 열람 또는 발급을 신청하여야 한다. 다만, 정보처리시스템을 통하여 기록·저장된 지적공부(지적도 및 임야도는 제외한다.)를 열람하거나 그 등본을 발급받으려는 경우에는 특별자치시장, 시장·군수 또는 구청장이나 읍·면·동의 장에게 신청할 수 있다. <개정 2012. 12. 18.>
> ② 제1항에 따른 지적공부의 열람 및 등본 발급의 절차 등에 필요한 사항은 국토교통부령으로 정한다. <개정 2013. 3. 23.>

지적공부를 열람하거나 그 등본을 발급받으려는 자는 지적소관청에 지적공부 열람 및 등본 발급신청서를 제출하여야 하나, 정보처리시스템을 통하여 기록·저장된 지적공부를 열람하거나 그 등본을 발급받으려는 경우에는 시장·군수 또는 구청장이나 읍·면·동의 장에게 신청할 수 있도록 규정하였다.(법 제75조제1항)

지적공부는 공개주의의 이념에 따라 지적공부에 등록된 사항을 정당하게 이용하기 위하여 지적공부를 열람하거나 등본을 발급받고자 하는 자에게 편의를 제공하기 위하여 제4차「지적법」개정 법률에서 소관청이나 해당 소관청이 아닌 다른 소관청에게도 이를 신청할 수 있도록 개정하여,(법 제14조제1항) 국가기관 중에서는 최초로 1991년 2월 1일부터 전국을 온라인망으로 연결하여 토지대장과 임야대장의 열람 및 등본 등 지적민원을 언제, 어디서, 누구에게나 즉시 처리가 가능하도록 개선하였다.

지적소관청이 토지소유자 또는 이해관계인 등 일반 국민으로부터 지적공부의 열람 및 등본발급신청을 받은 경우에는 거의 무제한으로 이를 허용하고 있으나 부책식 또는 카드식대장과 도면 등 가시적인 지적공부의 열람은 반드시 유리로 격리된 열람대(閱覽台)를 설치하고 담당 공무원의 참여하에 열람을 하도록 하여야 하며, 담배를 피우거나 인화(引火)물질을 휴대하지 못하도록 하고 지정된 장소 이외에서의 열람을 제한하여 지적공부가 분·소실 또는 훼손되는 사례가 없도록 하여야 한다.

그리고 특정인의 토지소유현황을 파악하기 위한 대장의 열람이나 등본발급은 그 신청자를 상속권자 또는 이해관계인 등으로 제한하여 개인의 프라이버시(Privacy)가 침해되는 사례가 발생되지 않도록 제도화 하여야 한다.

도시개발사업·농어촌정비사업 등의 준공으로 인하여 폐쇄된 지적공부는 소유권확인청구소송 또는 기타 자료로 특히 필요하다고 인정되는 때에 한하여 열람을 하게 하거나 등본을 발급할 수 있었으나 이러한 제한규정을 삭제하여 1992년 9월 1일부터 누구나 자유로이 폐쇄된 지적공부의 열람 및 등본발급 신청을 할 수 있도록 개정하였다.

그러나 폐쇄된 지적공부는 법적으로 국가의 공적장부로서의 효력이 상실되었기 때문에 등본발급은 사실상 곤란하다고 판단되어 이를 복사하여 폐쇄된 지적공부와 동일함을 증명하여 발급하는 제도로 개선하여야 할 것이다.

본 조문은 지적법령에서 지적공부를 열람하거나 등본을 발급받으려는 자는 소관청에 신청하여야 하나, 정보처리시스템을 통하여 기록·저장된 지적공부를 열람하거나 그 등본을 발급받으려는 경우에는 해당 소관청이 아닌 다른 소관청에 신청을 할 수 있도록 규정하였다.(「지적법」 제14조제1항)

이어서 「측수지법」을 제정하면서 정보처리시스템을 통하여 기록·저장된 지적공부(지적도 및 임야도는 제외한다.)를 열람하거나 그 등본을 발급받으려는 경우에는 시장·군수 또는 구청장이나 읍·면·동의 장에게 신청할 수 있도록 개정하여,(법 제75조제1항) 가까운 읍·면·동사무소에서 지적도 및 임야도를 제외한 지적공부의 열람 및 등본발급신청을 할 수 있도록 개선하여 오늘에 이르고 있다.

7. 지적전산 자료의 이용

법 제76조 (지적전산자료의 이용 등) ① 지적공부에 관한 전산자료(연속지적도를 포함하며, 이하 "지적전산자료"라 한다.)를 이용하거나 활용하려는 자는 다음 각 호의 구분에 따라 국토교통부장관, 시·도지사 또는 지적소관청에 지적전산자료를 신청하여야 한다. <개정 2013. 3. 23., 2013. 7. 17., 2017. 10. 24.>
1. 전국 단위의 지적전산자료: 국토교통부장관, 시·도지사 또는 지적소관청
2. 시·도 단위의 지적전산자료: 시·도지사 또는 지적소관청
3. 시·군·구(자치구가 아닌 구를 포함한다.) 단위의 지적전산자료: 지적소관청
② 제1항에 따라 지적전산자료를 신청하려는 자는 대통령령으로 정하는 바에 따라 지적전산자료의 이용 또는 활용 목적 등에 관하여 미리 관계 중앙행정기관의 심사를 받아야 한다. 다만, 중앙행정기관의 장, 그 소속 기관의 장 또는 지방자치단체의 장이 신청하는 경우에는 그러하지 아니하다. <개정 2017. 10. 24.>
③ 제2항에도 불구하고 다음 각 호의 어느 하나에 해당하는 경우에는 관계 중앙행정기관의 심사를 받지 아니할 수 있다. <개정 2017. 10. 24.>
1. 토지소유자가 자기 토지에 대한 지적전산자료를 신청하는 경우
2. 토지소유자가 사망하여 그 상속인이 피상속인의 토지에 대한 지적전산자료를 신청하는 경우
3. 「개인정보 보호법」 제2조제1호에 따른 개인정보를 제외한 지적전산자료를 신청하는 경우
④ 제1항 및 제3항에 따른 지적전산자료의 이용 또는 활용에 필요한 사항은 대통령령으로 정한다. <개정 2013. 7. 17.>

지적법령에 지적전산 정보자료의 이용제도를 신설하기 전에는 전국의 시·도 단위는 물론 시·군·구 단위의 각급 행정기관과 검찰청·경찰서·세무서·교육청·병무청 등 유관기관에서 내무부장관에게 무질서하고 산발적으로 지적전산정보자료의 이용신청이 있어 많은 인력과 행정력의 낭비요인이 되어 왔다.

따라서 제7차 「지적법」 개정 법률에 지적에 관한 전산 정보자료를 이용 또는 활용하고자 하는 자는 관계 중앙행정기관의 장의 심사를 거쳐 내무부장관의 승인을 얻어 활용하도록 새로운 제도를 신설하고 시·도 단위의 출력자료는 시·도지사에게 시·군·구 단위의 출력자료는 소관청에게 권한위임을 하였다.

그 후 제10차 「지적법」 개정 법률에서 "지적전산 정보자료"를 "지적전산 자료"로 개정하고 지적전산자료의 이용 또는 활용절차, 사용료, 담당자의 등록 등에 관한 세부사항을 개선하였다.

7.1. 전산자료의 이용제한

「헌법」 제17조에 "모든 국민은 사생활의 비밀과 자유를 침해받지 아니한다."라고 규정하고 있으며 「정보통신망 이용촉진 및 정보보호에 관한 법률」 제49조에 "누구든지 정보통신망에 의하여 처리·보관 또는 전송되는 타인의 정보를 훼손하거나 타인의 비밀을 침해·도용 또는 누설하여서는 아니 된다."라고 규정하고 있다.

그리고 폐지된 「공공기관의 개인정보 보호에 관한 법률」[시행 2011. 9. 30.] [법률 제10465호, 2011. 3. 29., 타법폐지] 제10조제1항에 "보유기관의 장은 다른 법률에 의하여 보유기관의 내부에서 이용하거나 보유기관 외의 자에게 제공하는 경우를 제외하고는 해당 개인정보파일의 보유 목적 외의 목적으로 처리정보를 이용하거나 다른 기관에 제공하여서는 아니 된다."라고 규정하고 있었다.

이어서 새로이 제정한 개인정보 보호법[시행 2011. 9. 30.] [법률 제10465호, 2011. 3. 29., 제정] 제3조(개인정보 보호 원칙)제2항에 "개인정보 처리자는 개인정보의 처리 목적에 필요한 범위에서 적합하게 개인정보를 처리하여야 하며, 그 목적 외의 용도로 활용하여서는 아니 된다."라고 원칙을 규정하고, 제18조(개인정보의 이용·제공 제한)제1항에 "개인정보처리자는 개인정보를 제15조제1항에 따른 범위를 초과하여 이용하거나 제17조제1항 및 제3항에 따른 범위를 초과하여 제3자에게 제공하여서는 아니 된다."라고 규정하여 타인의 비밀을 침해할 수 있는 특정인의 토지소유현황에 관한 정보 등의 지적전산자료의 제공은 원칙적으로 불가능하다.

그러나 개별 법률에서 구체적으로 공개의 범위와 자료제공의 절차 등이 규정되어 있고 공공목적에 활용하고자 하는 경우에는 지적전산자료를 제공하고 있다.

예를 들면 「국회법」 제128조(보고·서류 등의 제출요구), 「국회에서의 증언·감정 등에 관한 법률」 제4조(공무상 비밀에 관한 증언·서류 등의 제출), 「국정감사 및 조사에 관한 법률」 제10조(감사 또는 조사의 방법) 및 「공직자윤리법」 제8조(등록사항의 심사) 등에 규정된 감사·수사·사실조회 등에 필요한 경우에는 제한적으로 적법성·사적권리 침해 및 목적 외의 사용여부 등을 조사하여 관련정보를 제공하여야 한다.

따라서 사생활의 비밀과 자유를 침해하게 되는 채권확보 또는 담보물건 확인 등의 목적으로 특정인·특정법인·특정단체 등의 토지소유현황에 관한 지적전산자료의 제공은 원칙적으로 불가능하나, 지적전산 자료의 대중화 혹은 공유화가 점진적으로 이루어지고 이에 관한 국민의 접근이 한결 쉬워졌다고 할 수 있다.

7.2. 전산자료의 이용절차

7.2.1. 전산자료의 이용 신청

지적전산자료를 이용하거나 활용하려는 자는 다음 각 호의 구분에 따라 국토교통부장관, 시·도지사 또는 지적소관청의 승인을 받도록 규정하였다.(법 제76조제1항)
1) 전국 단위의 지적전산자료 : 국토교통부장관, 시·도지사 또는 지적소관청
2) 시·도 단위의 지적전산자료 : 시·도지사 또는 지적소관청
3) 시·군·구(자치구가 아닌 구를 포함한다.) 단위의 지적전산자료 : 지적소관청

지적법령에서는 전국 단위의 지적전산자료는 내무부장관, 시·도 단위의 지적전산자료는 시·도지사, 시·군·구 단위의 지적전산자료는 소관청에 신청하도록 규정하였다.(「지적법」 제15조제1항)

그러나 2009년에 「측수지법」을 제정하면서 전국 단위의 자료 또는 시·도 단위의 자료라 하더라도 인근 지적소관청에 신청할 수 있도록 개정하였다.

이어서 제5차 「공간정보관리법」 개정 법률에서 지적정보의 접근성을 제고하기 위하여 국토교통부장관 등의 승인 절차를 폐지하였다.(법 제76조제1항)

지적전산자료를 신청하려는 자는 지적전산자료의 이용 또는 활용 목적 등에 관하여 미리 관계 중앙행정기관의 심사를 받아야 하나, 중앙행정기관의 장, 그 소속 기관의 장 또는 지방자치단체의 장이 승인을 신청하는 경우에는 그러하지 아니하다.(법 제76조제2항)

그러나 법 제76조제2항의 규정에도 불구하고 ① 토지소유자가 자기 토지에 대한 지적전산자료를 신청하는 경우, ② 토지소유자가 사망하여 그 상속인이 피상속인의 토지에 대한 지적전산자료를 신청하는 경우, ③「개인정보 보호법」제2조제1호에 따른 개인정보를 제외한 지적전산자료를 신청하는 경우에는 관계 중앙행정기관의 심사를 받지 아니할 수 있도록 제5차「공간정보관리법」개정 법률에서 개인정보가 없는 지적전산자료에 대하여는 관계 중앙행정기관의 심사를 생략할 수 있도록 개정하였다.(제76조제3항)

지적전산자료를 이용하거나 활용하려는 자는 ① 자료의 이용 또는 활용 목적 및 근거, ② 자료의 범위 및 내용, ③ 자료의 제공 방식, 보관 기관 및 안전관리대책 등을 적은 신청서(규칙 제75조, 별지 제73호 서식)를 관계 중앙행정기관의 장에게 제출하여 심사를 신청하도록 규정하고 있다.(영 제62조제1항)

본 조문은 지적법령에서는 지적전산자료의 이용 또는 활용을 신청할 수 있는 지적공부에 관한 전산자료는 필요한 최소한의 범위에 한하여야 하며, 이 경우 지적공부의 형식으로 복제하거나 전산정보처리조직에 의하여 기록·저장 및 관리하는 불가시적인 지적공부 자체의 제공을 요구하는 내용의 신청은 할 수 없도록 규정하였다.(지적법 시행령 제11조제1항)

그러나 2009년에「측수지법」을 제정하면서 위와 같은 내용의 관련 규정을 삭제하였다.

7.2.2. 전산자료의 이용 심사

지적전산자료의 이용 또는 활용을 위한 심사신청을 받은 관계 중앙행정기관의 장은 ① 신청내용의 타당성·적합성 및 공익성, ② 개인의 사생활 침해 여부, ③ 자료의 목적 외 사용 방지 및 안전관리대책을 심사한 후 그 결과를 신청인에게 통지하여야 한다.(영 제62조제2항)

그리고 지적전산자료의 이용 또는 활용 신청을 하려는 자는 지적전산자료의 이용·활용 신청서에 심사 결과를 첨부하여 국토교통부장관, 시·도지사 또는 지적소관청에 제출해야 한다. 다만, 중앙행정기관의 장, 그 소속 기관의 장 또는 지방자치단체의 장이 지적전산자료의 이용 또는 활용을 신청하는 경우 또는 법 제76조제3항 각 호의 어느 하나에 해당하는 경우로서 관계 중앙행정기관의 심사를 받지 않은 경우에는 심사 결과를 첨부하지 않을 수 있다.(영 제62조제3항)

지적전산자료의 이용 또는 활용 신청을 받은 국토교통부장관, 시·도지사 또는 지적소관청은 지적전산자료의 이용·활용 신청서 및 제2항에 따른 심사 결과(제3항 단서에 따라 지적전산자료의 이용·활용 신청서만 제출한 경우는 제외한다.)를 확인한 후 지적전산자료를 제공해야 한다. 다만, 신청한 사항의 처리가 전산정보처리조직으로 불가능한 경우, 신청한 사항의 처리가 지적업무수행에 지장을 주는 경우에는 지적전산자료를 제공하지 않을 수 있다.(영 제62조제4항)

그리고 국토교통부장관, 시·도지사 또는 지적소관청은 영 제62조제4항에 따른 확인을 거쳐 지적전산자료를 제공했을 때에는 지적전산자료 이용·활용 대장(규칙, 별지 제73호서식)에 그 내용을 기록·관리하도록 규정하고 있다.(영 제62조제5항, 규칙 제75조)

7.2.3. 전산자료의 사용료

지적전산자료를 제공받는 자는 국토교통부령으로 정하는 사용료를 내야 한다. 다만, 국가나 지방자치단체에 대해서는 사용료를 면제하도록 규정하고 있다.(영 제62조제6항)<개정 2024. 9. 19.>

지적법 시행규칙에서 지적전산자료의 사용료는 지적전산자료를 행정자치부장관이 제공하는 경우에는 수입인지로, 시·도지사 또는 소관청이 제공하는 경우에는 그 지방자치단체의 수입증지로 납부하도록 규정하였으나, 2005년에 행정자치부장관, 시·도지사 또는 소관청은 정보통신망을 이용하여 전자화폐·전자결제 등의 방법으로 이를 납부하게 할 수 있도록 개정하였다.(지적법 시행규칙 제17조제2항)

8. 부동산종합공부

8.1. 부동산종합공부의 관리 및 운영

법 제76조의2(부동산종합공부의 관리 및 운영) ① 지적소관청은 부동산의 효율적 이용과 부동산과 관련된 정보의 종합적 관리·운영을 위하여 부동산종합공부를 관리·운영한다.
② 지적소관청은 부동산종합공부를 영구히 보존하여야 하며, 부동산종합공부의 멸실 또는 훼손에 대비하여 이를 별도로 복제하여 관리하는 정보관리체계를 구축하여야 한다.
③ 제76조의3 각 호의 등록사항을 관리하는 기관의 장은 지적소관청에 상시적으로 관련 정보를 제공하여야 한다.
④ 지적소관청은 부동산종합공부의 정확한 등록 및 관리를 위하여 필요한 경우에는 제76조의3 각 호의 등록사항을 관리하는 기관의 장에게 관련 자료의 제출을 요구할 수 있다. 이 경우 자료의 제출을 요구받은 기관의 장은 특별한 사유가 없으면 자료를 제공하여야 한다.

[본조신설 2013. 7. 17.]

　부동산에 관한 행정서비스를 종합적으로 이용할 수 있도록 토지대장·임야대장·지적도·건축물대장 등 현행 부동산과 관련된 18 종류의 공적공부를 하나의 공부로 통합한 부동산종합공부를 관리·운영할 수 있는 근거를 마련하였다.(법 제2조제19의3호 및 제76조의2부터 제76조의5까지 신설)

　지적소관청은 부동산의 효율적 이용과 부동산과 관련된 정보의 종합적 관리·운영을 위하여 부동산종합공부를 관리·운영하고, 이를 영구히 보존하여야 하며, 부동산종합공부의 멸실 또는 훼손에 대비하여 이를 별도로 복제하여 관리하는 정보관리체계를 구축하고, 부동산종합공부의 등록사항을 관리하는 기관의 장은 지적소관청에 상시적으로 관련 정보를 제공하도록 규정하였다.

　부동산종합공부의 관리 및 운영, 등록사항, 열람 및 증명서 발급, 등록사항 정정에 관한 제도는「측수지법」[시행 2014. 1. 18.][법률 제11943호, 2013. 7. 17., 일부개정]을 개정하여 새로이 도입하였다.

8.2. 부동산종합공부의 등록사항

법 제76조의3(부동산종합공부의 등록사항 등) 지적소관청은 부동산종합공부에 다음 각 호의 사항을 등록하여야 한다. <개정 2016. 1. 19.>
 1. 토지의 표시와 소유자에 관한 사항: 이 법에 따른 지적공부의 내용
 2. 건축물의 표시와 소유자에 관한 사항(토지에 건축물이 있는 경우만 해당한다):「건축법」제38조에 따른 건축물대장의 내용
 3. 토지의 이용 및 규제에 관한 사항:「토지이용규제 기본법」제10조에 따른 토지이용계획확인서의 내용
 4. 부동산의 가격에 관한 사항:「부동산 가격공시에 관한 법률」제10조에 따른 개별공시지가, 같은 법 제16조, 제17조 및 제18조에 따른 개별주택가격 및 공동주택가격 공시내용
 5. 그 밖에 부동산의 효율적 이용과 부동산과 관련된 정보의 종합적 관리·운영을 위하여 필요한 사항으로서 대통령령으로 정하는 사항
[본조신설 2013. 7. 17.]

　지적소관청은 부동산종합공부에 토지의 표시와 소유자에 관한 사항,(지적공부의 내용) 건축물의 표시와 소유자에 관한 사항,(건축물대장의 내용) 토지의 이용 및 규제에 관한 사항,(토지이용계획확인서의 내용) 부동산의 가격에 관한 사항,(개별공시지가, 개별주택

가격 및 공동주택가격의 공시내용) 그 밖에 부동산의 효율적 이용과 부동산과 관련된 정보의 종합적 관리·운영을 위하여 필요한 사항으로「부동산등기법」제48조에 따른 부동산의 권리에 관한 사항을 등록하도록 규정하였다.(법 제76조의3, 영 제62조의2)

8.3. 부동산종합공부의 열람 및 증명서 발급

> 법 제76조의4(부동산종합공부의 열람 및 증명서 발급) ① 부동산종합공부를 열람하거나 부동산종합공부 기록사항의 전부 또는 일부에 관한 증명서(이하 "부동산종합증명서"라 한다)를 발급받으려는 자는 지적소관청이나 읍·면·동의 장에게 신청할 수 있다.
> ② 제1항에 따른 부동산종합공부의 열람 및 부동산종합증명서 발급의 절차 등에 관하여 필요한 사항은 국토교통부령으로 정한다.
> [본조신설 2013. 7. 17.]

지적소관청에서 부동산종합공부를 관리·운영함에 따라 이를 열람하거나 기록사항의 전부 또는 일부에 관한 증명서(이하 "부동산종합증명서"라 한다.)를 발급받으려는 자는 지적소관청이나 읍·면·동의 장에게 신청할 수 있도록 규정하였다.

2014년부터 부동산 등기정보를 제외한 15종의 증명서 발급 서비스를 제공해 왔으나 2016년부터는 3종의 부동산 등기 정보를 추가해 18종의 부동산 관련 증명서를 통합하여 한통의 부동산종합증명서로 간편하게 발급하고 있다.

8.4. 부동산종합공부의 등록사항 정정

> 법 제76조의5(준용) 부동산종합공부의 등록사항 정정에 관하여는 제84조 를 준용한다.
> [본조신설 2013. 7. 17.]

부동산종합공부의 등록사항 정정에 관한 사항은 지적공부의 등록사항 정정에 관한 규정(법 제84조)을 준용하도록 규정하고,(법 제76조의5) 지적소관청은 부동산종합공부의 등록사항 상호 간에 일치하지 아니하는 사항을 확인 및 관리하여야 하며, 불일치하는 등록사항은 법 제76조의3 각 호의 등록사항을 관리하는 기관의 장에게 그 내용을 통지하여 등록사항 정정을 요청할 수 있도록 규정하였다.(영 제62조의3)

제3절 토지의 이동 신청 및 지적정리
(Section3. Application for Land Alteration & Cadastral Adjustment)

1. 신규등록 신청

> 법 제77조(신규등록 신청) 토지소유자는 신규등록할 토지가 있으면 대통령령으로 정하는 바에 따라 그 사유가 발생한 날부터 60일 이내에 지적소관청에 신규등록을 신청하여야 한다.

1.1. 의의

신규등록 신청(新規登錄 申請 : Application of New Registration)이란 토지소유자가 지적소관청에 토지를 새로이 지적공부에 등록하도록 신청하는 행위를 말하는데, 공유수면을 매립하여 새로이 조성된 산업단지와 농경지 등은 지적소관청이 토지의 소재·지번·지목·경계 또는 좌표와 면적·소유자 등에 관한 사항을 조사·결정하여 지적공부에 등록하여야 한다.

따라서 토지의 표시사항은 물론 소유자의 표시사항도 지적소관청이 법원의 확정판결서 또는 소유권 취득의 원인을 증명하는 서류 등을 심사하여 지적공부에 새로 등록하여야 한다. 이 경우 공유수면매립 면허를 받은 자에 대한 토지소유권은 해당 사업의 준공인가(竣工認可)를 받은 날에 취득한다.[88]

그러나 지적공부에 신규등록이라는 행정처분이 이루어진 후에야 해당 토지에 대한 보존등기신청이 가능하며 금융기관 등에 담보 설정이 가능하기 때문에 실제 토지소유권 행사는 신규등록 후에야 가능하다.

1.2. 대상 토지

---

88) 대법원, 1984. 12. 11, 선고81다630판결, 1954. 2. 23, 선고4236민상23판결.

지적공부에 새로 등록하여야 할 신규등록 대상 토지는 ① 미등록 공공용 토지(도로·하천·구거 등), ② 미등록 도서, ③ 공유수면매립준공 토지, ④ 기타 미등록 토지의 어느 하나에 해당되나, 공유수면 매립 준공에 의한 신규등록 이외에는 거의 없는 실정이다.

1.3. 신청 방법 및 기간

토지소유자가 신규등록 사유를 적은 신규등록신청서에 소유권에 관한 증빙서류로 ① 법원의 확정판결서 정본 또는 사본, ②「공유수면 관리 및 매립에 관한 법률」에 따른 준공검사확인증 사본, ③ 도시계획구역의 토지를 그 지방자치단체의 명의로 등록하는 때에는 기획재정부장관과 협의한 문서의 사본, ④ 그 밖에 소유권을 증명할 수 있는 서류의 사본 중 어느 하나에 해당하는 서류를 첨부하여 지적소관청에 신규등록을 신청하여야 한다. 그러나 관련서류를 해당 지적소관청이 관리하는 경우에는 지적소관청의 확인으로써 그 서류의 제출에 갈음할 수 있도록 규정하고 있다.(법 제77조, 영 제63조, 규칙 제81조제1항, 제2항)

신청 기간은 토지소유자는 신규등록할 토지가 있으면 그 사유가 발생한 날부터 60일 이내에 지적소관청에 신규등록을 신청하여야 한다.(법 제77조)

지적법령에서는 공유수면 매립허가 사항이 준공되어 해당 토지를 지적공부에 새로 등록하려는 경우에는 그 사업시행자 또는 토지소유자가 준공일부터 60일 이내에 소관청에 신규등록 신청을 하여야 하며, 이를 초과한 후에 신청을 하는 때에는 10만원 이하의 과태료를 부과하도록 규정하였다.(「지적법」 제53조제3항)

그러나「측수지법」을 제정하면서 신청기간을 초과함에 따른 과태료 부과제도를 폐지하였다.

1.4. 처리 절차

신규등록을 하기 위해서는 반드시 지적측량을 실시하고 그 성과의 정확여부를 지적소관청이 검사한 후에 발급한 신규등록 측량 성과도를 토대로 작성한 신청서 및 첨부서류를 근거로 토지이동정리결의 절차를 거쳐 토지의 표시사항을 지적공부에 새로이 등록하여야 하며, 소유자의 표시사항과 기타표시사항 등은 지적소관청이 조사·결정하여 지적공부에 등록하여야 한다.

1.5. 유의 사항

　신규등록 대상 토지는 이미 등록된 인접 토지와 동일한 축척으로 등록하여야 하며 미등록 도로·하천·구거 등을 신규등록하는 경우에는 이미 등록된 인접 토지의 경계를 기준으로 하여 등록하여야 한다.
　지세사무취급수속(1915. 5. 12. 조선총독부훈령 제32호) 제7조의2와 시가지세사무취급수속(1915. 5. 12. 조선총독부훈령 제33호) 제3조에 토지대장에 등록한 토지의 지목을 "도로·하천·구거·제방·성첩·철도선로 및 수도선로"로 변경한 때에는 토지대장에서 이를 삭제하도록 규정되어 있었다.
　따라서 토지조사사업 당시에 지적공부에 등록된 토지 중에서 도로·하천·구거 등의 지목으로 변경된 토지는「지적법」제정 시행 전인 1950년 3월 31일까지 토지대장의 등록사항을 말소하였으나,「지적법」제정 당시에 제1조 및 제37조에 모든 토지를 지적공부에 의무적으로 등록 관리하도록 직권등록주의를 강화함으로써 이미 지적공부에 등록된 토지 중에서 도로·하천·구거 등으로 지목변경 되어 삭제된 토지를 일제 조사하여 새로이 지적공부에 등록하였으나 누락된 토지가 간혹 남아 있는 실정이었다.
　이 경우 도로·하천·구거 등으로 지목변경 되어 지적공부의 등록사항이 삭제된 후 오랜 기간 소유권을 행사하지 아니하였다 하더라도 지적소관청이 위 토지에 대한 실체법상 권리의 주체라고 볼 수 있는 근거가 없음은 물론 사인의 권리관계에 개입할 수 있는 공권력의 행사 주체로서의 지위에도 있지 않다. 또한 등기촉탁 사유에도 해당되지 아니하기 때문에 등기명의인의 말소신청이 있거나 국가가 등기명의인을 상대로 하여 그 등기의 말소를 명하는 판결을 받아 등기를 말소한 경우에 한하여 소유자를 "국"으로 등록할 수 있다는 것이 법제처장의 해석이다.[89]
　따라서 토지조사사업 당시에 지적공부에 등록된 토지 중에서 1950년 이전에 도로·하천·구거 등으로 지목변경 되어 말소된 토지를 새로 지적공부에 등록할 때에는 국가 또는 지방자치단체 등이 보상을 하였거나 기타 특별한 사유가 있을 경우를 제외하고는 말소 당시에 토지대장에 등록된 소유자를 조사하여 등록하여야 한다.
　그리고 소유권취득에 관한 증빙서류가 없는 토지이거나 또는 미등록 도로·하천·구거 등의 토지라면 특별한 사정이 없는 한 무주(無主)의 토지에 해당하며, 무주의 토지는「민법」제252조제2항 및「국유재산법」제8조의 규정에 의거 소유자를 "국"으로 등록하여야

---

89) 법제처, 기획 02102-8629.(1986. 2. 27.)

한다.90)

　총괄청(總括廳)이나 관리청(管理廳)은 소유자가 없는 부동산을 국유재산으로 취득할 수 있으나,(「국유재산법」제12조제1항) 소유자가 없는 토지를 국유재산으로 취득하기 위해서는 총괄청이나 관리청은 6개월 이상의 기간을 정하여 그 기간에 정당한 권리자나 그 밖의 이해관계인이 이의를 제기할 수 있다는 뜻을 공고하여야 한다.(「국유재산법」제12조제2항)

　공고기간 내에 이의가 없는 경우에 한하여 공고를 하였음을 입증하는 서류를 첨부하여 「공간정보관리법」에 따라 지적소관청에 소유자 등록을 신청할 수 있다.(「국유재산법」제12조제3항)

　「국유재산법」에 따라 취득한 국유재산은 그 취득일부터 10년간은 처분을 하여서는 아니 되도록 규정하고 있다.(「국유재산법」제12조제4항)

　그리고 국유재산 중에서 관리청이 없거나 분명하지 아니한 때에는 총괄청인 기획재정부장관의 국유재산 관리청 지정서를 첨부하여 관리청 명칭의 첨기등기(添記登記)를 하여야 한다.

　토지대장과 임야대장의 소유자란에 "국·조선총독부·일본인 명의·일본법인 명의·육군성·이왕직·이왕직장관·창덕궁" 등으로 등록되어 있는 미등기의 부동산은 토지대장등본 또는 임야대장등본과 관리청 지정서를 첨부하여 소유권보존등기를 촉탁하면 "국"으로 소유권보존등기와 아울러 관리청 명칭도 첨기등기가 가능하기 때문에91) 신규등록 정리에 참고하여야 한다.

2. 등록전환 신청

> 법 제78조(등록전환 신청) 토지소유자는 등록전환할 토지가 있으면 대통령령으로 정하는 바에 따라 그 사유가 발생한 날부터 60일 이내에 지적소관청에 등록전환을 신청하여야 한다.

2.1. 의의

---

90) 대법원, 1997. 11. 18, 선고96다30199판결.
91) 대법원, 국유재산의 관리청명칭 첨기등기에 관한 예규.(1997. 9. 11, 등기예규 제888호)

등록전환 신청(登錄轉換 申請 : Application of Registration Conversion)이란 토지소유자가 지적소관청에 임야대장 및 임야도에 등록된 토지를 토지대장 및 지적도에 옮겨 등록하도록 신청하는 행위를 말하는데, 「산지관리법」·「건축법」 등 관계 법령에 의한 산지의 전용, 토지의 형질변경 또는 건축물의 사용승인 등으로 인하여 임야대장과 임야도에 등록된 사항을 말소하고 토지대장과 지적도에 옮겨 등록하는 것을 뜻한다.

다시 말하면 축척 1/3,000 또는 1/6,000의 임야도에 등록된 토지를 경계점좌표등록부 시행지역이나 축척 1/600, 1/1,000 또는 1/1,200 등의 지적도에 바꾸어 등록하도록 신청하는 것을 말한다.

2.2. 대상 토지

등록전환을 신청할 수 있는 토지는 ① 「산지관리법」에 따른 산지전용허가·신고, 산지일시사용허가·신고, 「건축법」에 따른 건축허가·신고 또는 그 밖의 관계 법령에 따른 개발행위 허가 등을 받은 경우, ② 대부분의 토지가 등록전환되어 나머지 토지를 임야도에 계속 존치하는 것이 불합리한 경우, ③ 임야도에 등록된 토지가 사실상 형질변경되었으나 지목변경을 할 수 없는 경우, ④ 도시·군관리계획선에 따라 토지를 분할하는 경우 등으로 규정하고 있다.(법 제78조, 영 제64조제1항)

2.3. 신청 방법 및 기간

토지소유자가 등록전환 사유를 적은 등록전환신청서에 관계 법령에 따라 토지의 형질변경 등의 공사가 준공되었음을 증명하는 서류의 사본을 첨부하여 지적소관청에 등록전환을 신청하여야 한다.

그러나 관련서류를 해당 지적소관청이 관리하는 경우에는 지적소관청의 확인으로 그 서류의 제출에 갈음할 수 있도록 규정하고 있다.(영 제64조제3항, 규칙 제82조제1항, 제2항)

신청 기간은 토지소유자는 등록전환할 토지가 있으면 그 사유가 발생한 날부터 60일 이내에 지적소관청에 등록전환을 신청하여야 한다.(법 제78조)

지적법령에서는 형질변경 등의 공사가 준공되어 해당 토지에 대한 임야대장 및 임야도에 등록된 사항을 토지대장 및 지적도에 옮겨 등록하려는 경우에는 토지소유자가 준공일부터 60일 이내에 지적소관청에 등록전환신청을 하여야 하며, 이를 초과한 후에 신청을 하는 때에는 10만원 이하의 과태료를 부과하도록 규정하였다.(「지적법」제53조제3항)

그러나「측수지법」을 제정하면서 신청기간을 초과함에 따른 과태료 부과제도를 폐지하였다.

2.4. 처리 절차

등록전환을 하기 위해서는 반드시 지적측량을 실시하고 그 측량성과의 정확여부를 지적소관청이 검사한 후 발급한 등록전환 측량성과도를 토대로 작성한 신청서 및 첨부서류를 근거로 토지이동정리결의 절차를 거쳐 토지의 표시사항을 등록하여야 하며, 소유자의 표시사항은 임야대장에 등록된 사항을 새로 작성하는 토지대장에 옮겨 등록하여야 한다.

그리고 등록전환이 완료되면 관할 등기관서에 토지표시변경등기를 촉탁하고 등기결과 그 등기필증을 접수한 날부터 15일 이내에 토지소유자에게 통지하여야 한다.

등록전환을 한 때에는 지적소관청은 해당 토지에 대한 임야대장 및 임야도의 등록사항을 말소하여야 하나, 이 경우 임야대장 및 임야도 등록사항의 말소정리를 위한 토지이동정리결의는 별도로 하지 아니한다.

2.5. 유의 사항

등록전환 대상 토지는 이미 등록된 인접 토지와 동일한 축척으로 등록하여야 하며, 등록전환 될 면적이 임야대장에 등록된 면적의 오차 허용범위를 초과하는 때에는 임야대장에 등록된 면적 또는 임야도에 등록된 경계를 정정한 후 등록전환을 하여야 한다.

등록전환과 동시에 지목변경 등을 하기 위하여 분할하여야 할 경우에는 등록전환을 하기 전에 임야대장 등록지에서 분할하지 아니하고 1필지로 등록전환을 한 후 분할과 동시에 지목변경을 하여야 한다.

그리고 각종 인·허가 등의 내용과 다르게 형질변경이 되거나 개간 또는 건축 등이 이루어진 경우에는 관계 법령에 의하여 변경허가를 받아 이를 기초로 지적공부를 정리할 수 있으나, 원상회복을 명한 경우에는 지적측량 성과검사가 완료된 경우라도 지적공부를 정리할 수 없다.

따라서 개별법령에서 규정한 허용범위 내에 한하여 등록전환·지목변경·분할 등의 토지이동정리를 할 수 있으며, 「주택법」 제15조의 규정에 의거 사업계획의 승인을 얻은 때에는 주택건설사업의 원활한 추진을 위하여 사업완료 이전에 사업시행자가 토지이동신청을 하는 경우에는 토지의 사용목적이 변경된 것으로 보아 등록전환 신청이 가능하도록 규정하고 있어 등록전환 정리에 참고하여야 한다.

3. 분할 신청

> 법 제79조(분할 신청) ① 토지소유자는 토지를 분할하려면 대통령령으로 정하는 바에 따라 지적소관청에 분할을 신청하여야 한다.
> ② 토지소유자는 지적공부에 등록된 1필지의 일부가 형질변경 등으로 용도가 변경된 경우에는 대통령령으로 정하는 바에 따라 용도가 변경된 날부터 60일 이내에 지적소관청에 토지의 분할을 신청하여야 한다.

3.1. 의의

분할 신청(分割 申請 : Application of Partition)이란 토지소유자가 지적소관청에 지적공부에 등록된 1필지를 2필지 이상으로 나누어 등록하도록 신청하는 행위를 말하는데, 도로·수로·하천 등 연속지 분할과 택지·농경지 등 집단지 분할 및 1필지 분할로 구분할 수 있다.

3.2. 대상 토지

분할신청을 할 수 있는 경우는 ① 1필지의 일부가 형질변경 등으로 용도가 변경된 경우, ② 소유권이전·매매 등을 위하여 필요한 경우, ③ 토지이용상 불합리한 지상 경계를 시정하기 위한 경우로 규정하고 있다.(법 제79조제2항, 영 제65조제1항)

3.3. 신청 방법 및 기간

토지소유자는 분할사유를 적은 신청서에 분할허가 대상인 토지의 경우에는 그 허가서 사본을 첨부하여 지적소관청에 분할을 신청하여야 하며, 법원의 확정판결에 따라 토지를 분할하는 경우에는 확정판결서 정본 또는 사본을 첨부하여야 하고, 1필지의 일부가 형질 변경 등으로 용도가 다르게 되어 분할신청을 하는 경우에는 지목변경신청서를 첨부하여 분할을 신청하여야 한다.(법 제79조, 영 제65조제2항, 규칙 제83조제1항)

그러나 관련서류를 해당 지적소관청이 관리하는 경우에는 지적소관청의 확인으로 그 서류의 제출에 갈음할 수 있도록 규정하고 있다.(규칙 제83조제2항)

신청 기간은 토지소유자는 지적공부에 등록된 1필지의 일부가 형질변경 등으로 용도가 변경된 경우에는 용도가 변경된 날부터 60일 이내에 지적소관청에 토지의 분할을 신청하여야 한다.(법 제79조제2항)

지적법령에서는 1필지의 일부가 지목이 다르게 되어 해당 토지를 분할하려는 경우에는 토지소유자가 지목이 다르게 된 날부터 60일 이내에 소관청에 분할신청을 하여야 하며, 이를 초과한 후 분할신청을 하는 때에는 10만원 이하의 과태료를 부과하도록 규정하였다.(「지적법」 제53조제3항)

그러나 「측수지법」을 제정하면서 신청기간을 초과함에 따른 과태료 부과제도를 폐지하였다.

3.4. 처리 절차

토지를 분할하기 위해서는 반드시 분할측량을 실시하고 그 측량성과의 정확 여부를 지적소관청이 검사한 후 발급한 분할측량 성과도를 토대로 작성한 신청서 및 첨부서류를 근거로 토지이동정리결의 절차를 거쳐 토지의 표시사항을 등록하여야 한다.

소유자의 표시사항은 분할 전의 대장에 등록된 사항을 새로 작성하는 대장에 옮겨 등록하고, 등록이 완료되면 관할 등기관서에 토지표시변경등기를 촉탁하고 등기결과 그 등기필증을 접수한 날부터 15일 이내에 토지소유자에게 통지하여야 한다.

3.5. 분할 제한

3.5.1. 민법

「민법」[시행 1960. 1. 1.] [법률 제471호, 1958. 2. 22., 제정]92) 제268조(공유물의 분할청구)제1항에 "공유자는 공유물의 분할을 청구할 수 있다. 그러나 5년 내의 기간으로 분할하지 아니할 것을 약정할 수 있다."라고 규정되어 있으며, 같은 법 제269조(분할의 방법)제1항에 "분할의 방법에 관하여 협의가 성립되지 아니한 때에는 공유자는 법원에 그 분할을 청구할 수 있다."라고 규정되어 있어 공유토지는 공유자 전원의 동의 또는 법원에 공유물분할의 소를 제기하여 판결이 있어야만 분할을 할 수 있도록 규정되어 있다.

그리고 같은 법 제273조(합유지분의 처분과 합유물의 분할금지)제1항에 "합유자는 전원의 동의없이 합유물에 대한 지분을 처분하지 못한다."라고 규정되어 있고, 제2항에 "합유자는 합유물의 분할을 청구하지 못한다."라고 규정되어 있어 합유토지는 합유관계가 종료되지 아니하면 분할을 청구할 수 없도록 규정되어 있다.

이어서 같은 법 제1012조(유언에 의한 분할방법의 지정, 분할금지)에 "피상속인은 유언으로 상속재산의 분할방법을 정하거나 이를 정할 것을 제3자에게 위탁할 수 있고 상속개시의 날로부터 5년을 초과하지 아니하는 기간 내의 그 분할을 금지할 수 있다."라고 규정되어 있어 상속재산인 경우 유언으로 상속 개시일부터 5년을 초과하지 아니하는 기간 내에 분할을 금지할 수 있도록 규정하고 있다.

3.5.2. 건축법

1967년에 「건축법」[시행 1967. 4. 30.] [법률 제1942호, 1967. 3. 30., 일부개정]을 개정하여 제39조의2(대지면적의 최소한도)를 신설하고 시장·군수는 토지의 상황에 따라 필요하다고 인정할 때에는 대통령령이 정하는 기준의 범위 안에서 구역을 지정하여 건축물의 대지면적의 최소한도를 정할 수 있도록 규정하고, 대지면적의 최소한도를 정한 때에는 이를 공고하도록 제도를 신설하였다.(법 제39조의2제1항, 제2항)

이어서 「건축법」[시행 1992. 6. 1.] [법률 제4381호, 1991. 5. 31., 전부개정]을 개정하고 제49조(대지면적의 최소한도)에 건축물의 대지면적은 대통령령이 정하는 범위 안에서 시·군·구의 조례로 정하는 규모 이상이어야 하며, 건축물이 있는 대지는 제1항·제33조(대지와 도로의 관계)·제47조(건폐율)·제48조(용적률)·제50조(대지안의 공지) 및 제51조(건축물의 높이제한)의 규정에 의한 기준에 미달되게 분할할 수 없도록 규정하였다.(법 제49조제1항, 제2항)

그리고 건축법[시행 1999. 5. 9.] [법률 제5895호, 1999. 2. 8., 일부개정]을 다시 개

---

92) 1958년에 제정된 「민법」(1958. 2. 22, 법률 제471호)은 1960년 1월 1일부터 시행하였으며, 분할 제한 관련 조문(제268조, 제269조, 제273조, 제1012조 등)은 개정 없이 현재까지 시행되고 있다.

정하여 제49조(대지면적의 최소한도)제2항을 건축물이 있는 대지는 제33조(대지와 도로의 관계)·제47조(건폐율)·제48조(용적률)·제51조(건축물의 높이제한) 및 제53조(일조 등의 확보를 위한 건축물의 높이제한)의 규정에 의한 기준에 미달되게 분할할 수 없도록 규정하였다.

2005년에 「건축법」[시행 2006. 5. 9.] [법률 제7696호, 2005. 11. 8., 일부개정]을 개정하여 제49조(대지의 분할제한)제2항을 건축물이 있는 대지는 제33조(대지와 도로의 관계)·제47조(건폐율)·제48조(용적률)·제50조(대지안의 공지)·제51조(건축물의 높이제한) 및 제53조(일조 등의 확보를 위한 건축물의 높이제한)의 규정에 의한 기준에 미달되게 분할할 수 없다."라고 규정하였다.

이어서 2008년에 「건축법」[시행 2008. 3. 21.] [법률 제8974호, 2008. 3. 21., 전부개정]을 개정하여 제57조(대지의 분할 제한)에 건축물이 있는 대지는 대통령령으로 정하는 범위에서 해당 지방자치단체의 조례로 정하는 면적에 못 미치게 분할할 수 없도록 규정하고, 건축물이 있는 대지는 제44조(대지와 도로의 관계)·제55조(건축물의 건폐율)·제56조(건축물의 용적률)·제58조(대지 안의 공지)·제60조(건축물의 높이 제한) 및 제61조(일조 등의 확보를 위한 건축물의 높이 제한)에 따른 기준에 못 미치게 분할할 수 없도록 규정하였다.

「건축법」[시행 2014. 1. 14.] [법률 제12246호, 2014. 1. 14., 일부개정]을 개정하여 제57조(대지의 분할 제한)제3항에 제1항과 제2항에도 불구하고 제77조의6(건축협정의 인가)에 따라 건축협정이 인가된 경우 그 건축협정의 대상이 되는 대지는 분할할 수 있도록 개선하였다.

따라서 「건축법」제57조의 규정에 따른 건축물이 있는 대지의 분할 제한은 다음 각 호 어느 하나의 기준에 미달되게 분할할 수 없다.

1) 「건축법」 제57조제1항의 규정에 의한 건축물이 있는 대지의 분할제한으로 <표 3-42>와 같은 범위 안에서 해당 지방자치단체의 건축조례로 정하는 규모 이상으로 분할하여야 한다.(건축법 시행령 제80조)

2) 「건축법」 제44조제1항의 규정에 의한 대지와 도로와의 관계 제한으로 건축물의 대지는 2미터 이상을 도로(자동차만의 통행에 사용되는 도로는 제외한다.)에 접하도록 분할하여야 한다.

3) 「건축법」 제55조의 규정에 의한 건폐율의 제한으로 대지면적에 대한 건축면적(대지에 건축물이 둘 이상 있는 경우에는 이들 건축면적의 합계로 한다.)의 비율의 최대한도는 「국토의 계획 및 이용에 관한 법률」 제77조에 따른 건폐율의 기준에 따르

도록 분할하여야 한다.

<표 3-42> 건축물이 있는 대지의 분할 제한

지 역	분할 제한 면적
주거지역	60제곱미터
상업지역	150제곱미터
공업지역	150제곱미터
녹지지역	200제곱미터
위에 해당하지 아니하는 지역	60제곱미터

출처:「건축법」제57조제1항, 건축법 시행령 제80조.

4) 「건축법」제56조의 규정에 의한 용적률의 제한으로 대지면적에 대한 건축물의 연면적(대지에 건축물이 둘 이상 있는 경우에는 이들 연면적의 합계로 한다.)의 비율의 최대한도는 「국토의 계획 및 이용에 관한 법률」제78조에 따른 용적률의 기준에 따르도록 분할하여야 한다.

5) 「건축법」제58조의 규정에 의한 대지 안의 공지의 제한으로 건축물을 건축하거나 용도변경하는 경우에는 「국토의 계획 및 이용에 관한 법률」에 따른 용도지역·용도지구, 건축물의 용도 및 규모 등에 따라 건축선 및 인접 대지경계선으로부터 6미터 이내의 범위에서 해당 지방자치단체의 조례로 정하는 거리 이상을 띄워서 분할하여야 한다.

6) 「건축법」제60조의 규정에 의한 건축물의 높이 제한으로 허가권자는 가로구역[(街路區域): 도로로 둘러싸인 일단(一團)의 지역을 말한다.]을 단위로 하여 대통령령으로 정하는 기준과 절차에 따라 건축물의 최고 높이를 지정·공고할 수 있다. 다만, 특별자치도지사 또는 시장·군수·구청장은 가로구역의 최고 높이를 완화하여 적용할 필요가 있다고 판단되는 대지는 대통령령으로 정하는 바에 따라 건축위원회의 심의를 거쳐 최고 높이를 완화하여 적용할 수 있다.

7) 「건축법」제61조의 규정에 의한 일조(日照) 등의 확보를 위한 건축물의 높이 제한으로 전용주거지역과 일반주거지역 안에서 건축하는 건축물의 높이는 일조 등의 확보를 위하여 정북방향(正北方向)의 인접 대지경계선으로부터의 거리에 따라 대통령령으로 정하는 높이 이하로 하여야 한다.

3.5.3. 개발제한구역의 지정 및 관리에 관한 특별조치법

「개발제한구역의 지정 및 관리에 관한 특별조치법」[시행 2010. 7. 26.] [법률 제9968호, 2010. 1. 25., 타법개정] 제12조(개발제한구역에서의 행위 제한)제1항제6호에 대통령령으로 정하는 범위의 토지분할은 특별자치시장·특별자치도지사·시장·군수 또는 구청장(이하 "시장·군수·구청장"이라 한다)의 허가를 받아 그 행위를 할 수 있도록 규정하고 있다.

개발제한구역에서 토지의 분할 행위를 하고자 하는 자는 같은 법 시행령 제16조(토지의 분할)의 규정에 의하여 분할된 후 각 필지의 면적이 200제곱미터 이상(지목이 대인 토지를 주택 또는 근린생활시설을 건축하기 위하여 분할하는 경우에는 330제곱미터 이상)인 경우를 말한다. 다만, 다음 각 호의 어느 하나에 해당하는 경우에는 그 미만으로도 분할할 수 있도록 규정하고 있다.

1) 「공익사업을 위한 토지 등의 취득 및 보상에 관한 법률」제4조제1호 및 제2호에 따른 공익사업을 시행하기 위한 경우
2) 인접 토지와 합병하기 위한 경우
3) 「사도법」에 따른 사도(私道)·농로·임도·그 밖에 건축물 부지의 진입로를 설치하기 위한 경우
4) 별표 2 제3호가목에 따른 토지의 형질변경을 위한 경우. 다만, 분할 후 형질변경을 하지 아니하는 다른 필지의 면적이 60제곱미터 미만인 경우는 제외한다.

3.5.4. 집합건물의 소유 및 관리에 관한 법률

「집합건물의 소유 및 관리에 관한 법률」[시행 2010. 3. 31.] [법률 제10204호, 2010. 3. 31., 일부개정] 제8조(대지공유자의 분할청구 금지)에 구분소유권의 목적인 건물이 있을 때에는 그 대지의 공유자는 그 건물의 사용에 필요한 범위내의 대지에 대하여 분할을 청구하지 못하도록 규정되어 있다.

3.5.5. 국토의 계획 및 이용에 관한 법률

「국토의 계획 및 이용에 관한 법률」[시행 2010. 6. 30.] [법률 제9861호, 2009. 12. 29., 일부개정] 제56조(개발행위의 허가)제1항제4호에 도시지역에서의 토지분할(「건축법」제49조의 규정에 의한 건축물이 있는 대지를 제외한다.) 행위를 하고자 하는 자는 특별시장·광역시장·특별자치시장·특별자치도지사·시장 또는 군수의 개발행위허가

를 받도록 규정하고 있으며,(도시계획사업에 의하는 경우에는 그러하지 아니하다.) 같은 법 시행령[시행 2025. 1. 21.] [대통령령 제35221호, 2025. 1. 21., 타법개정] 제51조(개발행위허가의 대상)제1항제5호에 다음 각 목의 어느 하나에 해당하는 토지의 분할(「건축법」 제57조에 따른 건축물이 있는 대지는 제외한다.) 행위는 개발행위허가를 받도록 규정하고 있다.

　　가. 녹지지역·관리지역·농림지역 및 자연환경보전지역 안에서 관계법령에 따른 허가·인가 등을 받지 아니하고 행하는 토지의 분할
　　나. 「건축법」 제57조제1항에 따른 분할제한면적 미만으로의 토지의 분할
　　다. 관계 법령에 의한 허가·인가 등을 받지 아니하고 행하는 너비 5미터 이하로의 토지의 분할

그러나 같은 법 시행령에 다음과 같은 경미한 행위는 분할허가를 받지 않아도 되도록 규정하고 있다.(영 제53조제5호)

　　가. 「사도법」에 의한 사도개설허가를 받은 토지의 분할
　　나. 토지의 일부를 국유지 또는 공유지로 하거나 공공시설로 사용하기 위한 토지의 분할
　　다. 행정재산 중 용도폐지 되는 부분의 분할 또는 일반재산을 매각·교환 또는 양여하기 위한 분할
　　라. 토지의 일부가 도시·군계획시설로 지형도면고시가 된 당해 토지의 분할
　　마. 너비 5미터 이하로 이미 분할된 토지의 「건축법」 제57조제1항에 따른 분할제한면적 이상으로의 분할

3.5.6. 도시개발법

「도시개발법」[시행 2010. 6. 30.] [법률 제9862호, 2009. 12. 29., 일부개정] 제9조(도시개발구역지정의 고시 등)제5항에 도시개발구역 안에서 토지의 분할을 하고자 하는 자는 특별시장·광역시장·특별자치도지사·시장 또는 군수의 허가를 받아야 하고, 허가받은 사항을 변경하고자 하는 때에도 허가를 받도록 규정하고 있다.

3.5.7. 농지법

「농지법」[시행 2009. 12. 10.] [법률 제9758호, 2009. 6. 9., 타법개정] 제22조(농지 소유의 세분화 방지)제2항에 「농어촌정비법」에 따른 농업생산 기반정비 사업이 시행된 농지는 다음 각 호의 어느 하나에 해당하는 경우 외에는 분할할 수 없도록 규정하

고 있다.
1) 「국토의 계획 및 이용에 관한 법률」에 따른 도시지역의 주거지역·상업지역·공업지역 또는 도시·군계획시설부지에 포함되어 있는 농지를 분할하는 경우
2) 농지전용허가(다른 법률에 따라 농지전용허가가 의제되는 인가·허가·승인 등을 포함한다.)를 받거나 농지전용신고를 하고 전용한 농지를 분할하는 경우
3) 분할 후의 각 필지의 면적이 2천 제곱미터를 넘도록 분할하는 경우
4) 농지의 개량·농지의 교환·분합 등 대통령령으로 정하는 사유로 분할하는 경우 이외에는 분할할 수 없도록 규정하고 있다.

3.5.8. 산업집적활성화 및 공장설립에 관한 법률

「산업집적활성화 및 공장설립에 관한 법률」[시행 2010. 7. 13.] [법률 제10252호, 2010. 4. 12., 일부개정] 제39조의2(산업용지의 분할 등)제2항에 입주기업체가 공장설립 등의 완료신고 또는 사업개시의 신고 후에 소유하고 있는 산업용지(건축물이 있는 것을 말한다.)를 분할하거나 그 공유지분을 처분하려는 때에는 다음 각 호의 구분에 따른 요건을 갖추어야 한다. 이 경우 입주기업체는 미리 관리기관과 협의하도록 규정하고 있다.
① 산업용지의 면적을 분할하는 경우 : 분할된 면적이 산업통상자원부령으로 정하는 면적 이상이 될 것
② 산업용지의 공유지분을 처분하는 경우 : 산업용지의 전체면적에 공유자의 공유지분의 비율을 곱하여 계산한 면적이 산업통상자원부령으로 정하는 면적 이상이 될 것

3.5.9. 신행정수도 후속 대책을 위한 연기·공주지역 행정중심 복합도시 건설을 위한 특별법

「신행정수도 후속 대책을 위한 연기·공주지역 행정중심 복합도시 건설을 위한 특별법」 [시행 2005. 5. 19.] [법률 제7391호, 2005. 3. 18., 제정] 제8조(개발행위허가 및 건축허가 제한의 특례)제1항에 국토교통부장관은 예정지역 및 주변지역의 지정을 위한 조사를 진행하는 과정에서 무질서한 개발과 부동산투기가 우려되는 지역에 대하여 「국토의 계획 및 이용에 관한 법률」 제63조 및 「건축법」 제18조의 규정에 불구하고 「국토의 계획 및 이용에 관한 법률」 제56조의 규정에 의한 토지분할을 제한할 수 있도록 규정하고 있다.

3.6. 분할 제한의 폐지

3.6.1. 임시 행정수도 건설을 위한 특별조치법

「임시 행정수도 건설을 위한 특별조치법」[시행 1977. 7. 23.] [법률 제3007호, 1977. 7. 23., 제정]을 제정하여 임시 행정수도 건설지역에서는 일정면적 이하의 토지분할은 허가를 받도록 규정되어 있었다.(제5조제1항)

그러나 세부적인 기준이 마련되어 있지 아니하여 시행이 불가능한 실정이었으나 2004년 1월 16일에 이 법을 폐지[시행 2004. 4. 17.] [법률 제7062호, 2004. 1. 16., 타법폐지)하였다.

3.6.2. 신행정수도의 건설을 위한 특별조치법

「신행정수도의 건설을 위한 특별조치법」[시행 2004. 4. 17.] [법률 제7062호, 2004. 1. 16., 제정]을 제정하여 신행정수도건설추진위원회가 예정지역 등의 지정을 위한 조사를 진행하는 과정에서 무질서한 개발과 부동산투기가 우려되는 지역은 건설교통부장관에게 「국토의 계획 및 이용에 관한 법률」 제56조의 규정에 의한 개발행위허가를 제한하여 줄 것을 요청한 경우에는 개발행위를 제한할 수 있도록 규정되어 있었다.(법 제10조제1항)

그러나 「신행정수도 후속 대책을 위한 연기·공주지역 행정중심 복합도시 건설을 위한 특별법」[시행 2005. 5. 19.] [법률 제7391호, 2005. 3. 18., 제정]을 제정하여 이 법은 폐지되었다.

3.6.3. 도시계획법

「국토의 계획 및 이용에 관한 법률」[시행 2003. 1. 1.] [법률 제6655호, 2002. 2. 4., 제정]의 제정으로 폐지된 「도시계획법」[시행 2003. 1. 1.] [법률 제6655호, 2002. 2. 4., 타법폐지] 및 도시계획법 시행령에 의한 도시계획구역 중에서 ① 녹지지역 안에서 관계 법령에 의한 인·허가를 받지 아니하고 행하는 토지분할, ② 「건축법」 제49조제1항에 규정된 분할 제한 면적 이하로의 토지분할, ③ 토지의 합리적 이용을 저해하는 것으로써 너비 5미터 이하로의 토지분할은 특별시장·광역시장, 시장 또는 군수의 개발행위 허가를 받도록 규정되어 있었다.(법 제46조제1항제4호, 영 제45조제5호)

토지분할과 관련된 개발행위허가의 기준 및 절차는 다음과 같이 규정하였다.(도시계획법 시행령 제50조)

1) 녹지지역 안에서 관계 법령에 의한 허가·인가 등을 받지 아니하고 토지를 분할하

는 경우에는 「건축법」 제49조제1항의 규정에 의한 분할제한면적을 넘는 범위 안에서 도시계획조례가 정하는 면적 이상으로 분할할 것
  2) 건축물이 없는 토지를 토지이용 상 불합리한 토지경계선을 시정하여 해당 토지의 효용을 증진시키기 위하여 「건축법」 제49조제1항의 규정에 의한 분할제한면적 미만으로 분할하는 경우로서 분할 후 합필하고자 하는 경우에는 다음의 어느 하나에 해당할 것
    ① 허가신청인이 분할 후 합필되는 토지의 소유권 또는 공유지분이 있거나 그 토지를 매수하기 위하여 매매계약을 체결할 것
    ② 분할 후 남는 토지의 면적이나 분할된 토지와 인접 토지가 합필된 후의 면적이 「건축법」 제49조제1항의 규정에 의한 분할제한면적에 미달되지 아니하고, 건축면적의 대지면적에 대한 비율이 해당 지역에 적용되는 건폐율에 저촉되지 아니할 것. 다만, 다음의 1에 해당하는 경우를 제외한다.
      가) 분할하기 전의 토지의 면적에 증감이 없는 경우
      나) 분할하고자 하는 기존 토지의 면적과 분할 후 남는 토지의 면적이 「건축법」 제49조제1항의 규정에 의한 분할제한면적에 미달되고, 분할된 토지와 인접 토지를 합필한 후의 면적이 「건축법」 제49조제1항의 규정에 의한 분할제한면적 이상이며, 건축면적의 대지면적에 대한 비율이 해당 지역에 적용되는 건폐율에 저촉되지 아니할 것
  3) 건축물이 없는 토지를 「건축법」 제49조제1항의 규정에 의한 분할 제한 면적 미만으로 분할하는 경우에는 다음의 1에 해당할 것
    ① 녹지지역 안에서 기존의 묘지를 분할하는 경우
    ② 사설도로를 개설하기 위하여 분할하는 경우
    ③ 사설도로로 사용되고 있는 토지 중에서 도로로서의 용도가 폐지되는 부분을 인접토지와 합병하기 위하여 분할하는 경우
    ④ 국·공유의 잡종재산 중에서 매각·교환 또는 양여하고자 하는 부분을 분할하는 경우

그러나 개발행위허가를 받지 아니하여도 되는 경미한 행위로 「사도법」에 의한 사도개설허가를 받아 분할하는 경우, 행정재산 중에서 용도폐지 되는 부분을 분할하고자 하는 경우, 토지의 일부를 공공용지 또는 공용지로 하고자 하는 경우, 토지의 일부가 도시계획시설로 지형도면고시가 된 경우 등은 분할허가 없이 분할이 가능하도록 규정하였다.(도시계획법 시행령 제47조)

도시계획법 시행령 제5조제3항 단서의 규정에 의하여 도시계획사업의 시행이나 법원

의 확정판결에 의하여 토지를 분할하고자 하는 경우에는 「도시계획법」 제4조제1항제3호의 규정에 부적합하더라도 분할이 가능하다고 할 것이나, 분할 후에 기존 건축물이 건폐율·용적률·높이제한·대지안의 공지 등의 규정에 부적합하게 되는 경우에는 확정판결이 있다하더라도 구 「건축법」 제39조의2제2항의 규정에 의거 분할을 할 수 없다는 것이 건설부장관의 해석이다.(건축 30420-24274, 1988. 12 .9.)

그러나 「도시계획법」 제4조제1항제3호에서는 도시계획구역 안에서 시장·군수의 허가 없이 대통령령으로 정하는 면적 이하로 토지를 분할하는 것을 금지하고 있고, 도시계획법 시행령 제5조제4항에서는 시장·군수의 허가를 받아야 할 면적의 기준을 「건축법」 제49조제1항에서 정하는 면적으로 하되 예외적으로 도시계획사업의 시행이나 확정판결에 의한 것은 시장·군수의 허가 없이도 분할할 수 있도록 규정되어 있으며, 「건축법」 제49조제2항에 건축물이 있는 대지는 도로와의 접합·건폐율·대지의 최소면적·용적률·건축물의 높이제한 및 대지안의 공지 등의 기준에 미달되게 분할할 수 없도록 규정되어 있다.

이와 같이 건축물이 있는 대지의 분할을 제한하는 것은 건축물이 건축 당시만이 아니라 건축 후에도 대지면적·용적률 등에 관한 「건축법」상의 제반 기준에 적합하도록 하는 것으로 이 규정은 대지면적에 대한 건물 크기의 비율·용적률 등에 관한 「건축법」상의 제한규정일 뿐이고 그 대지 자체의 적법한 원인에 의한 분할과 소유권이전까지 제한하는 것이라 할 수 없다.(대판, 1980. 1. 15. 79다1870)

그러므로 도시계획법 시행령 제5조제4항 단서에 예외규정을 둔 것은 도시계획구역내의 토지는 건축물이 있는 토지이건 없는 토지이건 간에 원칙적으로 시장·군수의 허가 없이는 「건축법」 제49조에서 정하는 면적 이하로의 분할을 금지하는 것이다.

그러나 공공사업인 도시계획사업의 시행이나 다른 적법한 원인에 따른 확정판결에 의한 경우에는 예외적으로 시장·군수의 허가 없이도 분할을 할 수 있도록 한 것이다. 여기서의 확정판결은 소유권이전에 관한 절차로써의 분할에 관한 판결이라기보다는 권리관계에 관한 실제 판결을 의미한다 할 것이므로 토지분할을 관장하는 행정기관에 대하여 분할을 명하는 행정소송만이 아니라 민사소송이라 하더라도 토지소유권의 기속에 관한 확정판결이라면 구 「건축법」 제39조의2의 규정에 의한 기준에 미달된다 하더라도 이를 분할할 수 있다는 것이 법제처장의 해석이다.[93]

그리고 대법원에서도 「건축법」 제49조의 규정은 대지 평수에 대한 그 위의 건물크기의 비율 등에 관한 제한 규정일 뿐 그 대지 자체의 적법한 원인에 의한 분할과 소유권이전까지 제한하는 취지가 아니기 때문에 도시계획구역 안에서 건축법령, 건축조례와 도시

---

[93] 법제처, 기획 02102-3.(1988. 2. 11.), 2국 02121-104.(1989. 1. 20.), 2국 01254-319.(1992. 12. 1.).

계획법령이 정하는 대지면적의 최소한도, 건폐율, 대지안의 공지, 분할 토지의 너비 등에 관한 제 기준에 미달되게 토지를 분할하고자 하는 경우에는 원칙적으로 미리 시장·군수의 허가를 받도록 하되 다만, 법원의 확정판결에 의한 토지분할의 경우에는 대상 토지가 그와 같은 관계 법령상의 기준에 미달된다 할지라도 시장·군수의 허가를 받을 필요 없이 분할이 가능한 것으로 판결하였다.[94]

따라서 건설부장관의 해석과 법제처장의 해석 및 대법원의 판결이 서로 상반되고 있으나 법령에 관한 정부의 최종 유권해석 기관인 법제처장의 해석과 대법원의 판결에 따라 처리하여야 할 것이다.

그러나 「국토의 계획 및 이용에 관한 법률」[시행 2003. 1. 1.] [법률 제6655호, 2002. 2. 4., 제정]을 제정하면서 「도시계획법」[시행 2003. 1. 1.] [법률 제6655호, 2002. 2. 4., 타법폐지]을 폐지하였기 때문에 이에 관련된 업무처리에 유의하여야 한다.

3.6.4. 산림법

「산림법」[시행 2006. 7. 1.] [법률 제7849호, 2006. 2. 21., 타법개정]에 의한 보전임지의 분할 제한으로써 같은 법 시행규칙 제19조의4의 규정에 의거 1990년 7월 14일부터 다음 각 호 1의 경우를 제외하고는 3헥타르 미만으로 분할할 수 없도록 규정되어 있었다.(법 제10조제1항)

1) 국가 또는 지방자치단체가 시행하는 공익사업을 위하여 필요한 경우
2) 채무의 담보로 제공된 산림을 처분하는 경우
3) 해산 또는 파산에 의하여 법인이 소유하는 재산을 처분하는 경우
4) 1필지의 일부가 임야 외의 형상으로 토지형질이 변경된 경우(관계 법령에 의하여 토지형질변경허가 등을 받아야 하는 경우에는 그 허가 등을 받아 토지형질이 변경된 경우를 말한다.)
5) 보전임지의 일부가 법 또는 다른 법률에 의하여 산림의 공익기능 증진을 목적으로 보전하기 위한 지역·지구·구역 등으로 지정되거나 결정 고시된 경우

그러나 1999년에 「산림법」[시행 1999. 8. 6.] [법률 제5760호, 1999. 2. 5., 일부개정]을 개정하여 동 규정을 삭제함으로써 이 법에 의한 분할제한제도가 폐지되었다.

3.6.5. 지역균형개발 및 지방중소기업 육성에 관한 법률

---

[94] 대법원, 1996. 11. 12, 선고96누7519판결.

「지역균형개발 및 지방중소기업 육성에 관한 법률」[시행 1994. 7. 8.] [법률 제4722호, 1994. 1. 7., 제정]을 제정하고 개발촉진지구 중 개발계획이 고시된 지역에서 일정규모 이하로의 토지분할을 제한하도록 규정하여,(법 제15조제1항제3호 및 같은 법 시행령 제19조제2항) 시행하였으나 같은 법[시행 1999. 2. 5.] [법률 제5799호, 1999. 2. 5., 일부개정]을 개정하여 관련규정을 삭제함으로써 1999년 2월 5일부터 이 법률에 의한 분할제한제도가 폐지되었다.

위에서 서술한 분할 제한에 관한 관계 법령을 요약하면 <표 3-43>과 같다.

<표 3-43> 분할 제한에 관한 관계 법령

구 분	제 한 내 용
「민법」	○공유토지는 공유자 전원의 동의 또는 공유물분할의 소에 의한 확정판결이 있는 경우에 한하여 분할을 할 수 있도록 규정(법 제268조제1항, 제269조제1항) ○합유토지는 합유관계가 종료되지 아니하면 분할을 청구할 수 없도록 규정(법제273조제2항) ○상속재산인 경우 유언으로 5년 범위 안에서 분할을 금지할 수 있도록 규정(법제1012조)
「건축법」	○건축물이 있는 대지는 다음 기준에 미달되게 분할할 수 없도록 규정(법 제49조제1항) - 분할제한면적, 대지와 도로와의 관계, 건폐율의 제한, 용적률의 제한, 건축물의 높이제한 등
「개발제한구역의 지정 및 관리에 관한 특별조치법」	○개발제한구역 안에서 다음의 경우 허가를 받아 분할할 수 있도록 규정(법 제11조제1항) - 분할 후 각 필지의 면적 200㎡ 이상(대인 경우 330㎡ 이상)
「집합건물의 소유 및 관리에 관한 법률」	○집합건물의 사용에 필요한 범위내의 대지에 대하여는 분할을 청구하지 못하도록 규정(법 제8조)
「국토의 계획 및 이용에 관한 법률」	○도시지역에서의 토지분할(건축법 제49조의 규정에 의한 건축물이 있는 대지를 제외한다.)은 특별시장, 광역시장, 시장 또는 군수의 허가를 받도록 규정(법 제56조제1항제4호, 영 제51조제5호)
「도시개발법」	○도시개발구역 안에서 토지분할은 허가를 받아야 분할할 수 있도록 규정(법 제9조제5항)
「농지법」	○농어촌정비법에 의한 농업생산기반 정비 사업이 시행된 농지는 다음의 경우에만 분할할 수 있도록 규정(법 제21조제2항) - 도시지역의 주거·상업·공업지역 및 도시계획시설 부지 - 농지전용허가·신고 된 농지 - 2,000㎡초과 분할 - 농지의 개량·교환·분합

「산업집적활성화 및 공장 설립에 관한 법률」	○ 관리권자·관리기관 및 사업시행자가 소유하고 있는 산업용지(건축물이 없는 것)를 분할하고자 하는 경우에는 산업통상자원부령이 정하는 면적 이상으로 분할할 수 있도록 규정(법 제39조의2제1항) ○ 입주기업체가 공장설립을 완료한 후에 소유하고 있는 산업용지(건축물이 있는 것)를 분할하고자 하는 경우에는 산업통상자원부령이 정하는 면적 이상으로 분할할 수 있도록 규정(법 제39조의2제2항)
「신행정수도 후속 대책을 위한 연기·공주지역 행정중심 복합도시 건설을 위한 특별법」	○ 무질서한 개발과 부동산투기가 우려되는 지역에 대하여 「국토의 계획 및 이용에 관한 법률」 제56조의 규정에 의한 토지분할을 제한할 수 있도록 규정(법 제8조)

주: 「민법」, 「건축법」, 「국토의 계획 및 이용에 관한 법률」, 「농지법」 등 참고 작성.

3.7. 유의 사항

　분할로 인하여 새로이 지적도 또는 임야도에 등록하는 경계선은 계곡·능선·논둑·밭둑·담장 등 부동(不動)의 지형·지물을 기준으로 설정하여야 하나, 이와 같은 지형·지물이 없는 경우에는 논둑·밭둑·담장 등을 새로이 설치하거나 경계점표지를 설치한 후 이를 기준으로 분할하여야 한다. 그리고 건축물이 있는 대지는 「건축법」 제49조에서 정한 기준 면적에 미달되게 분할할 수 없도록 규정하고 있어, 건축물이 있는 대지를 분할하는 경우 건축물이 있는 부분은 기준 면적 이상이 되도록 하고 건축물이 없는 부분은 「도시계획법」 제49조 및 같은 법 시행령 제50조의 규정에 따라 해당 허가권자가 동 대지와 인접대지를 합병하는 조건으로 분할할 수 있다는 것이 건설교통부장관의 해석(건축 58550-1290, 2001. 5. 30.)으로 「건축법」에 의한 토지분할제한규정은 분할 후 건축물이 있는 토지에 한하여 적용됨을 유의하여야 한다.

　제10차 「지적법」 개정 법률 시행 전에는 1필지의 일부가 소유자가 다르게 된 경우, 예를 들면 공유토지의 소유자가 분할에 합의한 경우, 토지거래규제지역으로 고시된 지역에 있어서 토지거래계약 허가 또는 신고가 된 경우, 토지를 매수하기 위하여 매매계약을 체결한 경우, 기타 1필지의 일부가 소유권이 변경되었음을 증명하는 경우 등에 한하여 토지를 분할할 수 있었다.

　이 경우에도 토지소유자가 매매 등을 위하여 필요로 하더라도 분할이 지목의 주된 용도에 적합한 경우에 한하여 분할신청을 할 수 있도록 제한하고, 도시계획구역안의 토지 중에서 그 지목이 주된 사용목적과 다른 용도로 사용할 경우에는 관계 법령에 의한 토지의 형질변경을 수반하지 아니하는 토지에 한하여 분할신청을 할 수 있도록 규제하

였다.(지적법 시행령 제17조제3항)

　토지의 소규모 분할과 전·답 등 농경지와 임야 등을 계곡·능선·논둑·밭둑 등 주요 지형·지물을 무시하고 택지식(宅地式) 또는 격자형(格子型)으로 분할하여 토지의 거래질서를 문란하게 하거나 토지투기를 조장하는 사례가 발생되지 않도록 제도적 장치를 마련하여 시행하였다.

　그러나 참여정부 당시에 소유자의 로비와 규제 완화정책에 밀려 소유자가 원하는 대로 토지를 분할해 주어야 한다는 방침에 따라 제10차 「지적법」 개정 법률에서 지적법 시행령 제17조제3항의 규정을 삭제하였다.

　이에 따라 인천 앞바다에서 출발하여 서해안과 남해안의 대부분 도서(島嶼), 특히 무인도이면서 선박의 접근도 어려울 뿐만 아니라 바위로 되어 있는 도서를 마치 도시계획사업을 시행한 것처럼 택지식 또는 격자형으로 분할하였고, 육지에 있는 대부분의 임야(林野)도 기획부동산에 의하여 도시계획사업을 시행한 것처럼 마구잡이로 분할을 한 후 3.3㎡당 2만원 내지 3만원에 거래하던 임야가 20만원 내지 30만원에 거래되어 사회적인 문제가 발생하기도 하였으나, 정권이 바뀌면서 위와 같은 폐단을 인식하고 2011년부터 택지식 또는 격자형 토지 분할을 불허하고 있어 분할 정리에 참고하여야 한다.

4. 합병 신청

법 제80조(합병 신청) ① 토지소유자는 토지를 합병하려면 대통령령으로 정하는 바에 따라 지적소관청에 합병을 신청하여야 한다.
② 토지소유자는 「주택법」에 따른 공동주택의 부지, 도로, 제방, 하천, 구거, 유지, 그 밖에 대통령령으로 정하는 토지로서 합병하여야 할 토지가 있으면 그 사유가 발생한 날부터 60일 이내에 지적소관청에 합병을 신청하여야 한다.
③ 다음 각 호의 어느 하나에 해당하는 경우에는 합병 신청을 할 수 없다. <개정 2020. 2. 4.>
1. 합병하려는 토지의 지번부여지역, 지목 또는 소유자가 서로 다른 경우
2. 합병하려는 토지에 다음 각 목의 등기 외의 등기가 있는 경우
　가. 소유권·지상권·전세권 또는 임차권의 등기
　나. 승역지(承役地)에 대한 지역권의 등기
　다. 합병하려는 토지 전부에 대한 등기원인(登記原因) 및 그 연월일과 접수번호가 같은 저당권의 등기
　라. 합병하려는 토지 전부에 대한 「부동산등기법」 제81조1항 각 호의 등기사항이 동일한 신탁등기
3. 그 밖에 합병하려는 토지의 지적도 및 임야도의 축척이 서로 다른 경우 등 대통령령으로 정하는 경우

4.1. 의의

합병 신청(合併 申請 : Application of Annexation)이란 토지소유자가 지적소관청에 지적공부에 등록된 2필지 이상의 토지를 1필지로 합하여 등록하도록 신청하는 행위를 말하는데, 합병을 하기 위해서는 반드시 지적소관청이 현지에 대한 확인·조사를 실시하여 신청내용과 실체관계의 일치 여부를 판단한 후에 지적공부를 정리하여야 한다.

4.2. 대상 토지

합병하여야 할 대상 토지는 ① 「주택법」에 의한 공동주택의 부지, ② 도로·제방·하천·구거·유지와 ③ 그 밖에 대통령령으로 정하는 토지로서 공장용지·학교용지·철도용지·수도용지·공원·체육용지 등 다른 지목의 토지를 말한다.(법 제80조제2항, 영 제66조제2항)

위와 같은 합병 대상 토지는 주로 공공용 토지로 국·공유재산 관리의 편의 제공과 지적공부 관리의 효율화를 도모하기 위하여 합병신청을 의무화하고 있으나, 일반 토지소유자가 필요로 하는 합병 대상 토지는 주로 전·답·대 등의 지목으로 합병신청을 의무화하지 않고 소유자의 의사에 따르도록 운영하고 있다.

4.3. 신청 방법 및 기간

토지소유자는 합병할 사유를 적은 신청서를 작성하여 지적소관청에 합병을 신청하여야 한다.(법 제80조제1항)
신청 기간은 토지소유자는 합병하여야 할 토지가 있으면 그 사유가 발생한 날부터 60일 이내에 지적소관청에 신청하여야 한다.(법 제80조제2항)
따라서 아파트·연립주택 등의 공동주택 건설이 완료되어 해당 토지를 합병하고자 할 때에는 토지소유자 또는 사업시행자가 공사 등이 준공된 날부터 60일 이내에 지적소관청에 합병신청을 하여야 한다. 이 경우 신청기간 내에 합병신청이 없는 때에는 지적소관청이 직권으로 합병정리를 하도록 규정되어 있었으나, 제10차 「지적법」 개정 법률에서 이를 삭제하였다.

4.4. 합병 제한

합병하려는 토지가 다음 각 호의 어느 하나에 해당하는 경우에는 합병 신청을 할 수 없도록 규정하고 있다.(법 제80조제3항, 영 제66조제3항)
1. 합병하려는 토지의 지적도 및 임야도의 축척이 서로 다른 경우
2. 합병하려는 각 필지가 서로 연접하지 않은 경우
3. 합병하려는 토지가 등기된 토지와 등기되지 아니한 토지인 경우
4. 합병하려는 각 필지의 지목은 같으나 일부 토지의 용도가 다르게 되어 분할대상 토지인 경우. 다만, 합병 신청과 동시에 토지의 용도에 따라 분할 신청을 하는 경우는 제외한다.
5. 합병하려는 토지의 소유자별 공유지분이 다른 경우
6. 합병하려는 토지가 구획정리, 경지정리 또는 축척변경을 시행하고 있는 지역의 토지와 그 지역 밖의 토지인 경우
7. 합병하려는 토지 소유자의 주소가 서로 다른 경우. 다만, 합병 신청을 접수받은 지적소관청이 「전자정부법」 제36조제1항에 따른 행정정보의 공동이용을 통하여 다음 각 목의 사항을 확인한 결과 토지 소유자가 동일인임을 확인할 수 있는 경우는 제외한다.
    가. 토지등기사항증명서
    나. 법인등기사항증명서(신청인이 법인인 경우만 해당한다.)
    다. 주민등록표 초본(신청인이 개인인 경우만 해당한다.

위에서 서술한 합병신청을 할 수 없는 제한 사유를 반대로 해석하여 적용한다면 합병요건이 된다. 예를 들면 "합병하려는 토지의 지번부여지역, 지목 또는 소유자가 서로 다른 경우"를 반대로 하면 "합병하려는 토지의 지번부여지역, 지목 또는 소유자가 서로 같은 경우"가 되며, "합병하려는 토지의 지적도 및 임야도의 축척이 서로 다른 경우"를 반대로 하면 "합병하려는 토지의 지적도 및 임야도의 축척이 서로 같은 경우"가 되는데 이와 같이 긍정적인 측면으로 표현하면 합병의 제한을 합병의 요건이라고 할 수 있다.

따라서 이러한 합병요건은 일반적으로 필지의 획정기준과 유사한 것으로 지적공부에 등록된 지목은 동일하나 실제 토지의 현황이 서로 달라 합병신청을 할 수 없는 토지라 하더라도 합병신청과 동시에 분할신청을 하는 경우에는 합병신청을 할 수 있다. 이 경우 합병은 분할신청이 있는 경우에 한하여 지적공부를 정리하여야 한다.

4.5. 처리 절차

　토지를 합병하기 위해서는 지적측량을 실시할 필요가 없으나 합병요건의 충족 여부를 판단하기 위하여 시·군·구에 비치·관리하고 있는 대장과 도면을 열람하고 아울러 등기관서에 비치·관리하고 있는 토지등기부를 열람하여 공부에 등록된 정보에 의하여 합병요건의 충족 여부를 확인한 후 실제로 현지에 출장하여 신청사항과 실제 토지이용상황의 일치 여부에 대한 확인·조사를 실시하여야 한다.

　그리고 토지의 확인·조사 결과와 신청서를 근거로 하여 토지이동정리결의 절차를 거쳐 지적공부를 정리한 후 관할 등기관서에 토지표시변경등기를 촉탁하고, 등기필증을 접수한 날부터 15일 이내에 토지소유자에게 통지하여야 한다.

　합병 후 토지의 표시사항과 소유자의 표시사항은 합병 전의 대장에 등록된 사항을 따라야 하고 등급표시사항은 지적소관청이 수정 여부를 조사하여 필요시에는 합병과 동시에 토지등급 또는 기준수확량등급을 수정·등록하여야 하나, 1996년부터 과세기준이 개별공시지가로 변경되어 토지등급에 관한 사항은 수정·등록할 필요가 없게 되었다.

4.6. 유의 사항

　합병을 하려는 토지가 공유토지(共有土地)로 공유자별 지분이 각각 상이한 때에는 합병등기를 할 수 없기 때문에95) 소유자가 동일하더라도 토지등기부에 등기된 지분이 서로 다르면 합병이 불가능하다.

　1991년에 「부동산등기법」[시행 1992. 2. 1.][법률 제4422호, 1991. 12. 14., 일부개정]을 개정하여 법 제90조의3에 토지 합필의 제한으로 합병하고자 하는 토지에 "① 소유권·지상권·전세권·임차권 및 승역지에 관하여 하는 지역권의 등기 이외의 권리에 관한 등기가 있는 토지에 대하여는 합필의 등기를 할 수 없다.

　그러나 모든 토지에 대하여 등기원인 및 그 연월일과 접수번호가 동일한 저당권에 관한 등기가 있는 경우에는 그러하지 아니하다. ② 제1항의 규정에 위반한 등기의 신청을 각하한 때에는 등기공무원은 지체 없이 그 사유를 지적공부소관청에 통지하여야 한다."라는 조문을 신설하여 1992년 2월 1일부터 시행하였다.

---

95) 법원행정처, 1987, 『등기선례요지집』, p.162.

이어서 2008년에 「부동산등기법」[시행 2008. 3. 21.][법률 제8922호, 2008. 3. 21., 일부개정]을 개정하여 토지 합필의 제한 규정을 "① 소유권·지상권·전세권·임차권 및 승역지(承役地 : 편익 제공지)에 관하여 하는 지역권의 등기 외의 권리에 관한 등기가 있는 토지에 대하여는 합필(合筆)의 등기를 할 수 없다. 그러나 합병하고자 하는 모든 토지에 등기원인 및 그 연월일과 접수번호가 동일한 저당권에 관한 등기가 있는 경우에는 그러하지 아니하다. ② 제1항을 위반한 등기의 신청을 각하하였을 때에는 등기관은 지체 없이 그 사유를 지적공부 소관청에 알려야 한다."(법 제90조의3)라고 개정하였으며, 이러한 내용은 현행 「부동산등기법」[시행 2012. 7. 26][법률 제10924호, 2011. 7. 25., 타법개정] 제37조(합필 제한)에 규정되어 있다.

위와 같이 토지의 합필을 제한하는 취지는 물권법상 '1물1권주의 원칙' 때문이다. 합필이 되면 종전 토지에 존속하고 있던 권리는 1필지의 토지 일부분에 존속하게 된다.

그런데 등기할 수 있는 권리 중 용익권 즉, 지상권·전세권·임차권·승역지에 하는 지역권은 1필지의 토지 특정부분에 존속할 수 있는 권리이기 때문에 합필을 하더라도 1물1권주의 원칙에 반하지 않는다.

그러나 저당권과 같이 1필지의 토지의 특정부분에 존속할 수 있는 권리가 등기되어 있는 토지와 그렇지 아니한 토지에 대한 합필등기를 허용할 경우에는 그 권리가 합필 후 토지의 일부분에 존속하게 되어 1물1권주의 원칙에 반하게 될 뿐만 아니라 권리관계에 혼란을 야기한다.

이러한 이유에서 1992년부터 종전 토지의 특정부분에 존속할 수 없는 용익권 이외의 권리(저당권)가 있는 경우에는 합필등기를 할 수 없도록 「부동산등기법」에서 제한하고 있다.[96]

또한 대지권이 설정된 토지와 설정되지 아니한 토지는 합병요건이 충족되었다 하더라도 합필등기를 할 수 없기 때문에 합병이 불가능하다.

그러나 1 필지의 토지가 단독소유로 대지권이 설정된 경우에는 대지권의 분리처분 공증을 받아 대지권분리등기를 필한 후에 합병을 할 수 있다.

따라서 지적소관청이 위와 같은 요건을 위반하여 합병정리를 하였을 경우에는 해당 토지에 대한 합필등기가 불가능하기 때문에 등기관서에서 이를 발견하게 되면 합필등기신청을 각하하고 등기관은 지체 없이 그 사유를 지적소관청에 알려야 하며,(「부동산등기법」 제37조제2항) 지적소관청은 이를 근거로 하여 지적공부의 합병내용을 직권으로 말소 정

---

96) 김우종, 2011. 『부동산등기법 및 부동산등기규칙 해설』, 서울중앙지방법무사회, p.140. ; 정기수, 2012, 『부동산등기완전정복』, 서울, 매일경제신문사, p.11.

리하여 원상으로 회복시켜야 하기 때문에 합병신청이 있을 때에는 반드시 토지등기부를 확인하여 기타권리의 설정 여부를 조사하여 합병 정리에 참고하여야 한다.

5. 지목변경 신청

> 법 제81조(지목변경 신청) 토지소유자는 지목변경을 할 토지가 있으면 대통령령으로 정하는 바에 따라 그 사유가 발생한 날부터 60일 이내에 지적소관청에 지목변경을 신청하여야 한다.

5.1. 의의

지목변경 신청(地目變更 申請 : Application of Land Category Change)이란 토지소유자가 지적소관청에 지적공부에 등록된 지목을 다른 지목으로 바꾸어 등록하도록 신청하는 행위를 말한다.

토지를 지적공부에 등록된 지목과 다르게 사용하는 경우, 실제 이용현황에 따라 지목을 바꾸어 등록하기 위해서는 반드시 지적소관청이 토지조사를 실시하여 신청내용과 실체관계의 일치 여부를 판단한 후에 지적공부를 정리하여야 한다.

5.2. 대상 토지

지목변경 신청은 ① 「국토의 계획 및 이용에 관한 법률」 등 관계 법령에 따른 토지의 형질변경 등의 공사가 준공된 경우, ② 토지나 건축물의 용도가 변경된 경우, ③ 도시개발사업 등의 원활한 사업추진을 위하여 사업시행자가 공사 준공 전에 토지의 합병을 신청하는 경우 등이 있다.(영 제67조제1항)

지목변경 대상 토지는 「국토의 계획 및 이용에 관한 법률」에 의한 토지의 형질변경허가, 「농지법」에 의한 농지전용허가 또는 「산지관리법」에 의한 산지전용허가 등을 받아 준공되었거나 준공절차가 없는 인·허가의 경우에는 사실상 형질변경이 완료되어야 지목변경이 가능하다.

따라서 불법으로 형질변경이나 농지전용 또는 건축 등이 이루어진 토지는 지목변경을 할 수 없으나, 도시개발사업 등의 원활한 추진을 위하여 사업시행자 또는 토지소유자가 공사 준공 전에 토지의 합병을 신청하는 경우에는 토지의 용도가 변경된 토지로 보고 지목을 변경할 수 있다.

5.3. 신청 방법 및 기간

토지소유자는 지목변경 사유를 적은 신청서에 ① 관계 법령에 따라 토지의 형질변경 등의 공사가 준공되었음을 증명하는 서류의 사본, ② 국유지·공유지의 경우에는 용도폐지 되었거나 사실상 공공용으로 사용되고 있지 아니함을 증명하는 서류의 사본, ③ 토지 또는 건축물의 용도가 변경되었음을 증명하는 서류의 사본 중 어느 하나에 해당하는 서류를 첨부하여 지적소관청에 지목변경을 신청하여야 한다.(영 제67조제2항, 규칙 제84조제1항)

그러나 개발행위허가·농지전용허가·보전산지전용허가 등 지목변경과 관련된 규제를 받지 아니하는 토지의 지목변경이나 전·답·과수원 상호간의 지목변경인 경우에는 해당 서류의 첨부를 생략할 수 있으며,(규칙 제84조제2항) 이와 같은 경우를 제외하고는 담당 공무원의 주관적인 판단에 의한 지목변경을 할 수 없고, 대부분 관계 법령에 의한 지목변경을 하여야 할 원인행위와 준공행위 등에 관한 증명 서류를 첨부하여 지목변경을 하여야 한다.

그리고 위에 제시한 규칙 제84조제1항 각호의 어느 하나에 해당하는 서류를 해당 지적소관청이 관리하는 경우에는 지적소관청의 확인으로 그 서류의 제출에 갈음할 수 있다. (규칙 제84조제3항)

신청 기간은 토지소유자는 지목변경을 할 토지가 있으면 그 사유가 발생한 날부터 60일 이내에 지적소관청에 신청하여야 한다.(법 제84조)

지적법령에서는 건축허가사항이 사용승인 되어 해당 토지를 지목변경하려는 경우에는 토지소유자가 사용승인한 날부터 60일 이내에 지적소관청에 지목변경을 신청하여야 하며, 이를 초과한 후에 지목변경신청을 하는 때에는 10만원 이하의 과태료를 부과하도록 규정하였다.(「지적법」 제53조제3항)

그러나 「측수지법」을 제정하면서 신청기간을 초과함에 따른 과태료 부과제도를 폐지하였다.

5.4. 처리 절차

지목변경을 하기 위해서는 합병과 같이 별도의 지적측량을 실시할 필요가 없으나, 지목변경에 대한 사실 여부를 판단하기 위하여 실제로 현지에 출장하여 신청내용과 실제 토지이용현황의 일치 여부에 대한 확인·조사를 실시하여야 하나, 지목변경신청서에 첨부된 각종 인·허가 및 준공사실을 증명하는 서류에 의하여 실제 토지이용현황이 변경되었음이 명백하다고 판단되는 경우에는 확인·조사를 생략할 수 있다.

그리고 현지에 대한 확인·조사결과와 신청서를 근거로 하여 토지이동정리결의 절차를 거쳐 지적공부를 정리한 후 관할 등기관서에 토지표시변경등기를 촉탁하고, 등기필증을 접수한 날부터 15일 이내에 토지소유자에게 통지하여야 한다.

5.5. 지목변경 제한

「농지법」[시행 1996. 1. 1.] [법률 제4817호, 1994. 12. 22., 제정] 제정 시행 전에는 「농지의 보전 및 이용에 관한 법률」[시행 1973. 1. 1.] [법률 제2373호, 1972. 12. 18., 제정]에 지목변경 제한규정이 있어 같은 법 제정시행일인 1973년 1월 1일부터 사유 농지에 대한 지목변경을 제한하였다.

그러나 「농지법」에 의거 농지는 다음 각 호의 1에 해당하는 경우를 제외하고는 전·답·과수원 외의 지목으로 변경하지 못하도록 규정하고 있다.(법 제43조)
1) 농지전용허가를 받거나 농지의 전용에 관한 협의를 하여 농지를 전용한 경우
2) 「산지관리법」에 의한 산지전용허가를 받지 아니하거나 신고를 하지 아니하고 불법으로 개간된 농지를 산림으로 복구하는 경우
3) 「하천법」에 의하여 하천관리청으로부터 허가를 받아 농지를 형질변경하거나 공작물을 설치하기 위하여 농지를 전용하는 경우
4) 농업인 주택·농업용 시설·농수산물유통·가공시설·어린이놀이터·마을회관·농수산관련 연구시설·양어장·양식장 등 시설의 부지로 농지전용신고를 하고 농지를 전용한 경우
5) 「농어촌정비법」에 의한 농어촌 용수개발사업이나 농업생산기반개량사업의 시행으로 토지의 개량시설부지로 변경되는 경우
6) 시장·군수 또는 자치구의 구청장이 천재·지변 기타 불가항력의 사유로 그 농지의

형질이 현저하게 변경되어 거의 원상회복이 불가능하다고 인정하는 경우 등이다.
그 후「농지법」[시행 2007. 4. 11.] [법률 제8352호, 2007. 4. 11., 전부개정] 개정 법률 제41조(농지의 지목 변경 제한)에 다음 각 호의 어느 하나에 해당하는 경우 외에는 농지를 전·답·과수원 외의 지목으로 변경하지 못하도록 규정하여 오늘에 이르고 있다.
① 제34조제1항에 따라 농지전용허가(다른 법률에 따라 농지전용허가가 의제되는 협의를 포함한다.)를 받거나 같은 조 제2항에 따라 농지를 전용한 경우
② 제34조제1항제4호 또는 제5호에 규정된 목적으로 농지를 전용한 경우
③ 제35조 또는 제43조에 따라 농지전용신고를 하고 농지를 전용한 경우
④「농어촌정비법」제2조제5호가목 또는 나목에 따른 농어촌용수의 개발사업이나 농업생산기반 개량사업의 시행으로 이 법 제2조제1호나목에 따른 토지의 개량 시설의 부지로 변경되는 경우
⑤ 시장·군수 또는 자치구구청장이 천재지변이나 그 밖에 불가항력(不可抗力)의 사유로 그 농지의 형질이 현저히 달라져 원상회복이 거의 불가능하다고 인정하는 경우

5.6. 지목변경 제한 폐지

「산림법」[시행 1980. 7. 1.] [법률 제3232호, 1980. 1. 4., 전부개정]에 의한 보전임지의 지목변경 금지규정으로 1980년 7월 1일부터 ① 보전임지를 타 용도로 전용하고자 산림청장의 허가를 받은 경우, ② 보전임지를 다른 법률의 규정에 의하여 보전임지 외의 용도로 이용하기 위한 지역·지구·구역 등으로 지정 또는 결정하거나 허가·인가 등의 처분을 하기 위하여 산림청장과 협의한 경우의 어느 하나에 해당하는 경우를 제외하고는 보전임지를 다른 지목으로 변경하지 못하도록 규정하였다.(법 제20조제1항)
그러나「산림법」[시행 2003. 10. 1.] [법률 제6841호, 2002. 12. 30., 타법개정]을 개정하여 지목변경 금지에 관한 규정을 삭제하였다.

5.7. 유의 사항

지력(地力)을 배양하기 위하여 전·답 등 농경지를 일시 휴경하거나 석재 등을 적치한 경우 또는 건축물의 증축이나 재축을 하기 위하여 일시 철거한 경우 등 임시적이고 일시적인 주된 용도의 변경은 토지의 이동으로 볼 수 없기 때문에 지목변경을 하여서는 아니

되나, 관계 법령에 의거 농지전용허가를 받아 가설건축물을 건축하고 사용승인을 얻은 경우에는 그 건축물의 주된 용도에 따라 지목을 변경할 수 있다.

그리고 전·답 또는 임야 등에 건축을 하고자 하는 경우에는 미리 '대'로 지목변경을 하여야만 건축허가가 가능한 것으로 잘못 인식하고 있으나, 전국의 도시계획구역 중 자연녹지지역·생산녹지지역 및 풍치지구 이외의 지역지구 안에 있는 토지는 구「건축법」제9조의 규정에 의한 대지의 안전 등과 같은 법 제27조의 규정에 의한 대지와 도로와의 관계 등이 적합하면 지목에 관계없이 건축허가를 하여야 한다.(주택건축허가 절차 개선방안, 국무총리지시 제8호, 1976. 6. 21. 및 주택건축허가 절차 개선방안 보완, 건설부 4481~7631, 1976. 10. 19.)

그리고 적법한 절차에 따라 준공된 후에 그 건축물의 주된 용도에 따라 대·공장용지·학교용지·주차장·주유소용지·창고용지·체육용지·종교용지 또는 잡종지 등으로 지목변경을 할 수 있다.

관계법령 시행 이전에 개간·농지전용·토지형질변경·건축 등이 완료된 토지는 관계법령 시행 이전에 이미 토지의 주된 용도가 변경되었음을 증명할 수 있는 과세대장·건축물대장 등본 또는 사본을 첨부하거나 지적소관청이 토지의 확인·조사를 실시하여 사실여부를 확인한 후 지목변경을 할 수 있다.

개간허가제도는「개간촉진법」[시행 1962. 2. 15.] [법률 제1028호, 1962. 2. 22., 제정]을 제정하여 1962년 2월 15일부터 소급하여 시행하였으며, 농지전용허가제도는「농지의 보전 및 이용에 관한 법률」[시행 1973. 1. 1.] [법률 제2373호, 1972. 12. 18., 제정]을 제정하여 1973년 1월 1일부터 시행하였는데, 관련법 시행 이전에 임야나 전·답 등 농경지가 타 용도로 전용되었음이 입증되는 경우에는 현재의 주된 용도에 따라 지목변경을 할 수 있으며「농지법」제정 시행 이후에도 이 원칙을 적용하여 지목변경을 할 수 있다.

건축허가제도는「건축법」[시행 1962. 1. 20.] [법률 제984호, 1962. 1. 20., 제정]을 제정하여 공포한 날부터 시행되었다.

그러나「건축법」제5조(건축허가)에 "다음 각 호에 게기하는 건축물의 건축, 대수선 또는 주요변경을 하고자 하는 자는 서울특별시장 또는 시장, 군수(이하 "시장, 군수"라 한다.)의 허가를 얻어야 한다. 단,「도시계획법」제22조제1항의 규정에 의한 방화지구(防火地區) 외에서 건축물을 증축 또는 개축하고자 할 때에 증축 또는 개축하는 부분의 연면적이 10평방미터 이내의 것인 경우에는 이를 사전에 신고하여야 한다.

1) 학교·병원·진료소·극장·영화관·연예장·관람장·집회장·백화점·시장·공중(公衆)의 용(用)에 공(供)하는 욕장·여관·공동주택·기숙사 또는 차고의 용도에 공하는 연

면적 100평방미터 이상의 것
   2) 연면적이 500평방미터 이상이거나 3층 이상인 목조의 건축물
   3) 연면적이 200평방미터 이상이거나 2층 이상인 목조 이외의 건축물
   4) 기타 도시구역 내에 있어서의 건축물은 서울특별시장 또는 시장·군수의 허가를 얻어야 한다.

따라서 건축허가 대상이 아닌 소규모의 건축물 또는 농촌지역 중에서 일부가 읍 또는 시로 편입되어 건축허가 대상지역으로 변경된 경우에는 건축허가 전 또는 건축허가 대상지역으로 편입되기 전에 건축이 완료되었음을 증명할 수 있는 건축물대장·과세대장 등의 등본 또는 사본 등을 첨부하여 해당 건축물의 용도에 따라 지목변경을 할 수 있다.

그러나 현행 건축법[시행 2024. 6. 27.] [법률 제20424호, 2024. 3. 26., 일부개정] 제11조(건축허가)제1항에 건축물을 건축하거나 대수선하려는 자는 특별자치시장·특별자치도지사 또는 시장·군수·구청장의 허가를 받아야 하며, 21층 이상의 건축물 등 대통령령으로 정하는 용도 및 규모의 건축물을 특별시나 광역시에 건축하려면 특별시장이나 광역시장의 허가를 받도록 규정하고 있어 지목변경 정리에 참고하여야 한다.

6. 바다로 된 토지의 등록말소 신청

법 제82조 (바다로 된 토지의 등록말소 신청) ① 지적소관청은 지적공부에 등록된 토지가 지형의 변화 등으로 바다로 된 경우로서 원상(原狀)으로 회복될 수 없거나 다른 지목의 토지로 될 가능성이 없는 경우에는 지적공부에 등록된 토지소유자에게 지적공부의 등록말소 신청을 하도록 통지하여야 한다.
② 지적소관청은 제1항에 따른 토지소유자가 통지를 받은 날부터 90일 이내에 등록말소 신청을 하지 아니하면 대통령령으로 정하는 바에 따라 등록을 말소한다.
③ 지적소관청은 제2항에 따라 말소한 토지가 지형의 변화 등으로 다시 토지가 된 경우에는 대통령령으로 정하는 바에 따라 토지로 회복등록을 할 수 있다.

6.1. 의의

바다로 된 토지의 등록말소(登錄抹消) 신청이란 지적공부에 등록된 토지가 지형의 변화 등으로 바다로 되어 원상(原狀)으로 회복될 수 없거나 다른 지목의 토지로 될 가능성이 없는 경우에 토지소유자의 신청에 의하거나 직권으로 그 토지에 관한 지적공부의 등

록사항을 말소하도록 신청하는 행위를 말하는데, 이를 "해면성말소 신청(海面成抹消 申請)"이라고 하였으나, 제10차「지적법」개정 법률에 "바다로 된 토지의 등록말소 신청"으로 용어를 변경하였다.

바다로 된 토지의 등록말소는 지적법 시행령[시행 1970. 5. 16.] [대통령령 제5015호, 1970. 5. 16., 전부개정]에 "지적공부에 등록된 토지가 해면이 되어 그 현상이 원상에 복구되지 못하거나 다른 지목의 토지가 될 가능성이 없을 때에는 토지소유자의 신고에 의하여 그 토지에 관한 등록사항을 말소하여야 한다."라고 규정되어 있어(영 제1조제2항), 토지소유자의 신고가 있을 경우에 한하여 말소를 할 수 있었다.

그러나 제2차「지적법」개정 법률에 실제 토지의 물리적 현황과 지적공부의 등록사항을 일치시키기 위한 목적으로 토지소유자의 말소신고에 의하거나 직권으로 그 토지에 관한 등록사항을 말소할 수 있도록 개정하였으며, 제9차「지적법」개정 법률에 소관청은「지적법」에 의하여 그 토지에 관한 등록사항말소의 결정을 하고 그 사실을 토지소유자 및 해당 공유수면관리청에 통지하도록 개선하였다.(법 제3조제2항)

이어서 제10차「지적법」개정 법률에 토지소유자에게 지적공부의 등록말소신청을 하도록 통지하고 통지받은 날부터 90일 이내에 등록말소 신청을 하지 아니하는 때에는 소관청이 직권으로 지적공부의 등록사항을 말소하고, 말소된 토지를 촉탁등기대상으로 규정하여 지적공부의 등록사항과 토지등기부의 등기사항이 합치되도록 말소등기신청을 촉탁할 수 있도록 개선하였다.

그 이유는 해면성 말소 대상 토지가 등기부에 등기되어 있는 경우 소관청이 직권으로 말소등기신청을 할 수 없기 때문에 지적공부의 등록사항은 해면성으로 말소되었으나 등기부에는 그대로 등기되어 있어 해당 토지가 거래되면 해면성 말소 이전의 상태로 소유권이전등기가 되어 지적소관청에 등기필통지서를 송부하면 대장에 정리할 수 없어 이런 경우에는 그 요지를 등기필통지서에 명기하여 보관하도록 규정하였다.(지적사무처리규정 제120조제2항)

따라서 해면성 말소 토지의 소유자가 스스로 말소등기신청을 하기 전까지는 대장의 등록사항과 등기부의 등기사항이 서로 합치되지 않는다.

해면성 말소 상태로 세월이 흐른 뒤에 대규모 간척사업 등으로 말소된 토지가 다시 농경지 등으로 복구되었을 경우 종종 해면성으로 말소된 토지의 소유자와 간척자간에 토지소유권에 대한 분쟁이 야기되어, 소유권에 대한 분쟁을 미연에 방지하고자 해면성으로 말소된 토지를 촉탁등기대상으로 규정하게 되었으며, 말소한 토지가 지형의 변화 등으로 다시 토지로 된 경우에는 지적측량 성과와 등록말소 당시의 지적공부 등 관계 자료에 의거 회복등록을 할 수 있도록 개정하여 오늘에 이르고 있다.

6.2. 대상 토지

　지적공부에 등록된 토지가 지형의 변화 등으로 바다로 된 경우로서 원상으로 회복될 수 없거나 다른 지목의 토지로 될 가능성이 없는 경우에 한한다.(법 제82조제1항)

6.3. 신청 방법 및 기간

　지적소관청은 등록말소 대상 토지가 있는 때에는 지적공부에 등록된 토지소유자에게 지적공부의 등록말소신청을 하도록 통지하여야 하며, 토지소유자는 통지를 받은 날부터 90일 이내에 지적소관청에 등록말소 신청을 하여야 한다.(법 제82조제1항)
　신청 기간은 토지소유자는 지적소관청으로부터 등록말소신청을 하도록 통지를 받은 날부터 90일 이내에 등록말소신청을 하여야 하나, 등록말소신청을 하지 아니하는 때에는 지적소관청이 직권으로 그 지적공부의 등록사항을 말소하도록 규정하고 있다.(법 제82조제2항, 영 제68조제1항)

6.4. 회복 등록

　바다로 된 토지의 등록사항을 말소한 후 지형의 변화 등으로 다시 토지가 된 경우에는 지적측량 성과 및 등록말소 당시의 지적공부 등 관계 자료에 따라 회복등록을 하도록 규정하고 있다.(법 제82조제3항, 영 제68조제2항)

6.5. 유의 사항

　1필지의 토지 전체가 바다로 된 경우에는 현지측량을 실시하지 아니하고 지적공부의 등록사항을 말소할 수 있으나 1필지의 토지 중 일부가 바다로 된 경우에는 분할측량을 실시하여 바다로 된 부분만을 말소하여야 한다.
　지적공부의 등록사항을 말소하거나 회복등록을 하였을 때에는 그 정리 결과를 토지소유자 및 해당 공유수면의 관리청에 통지하고,(영 제68조제3항) 멸실 또는 회복등록에 따른 토지의 표시변경에 관한 등기를 촉탁하여야 한다.(법 제89조제1항)

그러나 토지소유권의 상실원인이 되는 포락은 토지가 바다물이나 「하천법」상 적용하천의 물에 무너져 그 원상복구가 과다한 비용을 요하는 등 사회통념상 불가능한 상태에 이르렀을 때를 말하고, 바다물이나 「하천법」상 적용하천의 유수가 아닌 사실상의 하천이나 준용하천의 물에 무너져 내려 하상이 되어 그 원상복구가 어렵게 된 때까지를 포함하는 것이 아니다.[97]

따라서 바다로 된 토지의 등록말소의 직권처리는 국민의 토지소유권 보호 측면에서 원상복구 및 다른 지목의 토지로 될 가능성 여부 등을 신중하게 조사하여 토지소유자가 불이익을 받는 사례가 없도록 등록말소 정리에 참고하여야 한다.

7. 축척변경

> 법 제83조(축척변경) ① 축척변경에 관한 사항을 심의·의결하기 위하여 지적소관청에 축척변경위원회를 둔다.
> ② 지적소관청은 지적도가 다음 각 호의 어느 하나에 해당하는 경우에는 토지소유자의 신청 또는 지적소관청의 직권으로 일정한 지역을 정하여 그 지역의 축척을 변경할 수 있다.
> 1. 잦은 토지의 이동으로 1필지의 규모가 작아서 소축척으로는 지적측량성과의 결정이나 토지의 이동에 따른 정리를 하기가 곤란한 경우
> 2. 하나의 지번부여지역에 서로 다른 축척의 지적도가 있는 경우
> 3. 그 밖에 지적공부를 관리하기 위하여 필요하다고 인정되는 경우
> ③ 지적소관청은 제2항에 따라 축척변경을 하려면 축척변경 시행지역의 토지소유자 3분의 2 이상의 동의를 받아 제1항에 따른 축척변경위원회의 의결을 거친 후 시·도지사 또는 대도시 시장의 승인을 받아야 한다. 다만, 다음 각 호의 어느 하나에 해당하는 경우에는 축척변경위원회의 의결 및 시·도지사 또는 대도시 시장의 승인 없이 축척변경을 할 수 있다.
> 1. 합병하려는 토지가 축척이 다른 지적도에 각각 등록되어 있어 축척변경을 하는 경우
> 2. 제86조에 따른 도시개발사업 등의 시행지역에 있는 토지로서 그 사업 시행에서 제외된 토지의 축척변경을 하는 경우
> ④ 축척변경의 절차, 축척변경으로 인한 면적 증감의 처리, 축척변경 결과에 대한 이의신청 및 축척변경위원회의 구성·운영 등에 필요한 사항은 대통령령으로 정한다.

---

[97] 대법원, 1995. 8. 25, 선고95다18659판결, 대법원, 1989. 2. 28, 선고88다1295판결, 88다카 8743 판결.

7.1. 정의

축척변경(縮尺變更 : Change of Map Scale)이란 지적도에 등록된 경계점의 정밀도를 높이기 위하여 지적도면 중에서 1/1,200과 같은 소축척(小縮尺)을 1/500과 같은 대축척(大縮尺)으로 변경하여 등록하는 행정처분을 말한다.(법 제2조제34호)

축척변경은 토지소유자의 신청 또는 지적소관청의 직권으로 일정한 지역을 정하여 경계점의 정밀도를 높이기 위하여 작은 축척에서 큰 축척으로 변경할 필요가 있다고 인정될 때에 시행한다.

7.2. 대상 토지

지적소관청은 지적도가 ① 잦은 토지의 이동으로 인하여 1필지의 규모가 작아서 소축척으로는 지적측량 성과의 결정이나 토지의 이동에 따른 정리를 하기가 곤란한 경우, ② 하나의 지번부여지역에 서로 다른 축척의 지적도가 있는 경우, ③ 그 밖에 지적공부를 관리하기 위하여 필요하다고 인정되는 경우 중 어느 하나에 해당하는 때에는 토지소유자의 신청 또는 지적소관청이 직권으로 일정한 지역을 정하여 그 지역의 축척을 변경할 수 있도록 규정하고 있다.(법 제83조제2항)

7.3. 선행 요건

7.3.1. 토지소유자 동의

지적소관청은 축척변경을 하려면 축척변경 시행지역의 토지소유자 3분의 2 이상의 동의를 받아야 한다.(법 제83조제3항)

7.3.2. 축척변경위원회 의결

축척변경 시행지역의 토지소유자 3분의 2 이상의 동의를 받은 경우에는 축척변경위원회의 의결을 거쳐야 한다.

그러나 ① 합병하려는 토지가 축척이 다른 지적도에 각각 등록되어 있어 축척변경을 하는 경우, ② 도시개발사업 등의 시행지역에 있는 토지로서 그 사업시행에서 제외된 토지의 축척변경을 하는 경우 중 어느 하나에 해당하는 경우에는 축척변경위원회의 의결 및 시·도지사 또는 대도시 시장의 승인 없이 축척변경을 할 수 있다.(법 제83조제3항)

7.3.3. 시·도지사 승인

지적법령에서 축척변경은 축척변경위원회의 의결을 거친 후 특별시장·광역시장 또는 도지사의 승인을 얻어 시행할 수 있도록 규정하였다.(「지적법」 제23조제1항)

그러나 「측수지법」을 제정하면서 지방자치단체의 사무를 합리적으로 배분하기 위하여 시·도지사만 처리할 수 있었던 축척변경의 승인업무를 대도시(「지방자치법」 제3조제3항에 따라 자치구가 아닌 구가 설치된 시의 시장)의 시장도 승인할 수 있도록 개선하였다.

7.4. 시행 절차

7.4.1. 승인신청

축척변경을 신청하는 토지소유자는 축척변경 사유를 적은 신청서에 국토교통부령으로 정하는 서류를 첨부하여 지적소관청에 제출하여야 한다.(영 제69조)

그리고 지적소관청이 축척변경을 하려는 때에는 축척변경사유를 적은 승인신청서(규칙 제86조, 별지 제76호 서식)에 ① 축척변경사유, ② 지번 등 명세, ③ 토지소유자의 동의서, ④ 축척변경위원회의 의결서 사본, ⑤ 그 밖에 축척변경 승인을 위하여 시·도지사 또는 대도시 시장이 필요하다고 인정하는 서류를 첨부하여 시·도지사 또는 대도시 시장에게 제출하도록 규정하고 있다.(영 제70조제1항)

7.4.2. 지적소관청 통지

지적소관청으로부터 축척변경승인 신청을 받은 시·도지사 또는 대도시 시장은 축척변경사유 등을 심사한 후 그 승인 여부를 지적소관청에 통지하여야 한다.(영 제70조제2항)

7.4.3. 시행 공고

지적소관청은 시·도지사 또는 대도시 시장으로부터 축척변경 승인을 받았을 때에는 지체 없이 ① 축척변경의 목적·시행지역 및 시행기간, ② 축척변경의 시행에 관한 세부계획, ③ 축척변경의 시행에 따른 청산방법, ④ 축척변경의 시행에 따른 소유자 등의 협조에 관한 사항을 20일 이상 공고하여야 하며(영 제71조제1항), 시행공고는 시·군·구(자치구가 아닌 구를 포함한다.) 및 축척변경 시행지역 동·리의 게시판에 주민이 볼 수 있도록 게시하여야 한다.(영 제71조제2항)

7.4.4. 경계점표지 설치

축척변경 시행지역의 토지소유자 또는 점유자는 시행공고가 된 날(이하 "시행공고일"이라 한다.)부터 30일 이내에 시행공고일 현재 점유하고 있는 경계에 경계점표지를 설치하여야 한다.(영 제71조제3항)

7.4.5. 토지의 표시 등 결정

지적소관청은 축척변경 시행지역의 각 필지별 지번·지목·면적·경계 또는 좌표를 새로 정하여야 하며, 지적소관청이 축척변경을 위한 측량을 할 때에는 토지소유자 또는 점유자가 설치한 경계점표지를 기준으로 새로운 축척에 따라 각 필지별 면적·경계 또는 좌표를 정하여야 한다.(영 제72조제1항, 제2항)

그러나 축척변경위원회의 의결 및 시·도지사의 승인절차를 거치지 아니하고 축척을 변경하는 때에는(법 제83조제3항 단서) 각 필지별 지번·지목 및 경계는 종전의 지적공부에 따르고 면적만 새로 정하여야 한다.(영 제72조제3항)

이 경우 면적을 새로이 정하는 때에는 축척변경 측량결과도에 따라야 하며(규칙 제87조제1항), 축척변경 측량결과도에 따라 면적을 측정한 결과 축척변경 전의 면적과 축척변경 후의 면적의 오차가 계산식($A = 0.026^2 M \sqrt{F}$)에 따른 허용범위 이내인 경우에는 축척변경 전의 면적을 결정면적으로 하고, 허용면적을 초과하는 경우에는 축척변경 후의 면적을 결정면적으로 한다. 이 경우 계산식 중 A는 오차 허용면적, M은 축척이 변경될 지적도의 축척분모, F는 축척변경 전의 면적을 말한다.(규칙 제87조제2항)

그리고 경계점좌표등록부를 갖춰 두지 아니하는 지역을 경계점좌표등록부를 갖춰 두는 지역으로 축척변경을 하는 경우에는 그 필지의 경계점을 평판측량방법이나 전자평판측량방법으로 지상에 복원시킨 후 경위의측량방법 등으로 경계점좌표를 구하여야 한다. 이 경우 면적은 경계점좌표에 따라 결정하여야 한다.(규칙 제87조제3항)

7.4.6. 지번별 조서 작성

지적소관청은 축척변경에 관한 측량을 완료하였을 때에는 시행공고일 현재의 지적공부상의 면적과 측량 후의 면적을 비교하여 그 변동사항을 표시한 축척변경 지번별 조서(규칙 제88조, 별지 제77호 서식)를 작성하여야 한다.(영 제73조)

7.4.7. 지적공부 정리 등 정지

지적소관청은 축척변경 시행기간 중에는 축척변경시행지역의 지적공부 정리와 경계복원측량(경계점표지의 설치를 위한 경계복원측량은 제외한다.)을 축척변경 확정공고일까지 정지하여야 하나, 축척변경위원회의 의결이 있는 경우에는 그러하지 아니하다.(영 제74조)

7.4.8. 청산

1) 청산 대상

지적소관청은 축척변경에 관한 측량을 한 결과 측량 전에 비하여 면적의 증감이 있는 경우에는 그 증감면적에 대하여 청산(淸算)을 하여야 한다. 다만, ① 필지별 증감면적이 허용범위 이내인 경우,(다만, 축척변경위원회의 의결이 있는 경우에는 제외한다.) ② 토지소유자 전원이 청산하지 아니하기로 합의하여 서면으로 제출한 경우 중 어느 하나에 해당하는 경우에는 그러하지 아니하다.(영 제75조제1항)

2) 청산금 산정 및 공고

축척변경에 따른 청산을 할 때에는 축척변경위원회의 의결을 거쳐 지번별로 제곱미터당 금액을 정하여야 한다. 이 경우 지적소관청은 시행공고일 현재를 기준으로 그 축척변경 시행지역의 토지에 대한 지번별 제곱미터당 금액을 미리 조사하여 지번별 제곱미터당 금액조서(규칙 제89조, 별지 제78호 서식)를 작성하여 축척변경위원회에 제출하여야 한다.(영 제75조제2항)

그리고 청산금은 작성된 축척변경 지번별 조서의 필지별 증감면적에 결정된 지번별 제곱미터당 금액을 곱하여 산정하여야 한다.(영 제75조제3항)

지적소관청은 청산금을 산정하였을 때에는 청산금 조서(축척변경 지번별 조서에 필지별 청산금 명세를 적은 것을 말한다.)를 작성하고, 청산금이 결정되었다는 뜻을 시·군·구(자치구가 아닌 구를 포함한다.) 및 축척변경 시행지역의 동·리 게시판에 주민이 볼 수 있도록 15일 이상 공고하여 일반인이 열람할 수 있게 하여야 한다.(영 제75조제4항)

3) 청산금 과·부족액의 부담

청산금을 산정한 결과 증가된 면적에 대한 청산금의 합계와 감소된 면적에 대한 청산금의 합계에 차액이 생긴 경우 초과액은 그 지방자치단체의 수입으로 하고, 부족액은 그 지방자치단체가 부담하여야 한다.(영 제75조제5항)

4) 청산금 납부고지와 수령통지

지적소관청은 청산금의 결정을 공고한 날부터 20일 이내에 토지소유자에게 청산금의 납부고지(규칙 제90조, 별지 제79호 서식) 또는 수령통지를 하여야 하며, 납부고지를 받은 자는 그 고지를 받은 날부터 6개월 이내에 청산금을 지적소관청에 내야하고, 지적소관청은 수령통지를 한 날부터 6개월 이내에 청산금을 지급하여야 한다.(영 제76조제1항부터 제3항까지)

그리고 지적소관청은 청산금을 지급받을 자가 행방불명 등으로 받을 수 없거나 받기를 거부하는 때에는 그 청산금을 공탁할 수 있다.(영 제76조제4항)

5) 청산금 미납부시의 조치

지적소관청은 청산금을 내야 하는 자가 납부고지를 받은 날부터 1개월 이내에 청산금에 관한 이의신청을 하지 아니하고 납부고지를 받은 날부터 6개월 이내에 청산금을 납부하지 아니하면 「지방행정제재·부과금의 징수 등에 관한 법률」에 따라 징수할 수 있다. (영 제76조제5항)

6) 청산금에 관한 이의신청

납부고지 되거나 수령 통지된 청산금에 관하여 이의가 있는 자는 납부고지 또는 수령통지를 받은 날부터 1개월 이내에 지적소관청에 이의신청(규칙 제91조, 제80호 서식)을 할 수 있다.(영 제77조제1항)

7) 이의신청에 관한 심의의결

청산금에 관한 이의신청을 받은 지적소관청은 1개월 이내에 축척변경위원회의 심의·의결을 거쳐 그 인용(認容) 여부를 결정한 후 지체 없이 그 내용을 이의 신청인에게 통지하여야 한다.(영 제77조제2항)

7.4.9. 확정공고

청산금의 납부 및 지급이 완료되었을 때에는 지적소관청은 지체 없이 ① 토지의 소재 및 지역명, ② 축척변경 지번별 조서, ③ 청산금 조서, ④ 지적도의 축척이 포함된 축척변경의 확정공고를 하여야 한다.(영 제78조제1항, 규칙 제92조제1항)

7.4.10. 지적공부 정리 및 등기촉탁

지적소관청이 축척변경의 확정공고를 하였을 때에는 지체 없이 축척변경에 따라 확정된 사항을 다음 각 호의 기준에 의하여 지적공부에 등록하여야 하며,(영 제78조제2항, 규칙 제92조제2항) 관할 등기관서에 토지표시변경등기를 촉탁하여야 한다.(법 제89조제1항)

1) 토지대장은 확정공고 된 축척변경 지번별 조서에 따를 것
2) 지적도는 확정측량 결과도 또는 경계점좌표에 따를 것

이 경우 축척변경 시행지역의 토지는 확정공고일에 토지의 이동이 있는 것으로 보도록 규정하고 있다.(영 제78조제3항)

7.5. 축척변경위원회

7.5.1. 위원회 구성

축척변경위원회(縮尺變更委員會)는 5명 이상 10명 이하의 위원으로 구성하되, 위원의 2분의 1 이상을 토지소유자로 하여야 한다. 이 경우 그 축척변경 시행지역의 토지소유자가 5명 이하일 때에는 토지소유자 전원을 위원으로 위촉하여야 하며, 위원장은 위원 중에서 지적소관청이 지명하여야 한다.(영 제79조제1항, 제2항)

축척변경위원회는 축척변경에 관한 사항을 심의하여 의결하는 기관으로 제10차「지적법」개정 법률에 종전 "5인 이상 20인 이하"에서 "5인 이상 10인 이내"의 위원으로 구성하도록 개정하여 오늘에 이르고 있다.

7.5.2. 위원의 위촉

축척변경위원회의 위원은 ① 해당 축척변경 시행지역의 토지소유자로서 지역 사정에 정통한 사람, ② 지적에 관하여 전문 지식을 가진 사람 중에서 지적소관청이 위촉한다.(영 제79조제3항)

7.5.3. 출석수당과 여비 등 지급

축척변경위원회의 위원에게는 예산의 범위에서 출석수당과 여비 그 밖의 실비를 지급할 수 있다. 다만, 공무원인 위원이 그 소관업무와 직접적으로 관련되어 출석하는 경우에는 그러하지 아니하다.(영 제79조제4항)

7.5.4. 위원회의 기능

축척변경위원회는 지적소관청이 회부하는 ① 축척변경 시행계획에 관한 사항, ② 지번별 제곱미터당 금액의 결정과 청산금의 산정에 관한 사항, ③ 청산금의 이의신청에 관한 사항, ④ 그 밖에 축척변경과 관련하여 지적소관청이 회의에 부치는 사항을 심의·의결하도록 규정하고 있다.(영 제80조)

7.5.5. 위원회의 회의

축척변경위원회의 회의는 지적소관청이 축척변경위원회에 회부하거나 위원장이 필요하다고 인정할 때에 위원장이 소집하며, 회의는 위원장을 포함한 재적위원 과반수의 출석으로 개의(開議)하고 출석위원 과반수의 찬성으로 의결한다.(영 제81조제1항, 제2항)

그리고 위원장이 축척변경위원회의 회의를 소집할 때에는 회의일시·장소 및 심의안건을 회의 개최 5일 전까지 각 위원에게 서면으로 통지하여야 한다.(영 제81조제3항)

8. 등록사항의 정정

> 법 제84조 (등록사항의 정정) ① 토지소유자는 지적공부의 등록사항에 잘못이 있음을 발견하면 지적소관청에 그 정정을 신청할 수 있다.
> ② 지적소관청은 지적공부의 등록사항에 잘못이 있음을 발견하면 대통령령으로 정하는 바에 따라 직권으로 조사·측량하여 정정할 수 있다.
> ③ 제1항에 따른 정정으로 인접 토지의 경계가 변경되는 경우에는 다음 각 호의 어느 하나에 해당하는 서류를 지적소관청에 제출하여야 한다.
> 1. 인접 토지소유자의 승낙서
> 2. 인접 토지소유자가 승낙하지 아니하는 경우에는 이에 대항할 수 있는 확정판결서 정본(正本)
> ④ 지적소관청이 제1항 또는 제2항에 따라 등록사항을 정정할 때 그 정정사항이 토지소유자에 관한 사항인 경우에는 등기필증, 등기완료통지서, 등기사항증명서 또는 등기관서에서 제공한 등기전산정보자료에 따라 정정하여야 한다. 다만, 제1항에 따라 미등기 토지에 대하여 토지소유자의 성명 또는

명칭, 주민등록번호, 주소 등에 관한 사항의 정정을 신청한 경우로서 그 등록사항이 명백히 잘못된 경우에는 가족관계 기록사항에 관한 증명서에 따라 정정하여야 한다. <개정 2011. 4. 12.>

8.1. 의의

 등록사항(登錄事項)의 정정신청(訂正申請)이란 지적공부에 등록된 사항에 잘못이 있어 이를 바르게 정정하여 등록하도록 신청하는 행위를 말하는데, 토지소유자에 의한 잘못과 지적소관청의 소속 공무원에 의한 잘못 등으로 구분할 수 있고, 토지소유자의 신청에 의한 정정과 지적소관청에 의한 직권정정 등으로 구분할 수 있다.

8.2. 정정 대상

 토지소유자는 지적공부의 등록사항에 잘못이 있음을 발견하면 지적소관청에 정정을 하도록 신청할 수 있으며, 지적소관청은 지적공부의 등록사항에 잘못이 있음을 발견하면 직권으로 조사·측량하여 정정할 수 있다.(법 제84조제1항, 제2항)
 그리고 등록사항의 정정으로 인하여 인접 토지의 경계가 변경되는 경우에는 ① 인접 토지소유자의 승낙서, ② 인접 토지소유자가 승낙하지 아니하는 경우에는 이에 대항할 수 있는 확정판결서 정본(正本) 중 어느 하나에 해당하는 서류를 지적소관청에 제출하여야 한다.(법 제84조제3항)
 지적소관청이 등록사항을 정정할 때 그 정정사항이 토지소유자에 관한 사항인 경우에는 등기필증, 등기부등본·초본 또는 등기관서에서 제공한 등기전산정보자료에 따라 정정하여야 한다.
 그러나 미등기 토지에 대하여 토지소유자의 성명 또는 명칭, 주민등록번호, 주소 등에 관한 사항의 정정을 신청한 경우로 그 등록사항이 명백히 잘못된 경우에는 가족관계 기록사항에 관한 증명서에 따라 정정하여야 한다.(법 제84조제4항)
 제10차「지적법」개정 법률에 미등기 토지의 토지소유자에 관한 정정은 호적·제적·주민등록등본 등 관계서류에 의거 지적공부를 정정할 수 있도록 개정하였으며, 제13차「지적법」개정 법률에 등기관서에서 제공한 등기전산정보자료에 의하여도 정정할 수 있도록 개정하여(「지적법」제24조제4항) 오늘에 이르고 있으며, 지적공부 등록사항의 정정 유형은 다음과 같다.

1) 경계정정 : 면적에 관계없이 경계만 변경되는 경우
2) 위치정정 : 면적의 증·감이 없이 위치만 변경되는 경우
3) 면적정정 : 경계와 위치의 변경이 없이 면적만 변경되는 경우
4) 오기정정 : 지적공부의 정리내용 중에 잘못 정리되었음을 발견하고 정정하는 경우

8.3. 직권에 의한 정정

지적소관청이 지적공부의 등록사항에 잘못이 있는지를 직권으로 조사·측량하여 정정할 수 있는 경우는 다음 각 호와 같다.(영 제82조제1항)
1) 토지이동정리 결의서의 내용과 다르게 정리된 경우
2) 지적도 및 임야도에 등록된 필지가 면적의 증감이 없이 경계의 위치만 잘못된 경우
3) 1필지가 각각 다른 지적도나 임야도에 등록되어 있는 경우로서 지적공부에 등록된 면적과 측량한 실제면적은 일치하지만 지적도나 임야도에 등록된 경계가 서로 접합되지 않아 지적도나 임야도에 등록된 경계를 지상의 경계에 맞추어 정정하여야 하는 토지가 발견된 경우
4) 지적공부의 작성 또는 재작성 당시 잘못 정리된 경우
5) 지적측량 성과와 다르게 정리된 경우
6) 지적위원회의 의결 결과에 따라 지적공부의 등록사항을 정정하여야 하는 경우
7) 지적공부의 등록사항이 잘못 입력된 경우
8) 「부동산등기법」 제37조제2항에 따른 합필등기의 신청을 각하한 통지가 있는 경우(지적소관청의 착오로 잘못 합병한 경우만 해당한다.)
9) 제2차 「지적법」 개정 법률 부칙 제3조에 따른 면적환산이 잘못된 경우

지적소관청은 직권정정대상 토지가 있을 때에는 지체 없이 관계 서류에 따라 토지이동정리결의 절차를 거쳐 지적공부의 등록사항을 정정하여야 하며,(영 제82조제2항) 관할 등기관서에 토지표시변경등기를 촉탁하여야 한다.(법 제89조제1항)

그리고 지적공부의 등록사항 중에서 경계나 면적 등 측량을 수반하는 토지의 표시가 잘못된 경우에는 지적소관청은 그 정정이 완료될 때까지 지적측량을 정지시킬 수 있다. 다만, 잘못 표시된 사항의 정정을 위한 지적측량은 그러하지 아니하다.(영 제82조제3항)

8.4. 소유자 신청에 의한 정정

토지소유자는 지적공부의 등록사항에 대한 정정을 신청할 때에는 정정사유를 적은 신청서에 다음 각 호의 구분에 따른 서류를 첨부하여 지적소관청에 제출하여야 한다.(규칙 제93조제1항)
  1) 경계 또는 면적의 변경을 가져오는 경우 : 등록사항 정정 측량성과도
  2) 그 밖의 등록사항을 정정하는 경우 : 변경사항을 확인할 수 있는 서류

8.5. 정정 대상 토지의 관리

지적소관청은 토지의 표시가 잘못되었음을 발견하였을 때에는 지체 없이 등록사항정정에 필요한 서류와 등록사항 정정 측량성과도를 작성하고, 토지이동정리 결의서를 작성한 후 대장의 사유란에 "등록사항정정 대상토지"라고 적고, 토지소유자에게 등록사항 정정신청을 할 수 있도록 그 사유를 통지하여야 한다. 다만, 지적소관청이 직권으로 정정할 수 있는 경우에는 토지소유자에게 통지를 하지 아니할 수 있다.(규칙 제94조제1항)

그리고 등록사항 정정 대상 토지에 대한 대장을 열람하게 하거나 등본을 발급하는 때에는 "등록사항 정정 대상 토지"라고 적은 부분을 흑백의 반전(反轉)으로 표시하거나 붉은색으로 적어야 한다.(규칙 제94조제2항)

9. 행정구역의 명칭변경

> 법 제85조(행정구역의 명칭변경 등) ① 행정구역의 명칭이 변경되었으면 지적공부에 등록된 토지의 소재는 새로운 행정구역의 명칭으로 변경된 것으로 본다.
> ② 지번부여지역의 일부가 행정구역의 개편으로 다른 지번부여지역에 속하게 되었으면 지적소관청은 새로 속하게 된 지번부여지역의 지번을 부여하여야 한다.

9.1. 의 의

행정구역의 변경(行政區域의 變更)이란 지방자치단체의 관할 구역인 행정구역이 변경되는 것을 말하는데, 「공간정보관리법」에서는 행정구역의 명칭이 변경되거나 지번부여지역의 일부가 행정구역의 개편이 되는 것으로 규정하고 있으며,(법 제85조제1항, 제2항)

실제 행정구역의 변경은 행정구역의 폐치(廢置)·분합(分合)과 명칭변경(名稱變更) 및 구역변경(區域變更)으로 나눌 수 있다.

행정구역의 폐치·분합은 지방자치단체의 신설 또는 폐지와 법인격의 변화를 수반하는 지역변경을 말하고, 명칭변경은 지방자치단체의 존폐와는 상관없이 그 명칭만 변경하는 것을 말하며, 경계변경은 지방자치단체의 존폐와는 상관없이 단순히 그 경계만 달라지는 구역변경을 말한다.

행정구역은 지방자치법[시행 2024. 5. 17.] [법률 제19951호, 2024. 1. 9., 타법개정] 제3조제2항에 특별시, 광역시, 특별자치시, 도, 특별자치도(이하 "시·도"라 한다.)는 정부의 직할(直轄)로 두고, 시는 도 또는 특별자치도의 관할 구역 안에, 군은 광역시·도 또는 특별자치도의 관할 구역 안에 두며, 자치구는 특별시와 광역시의 관할 구역 안에 둔다. 다만, 특별자치도의 경우에는 법률이 정하는 바에 따라 관할 구역 안에 시 또는 군을 두지 아니할 수 있도록 규정하고, 같은 조제3항에 특별시·광역시 또는 특별자치시가 아닌 인구 50만 이상의 시에는 자치구가 아닌 구를 둘 수 있고, 군에는 읍·면을 두며, 시와 구(자치구를 포함한다)에는 동을, 읍·면에는 리를 두도록 규정하고 있다.

따라서 우리나라의 행정구역은 시·도, 시·군·구, 읍·면·동, 리로 구분할 수 있으며, <표 3-44>와 같은 행정구역 코드번호 부여 체계에 따라 고유번호를 부여하여 관리하고 있다.

<표 3-44> 행정구역 코드번호 부여 체계

코드체계	*	*	*	*	*	*	*	*	*	*
	시·도		시·군·구			읍·면·동			리	
	숫자 2자리		숫자 3자리			숫자 3자리			숫자 2자리	
코드	행정구역코드집 (별책부록 1참조)									

출처 : 부동산종합공부시스템 운영 및 관리규정(2017. 3. 6. 국토교통부 훈령 제813호 개정).[별표 제3호]

그리고「지방자치법」제5조제1항에 "지방자치단체의 명칭과 구역은 종전과 같이 하고, 명칭과 구역을 바꾸거나 지방자치단체를 폐지하거나 설치하거나 나누거나 합칠 때에는 법률로 정한다."라고 규정하고, 같은 조제2항에 "지방자치단체의 구역변경 중 관할 구역 경계변경(이하 "경계변경"이라 한다.)과 지방자치단체의 한자 명칭의 변경은 대통령령으로 정한다."라고 규정하고 있으며, 같은 법 제7조제1항에 "자치구가 아닌 구와 읍·면·

동의 명칭과 구역은 종전과 같이 하고, 자치구가 아닌 구와 읍·면·동을 폐지하거나 설치하거나 나누거나 합칠 때에는 행정안전부장관의 승인을 받아 그 지방자치단체의 조례로 정한다. 다만, 명칭과 구역의 변경은 그 지방자치단체의 조례로 정하고, 그 결과를 특별시장·광역시장·도지사에게 보고하여야 한다."라고 규정하고, 같은 조제2항에 "리의 구역은 자연 촌락을 기준으로 하되, 그 명칭과 구역은 종전과 같이 하고, 명칭과 구역을 변경하거나 리를 폐지하거나 설치하거나 나누거나 합칠 때에는 그 지방자치단체의 조례로 정한다."라고 규정하고 있다.

9.2. 행정구역의 변경 유형

행정구역의 변경유형은 폐치·분합과 명칭변경 및 구역변경이 있으며, 이중에서 폐치·분합에 관한 내용과 사례는 다음과 같다.[98]

행정구역의 변경 유형 중에서 폐(廢)는 하나의 지방자치단체를 폐지하고 그 구역을 인접한 다른 지방자치단체의 구역에 편입하는 것을 말하며, 1963년에 강원도 금화군을 폐지하여 그 구역을 철원군에 편입한 사례가 있다.

그리고 치(置)는 하나의 지방자치단체의 구역의 일부를 할애하여 새로이 독자적인 지방자치단체를 설립하는 것을 말하며, 1989년 장승포읍이 거제군에서 분리하여 장승포시로 승격된 사례가 있다.

이어서 분(分)은 기존의 지방자치단체를 아주 폐지하고 그 구역을 나누어 둘 이상의 새로운 지방자치단체를 설립하는 것을 말하나 아직 이러한 분할의 사례는 없으며, 합(合)은 둘 이상의 지방자치단체를 합병하여 그 구역에 새로운 하나의 지방자치단체를 설립하는 것을 말하며, 도농복합형태의 시(市) 설치 사례가 있다.

지방자치단체의 관할 구역인 행정구역의 폐치·분합에 관한 형태를 요약하면 [그림 3-22]와 같으며, 위와 같은 행정구역변경인 폐치·분합과 명칭변경 및 경계변경에 관한 입법방식은 좌표 표시방법과 지번 표시방법 및 행정구역 표시방법 등이 있다.

행정구역의 명칭이 변경되었으면 지적공부에 등록된 토지의 소재는 새로운 행정구역의 명칭으로 변경된 것으로 보며, 지번부여지역의 일부가 행정구역의 개편으로 다른 지번부여지역에 속하게 되었으면 지적소관청은 새로 속하게 된 지번부여지역의 지번을 부여하여 지적공부에 등록하여야 한다.(법 제85조제1항, 제2항)

---

[98] 법제처, 2003, 『시도법률교육교재(Ⅰ)』, pp.131~132.

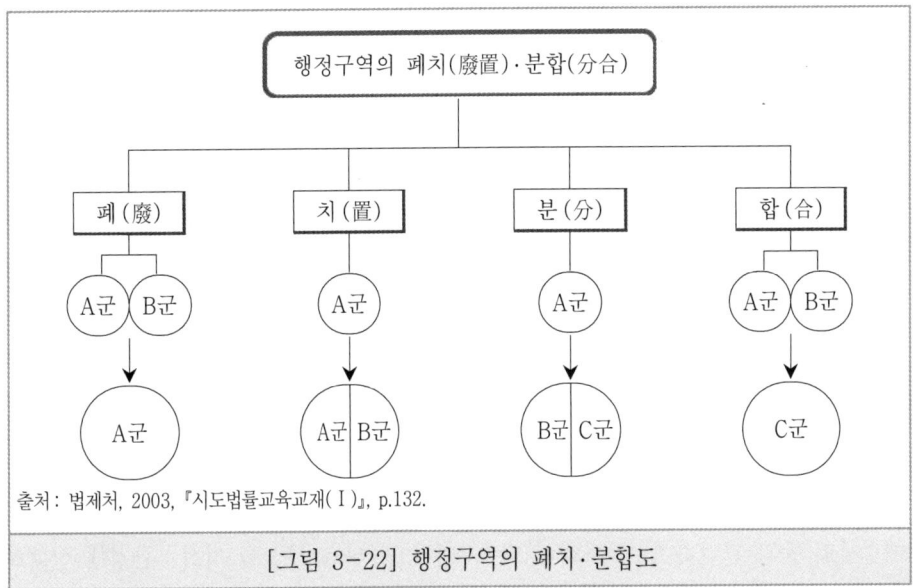

[그림 3-22] 행정구역의 폐치·분합도

  따라서 행정구역의 명칭변경과 행정구역의 개편이 있는 때에는 지적소관청이 직권으로 지적공부에 행정구역변경사유를 정리하되, 행정구역의 개편으로 인하여 지번변경이 수반되는 경우에는 행정구역변경사유와 지번변경사유를 동시에 정리하여야 하며, 행정구역개편 또는 지번변경일자는 법률·대통령령 또는 조례에 규정된 시행일자를 기재하여야 한다.

  그리고 농어촌정비법 시행령 제47조(동·리 경계선의 변경)에 "농업생산기반 정비사업 시행자는 농업생산기반 정비사업으로 인하여 환지된 토지 1필지의 구역이 2개 이상의 동 또는 리에 걸치는 경우에는 농림축산식품부령으로 정하는 바에 따라 관할 지방자치단체의 장에게 동 또는 리 경계선의 변경을 신청하여야 한다."라고 규정하고 있다. 그러나 이 경우에는 지적공부에 농지개량사업의 완료사유를 등록하기 때문에 별도로 행정구역변경사유를 정리할 필요가 없다.

10. 토지이동 신청에 관한 특례

법 제86조(도시개발사업 등 시행지역의 토지이동 신청에 관한 특례) ①「도시개발법」에 따른 도시개발사업, 「농어촌정비법」에 따른 농어촌정비사업, 그 밖에 대통령령으로 정하는 토지개발사업의 시행자는 대통령령으로 정하는 바에 따라 그 사업의 착수·변경 및 완료 사실을 지적소관청에 신고하여야 한다.
② 제1항에 따른 사업과 관련하여 토지의 이동이 필요한 경우에는 해당 사업의 시행자가 지적소관청에 토지의 이동을 신청하여야 한다.
③ 제2항에 따른 토지의 이동은 토지의 형질변경 등의 공사가 준공된 때에 이루어진 것으로 본다.
④ 제1항에 따라 사업의 착수 또는 변경의 신고가 된 토지의 소유자가 해당 토지의 이동을 원하는 경우에는 해당 사업의 시행자에게 그 토지의 이동을 신청하도록 요청하여야 하며, 요청을 받은 시행자는 해당 사업에 지장이 없다고 판단되면 지적소관청에 그 이동을 신청하여야 한다.

10.1. 의 의

토지이동 신청의 특례(土地異動 申請의 特例)란 도시개발사업·농어촌정비사업 및 토지개발사업 등과 관련하여 그 사업의 착수·변경 및 완료 사실을 지적소관청에 신고하거나, 토지의 이동이 필요한 경우 해당 사업의 시행자가 지적소관청에 토지의 이동을 신청하는 행위를 말한다.(법 제86조제1항, 제2항)

이러한 토지이동 신청의 특례 규정은 도시개발사업·농어촌정비사업·주택건설사업 등을 시행하면서 사업의 착수·변경 및 완료 사실을 지적공부에 등록하여 불필요한 토지의 이동 신청을 억제하면서 불가피하게 발생하는 토지의 이동 신청을 해당 사업의 시행자가 직접 지적소관청에 신청을 하도록 하여 사업을 원활하게 추진하도록 지원하기 위한 법적 장치이다.

토지의 이동 신청은 해당 토지의 소유자가 직접 신청을 하여야 하는 것이 원칙이나, 도시개발사업 등의 시행과 관련된 토지가 ① 법원에 소가 제기되어 있는 경우, ② 소유권 이외의 기타 권리가 설정되어 있는 경우, ③ 소유자가 사망하였으나 상속등기가 되지 아니한 경우, ④ 소유자가 행방불명된 경우, ⑤ 소유자가 관외 거주자 및 해외 거주자의 경우 등이 있어 적기에 토지의 이동 신청을 할 수 없거나 지연 사례가 발생하여 법령의 규정에 의하여 수행하는 각종 사업을 신속하게 추진할 수 있도록 토지이동 신청에 관한 특례를 제도화한 것이다.

도시개발사업 등에 따른 토지의 이동은 토지의 형질변경 등의 공사가 준공된 때에 이루어 진 것으로 보도록 규정되어 있어,(법 제86조제3항) 지적공부의 정리는 그 이동사유가 완성되기 전에는 할 수 없다.

그리고 제10차 「지적법」 개정 법률에 「주택건설촉진법」의 규정에 의한 주택건설사업의 시행자가 파산 등의 이유로 토지의 이동 신청을 할 수 없는 때에는 그 주택의 시공을 보증한 자 또는 입주예정자 등이 신청할 수 있도록 개정하였으며,(지적법 시행령 제32조 제3항) 도시개발사업 등의 착수 또는 변경신고가 된 토지에 대하여는 그 사업이 완료될 때까지 사업시행자 외의 자가 토지의 이동을 신청할 수 없도록 규정하였다.(「지적법」 제26조제3항)

이어서 「주택법」에 따른 주택건설사업의 시행자가 파산 등의 이유로 토지의 이동 신청을 할 수 없을 때에는 그 주택의 시공을 보증한 자 또는 입주예정자 등이 신청할 수 있도록 규정하였다.(영 제83조제4항)

지적법령에서는 도시개발사업 등으로 인하여 토지의 이동이 있는 때에는 그 사업시행자만이 토지의 이동 신청을 하도록 규정하였다.(「지적법」 제26조제1항).

그러나 「측수지법」을 제정하면서 그 사업의 착수 또는 변경의 신고가 된 토지의 소유자가 해당 토지의 이동을 원하는 경우에는 해당 사업의 시행자에게 그 토지의 이동을 신청하도록 요청을 하여야 하고, 요청을 받은 시행자는 해당 사업에 지장이 없다고 판단되면 지적소관청에 그 이동을 신청하도록 개정하여,(법 제86조제4항) 토지소유자의 정당한 권리행사를 할 수 있도록 개선하였다.

10.2. 토지이동 신청특례 대상 사업

토지의 이동 신청 특례 대상은 다음 각 호의 사업을 말한다.(법 제86조제1항, 영 제83조제1항)
1) 「주택법」에 따른 주택건설사업
2) 「택지개발촉진법」에 따른 택지개발사업
3) 「산업입지 및 개발에 관한 법률」에 따른 산업단지개발사업
4) 「도시 및 주거환경정비법」에 따른 정비사업
5) 「지역개발 및 지원에 관한 법률」에 따른 지역개발사업
6) 「체육시설의 설치·이용에 관한 법률」에 따른 체육시설 설치를 위한 토지개발사업
7) 「관광진흥법」에 따른 관광단지 개발사업
8) 「공유수면 관리 및 매립에 관한 법률」에 따른 매립사업
9) 「항만법」 및 「신항만건설촉진법」에 따른 항만개발사업 및 「항만 재개발 및 주변지역 발전에 관한 법률」에 따른 항만재개발사업
10) 「공공주택 특별법」에 따른 공공주택지구조성사업
11) 「물류시설의 개발 및 운영에 관한 법률」 및 「경제자유구역의 지정 및 운영에 관한

특별법」에 따른 개발사업
12) 「철도의 건설 및 철도시설 유지관리에 관한 법률」에 따른 고속철도, 일반철도 및 광역철도 건설사업
13) 「도로법」에 따른 고속국도 및 일반국도 건설사업
14) 그 밖에 제1호부터 제13호까지의 사업과 유사한 경우로서 국토교통부장관이 고시하는 요건에 해당하는 토지개발사업

지적법령에서는 토지의 이동 신청 특례 대상으로 위 제1호(「도시개발법」에 따른 도시개발사업)부터 제7호(「지역균형개발 및 지방중소기업 육성에 관한 법률」에 따른 지역개발사업)까지의 사업과 제14호(그 밖에 국토해양부장관이 인정하는 토지개발사업)의 사업으로 규정하였다.(「지적법」제26조, 지적법 시행령 제32조제1항)

그러나 「측수지법」을 제정하면서 지적법령에서 규정한 토지개발사업의 종류 이외에 위 제8호(「체육시설의 설치·이용에 관한 법률」에 따른 체육시설 설치를 위한 토지개발사업)부터 제13호(「물류시설의 개발 및 운영에 관한 법률」 및 「경제자유구역의 지정 및 운영에 관한 특별법」에 따른 개발 사업)까지를 추가하도록 개정하여 토지의 이동 신청 특례 대상을 확대하여 여러 가지 법령에 의하여 수행하는 각종 사업을 신속하게 추진할 수 있도록 개선하였다.

「국토의 계획 및 이용에 관한 법률」에 의한 도시계획사업에 따른 분할·합병·지목변경 등 토지의 이동 신청은 위 제1호부터 제13호까지의 규정에 해당하는 사업이 아니기 때문에 특례 대상이 아닌 것으로 이해할 수 있으나, 「국토의 계획 및 이용에 관한 법률」 제86조(도시·군계획시설사업의 시행자)제7항의 규정에 의한 ① 국가 또는 지방자치단체(특별시장·광역시장·시장 또는 군수), ② 대통령령으로 정하는 공공기관, ③ 그 밖에 대통령령으로 정하는 자에 해당하지 아니하는 자가 국토교통부장관, 시·도지사, 시장 또는 군수로부터 시행자로 지정을 받아 도시계획시설사업을 시행하는 자는 국토의 계획 및 이용에 관한 법률 시행령 제97조(실시계획의 인가)제1항의 규정에 의하여 ① 사업의 종류 및 명칭, ② 사업의 면적 또는 규모, ③ 사업시행자의 성명 및 주소(법인인 경우에는 법인의 명칭 및 소재지와 대표자의 성명 및 주소), ④ 사업의 착수 예정일 및 준공 예정일 등이 포함된 도시계획시설사업에 관한 실시계획을 작성하여 대통령령으로 정하는 바에 따라 국토교통부장관, 시·도지사 또는 대도시 시장의 인가를 받은 경우에는 위 제14호의 규정에 따라 국토교통부장관이 인정하는 토지개발사업으로 보아 당연이 분할·합병·지목변경 등 토지이동 신청특례의 대상이 된다.

11. 도시개발사업 등의 신고

11.1. 신고의 의의

신고(申告)란 법령의 규정에 따라 국가·공공단체 등의 권한 있는 기관에 대하여 일정한 사항을 서면이나 구술로 알리는 행위를 말한다. 보고는 대체로 단순히 일정한 사실을 알리는 경우에 쓰이는데 비하여 신고는 일정한 사실을 명확히 하여 알게 한다고 하는 신고자의 적극적 의사가 가미된 경우에 많이 쓰인다.[99]

따라서 일정한 사항을 행정청에 통지함으로써 그 의무가 끝나게 되나 신고서의 기재사항에 하자가 있거나 필요한 구비서류가 첨부되어 있지 아니하거나 또는 기타 법령 등에 규정된 형식상의 요건에 적합하지 아니한 경우에는 지체 없이 상당한 기간을 정하여 신고인에게 보완을 요구하여야 하며 그 기간 내에 보완을 하지 아니할 때에는 그 사유를 명시하여 해당 신고서를 되돌려 보내야 한다.(「행정절차법」 제40조제1항부터 제4항까지)

11.2. 신고 시기

「공간정보관리법」에 따른 신고는 도시개발사업 등의 착수신고·변경신고·완료신고 등으로 구분할 수 있다.(법 제86조제1항)

도시개발사업 등의 사업시행자는 해당 사업의 착수·변경 또는 완료 사실의 신고는 그 사유가 발생한 날부터 15일 이내에 지적소관청에 하여야 하며, 도시개발사업 등에 따른 토지의 이동 신청은 그 신청대상 지역이 환지(換地)를 수반하는 경우에는 사업완료 신고로써 이를 갈음할 수 있다. 이 경우 사업완료 신고서에 법 제86조제2항에 따른 토지의 이동 신청을 갈음한다는 뜻을 적어야 한다.(영 제83조제2항, 제3항)

11.3. 신고 방법

---

99) 한국법제연구원, 2002, 『법령용어사례집(상)』, pp.954~955.

11.3.1. 사업의 착수·변경 신고

도시개발사업 등의 착수 또는 변경의 신고를 하려는 자는 도시개발사업 등의 착수(시행)·변경·완료 신고서에 ① 사업인가서, ② 지번별 조서, ③ 사업계획도를 첨부하여야 한다. 다만, 변경 신고의 경우에는 변경된 부분으로 한정한다.(규칙 제95조제1항)

11.3.2. 사업의 완료 신고

도시개발사업 등의 완료 신고를 하려는 자는 도시개발사업 등의 착수(시행)·변경·완료 신고서(규칙 제95조제2항, 제81호 서식)에 ① 확정될 토지의 지번별 조서 및 종전 토지의 지번별 조서, ② 환지처분과 같은 효력이 있는 고시된 환지계획서. 다만, 환지를 수반하지 아니하는 사업인 경우에는 사업의 완료를 증명하는 서류를 첨부하여야 한다. 이 경우 지적측량수행자가 지적소관청에 측량검사를 의뢰하면서 미리 제출한 서류는 첨부하지 아니할 수 있다.(규칙 제95조제2항)

11.3.3. 처리 절차

1) 사업 착수·변경 신고

도시개발사업 등의 착수(시행) 또는 변경 신고가 있는 때에는 ① 지번별 조서와 지적공부 등록사항과의 부합여부, ② 지번별 조서·지적(임야)도와 사업계획도와의 부합여부, ③ 착수 전 각종 집계의 정확여부를 확인한 후 토지이동정리결의 절차를 거쳐 대장에 그 사유를 정리하여야 한다.(지적업무 처리규정 제58조제1항)

2) 사업 완료 신고

도시개발사업 등의 완료 신고가 있는 때에는 ① 확정될 토지의 지번별 조서와 면적측정부 및 환지계획서의 부합 여부, ② 종전토지의 지번별 조서와 지적공부 등록사항 및 환지계획서의 부합 여부, ③ 측량결과도 또는 경계점좌표와 새로이 작성된 지적도와의 부합 여부, ④ 종전 토지 소유명의인 동일여부 및 종전 토지 등기부에 소유권등기 이외의 다른 등기사항이 없는지 여부, ⑤ 그밖에 필요한 사항을 확인한 후 토지이동정리결의 절차를 거쳐 토지대장·지적도 및 경계점좌표등록부 등을 새로이 작성하고, 도시개발사업 등의 완료로 인하여 폐쇄되는 지적공부는 폐쇄사유를 그 지적공부에 정리하고 이를 별도로 영구 보관하여야 한다.

이 경우 토지대장에 등록하는 소유자의 성명 또는 명칭과 등록번호 및 주소는 환지계획서에 의하되, 소유자의 변동일자는 환지처분 또는 사업준공 인가일자(환지처분을 아니하는 경우에 한한다.)를 정리하며, 변동원인은 환지 또는 종전 토지의 최종변동원인(환지처분을 아니하는 경우에 한한다.)에 의하여 정리하여야 하고, 지적공부의 작성이 완료된 때에는 새로이 지적공부가 확정 시행된다는 뜻을 7일 이상 시·군·구 게시판 또는 홈페이지 등에 게시하여야 한다.(지적업무 처리규정 제58조제2항)

그리고「도시개발법」에 "환지 계획에서 정하여진 환지는 그 환지처분이 공고된 날의 다음 날부터 종전의 토지로 보며, 환지 계획에서 환지를 정하지 아니한 종전의 토지에 있던 권리는 그 환지처분이 공고된 날이 끝나는 때에 소멸한다."라고 규정하고,(법 제42조제1항) "체비지(替費地)는 시행자가 보류지(保留地)는 환지 계획에서 정한 자가 각각 환지처분이 공고된 날의 다음 날에 해당 소유권을 취득한다."라고 규정하고 있다.(법 제42조제5항)

이어서 "청산금은 환지처분이 공고된 날의 다음 날에 확정된다."라고 규정하고 있어, (법 제42조제6항) 새로이 작성하는 토지대장에 등록하는 소유자의 변동일자는 환지처분의 공고 일자 또는 사업준공 일자를 등록하여야 한다.

도시개발사업 등의 완료 신고가 있는 경우라 함은 도시개발사업 등의 완료로 인하여 지적공부에 이미 등록된 수 개의 필지를 구획정리하여 1개 또는 수 개의 필지로 새로이 지적공부에 등록을 요청하는 것으로 그 내용은「부동산등기법」상 합필등기·분필등기·지목변경등기 등 토지표시변경등기가 동시에 이루어지는 것이라 할 수 있다.

그러나 위와 같은 합필·분필·지목변경등기 등 토지표시변경등기를 신청하기 위해서는 토지대장에 그에 관한 사유가 기재되어야 하며, 지번의 변경에 관한 연속성이 유지되어야 하나 도시개발사업 등의 완료 지역은 종전 토지대장과 지적도를 모두 폐쇄하고 지번을 새로이 부여하고 지적공부를 새로이 작성하기 때문에 위와 같은 합필·분필·지목변경등기 등 토지표시변경등기를 신청하는 것이 근본적으로 불가능하다.

따라서 도시개발사업 등의 완료 신고가 있는 경우에는 현행 토지대장의 정리 방식에 맞도록 등기신청절차를 새로이 마련할 필요가 있었다.

이에 따라 마련된 것이 토지개발사업 등에 의한 토지이동에 따른 등기업무처리지침 (2007. 6. 4. 대법원 등기예규 제1191호)을 제정하여 종전 토지에 대한 등기기록을 말소하여 폐쇄하는 등기를 하고 새로이 조성된 토지에 대한 등기는 토지대장에 의하여 등기기록을 새로이 개설하는 소유권보존등기를 하면 된다.[100]

---

100) 김우종, 2011,『부동산등기법 및 부동산등기규칙 해설』, 서울중앙지방법무사회, pp.151~152.

12. 신청의 대위

> 법 제87조(신청의 대위) 다음 각 호의 어느 하나에 해당하는 자는 이 법에 따라 토지소유자가 하여야 하는 신청을 대신할 수 있다. 다만, 제84조에 따른 등록사항 정정 대상토지는 제외한다. <개정 2014. 6. 3.>
> 1. 공공사업 등에 따라 학교용지·도로·철도용지·제방·하천·구거·유지·수도용지 등의 지목으로 되는 토지인 경우: 해당 사업의 시행자
> 2. 국가나 지방자치단체가 취득하는 토지인 경우: 해당 토지를 관리하는 행정기관의 장 또는 지방자치단체의 장
> 3. 「주택법」에 따른 공동주택의 부지인 경우: 「집합건물의 소유 및 관리에 관한 법률」에 따른 관리인(관리인이 없는 경우에는 공유자가 선임한 대표자) 또는 해당 사업의 시행자
> 4. 「민법」 제404조에 따른 채권자

　토지의 이동에 관한 모든 신청은 토지소유자가 직접 신청하는 것이 원칙이나 다음 각 호의 어느 하나에 해당하는 자는 「공간정보관리법」에 따라 토지소유자가 하여야 하는 신청을 대신할 수 있도록 규정하고 있다.(법 제87조)
　1) 공공사업 등에 따라 학교용지·도로·철도용지·제방·하천·구거·유지·수도용지 등의 지목으로 되는 토지인 경우 : 해당 사업의 시행자
　2) 국가나 지방자치단체가 취득하는 토지인 경우 : 해당 토지를 관리하는 행정기관의 장 또는 지방자치단체의 장
　3) 「주택법」에 따른 공동주택의 부지인 경우 : 「집합건물의 소유 및 관리에 관한 법률」에 따른 관리인(관리인이 없는 경우에는 공유자가 선임한 대표자) 또는 해당 사업의 시행자
　4) 「민법」 제404조에 따른 채권자

　「지적법」 제정 법률 제34조에 "① 본 법에 의하여 토지소유자가 하여야 할 신고 또는 신청은 질권 또는 지상권을 설정한 토지에 대하여서는 토지대장에 등록된 질권자 또는 지상권자가 이를 할 수 있다. ② 철도용지·수도용지·도로·하천·구거·유지·제방·철도선로 또는 수도선로가 된 토지에 대하여 제9조, 제13조, 제27조, 제29조 및 제31조의 규정에 의한 신고와 제15조의 규정에 의한 신청은 공사시행관청 또는 기업자가 토지소유자를 대신하여 이를 할 수 있다. ③ 토지개량시행지 또는 시가계획시행에 대하여서는 본 법에 의한 신고·신청은 그 시행자가 이를 대행할 수 있다. ④ 국유가 될 토지에 대하여 제13조의 규정에 의한 신고를 할 때에는 그 토지를 보관한 관청에서 토지소유자를 대신하

여 이를 할 수 있다."라고 규정하였다.

　이어서 제2차「지적법」개정 법률에는 법 제23조(신청의 대위)제1항에 "이 법에 의하여 토지소유자가 하여야 할 신청은 다음 각 호의 1에 해당되는 자가 이를 대위할 수 있다. ① 학교용지·철도용지·수도용지·하천·구거·유지·제방 등의 지목으로 된 토지는 그 사업시행자, ② 국가 또는 지방자치단체가 매입 등으로 취득한 토지는 그 토지를 관리할 국가기관 또는 지방자치단체의 장, ③「민법」제404조의 규정에 의한 채권자"로 규정하였다.

　그리고 제3차「지적법」개정 법률에는 "제18조제2항의 규정에 의한 합병대상 토지는「집합건물의 소유 및 관리에 관한 법률」에 의한 관리인(관리인이 없는 경우에는 공유자 중 1인) 또는 사업시행자"에게 합병신청에 관한 대위권을 인정하는 제도를 신설하였다.

　이어서 제7차「지적법」개정 법률에 "학교용지 등 지목으로 된 토지"를 "학교용지 등 지목으로 될 토지"로 국가 또는 지방자치단체가 매입 등으로 "취득한 토지"를 "취득할 토지"로 개정하여 현실과 일치되도록 개선하였으며, 제10차「지적법」개정 법률에 "「주택건설촉진법」에 의한 공동주택부지의 경우에는「집합건물의 소유 및 관리에 관한 법률」에 의한 관리인(관리인이 없는 경우에는 공유자가 선임한 대표자) 또는 사업시행자"로 개정하여 아파트 등 공동주택부지는 분할과 합병·지목변경까지도 대위신청을 할 수 있도록 개선하여 오늘에 이르고 있다.

　아파트·연립주택 등 공동주택부지의 분할과 합병·지목변경 등에 관한 관리인의 대위신청은「집합건물의 소유 및 관리에 관한 법률」제23조의 규정에 의한 관리단(管理團)[101] 집회의 결의에 의하여 선임된 관리인이어야 한다.

　관리인이 공동주택부지에 대한 합병신청을 대위하여 행사하고자 하는 경우에는 관리인의 선임에 관한 증빙서류를 첨부하여야 한다.

　채권자의 토지이동에 관한 대위신청은「민법」제404조제1항에 "채권자는 자기의 채권을 보전하기 위하여 채무자의 권리를 행사할 수 있다."라고 규정되어 있어 채권자의 대위권이 인정되는 경우에 한하여 가능하나 그 채권의 기한이 도래하기 전에는 법원의 허가 없이 채권자의 대위권을 행사할 수 없다.

　따라서 채권자가 토지의 이동 신청을 대위하여 행사하고자 하는 경우에는 채권의 기한 도래에 관한 증빙서류 또는 법원의 허가서 등을 첨부하여야 한다.

---

101) 건물에 대하여 구분소유 관계가 성립되면 구분소유자는 전원으로써 건물 및 그 대지와 부속시설의 관리에 관한 사업의 시행을 목적으로 하는 관리단을 구성하여야 하며,(「집합건물의 소유 및 관리에 관한 법률」제23조) 구분소유자가 10인 이상일 때에는 관리단 집회의 결의에 의하여 관리인을 선임하여야 한다.(같은 법 제24조)

13. 토지소유자의 정리

> 법 제88조(토지소유자의 정리) ① 지적공부에 등록된 토지소유자의 변경사항은 등기관서에서 등기한 것을 증명하는 등기필증, 등기완료통지서, 등기사항증명서 또는 등기관서에서 제공한 등기전산정보자료에 따라 정리한다. 다만, 신규등록하는 토지의 소유자는 지적소관청이 직접 조사하여 등록한다. <개정 2011. 4. 12.>
> ② 「국유재산법」 제2조제10호에 따른 총괄청이나 같은 조 제11호에 따른 중앙관서의 장이 같은 법 제12조제3항에 따라 소유자 없는 부동산에 대한 소유자 등록을 신청하는 경우 지적소관청은 지적공부에 해당 토지의 소유자가 등록되지 아니한 경우에만 등록할 수 있다. <개정 2011. 3. 30.>
> ③ 등기부에 적혀 있는 토지의 표시가 지적공부와 일치하지 아니하면 제1항에 따라 토지소유자를 정리할 수 없다. 이 경우 토지의 표시와 지적공부가 일치하지 아니하다는 사실을 관할 등기관서에 통지하여야 한다.
> ④ 지적소관청은 필요하다고 인정하는 경우에는 관할 등기관서의 등기부를 열람하여 지적공부와 부동산등기부가 일치하는지 여부를 조사·확인하여야 하며, 일치하지 아니하는 사항을 발견하면 등기사항증명서 또는 등기관서에서 제공한 등기전산정보자료에 따라 지적공부를 직권으로 정리하거나, 토지소유자나 그 밖의 이해관계인에게 그 지적공부와 부동산등기부가 일치하게 하는 데에 필요한 신청 등을 하도록 요구할 수 있다. <개정 2011. 4. 12.>
> ⑤ 지적소관청 소속 공무원이 지적공부와 부동산등기부의 부합 여부를 확인하기 위하여 등기부를 열람하거나, 등기사항증명서의 발급을 신청하거나, 등기전산정보자료의 제공을 요청하는 경우 그 수수료는 무료로 한다. <개정 2011. 4. 12.>

13.1. 정리 대상

지적공부에 등록된 토지소유자의 변경사항은 등기관서에서 등기한 것을 증명하는 등기필증, 등기완료통지서, 등기사항증명서 또는 등기관서에서 제공한 등기전산정보자료에 따라 정리하여야 하고, 신규등록하는 토지의 소유자는 지적소관청이 직접 조사하여 등록하도록 규정하고 있는데,(법 제88조제1항) 지적공부에 등록된 토지소유자의 유형별 정리 방법은 다음 각 호와 같다.

13.1.1. 소유자 변경

지적공부에 등록된 토지소유자의 변경은 등기필 통지서·등기필증·등기부등본·초본에 의하여 정리하도록 규정되어 있었으나, 제13차 「지적법」 개정 법률에 등기관서에서 제공

한 등기전산정보자료로도 정리할 수 있도록 개정하였다.(법 제29조제1항)

13.1.2. 소유자 정정

지적공부에 등록된 토지소유자의 정정은 미등기 토지에 한하여 호적·제적·주민등록등본 등에 의하여 정리하여야 한다.

13.1.3. 소유자 등록(신규등록)

지적공부에 새로 등록할 신규등록 토지의 토지소유자는 지적소관청이 조사하여 등록하여야 한다.

13.1.4. 소유자 등록(무주 부동산)

무주 부동산의 소유자는 지적소관청이 「국유재산법」에 의한 무주부동산의 공고내용을 조사하여 등록하여야 한다.

13.2. 변동일자 정리

토지소유자의 정리 유형별 변동일자에 대한 정리방법은 다음 각 호와 같다.

1) 소유자 변경

등기관서의 등기접수 일자를 정리하여야 한다.

2) 소유자 정정

미등기 토지에 한하여 지적소관청의 소유자정리결의 일자를 정리하여야 한다.

3) 도시개발사업 등 완료신고

사업허가 또는 인가 기관의 환지처분 또는 사업 준공 일자를 정리하여야 한다.

4) 소유자 등록(신규등록)

신규등록 토지의 토지소유자 등록일자는 지적소관청이 사업허가 또는 인가 기관의 공유수면 매립준공 일자를 조사하여 등록하여야 한다.

5) 소유자 등록(무주 부동산)

무주 부동산의 소유자 등록일자는 지적소관청의 소유자정리결의 일자를 등록하여야 한다.

13.3. 토지소유자의 정리

지적공부에 등록된 토지소유자의 변경사항은 관할 등기관서에서 등기한 것을 증명하는 등기필증, 등기완료통지서, 등기사항증명서 또는 등기관서에서 제공한 등기전산자료에 의하여 정리하여야 한다.(법 제88조제1항)

「부동산등기법」에 "등기관이 다음 각 호의 등기를 하였을 때에는 지체 없이 그 사실을 토지의 경우에는 지적소관청에, 건물의 경우에는 건축물대장 소관청에 각각 알려야 한다."라고 규정하고 있다.(법 제62조)

① 소유권의 보존 또는 이전
② 소유권의 등기명의인 표시의 변경 또는 경정
③ 소유권의 변경 또는 경정
④ 소유권의 말소 또는 말소회복

그리고 부동산등기법 시행규칙[시행 1984. 7. 1.] [대법원규칙 제880호, 1984. 6. 19., 전부개정]을 개정하고, 제104조(등기필의 통지)에 법 제11조의 규정에 의한 등기필의 통지는 신청서 접수 연월일 및 접수번호와 등기필의 통지인 취지를 부기한 신청서 부본에 의하여야 하며, 등기필의 통지는 등기를 완료한 날로부터 7일 이내에 하여야 하고, 등기필의 통지를 하여야 할 등기를 신청하는 자는 신청서 부본을 제출하도록 규정하였다.

이어서 2006년에 부동산등기법 시행규칙의 제명을 부동산등기규칙[시행 2006. 6. 1.] [대법원규칙 제2025호, 2006. 5. 30., 일부개정]으로 개정하고 제104조(등기필의 통지)에 법 제68조의2의 규정에 의한 등기필의 통지는 신청서 접수 연월일 및 접수번호와 등기필의 통지인 취지를 부기한 신청서 부본에 의하여야 하며, 등기필의 통지는 등기를 완료한 날로부터 7일이내에 하여야 하고, 등기필의 통지를 하여야 할 등기를 신청하는 자는 신청서 부본을 제출하도록 규정하여 이를 토대로 하여 지적공부에 등록된 토지소유자의 변경사항을 정리하였다.

그러나 2011년에 부동산등기규칙[시행 2011. 10. 13.] [대법원규칙 제2356호, 2011. 9. 28., 전부개정]을 전부 개정하여 제120조(소유권변경사실 통지 및 과세자료의 제공)에 법 제62조의 소유권변경사실의 통지나 법 제63조의 과세자료의 제공은 전산정보처리조직을 이용하여 할 수 있도록 개정하여 오늘에 이르고 있다.

그리고「국유재산법」제2조제10호와 제11호에 따른 총괄청이나 중앙관서의 장이 같은 법 제12조제3항에 따라 소유자 없는 부동산에 대한 소유자 등록을 신청하는 경우 지적소관청은 지적공부에 해당 토지의 소유자가 등록되지 아니한 경우에만 등록할 수 있다.(법 제88조제2항)

또한 등기부에 적혀 있는 토지의 표시가 지적공부와 일치하지 아니하면 토지소유자를 정리할 수 없으며, 이 경우 토지의 표시와 지적공부가 일치하지 아니하다는 사실을 관할 등기관서에 통지(규칙 제96조, 별지 제82호 서식)하여야 한다.(법 제88조제3항)

지적소관청은 필요하다고 인정하는 경우에는 지적공부와 부동산등기부의 일치 여부를 관할 등기관서의 등기부열람에 의하여 조사·확인하여야 하며, 일치하지 아니하는 사항을 발견하면 등기사항증명서 또는 등기관서에서 제공한 등기전산정보자료에 따라 지적공부를 직권으로 정리하거나, 토지소유자 그 밖의 이해관계인에게 그 지적공부와 부동산등기부가 일치하게 하는 데에 필요한 신청 등을 하도록 요구할 수 있다.(법 제88조제4항)

지적소관청 소속 공무원이 지적공부와 부동산등기부의 합치 여부를 확인하기 위하여 등기부를 열람하거나, 등기사항증명서의 발급을 신청하거나, 등기전산정보자료의 제공을 요청하는 경우 그 수수료는 무료로 하도록 규정하여(법 제88조제5항) 오늘에 이르고 있다.

「부동산등기법」에 등기부에 등기된 토지의 표시가 대장의 등록사항과 합치되지 아니하는 경우에는 등기명의인은 토지의 표시변경등기를 선행하지 아니하면 해당 토지에 대하여는 다른 등기신청을 할 수 없도록 규정하였으며,(구「부동산등기법」제55조제10호 및 제56조제1항) 토지의 분합·멸실·면적의 증감 또는 지목의 변경이 있는 때에는 그 토지의 소유권 등기명의인은 1월 이내에 의무적으로 표시변경등기신청을 하도록 규정하였고(구「부동산등기법」제90조), 이를 게을리 하였을 때에는 5만원 이하의 과태료에 처하도록 규정하였으며,(구「부동산등기법」제186조의2) 기간 내에 등기신청이 없는 때에는 등기관은 직권으로 등기용지 중 표시란에 지적공부 소관청의 통지서 기재내용에 따라 변경의 등기를 하여야 하며, 등기관서는 지체 없이 지적공부 소관청 및 등기명의인에게 통지하도록 규정하였었다.(구「부동산등기법」제90조의2)

위와 같은「지적법」과「부동산등기법」의 관련규정은 지적공부의 등록사항과 토지등기부의 등기사항을 일치시키기 위한 법적 장치로써 관련규정을 준수하여 처리할 경우 지적공부의 등록사항과 토지등기부의 등기사항을 일치시킬 수 있게 되어 지적공부와 등기부의 공신력을 제고할 수 있다.

14. 지적공부의 정리

14.1. 정리 대상

 지적소관청은 ① 지번을 변경하는 경우, ② 지적공부를 복구하는 경우, ③ 신규등록·등록전환·분할·합병·지목변경 등 토지의 이동이 있는 경우의 어느 하나에 해당하는 경우에는 지적공부를 정리하여야 한다. 이 경우 이미 작성된 지적공부에 정리할 수 없을 때에는 새로 작성하여야 한다.(영 제84조제1항)
 지적소관청은 토지의 이동이 있는 경우에는 토지이동정리 결의서(규칙 제98조제1항, 별지 제57호 서식)를 작성하여야 하고, 토지소유자의 변동 등에 따라 지적공부를 정리하려는 경우에는 소유자정리 결의서(규칙 제98조제1항, 별지 제85호 서식)를 작성하여야 한다.(영 제84조제2항)
 제10차 「지적법」 개정 법률에 "지적공부정리 결의서"를 "토지이동정리 결의서"로, "소유권정리 결의서"를 "소유자정리 결의서"로 각각 개정하여 오늘에 이르고 있다.

14.2. 정리 방법

 토지이동정리 결의서는 토지대장·임야대장 또는 경계점좌표등록부별로 구분하여 작성하되, 토지이동정리 결의서에는 토지이동 신청서 또는 도시개발사업 등의 완료 신고서 등을 첨부하여야 하며, 소유자정리 결의서에는 등기필증·등기사항증명서 그 밖에 토지소유자가 변경되었음을 증명하는 서류를 첨부하여야 한다.
 그러나 「전자정부법」 제36조제1항에 따른 행정정보의 공동이용을 통하여 첨부서류에 대한 정보를 확인할 수 있는 경우에는 그 확인으로 첨부서류를 갈음할 수 있으며, 지적공부의 정리와 토지이동정리 결의서 및 소유자정리 결의서의 작성에 필요한 사항은 국토교통부장관이 정하도록 규정하고 있다.(규칙 제98조 제1항, 제2항)

15. 등기촉탁

> 법 제89조(등기촉탁) ① 지적소관청은 제64조제2항(신규등록은 제외한다), 제66조제2항, 제82조, 제83조제2항, 제84조제2항 또는 제85조제2항에 따른 사유로 토지의 표시 변경에 관한 등기를 할 필요가 있는 경우에는 지체 없이 관할 등기관서에 그 등기를 촉탁하여야 한다. 이 경우 등기촉탁은 국가가 국가를 위하여 하는 등기로 본다.
> ② 제1항에 따른 등기촉탁에 필요한 사항은 국토교통부령으로 정한다. <개정 2013. 3. 23.>

15.1. 의의

등기촉탁(登記囑託)이란 토지의 소재·지번·지목·면적·경계 등 토지의 표시사항을 변경 정리한 경우 토지소유자를 대신하여 지적소관청인 시장·군수·구청장이 관할 등기관서에 토지표시변경 등기신청을 하는 행위를 말한다.

등기촉탁제도는 제2차「지적법」개정 법률에 지번변경·축척변경·행정구역변경·직권에 의한 등록사항정정 등의 사유로 인하여 토지의 표시사항이 변경되어 이에 관한 표시변경등기를 하여야 할 경우 소관청이 소유자를 대신하여 관할 등기관서에 등기촉탁을 하도록 규정함으로써,(법 제41조) 지적제도 창설이후 최초로 등기촉탁제도를 신설하였다.

촉탁등기는 토지의 소유권에 대한 권리변동에는 영향이 없고, 다만 토지의 소재·지번·지목·경계·면적 등이 다르게 되어 지적공부의 등록사항을 변경정리한 후 부동산등기부의 표제부에 등기된 토지표시사항의 변경등기가 필요한 경우에 한하여 지적소관청은 관할 등기관서에 등기를 촉탁하여야 한다.

이 경우 토지소유자가 시·군·구청과 법무사사무소 등을 최소 2 내지 3회 이상 방문하여야 하는 불편을 해소하고 법무사수수료를 절감하게 되어 국민의 부담을 경감하고 불필요한 행정절차를 간소화하며 지적공부와 등기부의 등록사항을 일치시켜 국가 공부의 공신력을 제고할 수 있는 장점이 있다.

그러나 지목변경·토지분할·합병 및 등록사항정정 등은 등기촉탁이 불가능하여 제3차「지적법」개정 법률에 지목변경과 등록사항정정을 촉탁등기의 대상으로 추가하였다.

이어서 1994년 행정쇄신위원회에서 등기촉탁제도를 확대 시행하도록 심의·의결하여 제7차「지적법」개정 법률에 분할·합병의 경우에도 등기촉탁 대상으로 확대하였으며, 제10차「지적법」개정 법률에 바다로 된 토지의 등록사항말소 또는 회복까지 등기촉탁

대상으로 확대하여 오늘에 이르고 있다.

15.2. 촉탁 대상

지적소관청은 ① 토지의 이동정리를 한 경우,(신규등록을 제외한다.) ② 지번변경을 한 경우, ③ 바다로 된 토지의 등록사항을 말소하거나 회복한 경우, ④ 축척변경을 한 경우, ⑤ 직권으로 지적공부의 등록사항을 정정한 경우, ⑥ 지번부여지역의 일부가 행정구역개편으로 다른 지번부여지역에 속하게 된 경우의 어느 하나에 해당하는 지적공부의 정리로 인하여 토지표시변경등기를 하여야 할 필요가 있는 경우에는 지체 없이 관할 등기관서에 그 등기를 촉탁하여야 한다.

이 경우 등기촉탁은 국가가 국가를 위하여 하는 등기로 보도록 규정되어 있어(구 부동산등기법 제89조제1항), 촉탁등기 신청에 따른 수수료의 납부를 면제하였다.

지적소관청에서 등기관서에 토지표시변경등기를 촉탁하고자 하는 때에는 토지표시변경등기 촉탁서에 그 취지를 적어야 하며,(규칙 제97조제1항, 별지 제83호 서식) 지적소관청에서 토지표시의 변경에 관한 등기를 촉탁한 때에는 토지표시변경등기 촉탁대장에 그 내용을 적어야 한다.(규칙 제97조제2항, 별지 제84호 서식)

우리나라의 토지등기제도는 일본과 같이 토지표시에 관한 등기만을 따로 할 수 있는 제도가 없기 때문에 신규등록 토지에 대한 등기를 촉탁한다는 것은 결국 해당 토지에 대한 소유권보존등기를 촉탁한다는 뜻이 된다.

「부동산등기법」에 미등기 토지의 소유권보존등기는 토지대장등본 또는 임야대장등본에 의하여 자기 또는 피상속인이 토지대장 또는 임야대장에 소유자로서 등록되어 있는 것을 증명하는 자와 판결에 의하여 자기의 소유권을 증명하는 자 및 수용으로 인하여 소유권을 취득하였음을 증명하는 자만이 신청할 수 있도록 규정되어 있다.(구「부동산등기법」제130조)

따라서 지적소관청이 직권으로 소유권보존등기를 촉탁하는 것은 등기신청에 관한「부동산등기법」의 원칙을 벗어나는 것으로[102] 신규등록한 토지의 표시사항에 대한 등기촉탁은 사실상 불가능한 실정이다.

위에서 서술한 등기촉탁제도의 확대 연혁을 요약하면 <표 3-45>와 같다.

---

102) 법원행정처, 지적법 중 개정 법률(안)에 대한 의견.(법무 제835호, 1991. 8. 6.)

<표 3-45> 등기촉탁제도의 확대 연혁

구분	법적 근거	등기촉탁 대상	시행 시기
제도 신설	ㅇ제2차「지적법」개정 법률 (1975. 12. 31. 법률 제2801호)	ㅇ지번변경 ㅇ축척변경 ㅇ행정구역변경 ㅇ등록사항정정(직권정리)	ㅇ1976. 5. 7. 이후
1차 확대	ㅇ제3차「지적법」개정 법률 (1986. 5. 8. 법률 제3810호)	ㅇ지목변경 ㅇ등록사항정정	ㅇ1986. 11. 9. 이후
2차 확대	ㅇ제7차「지적법」개정 법률 (1995. 1. 5. 법률 제4869호)	ㅇ분할 ㅇ합병	ㅇ1995. 4. 1. 이후
3차 확대	ㅇ제10차「지적법」개정 법률 (2001. 1. 26. 법률 제6389호)	ㅇ바다로 된 토지의 등록 사항말소 또는 회복	ㅇ2002. 1. 27. 이후

출처 : 제2차「지적법」개정 법률 제41조제1항, 제3차「지적법」개정 법률 제41조제1항, 제7차「지적법」개정 법률 제41조제1항, 제10차「지적법」개정 법률 제30조제1항 참고 작성.

16. 지적정리 등의 통지

법 제90조(지적정리 등의 통지) 제64조제2항 단서, 제66조제2항, 제74조, 제82조제2항, 제84조제2항, 제85조제2항, 제86조제2항, 제87조 또는 제89조에 따라 지적소관청이 지적공부에 등록하거나 지적공부를 복구 또는 말소하거나 등기촉탁을 하였으면 대통령령으로 정하는 바에 따라 해당 토지소유자에게 통지하여야 한다. 다만, 통지받을 자의 주소나 거소를 알 수 없는 경우에는 국토교통부령으로 정하는 바에 따라 일간신문, 해당 시·군·구의 공보 또는 인터넷홈페이지에 공고하여야 한다. <개정 2013. 3. 23.>

16.1. 의 의

지적정리 등의 통지란 지적소관청이 지적공부에 등록하거나 지적공부를 복구 또는 말소하거나 등기촉탁을 하였을 경우 해당 토지소유자에게 지적공부 정리내용을 통지하는 행위를 말한다.

그러나 통지받을 자의 주소나 거소를 알 수 없는 경우에는 일간신문, 해당 시·군·구의 공보 또는 인터넷 홈페이지에 공고하도록 규정하고 있다.(법 제90조)

지적정리 등의 통지 방법은 제10차「지적법」개정 법률에 "특별시·광역시·도 공보"에

게재하던 사항을 "시·군·구 공보"에 게재하도록 개정하였으며,「측수지법」제정 당시에 일간신문, 해당 시·군·구의 공보 또는 인터넷 홈페이지에 공고하도록 개정하고「공간정보관리법」제90조(지적정리 등의 통지)에 동일하게 규정하여 오늘에 이르고 있다.

16.2. 통지 대상

지적정리 등의 통지 대상은 다음 각 호의 어느 하나에 해당하는 경우로 규정하고 있다.(법 제90조)
1) 지적소관청에서 직권으로 조사·측량하여 토지의 이동정리를 한 경우
2) 지번변경을 한 경우
3) 지적공부를 복구한 경우
4) 지적소관청에서 직권으로 바다로 된 토지의 등록말소를 정리한 경우
5) 지적소관청에서 직권으로 지적공부의 등록사항정정을 한 경우
6) 지번부여지역의 일부가 행정구역개 편으로 다른 지번부여지역에 속하게 된 경우
7) 토지개발사업 등의 사업시행자가 토지의 이동신청을 하여 정리한 경우
8) 토지소유자가 하여야 하는 신청을 대위하여 정리한 경우
9) 토지표시의 변경에 관한 등기촉탁을 완료한 경우

16.3. 통지 시기

지적소관청이 토지소유자에게 지적정리 등을 통지하여야 하는 시기는 ① 토지의 표시에 관한 변경등기가 필요한 경우에는 그 등기완료의 통지서를 접수한 날부터 15일 이내, ② 토지의 표시에 관한 변경등기가 필요하지 아니한 경우에는 지적공부에 등록한 날부터 7일 이내에 통지하도록 규정하고 있다.(영 제85조)

17. 연속지적도의 관리 등

법 제90조의2(연속지적도의 관리 등) ① 국토교통부장관은 연속지적도의 관리 및 정비에 관

한 정책을 수립・시행하여야 한다.
② 지적소관청은 지적도・임야도에 등록된 사항에 대하여 토지의 이동 또는 오류사항을 정비한 때에는 이를 연속지적도에 반영하여야 한다.
③ 국토교통부장관은 제2항에 따른 지적소관청의 연속지적도 정비에 필요한 경비의 전부 또는 일부를 지원할 수 있다.
④ 국토교통부장관은 연속지적도를 체계적으로 관리하기 위하여 대통령령으로 정하는 바에 따라 연속지적도 정보관리체계를 구축・운영할 수 있다.
⑤ 국토교통부장관 또는 지적소관청은 제2항에 따른 연속지적도의 관리・정비 및 제4항에 따른 연속지적도 정보관리체계의 구축・운영에 관한 업무를 대통령령으로 정하는 법인, 단체 또는 기관에 위탁할 수 있다. 이 경우 위탁관리에 필요한 경비의 전부 또는 일부를 지원할 수 있다.
⑥ 제1항 및 제2항에 따른 연속지적도의 관리・정비의 방법 등에 필요한 사항은 국토교통부령으로 정한다.
[본조신설 2024. 3. 19.]

17.1. 의 의

연속지적도(連續地籍圖, Serial Cadastral Map)란 지적측량을 하지 아니하고 전산화된 지적도 및 임야도 파일을 이용하여, 도면상 경계점들을 연결하여 작성한 도면으로서 측량에 활용할 수 없는 도면을 말한다.(법 제2조제19의2호)

제22차「공간정보관리법」개정 법률에서 신설된 조문으로, 시・군・구에 비치된 지적도와 임야도의 마모・신축 등으로 상호 접합이 곤란하여 인위적으로 도곽 접합을 실시하여 작성한 연속된 도면으로, 국토교통부장관이 ① 연속지적도의 이용・활용에 관한 사항, ② 연속지적도 정비기준의 마련에 관한 사항, ③ 연속지적도의 품질관리에 관한 사항, ④ 그 밖에 국토교통부장관이 연속지적도의 관리 및 정비를 위해 필요하다고 인정하는 사항 등 연속지적도의 정비 및 관리에 관한 정책을 수립・시행하기 위하여 신설하였다.(법 제90조의2제1항, 규칙 제98조의2)

17.2. 연속지적도의 반영

연속지적도는 주로「토지이용규제 기본법」에 의한 지역・지구 등의 지정 효력을 발생시키기 위하여 지형도면 등을 작성・고시하고자 할 때에 사용하며, 도・시・군 계획사업・택지개발사업 등 개발사업이 완료된 지역에서 지역・지구 등을 지정하는 경우, 지역・지구 등의 경계가 지적도에 등록된 경계선을 기준으로 결정되는 경우, 지적이 표시된 지형도의 데이터베이스가 구축되어 있지 아니하거나 지형과 지적의 불일치로 지형도의 활용이 곤란한 경우 등에 사용한다.

따라서 지적소관청은 지적도·임야도에 등록된 사항에 대하여 토지의 이동 또는 오류사항을 정비한 때에는 이를 연속지적도에 반영하여야 하며,(법 제90조의2제2항) 국토교통부장관은 지적소관청의 연속지적도 정비에 필요한 경비의 전부 또는 일부를 지원할 수 있도록 규정하였다.(법 제90조의2제3항)

17.3. 연속지적도 정보관리 체계

국토교통부장관은 연속지적도 정보관리체계의 구축·운영을 위해 다음 각 호의 업무를 수행할 수 있다.(영 제85조의2)
 1) 연속지적도 정보관리체계의 구축·운영에 관한 연구개발 및 기술지원
 2) 연속지적도 정보관리체계의 표준화 및 고도화
 3) 연속지적도 정보관리체계를 이용한 정보의 공동 활용 촉진
 4) 연속지적도를 이용·활용하는 법인, 단체 또는 기관 간의 상호 연계·협력 및 공동 사업의 추진 지원
 5) 그 밖에 연속지적도 정보관리체계의 구축·운영을 위하여 필요한 사항

연속지적도의 관리·정비 및 연속지적도 정보관리체계의 구축·운영에 관한 업무를 위탁할 수 있는 법인, 단체 또는 기관은 한국국토정보공사와 연속지적도의 관리·정비 업무 또는 연속지적도 정보관리체계의 구축·운영에 관한 업무의 수행에 필요한 전문인력과 장비를 갖추고 있다고 인정되어 국토교통부장관이 고시하는 법인, 단체 또는 기관으로 제한하고, 이 경우 위탁관리에 필요한 경비의 전부 또는 일부를 지원할 수 있도록 규정하였다.(법 제90조의2제5항, 영 제85조의3제1항)

지적소관청은 연속지적도의 관리·정비 업무를 위탁하는 경우에는 위탁받는 법인, 단체 또는 기관과 위탁업무의 내용 및 위탁기간을 해당 기관의 공보 및 인터넷 홈페이지에 고시하여야 하며,(영 제85조의3제2항) 국토교통부장관은 연속지적도 정보관리체계의 구축·운영 업무를 위탁하는 경우에는 위탁받는 법인, 단체 또는 기관과 위탁업무의 내용 및 위탁기간을 관보 및 인터넷 홈페이지에 고시하도록 규정하고 있다.(영 제85조의3제3항)

보칙
Supplementary Provisions

Chapter 04

보칙(補則)에 규정하는 사항은 일반적으로 실체적 규정의 전제로 그 전반에 걸쳐 공통적으로 적용되는 사항으로 총칙적 규정으로 하기에는 적합하지 않은 절차적이고 기술적인 사항을 규정한다.

따라서 보칙 규정에는 ① 보고 또는 자료의 제출, ② 출입검사 또는 조사, ③ 청문, ④ 행정심판·행정소송, ⑤ 손실보상, ⑥ 수수료, ⑦ 권한의 위임·위탁, ⑧ 기타 자문기관 등의 설치운영 등에 관한 사항을 규정하고 있는데,[103] 제13차 「지적법」 개정 법률에서 지적측량업의 개방과 관련하여 성실의무(제45조의2), 손해배상책임(제45조의3), 보고 및 감독(제45조의4) 등의 보칙 규정을 신설하였다.

그리고 「공간정보관리법」에서도 이러한 일반적인 원칙에 따라 보칙에 지명의 결정(법 제91조), 측량기기의 검사(법 제92조), 성능검사대행자의 등록(법 제93조), 성능검사대행자 등록의 결격사유(법 제94조), …… 토지의 수용 또는 사용(법 제103조), 업무의 수탁(법 제104조), 권한의 위임위탁(법 제105조), 수수료(법 제106조) 등에 관한 사항을 규정하고 있다.

1. 측량기기의 검사

법 제92조 (측량기기의 검사) ① 측량업자는 트랜싯, 레벨, 그 밖에 대통령령으로 정하는 측량기기에 대하여 5년의 범위에서 대통령령으로 정하는 기간마다 국토교통부장관이 실시하는 성능검사를 받아야 한다. 다만, 「국가표준기본법」 제14조에 따라 국가교정업무 전담기관의 교정검사를 받은 측량기기로서 국토교통부장관이 제6항에 따른 성능검사 기준에 적합하다고 인정한 경우에는 성능검사를 받은 것으로 본다. <개정 2013. 3. 23., 2020. 4. 7.>
② 한국국토정보공사는 성능검사를 위한 적합한 시설과 장비를 갖추고 자체적으로 검사를 실

---

103) 법제처, 2003, 『시도법률교육교재(Ⅰ)』, p.68.

시하여야 한다. <개정 2014. 6. 3.>
③ 제93조제1항에 따라 측량기기의 성능검사업무를 대행하는 자로 등록한 자(이하 "성능검사대행자"라 한다)는 제1항에 따른 국토교통부장관의 성능검사업무를 대행할 수 있다. <개정 2013. 3. 23., 2020. 4. 7.>
④ 한국국토정보공사와 성능검사대행자는 제6항에 따른 성능검사의 기준, 방법 및 절차와 다르게 성능검사를 하여서는 아니 된다. <신설 2020. 4. 7.>
⑤ 국토교통부장관은 한국국토정보공사와 성능검사대행자가 제6항에 따른 기준, 방법 및 절차에 따라 성능검사를 정확하게 하는지 실태를 점검하고, 필요한 경우에는 시정을 명할 수 있다. <신설 2020. 4. 7.>
⑥ 제1항 및 제2항에 따른 성능검사의 기준, 방법 및 절차와 제5항에 따른 실태점검 및 시정명령 등에 필요한 사항은 국토교통부령으로 정한다. <개정 2013. 3. 23., 2020. 4. 7.>

1.1. 성능검사 대상 및 주기

지적법령에서는 지적측량(지적측량검사를 포함한다.)을 하는 때에 사용하는 측량기기 등에 대하여 미리 그 성능을 검정하여 사용하고, 정기적으로 이상 유무를 확인하도록 규정하였다.(지적사무 처리규정 제60조)

그러나 「측수지법」을 제정하면서 트랜싯, 레벨 등 측량기기를 3년마다 주기적으로 검사하도록 개선하였으며,(영 제97조) 한국국토정보공사는 성능검사를 위한 시설과 장비를 갖추고 자체적으로 검사를 실시하도록 규정하여,(법 제92조제2항) 한국국토정보공사를 제외한 모든 지적측량업자는 국토교통부장관이 실시하는 측량기기의 성능검사를 주기적으로 받도록 규정하였다.

「공간정보관리법」에서는 측량업자는 트랜싯·레벨·거리측정기 등 측량기기에 대하여 5년의 범위에서 국토교통부장관이 실시하는 성능검사를 받아야 하나, 「국가표준기본법」 제14조(국가교정제도의 확립)의 규정에 의한 국가교정업무 전담기관의 교정검사를 받은 측량기기로서 국토교통부장관이 성능검사 기준에 적합하다고 인정한 경우에는 성능검사를 받은 것으로 보며,(법 제92조제1항) 한국국토정보공사는 성능검사를 위한 적합한 시설과 장비를 갖추고 자체적으로 검사를 실시하도록 규정하였다.(법 제92조제2항)

그러나 제13차 「공간정보관리법」 개정 법률에서 측량기기의 성능검사업무를 대행하는 자로 등록한 자는 국토교통부장관의 성능검사업무를 대행할 수 있도록 개정하고,(법 제92조제3항) 한국국토정보공사와 성능검사대행자는 성능검사의 기준, 방법 및 절차와 다르게 성능검사를 하여서는 아니 되도록 개정하여(법 제92조제4항) 오늘에 이르고 있다.

성능검사를 받아야 하는 측량기기와 검사주기는 <표 3-46>과 같으며,(영 제97조제1

항) 성능검사(신규 성능검사는 제외한다.)는 성능검사 유효기간 만료일 전 1개월부터 성능검사 유효기간 만료일 후 1개월까지의 기간에 받아야 하며,(영 제97조제2항) 성능검사의 유효기간은 종전 유효기간 만료일의 다음 날부터 기산(起算)하되, 제2항에 따른 기간 외의 기간에 성능검사를 받은 경우에는 그 검사를 받은 날의 다음 날부터 기산하도록 규정하고 있다.(영 제97조제3항)

<표 3-46> 성능검사 대상 측량기기 및 검사 주기

측량기기	검사 주기	측량기기	검사 주기
트랜싯(데오드라이트)	3년	레벨	3년
거리측정기	3년	토털 스테이션	3년
지엔에스에스(GNSS) 수신기	3년	금속 또는 비금속 관로 탐지기	3년

출처: 영 제97조제1항 참고 작성.

1.2. 성능검사 신청

측량기기의 성능검사를 받으려는 자는 측량기기 성능검사 신청서(규칙 제100조, 별지 제87호 서식)에 해당 측량기기의 설명서를 첨부하여 국토지리정보원장(법 제92조제3항에 따라 성능검사대행자가 성능검사를 대행하는 경우에는 그 성능검사대행자를 말한다.)에게 제출하여야 하며, 이 경우 신청인은 성능검사를 받아야 하는 해당 측량기기를 제시하여야 한다.(규칙 제100조).

1.3. 성능검사 방법과 성능의 기준

측량기기의 성능검사는 외관검사, 구조·기능검사 및 측정검사로 구분하며, 성능검사 항목은 규칙에 규정하고 있으며,(규칙 제101조제1항) 성능검사의 방법·절차와 그 밖에 성능검사에 필요한 세부사항은 국토지리정보원장이 정하여 고시하도록 규정하고 있으며, (규칙 제101조제2항) 측량기기별 성능의 기준은 규칙에 규정하고 있다.(규칙 제102조)

1.4. 성능검사서 발급

측량기기의 성능검사대행자는 성능검사를 완료한 때에는 측량기기 성능검사서(규칙 제103조제1항, 별지 제88호 서식)에 그 적합 여부의 표시를 하여 신청인에게 발급하여야 하며, 성능검사 결과 성능기준에 적합하다고 인정하는 때에는 [그림 3-23]과 같은 검사필증을 해당 측량기기에 붙이도록 규정하고 있다.(규칙 제103조제2항, [별표 10])

그리고 측량기기의 성능검사대행자는 성능검사를 완료한 때에는 측량기기 성능검사기록부에 성능검사의 결과를 기록하고 이를 5년간 보존하여야 한다.(규칙 제103조제3항, 별지 제89호 서식)

① : 검사필증 일련번호
② : 측량기기명 및 측량기기 번호
③ : 검사유효기간
④ : 측량기기 성능
⑤ : 성능검사 대행자명

<도안요령>
1. 마　　크 : 바깥 원의 지름은 5센티미터로 하고, 반호의 지름은 4센티미터로 하며, 안쪽 원의 지름은 3센티미터로 할 것
2. 글 자 체 : 고딕체
3. 글자크기 : 12포인트
4. 글 자 색 : 검은색
5. 바 탕 색 : 노란색

출처 : 규칙 제103조제2항.[별표 10]

[그림 3-23] 측량기기 검사필증

2. 성능검사 대행자의 등록

법 제93조(성능검사 대행자의 등록) ① 제92조제1항에 따른 측량기기의 성능검사업무를 대행하려는 자는 측량기기별로 대통령령으로 정하는 기술능력과 시설 등의 등록기준을 갖추어 시·도지사에게 등록하여야 하며, 등록사항을 변경하려는 경우에는 시·도지사에게 신고하여야 한다.
② 시·도지사는 제1항에 따라 등록신청을 받은 경우 등록기준에 적합하다고 인정되면 신청

인에게 측량기기 성능검사대행자 등록증을 발급한 후 그 발급사실을 공고하고 국토교통부장관에게 통지하여야 한다. <개정 2013. 3. 23.>
③ 성능검사대행자는 제2항에 따라 발급받은 등록증을 잃어버리거나 못쓰게 된 때에는 국토교통부령으로 정하는 바에 따라 재발급 받을 수 있다. <신설 2022. 6. 10.>
④ 시·도지사는 제1항에 따른 신고를 받은 날부터 20일 이내에 신고수리 여부를 신고인에게 통지하여야 한다. <신설 2021. 8. 10., 2022. 6. 10.>
⑤ 시·도지사가 제4항에 따른 기간 내에 신고수리 여부 또는 민원 처리 관련 법령에 따른 처리기간의 연장을 신고인에게 통지하지 아니하면 그 기간(민원 처리 관련 법령에 따라 처리기간이 연장 또는 재연장된 경우에는 해당 처리기간을 말한다)이 끝난 날의 다음 날에 신고를 수리한 것으로 본다. <신설 2021. 8. 10., 2022. 6. 10.>
⑥ 성능검사대행자가 폐업을 한 경우에는 30일 이내에 국토교통부령으로 정하는 바에 따라 시·도지사에게 폐업사실을 신고하여야 한다. <개정 2013. 3. 23., 2020. 4. 7., 2021. 8. 10., 2022. 6. 10.>
⑦ 성능검사대행자와 그 검사업무를 담당하는 임직원은 「형법」 제129조부터 제132조까지의 규정을 적용할 때에는 공무원으로 본다. <개정 2020. 4. 7., 2021. 8. 10., 2022. 6. 10.>
⑧ 성능검사대행자의 등록, 등록사항의 변경신고, 측량기기 성능검사대행자 등록증의 발급, 검사 수수료 등에 필요한 사항은 국토교통부령으로 정한다. <개정 2013. 3. 23., 2021. 8. 10., 2022. 6. 10.>
[제목개정 2020. 4. 7.]

2.1. 성능검사 대행자의 등록

측량기기의 성능검사업무를 대행하려는 자는 측량기기별로 기술능력과 시설 등의 등록기준을 갖추어 시·도지사에게 등록하여야 하며, 등록사항을 변경하려는 경우에는 시·도지사에게 신고하여야 하도록 규정하고 있으며,(법 제93조제1항, 영 제98조 별표 11) 측량기기 성능검사 대행자로 등록을 하려는 자는 측량기기 성능검사대행자 등록신청서(전자문서로 된 신청서를 포함한다.)에 ① 성능검사용 시설 및 장비의 명세서, ② 시설 및 장비의 소유권 또는 사용권을 증명하는 서류 ③ 보유 검사기술인력 명단 및 그 자격(국가기술자격의 경우는 제외한다.)을 증명하는 서류, ④ 사업계획서를 첨부하여 관할 시·도지사에게 제출하도록 규정하고 있다.(규칙 제104조제1항, 별지 제90호 서식)

그리고 측량기기 성능검사 대행자 등록신청서를 제출받은 시·도지사는 「전자정부법」 제36조제1항에 따라 행정정보의 공동이용을 통하여 ① 사업자등록증명(개인사업자인 경우만 해당한다.), ② 법인 등기사항증명서(법인인 경우만 해당한다.), ③ 보유 검사 기술인력의 국가기술자격증에 관한 정보를 확인하여야 한다. 이 경우 제1호 및 제3호의 서류에 대하여는 신청인으로부터 확인에 대한 동의를 받고, 신청인이 확인에 동의하지 아니하는 경우에는 그 서류(제3호의 경우에는 그 서류의 사본을 말한다.)를 첨부하도록 규정하고 있다.(규칙 제104조제2항)

시·도지사가 성능검사대행자의 등록신청을 받은 경우에는 등록기준에 적합하다고 인정되면 신청인에게 측량기기 성능검사대행자 등록증(규칙 제104조제3항, 별지 제91호 서식)을 발급한 후 그 발급사실을 공고하고 국토교통부장관에게 통지하도록 규정하고 있다.(법 제93조제2항)

측량기기성능검사 대행자 등록증을 잃어버리거나 못쓰게 되어 재발급 받고자 하는 자는 재발급 신청서에 성능검사대행자 등록증(등록증을 잃어버린 경우에는 그 사유서를 말한다.)을 첨부하여 시·도지사에게 제출하도록 규정하고 있다.(법 제93조제3항, 규칙 제106조 별지 제93호 서식)

그러나 2022년에 공간정보관리법 시행령[시행 2022. 8. 9.] [대통령령 제32868호, 2022. 8. 9., 타법개정] 개정 당시에 영 제98조 별표 11의 일반 성능검사대행자의 기술인력란 제1호 및 같은 표의 관로 탐지기 성능검사대행자의 기술인력란 제1호 중 "실무경력"을 각각 "실무경력(자격 취득 전의 경력을 포함한다)"으로 개정하여 자격 취득 등에 요구되는 실무경력의 인정범위를 확대하여 오늘에 이르고 있다.

법 제93조제1항과 영 제98조 별표 11에 규정한 성능검사 대행자의 등록 기준은 <표 3-47>과 같다.

<표 3-47> 성능검사 대행자의 등록 기준

구 분	시설 및 장비	기술 능력
일반 성능 검사대행자	콜리미터 시설 1조 이상	1. 측량 및 지형공간정보 분야 고급기술인 또는 정밀측정산업기사로서 실무경력(자격 취득 전의 경력을 포함한다) 10년 이상인 사람 1명 이상 2. 측량 분야의 중급기능사 또는 계량 및 측정 분야의 실무경력이 3년 이상인 사람 1명 이상
관로 탐지기 성능검사 대행자	1. 금속 관로탐지기 검사 시설 1식 이상 2. 비금속 관로 탐지기 검사시설 1식 이상	1. 측량 및 지형공간정보 분야 고급기술인 또는 정밀측정산업기사로서 실무경력(자격 취득 전의 경력을 포함한다) 10년 이상인 사람 1명 이상 2. 측량 분야의 중급기능사 또는 계량 및 측정 분야의 실무경력이 3년 이상인 사람 1명 이상

비고
1. 콜리미터 시설의 설치 장소는 진동 등의 영향으로부터 성능 측정에 지장이 없는 장소여야 한다.

1의2. 시설 및 장비는 자기 소유여야 한다. 다만, 금속 관로 탐지기 검사시설 및 비금속 관로 탐지기 검사시설은 임차하여 사용할 수 있다.
2. 기술인력 중 1명은 측량기술자(별표 5의 비고 라목에 따른 측량 분야 기능사 또는 「건설기술 진흥법 시행령」 별표 1의 토목 분야의 측량 및 지형공간정보 기술인을 말한다)이어야 한다.
3. 기술인력에 해당하는 사람은 상시 근무하는 사람이어야 하며, 「국가기술자격법」에 따라 그 자격이 정지된 사람과 이 법 및 「건설기술 진흥법」에 따라 업무정지처분 중인 사람은 제외한다.
4. 상위 등급의 기술인력으로 하위 등급의 기술인력을 대체할 수 있다. 다만, 기술인력 중 기술인과 기능사는 상호 대체할 수 없다.
5. 일반성능검사대행자와 관로 탐지기 성능검사대행자를 중복해서 신청하는 경우에는 기술인력을 50퍼센트 감면할 수 있다.
6. 외국인이 측량기기성능검사대행자 등록을 신청하는 경우에는 「상법」 제614조에 따라 영업소를 설치하고 등기하여야 한다.
7. 기술인력에 해당하는 사람 또는 임원이 외국인인 경우에는 「출입국관리법 시행령」 별표 1에 따른 주재·기업투자 또는 무역경영의 체류자격을 갖춘 사람이어야 한다.퍼센트 감면할 수 있다.

출처 : 영 제98조.[별표 11]

2.2. 성능검사 대행자의 폐업

측량기기의 성능검사 대행자가 폐업을 한 경우에는 30일 이내에 국토교통부령으로 정하는 바에 따라 시·도지사에게 폐업사실을 신고를 하도록 규정하고 있다.(법 제93조제6항, 규칙 제106조 별지 제93호 서식)

2.3. 성능검사 대행자의 등록사항 변경

측량기기의 성능검사업무를 대행하는 자가 등록사항을 변경하려는 경우에는 시·도지사에게 신고하도록 규정하고 있으며,(법 제93조제1항) 등록사항을 변경하려는 경우에는 측량기기 성능검사 대행자 변경신고서(전자문서로 된 신청서를 포함한다.)에 다음 각 호의 구분에 따른 서류(전자문서를 포함한다.)를 첨부하여 그 변경된 날부터 60일 이내에 시·도지사에게 변경신고를 하여야 한다.(규칙 제105조제1항 별지 제92호 서식)

 1) 검사시설 또는 검사장비 변경의 경우
  가. 변경된 시설 또는 장비의 명세서 및 성능검사서 사본
  나. 소유권 또는 사용권을 보유한 사실을 증명할 수 있는 서류
 2) 기술인력 변경의 경우
  가. 입사 또는 퇴사한 검사 기술인력의 명단

나. 검사 기술인력의 측량기술 경력증 또는 입사한 경력증명서(실무경력 인정이 필요한 자의 경우만을 말한다.)

측량기기 성능검사 대행자 변경신고서를 제출받은 시·도지사는 「전자정부법」 제36조제1항에 따라 행정정보의 공동이용을 통하여 ① 법인의 대표자 또는 임원이 변경된 경우에는 법인 등기사항증명서, ② 상호 또는 주된 영업소 소재지가 변경된 경우에는 변경된 사항이 기재된 사업자등록증명 또는 법인 등기사항증명서(법인인 경우만 해당한다.), ③ 보유 검사 기술인력의 국가기술자격증에 관한 정보를 확인하여야 한다. 이 경우 사업자등록증 및 국가기술자격증에 대하여는 신고인으로부터 확인에 대한 동의를 받고, 신고인이 확인에 동의하지 않는 경우에는 그 서류(국가기술자격증의 경우에는 그 서류의 사본을 말한다.)를 첨부하도록 규정하고 있으며,(규칙 제105조제2항) 성능검사대행자와 그 검사업무를 담당하는 임직원은 「형법」 제129조부터 제132조까지의 규정을 적용할 때에는 공무원으로 보도록 규정하고 있다.(법 제93조제7항)

3. 성능검사 대행자 등록의 결격사유

법 제94조(성능검사 대행자 등록의 결격사유) 다음 각 호의 어느 하나에 해당하는 자는 성능검사대행자의 등록을 할 수 없다. <개정 2013. 7. 17., 2020. 6. 9.>
1. 피성년후견인 또는 피한정후견인
2. 이 법을 위반하여 징역의 실형을 선고받고 그 집행이 종료(집행이 종료된 것으로 보는 경우를 포함한다)되거나 집행이 면제된 날부터 2년이 지나지 아니한 자
3. 이 법을 위반하여 징역형의 집행유예를 선고받고 그 유예기간 중에 있는 자
4. 제96조제1항에 따라 등록이 취소된 후 2년이 지나지 아니한 자
5. 임원 중에 제1호부터 제4호까지의 어느 하나에 해당하는 자가 있는 법인

측량기기 성능검사 대행자 등록의 결격사유는 ① 피성년후견인 또는 피한정후견인, ② 이 법을 위반하여 징역의 실형을 선고받고 그 집행이 종료되거나 집행이 면제된 날부터 2년이 지나지 아니한 자, ③ 이 법을 위반하여 징역형의 집행유예를 선고받고 그 유예기간 중에 있는 자, ④ 성능검사대행자의 등록이 취소된 후 2년이 지나지 아니한 자, ⑤ 임원 중에 위 결격사유의 어느 하나에 해당하는 자가 있는 법인으로 규정하고 있다.(법 제94조)

본 조문은 제14차 「공간정보관리법」 개정 법률에서 제94조제2호 및 제4호 중 "경과되지"를 각각 "지나지"로 개정하여 국민이 쉽게 이해할 수 있도록 용어를 순화하였다.

4. 성능검사 대행자 등록증의 대여 금지

법 제95조(성능검사 대행자 등록증의 대여 금지 등) ① 성능검사대행자는 다른 사람에게 자기의 성능검사대행자 등록증을 빌려 주거나 자기의 성명 또는 상호를 사용하여 성능검사대행업무를 수행하게 하여서는 아니 된다.
② 누구든지 다른 사람의 성능검사대행자 등록증을 빌려서 사용하거나 다른 사람의 성명 또는 상호를 사용하여 성능검사대행업무를 수행하여서는 아니 된다.

측량기기 성능검사 대행자는 다른 사람에게 성능검사 대행자 등록증을 빌려 주거나 자기의 성명 또는 상호를 사용하여 성능검사 대행업무를 수행하게 하여서는 아니 되며, 누구든지 다른 사람의 성능검사대행자 등록증을 빌려서 사용하거나 다른 사람의 성명 또는 상호를 사용하여 성능검사 대행업무를 수행하여서는 아니 되도록 규정하고 있다.(법 제95조제1항, 제2항)

5. 성능검사 대행자의 등록취소

법 제96조(성능검사 대행자의 등록취소 등) ① 시·도지사는 성능검사대행자가 다음 각 호의 어느 하나에 해당하는 경우에는 성능검사대행자의 등록을 취소하거나 1년 이내의 기간을 정하여 업무정지 처분을 할 수 있다. 다만, 제1호·제4호·제6호 또는 제7호에 해당하는 경우에는 성능검사대행자의 등록을 취소하여야 한다. <개정 2020. 4. 7.>
1. 거짓이나 그 밖의 부정한 방법으로 등록을 한 경우
1의2. 제92조제5항에 따른 시정명령을 따르지 아니한 경우
2. 제93조제1항의 등록기준에 미달하게 된 경우. 다만, 일시적으로 등록기준에 미달하는 등 대통령령으로 정하는 경우는 제외한다.
3. 삭제 <2022. 11. 15.>
4. 제95조를 위반하여 다른 사람에게 자기의 성능검사대행자 등록증을 빌려 주거나 자기의 성명 또는 상호를 사용하여 성능검사대행업무를 수행하게 한 경우
5. 정당한 사유 없이 성능검사를 거부하거나 기피한 경우
6. 거짓이나 부정한 방법으로 성능검사를 한 경우
7. 업무정지기간 중에 계속하여 성능검사대행업무를 한 경우
8. 다른 행정기관이 관계 법령에 따라 등록취소 또는 업무정지를 요구한 경우
② 시·도지사는 제1항에 따라 성능검사대행자의 등록을 취소하였으면 취소 사실을 공고한 후 국토교통부장관에게 통지하여야 한다. <개정 2013. 3. 23.>

> ③ 시·도지사는 제1항에 따라 업무정지를 명하여야 하는 경우로서 그 업무정지가 해당 영업의 이용자에게 심한 불편을 주거나 공익을 해칠 우려가 있는 경우에는 업무정지 처분을 갈음하여 4천만원 이하의 과징금을 부과할 수 있다. <개정 2022. 11. 15.>
> ④ 시·도지사는 제3항에 따라 과징금 부과처분을 받은 자가 납부기한까지 과징금을 내지 아니하면 「지방행정제재·부과금의 징수 등에 관한 법률」에 따라 징수한다. <신설 2022. 11. 15.>
> ⑤ 제1항에 따른 성능검사대행자의 등록취소 및 업무정지 처분에 관한 세부 기준과 제3항에 따른 과징금의 부과기준 및 과징금의 징수에 관하여 필요한 사항은 대통령령으로 정한다. <신설 2022. 11. 15.>

측량기기 성능검사 대행자가 ① 거짓이나 그 밖의 부정한 방법으로 등록을 한 경우, ② 국토교통부장관이 한국국토정보공사와 성능검사대행자가 성능검사를 정확하게 하는지 실태를 점검하고, 조치한 시정명령(법 제92조제5항)을 따르지 않는 경우, ③ 제93조제1항의 등록기준에 미달하게 된 경우, ④ 다른 사람에게 자기의 성능검사 대행자 등록증을 빌려 주거나 자기의 성명 또는 상호를 사용하여 성능검사 대행업무를 수행하게 한 경우, ⑤ 정당한 사유 없이 성능검사를 거부하거나 기피한 경우, ⑥ 거짓이나 부정한 방법으로 성능검사를 한 경우, ⑦ 업무정지 기간 중에 계속하여 성능검사 대행업무를 한 경우, ⑧ 다른 행정기관이 관계 법령에 따라 등록취소 또는 업무정지를 요구한 경우에는 성능검사 대행자의 등록을 취소하거나 1년 이내의 기간을 정하여 업무정지 처분을 할 수 있다.

그러나 ① 거짓이나 그 밖의 부정한 방법으로 등록을 한 경우, ② 다른 사람에게 자기의 성능검사 대행자 등록증을 빌려 주거나 자기의 성명 또는 상호를 사용하여 성능검사 대행업무를 수행하게 한 경우, ③ 거짓이나 부정한 방법으로 성능검사를 한 경우, ④ 업무정지 기간 중에 계속하여 성능검사 대행업무를 한 경우에는 성능검사대행자의 등록을 취소하도록 규정하고 있다.(법 제96조제1항)

시·도지사는 성능검사 대행자의 등록을 취소하였으면 취소 사실을 공고한 후 국토교통부장관에게 통지하여야 한다.(법 제96조제2항)

제20차 「공간정보관리법」 개정 법률에서 시·도지사는 법 제96조제1항에 따라 업무정지를 명하여야 하는 경우로서 그 업무정지가 해당 영업의 이용자에게 심한 불편을 주거나 공익을 해칠 우려가 있는 경우에는 업무정지 처분에 갈음하여 4천만원 이하의 과징금을 부과할 수 있도록 개선하고,(법 제96조제3항) 과징금 부과처분을 받은 자가 납부기한까지 과징금을 내지 아니하면 「지방행정제재·부과금의 징수 등에 관한 법률」에 따라 징수하도록 개정하였으며,(법 제96조제4항) 성능검사대행자의 등록취소 및 업무정지 처분에 관한 세부 기준과 과징금의 부과기준 및 과징금의 징수에 관하여 필요한 사항은 대통령령으로 정하도록 규정하여(법 제96조제5항) 오늘에 이르고 있다.

성능검사대행자의 등록취소 및 업무정지 처분에 관한 세부 기준과 같은 조 제3항에 따른 과징금의 부과기준(영 제99조의2, 별표 11의2)은 <표 3-48>과 같다.

<표 3-48> 등록취소 및 업무정지 처분에 관한 세부 기준과 과징금의 부과기준

1. 일반 기준
   가. 위반행위가 둘 이상인 경우로서 그에 해당하는 각각의 처분기준 또는 과징금 부과기준이 다른 경우에는 그 중 무거운 처분기준 또는 과징금 부과기준에 따른다. 다만, 둘 이상의 처분기준이 모두 업무정지인 경우에는 각처분기준 또는 과징금 부과금액을 합산한 기간 또는 금액을 넘지 않는 범위에서 무거운 처분기준 또는 과징금 부과금액의 2분의 1의 범위까지 가중하되, 그 가중한 기간 또는 금액을 합산한 기간 또는 금액은 1년 또는 4천만원을 초과할 수 없다.
   나. 위반행위의 횟수에 따른 행정처분 기준은 최근 3년간 같은 위반행위로 행정처분을 받은 경우에 적용한다. 이 경우 기간의 계산은 위반행위에 대하여 행정처분을 받은 날과 그 처분 후 다시 같은 위반행위를 하여 적발된날을 기준으로 한다.
   다. 나목에 따라 가중된 부과처분을 하는 경우 가중처분의 적용 차수는 그 위반행위 전 처분차수(나목에 따른 기간 내에 행정처분이 둘 이상 있었던 경우에는 높은 차수를 말한다)의 다음 차수로 한다.
   라. 위반행위가 다음의 어느 하나에 해당하는 경우에는 제2호의 개별기준에 따른 업무정지 기간 또는 과징금 금액의 2분의 1 범위에서 그 기간 또는 금액을늘릴 수 있다. 이 경우 전체 기간 또는 과징금의 총액은 1년 또는 4천만원을초과할 수 없다.
   1) 위반의 내용·정도가 중대하여 공중에 미치는 영향이 크다고 인정되는 경우
   2) 그 밖에 위반행위의 내용·정도·동기 및 결과 등을 고려하여 그 기간또는 금액을 늘릴 필요가 있다고 인정되는 경우
   마. 위반행위가 다음의 어느 하나에 해당하는 경우에는 제2호의 개별기준에따른 업무정지 기간 또는 과징금 금액의 2분의 1 범위에서 그 기간 또는 금액을 줄일 수 있다. 다만, 과징금을 체납하고 있는 위반행위자의 경우에는 그렇지 않다.
   1) 위반행위가 사소한 부주의나 오류로 인한 것으로 인정되는 경우
   2) 위반행위를 지체 없이 시정한 경우
   3) 그 밖에 위반행위의 내용·정도·동기 및 결과 등을 고려하여 그 기간 또는 금액을 줄일 필요가 있다고 인정되는 경우

2. 개별 기준

위반행위	근거 법조문	1차 위반		2차 위반		3차 이상 위반	
		처분 기준	과징금 금액	처분 기준	과징금 금액	처분 기준	과징금 금액
가. 거짓이나 그 밖의 부정한 방법으로 등록을 한 경우	법 제96조 제1항제1호	등록 취소	해당 없음				
나. 법 제92조제5항에 따른 시정명령을 따	법 제96조 제1항제1호의	경고	해당 없음	업무 정지	1백 만원	업무 정지	2백 만원

르지 않은 경우	2			1개월		2개월		
다. 법 제93조제1항에 따른 등록기준에 미달하게 된 경우. 다만, 제99조에 해당하는 경우는 제외한다.	법 제96조 제1항제2호	업무 정지 2개월	2백 만원	등록 취소	해당 없음			
라. 법 제95조를 위반하여 다른 사람에게 자기의 성능검사대행자 등록증을 빌려주거나 자기의 성명 또는 상호를 사용하여 성능검사대행업무를 수행하게 한 경우	법 제96조 제1항제4호	등록 취소	해당 없음					
마. 정당한 사유 없이 성능검사를 거부하거나 또는 기피한 경우	법 제96조 제1항제5호	업무 정지 6개월	6백 만원	등록 취소	해당 없음			
바. 거짓이나 부정한 방법으로 성능검사를 한 경우	법 제96조 제1항제6호	등록 취소	해당 없음					
사. 업무정지기간 중에 계속하여 성능검사대행업무를 한 경우	법 제96조 제1항제7호	등록 취소	해당 없음					
아. 다른 행정기관이 관계 법령에 따라 등록취소 또는 업무정지를 요구한 경우	법 제96조 제1항제8호							
1) 등록취소를 요구한 경우		등록 취소	해당 없음					
2) 업무정지를 요구한 경우		업무 정지 2개월	2백 만원	업무 정지 3개월	3백 만원	업무 정지 6개월	6백 만원	

출처 : 법 제96조, 규칙 제108조.[별표 11]

6. 연구·개발의 추진

> 제97조(연구·개발의 추진 등) ① 국토교통부장관은 측량 및 지적제도의 발전을 위한 시책을 추진하여야 한다. <개정 2013. 3. 23., 2020. 2. 18.>
> ② 국토교통부장관은 제1항에 따른 시책에 관한 연구·기술개발 및 교육 등의 업무를 수행하는 연구기관을 설립하거나 대통령령으로 정하는 관련 전문기관에 해당 업무를 수행하게 할 수 있다. <개정 2013. 3. 23., 2020. 2. 18.>
> ③ 국토교통부장관은 제2항에 따른 연구기관 또는 관련 전문기관에 예산의 범위에서 제2항에 따른 업무를 수행하는 데에 필요한 비용의 전부 또는 일부를 지원할 수 있다. <개정 2013. 3. 23., 2020. 2. 18.>
> ④ 국토교통부장관은 측량 및 지적제도에 관한 정보 생산과 서비스 기술을 향상시키기 위하여 관련 국제기구 및 국가 간 협력 활동을 추진하여야 한다. <개정 2013. 3. 23., 2020. 2. 18.>

국토교통부장관은 측량 및 지적제도의 발전을 위하여 ① 수치지형, 지적에 관한 정보화와 표준화, ② 정밀측량기기와 조사장비의 개발 또는 검사·교정, ③ 지도제작기술의 개발 및 자동화, ④ 우주 측지(測地) 기술의 도입 및 활용, ⑤ 삭제, ⑥ 그 밖에 측량, 지적제도의 발전을 위하여 필요한 사항으로서 국토교통부장관이 정하여 고시하는 사항에 관한 시책을 추진하도록 규정하고 있다.(법 제97조제1항, 영 제100조)

그리고 측량 및 지적제도의 발전을 위한 시책에 관한 연구·기술개발 및 교육 등의 업무를 수행하는 연구기관을 설립하거나 다음과 같은 관련 전문기관에 해당 업무를 수행하게 할 수 있다.(법 제97조제2항, 영 제101조)

1) 「정부출연 연구기관 등의 설립·운영 및 육성에 관한 법률」 제8조에 따른 정부출연 연구기관 및 「과학기술분야 정부출연 연구기관 등의 설립·운영 및 육성에 관한 법률」 제8조에 따른 과학기술분야 정부출연 연구기관

2) 「고등교육법」에 따라 설립된 대학의 부설연구소

3) 공간정보산업협회

4) 한국국토정보공사

5) 공간정보산업진흥원

연구기관 또는 관련 전문기관에 예산의 범위에서 필요한 비용의 전부 또는 일부를 지원할 수 있고, 측량 및 지적제도에 관한 정보 생산과 서비스 기술을 향상시키기 위하여 관련 국제기구 및 국가 간 협력활동을 추진하도록 규정하고 있다.(법 제97조제3항, 제4항)

본 조문은 「공간정보관리법」에서 규정하고 있는 수로조사와 관련된 내용을 분리하여 「해양조사정보법」을 제정함에 따라 제13차 「공간정보관리법」 개정 법률에서 제1항 중 "국토교통부장관 및 해양수산부장관은 측량, 수로조사"를 "국토교통부장관은 측량"으로

하고, 제2항 및 제3항 중 "국토교통부장관 및 해양수산부장관"을 각각 "국토교통부장관"으로 하며, 제4항 중 "국토교통부장관 및 해양수산부장관은 측량, 수로조사"를 "국토교통부장관은 측량"으로 개정하여「해양조사정보법」의 제정 취지에 합치되도록 개선하였다.

7. 측량 분야 종사자 등의 교육훈련

> 법 제98조(측량 분야 종사자 등의 교육훈련) ① 국토교통부장관은 측량업무 수행능력의 향상을 위하여 측량기술자와 그 밖에 측량 분야와 관련된 업무에 종사하는 자에 대하여 교육훈련을 실시할 수 있다. <개정 2013. 3. 23., 2020. 2. 18., 2020. 4. 7.>
> ② 성능검사대행자 및 그 소속 직원은 측량기기 성능검사의 품질향상과 서비스제고를 위하여 국토교통부령으로 정하는 바에 따라 국토교통부장관이 실시하는 교육을 받아야 한다. <신설 2020. 4. 7.>
> [제목개정 2020. 2. 18., 2020. 4. 7.]

국토교통부장관은 측량업무 수행능력의 향상을 위하여 측량기술자와 그 밖에 측량 분야와 관련된 업무에 종사하는 자에 대하여 교육훈련을 실시할 수 있도록 규정하고 있다. (법 제98조제1항)

본 조문은「공간정보관리법」에서 규정하고 있는 수로조사와 관련된 내용을 분리하여「해양조사정보법」을 제정함에 따라 제13차「공간정보관리법」개정 법률에서 제목 "(측량 및 수로조사 분야 종사자의 교육훈련)"을 "(측량 분야 종사자의 교육훈련)"으로 하고, 본문 중 "국토교통부장관 및 해양수산부장관"을 "국토교통부장관"으로, "측량기술자, 수로기술자, 그 밖에 측량 또는 수로"를 "측량기술자와 그 밖에 측량"으로 개정하여「해양조사정보법」의 제정 취지에 합치되도록 개선하였으며, 제13차「공간정보관리법」개정 법률에서 성능검사대행자 및 그 소속 직원은 측량기기 성능검사의 품질 향상과 서비스 제고를 위하여 국토교통부령으로 정하는 바에 따라 국토교통부장관이 실시하는 교육을 받도록 제도를 신설하였다.(법 제98조제2항)

8. 조사 및 보고

> 법 제99조(보고 및 조사) ① 국토교통부장관, 시·도지사, 대도시 시장 또는 지적소관청은 다음 각 호의 어느 하나에 해당하는 경우에는 그 사유를 명시하여 해당 각 호의 자에게 필요한 보고를 하게 하거나 소속 공무원으로 하여금 조사를 하게 할 수 있다. <개정 2013. 3. 23., 2020. 2. 18., 2020. 4. 7.>
> 1. 측량업자 또는 지적측량수행자가 고의나 중대한 과실로 측량을 부실하게 하여 민원을 발생하게 한 경우
> 2. 삭제 <2020. 2. 18.>
> 3. 측량업자가 제44조제2항에 따른 측량업의 등록기준에 미달된다고 인정되는 경우
> 4. 성능검사대행업자가 성능검사를 부실하게 하거나 등록기준에 미달된다고 인정되는 경우
> 5. 제92조제5항에 따른 한국국토정보공사와 성능검사대행자에 대한 실태점검을 위하여 필요한 경우
> ② 제1항에 따라 조사를 하는 경우에는 조사 3일 전까지 조사 일시·목적·내용 등에 관한 계획을 조사 대상자에게 알려야 한다. 다만, 긴급한 경우나 사전에 조사계획이 알려지면 조사 목적을 달성할 수 없다고 인정하는 경우에는 그러하지 아니하다.
> ③ 제1항에 따라 조사를 하는 공무원은 그 권한을 표시하는 증표를 지니고 관계인에게 이를 내보여야 한다.
> ④ 제3항의 증표에 관한 사항은 국토교통부령으로 정한다. <개정 2013. 3. 23., 2020. 2. 18.>

　지적법령에서 행정자치부장관은 지적측량수행자에 대하여 감독상 필요한 때에는 그 업무에 관한 사항을 보고하게 하거나 자료의 제출을 요구할 수 있고, 소속공무원으로 하여금 그 사무소에 출입하여 장부·서류 등을 검사하게 할 수 있고, 검사를 하는 공무원은 그 권한을 표시하는 증표인 공무원증을 지니고 관계인에게 이를 내보이도록 규정하였다.(「지적법」 제45조의4제1항, 제2항)

　그러나 「측수지법」을 제정하면서 국토해양부장관, 시·도지사 또는 지적소관청은 ① 측량업자 또는 지적측량수행자가 고의나 중대한 과실로 측량을 부실하게 하여 민원을 발생하게 한 경우, ② 측량업자가 측량업의 등록기준에 미달된다고 인정되는 경우, ③ 성능검사 대행업자가 성능검사를 부실하게 하거나 등록기준에 미달된다고 인정되는 경우, ④ 한국국토정보공사와 성능검사대행자에 대한 실태점검을 위하여 필요한 경우에는 그 사유를 명시하여 해당 각 호의 자에게 필요한 보고를 하게 하거나 소속 공무원으로 하여금 조사를 할 수 있도록 개정하였다.(법 제99조제1항)

　그리고 위에 관한 조사를 하는 경우에는 조사 3일 전까지 조사 일시·목적·내용 등에 관한 계획을 조사 대상자에게 알려야 하나, 긴급한 경우나 사전에 조사계획이 알려지면 조사 목적을 달성할 수 없다고 인정하는 경우에는 그러하지 아니하며, 조사를 하는 공무원은 그 권한을 표시하는 현지조사자 증표(규칙, 별지 제95호 서식)를 지니고 관계인에

게 이를 내보이도록 개정하였다.(법 제99조제2항, 제3항, 규칙 제109조)

본 조문은 「공간정보관리법」에서 규정하고 있는 수로조사와 관련된 내용을 분리하여 「해양조사정보법」을 제정함에 따라 제13차 「공간정보관리법」 개정 법률에서 제1항 각 호 외의 부분 중 "국토교통부장관, 해양수산부장관"을 "국토교통부장관"으로 하고, 같은 항 제1호 중 "측량업자, 지적측량수행자 또는 수로사업자"를 "측량업자 또는 지적측량수행자"로, "측량 또는 수로조사를"을 "측량을"로 하며, 같은 항 제2호를 삭제하고, 같은 항 제3호 중 "측량업자 또는 수로사업자"를 "측량업자"로, "측량업의 등록기준 또는 제54조제2항에 따른 수로사업의 등록기준"을 "측량업의 등록기준"으로 하며, 같은 조 제4항 중 "국토교통부령 또는 해양수산부령"을 "국토교통부령"으로 각각 개정하여 「해양조사정보법」의 제정 취지에 합치되도록 개선하였다.

이어서 제14차 「공간정보관리법」 개정 법률에서 국토교통부장관, 시·도지사, 대도시 시장 또는 지적소관청은 "한국국토정보공사와 성능검사대행자에 대한 실태점검을 위하여 필요한 경우"에도 그 사유를 명시하여 필요한 보고를 하게 하거나 소속 공무원으로 하여금 조사를 하게 할 수 있도록 개정하여(제99조제1항제5호) 오늘에 이르고 있다.

9. 청문

> 법 제100조(청문) 국토교통부장관, 시·도지사 또는 대도시 시장은 다음 각 호의 어느 하나에 해당하는 처분을 하려는 경우에는 청문을 하여야 한다. <개정 2013. 3. 23., 2020. 2. 18.>
> 1. 삭제 <2020. 2. 18.>
> 2. 제52조제1항에 따른 측량업의 등록취소
> 3. 삭제 <2020. 2. 18.>
> 4. 제96조제1항에 따른 성능검사대행자의 등록취소

청문(聽聞)이란 「행정절차법」 제2조제5호에 "행정청이 어떠한 처분을 하기에 앞서 당사자 등의 의견을 직접 듣고 증거를 조사하는 절차를 말한다."라고 규정하고 있다.

청문은 행정기관이 국민의 일상생활과 직접 관련되는 규칙의 제정, 행정처분, 쟁송의 재결, 법률의 제정을 할 경우에 그 상대방 기타의 이해관계인 및 제3자의 의견을 듣기 위하여 취하는 절차를 말한다.[104]

---

104) 한국법제연구원, 2002, 『법령용어사례집(하)』, p.1630.

넓은 의미의 청문은 행정 명령의 제정, 행정에 관한 정책이나 구체적인 조치의 결정 등에 의하여 영향을 받거나 불이익을 입게 될 당사자 또는 이해관계인에게 자신의 의견을 표명하거나 유리한 증거를 제출할 기회를 제공하는 것을 말하며, 의견제출, 협의의 청문, 공청회 등이 포함된다.

그리고 좁은 의미의 청문은 당사자 등에게 직접 청문 주재자 앞에서 의견이나 자료 등을 제출할 수 있는 기회를 주는 것을 말하며, 사실심형 청문과 진술형 청문이 있다.

본 조문은 2009년에「측수지법」을 제정하면서 국토해양부장관, 해양수산부장관 또는 시·도지사는 ① 판매대행업자의 지정취소, ② 측량업의 등록취소, ③ 수로사업의 등록취소, ④ 측량기기 성능검사 대행자의 등록취소 등 어느 하나에 해당하는 처분을 하려는 경우에는 이해관계인이나 제3자로부터 의견을 듣는 청문을 하도록 규정하였다.(법 제100조)

이어서「공간정보관리법」에서 규정하고 있는 수로조사와 관련된 내용을 분리하여「해양조사정보법」을 제정함에 따라 제13차「공간정보관리법」개정 법률에서 본조 각 호 외의 부분 중 "국토교통부장관, 해양수산부장관"을 "국토교통부장관"으로 하고, 제1호 및 제3호를 각각 삭제하여「해양조사정보법」의 제정 취지에 합치되도록 개선하였다.

10. 토지 등의 출입

법 제101조(토지등에의 출입 등) ① 이 법에 따라 측량을 하거나, 측량기준점을 설치하거나, 토지의 이동을 조사하는 자는 그 측량 또는 조사 등에 필요한 경우에는 타인의 토지·건물·공유수면 등(이하 "토지등"이라 한다)에 출입하거나 일시 사용할 수 있으며, 특히 필요한 경우에는 나무, 흙, 돌, 그 밖의 장애물(이하 "장애물"이라 한다)을 변경하거나 제거할 수 있다. <개정 2020. 2. 18.>
② 제1항에 따라 타인의 토지등에 출입하려는 자는 관할 특별자치시장, 특별자치도지사, 시장·군수 또는 구청장의 허가를 받아야 하며, 출입하려는 날의 3일 전까지 해당 토지등의 소유자·점유자 또는 관리인에게 그 일시와 장소를 통지하여야 한다. 다만, 행정청인 자는 허가를 받지 아니하고 타인의 토지등에 출입할 수 있다. <개정 2012. 12. 18.>
③ 제1항에 따라 타인의 토지등을 일시 사용하거나 장애물을 변경 또는 제거하려는 자는 그 소유자·점유자 또는 관리인의 동의를 받아야 한다. 다만, 소유자·점유자 또는 관리인의 동의를 받을 수 없는 경우 행정청인 자는 관할 특별자치시장, 특별자치도지사, 시장·군수 또는 구청장에게 그 사실을 통지하여야 하며, 행정청이 아닌 자는 미리 관할 특별자치시장, 특별자치도지사, 시장·군수 또는 구청장의 허가를 받아야 한다. <개정 2012. 12. 18.>
④ 특별자치시장, 특별자치도지사, 시장·군수 또는 구청장은 제3항 단서에 따라 허가를 하려면 미리 그 소유자·점유자 또는 관리인의 의견을 들어야 한다. <개정 2012. 12. 18.>
⑤ 제3항에 따라 토지등을 일시 사용하거나 장애물을 변경 또는 제거하려는 자는 토지등을 사용하려는 날이나 장애물을 변경 또는 제거하려는 날의 3일 전까지 그 소유자·점유자 또는 관리인에게 통지하여야 한다. 다만, 토지등의 소유자·점유자 또는 관리인이 현장에 없거나 주소 또는 거소가 분명하

> 지 아니할 때에는 관할 특별자치시장, 특별자치도지사, 시장·군수 또는 구청장에게 통지하여야 한다. <개정 2012. 12. 18.>
> ⑥ 해 뜨기 전이나 해가 진 후에는 그 토지등의 점유자의 승낙 없이 택지나 담장 또는 울타리로 둘러싸인 타인의 토지에 출입할 수 없다.
> ⑦ 토지등의 점유자는 정당한 사유 없이 제1항에 따른 행위를 방해하거나 거부하지 못한다.
> ⑧ 제1항에 따른 행위를 하려는 자는 그 권한을 표시하는 허가증을 지니고 관계인에게 이를 내보여야 한다. <개정 2012. 12. 18.>
> ⑨ 제8항에 따른 허가증에 관하여 필요한 사항은 국토교통부령으로 정한다. <개정 2012. 12. 18., 2013. 3. 23., 2020. 2. 18.>

　지적법령에서는 토지의 이동조사 또는 지적측량을 하는 자가 조사·측량을 위하여 필요한 때에는 타인의 토지 등에 출입을 하거나 타인의 토지 등을 일시적으로 사용할 수 있으며, 특히 필요한 경우에는 죽목 그 밖의 장애물을 변경하거나 제거할 수 있도록 규정하였으며,(「지적법」 제47조제1항) 타인의 토지 등에 출입 하고자 하는 자는 그 권한을 표시하는 토지·건물출입증을 지니고 이를 관계인에게 내보이도록 규정하였다.(「지적법」 제47조제6항, 지적법 시행규칙 제67조제1항)

　또한 타인의 토지 등에 출입하고자 하는 때에는 미리 소유자·점유자 또는 관리인에게 그 뜻을 통지하여 토지 등의 소유자·점유자 또는 관리인의 동의를 얻어야 하나, 소유자·점유자 또는 관리인을 알 수 없는 때에는 동의를 받지 않아도 타인의 토지 등에 출입이 가능하도록 규정하였다.(「지적법」 제47조제2항, 제3항)

　그러나 「측수지법」을 제정하면서 측량 또는 수로조사를 하거나, 측량기준점을 설치하거나, 토지의 이동을 조사하는 자는 그 측량 또는 조사 등에 필요한 경우에는 타인의 토지·건물·공유수면 등에 출입하거나 일시 사용할 수 있으며, 특히 필요한 경우에는 나무·흙·돌, 그 밖의 장애물을 변경하거나 제거할 수 있도록 규정하였다.(법 제101조제1항)

　이어서 「공간정보관리법」에 타인의 토지 등에 출입하려는 자는 관할 특별자치시장, 특별자치도지사, 시장·군수 또는 구청장의 허가를 받아야 하며, 출입하려는 날의 3일 전까지 해당 토지 등의 소유자·점유자 또는 관리인에게 그 일시와 장소를 통지하여야 한다. 다만, 행정청인 자는 허가를 받지 아니하고 타인의 토지 등에 출입할 수 있도록 규정하였으며,(법 제101조제2항) 타인의 토지 등을 일시 사용하거나 장애물을 변경 또는 제거하려는 자는 그 소유자·점유자 또는 관리인의 동의를 받아야 한다. 다만, 소유자·점유자 또는 관리인의 동의를 받을 수 없는 경우 행정청인 자는 관할 특별자치시장, 특별자치도지사, 시장·군수 또는 구청장에게 그 사실을 통지하여야 하며, 행정청이 아닌 자는 미리 관할 특별자치시장, 특별자치도지사, 시장·군수 또는 구청장의 허가를 받도록 개정하여

(법 제101조제3항) 타인의 토지 등에 출입하거나 일시 사용, 장애물을 변경 또는 제거하는 것을 엄격히 규제하도록 개선하였다.

특별자치시장, 특별자치도지사, 시장·군수 또는 구청장은 허가를 하려면 미리 그 소유자·점유자 또는 관리인의 의견을 들어야 하며(법 제101조제4항), 토지 등을 일시 사용하거나 장애물을 변경 또는 제거하려는 자는 토지 등을 사용하려는 날이나 장애물을 변경 또는 제거하려는 날의 3일 전까지 그 소유자·점유자 또는 관리인에게 통지하여야 한다. 다만, 토지 등의 소유자·점유자 또는 관리인이 현장에 없거나 주소 또는 거소가 분명하지 아니할 때에는 관할 특별자치시장, 특별자치도지사, 시장·군수 또는 구청장에게 통지하도록 개선하였다.(법 제101조제5항)

그리고 해 뜨기 전이나 해가 진후에는 그 토지 등의 점유자의 승낙 없이 택지나 담장 또는 울타리로 둘러싸인 타인의 토지에 출입할 수 없으며(법 제101조제6항), 토지 등의 점유자는 정당한 사유 없이 토지 등의 출입에 따른 행위를 방해하거나 거부하지 못하도록 규정하였다.(법 제101조제7항)

토지 등의 출입에 따른 행위를 하려는 자는 그 권한을 표시하는 측량 및 토지이동조사 허가증 발급신청서(규칙 제110조제1항, 별지 제96호 서식)를 관할 특별자치시장, 특별자치도지사, 시장·군수 또는 구청장에게 제출하여야 하며, 발급권자는 허가증(규칙 제110조제2항, 별지 제97호 서식)을 발급하는 경우 측량 및 토지이동조사 허가증 발급대장(규칙 제110조제2항, 별지 제97호의2 서식)에 그 사유를 기재하여야 하도록 규정하고,(규칙 제110조제2항) 측량 및 토지이동조사 허가증을 지니고 관계인에게 이를 내보이도록 규정하였다.(법 제101조제8항)

지적법령에서는 토지 등의 소유자·점유자 또는 관리인은 정당한 사유 없이 조사·측량을 위하여 필요한 업무집행을 거부하거나 방해하지 못하며,(「지적법」 제47조제4항) 또한 토지 등의 소유자·점유자 또는 관리인은 그 소유하거나 점유 또는 관리하는 토지 등에 설치된 지적측량기준점표지가 있는 때에는 이를 선량한 관리자의 주의의무로써 보호하도록 규정하였으나,(「지적법」 제47조제5항) 「측수지법」을 제정하면서 이러한 수인의무(受忍義務) 규정을 삭제하였다.

본 조문은 「공간정보관리법」에서 규정하고 있는 수로조사와 관련된 내용을 분리하여 「해양조사정보법」을 제정함에 따라 제13차 「공간정보관리법」 개정 법률에서 제1항 중 "측량 또는 수로조사를"을 "측량을"로 하고, 같은 조 제9항 중 "국토교통부령 또는 해양수산부령"을 "국토교통부령"으로 각각 개정하여 「해양조사정보법」의 제정 취지에 합치되도록 개선하였다.

11. 토지 등의 출입 등에 따른 손실보상

> 법 제102조(토지 등의 출입 등에 따른 손실보상) ① 제101조제1항에 따른 행위로 손실을 받은 자가 있으면 그 행위를 한 자는 그 손실을 보상하여야 한다.
> ② 제1항에 따른 손실보상에 관하여는 손실을 보상할 자와 손실을 받은 자가 협의하여야 한다.
> ③ 손실을 보상할 자 또는 손실을 받은 자는 제2항에 따른 협의가 성립되지 아니하거나 협의를 할 수 없는 경우에는 관할 토지수용위원회에 재결(裁決)을 신청할 수 있다.
> ④ 관할 토지수용위원회의 재결에 관하여는 「공익사업을 위한 토지 등의 취득 및 보상에 관한 법률」 제84조부터 제88조까지의 규정을 준용한다.

손실보상(損失補償)이란 적법한 공권력의 행사에 의하여 개인에게 가해진 재산상의 특별한 희생에 대한 보상으로 「공익사업을 위한 토지 등의 취득 및 보상에 관한 법률」·「도로법」·「하천법」·「국토의 계획 및 이용에 관한 법률」 등에 규정되어 있다.

「지적법」에서는 지적측량 기준점표지의 설치와 지적측량을 실시하기 위하여 타인의 토지 등에 출입 또는 일시적으로 사용하거나 죽목 그 밖의 장애물을 변경·제거함으로써 장애물의 제거·형상의 일시 변경 또는 토지·죽목 기타 공작물의 일시 사용 등으로 손실을 입은 자가 있을 때에는 그 행위자가 속한 소관청 또는 지적측량수행자가 그 손실의 원인이 된 처분으로 인하여 통상의 경우에 생기는 직접적인 손실에 대해서만 이를 보상하여야 하나 지적측량이 특정인을 위하여 실시할 때에는 그로 인한 손실은 그 특정인이 보상하도록 규정하고 있었다.(「지적법」 제49조제1항)

그리고 손실보상에 관하여 그 손실을 보상하여야 할 자는 그 손실을 입은 자와 협의하여 결정하여야 하며, 협의가 성립되지 아니하거나 협의를 할 수 없는 때에는 관할 토지수용위원회에 재결을 신청할 수 있으며, 「공익사업을 위한 토지 등의 취득 및 보상에 관한 법률」 제84조부터 제88조까지의 규정은 관할 토지수용위원회의 재결에 관하여 이를 준용하도록 규정하고 있었다.

그러나 「측수지법」을 제정하면서 토지 등의 출입 등에 따른 행위로 손실을 받은 자가 있으면 그 행위를 한 자는 그 손실을 보상하도록 규정하였다.(법 제102조제1항)

손실보상은 토지, 건물, 나무, 그 밖의 공작물 등의 임대료·거래가격·수익성 등을 고려한 적정가격으로 하도록 규정하고 있으며,(영 제102조제1항) 손실보상에 관하여는 손실을 보상할 자와 손실을 받은 자가 협의하여야 하며, 손실을 보상할 자 또는 손실을 받은 자간에 협의가 성립되지 아니하거나 협의를 할 수 없는 경우에는 관할 토지수용위원회에 재결(裁決)을 신청할 수 있도록 규정하고 있다.(법 제102조제2항, 제3항)

그리고 토지수용위원회에 재결을 신청하려는 자는 ① 재결의 신청자와 상대방의 성명 및 주소, ② 측량의 종류, ③ 손실 발생 사실, ④ 보상받으려는 손실액과 그 명세, ⑤ 협의의 내용을 적은 재결신청서(규칙 제111조, 별지 제98호 서식)를 관할 토지수용위원회에 제출하도록 규정하고 있다.(영 제102조제2항)

관할 토지수용위원회의 재결에 불복하는 자는 재결서 정본을 송달받은 날부터 30일 이내에 중앙토지수용위원회에 이의를 신청할 수 있다. 이 경우 그 이의신청은 해당 지방토지수용위원회를 거쳐야 하며,(영 제102조제3항) 관할 토지수용위원회의 재결에 관하여는 「공익사업을 위한 토지 등의 취득 및 보상에 관한 법률」을 준용하도록 규정하고 있다.(법 제102조제4항)

12. 토지수용 또는 사용

> 법 제103조(토지의 수용 또는 사용) ① 국토교통부장관은 기본측량을 실시하기 위하여 필요하다고 인정하는 경우에는 토지, 건물, 나무, 그 밖의 공작물을 수용하거나 사용할 수 있다. <개정 2013. 3. 23., 2020. 2. 18.>
> ② 제1항에 따른 수용 또는 사용 및 이에 따른 손실보상에 관하여는 「공익사업을 위한 토지 등의 취득 및 보상에 관한 법률」을 적용한다.

토지의 수용(收用)이란 특정한 공익사업을 위하여 법률이 정하는 바에 의하여 강제적으로 토지·건물·임목 등에 관한 소유권 및 기타 권리 등을 취득하는 행위를 말하며, 토지의 사용(使用)이란 특정한 공익사업을 위하여 법률이 정하는 바에 의하여 강제적으로 토지·건물·임목 등을 일정한 목적이나 기능에 맞게 쓰는 행위를 말한다.

「지적법」에서는 소관청이 지적측량 기준점표지를 설치하기 위하여 필요한 때에는 「공익사업을 위한 토지 등의 취득 및 보상에 관한 법률」에 의하여 토지를 수용할 수 있도록 규정하고 있었다.(「지적법」 제48조)

지적측량기준점표지는 도로·제방 등의 공공용지에 설치하는 사례가 많아 토지를 수용할 필요가 없는 경우가 대부분이며 지적삼각점은 지반(地盤)이 높은 사유(私有) 토지인 임야에 설치하는 경우가 대부분인데 그 면적이 극히 작아 지적측량기준점표지를 설치하기 위하여 토지를 수용하는 사례가 거의 없는 실정이었다.

그러나 「측수지법」을 제정하면서 국토해양부장관은 기본측량을 실시하기 위하여 필요하다고 인정하는 경우에는 토지, 건물, 나무, 그 밖의 공작물을 수용하거나 사용할 수 있으며, 토지 등의 수용 또는 사용 및 이에 따른 손실보상에 관하여는 「공익사업을 위한 토지 등의 취득 및 보상에 관한 법률」을 적용하도록 규정하였으며, 이어서 「공간정보관리법」에 동일하게 규정하고 있다.(법 제103조제1항, 제2항)

본 조문은 「공간정보관리법」에서 규정하고 있는 수로조사와 관련된 내용을 분리하여 「해양조사정보법」을 제정함에 따라 제13차 「공간정보관리법」 개정 법률에서 제1항 중 "국토교통부장관 및 해양수산부장관"을 "국토교통부장관"으로 각각 개정하여 「해양조사정보법」의 제정 취지에 합치되도록 개선하였다.

13. 업무의 수탁

> 법 제104조(업무의 수탁) 국토교통부장관은 그 업무 수행에 지장이 없는 범위에서 공익을 위하여 필요하다고 인정되면 국토교통부령으로 정하는 바에 따라 측량 업무를 위탁받아 수행할 수 있다. <개정 2013. 3. 23., 2020. 2. 18.>

국토교통부장관은 그 업무 수행에 지장이 없는 범위에서 공익을 위하여 필요하다고 인정되면 국토교통부령으로 정하는 바에 따라 측량 업무를 위탁받아 수행할 수 있도록 규정하고 있다.(법 제104조)

업무위탁을 하려는 자는 업무위탁 청약서(규칙 제112조제1항, 별지 제99호 서식)를 국토지리정보원장에게 제출하여야 하며, 업무위탁 청약서에는 사업계획서 2부와 사업지역의 도면 2부를 첨부하여야 하며, 업무를 위탁하려는 자는 국토지리정보원장이 정하는 경비를 내도록 규정하고 있다.(규칙 제112조제2항, 제3항)

본 조문은 「공간정보관리법」에서 규정하고 있는 수로조사와 관련된 내용을 분리하여 「해양조사정보법」을 제정함에 따라 제13차 「공간정보관리법」 개정 법률에서 본문 중 "국토교통부장관 및 해양수산부장관"을 "국토교통부장관"으로, "국토교통부령 또는 해양수산부령"을 "국토교통부령"으로, "측량 또는 수로조사의"를 "측량"으로 개정하여 「해양조사정보법」의 제정 취지에 합치되도록 개선하였다.

14. 권한의 위임·위탁

법 제105조(권한의 위임·위탁 등) ① 이 법에 따른 국토교통부장관의 권한은 그 일부를 대통령령으로 정하는 바에 따라 소속 기관의 장, 시·도지사, 대도시 시장 또는 지적소관청에 위임할 수 있다. <개정 2013. 3. 23., 2020. 2. 18., 2022. 6. 10.>
② 이 법에 따른 국토교통부장관, 시·도지사, 대도시 시장 및 지적소관청의 권한 중 다음 각 호의 업무에 관한 권한은 대통령령으로 정하는 바에 따라 한국국토정보공사, 「공간정보산업 진흥법」 제24조에 따른 공간정보산업협회 또는 「민법」 제32조에 따라 국토교통부장관의 허가를 받아 설립된 비영리법인으로서 대통령령으로 정하는 측량 관련 인력과 장비를 갖춘 법인에 위탁할 수 있다. <개정 2013. 3. 23., 2013. 7. 17., 2014. 6. 3., 2020. 2. 18., 2021. 7. 20., 2022. 6. 10.>
1. 삭제 <2020. 2. 18.>
1의2. 제10조의2에 따른 측량업정보 종합관리체계의 구축·운영
1의3. 제10조의3에 따른 측량업자의 측량용역사업에 대한 사업수행능력 공시 및 실적 등의 접수 및 내용의 확인
2. 제15조제4항에 따른 지도등의 간행에 관한 심사
2의2. 제15조의2에 따른 정밀도로지도의 간행에 관한 심사
3. 제18조제3항에 따른 공공측량성과의 심사
4. 삭제 <2020. 2. 18.>
5. 삭제 <2020. 2. 18.>
6. 삭제 <2020. 2. 18.>
7. 삭제 <2020. 2. 18.>
8. 삭제 <2020. 2. 18.>
9. 제40조에 따른 측량기술자의 신고 접수, 기록의 유지·관리, 측량기술경력증의 발급, 신고 받은 내용의 확인을 위한 관련 자료 제출 요청 및 제출 자료의 접수, 측량기술자의 근무처 및 경력등의 확인
10. 제44조제2항 및 제5항에 따른 측량업의 등록신청 및 변경신고의 접수
10의2. 제44조제4항에 따른 측량업등록증 및 측량업등록수첩의 재발급 신청의 접수
10의3. 제46조제1항에 따른 측량업자의 지위 승계신고의 접수
10의4. 제48조에 따른 측량업의 휴업·폐업 등 신고의 접수
11. 제98조에 따른 지적기술자의 교육훈련
12. 제8조제1항에 따른 측량기준점(지적기준점에 한정한다)의 관리
13. 제8조제5항에 따른 측량기준점(지적기준점에 한정한다)표지의 현황조사 보고의 접수
③ 제2항에 따라 국토교통부장관, 시·도지사, 대도시 시장 및 지적소관청으로부터 위탁받은 업무에 종사하는 한국국토정보공사, 「공간정보산업 진흥법」 제24조에 따른 공간정보산업협회 또는 비영리법인의 임직원은 「형법」 제127조 및 제129조부터 제132조까지의 규정을 적용할 때에는 공무원으로 본다. <개정 2013. 3. 23., 2013. 7. 17., 2014. 6. 3.,

2020. 2. 18., 2022. 6. 10.>

　권한(權限)의 위임(委任)이란 행정관청이 그 권한의 일부를 하급행정관청 또는 보조기관이나 지방자치단체의 장에게 이전하여 수임기관의 권한으로 행사하도록 하는 행위를 말한다.
　권한의 위임에 있어서는 그 권한의 위임의 범위 내에서 해당 권한은 수임기관의 것이 되며, 수임기관은 그것을 자기의 권한으로써 그의 명의와 책임으로 권한을 행사하게 되는 것이므로 수임기관은 그 수임권한에 관한 행정관청이 된다.
　지적법령에서는 행정자치부장관의 권한은 그 일부를 대통령령으로 정하는 바에 의하여 시·도지사 또는 소관청에 위임할 수 있도록 규정하고,(「지적법」제54조) 행정자치부장관의 권한 중에서 ① 지적측량업의 등록, ② 지적측량업 등록사항의 변경에 관한 신고, ③ 지적측량업의 휴·폐업 등의 신고, ④ 지적측량업자의 지위승계신고, ⑤ 지적측량업의 등록취소 및 영업정지 명령, ⑥ 지적측량업의 등록취소를 위한 청문, ⑦ 과태료의 부과·징수업무를 대통령령이 정하는 바에 따라 시·도지사에게 위임하도록 규정하였다.(지적법 시행령 제59조의2제1항)
　이어서 ① 지적측량수행자에 대한 감독업무(대한지적공사에 대한 감독업무를 제외한다.), ② 과태료의 부과·징수(대한지적공사에 대한 것을 제외한다.)업무를 소관청에게 위임하도록 규정하였다.(지적법 시행령 제59조의2제2항)
　그러나 「측수지법」을 제정하면서 국토해양부장관의 권한은 그 일부를 대통령령으로 정하는 바에 따라 소속 기관의 장, 시·도지사 또는 지적소관청에 위임할 수 있도록 규정하고,(법 제105조제1항) 권한을 국토지리정보원장과 국립해양조사원장에게 위임하는 사항(영 제103조제1항, 제2항)만 각각 규정하였다.
　권한(權限)의 위탁(委託)이란 행정관청이 그와 대등한 위치에 있거나 지휘계통을 달리하는 행정관청 또는 민간에 대하여 권한을 행사하도록 하는 것을 말한다.
　권한의 위탁이란 흔히 민간 위탁이라 불리며, 행정기관이 특정한 행정사무를 법인 또는 일반 사인에게 이전하는 것을 말하고, 때로는 대등한 행정기관 사이에 권한의 이전이 이루어지는 것을 위탁으로 부르기도 한다.
　2009년에 「측수지법」을 제정하면서 국토해양부장관의 권한 중 대통령령이 정하는 바에 따라 측량협회, 해양조사협회 또는 「민법」제32조에 따라 국토해양부장관의 허가를 받아 설립된 비영리법인으로서 측량관련 인력과 장비를 갖춘 법인에게 위탁할 수 있도록 규정하였으며,(법 제105조제2항) 2014년에 「측수지법」을 「공간정보관리법」[시행 2015.

6. 4.] [법률 제12738호, 2014. 6. 3. 일부개정]으로 제명을 개정하면서 국토교통부장관 및 해양수산부장관의 권한 중 대통령령으로 정하는 바에 따라 측량협회, 지적협회, 해양조사협회 또는 「민법」 제32조에 따라 국토교통부장관 및 해양수산부장관의 허가를 받아 설립된 비영리법인으로서 대통령령으로 정하는 측량 관련 인력과 장비를 갖춘 법인에 위탁할 수 있도록 개정하였다.(법 제105조제2항)

그리고 「공간정보관리법」에서 규정하고 있는 수로조사와 관련된 내용을 분리하여 「해양조사정보법」을 제정함에 따라 제13차 「공간정보관리법」 개정 법률에서 제1항 중 "국토교통부장관 및 해양수산부장관"을 "국토교통부장관"으로 하고, 제2항 각 호 외의 부분 중 "국토교통부장관, 해양수산부장관"을 "국토교통부장관"으로, "공간정보산업협회, 해양조사협회"를 "공간정보산업협회"로, "국토교통부장관 및 해양수산부장관"을 "국토교통부장관"으로 하며, 같은 항 제1호, 제4호부터 제8호까지 및 제10호를 각각 삭제하고, 제3항 중 "국토교통부장관, 해양수산부장관"을 "국토교통부장관"으로, "공간정보산업협회, 해양조사협회"를 "공간정보산업협회"로 개정하여 「해양조사정보법」의 제정 취지에 합치되도록 개선하였다.

이어서 제19차 「공간정보관리법」 개정 법률에서 ① 측량업정보 종합관리체계의 구축·운영, ② 측량업자의 측량용역사업에 대한 사업수행능력 공시 및 실적 등의 접수 및 내용의 확인, ③ 지도 등의 간행에 관한 심사, ④ 정밀 도로지도의 간행에 관한 심사, ⑤ 공공측량성과의 심사, ⑥ 측량기술자의 신고 접수, 기록의 유지·관리, 측량기술경력증의 발급, 신고 받은 내용의 확인을 위한 관련 자료 제출 요청 및 제출 자료의 접수, 측량기술자의 근무처 및 경력 등의 확인, ⑦ 측량업의 등록신청 및 변경신고의 접수, ⑧ 측량업등록증 및 측량업등록수첩의 재발급 신청의 접수, ⑨ 측량업자의 지위 승계 신고의 접수, ⑩ 지적기술자의 교육훈련, ⑪ 측량기준점(지적기준점에 한정한다.)의 관리, ⑫ 측량기준점(지적기준점에 한정한다.)표지의 현황조사 보고의 접수에 관한 사항을 한국국토정보공사, 공간정보산업협회 또는 국토교통부장관의 허가를 받아 설립된 비영리법인으로서 대통령령으로 정하는 측량관련 인력과 장비를 갖춘 법인에 위탁할 수 있도록 개정하였다.(법 제105조제2항1의2호 내지 13호)

그리고 국토교통부장관, 시·도지사, 대도시 시장 및 지적소관청으로부터 위탁받은 업무에 종사하는 한국국토정보공사, 공간정보산업협회 또는 비영리법인의 임직원은 「형법」 제127조 및 제129조부터 제132조까지의 규정을 적용할 때에는 공무원으로 보도록 규정하여(법 제105조제3항) 오늘에 이르고 있다.

15. 수수료

법 제106조(수수료 등) ① 다음 각 호의 어느 하나에 해당하는 신청 등을 하는 자는 국토교통부령으로 정하는 바에 따라 수수료를 내야 한다. <개정 2013. 3. 23., 2013. 7. 17., 2020. 2. 18., 2021. 7. 20., 2022. 6. 10.>
1. 제14조제2항 및 제19조제2항에 따른 측량성과 등의 복제 또는 사본의 발급 신청
2. 제15조에 따른 기본측량성과·기본측량기록 또는 같은 조 제1항에 따라 간행한 지도등의 활용 신청
3. 제15조제4항 및 제15조의2제1항에 따른 지도등 간행의 심사 신청
4. 제16조 또는 제21조에 따른 측량성과의 국외 반출 허가 신청
5. 제18조에 따른 공공측량성과의 심사 요청
6. 제27조에 따른 지적기준점성과의 열람 또는 그 등본의 발급 신청
7. 삭제 <2020. 2. 18.>
8. 삭제 <2020. 2. 18.>
9. 제44조제2항에 따른 측량업의 등록 신청
10. 제44조제4항에 따른 측량업등록증 및 측량업등록수첩의 재발급 신청
11. 삭제 <2020. 2. 18.>
12. 삭제 <2020. 2. 18.>
13. 제75조에 따른 지적공부의 열람 및 등본 발급 신청
14. 제76조에 따른 지적전산자료의 이용 또는 활용 신청
14의2. 제76조의4에 따른 부동산종합공부의 열람 및 부동산종합증명서 발급 신청
15. 제77조에 따른 신규등록 신청, 제78조에 따른 등록전환 신청, 제79조에 따른 분할 신청, 제80조에 따른 합병 신청, 제81조에 따른 지목변경 신청, 제82조에 따른 바다로 된 토지의 등록말소 신청, 제83조에 따른 축척변경 신청, 제84조에 따른 등록사항의 정정 신청 또는 제86조에 따른 도시개발사업 등 시행지역의 토지이동 신청
16. 제92조제1항에 따른 측량기기의 성능검사 신청
17. 제93조제1항에 따른 성능검사대행자의 등록 신청
18. 제93조제3항에 따른 성능검사대행자 등록증의 재발급 신청
② 제24조제1항에 따라 지적측량을 의뢰하는 자는 국토교통부령으로 정하는 바에 따라 지적측량수행자에게 지적측량수수료를 내야 한다. <개정 2013. 3. 23.>
③ 제2항에 따른 지적측량수수료는 국토교통부장관이 매년 12월 31일까지 고시하여야 한다. <개정 2013. 3. 23., 2020. 6. 9.>
④ 지적소관청이 제64조제2항 단서에 따라 직권으로 조사·측량하여 지적공부를 정리한 경우에는 그 조사·측량에 들어간 비용을 제2항에 준하여 토지소유자로부터 징수한다. 다만, 제82조에 따라 지적공부를 등록말소한 경우에는 그러하지 아니하다.
⑤ 제1항에도 불구하고 다음 각 호의 경우에는 수수료를 면제할 수 있다. <개정 2012. 12. 18., 2013. 7. 17., 2020. 2. 18.>
1. 제1항제1호 또는 제2호의 신청자가 공공측량시행자인 경우
2. 삭제 <2020. 2. 18.>
3. 삭제 <2020. 2. 18.>

4. 제1항제13호의 신청자가 국가, 지방자치단체 또는 지적측량수행자인 경우
5. 제1항제14호의2 및 제15호의 신청자가 국가 또는 지방자치단체인 경우
⑥ 제1항 및 제4항에 따른 수수료를 국토교통부령으로 정하는 기간 내에 내지 아니하면 국세 또는 지방세 체납처분의 예에 따라 징수한다. <개정 2013. 3. 23., 2020. 2. 18.>

수수료(手數料)란 일반적으로 어떠한 일을 돌보아 준데 대한 보수(報酬)를 말하는 것으로, 국가·지방자치단체 또는 이러한 기관들이 타인을 위하여 행한 공공역무(公共役務)에 대하여 그 비용을 상환할 목적 또는 보상으로써 징수하는 요금을 말하기도 하고, 그 밖에 국가나 지방자치단체 외의 자가 타인의 청구에 따라 행한 특정한 행위에 대한 보상으로써 징수하는 금전[105]을 의미하기도 한다.

다시 말하면 공물(供物)의 이용에 대한 반대급부(反對給付)를 사용료(使用料)라 하고 인적(人的) 역무(役務)에 대한 반대급부를 수수료라고 할 수 있다.

국가가 징수(徵收)하는 수수료에는 법원(法院)이 행하는 소송절차(訴訟節次) 또는 비송사건(非訟事件) 절차에 대한 사법(私法)상의 수수료, 행정기관이 징수하는 허가(許可) 또는 면허(免許)의 수수료와 같은 행정상의 수수료(手數料)가 있다.

「지방자치법」 제154조(수수료)에 "① 지방자치단체는 그 지방자치단체의 사무가 특정인을 위한 것이면 그 사무에 대하여 수수료를 징수할 수 있다. ② 지방자치단체는 국가나 다른 지방자치단체의 위임사무가 특정인을 위한 것이면 그 사무에 대하여 수수료를 징수할 수 있다. ③ 제2항에 따른 수수료는 그 지방자치단체의 수입으로 한다. 다만, 법령에 달리 정하여진 경우에는 그러하지 아니하다."라고 규정하고 있다.

2005년에 지적법 시행규칙[시행 2005. 2. 11.] [행정자치부령 제267호, 2005. 2. 11., 타법개정]을 개정하여 종이문서에 의한 각종 민원을 전자문서 또는 정보통신망을 이용하여 신청할 수 있도록 하고, 행정정보의 공동이용을 통하여 첨부서류에 대한 정보를 확인할 수 있는 경우에는 확인으로써 첨부서류에 갈음할 수 있도록 하는 등 「전자정부구현을 위한 행정업무 등의 전자화촉진에 관한 법률」의 내용을 반영하기 위하여 지적전산자료의 이용 또는 활용에 관한 사용료의 납부를 행정자치부장관, 시·도지사 또는 소관청은 정보통신망을 이용하여 전자화폐·전자결제 등의 방법으로 이를 납부하게 할 수 있도록 개정하고,(지적법 시행규칙 제17조제2항 단서 신설) 도면을 복사하고자 하는 지적편집도 간행·판매업자는 도면 1장당 1,200원의 수수료를 그 지방자치단체의 수입증지로 납부하도록 규정하고 다만, 소관청은 정보통신망을 이용하여 전자화폐·전자결제 등의 방법

---
[105] 한국법제연구원, 2002, 『법령용어사례집』, p.912.

으로 이를 납부하게 할 수 있도록 개정하여,(지적법 시행규칙 제66조제3항 단서 신설) 지적관련 수수료를 최초로 전자화폐 또는 전자결제 등의 방법으로 납부할 수 있도록 규정하였으며,「측수지법」에서도 동일하게 규정하였다.

그리고「공간정보관리법」에서는 ① 측량성과 등의 복제 또는 사본의 발급 신청, ② 기본측량성과·기본측량기록 또는 지도 등의 활용 신청, ③ 지도 등 간행의 심사 신청, ④ 측량성과의 국외 반출 허가 신청, ⑤ 공공측량성과의 심사 요청, ⑥ 지적기준점성과의 열람 또는 그 등본의 발급 신청, ⑦ 측량업의 등록 신청, ⑧ 측량업등록증 및 측량업등록수첩의 재발급 신청, ⑨ 지적공부의 열람 및 등본 발급 신청, ⑩ 지적전산자료의 이용 또는 활용 신청, ⑪ 부동산종합공부의 열람 및 부동산종합증명서 발급 신청, ⑫ 신규등록 신청, 등록전환 신청, 분할 신청, 합병 신청, 지목변경 신청, 바다로 된 토지의 등록말소 신청, 축척변경 신청, 등록사항의 정정 신청 또는 도시개발사업 등 시행지역의 토지이동 신청, ⑬ 측량기기의 성능검사 신청, ⑭ 성능검사대행자의 등록 신청, ⑮ 성능검사대행자 등록증의 재발급 신청에 따른 수수료 및 지적측량수수료를 국토교통부령으로 정하는 바에 따라 내도록 규정하고,(법 제106조제1항, 제2항) 지적소관청이 직권으로 조사·측량하여 지적공부를 정리한 경우 그 조사·측량에 들어간 비용을 징수하도록 규정하고 있다.(법 제106조제4항)

이어서 지적에 관한 각종 수수료는 수입인지·수입증지 또는 현금으로 내야 하나, 측량기기 성능검사 대행자가 하는 성능검사 수수료와 공간정보산업협회 등에 위탁된 업무의 수수료는 현금으로 내야하며, 국토교통부장관, 국토지리정보원장, 시·도지사 및 지적소관청은 정보통신망을 이용하여 전자화폐·전자결제 등의 방법으로 수수료를 내게 할 수 있도록 규정하고 있다.(규칙 제115조제6항, 제7항)

본 조문은「공간정보관리법」에서 규정하고 있는 수로조사와 관련된 내용을 분리하여「해양조사정보법」을 제정함에 따라 제13차「공간정보관리법」개정 법률에서 제1항 각 호 외의 부분 중 "국토교통부령 또는 해양수산부령"을 "국토교통부령"으로 하고, 같은 항 제7호, 제8호, 제11호 및 제12호를 각각 삭제하며, 제5항 각 호 외의 부분 단서를 삭제하고, 같은 항 제2호 및 제3호를 각각 삭제하며, 제6항 중 "국토교통부령 또는 해양수산부령"을 "국토교통부령"으로 개정하여「해양조사정보법」의 제정 취지에 합치되도록 개선하였다.

이어서 제15차「공간정보관리법」개정 법률에서 제3항 중 "말일까지"를 "31일까지"로 개정하여 국민이 쉽게 이해할 수 있도록 용어를 순화하였으며, 제19차「공간정보관리법」개정 법률에서 제106조제1항제3호 중 "제15조제4항"을 "제15조제4항 및 제15조의2제1

항"으로, 제106조제1항제10호 중 "제44조제3항"을 "제44조제4항"으로 하고, 같은 항 제18호 중 "제93조제2항"을 "제93조제3항"으로 각각 개정하였다.

그리고 시행규칙에서 업무 종류에 따른 수수료를 ① 측량성과 등의 복제 또는 사본의 방문 발급 신청, ② 측량성과 등의 복제 또는 사본의 인터넷 발급 신청, ③ 지도 등 간행의 심사 신청, ④ 측량성과의 국외 반출 허가신청, ⑤ 지적기준점성과의 열람 신청, ⑥ 지적기준점성과의 등본 발급신청, ⑦ 측량업의 등록 신청, ⑧ 측량업등록증 및 측량업등록수첩의 재발급 신청, ⑨ 지적공부의 열람 신청, ⑩ 지적공부의 등본 발급 신청, ⑪ 지적전산자료의 이용 또는 활용 신청, ⑫ 부동산종합공부의 인터넷 열람 신청, ⑬ 부동산종합증명서 발급 신청, ⑭ 지적공부정리 신청, ⑮ 성능검사대행자의 등록 신청, ⑯ 성능검사대행자 등록증의 재발급 신청에 따른 수수료로 나누어 각각 규정하여(시행규칙 제115조제1항 별표 12) 오늘에 이르고 있다.

15.1. 지적기준점 성과의 열람 및 등본 발급 수수료

지적법령에서는 지적기준점 성과 또는 그 측량부를 열람하거나 등본을 발급 받고자 하는 자는 지적삼각점 성과에 대하여는 시·도지사에게, 지적삼각보조점 및 지적도근점 성과에 대하여는 소관청에 신청하도록 규정하였다.(「지적법」제39조제1항, 지적법 시행규칙 제61조제1항)

그리고 지적측량 기준점 성과 또는 그 측량부를 열람하거나 등본을 발급 받고자 하는 자는 행정자치부령이 정하는 수수료를 그 지방자치단체의 수입증지로 시·도지사 또는 소관청에 납부하도록 규정하였으며,(지적법 시행규칙 제61조제2항) 지적측량업무에 종사하는 지적기술자가 그 업무와 관련하여 지적측량 기준점 성과 또는 그 측량부의 열람 및 등본발급을 신청하는 때에는 수수료를 면제하도록 규정하였으며,(지적법 시행령 제45조) 「측수지법」에서도 동일하게 규정하였다.

그리고 「공간정보관리법」에서는 지적삼각점, 지적삼각보조점, 지적도근점으로 구분하여 지적기준점 성과를 열람하거나 그 등본의 발급 신청을 하는 자는 수수료를 내도록 규정하고,(법 제106조제1항제6호) 같은 법률 시행규칙에 지적기준점 성과의 열람과 지적기준점 성과의 등본발급 수수료의 금액을 규정하고 있으며,(규칙 제115조제1항, 별표 12) 국토교통부장관, 국토지리정보원장, 시·도지사 및 지적소관청은 정보통신망을 이용하여 전자화폐·전자결제 등의 방법으로 수수료를 내게 할 수 있도록 규정하여(규칙 제

115조제7항) 오늘에 이르고 있다.

15.2. 측량업의 등록 신청 수수료

지적법령에서는 지적측량업의 등록신청 수수료를 내도록 하는 규정이 없었으나,「공간정보관리법」에서는 측량업의 등록신청을 하고자 하는 자는 수수료를 내도록 규정하고,(법 제106조제1항제9호) 같은 법률 시행규칙에 측량업의 등록 신청 수수료의 금액을 규정하고 있다.(규칙 제115조제1항, 별표 12)

15.3. 측량업 등록증 및 측량업 등록수첩의 재발급 신청 수수료

지적법령에서는 지적측량업 등록증 및 측량업 등록수첩의 재발급 신청 수수료를 내도록 하는 규정이 없었으나,「공간정보관리법」에서는 측량업 등록증 및 측량업 등록수첩의 재발급 신청을 하고자 하는 자는 수수료를 내도록 규정하고,(법 제106조제1항제10호) 같은 법률 시행규칙에 측량업 등록증 및 측량업 등록수첩의 재발급 신청 수수료의 금액을 규정하고 있다.(규칙 제115조제1항, 별표 12)

15.4. 지적공부의 열람 및 등본 발급 수수료

지적법령에서는 대장 및 경계점좌표등록부의 열람 및 등본 발급 수수료는 1필지를 기준으로 하되, 1필지당 1장을 초과하는 경우에는 초과하는 매 1장당 100원을 가산하며, 도면등본의 크기가 기본단위(가로 21센티미터 세로 30센티미터)를 초과하는 경우에는 기본단위당 700원을 가산하도록 규정하였다.(지적법 시행규칙 제16조제1항)

그리고 도면등본을 제도방법(연필에 의한 제도방법을 제외한다.)으로 작성·발급하는 경우 그 등본발급수수료는 기본단위당 5필지를 기준하여 2,400원으로 하되, 5필지를 초과하는 경우에는 초과하는 매 1필지당 150원을 가산하며, 도면등본의 크기가 기본단위를 초과하는 경우에는 기본단위당 500원을 가산하도록 규정하였다.(지적법 시행규칙 제16조제2항)

제10차「지적법」개정 법률에 대장 및 경계점좌표등록부의 열람 및 등본발급수수료를

"1필지 기준 5장 및 초과수수료 50원"을 "1필지 기준 1장 및 초과수수료 100원"으로 개정하였으며 "해당 소관청이 아닌 다른 소관청에게 신청하는 지적공부의 열람 및 등본발급수수료는 무료로 할 수 없다."는 규정을 삭제하였다.

지적도등본 또는 임야도등본은 대부분 지적도와 임야도를 복사하여 신청즉시 발급하고 있으나 일반측량 및 공공측량 등 특정목적에 활용하기 위하여 먹줄펜(오구)·환펜(마루펜)·로트링펜·자동제도기 등에 의한 필기방법으로 작성하여 발급할 것을 신청하는 경우에는 고급 지적기술 인력과 시간이 과다하게 소요되는 등 현실적으로 여러 가지 어려움이 있으나 이를 정확히 작성하여 발급하여야 한다.

그러나 연필에 의한 필기방법으로 지적도등본 또는 임야도등본을 작성하여 발급할 것을 신청하는 경우에는 등본의 공신력이 저하되고 이를 악용하거나 취급부주의로 인하여 국민의 재산권을 침해하는 사례가 발생될 것으로 예상되기 때문에 지적도등본 또는 임야도등본을 작성하여 발급할 수 없음을 유의하여야 한다.

그리고 지적법령에서는 지적공부를 열람하거나 그 등본을 발급받고자 하는 자는 행정자치부령이 정하는 수수료를 그 지방자치단체의 수입증지로 소관청에 납부하도록 규정하였다.(「지적법」 제14조)

그리고 같은 법 시행령[시행 2004. 2. 17.] [대통령령 제18283호, 2004. 2. 17., 일부개정]을 개정하여 지적공부를 열람하거나 그 등본을 교부받고자 하는 자는 행정자치부령이 정하는 수수료를 그 지방자치단체의 수입증지로 소관청에 납부하여야 한다. 다만, 다음 각 호의 1에 해당하는 경우에는 수수료를 면제하도록 규정하였다.(영 제10조)

1. 지적측량업무에 종사하는 지적기술자가 그 업무와 관련하여 지적공부를 열람(등사하기 위하여 열람하는 것을 포함한다)하는 경우
2. 국가 또는 지방자치단체가 업무수행상 필요에 의하여 지적공부의 열람 및 등본교부를 신청하는 경우

「공간정보관리법」에서는 지적공부를 열람하거나 그 등본을 발급받고자 하는 자는 수수료를 내도록 규정하고,(법 제106조제1항제13호) 같은 법률 시행규칙에 지적공부 열람 및 등본발급 신청 수수료의 금액을 규정하고 있으며,(규칙 제115조제1항, 별표 12) 지적(임야)도면 등본을 제도방법(연필로 하는 제도방법은 제외한다.)으로 작성·발급하는 경우 그 등본 발급 수수료는 기본 단위당 5필지를 기준하여 2,400원으로 하되, 5필지를 초과하는 경우에는 초과하는 매 1필지당 150원을 가산하며, 도면 등본의 크기가 기본 단위를 초과하는 경우에는 기본 단위당 500원을 가산하도록 규정하고 있다.(규칙 제115조제1항, 별표 12, 비고 라목)

15.5. 지적전산자료의 이용 또는 활용 신청 수수료

지적법령에서는 지적전산자료의 이용 또는 활용에 관한 승인을 얻은 자는 행정자치부령이 정하는 사용료를 납부하도록 규정하고, 국가 또는 지방자치단체에 대하여는 사용료를 면제하도록 규정하였다.(지적법 시행령 제11조제7항)

그리고 지적전산자료를 행정자치부장관이 제공하는 경우에는 수입인지로, 시·도지사 또는 소관청이 제공하는 경우에는 그 지방자치단체의 수입증지로 납부하여야 한다. 다만, 행정자치부, 시·도지사 또는 소관청은 정보통신망을 이용하여 전자화폐·전자결제 등의 방법으로 이를 납부하게 할 수 있도록 규정하였다.(지적법 시행규칙 제17조제2항)

「공간정보관리법」에서는 지적전산자료의 이용 또는 활용을 신청하고자 하는 자는 지적전산자료의 이용 또는 활용 신청 수수료를 내도록 규정하고,(법 제106조제1항제14호) 같은 법률 시행규칙에 지적전산자료의 이용 또는 활용 신청 수수료의 금액을 규정하고 있다.(규칙 제115조제1항, 별표 12)

15.6. 부동산종합공부의 열람 및 부동산종합증명서발급 신청 수수료

제7차 측수지법[시행 2014. 1. 18.] [법률 제11943호, 2013. 7. 17., 일부개정]을 개정하면서 지적소관청은 부동산의 효율적 이용과 부동산과 관련된 정보의 종합적 관리·운영을 위하여 토지대장, 임야대장, 지적도, 건축물대장 등 현행 부동산과 관련된 18 종류의 공부를 하나의 공부로 통합한 부동산종합공부를 관리·운영할 수 있는 근거를 마련하였다.(법 제2조제19호의3, 제76조의2부터 제76조의3까지)

이어서 부동산종합공부를 열람하거나 부동산종합공부 기록사항의 전부 또는 일부에 관한 증명서를 발급받으려는 자는 국토교통부령으로 정하는 바에 따라 수수료를 내고 지적소관청이나 읍·면·동의 장에게 신청할 수 있도록 규정하고,(법 제76조의4) 같은 법률 시행규칙에 부동산종합공부의 인터넷 열람 신청 또는 부동산종합증명서 발급 신청 수수료의 금액을 규정하고 있다.(규칙 제115조제1항, 별표 12)

15.7. 토지이동 신청 수수료

지적법령에서는 토지의 이동에 따른 지적공부 정리신청을 하는 때에는 신청인은 행정자치부령이 정하는 수수료를 그 지방자치단체의 수입증지로 소관청에 납부하도록 규정하고, 국가 또는 지방자치단체가 신청하는 때와 토지소유자가 지적공부의 등록말소를 신청하는 때에는 수수료를 면제하도록 규정하였다.(지적법 시행령 제59조제1항)

「공간정보관리법」에서도 지적법령의 내용과 동일하게 신규등록 신청·등록전환 신청·분할 신청·합병 신청·지목변경 신청·바다로 된 토지의 등록말소 신청·축척변경 신청·등록사항정정 신청 또는 도시개발사업 등에 따른 토지이동 신청 수수료를 내도록 규정하고,(법 제106조제1항제15호) 같은 법률 시행규칙에 이들 모두의 토지이동 신청을 지적공부정리 신청 수수료로 하여 토지의 이동 종목별 금액을 규정하고 있다.(규칙 제115조제1항, 별표 12)

15.8. 지적관련 수수료의 면제

「공간정보관리법」에서는 지적관련 수수료 중에서 ① 국가, 지방자치단체 또는 지적측량수행자가 지적공부 열람 및 등본 발급 신청을 하는 경우에는 신청 수수료를 면제하도록 규정하고 있으며(법 제106조제5항제4호), ② 국가 또는 지방자치단체에서 부동산종합공부의 열람 및 부동산종합증명서 발급 신청을 하거나 토지의 이동 신청을 하는 경우에는 관련 수수료를 면제 할 수 있도록 규정하고 있다.(법 제106조제5항제5호)
그리고 이 법 시행규칙에서는 ① 국가 또는 지방자치단체의 지적공부정리 신청 수수료는 면제하도록 규정되어 있으며,(규칙 제115조제1항, 별표 12, 비고 가목) ② 지적측량업무에 종사하는 측량기술자가 그 업무와 관련하여 지적측량 기준점 성과 또는 그 측량부의 열람 및 등본발급을 신청하는 경우,(규칙 제115조제1항, 별표 12, 비고 마목) ③ 국가 또는 지방자치단체가 업무수행에 필요하여 지적공부의 열람 및 등본 발급을 신청하는 경우,(규칙 제115조제1항, 별표 12, 비고 바목) ④ 지적측량업무에 종사하는 측량기술자가 그 업무와 관련하여 지적공부를 열람(복사하기 위하여 열람하는 것을 포함한다.)하는 경우에도 수수료를 면제하도록 규정하고 있다.(규칙 제115조제1항, 별표 12, 비고 사목)

15.9. 지적측량 수수료

내무부의 지적측량 수수료 표준품셈화 정책에 따라 1976년 4월 1일부터 1977년 3월

31일까지 1년간 대한지적공사의 전국 205개 모든 시·군·구출장소에서 1,551명의 지적기술자가 참여하여 측량 종목별로 소요시간·인력·난이도·정밀도 등을 실사하여 기록하였다.

당시 대한지적공사는 측량 수수료의 인하를 걱정하여 내무부의 표준품셈화 정책을 적극 반대하였으나, 실사를 수행한 후 그 결과를 제출할 수밖에 없었다.

내무부는 대한지적공사의 실사 결과를 총무처의 정부전자계산소에 의뢰하여 1년간 전용 프로그램을 개발하여 전산처리한 분석표를 기초로 지적측량표준품셈(안)을 작성, 정부건설품셈종합심의회에 부의 통과함으로써 1977년 12월에 '지적측량표준품셈'이 확정되었다.106)

따라서 최초로 지적측량 수수료를 합리적이고 과학적으로 산정할 수 있도록 직접인건비·현장여비·기계경비·재료 소모품비·제경비 등으로 구분하여 표준화하였다.

그리고 지적측량 수수료는 건설교통부장관이 고시하는 표준품셈 중에서 지적측량품에 지적기술자의 정부노임단가를 적용하여 산정하여야 하며, 지적측량종목별 지적측량 수수료의 세부산정기준 등에 관하여 필요한 사항은 행정자치부장관이 정하도록 규정하였다. (지적법 시행령 제59조제5항, 지적법 시행규칙 제69조제2항, 제3항)

따라서 지적측량 수수료는 대한지적공사가 정부에서 고시한 지적측량품에 의하여 국가를 당사자로 하는 계약에 관한 법률 시행규칙 제7조제1항제1호의 규정에 의한 통계작성승인을 받은 기관이 조사하여 공포한 노임 단가와 물가조사기관에서 조사한 국내도매가격(수입품은 CIF 가격107))에 의한 기계경비 및 재료소모품비 등의 인상요인을 적용하여 지적측량수수료 인가신청을 하면 주무부장관은 각종 공공요금의 억제정책과 국민부담 등을 고려하여 적정수준으로 조정·인가하여 왔다.

지적측량 수수료는 크게 나누어 다음과 같이 네 가지 요인을 감안하여 필지 단위로 산출하였다. 첫째 신규등록·등록전환·분할·경계복원 등 측량종목별로 수수료를 차등 적용하였으며, 둘째 측량대상 토지가 소재한 도시지역과 농촌지역을 구분하여 지역별로 수수료를 차등 적용하였고, 셋째 측량대상 토지의 면적 규모별로 체감율을 적용하여 수수료를 차등 적용하였으며, 넷째 측량대상 토지가 등록된 지적도 또는 임야도의 축척별로 수수료를 차등 적용하였다.

그러나 1977년 말에 확정된 지적측량표준품셈에는 기술료가 포함되어 있지 아니하여 1994년 12월에 경제기획원장관과 협의하여 기술개발·교육훈련·지적재조사 연구비 등

---

106) 내무부, 1997, 『지적측량표준품셈화결과보고』.
107) C.I.F(Cost Insurance and Flight)가격이란 무역거래에 있어 매도자가 상품의 선적에서 수입국까지 운임·보험료 일체를 부담하는 조건으로 체결하는 무역계약을 말하며, CIF가격이란 운임과 보험료 등을 포함한 도착가격을 말한다.

지적제도의 연구 개선에 투자할 수 있도록 직접인건비에 제경비를 합한 금액의 20% 이내로 기술료를 계상할 수 있도록 지적측량수수료규정을 개정하여 1995년부터 지적측량수수료에 3%의 기술료로 징수할 수 있도록 제도화하였다.

이에 따라 그동안 기술료의 비율을 점진적으로 상향 조정하여 2017년부터 13%의 기술료를 징수 할 수 있도록 개정하였으며, 계속하여 2025년에도 13%의 기술료를 징수 할 수 있도록 운용하고 있다.108)

독일은 위와 같은 요인 이외에 경계점수·사무실과 측량대상 토지와의 거리·소요인력 및 소요시간 등에 따라 지적측량수수료를 차등 적용하고 있을 뿐만 아니라 토지가격 또는 건축물의 가격에 따라 차등 적용하는 측량 대상물건에 대한 "종가제도(從價制度)"를 채택하고 있다.

그리고 덴마크는 지적측량 수수료를 연방정부나 시·도 등 지방정부에서 전혀 관여하지 아니하고 완전히 측량사협회(Danish Association of chartered Surveyors)에서 자율적으로 결정하여 징수하고 있으며, 스위스는 각 주(kanton)별로 독자적인 수수료체계를 채택하고 있기 때문에 주별 지적측량 수수료가 10배 이상 차이가 발생하는 사례도 있다.

내무부는 그동안 지적측량 시장의 독점성과 국민 부담 경감을 내세우고 공공요금이라는 사유로 매년 정부의 공공요금 억제정책에 맞추어 지적측량 수수료를 조정·인가하여 왔기 때문에 선진국 지적측량 수수료의 20% 내지 30%에 미치지 않고 있으며, 2004년부터 지적측량업무를 민간에게 개방하여 경쟁체제를 도입하였기 때문에 이의 합리적인 현실화가 더욱 절실한 실정이었다.

새로운 측량장비와 측량기술의 발달로 인하여 인건비는 줄어드는 반면 기술료 등 제경비가 증가되어 1977년 12월에 확정된 지적측량표준품셈 체계가 현실과 불합리하게 되어 한국지적학회에서 2004년 10월에 수행한『지적측량수수료 체계 개선에 관한 연구』와 2008년 3월에 수행한『지적측량수수료 체계 개선에 관한 연구』보고서에서 이를 합리적으로 개선하고 공시지가를 반영한 지적측량수수료 체계의 도입을 제안하였다.109)

이 연구보고서를 토대로 2010년에 지적측량수수료 산정기준 등에 관한 규정(2010. 12. 31. 국토해양부 예규 제178호)을 개정하여 "지가계수, 등록계수, 지역구분계수, 연속지·집단지 체감계수, 필지체감계수, 면적계수, 경계복원점계수" 등의 용어를 신설하고, 우리

---

108) 지적측량수수료 산정기준 등에 관한 규정(2024. 2. 1. 국토교통부예규 제378호 개정) 제5조제2항제4호.
 ; 국토교통부, 2025 지적측량수수료 단가산출 기준(국토교통부 고시 제2024-865호), p.55.
109) 2004년과 2008년에 한국지적학회에서 수행한『지적측량수수료 체계 개선에 관한 연구』에 청주대학교 강태석 교수가 책임연구원으로 참여하여 공시지가를 반영한 지적측량수수료 체계의 도입을 제안하여 이를 채택함으로써 합리적이고 과학적인 지적측량 수수료 체계를 갖추게 되었다.

나라 최초로 공시지가를 적용한 지적측량수수료 산정기준을 제정하였다.

이어서 2017년에 지적측량수수료 산정기준 등에 관한 규정[시행 2017. 1. 1.] [국토교통부예규 제145호, 2016. 12. 30., 일부개정]을 개정하여 수수료는 국토교통부장관이 고시하는 표준 품셈의 지적측량종목에 따라 면적, 지역구분, 지적공부등록지별(수치·토지·임야) 계수를 적용하여 산정하며, 기준면적 초과분은 품셈에서 정한 가산계수를 적용하고, 개별공시지가에 의한 지가계수의 경우 체감 또는 가산계수를, 연속지·집단지는 체감계수를 적용하여 산정하도록 규정하고(제4조) 직접측량비(직접인건비 + 직접경비)와 간접측량비(제경비 + 기술료)를 합산하여 수수료를 산정하도록 규정하여(제5조) 보다 합리적이고 과학적인 수수료 체계를 갖추었다.

지적측량수수료의 산정기준에 필요한 ① "지가계수"란 접수일 기준으로 공시된 개별공시지가를 기준으로 토지가격대별로 수수료를 적용하기 위한 계수를 말하며, ② "등록계수"란 토지, 임야 등 지적공부 등록지의 구분 및 차등화한 계수를 말하고, ③ "지역구분계수"란 행정구역(시·군·구)을 구분하여 차등화한 계수를 말하며, ④ "연속지·집단지 체감계수"란 51개 이상의 측량필지가 연속되거나 집단지의 형태를 이루고 있어 동일한 작업과정으로 계속하여 측량 업무를 수행할 수 있는 경우에 수수료를 체감하기 위한 계수를 말하고, ⑤ "필지체감계수"란 50개 이하의 측량필지가 연속되거나 집단지의 형태를 이루고 있어 동일한 작업과정으로 계속하여 측량업무를 수행할 수 있는 경우에 수수료를 체감하기 위한 계수를 말하며, ⑥ "면적계수"란 1필지 당 측량 기준면적을 초과할 때 수수료를 가산하기 위한 계수를 말하고, ⑦ "기준면적"이란 업무종목별, 등록지별로 단가산출의 기준이 되는 최소면적을 말한다.(제3조제4호부터 제10호까지)

현행「공간정보관리법」에서는 지적측량을 의뢰하는 자가 국토교통부령으로 정하는 바에 따라 지적측량수행자에게 지적측량수수료를 내도록 규정하고(법 제106조제2항), 지적측량수수료는 국토교통부장관이 고시하는 표준품셈 중 지적측량품에 지적기술자의 정부노임단가를 적용 산정하여 매년 12월 31일까지 고시하도록 규정하고, 지적측량 종목별 지적측량수수료의 세부 산정기준 등에 필요한 사항은 국토교통부장관이 정하도록 규정하고 있다.(법 제106조제3항, 규칙 제116조제1항, 제2항)

15.10. 직권 조사·측량 비용

지적법령에서는 토지소유자가 신청하여야 하는 사항으로 신청이 없어 지적소관청이 직권으로 조사·측량하여 지적공부를 정리한 경우에는 그 조사·측량에 들어간 비용을 지적측량 수수료에 준하여 토지소유자로부터 징수하도록 규정하고, 바다로 된 토지에 대한 지적공부의 등록사항을 말소한 경우에는 그 조사·측량에 들어간 비용을 징수하지 아니하도록 규정하였다.(「지적법」 제50조제4항)

「공간정보관리법」에서도 지적법령의 내용과 동일하게 토지소유자가 신청하여야 하는 사항으로써 신청이 없어 지적소관청이 직권으로 조사·측량하여 지적공부를 정리한 경우에는 그 조사·측량에 들어간 비용을 지적측량수수료에 준하여 토지소유자로부터 징수하도록 규정하고, 바다로 된 토지에 대한 지적공부의 등록사항을 말소한 경우에는 그 조사·측량에 들어간 비용을 징수하지 아니하도록 규정하고 있다.(법 제106조제4항)

그리고 직권 조사·측량에 소요되는 수수료는 지적공부를 정리한 날부터 30일 내에 납부하여야 하며, 기간 내에 납부하지 아니하면 국세 또는 지방세 체납처분의 예에 따라 징수하도록 규정하고 있다.(법 제106조제6항, 규칙 제117조)

지적총서(Cadastral Series, 地籍叢書)	
[지적총서 1] (Cadastral Series 1)	지적학(제4전정판, 2024) Cadastral Science(4th ed.) 地籍學(第4全訂版)
[지적총서 2] (Cadastral Series 2)	지적법(제7전정판, 2025) Cadastral Act(7th ed.) 地籍法(第7全訂版)
[지적총서 3] (Cadastral Series 3)	지적사(제2전정판, 2017) Cadastral History(2nd ed.) 地籍史(第2全訂版)

벌칙
Penal Provisions
Chapter 05

　벌칙(罰則)에 규정하는 사항은 일반적으로 ① 행정형벌에 관한 사항, ② 과태료에 관한 사항을 규정하고 있다.
　「공간정보관리법」에서도 이러한 일반원칙에 의하여 벌칙으로 행정형벌 중에서 과료(科料)를 제외한 벌금(罰金, 제107조부터 제109조까지)과 양벌규정(兩罰規定, 제110조) 및 과태료(過怠料, 제111조)에 관한 사항을 규정하고 있다.
　형벌(刑罰)의 종류는 「형법」 제41조에 사형(死刑), 징역(懲役), 금고(禁錮), 자격상실(資格喪失), 자격정지(資格停止), 벌금(罰金), 구류(拘留), 과료(科料), 몰수(沒收) 등으로 규정하고 있다.
　벌금(罰金)은 「형법」 제45조에 5만원 이상으로 규정하고 있다. 그리고 「형의실효 등에 관한 법률」에 지방검찰청 및 그 지청과 보통검찰부에서는 자격정지 이상의 형을 선고한 재판이 확정되면 지체 없이 그 형을 선고받은 수형인을 수형인명부(受刑人名簿)에 기재하도록 규정하고,(법 제3조) 지방검찰청 및 그 지청과 보통검찰부에서는 자격정지 이상의 형을 선고받은 수형인에 대한 수형인명표를 작성하여 수형인의 등록기준지 시·구·읍·면 사무소에 송부하도록 규정하여(법 제4조제1항), 취업과 해외여행 등 사회생활에 많은 제약이 따르게 되며 각종 인허가시에 결격사유로 규정하거나 「예산회계법」 등에서는 입찰자격을 제한하는 등 법령에 의한 여러 가지 불이익을 받게 된다.
　벌금이란 행정형벌제도의 하나로 「형법」에서 5만원 이상으로 규정하고 있어 금전적 제재수단 중에서 제재 효과가 가장 크기 때문에 사전 예방적 효과를 거둘 수 있는 법적 장치라고 보아야 할 것이다.
　과료(科料)란 「형법」에 준하여 일정한 재산을 납부하게 하는 재산형(財産刑)의 하나로서 그 금액이 적고 또한 「경범죄처벌법」상의 범죄 등 비교적 경미한 범죄에 과하여 진다는 점에서 벌금과 차이가 있으며, 금전적 제재의 일종이지만 형벌이 아닌 과태료와 구별함을 요한다.
　과료는 「형법」 제47조에 그 금액이 2천원 이상 5만원 미만으로 규정되어 있어, 금전적

제재 효과가 미약하고 수형인명부에 기재되지 아니하기 때문에 「공간정보관리법」에서는 이를 채택하지 않고 있다.

이어서 과태료(過怠料)란 벌금이나 과료와는 달리 행정 법규 등 형벌의 성질을 가지지 않는 법령 위반에 대하여 시장·군수 등이 부과하는 금전벌(金錢罰)을 말하는 것으로 주차 위반을 했거나 「주민등록법」 또는 「지적법」의 규정을 위반했을 때에 부과되는 것이 이에 해당한다. 다시 말하면 과태료는 행정질서의 유지를 위한 금전적 제재수단의 하나라고 할 수 있다.

1. 3년 이하의 징역 또는 3천만원 이하의 벌금

> 법 제107조(벌칙) 측량업자로서 속임수·위력(威力)·그 밖의 방법으로 측량업과 관련된 입찰의 공정성을 해친 자는 3년 이하의 징역 또는 3천만원 이하의 벌금에 처한다. <개정 2020. 2. 18.>

「공간정보관리법」에서 규정한 지적측량업과 관련된 첫 번째 벌칙은 지적측량업자로서 속임수·위력(威力)·그 밖의 방법으로 지적측량업과 관련된 입찰의 공정성을 해친 자에게는 3년 이하의 징역 또는 3천만원 이하의 벌금에 처하도록 규정하고 있다.(법 제107조)

본 조문은 「공간정보관리법」에서 규정하고 있는 수로조사와 관련된 내용을 분리하여 「해양조사정보법」을 제정함에 따라 제13차 「공간정보관리법」 개정 법률에서 본문 중 "측량업자나 수로사업자"를 "측량업자"로, "측량업 또는 수로사업"을 "측량업"으로 개정하여 「해양조사정보법」의 제정 취지에 합치되도록 개선하였다.

2. 2년 이하의 징역 또는 2천만원 이하의 벌금

> 법 제108조(벌칙) 다음 각 호의 어느 하나에 해당하는 자는 2년 이하의 징역 또는 2천만원 이하의 벌금에 처한다. <개정 2020. 2. 18.>
> 1. 제9조제1항을 위반하여 측량기준점표지를 이전 또는 파손하거나 그 효용을 해치는 행위를 한 자
> 2. 고의로 측량성과를 사실과 다르게 한 자

> 3. 제16조 또는 제21조를 위반하여 측량성과를 국외로 반출한 자
> 4. 제44조를 위반하여 측량업의 등록을 하지 아니하거나 거짓이나 그 밖의 부정한 방법으로 측량업의 등록을 하고 측량업을 한 자
> 5. 삭제 <2020. 2. 18.>
> 6. 제92조제1항에 따른 성능검사를 부정하게 한 성능검사대행자
> 7. 제93조제1항을 위반하여 성능검사대행자의 등록을 하지 아니하거나 거짓이나 그 밖의 부정한 방법으로 성능검사대행자의 등록을 하고 성능검사업무를 한 자

「공간정보관리법」에서 규정한 지적측량업과 관련된 두 번째 벌칙은 ① 측량기준점표지를 이전 또는 파손하거나 그 효용을 해치는 행위를 한 자, ② 고의로 측량성과를 사실과 다르게 한 자, ③ 측량성과를 국외로 반출한 자, ④ 지적측량업의 등록을 하지 아니하거나 거짓이나 그 밖의 부정한 방법으로 지적측량업의 등록을 하고 지적측량업을 한 자, ⑤ 성능검사를 부정하게 한 성능검사대행자, ⑥성능검사대행자의 등록을 하지 아니하거나 거짓이나 그 밖의 부정한 방법으로 성능검사대행자의 등록을 하고 성능검사업무를 한 자에게는 2년 이하의 징역 또는 2천만원 이하의 벌금에 처하도록 규정하고 있다.(법 제108조)

본 조문은 「공간정보관리법」에서 규정하고 있는 수로조사와 관련된 내용을 분리하여 「해양조사정보법」을 제정함에 따라 제13차 「공간정보관리법」 개정 법률에서 제2호 중 "측량성과 또는 수로조사성과"를 "측량성과"로 하고, 같은 조 제5호를 삭제하여 「해양조사정보법」의 제정 취지에 합치되도록 개선하였다.

3. 1년 이하의 징역 또는 1천만원 이하의 벌금

> 법 제109조(벌칙) 다음 각 호의 어느 하나에 해당하는 자는 1년 이하의 징역 또는 1천만원 이하의 벌금에 처한다. <개정 2013. 3. 23., 2020. 2. 18., 2021. 7. 20., 2022. 6. 10.>
> 1. 제14조제2항 또는 제19조제2항을 위반하여 무단으로 측량성과 또는 측량기록을 복제한 자
> 2. 제15조제4항 및 제15조의2제1항에 따른 심사를 받지 아니하고 지도등을 간행하여 판매하거나 배포한 자
> 3. 삭제 <2020. 2. 18.>
> 4. 제39조제1항을 위반하여 측량기술자가 아님에도 불구하고 측량을 한 자
> 5. 제41조제2항을 위반하여 업무상 알게 된 비밀을 누설한 측량기술자
> 6. 제41조제3항을 위반하여 둘 이상의 측량업자에게 소속된 측량기술자

7. 제49조제1항을 위반하여 다른 사람에게 측량업등록증 또는 측량업등록수첩을 빌려주거나 자기의 성명 또는 상호를 사용하여 측량업무를 하게 한 자
8. 제49조제2항을 위반하여 다른 사람의 측량업등록증 또는 측량업등록수첩을 빌려서 사용하거나 다른 사람의 성명 또는 상호를 사용하여 측량업무를 한 자
9. 제50조제3항을 위반하여 제106조제2항에 따른 지적측량수수료 외의 대가를 받은 지적측량기술자
10. 거짓으로 다음 각 목의 신청을 한 자
   가. 제77조에 따른 신규등록 신청
   나. 제78조에 따른 등록전환 신청
   다. 제79조에 따른 분할 신청
   라. 제80조에 따른 합병 신청
   마. 제81조에 따른 지목변경 신청
   바. 제82조에 따른 바다로 된 토지의 등록말소 신청
   사. 제83조에 따른 축척변경 신청
   아. 제84조에 따른 등록사항의 정정 신청
   자. 제86조에 따른 도시개발사업 등 시행지역의 토지이동 신청
11. 제95조제1항을 위반하여 다른 사람에게 자기의 성능검사대행자 등록증을 빌려 주거나 자기의 성명 또는 상호를 사용하여 성능검사대행업무를 수행하게 한 자
12. 제95조제2항을 위반하여 다른 사람의 성능검사대행자 등록증을 빌려서 사용하거나 다른 사람의 성명 또는 상호를 사용하여 성능검사대행업무를 수행한 자

지적법령에서는 지적측량업 등록증을 다른 사람에게 빌려준 자와 그 상대방은 5년 이하의 징역 또는 5천만원 이하의 벌금에 처하도록 규정하고 있었다.(「지적법」제50조의2)

이 벌칙 규정은 지적측량업의 개방에 따라 제13차 「지적법」 개정 법률에서 신설되었으며, 지적측량수행자(소속 지적기술자를 포함한다.)가 고의로 지적측량을 잘못한 자 또는 행정자치부장관에게 등록을 하지 아니하고 지적편집도를 간행·판매하거나, 지적편집도간행·판매업등록증을 다른 사람에게 빌려준 자 및 그 상대방은 2년 이하의 징역 또는 1천만원 이하의 벌금에 처하도록 규정하였다.(「지적법」제51조)

지적편집도의 간행 등 위반에 관한 벌칙 규정은 소규모의 지도제작업자 또는 공인중개사사무소 등에서 지적도등본을 발급받아 분할·합병·지목변경 등 토지이동에 따른 가제정리 없이 합성하여 판매함으로써 선의의 피해자가 발생되어 이를 근절하기 위한 법적 장치라고 할 수 있으며, 제13차 「지적법」 개정 법률에서 신설되었다.

그리고 신규등록 또는 등록전환·분할·합병·지목변경신청 등을 허위로 한 자, 「국가기술자격법」에 의한 기술·기능 분야 지적기술자격을 취득하지 아니하고 지적측량을 한 자, 지적측량수행자가 지적측량수수료 이외에 그 업무와 관련된 대가를 받은 자, 지적측량수행자가 정당한 사유 없이 그 업무상 알게 된 비밀을 누설한 자 및 2 이상의 지적측량

수행자에게 소속된 지적기술자에 대하여는 1년 이하의 징역 또는 500만원 이하의 벌금에 처하도록 규정하였다.(「지적법」 제52조)

허위신청(虛僞申請)에 관한 벌칙 규정은 지적공부의 등록사항과 토지에 대한 실체적 현황이 일치되도록 강제함으로써 「지적법」의 제정목적을 효율적으로 달성하기 위한 법적 장치라고 할 수 있으며, 측량위반에 관한 벌칙 규정은 국가에서 인정한 지적기술자격 소지자에 한하여 지적측량을 할 수 있도록 강제함으로써 지적측량 성과의 정확성과 공신력을 제고하기 위한 법적 장치라고 할 수 있다.

따라서 지적직 공무원이나 한국국토정보공사 또는 지적측량업 소속의 직원 신분으로 측지기술자격을 소지하였다 하더라도 일반측량이나 공공측량 등을 할 수 없으며, 국토지리정보원 또는 지방국토관리청에 등록한 측량업자가 지적기술자격을 소지하였다 하더라도 지적측량을 할 수 없다.

「공간정보관리법」에서 규정한 지적측량업과 관련된 세 번째 벌칙은 ① 측량기술자가 아님에도 불구하고 측량을 한 자, ② 업무상 알게 된 비밀을 누설한 측량기술자, ③ 둘 이상의 측량업자에게 소속된 측량기술자, ④ 다른 사람에게 측량업등록증 또는 측량업등록수첩을 빌려주거나 자기의 성명 또는 상호를 사용하여 측량업무를 하게 한 자, ⑤ 다른 사람의 측량업등록증 또는 측량업등록수첩을 빌려서 사용하거나 다른 사람의 성명 또는 상호를 사용하여 측량업무를 한 자, ⑥ 지적측량수수료 외의 대가를 받은 지적측량기술자, ⑦ 거짓으로 신규등록, 등록전환, 분할, 합병, 지목변경, 바다로 된 토지의 등록말소, 축척변경, 등록사항의 정정, 도시개발사업 등 시행지역의 토지이동 등 신청을 한 자에게는 1년 이하의 징역 또는 1천만원 이하의 벌금에 처하도록 규정하고 있다.(법 제109조)

본 조문은 「공간정보관리법」에서 규정하고 있는 수로조사와 관련된 내용을 분리하여 「해양조사정보법」을 제정함에 따라 제13차 「공간정보관리법」 개정 법률에서 제3호를 삭제하고, 제5호 중 "제41조제2항(제43조제3항에 따라 준용되는 경우를 포함한다.)"을 "제41조제2항"으로, "측량기술자 또는 수로기술자"를 "측량기술자"로 하며, 제6호 중 "제41조제3항(제43조제3항에 따라 준용되는 경우를 포함한다.)"을 "제41조제3항"으로, "측량기술자 또는 수로기술자"를 "측량기술자"로 개정하여 「해양조사정보법」의 제정 취지에 합치되도록 개선하였다.

이어서 제17차 「공간정보관리법」 개정 법률에서 제109조제2호 중 "제15조제3항"을 "제15조제4항"으로 개정하고, 제19차 「공간정보관리법」 개정 법률에서 제109조제2호 중 "제15조제4항"을 "제15조제4항 및 제15조의2제1항"으로 조문 변경을 위한 개정을 하였으나 내용은 변경되지 않았다.

4. 양벌규정

> 법 제110조(양벌규정) 법인의 대표자나 법인 또는 개인의 대리인, 사용인, 그 밖의 종업원이 그 법인 또는 개인의 업무에 관하여 제107조부터 제109조까지의 어느 하나에 해당하는 위반행위를 하면 그 행위자를 벌하는 외에 그 법인 또는 개인에게도 해당 조문의 벌금형을 과(科)한다. 다만, 법인 또는 개인이 그 위반행위를 방지하기 위하여 해당 업무에 관하여 상당한 주의와 감독을 게을리하지 아니한 경우에는 그러하지 아니하다.

양벌규정(兩罰規定)이란 위법행위에 대하여 행위자를 처벌하는 외에 그 업무의 주체인 법인 또는 개인도 함께 처벌하는 규정으로써 쌍벌규정(雙罰規定)이라고도 한다.

범죄 기타의 원인으로 법률상의 제재가 취해질 경우에 행위자 본인과 그 외에 일정한 관련이 있는 타인(법인을 포함한다.)에 대하여 연좌적인 의미의 제재를 가하는 것을 말하며, 양벌규정에 의한 법인 또는 개인 사용주, 고용주 등에 대한 벌칙은 벌금형에 한정되고, 징역이나 금고를 과하지는 아니한다.[110]

형벌은 일신전속적(一身專屬的)인 것인데, 행정형벌법규에서 양벌규정을 두는 경우에 행위자 이외의 자가 지는 책임의 본질은 타인의 책임을 대신하여 지는 대위책임(代位責任)이나 무과실책임이 아니고, 자기의 지배범위 내에 있는 자에 대하여 위법행위를 하지 않도록 하여야 할 주의의무·감독의무를 해태한 자기 책임에 속한다.

양벌규정은 제13차 「지적법」 개정 법률에서 신설된 규정으로, 2004년 1월부터 지적측량업무의 일부를 개방하면서 도입된 제도이다. 법인의 대표자나 법인 또는 개인의 대리인·사용인 그 밖의 종업원이 그 법인 또는 개인의 업무에 관하여 법 제50조의2·법 제51조 또는 법 제52조의 위반행위를 한 때에는 그 행위자를 벌하는 외에 그 법인이나 개인에 대하여도 각 해당 조문의 벌금형을 과하도록 규정하고 있었다.(「지적법」 제52조의2)

따라서 「지적법」에서 규정한 양벌규정에 의하여 지적측량수행자에게 과해진 벌금형은 지적측량수행자가 소속 직원의 관리 또는 지휘감독 책임에 대하여 처벌하는 것으로 지적측량수행자에게 명한 벌금은 행위자인 소속 직원에게 구상권(求償權) 행사 또는 손해배상청구를 할 수 없을 뿐만 아니라 행위자에게 이중으로 부담하게 할 수 없으므로 당연히 지적측량수행자가 납부하여야 한다. 그러나 지적측량수행자가 해당 사건으로 인하여 특

---

110) 법제연구원, 2002, 『법령용어사례집(하)』, p.1033.

별히 손해를 입었다고 주장하는 부분에 한해서는 행위자에게 손해배상청구는 가능할 것으로 본다.

「공간정보관리법」에서는 법인의 대표자나 법인 또는 개인의 대리인·사용인·그 밖의 종업원이 그 법인 또는 개인의 업무에 관하여 제107조부터 제109조까지의 어느 하나에 해당하는 위반행위를 하면 그 행위자를 벌하는 외에 그 법인 또는 개인에게도 해당 조문의 벌금형을 과(科)하여야 하나, 법인 또는 개인이 그 위반행위를 방지하기 위하여 해당 업무에 관하여 상당한 주의와 감독을 게을리 하지 아니한 경우에는 그러하지 아니하도록 규정하고 있다.(법 제110조)

5. 과태료

법 제111조(과태료) ① 제13조제4항을 위반하여 고시된 측량성과에 어긋나는 측량성과를 사용한 자에게는 300만원 이하의 과태료를 부과한다.
② 다음 각 호의 어느 하나에 해당하는 자에게는 200만원 이하의 과태료를 부과한다.
1. 정당한 사유 없이 측량을 방해한 자
2. 제92조제1항을 위반하여 측량기기에 대한 성능검사를 받지 아니하거나 부정한 방법으로 성능검사를 받은 자
3. 정당한 사유 없이 제99조제1항에 따른 보고를 하지 아니하거나 거짓으로 보고를 한 자
4. 정당한 사유 없이 제99조제1항에 따른 조사를 거부·방해 또는 기피한 자
5. 정당한 사유 없이 제101조제7항을 위반하여 토지등에의 출입 등을 방해하거나 거부한 자
③ 다음 각 호의 어느 하나에 해당하는 자에게는 100만원 이하의 과태료를 부과한다.
1. 제40조제1항을 위반하여 거짓으로 측량기술자의 신고를 한 자
2. 제44조제5항을 위반하여 측량업 등록사항의 변경신고를 하지 아니한 자
3. 제46조제1항을 위반하여 측량업자의 지위 승계 신고를 하지 아니한 자
4. 제48조를 위반하여 측량업의 휴업·폐업 등의 신고를 하지 아니하거나 거짓으로 신고한 자
5. 제93조제1항을 위반하여 성능검사대행자의 등록사항 변경을 신고하지 아니한 자
6. 제93조제6항을 위반하여 성능검사대행업무의 폐업신고를 하지 아니한 자
7. 정당한 사유 없이 제98조제2항에 따른 교육을 받지 아니한 자
④ 제1항부터 제3항까지의 규정에 따른 과태료는 대통령령으로 정하는 바에 따라 국토교통부장관, 시·도지사, 대도시 시장 또는 지적소관청이 부과·징수한다.
 [전문개정 2022. 11. 15.]

실정법상 과태료(過怠料)는 질서벌로서의 과태료·집행벌로서의 과태료·징계벌로서의 과태료·조례에 의한 과태료 등 네 가지 유형이 있다.

첫째, 질서벌(秩序罰)로서의 과태료는 법률에 의하여 과해진 형식적인 의무 위반자에 대하여 제재로 과(課)해지는 것으로서 「민법」(법 제97조)·「상법」(법 제28조, 법 제635조, 법 제636조)·「가족관계의 등록 등에 관한 법률」(법 제120조부터 법 제124조까지)·「민사소송법」(법 제311조, 법 제318조, 법 제326조) 등의 공법과 사법에 규정되어 있어 널리 인정되고 있다.

둘째, 집행벌(執行罰)로서의 과태료는 행정상의 의무 불이행이 있는 경우에 그 의무자에게 심리적 압박을 가하여 의무의 이행을 간접적으로 강제하기 위하여 과해지는 것으로서 허가 없이 영업·건축 등을 하여서는 아니 된다는 부작위 의무와 성병환자가 강제검진을 이행하지 않을 경우 일정기간 내에 의무를 이행치 않으면 일정한 과태료에 처한다는 뜻을 미리 계고(戒告)함으로써 심리적 압박을 가하여 의무 이행을 간접적으로 강제하는 것 등을 말한다.

셋째, 징계벌(懲戒罰)로서의 과태료는 일정한 직업을 가진 사람이 직무상의 의무에 위반하였을 경우에 과해지는 것으로서 「변호사법」(법 제117조) 등에 규정되어 있으며, 그 직업을 감독하는 관청이 과하는 것이 통례이다.

넷째, 조례(條例)에 의한 과태료는 「지방자치법」에 조례로 과태료를 징수할 수 있도록 규정되어 있으며, 해당 지방자치단체의 장이나 그 관할 구역의 지방자치단체의 장이 부과·징수하도록 규정되어 있다.(「지방자치법」 법 제28조, 법 제34조)

위와 같은 과태료는 형벌이 아니므로 과벌절차(科罰節次)도 「형사소송법」에 의하지 않으며, 그 자체에 관한 일반적 규정도 없다.

따라서 법령 또는 조례에 특별한 규정이 없는 한 민사질서벌(民事秩序罰)에 준하여 「비송사건절차법(非訟事件節次法)」[111]에 따라 비행자의 주소지를 관할하는 지방법원에서 과하며, 그 집행은 검사의 명령으로써 하되 원칙적으로 「민사소송법」에 의한다.

그러나 조례에 의한 과태료는 특별한 규정이 없는 한 지방세 징수의 예에 따라 지방자치단체의 장 또는 그 위임을 받은 자가 부과 징수하여 해당 단체의 수입으로 한다는 점에서 다른 과태료와 구별된다.[112]

과태료의 처분 규정은 지적측량업무의 개방에 따른 문제점을 해소하고 지적측량의 시

---

111) 비송사건(非訟事件)이란 민사소송 사건 이외의 모든 민사(民事) 및 상사(商事)에 관한 사건으로 소송(訴訟)에 의하지 않고 법원이 사인(私人)의 생활관계를 돕거나 감독하는 사건으로서 「비송사건절차법」상의 비송사건에는 민사비송사건(民事非訟事件)으로서 법인(法人), 신탁(信託), 재판상의 대위(代位), 보존·공탁·보관과 감정, 법인의 등기, 부부재산약정의 등기 등에 관한 사건이 있으며, 상사비송사건(商事非訟事件)으로서 회사와 경매, 사채(社債), 회사의 청산(淸算), 상업등기(商業登記) 등에 관한 사건이 있고, 그밖에 과태료(過怠料)에 관한 사건이 있다.
112) 법률용어해설.(www.yahoo.co.kr/2004. 11. 10.)

장 질서를 어지럽히는 사례를 미연에 방지하고, 신규등록 등 토지의 이동에 따른 토지소유자의 신청의무를 이행하도록 강제함으로써 지적공부의 등록사항과 토지의 실제 현황인 실체관계를 일치시키기 위한 법적 장치라고 할 수 있다.

과태료의 부과·징수제도는 제2차「지적법」개정 법률의 시행으로 1976년 5월 7일부터 토지의 이동신청 의무를 게을리 한 자에게 부과하도록 제도를 신설하여「비송사건절차법」에 의하여 처리하여 왔다.

그러나 신규등록 등 토지의 이동 신청의무를 게을리 한 토지소유자가 법원에 출입하여야 하는 불편과 부담을 줄이고 신속하고 간편하게 과태료를 부과·징수할 수 있도록 제3차「지적법」개정 법률에서 시장·군수·구청장이 직접 과태료를 부과·징수하도록 개정하였으며, 제13차「지적법」개정 법률에서 지적측량업무의 개방에 따른 문제점을 해소하고 지적측량의 시장 질서를 어지럽히는 사례를 미연에 방지하고자 과태료 부과·징수제도를 개선하였다.

지적법령에서는 200만원 이하의 과태료와 50만원 이하의 과태료는 행정자치부장관이 부과·징수하고, 10만원 이하의 과태료는 소관청이 부과·징수하도록 구분하여 규정하였으며,(지적법 시행령 제59조의3) 과태료를 부과할 때에는 그 위반행위를 조사·확인한 후 위반사실·과태료금액 등을 서면으로 명시하여 이를 납부할 것을 과태료처분 대상자에게 통지하도록 규정하였다.(지적법 시행령 제60조제1항)

행정자치부장관 또는 소관청이 과태료를 부과하고자 할 때에는 10일 이상의 기간을 정하여 과태료처분 대상자에게 구술 또는 서면에 의한 의견진술의 기회를 주어야 하며, 이 경우 지정된 기일까지 의견진술이 없는 때에는 의견이 없는 것으로 보며,(지적법 시행령 제60조제2항) 과태료의 금액을 정함에 있어서는 해당 위반행위의 동기와 그 결과 등을 참작하도록 규정하였다.(지적법 시행령 제60조제3항)

과태료의 징수절차에 관하여는 국고금관리법 시행규칙을 준용하도록 하고 이 경우 납부고지서에는 이의방법 및 이의기간 등을 함께 기재하도록 규정하였다.(지적법 시행규칙 제71조제2항)

과태료처분에 불복이 있는 자는 그 처분의 고지를 받은 날부터 60일 이내에 행정자치부장관 또는 해당 소관청에 이의를 제기할 수 있으며,(「지적법」제53조제5항) 이의를 제기한 때에는 행정자치부장관 또는 해당 소관청은 지체 없이 관할법원에 그 사실을 통보하여야 하고, 그 통보를 받은 관할법원은「비송사건절차법」에 의하여 과태료의 재판을 하도록 규정하였다.(「지적법」제53조제6항)

그러나 기간 내에 이의를 제기하지 아니하고 과태료를 납부하지 아니한 때에는 국세 또는 지방세체납처분의 예에 의하여 이를 징수하도록 규정하였으나,(「지적법」제53조제7항) 「측수지법」을 제정하면서 신규등록·등록전환·분할 및 지목변경의 신청의무를 게을리 한 자에게 부과·징수하는 과태료와 과태료의 부과·징수절차에 관한 규정을 삭제하였다.

「측수지법」[시행 2009. 12. 10.] [법률 제9774호, 2009. 6. 9., 제정]을 제정하면서 제111조(과태료)제1항에 다음 각 호의 어느 하나에 해당하는 자에게는 300만원 이하의 과태료를 부과하도록 규정하고, 같은 조제2항에 과태료는 대통령령으로 정하는 바에 따라 국토해양부장관, 시·도지사 또는 지적소관청이 부과·징수하도록 규정하였으며, 같은 법 시행령[시행 2009. 12. 14.] [대통령령 제21881호, 2009. 12. 14., 제정] 제105조(과태료의 부과기준)에 법 제111조제1항에 따른 과태료의 부과기준을 규정하고, 국토교통부장관, 시·도지사 또는 지적소관청은 위반행위의 동기 및 그 횟수 등을 고려하여 ① 최근 2년 이내에 과태료 부과처분을 받은 사실이 없을 때, ② 해당 위반행위가 과실 또는 상당한 이유에 의한 것으로 인정될 때에는 과태료 금액을 2분의 1의 범위에서 경감할 수 있으며, 최근 2년 이내에 2회 이상 같은 위반행위로 과태료 처분을 받은 경우에는 과태료 금액의 2분의 1을 가중할 수 있도록 규정하였다.(영 제105조, 별표 13)

그리고 「공간정보관리법」으로 제명을 개정하면서 제111조(과태료)제1항은 동일하게 규정하고, 제2항을 과태료는 대통령령으로 정하는 바에 따라 국토교통부장관, 해양수산부장관, 시·도지사 또는 지적소관청이 부과·징수하도록 규정하였다.

그 후 「공간정보관리법」에서 규정하고 있는 수로조사와 관련된 내용을 분리하여 「해양조사정보법」을 제정함에 따라 제13차 「공간정보관리법」 개정 법률에서 제1항제3호부터 제6호까지를 각각 삭제하고, 제7호 중 "제40조제1항(제43조제3항에 따라 준용되는 경우를 포함한다.)"을 "제40조제1항"으로, "측량기술자 또는 수로기술자"를 "측량기술자"로 하며, 제9호 중 "제46조제2항(제54조제6항에 따라 준용되는 경우를 포함한다.)"을 "제46조제2항"으로, "측량업자 또는 수로사업자"를 "측량업자"로 하고, 제10호 중 "제48조(제54조제6항에 따라 준용되는 경우를 포함한다.)"를 "제48조"로, "측량업 또는 수로사업"을 "측량업"으로 하며, 제12호를 삭제하고, 제2항 중 "국토교통부장관, 해양수산부장관"을 "국토교통부장관"으로 개정하여 「해양조사정보법」의 제정 취지에 합치되도록 개선하였다.

이어서 제20차 「공간정보관리법」 개정 법률에서 이 법에 따른 각종 신고, 보고 의무 등을 위반한 자에게 부과하는 과태료의 상한액을 300만원 또는 100만원으로 하던 것을 위반행위의 경중에 따라 300만원, 200만원 또는 100만원으로 세분화하여 과태료 기준을 다음과 같이 개정하였다.(법 제111조제1항부터 제3항까지)

5.1. 300만원 이하의 과태료 부과대상

법 제13조제4항을 위반하여 고시된 기본측량성과에 어긋나는 측량성과를 사용한 자에게는 300만원 이하의 과태료를 부과하도록 규정하였다.(법 제111조제1항)

5.1. 200만원 이하의 과태료 부과대상

다음 각 호의 어느 하나에 해당하는 자에게는 200만원 이하의 과태료를 부과하도록 규정하였다.(법 제111조제2항)
① 정당한 사유 없이 측량을 방해한 자, ② 측량기기에 대한 성능검사를 받지 아니하거나 부정한 방법으로 성능검사를 받은 자, ③ 정당한 사유 없이 제99조제1항에 따른 보고를 하지 아니하거나 거짓으로 보고를 한 자, ④ 정당한 사유 없이 제99조제1항에 따른 조사를 거부·방해 또는 기피한 자, ⑤ 정당한 사유 없이 토지 등에의 출입 등을 방해하거나 거부한 자 등

5.1. 100만원 이하의 과태료 부과대상

다음 각 호의 어느 하나에 해당하는 자에게는 100만원 이하의 과태료를 부과하도록 규정하였다.(법 제111조제3항)
① 거짓으로 측량기술자의 신고를 한 자, ② 측량업 등록사항의 변경신고를 하지 아니한 자, ③ 측량업자의 지위 승계 신고를 하지 아니한 자, ④ 측량업의 휴업·폐업 등의 신고를 하지 아니하거나 거짓으로 신고한 자, ⑤ 성능검사대행자의 등록사항 변경을 신고하지 아니한 자, ⑥ 성능검사대행업무의 폐업신고를 하지 아니한 자, ⑦ 정당한 사유 없이 측량기기 성능검사의 품질향상과 서비스제고를 위하여 국토교통부장관이 실시하는 교육을 받지 아니한 자 등

그리고 위와 같은 과태료는 대통령령으로 정하는 바에 따라 국토교통부장관, 시·도지사, 대도시 시장 또는 지적소관청이 부과·징수하도록 규정하였다.(법 제111조제3항) 「공간정보관리법」에 규정된 과태료의 부과 기준은 <표 3-49>와 같다.(영 제105조 [별표 13])

<표 3-49> 과태료의 부과 기준

1. 일반 기준
가. 위반행위의 횟수에 따른 과태료의 부과기준은 최근 5년간 같은 위반행위로 과태료를 부과받은 경우에 적용한다. 이 경우 기간의 계산은 위반행위에 대하여 과태료 부과처분을 받은 날과 그 처분 후 다시 같은 위반행위를 하여 적발된 날을 기준으로 한다.
나. 가목에 따라 가중된 부과처분을 하는 경우 가중처분의 적용 차수는 그 위반행위 전 처분차수(가목에 따른 기간 내에 과태료 부과처분이 둘 이상 있었던 경우에는 높은 차수를 말한다)의 다음 차수로 한다.
다. 하나의 위반행위가 둘 이상의 과태료 부과기준에 해당하는 경우에는 그 중 금액이 큰 과태료 부과기준을 적용한다.
라. 부과권자는 다음의 어느 하나에 해당하는 경우에는 위반행위의 정도, 위반행위의 동기와 그 결과 등을 고려하여 제2호에 따른 과태료 금액의 2분의 1의 범위에서 그 금액을 줄일 수 있다. 다만, 과태료를 체납하고 있는 위반행위자에 대해서는 그러하지 아니하다.
  1) 위반행위가 사소한 부주의나 오류로 인한 것으로 인정되는 경우
  2) 위반행위자가 법 위반상태를 시정하거나 해소하기 위하여 노력한 것이 인정되는 경우
  3) 그 밖에 위반행위의 정도, 위반행위의 동기와 그 결과 등을 고려하여 그 금액을 줄일 필요가 있다고 인정되는 경우
마. 부과권자는 다음의 어느 하나에 해당하는 경우에는 제2호에 따른 과태료 금액의 2분의 1 범위에서 그 금액을 늘릴 수 있다. 다만, 늘리는 경우에도 과태료의 총액은 법 제111조제1항부터 제3항까지의 규정에 따른 과태료 금액의 상한을 넘을 수 없다.
  1) 위반의 내용·정도가 중대하여 이해관계인 등에게 미치는 피해가 크다고 인정되는 경우
  2) 법 위반상태의 기간이 6개월 이상인 경우

II. 개별 기준 보완요망

위반행위	근거 법조문	과태료 금액		
		1차 위반	2차 위반	3차 이상 위반
가. 정당한 사유 없이 측량을 방해한 경우	법 제111조 제2항제1호	40	75	150
나. 법 제13조제4항을 위반하여 고시된 측량성과에 어긋나는 측량성과를 사용한 경우	법 제111조 제1항	60	120	230
다. 법 제40조제1항을 위반하여 거짓으로 측량기술자의 신고를 한 경우	법 제111조 제3항제1호	8	15	30
라. 법 제44조제5항을 위반하여 측량업 등록사항의 변경신고를 하지 않은 경우	법 제111조 제3항제2호	13	25	50
마. 법 제46조제1항을 위반하여 측량업자의 지위 승계 신고를 하지 않은 경우	법 제111조 제3항제3호	60		
바. 법 제48조를 위반하여 측량업의 휴업·폐업 등의 신고를 하지 않거나 거짓으로 신고한 경우	법 제111조 제3항제4호	38		

위반행위	근거 법조문	1차	2차	3차
사. 법 제92조제1항을 위반하여 측량기기에 대한 성능검사를 받지 않거나 부정한 방법으로 성능검사를 받은 경우	법 제111조제2항제2호	30	60	120
아. 법 제93조제1항을 위반하여 성능검사대행자의 등록사항 변경을 신고하지 않은 경우	법 제111조제3항제5호	10	20	40
자. 법 제93조제6항을 위반하여 성능검사대행업무의 폐업신고를 하지 않은 경우	법 제111조제3항제6호	30		
차. 정당한 사유 없이 법 제98조제2항에 따른 교육을 받지 않은 경우	법 제111조제3항제7호	30	60	100
카. 정당한 사유 없이 법 제99조제1항에 따른 보고를 하지 않거나 거짓으로 보고한 경우	법 제111조제2항제3호	35	70	140
타. 정당한 사유 없이 법 제99조제1항에 따른 조사를 거부·방해 또는 기피한 경우	법 제111조제2항제4호	30	60	120
파. 정당한 사유 없이 법 제101조제7항을 위반하여 토지·건물·공유수면 등에의 출입 등을 방해하거나 거부한 경우	법 제111조제2항제5호	40	75	150

비고
제2호사목에 따른 위반행위에 대한 과태료는 위반 측량기기 대수마다 부과한다. 이 경우 과태료를 합산한 금액은 같은 목의 3차 이상 위반 시 부과되는 과태료 금액을 초과할 수 없다.

출처 : 영 제105조.[별표 13]

권리 위에서 잠자는 자는 보호받지 못한다.
Those who sleep on their rights are not protected.

참고문헌(Reference)

1. 국내문헌(Domestic Reference)

1.1. 단행본(Book)

o 강태석, 1994, 『지적측량학』, 서울, 형설출판사.
o 곽윤직, 1979, 『부동산등기법』, 서울, 대왕사.
o _____, 1989, 『민법총칙』, 서울, 박영사.
o 권강웅, 1992, 『지방세법』, 서울, 조세통람사.
o 김경렬, 1993, 『한국토지제도사』, 서울, 경영문화원.
o 김남진, 정태용, 1990, 『부동산관계법규』, 서울, 범론사.
o 김상용, 1988, 『토지법』, 서울, 범론사.
o 김영배, 1979, 『면적학』, 서울, 신라출판사.
o 김용한, 1971, 『민법총칙론』, 서울, 박영사.
o 김우종, 2011, 『부동산등기법 및 부동산등기규칙 해설』, 서울중앙지방법무사회.
o 김추윤, 김별, 2009, 『측량사』, 서울, 도서출판 바른길.
o 대한민국 국회도서관, 1970, 『한말근대법령자료집』, 서울, 서울인쇄주식회사.
o 류병찬, 1991, 『지적법』, 서울, 건웅출판사.
o _____, 1996, 『지적공부정리실무』, 서울, 남광출판사.
o _____, 2005, 『지적법해설』, 서울, 건웅출판사.
o _____, 2010, 『신편한국지적사』, 서울, 건웅출판사.
o _____, 2016, 『일본의 지적제도』, 서울, 부연사.
o _____, 2017, 『지적사(제2전정판)』, 서울, 부연사.
o _____, 2017, 『지적학(제2전정판)』, 서울, 부연사.
o _____, 2020(a), 『지적학(제3전정판, 지적총서 1)』, 서울, 초이스애드.
o _____, 2020(b), 『대만의 지적과 등기제도』, 서울, 초이스애드.
o 류복모, 1995, 『측량공학』, 서울, 박영사.
o 리진호, 1992, 『증보대한제국지적및측량史』, 서울, 土地.
o _____, 1999, 『한국지적史』, 서울, 도서출판 바른길.

○ 박순표, 2012,『지적의 오늘』, 서울, 좋은땅.
○ _____, 최용규, 강태석, 1993,『지적학개론』, 서울, 형설출판사.
○ 석종현, 1984,『신토지공법론』, 서울, 경진사.
○ 손성태, 1989,『토지공법』, 서울, 박문각.
○ _____, 1992,『부동산관계법규』, 서울, 박문각.
○ 송영준, 2023.『경기도 임야조사종말보고서』, 춘천, 스타복사.
○ 신복균, 1999,『지적관련판례집』, 대구, 진명출판사.
○ 신용하, 1982,『조선토지조사사업연구』, 서울, 지식산업사.
○ 신언숙, 1988,『주해부동산등기법』, 서울, 육법사.
○ 이송만, 도성환, 1984,『부동산학개론』, 서울, 매일경제신문사.
○ 이승일 외 6인, 2008,『일본의 식민지 지배와 식민지적 근대』, 서울, 동북아역사재단.
○ 이원준, 1988,『신부동산공시법요논』, 서울, 형설출판사.
○ 원영희, 1972(a),『해설지적학』, 서울, 보문출판사.
○ _____, 1972(b),『한국지적사』, 서울, 보문출판사.
○ _____, 1979,『지적학원론』, 서울, 홍익출판사.
○ _____, 1984,『지적법해설』, 서울, 보문출판사.
○ 정권섭, 1995,『토지소유권법』, 서울, 법원사.
○ 정기수, 2012,『부동산등기완전정복』, 서울, 매일경제신문.
○ 정도전 저, 한영우 역, 2013,『조선경국전』, 사단법인 올재.
○ 정영동, 1998,『측량용어해설』, 서울, 구미서관.
○ 정태용, 1988,『도시계획법』, 서울, 재단법인법령편찬보급회.
○ _____, 2007,『토지공법개론』, 서울, 세창출판사.
○ 조규전, 1996,『표준측량학』, 서울, 보성문화사.
○ 주명식, 1984,『신부동산등기법론』, 서울, 범론사.

1.2. 논문 및 기타(Thesis & Others)

○ 강제훈, 2000, "답험손실법의 시행과 전품제의 변화",『한국사학보』제8호, 고려사학회.
○ 강태석, 1984, "토지등록전산화의 개선방향",『사회과학논총』제2집. 청주대학교 사회과학연구소.
○ _____, 2005, "지적재조사사업의 실행전략",『한국지적학회지』제21권 제2호, 한국지적학회.
○ 경기도, 1925,『임야조사종말보고서』.

o 경상남도, 1995, "지적재조사실험사업추진현황".
o 국립지리원, 2001, 『측량제도의 역사적 배경』.
o 국토교통부, 한국국토정보공사, 2016, 『바른땅 2030을 향한 도전, 지적재조사 40년 발자취』.
o 국토해양부, 2013, 『지적재조사에 관한 특별법령 해설』.
o 김경렬, 1991, "한국의 토지제도와 정책에 관한 고찰", 중앙대학교 대학원, 박사학위논문.
o 김근택 외 3人, 1990, 『외국지적측량실무연수보고서(일본·독일)』, 대한지적공사.
o 김명식, 2001.10, "특수법인의 법적지위와 법률관계", 『고시계』.
o 김성욱, 2012, "부동산 취득절차와 관련한 특수문제", 『현행 부동산등기제도의 몇 가지 문제점과 개선방안』, 한국등기법학회·대한법무사협회 법제연구소.
o 김인태, 1971, "지적법에 대한 소고", 『지적』, 대한지적공사.
o 김태훈, 1996, 『국외파견연수교육보고서』, 대한지적공사연수원.
o 내무부, 1966, 『한국지방행정사』.
o _____, 1970~2000, 『지적통계, 지적통계연보』.
o _____, 1979, 『지방행정구역발전사』.
o _____, 1979, "미등록도서 등록 완료보고".
o _____, 1986, 『주민등록사무편람』.
o _____, 한국지방행정연구원, 1987, 『한국지방행정사』.
o _____, 1988, 『외국의 지적제도비교연구보고서(프랑스·이태리·영국)』.
o _____, 1991~2000, 『국제측량사연맹(FIG) 회의참가보고서』.
o _____, 1995, 『지적재조사사업 추진 기본계획』.
o _____, 1995, 『국토정보센터구축 완료보고』.
o _____, 1996, "지적재조사특별법(안)".
o _____, 1997, 『지적측량표준품셈화결과보고』.
o 대한지적공사, 1996, 『필지중심토지정보시스템구축사업추진』.
o _____, 대한지적공사, 1982, 『외국의 지적제도연구보고서』.
o _____, 1991~2000, 『국제측량사연맹(FIG) 회의참가보고서』.
o _____, 1997, 『지적재조사사업 준비를 위한 외국의 사례연구』.
o _____, 1997, 『지적재조사를 위한 외국의 지적제도연구』.
o _____, (역), 1978, 『외국의 지적제도(서독·스위스·네덜란드편)』.
o _____, (역), 1984, 『네덜란드의 지적제도』.
o _____, (역), 1988, 『지적과 등기』.
o _____, (역), 1988, 『다목적지적』.
o _____, 지적기술연수원, 1980, 『지적관계판례집』.

- _____, 지적기술연수소, 1996,『지적재조사법(안)연구』.
- _____, 2000,『지적측량의 전담대행제도에 관한 연구』.
- _____, 2005,『한국지적백년사(역사편)』.
- 대한측량협회, 2003,『측량』, 통권 제70호.
- 리진호, 2006,『측량과 지적』제1호~제5호, 지적박물관, 도서출판 우물.
- _____, 2010, "임시토지조사국 국보와 그 별책에 관한 고찰"『지적』, 통권 제360호, 대한지적공사.
- 류병찬, 1986.1~5, "중화민국의 토지행정",『지적』, 대한지적공사.
- _____, 1988, "외국의 지적제도비교연구보고서, 내무부.
- _____, 1987.8~11, "개정지적법령해설",『지적』, 대한지적공사.
- _____, 1990, "다목적지적제도의 모형개발에 관한 연구", 석사학위논문, 연세대학교 행정대학원.
- _____, 1999, "한국과 외국의 지적제도에 관한 비교연구", 박사학위논문, 단국대학교 대학원.
- _____, 2010, "지적재조사특별법(안)에 관한 비교연구"『지적』제40권 제1호, 대한지적공사.
- _____, 2019, "국내외 지목체계 운용실태연구에 관한 새로운 시각",『지적과 국토정보』제49권 제2호, 한국국토정보공사.
- _____, 2024, "양전(量田)'이란 용어의 정의와 사용연혁에 관한 연구(조선시대의 법전(法典)을 중심으로)",『지적과 국토정보』제54권 제2호, 한국국토정보공사.
- 류제룡, 2017, "지적재조사에 관한 특별법 개정 사항",『지적 및 공간정보 담당공무원 전문교육(지적관계법규 과정-1기)』, 공간정보산업협회.
- 박순표, 1985, "한국의 지적제도",『한국지적학회보』제6호, 한국지적학회.
- _____, 1986.5, "지적법개정법률해설",『지적』, 대한지적공사.
- 법원행정처, 1988,『등기에 관한 제문제(상·하)』.
- _____, 1987,『등기선례요지집(제1권)』.
- _____, 1990,『등기선례요지집(제2권)』.
- _____, 1989~1999,『사법연감』.
- _____, 1992,『부동산·상업등기제도의 주요개정내용에 관한 해설』.
- _____, 1996,『부동산등기사무 전산화사업 개발백서』.
- _____, 2015,『부동산등기실무(Ⅰ, Ⅱ, Ⅲ)』.
- 법제처, 1980,『각국의 토지관계법』.
- _____, 2003,『시도 법률교육교재(Ⅰ, Ⅱ)』.
- _____, 국가법령정보센터(http://www.law.go.kr/LSW/main.html).
- 성종화, 1998.9, "법무사의 현주소와 전망 그 대책",『법무사』, 대한법무사협회.

- 손문돈, 1999, "지적제도의 개선에 관한 연구(지적재조사법안과 관련하여)", 동의대학교 대학원, 박사학위논문.
- 안갑준, 1996, 『부동산등기법』, 대한지적공사 지적기술교육연구원.
- 안영주, 1988, "지적공부와 등기", 『등기에 관한 제문제』, 재판자료 제43집, 법원행정처.
- 오기수, 2012, "조선경국전의 조세개념과 조세제도에 관한 연구", 『세부학연구』, 한국세무학회.
- ____, 2021, "세종대왕 공법(貢法)", 한국세무사회.
- 오문식, 1998.9, "법무사에게 불어오는 변화의 바람", 『법무사』, 대한법무사협회.
- 원영희, 1976.6~8, "지적법령의 역사적 고찰", 『지적』, 대한지적공사.
- ____, 1977.1~3, "지적법요론", 『지적』, 대한지적공사.
- 유기현, 2022, "조선왕조실록 기반의 전세(田稅)정책에 관한 연구-답험손실법 및 공법(貢法)을 중심으로-", 『GRI연구논총』, 재단법인 경기연구원.
- 이영석, 1990, "日本에서의 등기 컴퓨터화", 『국토정보』.
- 이현준, 2006, "지적제도에 관한 공법적 검토", 단국대학교 대학원, 박사학위논문.
- 임성수, 2017, "조선후기 戶曹의 田稅 부과와 給災 운영 변화", 『한국문화』, Vol.78, 서울대학교 규장각 한국학연구원.
- 전국경제인련합회, 1986, 『토지법 재정비개편에 관한 연구』.
- 정영식, 1976.6~1984.4, "지적법의 체제와 내용", 『지적』, 대한지적공사.
- 조석곤, 1995, "토지조사사업에 있어서의 근대적 토지소유제도와 지세제도의 확립", 서울대학교 대학원, 박사학위논문.
- 조선총독부, 1918, 『조선토지조사사업보고서』.
- 조선총독부, 1919, 『조선토지조사사업보고서추록』.
- _____, 농림국, 1936, 『조선임야조사사업보고서』.
- 지적기술연수원, 1993, 『조선토지조사사업보고서(역)』.
- 청주대학교 사회과학연구소, 1988, 『지적공부 재작성을 위한 실지현황 조사 분석 연구』.
- 한국개발연구원, 2010, 『2010년도 예비타당성조사 보고서(지적재조사사업)』.
- 한국법제연구원, 1994, 『법률연혁집』.
- _____, 2002, 『법령용어사례집(상, 하)』.
- 한국산업인력관리공단, 1986~2004, 『국가기술자격검정통계년보』.
- 한국지방행정연구원, 1999, 『지방자치행정50년사』.
- 한국지적학회, 1985, 『최신지적제도에 관한 국제학술논문집』.
- _____, 1993, 『토지등록공시제도의 일원화방안』.
- 한국토지공법학회, 2005, 『지적재조사사업의 환경분석 및 지적재조사법(안) 작성연구』.

○ 한국학중앙연구원, 디지털장서각, 간년미상, 『경국대전2』.

2. 국외문헌(Foreign Reference)

2.1. 단행본(Book)

○ 鮫島信行, 2004, 『日本の 地籍』, 東京, 古今書院.
○ _____, 2011, 『日本の 地籍』, 東京, 古今書院.
○ 來璋, 1981, 『土地行政學』, 臺北, 中國地政硏究所.
○ 本田武夫, 1970, 『地籍測量』, 東京, 林北出版株式會社.
○ 日本 國土廳, 1990, 『國土調査の 實績』, 東京.
○ 日本 法務省, 1998, 『法務省』, 東京, 法務大臣官房.
○ 自由中國 內政部, 1984, 『建立地政資料電腦化系統』, 臺北.
○ 肅錚, 1984, 『中華地政史』, 臺北, 臺灣常務印書館.
○ André MAURIN, 1991, *Le Cadastre en France*, Historie et Rénovation.
○ Barlowe, R. 1978, Land Resource Economics, The Economics of Real Estate 3rd., EngleWood Cliffs, N.J. ; Prentice-Hall.
○ Burrough, P.A. 1988, Principles of Geographical Information Systems for Land Resources Assessment, Oxford, Clarendon Press.
○ Dale, P.F. 1976, Cadastral Surveys Within the Commonwealth, London, Her Majesty's Stationary Office.
○ _____, McLaughlin, J.D. 1988, Land Information Management, Oxford, Clarendon Press.
○ FIG Bureau, 1995, The FIG Statement on the Cadastre, Canberra, Australia.
○ FIG, 1998, Official Report of the Congress. 21 International Congress, Brighton, UK.
○ Gerhard Larsson, 1991, Land Registration and Cadastral System, Longman Scientific & Technical.
○ G.J. Hunter & I.P. Williamson, 1992, Proceedings of the International Conference on Cadastral Reform '92, Melbourne, Australia.
○ Henssen, J.L.G. 1987, Administration and Legal Aspects of Land Registration/ Cadastre, Netherlands, ITC. Lecture Note.
○ Holstein, L.C, 1987, Land Information Systems, Netherlands, ITC. Lecture Note.
○ Kaufmann. J., Steudler, D. 1998, Cadastre 2014-A Vision for a Future Cadastral

System, FIG.
- Kure, J. 1987, Cadastral Survey and Mapping, Netherlands, ITC. Lecture Note.
- McEntyre, J.G. 1978, Land Survey System, New York, Purdue University.
- National Research Council, 1980, Need for a Multipurpose Cadastre, Washington, National Academy Press.
- _____, 1983, Procedures and Standards for a Multipurpose Cadastre, Washington, National Academy Press.
- O. Kölbl. 1987, Proceedings of the Workshop on Cadastral Renovation, Official Publication N° 21,
- Simpson, S.R. 1984, Land Law and Registration, London, Surveyors Publication.
- Stéphane Lavigne, 1996, *Le Cadastre De La France*, Presses Universitaires De France.
- UN, 1996, Land Administration Guidelines, Economic Commission for Europe, New York and Geneva.

2.2. 논문 및 기타(Thesis & Others)

- 多田光吉, 1985, "土地登記一元化", 『韓國地籍學會報』, 제6호.
- 顔慶德, 1985, "臺灣都市地區地籍圖重測事業", 『韓國地籍學會報』, 제6호.
- 林承權, 1985, "韓·中 兩國 土地行政體制之比較研究", 碩士學位論文, 自由中國 國立政治大學 公共行政研究院.
- _____, 1990, "土地使用分區管制之比較研究", 博士學位論文, 自由中國 國立政治大學 地政研究所.
- 日本測量協會, 1991, 『測量 및 地圖年監』.
- Henssen, J.L.G. 1976, Real estate registration and cadastres.
- _____, 1984, "和蘭의 新地籍法", FIG 第17次論文集.
- _____, 1985, New legislation in the field of land registration and Cadastre in the Netherlands, Madrin.
- _____, 1995, Basic principles of the Main Cadastral systems in the World, 『Mordern Cadastres and Cadastral Innovations』, Delft, the Netherlands.
- Ian Williamson, 1984, "The Significance and the Requirement of Land Registration and a Cadastre", Lecture held at the KCSC. Seoul.
- _____, 1986, "Cadastral and Land Information system-Where Are We Heading? "Melbourne, Australia.

- Ian Williamson, 1995, "Understanding Cadastral Maps", Australia.
- Ryu, B. C. 1989, "Improvement of Cadastral System in Korea", the Netherlands, ITC.
- _____, 1997, "Plan for Korean Cadastral Reform Project", FIG 64th PC Meeting and International Symposium.
- Oshima T, 1981, "Recent Development of Integrated Automation in Digital System for Precise Measuring in Japan", FIG 16th Congress, Montreux, Swiss.
- _____, Miyazaki K, 1994, "Cadastral Survey in Japan", FIG 20th Congress, Melbourne, Australia.
- _____, Yoshimura M, 1994, "Regional Condition Analysis Using Satellite and Geographical Informations", FIG 20th Congress, Melbourne, Australia.
- UN, 1996, The Bogor Declaration, United Nations Interregional Meeting of Experts on the Cadastre, Bogor, Indonesia.
- Yaguchi, A. 1986, "Cadastral Survey in Japan", FIG 18th Congress, Toronto, Canada.

지적총서(Cadastral Series, 地籍叢書)	
[지적총서 1] (Cadastral Series 1)	지적학(제4전정판, 2024) Cadastral Science(4th ed.) 地籍學(第4全訂版)
[지적총서 2] (Cadastral Series 2)	지적법(제7전정판, 2025) Cadastral Act(7th ed.) 地籍法(第7全訂版)
[지적총서 3] (Cadastral Series 3)	지적사(제2전정판, 2017) Cadastral History(2nd ed.) 地籍史(第2全訂版)

찾아보기
Index

ㄱ

간주지적도 /198
강계선 / 187
개별공시지가 / 368
결번대장 / 414
경계복원측량 / 220
경계점좌표등록부 / 180
경계정정 / 471
경국대전 / 20
경위도원점 / 196
골조측량 / 167
공간정보관리법 / 141
공개주의 / 22
공공기준점 / 173
공공삼각점 / 207
공공수준점 / 208
공공재화 / 283
공공측량 / 167
공법 / 29
공신력 / 276
공원 / 336
공유지연명부 / 389
공장용지 / 328
공탁 / 467
과세지성 / 95

과수원 / 325
과태료 / 538
관성측량 / 166
광천지 / 327
구거 / 334
국가기준점 / 205
국정주의 / 18
권한의 위임 / 517
기본측량 / 168
기초측량과 / 105

ㄴ

내부관제 / 43, 57
내부분과규정 / 57

ㄷ

답 / 324
답험손실법 / 44
대 / 328
대구시가지 측량에 관한 타합사항 / 59
대지권등록부 / 179
대지측량 / 167
대행측량사 / 104

도곽선 / 230
도로 / 330
등기촉탁 / 489
등록전환 / 191

면적정정 / 471
목장용지 / 325
묘지 / 339

발전단계 / 91
보척 / 493
본번 / 312
벌칙 / 532
법원감정측량 / 240
부동산종합공부 / 426
부번 / 312
북동기번법 / 114
북서기번법 / 114
분할 / 191
비과세지성 / 95

사사오입 / 354
사적지 / 338
사진측량 / 168
삼각점 / 207

상정공법 / 50
상치측량사 / 105
성실의무 / 289
세계측지계 / 196
세부측량 / 221
세부측량과 / 105
손해배상 / 290
수도용지 / 335
수수료 / 520
수준원점 / 196
수준점 / 206
수준측량 / 168
수치측량 / 180
수평면적 / 188
신규등록 / 190
실질적심사주의 / 23
실체법 / 33

양벌규정 / 537
양어장 / 335
양전사목 / 57
연속지적도 / 181
염전 / 327
오기정정 / 471
오사오입 / 354
용도지역 / 388
용익권 / 453
우주측지기준점 / 205
위성기준점 / 205
위성측량 / 221

위치정정 / 471
유원지 / 346
유지 / 335
육전상정소 / 51
이해관계인 / 235
인공위성측량 / 166
일반법 / 35
일반측량 / 167
임시토지조사국 / 71
임야대장규칙 / 82
임야도 / 180
임야정리조사내규 / 352
임야조사종말보고서 / 79
임야측량규정 / 86
임의법 / 34

잡종지 / 340
전 / 323
전제상정소준수조화 / 54
제방 / 332
조선왕조실록 / 42
조선임야대장규칙 / 91
조선임야조사령 / 81
조선지세령 / 88
조선토지측량표령 / 87
종교용지 / 338
주민등록표화일 / 120
주유소용지 / 330
주차장 / 329
준비단계 / 43

중력점 / 207
중앙지적위원회 / 248
지목 / 186
지목변경 / 192
지방지적위원회 / 254
지번변경 / 316
지번부여지역 / 311
지상경계점등록부 / 301
지세령 / 75
지세법 / 96
지역선 / 187
지역전산본부 / 193
지자기점 / 205
지적공부 / 161
지적공부부본 / 413
지적공부의 복구 / 416
지적기준점 / 205
지적도 / 180
지적서고 / 362
지적소관청 / 174
지적전산 자료 / 283
지적정보센터 / 366
지적재조사측량 / 283
지적측량 / 169
지적측량규정 / 102
지적측량사규정 / 104
지적측량수행자 / 193
지적측량 적부심사 / 249
지적측량수행계획서 / 230
지적측량업자 / 174
지적통계 / 413
지적편집도 / 411

지적확정측량 / 169
직각좌표계 / 200
직권등록주의 / 25
질권 / 77
집계부 / 414
집계표 / 414

창고용지 / 330
창설단계 / 56
철도용지 / 332
청문 / 510
청산 / 466
체육용지 / 337
축척변경 / 462
축척변경위원회 / 468
측량기기의 성능검사 / 495
측량기록 / 174
측량기준점 / 173
측량기준점표지 / 209
측량성과 / 173
측량업등록증 / 274
측량업정보 / 217
측량입회 / 235
측수지법 / 130

토지대장규칙 / 77
토지등급 / 387
토지의 수용 / 515

토지의 이동 / 189
토지의 표시 / 189
토지조사법 / 66
토지조사령 / 70
토지측량규정 / 83
토지측량표규칙 / 68
통합기준점 / 207
특별도근측량지역 / 204
특별세부측도지역 / 204
특별소삼각측량지역 / 203

판적국 / 57
평면측량 / 167
평판측량 / 168
폐쇄된 지적공부 / 174
필지 / 184

하천 / 333
학교용지 / 329
합병 / 191
항공사진측량 / 166
행정구역의 변경 / 472
행정소송 / 263
행정심판 / 493
행정처분 / 295
형식주의 / 21
확정측량과 / 105

• 저자 약력(Brief History of Author) •

✎ 성명(Name)
- 정농(井農) 류병찬((Byoungchan Ryu, 柳炳燦, bcryu@hanmail.net)

✎ 출생지(Birth Place)
- 충청남도 서산시

✎ 학력(Academic Background)
- 청주대학교 사회과학대학 졸업
- 연세대학교 행정대학원 졸업(행정학석사)
- 대만, 토지개혁훈련소(LRTI) 토지정책과정 수료.
- 네덜란드, 국제항공측량·지구과학연구원(ITC) LIS 지적전공과정 졸업(전문석사, Professional Master)
- 서울대학교 행정대학원 정보통신방송정책과정(APICP) 수료
- 단국대학교 대학원 졸업(행정학박사)

✎ 경력(Career)
- 당진군·서산군·연기군·대전시·충청남도 내무국 재정과 근무
- 행정자치부 지적계장·지적과장(역임)
- 대한지적공사 지적기술교육연구원장·업무본부장·부사장(역임)
- 한양사이버대학교 교수(지적학과장 역임)
- 한양대학교 도시과학대학원·건국대학교 부동산대학원·명지대학교 산업대학원·단국대학교 경영대학원·서울시립대학교·강남대학교·명지전문대학·매일경제TV 등 강사(역임)
- 명지대학교 부동산대학원 객원교수(역임)
- 명지공간개발(주) 고문

✎ 주요 저서(Major Book)
- 『지적법』, 1991, 서울, 남광출판사.
- 『지적공부정리실무』, 1996, 서울, 남광출판사.
- 『한국지적교육총람』, 2006, 한양사이버대학교.
- 『일본의 지적제도』, 2016, 서울, 부연사.
- 『지적사(제2전정판)』(지적총서 3), 2017, 서울, 부연사.
- 『대만의 지적과 등기제도』, 2020, 서울, 초이스애드.
- 『지적학(제4전정판)』(지적총서 1), 2024, 서울, 초이스애드.
- 『지적법(제7전정판)』(지적총서 2), 2025, 서울, 초이스애드

✎ 자격(Certification)
- 지적기술사·측량 및 지형공간정보기사·지역 및 도시계획기사·환지사 등

✎ 사회활동(Social Activity)
- 지적기술사·지적기사·감정평가사·공인중개사 등 자격시험 출제위원(역임)
- 한국지적학회 부회장(역임)
- 행정자치부 정책자문위원회 위원(역임)
- 국토해양부 중앙지적위원회 위원(역임)
- 서울중앙지방법원 조정위원회 조정위원(역임)
- 국제측량사연맹(FIG) 총회 및 상임위원회 등 논문 발표(7회)

✎ 수상(Receive a Prize)
- 내무부장관표창·국무총리표창·대통령표창·녹조근정훈장·한국지적기술대상·지적학술상 등

인 지

[지적총서 2(Cadastral Series 2)]

지적법(공간정보관리법) 제7전정판
Cadastral Act(Act on the Establishment and Management of Spatial Data) 7th Revised Ed.

지적법초판 발행	1991년 08월 10일
제1전정판 발행	1993년 03월 01일
제2전정판 발행	1996년 12월 01일
제3전정판 발행	2002년 08월 10일
제4전정판 발행	2005년 02월 10일
제5전정판 발행	2011년 02월 10일
제6전정판 발행	2021년 03월 08일
제7전정판 인쇄	2025년 07월 26일
제7전정판 발행	2025년 08월 15일
저 자	정농(井農) 류 병 찬(Byoungchan, Ryu, 柳 炳 燦)
저 자 메 일	bcryu@hanmail.net
발 행 인	김 경 수
발 행 처	초이스애드
주 소	서울시 중구 서애로 27 서울캐피탈빌딩 307호
전 화	(02) 2266-9205
팩 스	(02) 2266-9215
메 일	choicead9205@naver.com
I S B N	ISBN 979-11-994271-0-5
가 격	38,000원

* 이 책은 「저작권법」에 의해 보호를 받는 저작물로 출처를 밝히는 한 자유로이 인용할 수 있으나 무단 전재 또는 복제를 금합니다.